Bernd Schürmann

Rechnerverbindungsstrukturen

Lehrbuch Informatik

Die Reihe „Lehrbuch", orientiert an den Lehrinhalten des Studiums an Fachhochschulen und Universitäten, bietet didaktisch gut ausgearbeitetes Know-how nach dem State-of-the-Art des Faches für Studenten und Dozenten gleichermaßen.

In der Reihe sind aus dem Fachgebiet Informatik erschienen:

Neuronale Netze und Fuzzy-Systeme
von D. Nauck, F. Klawonn und R. Kruse

Interaktive Systeme
von Christian Stary

Evolutionäre Algorithmen
von Volker Nissen

Stochastik
von Gerhard Hübner

Algorithmische Lineare Algebra
von Herbert Möller

Rechnerarchitektur
von John S. Hennessy und David A. Patterson

Neuronale Netze
von Andreas Scherer

Rechnerverbindungsstrukturen
von Bernd Schürmann

Vieweg

Bernd Schürmann

Rechnerverbindungs-strukturen

Bussysteme und Netzwerke

Der Verlag Vieweg ist ein Unternehmen der Bertelsmann Fachinformation GmbH.

http://www.vieweg.de

Druck und buchbinderische Verarbeitung: Druckerei Hubert & Co., Göttingen
Gedruckt auf säurefreiem Papier
Printed in Germany

ISBN 3-528-05562-6

Vorwort

Bussysteme und Rechnerverbindungsstrukturen entwickeln sich zu einem immer wichtigeren Teil der informationsverarbeitenden Systeme. Während der ursprüngliche Einsatzbereich von Computern das Rechnen mit Zahlen war, tritt in jüngerer Zeit die Verarbeitung von Informationen aller Art vermehrt in den Vordergrund. Diese Informationen können einfache Texte, aber auch Audio-Sequenzen und Videofilme sein. Neben dem Speichern und Bearbeiten der Information tritt der Datenaustausch immer mehr in den Vordergrund.

Viele Anwender bringen mit dem Begriff *Computer* die Ausführung einzelner Anwendungsprogramme in Verbindung, machen sich aber nur selten bewußt, wie groß doch der Anteil der Datenkommunikation ist. Der Datenaustausch kann dabei implizit innerhalb eines Computers bei der Ausführung einer Standardanwendung stattfinden oder aber auch explizit durch Verwendung spezieller Kommunikationssoftware. Ein Beispiel aus der Bildbearbeitung zeigt die Datenübertragung auf verschiedenen Ebenen:

- Die Aufbereitung eines komplexen Bildes zur Anzeige auf dem Bildschirm benötigt einen schnellen Systembus zur Übertragung der Bilddaten vom Hauptspeicher des Computers zum Prozessor und zur Übertragung der Ergebnisdaten vom Prozessor zur Graphikkarte und dem Bildschirm.
- Bei der Bildberechnung auf einem modernen Computer, etwa einem Multiprozessorsystem, werden hierfür sogar zwei Systembusebenen eingesetzt: zum einen zur Datenübertragung zwischen den Prozessoren und ihren lokalen Cache-Speichern und zum anderen zum Datenaustausch zwischen den Caches und dem gemeinsamen Hauptspeicher.
- Wird das zu verarbeitende Bild in den Hauptspeicher geladen, so muß auch die Verbindung zu den Peripheriegeräten, z. B. zur Festplatte, betrachtet werden.
- Das Laden eines Bildes von einem weit entfernten Rechner über das Internet stellt entsprechende Ansprüche an das Internet selbst, aber auch an lokale Netze und Modems, je nachdem, wie der Rechner mit dem Internet verbunden ist.

Der Trend nach immer größeren Datenmengen, die ausgetauscht und verarbeitet werden sollen, stellt an die angesprochenen Übertragungssysteme hohe Ansprüche. Dies betrifft alle Ebenen der Kommunikation: vom Systembus bis zum Weitverkehrsnetz, wie etwa das Internet.

Geschwindigkeit bzw. Übertragungsleistung eines Kommunikationssystems ist jedoch nicht alles. In vielen Bereichen treten neben die Geschwindigkeit noch weitere, oft wichtigere Anforderungen. Dies können beispielsweise Sicherheitsaspekte oder der Preis sein. Folgende Beispiele sollen ein Gefühl dafür geben, was außer der Geschwindigkeit noch für Randbedingungen beim Entwurf eines Kommunikationssystems vorliegen können:

- Im Massenmarkt der PC-Welt muß „mit jedem Pfennig" gerechnet werden, so daß das Kommunikationssystem nicht leistungsfähiger und teurer sein darf als es von der Anwendung unbedingt gefordert wird. Der Anschluß einer Tastatur direkt an einen 66-MHz-Prozessorbus wäre dabei nicht vertretbar.
- Tragbare Computer mit kleinen Ausmaßen, z. B. Notebooks, verlangen auch kleine Ausmaße bezüglich des Bussystems. Dies kann oft nur durch moderne, busspezifische integrierte Schaltungen erreicht werden.
- Diese, vom Stromnetz unabhängigen, Computer fordern zusätzlich eine geringe Leistungsaufnahme, was ebenfalls spezielle stromsparende Schaltkreise zur Ankopplung von Busteilnehmern an das Übertragungsmedium verlangt.
- Ein gemeinsames Kommunikationsmedium für verschiedene Peripheriegeräte eines Computers muß sehr flexibel sein und den sehr unterschiedlichen Leistungsanforderungen der Peripherie gerecht werden.
- Kritische Steuerungssysteme, etwa das eines Atomkraftwerks, müssen hundertprozentige Sicherheit bieten, was nur durch Redundanz, auch im Kommunikationssystem, erreicht werden kann.
- In vielen Fällen, wie beispielsweise Fabrikanlagen und Kraftfahrzeugen, muß das Kommunikationssystem gegenüber den starken Umwelteinflüssen und Störungen resistent sein.

Alle diese unterschiedlichen Anforderungen und die stetige Weiterentwicklung der zur Verfügung stehenden Technologie bewirken, daß in absehbarer Zeit die Vielfalt der Übertragungssysteme nicht abnehmen, sondern viel eher noch zunehmen wird.

Dieses Buch gibt einen Überblick über die hardwarenahen Aspekte der verschiedenen Übertragungssysteme. Neben der Erläuterung der aktuell verwendeten Systemen wird auch auf deren geschichtliche Entwicklung eingegangen. Letzteres ist notwendig, da vielfach die Notwendigkeit der Kompatibilität mit älteren Systemen bestimmte Entwurfsentscheidungen erzwangen, so daß die Struktur der aktuellen Systeme nur durch Betrachtung ihrer Vorgängerversionen zu begreifen ist.

Nachdem in den ersten beiden Kapiteln alle für das Verständnis des Buches notwendigen Grundlagen der Datenübertragung erläutert wurden, wird sich Kapitel 3 mit den Systembussen der unterschiedlichen Computertypen beschäftigen. Aufgrund der großen Popularität von PCs wird ein Schwerpunkt des Kapitels sich mit PC-Bussen auseinandersetzen. Der Anbindung der Peripheriegeräte an die Systemeinheit eines Computers wird sich Kapitel 4 widmen, das die unterschiedlichen Anforderungen an die Peripheriebusse im Vergleich zu den Systembussen und verschiedenen Schnittstellen beschreibt. Der momentan wichtigste Vertreter dieser Busse ist der *SCSI*-Bus. Für langsamere Peripherie wird gerade versucht, einen neuen Standard, den *Universal Serial Bus USB*, einzuführen.

Im Kapitel 5 wird dann die Verbindung von Computern untereinander betrachtet. Wir werden uns die Hardware und die unteren Softwareschichten von lokalen und Weitverkehrsnetzwerken ansehen. Es wird auf die Netzstrukturen und die Kommunikationsgeräte, zu denen Switches, Bridges, Router und Hubs gehören, eingegangen.

Weitere Aspekte der Datenkommunikation, die in diesem Buch behandelt werden, sind die analoge Datenübertragung über Telefonleitungen mit Hilfe von Modems und der Einsatz von Bussen in der Automatisierungstechnik. In beiden Fällen wird die Datenübertragung nicht unerheblich durch äußere Einflüsse der Umgebung bestimmt.

Inhaltsverzeichnis

1 Grundlagen

Das Verständnis der unterschiedlichen Kommunikationsstrukturen zwischen Computern und ihren Komponenten erfordert ein gewisses Maß an Grundlagenwissen der analogen und digitalen Nachrichten- und Kommunikationstechnik. Diese Grundlagen sollen in diesem ersten Kapitel erläutert werden, soweit sie für das Verständnis der weiteren Kapitel notwendig sind.

Wir werden uns hierzu zuerst ein wenig mit der Signaltheorie auseinandersetzen, um später die Signalkodierung und die analoge Datenübertragung besser verstehen zu können. Ein weiteres Thema wird die Signalverformung durch Dämpfung, Reflexion etc. sein, was ein großes Problem bei allen leitungsgebundenen und funkbasierten Übertragungen darstellt.

Nach den physikalischen Grundlagen werden die Grundlagen der Datenübertragung erläutert. Synchrone und asynchrone Datenübertragungen werden dabei eine genauso wichtige Rolle spielen wie die Kodierung und Fehlersicherung. Den Abschluß dieses Kapitels bilden dann die unterschiedlichen Netzwerktopologien, die hier klassifiziert werden sollen, bevor konkrete Implementierungen in den folgenden Kapiteln besprochen werden.

Elektrische Kommunikationssysteme

Die Aufgabe elektrischer Kommunikationssysteme, ob innerhalb eines Computers oder über Computergrenzen hinweg, ist die Übertragung von Information von einer Quelle über eine Übertragungsstrecke zu einem Empfänger. Sender und Empfänger können beliebige Geräte wie z. B. Telefone, Fax-Geräte, Fernseher und auch Computer sein. Innerhalb von Computersystemen sind Sender und Empfänger Komponenten wie Prozessor, Festplatte und Drucker. Im folgenden wird daher, stellvertretend für alle möglichen Gerätetypen, nur von *Sender* und *Empfänger* gesprochen.

Abbildung 1-1: Elektrische Kommunikation

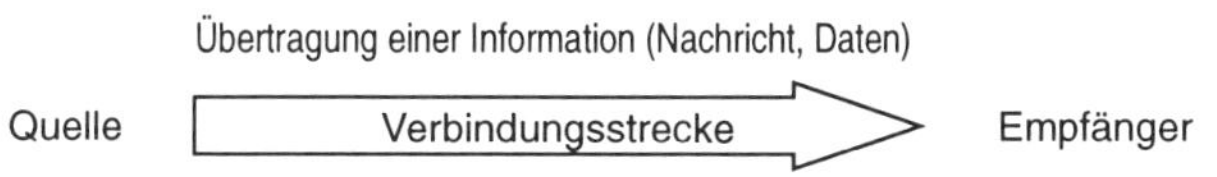

Die Übertragungsstrecke zwischen den beiden (oder mehreren) Kommunikationspartnern kann leitungsgebunden (z. B. verdrillte Telefonkabel, Koaxialkabel, Lichtleiter) oder funkbasiert (d. h. Übertragung durch den freien Raum) sein. Die gesamte Übertragungsstrecke kann dabei aus mehreren Teilstrecken bestehen, so daß wir zwischen den Endgeräten eine beliebige Anzahl von Vermittlungsgeräten vorfinden. Es kann dabei vorkommen, daß für jede Teilstrecke das Übertragungsmedium gewechselt wird. Beispiele für die verschiedenen Übertragungsmedien und Vermittlungsgeräte finden sich immer wieder in diesem Buch.

Zur Übertragung muß die Information geeignet analog oder digital kodiert und unter Ausnutzung der Gesetze des elektromagnetischen Feldes über das Übertragungsmedium gesendet werden. Hierzu werden wir die Übertragungseigenschaften der Kommunikationssysteme und die Charakteristika der Netzwerke näher betrachten. Um diese besser zu verstehen, sollen zunächst die notwendigen physikalischen Grundlagen erörtert werden.

1.1 Physikalische Grundlagen

Alle uns im Rahmen dieses Buches interessierenden Übertragungssysteme verwenden Signale. Diese können analog oder, wie bei der Rechnerkommunikation vorherrschend, digital sein. In diesem Kapitel werden wir uns die Grundlagen der Signaltheorie und der Übertragungssysteme, speziell der Abtastsysteme, betrachten. Ich werde dabei die Theorie nur soweit behandeln, wie dies für ein allgemeines Verständnis und für die folgenden Kapitel notwendig ist. Zur vertieften Betrachtung dieser wichtigen Themen sei auf die Grundlagenliteratur der Nachrichtentechnik, z. B. [HeL94, Pau95, StR82], verwiesen.

Ganz wichtig ist das Gebiet der Signaltheorie und der Übertragungssysteme, wenn wir analoge Signale, z. B. Sprache, über einen Digitalkanal übertragen wollen oder wenn es heißt, zwei Computer mit Hilfe von Modems über analoge Telefonleitungen miteinander zu verbinden. Zum Verständnis der Übertragung digitaler Signale über analoge Kanäle ist es ebenfalls wichtig, einen Überblick über die im Abschnitt 1.1.4 beschriebene Modulierung und Demodulierung zu besitzen. Letztendlich darf nicht vergessen werden, daß auf den physikalischen Medien de-facto nur analoge Signale aufgeprägt werden können, auch wenn es sich, logisch gesehen, um einen reinen Digitalkanal handelt.

1.1.1 Signale

Elektrische Kommunikationssysteme dienen der Übertragung von Signalen. Während man im täglichen Leben unter dem Begriff *Signal* ganz allgemein einen Vorgang zur Erregung der Aufmerksamkeit (z. B. Lichtzeichen, Pfiff und Wink) versteht, wollen wir hier eine etwas eingeschränktere, präzisere Definition aus der Informationstechnik gebrauchen:

Signal

Definition. Unter einem *Signal* versteht man die Darstellung einer Information durch eine zeitveränderliche physikalische, insbesondere elektrische Größe, z. B. Strom, Spannung, Feldstärke. Die Information wird durch einen Parameter dieser Größe kodiert, z. B. Amplitude, Phase, Frequenz, Impulsdauer. ❑

Signale lassen sich nach verschiedenen Kriterien in verschiedene Klassen einteilen. Mögliche Kriterien sind:

- stochastisch ↔ deterministisch
- Signaldauer
- kontinuierlich ↔ diskret
- Energieverbrauch und Leistungsaufnahme.

Unter *stochastischen Signalen* versteht man alle nichtperiodischen, schwankenden Signale, wie sie typischerweise im täglichen Leben vorkommen. In diese Klasse fallen alle praxisrelevanten Signale, u. a. Video-, Sprach- und Nachrichtensignale. Dagegen fallen in die Klasse der *deterministischen Signale* all die Signale, deren Verlauf durch eine Formel, eine Tabelle oder einen Algorithmus eindeutig beschrieben werden können. Obwohl diese Signalklasse in der Praxis der Kommunikation nur eine untergeordnete Rolle spielt, ist sie zur Beschreibung von Kommunikationssystemen und für die Nachrichtentheorie von großer Wichtigkeit. Deterministische Signale untergliedern sich noch einmal in *transiente* oder *aperiodische Signale* von endlicher Dauer, deren Verlauf über den gesamten Zeitbereich darstellbar ist (z. B. Einschaltvorgang) und in *periodische Signale* von theoretisch unendlicher Dauer (z. B. Sinus- und Taktsignal).

Zeitfunktion und Amplitudenspektralfunktion

Satz. Ein deterministisches Signal wird vollständig durch seine Zeitfunktion $s(t)$ oder seine Amplitudenspektralfunktion $S(w)$ im Frequenzbereich beschrieben. Beide Darstellungen sind mathematisch gleichwertig. ❑

Der Übergang zwischen Zeit- und Frequenzbereich erfolgt

durch eine Transformation, z. B.

- (diskrete) Fouriertransformation
- Z- und Laplace-Transformation.

Der Begriff der Amplitudenspektralfunktion S(w) und die Transformationen werden weiter unten noch näher erläutert.

1.1.1.1 Kontinuierliche und diskrete Signale

Wesentlich für die Nachrichtentechnik ist die Unterscheidung der Signale in *kontinuierliche* und in *diskrete* Signale. Die beiden Attribute „kontinuierlich" und „diskret" können sowohl den Zeitverlauf als auch den Wertebereich des Signals bezeichnen:

- *zeitkontinuierlich*: der Signalwert ist für jeden Zeitpunkt eines (kontinuierlichen) Zeitintervalls definiert
- *zeitdiskret*: der Signalwert ist nur für diskrete, meist äquidistante Zeitpunkte definiert
- *wertkontinuierlich*: der Wertebereich des Signals umfaßt alle Punkte eines Intervalls
- *wertdiskret*: der Wertebereich des Signals enthält nur diskrete Funktionswerte.

Da die Klassifizierung des Zeit- und des Wertebereichs unabhängig voneinander sind, gibt es insgesamt vier Kombinationsmöglichkeiten bzw. Signalklassen:

- *Zeit- und wertkontinuierlich.* Man spricht hierbei von einem analogen Signal.

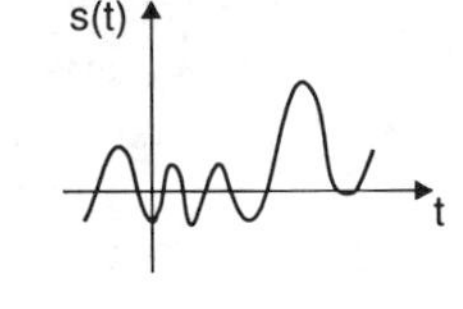

- *Zeitdiskret und wertkontinuierlich.* Man spricht hierbei von einem Abtastsignal. (Das Signal wird durch die dicken Punkte, nicht durch die gepunktete Linie beschrieben)

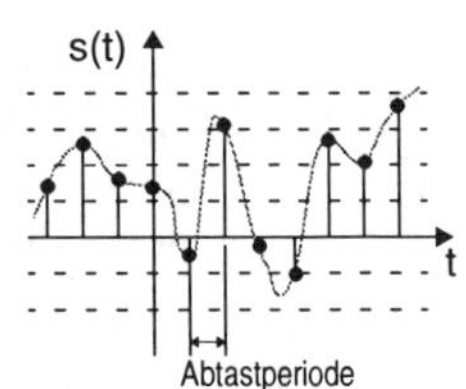

- *Zeitkontinuierlich und wertdiskret.* Man spricht hierbei von einem amplitudenquantisierten Signal.

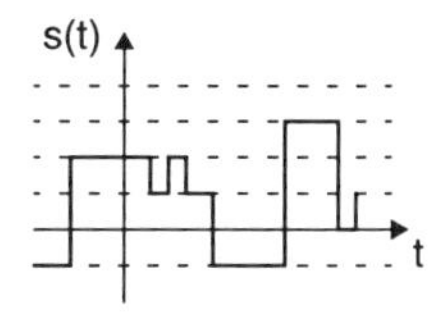

- *Zeitdiskret und wertdiskret.* Man spricht hierbei von einem digitalen Signal.

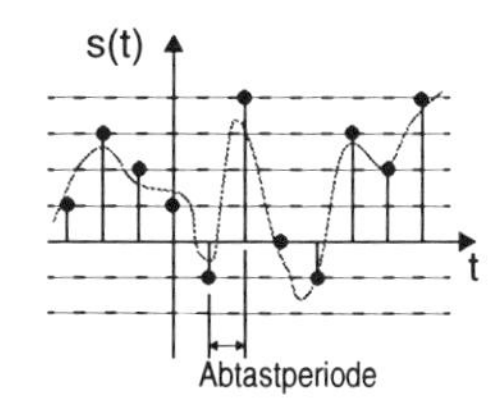

Abhängig von der Größe *M* der Wertemenge eines digitalen Signals unterscheiden wir in

- $M = 2$: binäres Signal
- $M = 3$: ternäres Signal
- $M = 4$: quaternäres Signal
- $M = 8$: okternäres Signal.

Bei der Signalübertragung ist es häufig notwendig, Signale aus einer der vier Klassen in Signale einer anderen Klasse umzuformen. Soll beispielsweise ein analoges Sprachsignal über einen Digitalkanal übertragen werden, muß das Analogsignal in ein Digitalsignal transformiert werden. Man spricht hierbei von einer Analog/Digital- bzw. *A/D-Wandlung*. Umgekehrt muß ein digitales Datensignal in ein Analogsignal gewandelt werden, bevor es über das analoge Telefonnetz übertragen werden kann. In diesem Fall spricht man von Digital/Analog- bzw. *D/A-Wandlung*. Tabelle 1-6 benennt die unterschiedlichen Transformationsarten. Bei den grau hinterlegten Feldern gibt es keinen eigenen Begriff, da diese Transformationen in der Praxis nicht vorkommen (die Felder auf der Diagonalen beschreiben sowieso nur die identische Transformation).

Aufgrund der physikalischen Eigenschaften lassen sich über reale Übertragungsmedien nur zeitkontinuierliche Signale übertragen. Zieht man weiterhin in Betracht, daß die realen Übertragungskanäle auch eine Tiefpaßwirkung zeigen, so ist ein übertragenes Signal auch immer wertkontinuierlich. Aus diesen Überlegungen heraus folgt, daß ein *physisch übertragenes Signal*

Tabelle 1-1: Signaltransformationen

		Ergebnissignal			
		zeitkontinuierlich wertkontinuierlich	zeitdiskret wertkontinuierlich	zeitkontinuierlich wertdiskret	zeitdiskret wertdiskret
Ausgangssignal	zeitkontinuierlich wertkontinuierlich		Abtastung	Quantisierung	A/D-Wandlung
	zeitdiskret wertkontinuierlich	Interpolation			Quantisierung
	zeitkontinuierlich wertdiskret	Glättung			Abtastung
	zeitdiskret wertdiskret	D/A-Wandlung		Interpolation	

immer ein Analogsignal ist. Wir können daher die Probleme der analogen Signalübertragung auch bei der digitalen Datenübertragung nicht ganz außer acht lassen. Wir werden uns deshalb im weiteren auch noch etwas näher mit analogen Übertragungssystemen beschäftigen (müssen).

1.1.1.2 Energie- und Leistungssignale

Jede physikalische Übertragung von Information bzw. Signalen benötigt Energie bzw. Leistung. Daher ist für die Datenübertragung neben der Einteilung von Signalen in zeit-/wertkontinuierliche bzw. -diskrete Signale auch eine Klassifizierung in Energie- und Leistungssignale wichtig.

Zur Berechnung der Energie bzw. der mittleren Leistung bei der Signalübertragung über ein physikalisches Medium soll hier ein ganz einfaches Leitungsmodell verwendet werden, um die Mathematik und Elektrotechnik so einfach wie möglich zu halten. Wir betrachten lediglich, wie sich die elektrische Energie bzw. Leistung an einem ohmschen Widerstand berechnet. Unser einfaches Leitungsmodell sieht dann folgendermaßen aus:

i(t)
u(t)
$R = \frac{u(t)}{i(t)}$

Abbildung 1-2: Einfaches Leitungsmodell

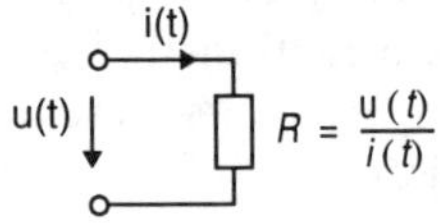

Die in einem Zeitintervall t_1 bis t_2 am Widerstand R geleistete Energie E beträgt

$$E = \int_{t_1}^{t_2} u(t)\, i(t)\, dt = \frac{1}{R}\int_{t_1}^{t_2} u^2(t)\, dt = R\int_{t_1}^{t_2} i^2(t)\, dt \qquad (1\text{-}1)$$

Die am Widerstand R abgegebene elektrische Energie ist demnach proportional zum Integral über das Quadrat einer Zeitfunktion, in diesem Fall entweder der zeitlich veränderlichen Spannung $u(t)$ bzw. des Stromes $i(t)$.

Entsprechend definiert sich die am Widerstand R abgegebene mittlere Leistung P als

$$P = \frac{1}{2t}\int_{-t}^{t} u(t)\, i(t)\, dt = \frac{1}{R}\frac{1}{2t}\int_{-t}^{t} u^2(t)\, dt = R\frac{1}{2t}\int_{-t}^{t} i^2(t)\, dt \qquad (1\text{-}2)$$

Mit den beiden Formeln 1-1 und 1-2 läßt sich nun definieren, was ein Energie- bzw. ein Leistungssignal ist. Wir sprechen von einem Energiesignal, wenn die am Widerstand abgegebene Energie über einem unendlichen Zeitintervall endlich ist. Entsprechend ist ein Signal ein Leistungssignal, wenn die mittlere Leistung über dem gesamten Zeitbereich endlich ist. Wir kommen damit zu folgenden Definitionen:

Energiesignal

Definition. Ein Signal $s(t)$, beschrieben durch die Spannung $u(t)$ oder den Strom $i(t)$, ist ein Energiesignal, wenn im Intervall $t = -\infty$ bis $t = \infty$ die am Widerstand abgegebene Energie E endlich ist:

$$0 < E = \int_{-\infty}^{\infty} s^2(t)\, dt < \infty \quad \square \qquad (1\text{-}3)$$

Leistungs-
signal

Definition. Ein Signal $s(t)$, beschrieben durch die Spannung $u(t)$ oder den Strom $i(t)$, ist ein Leistungssignal, wenn im Intervall $t = -\infty$ bis t = ∞ die am Widerstand eingesetzte mittlere elektrische Leistung P endlich ist:

$$0 < P = \lim_{t \to \infty} \frac{1}{2t}\int_{-t}^{t} s^2(t)\, dt < \infty \quad \square \qquad (1\text{-}4)$$

Es ist leicht zu zeigen, daß ein Leistungssignal kein Energiesignal sein kann, da in diesem Fall die im unendlichen Zeitintervall abgegebene Energie unendlich ist:

Leistungssignal $\Rightarrow E = \infty$.

Umgekehrt gilt auch, daß jedes Energiesignal kein Leistungssignal ist, da dann die mittlere Leistung im unendlichen Zeitintervall Null wird:

Energiesignal $\Rightarrow P = 0$.

Folgende Funktionen stellen einige Beispiele für Energie- und Leistungssignale dar. Prinzipiell gilt, daß Gleichsignale und periodische Signale in die Klasse der Leistungssignale fallen und daß transiente/aperiodische Signale (deterministische Signale endlicher Dauer) zu den Energiesignalen zu rechnen sind.

Abbildung 1-3: Beispiele für Energie- und Leistungssignale

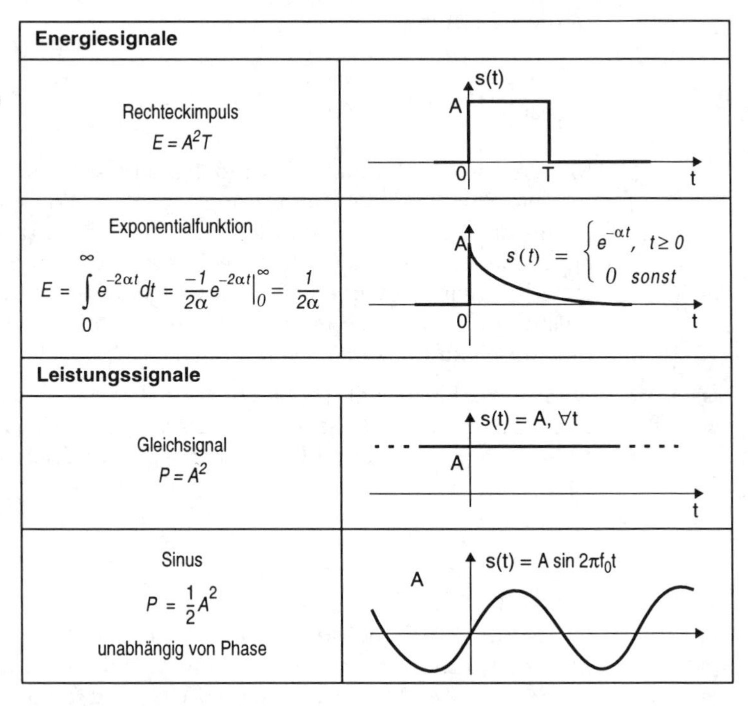

Zeitdiskrete Signale, egal ob wertkontinuierlich oder wertdiskret (letzteres sind die Digitalsignale), sind weder Energie- noch Leistungssignale, da sowohl die im unendlichen Zeitintervall abgegebene Energie als auch die Leistung Null sind. Da die physikalische Signalübertragung jedoch nur durch Energieeinsatz möglich ist, sehen wir, daß Digitalsignale nicht über physikalische Kanäle übertragbar sind.

Zeitdiskretes Signal

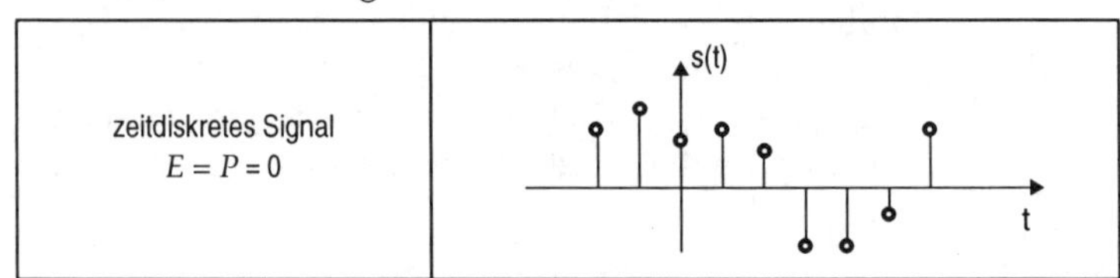

Ein für die Nachrichtentechnik wichtiges Signal endlicher Dauer ist der *Dirac-Impuls* δ(t). Dieses Signal ist ein Rechteckimpuls beliebig kurzer Zeitspanne 2τ mit einer Amplitude von 1/2τ:

Dirac-Impuls

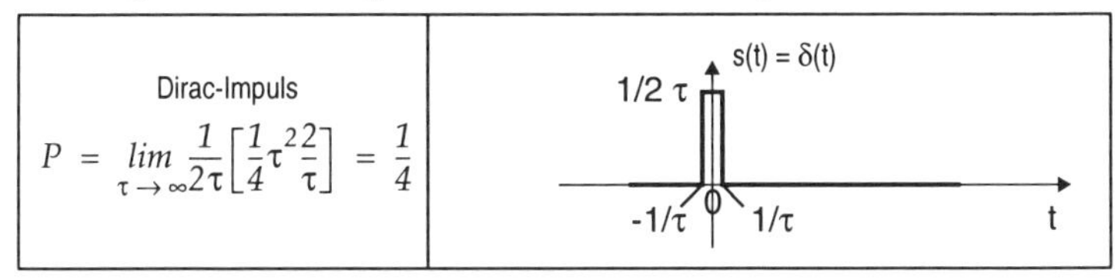

Das Zeitintervall [-1/τ, 1/τ] muß dabei als beliebig klein angesehen werden, d. h. τ → 0. Obwohl ein endliches Signal, gehört der Dirac-Impuls in die Klasse der Leistungssignale, da (per Definition) die mittlere Leistung endlich ist. Wie wir weiter unten noch sehen werden, ist der Dirac-Impuls wichtig zur Beschreibung und Analyse von Signalübertragungssystemen, auch wenn er physikalisch nicht erzeugt werden kann.

1.1.2 Approximation von Signalen mit Elementarfunktionen

Bisher haben wir einige Eigenschaften verschiedener Signale zur Informationsübertragung kennengelernt. Wir haben uns den Unterschied zwischen kontinuierlichen und diskreten sowie zwischen Energie- und Leistungssignalen betrachtet. Außerdem haben wir festgestellt, daß zur Informationsübertragung der Einsatz von Energie bzw. Leistung notwendig ist und daß damit in der Praxis nur analoge Signale über reale Übertragungsmedien gesendet werden können.

In diesem Abschnitt wollen wir uns nun ansehen, wie beliebige analoge Signale durch Reihen von Elementarfunktionen beschrieben werden können. Die Reihenzerlegung ist deshalb von Interesse, da die in der Praxis zur Datenübertragung meist verwendeten passiven Leitungen ein angenehmes lineares Verhalten besitzen. Dies bedeutet, daß, wenn wir die Zerlegung eines komplexen Signals in eine Überlagerung von Elementarfunktionen kennen, wir nur das Übertragungsverhalten einer Leitung für die (einfachen) Elementarfunktionen ermitteln müssen, um auch das Übertragungsverhalten für das komplexe Signal zu berechnen. Hierauf werden wir in Abschnitt 1.1.3 eingehen, wenn die linearen, zeitinvarianten Übertragungssysteme und die sogenannte Faltung angesprochen werden.

Sei *s(t)* ein beliebiges zeitkontinuierliches Signal. *s(t)* kann durch die Überlagerung von Elementarfunktionen $\Phi_k(t)$ approximiert werden, wobei der Approximationsfehler um so kleiner wird, je mehr Elementarfunktionen zur Approximation herangezogen werden. Umgekehrt kann man damit das zeitkontinuierliche Signal als Überlagerung dieser Elementarfunktionen betrachten.

$$\tilde{s}(t) = \sum_k c_k \cdot \Phi_k(t)$$ mit $\tilde{s}(t)$: Approximation von $s(t)$

$\Phi_k(t)$: Elementarfunktion, $k = 0, 1, 2, \ldots$

c_k: konstante Koeffizienten (1-5)

Zwei typische Elementarfunktionen sind die Rechteckfunktion (man spricht dabei von Treppenapproximation) und die Sinusfunktion. Letztere führt uns zur Beschreibung von periodischen Signalen durch Fourierreihen bzw. zur Beschreibung von allgemeineren, in der Praxis meist auftretenden aperiodischen Signalen (endlicher Dauer) durch die Fourier- oder die Laplace-Transformation.

Treppenapproximation

Bei der Treppenapproximation werden Rechteckimpulse mit gleicher Impulsweite T zur Approximation des Signals $s(t)$ verwendet.

Abbildung 1-4: Recheckimpulse mit

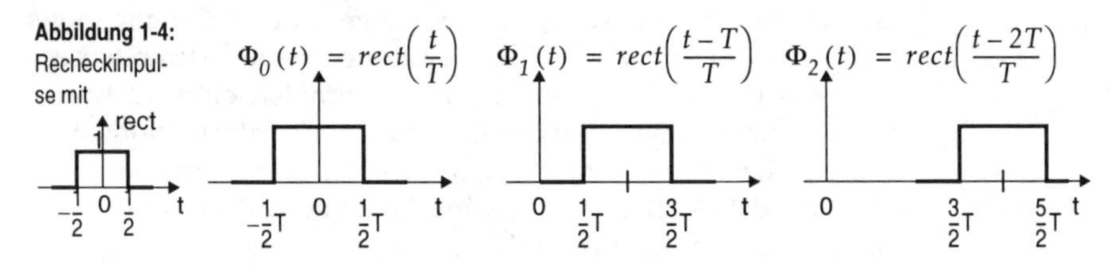

Die k-te Elementarfunktion $\Phi_k(t)$ lautet:

$$\Phi_k(t) = rect\left(\frac{t}{T} - k\right) = \begin{cases} 1 & \text{für } \left(kT - \frac{1}{2}T\right) < t \leq \left(kT + \frac{1}{2}T\right) \\ 0 & \text{sonst} \end{cases} \tag{1-6}$$

Folgende Abbildung zeigt nun die Approximation eines Signals $s(t)$ durch die Überlagerung von Rechteckimpulsen als Elementarfunktionen:

Abbildung 1-5: Signalapproximation durch Rechteckimpulse

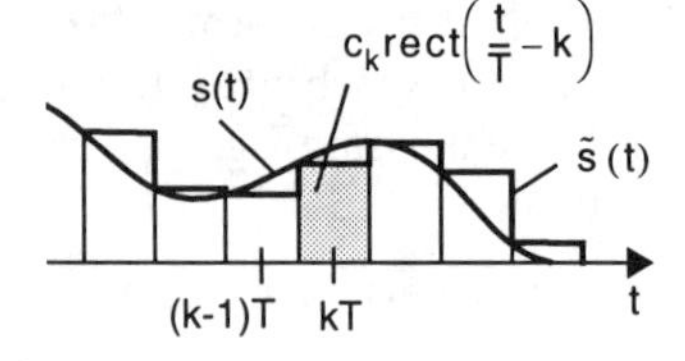

Die Approximation von *s(t)* durch die Rechteckimpulse lautet:

$$\tilde{s}(t) = \sum_{k=-\infty}^{\infty} c_k rect\left(\frac{t}{T} - k\right) \tag{1-7}$$

Je mehr Rechtecke zur Approximation herangezogen werden, um so kleiner wird die Impulsweite T und damit der Approximationsfehler.

Fourierreihe

Die Fourierreihe beschreibt ein *periodisches Signal s(t)* entweder

- als Summe von Sinus- und Cosinusschwingungen verschiedener Frequenzen

$$s(t) = A_0 + \sum_{n=1}^{\infty} A_n cos(n2\pi f_0 t) + \sum_{n=1}^{\infty} B_n sin(n2\pi f_0 t) \tag{1-8}$$

- oder als Summe von Cosinusfunktionen verschiedener Frequenzen und Phasenlagen

$$s(t) = A_0 + \sum_{n=1}^{\infty} C_n cos(n2\pi f_0 t - \varphi_n)$$

$$\text{mit} \quad C_n = \sqrt{A_n^2 + B_n^2}$$

$$\varphi_n = arctan(B_n / A_n) \tag{1-9}$$

Hierbei beschreiben:

- A_0 den Gleichanteil des Signals
- $2\pi f_0$ die Grundschwingung bzw. erste Harmonische
- $\omega_n = n2\pi f_0$ die (n-1)-te Oberwellen bzw. n-te Harmonische.

Die Darstellung der Fourierreihe einer Zeitfunktion *s(t)* ist das Amplitudenspektrum für Sinus- und Cosinusfunktionen im ersten Fall bzw. Amplituden- und Phasenspektrum für die Cosinusfunktionen im zweiten Fall. Diese Spektren zeigen die Amplituden A_n und B_n (bzw. Amplitude C_n und Phase φ_n) für alle $n \in \mathbb{N}$. Abbildung 1-6 zeigt das Amplituden- und das Phasenspektrum für ein gegebenes periodisches Signal *s(t)*.

Wie auch in dieser Abbildung 1-6 zu sehen ist, haben periodische Signale ein Linienspektrum. Die Spektrallinien haben einen festen Frequenzabstand $2\pi f_0$. Es ist leicht einzusehen, daß der Linienabstand im direkten Zusammenhang mit der Periodendauer T_P steht: $T_P = 1/2\pi f_0$. Einzelne Oberwellen lassen sich

Abbildung 1-6: Spektren der Fourierreihe

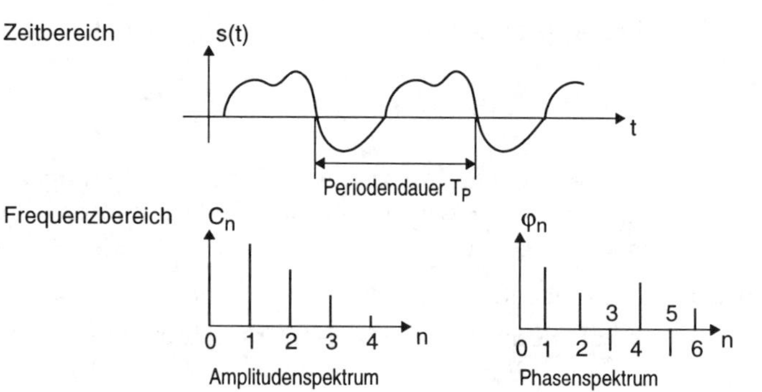

durch Bandfilter aus dem überlagerten Signal *s(t)* herausfiltern, wobei beim Weglassen von Oberwellen das Signal *s(t)* nur noch angenähert wird.

Je kürzer bzw. steiler ein Impuls in der Zeitfunktion *s(t)* ist, um so mehr Oberwellen treten im Frequenzspektrum auf. Dies ist gerade für die Digitaltechnik eine wichtige Feststellung, da ideale Rechteckimpulse senkrechte Flanken und damit ein unendlich breites Frequenzspektrum besitzen. Reale Leitungen zeigen jedoch immer eine Tiefpaßwirkung, d. h. sie dämpfen die Oberwellen mit steigendem Index immer mehr. Je drastischer diese Wirkung ist, um so mehr wird das Rechtecksignal, z. B. ein Taktsignal, verformt. Wir werden hierauf gleich noch einmal näher eingehen.

Fouriertransformation

Der Nachteil der Beschreibung von Signalen durch die Spektren der Fourierreihe liegt darin, daß wir mit der Fourierreihe nur periodische Signale beschreiben können. Sieht man vom eben angesprochenen Taktsignal ab, so sind die praxisrelevanten Signale der Informationstechnik jedoch im allgemeinen aperiodisch und beginnen zu einem Zeitpunkt t_0. Hier ist der Ansatz der Fourierreihe nicht anwendbar.

Zur Beschreibung von *aperiodischen, endlichen Signalen* wenden wir einen kleinen mathematischen Trick an. Wir betrachten einfach das endliche Signal als *eine* Periode eines periodischen Signals mit unendlicher Periodendauer $T_P = \infty$ (vgl. Abbildung 1-6). Für die Grenzwertbetrachtung $T_P \rightarrow \infty$ ergeben sich folgende Änderungen bei der Fourierreihenzerlegung:

- aus dem diskreten Linienspektrum wird ein kontinuierliches Spektrum (die Linien wachsen mit steigender Periodendauer

T_P beliebig eng zusammen); wir erhalten damit eine kontinuierliche Spektralfunktion

- die Summation der Reihenzerlegung geht in eine Integration über.

Der Zusammenhang zwischen dem Zeitsignal *s(t)* und dem zugehörigen Frequenzspektrum *S(f)* wird durch die Fouriertransformation beschrieben: $s(t) \circ\!\!-\!\!\bullet\ S(f)$

$$S(f) = \int_{-\infty}^{\infty} s(t) \cdot e^{-j2\pi ft} dt \quad \text{Fourier-Integral}$$

$$s(t) = \int_{-\infty}^{\infty} S(f) \cdot e^{j2\pi ft} df \quad \text{Fourier-Rückintegral} \qquad (1\text{-}10)$$

Bei diesen Integralen verwendet die Elektrotechnik statt der Cosinusfunktion die äquivalente komplexe Schreibweise $e^{j2\pi ft}$. Auf die genaue Herleitung der Fouriertransformation soll jedoch verzichtet werden. Ein an der Elektrotechnik näher interessierter Leser sei an dieser Stelle auf die vielseitige Literatur, z. B. [Pau95, StR82], verwiesen. Hier soll lediglich ein typisches Fourierspektrum *S(f)* anhand eines Beispiels dargestellt werden.

Abbildung 1-7: Fourierspektrum

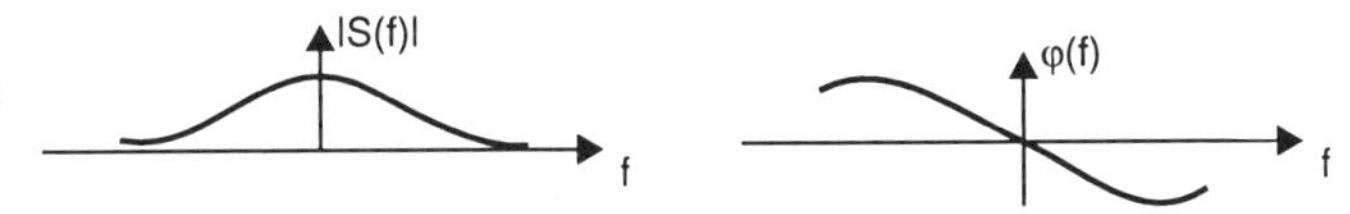

Das Fourierspektrum ist im allgemeinen komplexwertig:

$$S(f) = |S(f)| \cdot e^{j\varphi(f)}$$

und besteht wie bei der Fourierreihe aus einem Amplitudenspektrum $|S(f)|$ und einem Phasenspektrum $\varphi(f)$. Bei reellwertigen Signalen gilt stets:

$$|S(f)| = |S(-f)|$$
$$\varphi(f) = -\varphi(-f).$$

Folgende Tabelle zeigt den Zusammenhang zwischen der Zeitfunktion *s(t)* und dem Fourierspektrum *S(f)* für einige Beispielsignale. Interessant in diesem Zusammenhang ist die Tatsache, daß sich die Funktionen Konstante/Dirac-Stoß bzw. Rechteck/Si-Funktion im Zeit- und Frequenzbereich dual zueinander verhalten.

Tabelle 1-2: Zeitfunktionen und Frequenzspektren

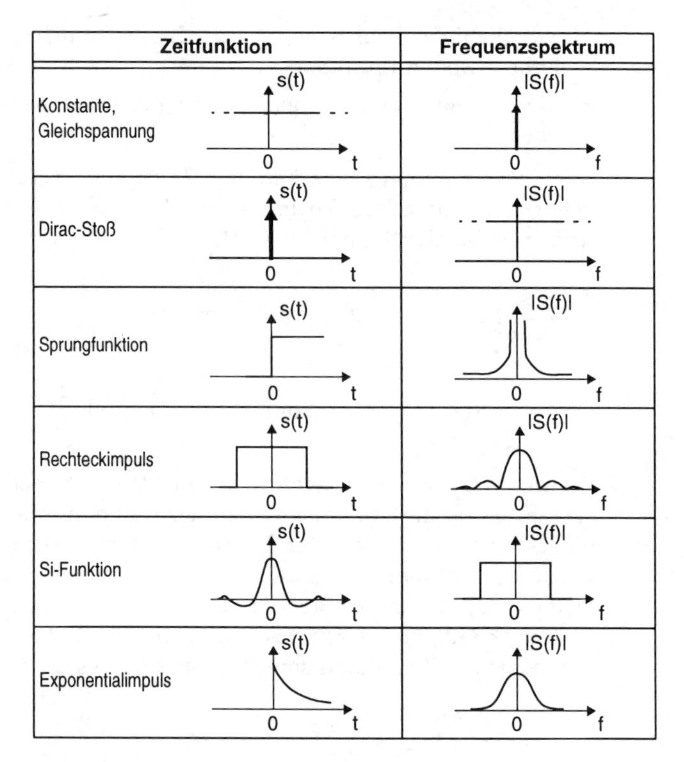

1.1.3 Übertragungssysteme, Abtastsysteme

Nachdem wir uns einige elektrotechnische Grundlagen bezüglich der informationstragenden Signale betrachtet haben, sollen nun Grundlagen zu den Übertragungssystemen erörtert werden. Da eine Behandlung aller Aspekte dieses Themas hier nicht möglich ist, wollen wir uns im folgenden vor allem auf die Signalübertragung mittels Leitungen beschränken, da dies für Bussysteme und Rechnernetze von größter Bedeutung ist.

Zur Definition des Begriffs *Übertragungssystem* möchte ich auf die Definition der Systemtheorie zurückgreifen. Diese definiert ein (Übertragungs-) System als ein an der Wirklichkeit orientiertes mathematisches Modell zur Beschreibung des Übertragungsverhaltens einer komplexen Anordnung. Das Modell ist eine mathematisch eindeutige Zuordnung eines Eingangssignals zu einem Ausgangssignal. Die Zuordnung wird meist als Transformation bezeichnet. Mit dieser Definition haben wir folgende

Struktur:

Abbildung 1-8: Übertragungssystem

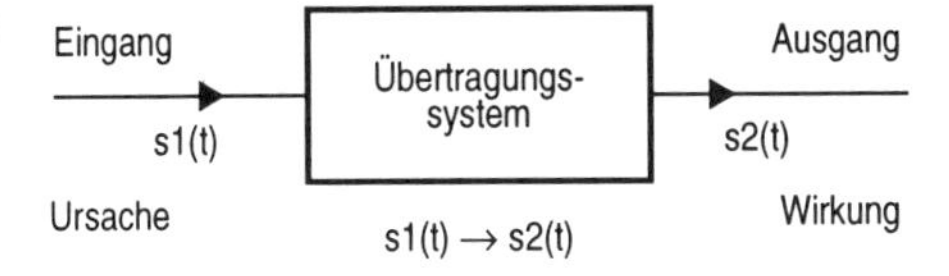

Es wird nun für ein gegebenes reales System nach dem Zusammenhang zwischen *Systemerregung* (Eingangssignal, Ursache), dem *System* selbst und der *Wirkung* (Systemausgangsgröße) gesucht. Während die Systemtheorie sich ganz allgemein für beliebig komplexe Systeme interessiert, werden wir uns auf passive Signalübertragungsmedien wie Leitungen und Funk einschränken. Diese fallen in die auf Seite 16 beschriebene Klasse der linearen, zeitinvarianten Systeme.

Ein typisches Beispiel für ein solches Übertragungssystem ist das Modell einer Doppeldrahtleitung, wie sie in der Praxis sehr häufig vorkommt. Beispiele im Nachrichtenaustausch wären verdrillte Zweidrahtleitungen (engl.: Twisted Pair) als Telefonanschluß oder zur Ankopplung eines Computers an ein lokales Netz (LAN). Ein einfaches Modell einer solchen Doppeldrahtleitung ist in Abbildung 1-9 dargestellt. Dieses kompakte Modell beschreibt eine Leitung recht genau, solange die Leitung im Vergleich zur Wellenlänge des übertragenen Signals kurz ist. Bei langen Leitungen muß jedoch die wellenartige Ausbreitung des Signals entlang der Leitung mit in Betracht gezogen werden, wobei komplexere Leitungsmodelle benötigt werden. Hierauf werden wir noch in Abschnitt 1.1.6 eingehen.

Zur Analyse des Übertragungsverhaltens der Doppeldrahtleitung werden häufig einige Vereinfachungen angenommen. So wird zum Beispiel der Innenwiderstand der Signalquelle R_i mit Null angenommen und der Lastwiderstand R_L, der die Signalsenke modelliert, zu unendlich gesetzt. Als Eingangssignal wird meist ein Sprung oder ein Rechtecksignal verwendet. Je nach Frequenz des Signals und der Ausbildung der Leitung kann eventuell auch auf das eine oder andere Bauteil zur Modellierung der Leitung (z. B. die Spule) verzichtet werden.

Ein großer Vorteil bei der Systemanalyse dieser Zweidrahtleitung ist ihr lineares Übertragungsverhalten. Dies bedeutet, daß die Systemantwort auf ein zusammengesetztes Signal die Zu-

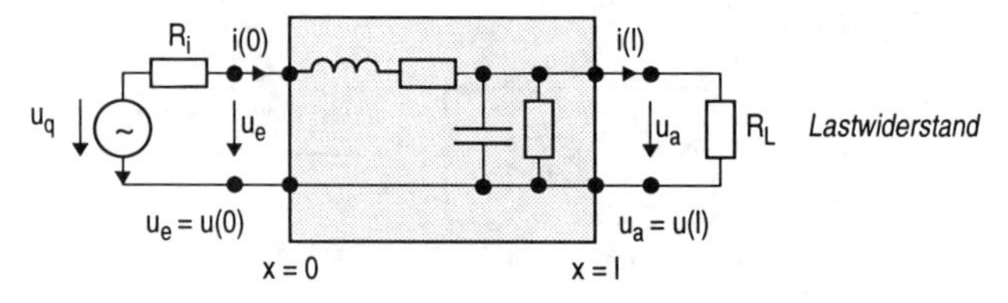

Abbildung 1-9: Physikalisches Modell einer Doppeldrahtleitung

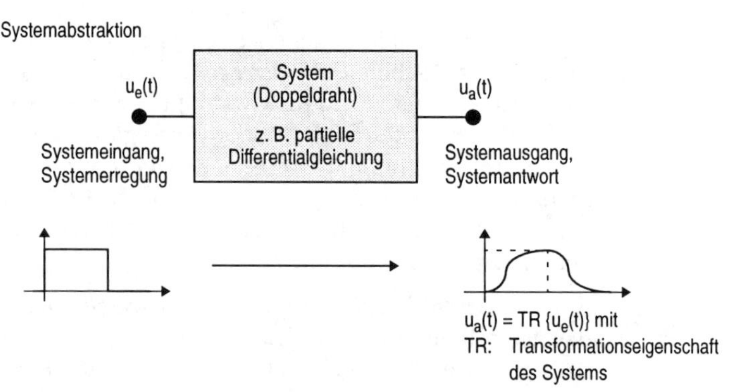

sammensetzung der Systemantworten auf die Einzelsignale ist. Damit ist es vielfach möglich, lediglich die Systemeigenschaften für einfache Grundsignale zu studieren, um auch Kenntnisse über das Verhalten bei komplizierteren Signalen zu erlangen. Hierauf soll nun etwas präziser eingegangen werden.

1.1.3.1 Lineare, zeitinvariante Übertragungssysteme

Alle Systeme bestehend aus linearen, passiven Bauteilen wie Widerständen, Kondensatoren und Spulen (z. B. unsere Zweidrahtleitung) sind linear und zeitinvariant. Was dies bedeutet, beschreiben die folgenden beiden Definitionen:

Definition. Ein (Übertragungs-) System heißt *zeitinvariant*, wenn für jeden festen Wert t_0 und jedes Signal $s_1(t)$ gilt:

wenn $s_1(t) \rightarrow s_2(t)$

dann $s_1(t+t_0) \rightarrow s_2(t+t_0)$. ❑

Diese Definition sagt im Prinzip nichts anderes aus, als daß sich ein zeitinvariantes Übertragungssystem zu jeder Zeit gleich verhält. Ist die Systemantwort auf ein Erregersignal s_1 zum Zeitpunkt t gleich s_2, dann ist die Systemantwort auf s_1 auch zu jedem anderen Zeitpunkt $t+t_0$ gleich s_2.

linear

Definition. Ein (Übertragungs-) System heißt *linear,* wenn für jede Konstante a und beliebige Signale $u_1(t)$, $v_1(t)$ gilt:

wenn $u_1(t) \rightarrow u_2(t) = G\{u_1(t)\}$
und $v_1(t) \rightarrow v_2(t) = G\{v_1(t)\}$
dann gelten:

$$G\{u_1(t) + v_1(t)\} = G\{u_1(t)\} + G\{v_1(t)\}$$

Überlagerungsprinzip

und

$$G\{a \cdot u_1(t)\} = a \cdot G\{u_1(t)\}$$

Proportionalitätsprinzip. ❑

Mit dieser Definition wird das auf Seite 15 beschriebene Verhalten ausgedrückt. Besteht ein komplexes Signal $s(t)$ aus der Überlagerung von einfacheren Signalen $s(t) = u_1(t) + v_1(t)$, dann ist die Systemantwort G auf $s(t)$ gleich der Überlagerung der Systemantworten auf die Signale $u_1(t)$ und $v_1(t)$, d. h. $G\{s(t)\} = G\{u_1(t)\} + G\{v_1(t)\}$. Ähnliches gilt auch für ein Signal $s(t) = a \cdot u_1(t)$.

Diese Eigenschaften linearer, zeitinvarianter Übertragungssysteme wollen wir nun ausnutzen, um die Systemantwort auf ein beliebiges Erregersignal zu berechnen. Hierzu hat die Elektrotechnik gezeigt, daß das Übertragungsverhalten eines *linearen, zeitinvarianten Übertragungssystems* durch seine *Impulsantwort* $h(t)$, d. h. durch die Systemantwort auf einen Dirac-Impuls $\delta(t)$, vollständig beschrieben ist. Der Zusammenhang zwischen Eingangssignal $s_1(t)$ und Ausgangssignal $s_2(t)$ führt zum sogenannten *Faltungsintegral,* das hier kurz und auf anschauliche Weise hergeleitet werden soll.

Herleitung des Faltungsintegrals

1. Schritt. Zur Herleitung des Faltungsintegrals betrachten wir zunächst die Systemantwort $g^{(n)}(t)$ auf einen einzelnen Rechteckimpuls $r^{(n)}(t)$ mit der Fläche 1:

$$r^{(n)}(t) = \begin{cases} \frac{n}{T}, & 0 \le t < \frac{T}{n} \\ 0 & sonst \end{cases} \tag{1-11}$$

Wie die Definition des Rechteckimpulses $r^{(n)}(t)$ zeigt, wird die Impulsdauer mit steigenden n immer kleiner, wobei die Fläche des Rechtecks konstant bleibt. Für $n \rightarrow \infty$ geht demnach der Rechteckimpuls in den Dirac-Impuls (s. Seite 9) über.

Abbildung 1-10: Systemantwort auf einen Rechteckimpuls konstanter Fläche mit schrinkender Impulsbreite

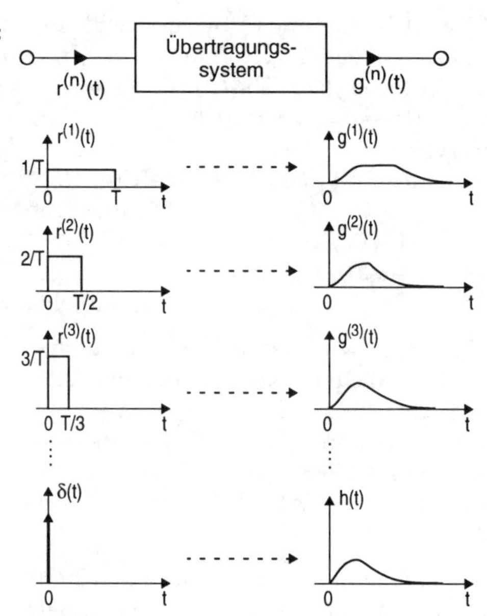

2. Schritt. Wir berechnen nun die Antwort $g^{(n)}(t)$ auf ein allgemeines Eingangssignal $s_1(t)$. Hierzu approximieren wir das Signal $s_1(t)$ durch Rechteckimpulse, deren Impulsbreiten wir wie oben immer schmaler werden lassen, bis wir vom Rechteck zum Dirac-Stoß kommen.

Nehmen wir an, $s_1(t)$ habe eine Länge (Dauer) von $L{\cdot}T$. $s_1(t)$ werde durch die Summe von verschobenen, gewichteten Rechteckimpulsen $r^{(n)}(t)$ approximiert. $\tilde{s}^{(n)}(t)$ bezeichne die Signalapproximation von $s_1(t)$ (Abbildung 1-11).

Rufen wir uns die Formel 1-11 von oben in Erinnerung, so stellen wir fest, daß $r^{(n)}\left(t-k\frac{T}{n}\right)$ nur im Intervall $k\frac{T}{n} \le t < (k+1)\frac{T}{n}$ nicht Null ist. Entsprechend läßt sich nun das Signal $s_1(t)$ durch folgende Summe einzelner Rechtecke approximieren:

$$\tilde{s}_1^{(n)}(t) = \sum_{k=1}^{nL} s_1\left(k\frac{T}{n}\right) \cdot \frac{T}{n} \cdot r^{(n)}\left(t-k\frac{T}{n}\right) \qquad (1\text{-}12)$$

Mit der Impulsantwort $g^{(n)}(t)$ auf den Rechteckimpuls $r^{(n)}(t)$ gilt dann für beliebiges n:

Abbildung 1-11: Entwicklung des Faltungsintegrals

n = 1:

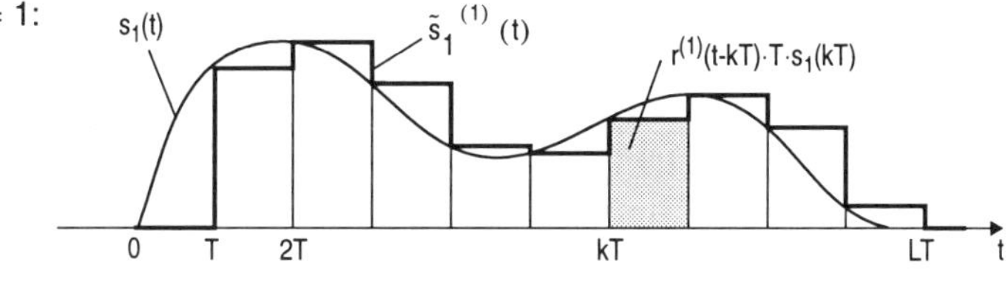

n = 2:

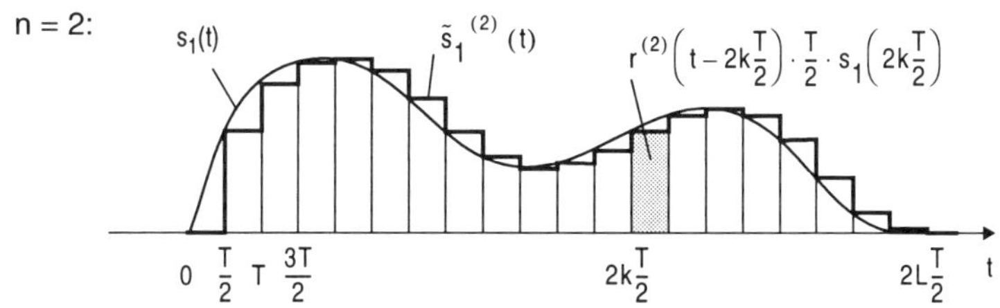

$$\tilde{s}_1^{(n)}(t) = \sum_{k=1}^{nL} s_1\left(k\frac{T}{n}\right) \cdot \frac{T}{n} \cdot r^{(n)}\left(t - k\frac{T}{n}\right) \rightarrow$$

$$\tilde{s}_2^{(n)}(t) = \sum_{k=1}^{nL} s_1\left(k\frac{T}{n}\right) \cdot \frac{T}{n} \cdot g^{(n)}\left(t - k\frac{T}{n}\right) \qquad (1\text{-}13)$$

Nun lassen wir n beliebig groß werden, d. h. die Impulsbreite der Rechteckimpulse wird beliebig schmal. Für $n \rightarrow \infty$ wird aus dem Rechteckimpuls der Dirac-Impuls. Insbesondere gilt für $n \rightarrow \infty$:

- $\frac{T}{n} = d\tau; \quad k\frac{T}{n} = \tau$
- $r^{(n)}(t) \rightarrow \delta(t)$ (Dirac-Impuls)
- $g^{(n)}(t) \rightarrow h(t)$ (Signalantwort auf Dirac-Impuls) (1-14)

Mit $n \rightarrow \infty$ konvergieren die Signalapproximationen $\tilde{s}_1^{(n)}(t)$ und $\tilde{s}_2^{(n)}(t)$ gegen die Signale $s_1(t)$ und $s_2(t)$, da die Fläche des um τ verschobenen Dirac-Impulses $\delta(t\text{-}\tau)$ gleich Eins ist:

$$\lim_{n \rightarrow \infty} \tilde{s}_1^{(n)}(t) = \int_0^{LT} s_1(\tau) \cdot \delta(t-\tau)\, d\tau = s_1(t) \cdot \int_0^{LT} \delta(t-\tau)\, d\tau = s_1(t)$$

$$\lim_{n \rightarrow \infty} \tilde{s}_2^{(n)}(t) = \int_0^{LT} s_1(\tau) \cdot h(t-\tau)\, d\tau = s_2(t) \; . \qquad (1\text{-}15)$$

Für nicht zeitbegrenzte Signale gilt dann:

Faltungsintegral

$$s_2(t) = \int_{-\infty}^{\infty} s_1(\tau) \cdot h(t-\tau)\, d\tau = s_1(t) * h(t) \,. \tag{1-16}$$

Mit Hilfe dieser Integralfunktion, die man *Faltungsintegral* nennt, ist es nun möglich, bei Kenntnis der Systemantwort auf den Dirac-Impuls $\delta(t) \rightarrow h(t)$ auch die Systemantwort $s_2(t)$ auf das Erregersignal $s_1(t)$ zu ermitteln.

Beispiel. Die Bestimmung der Signalantwort auf ein beliebiges Erregersignal soll nun anhand eines Beispiels dargestellt werden. Um das Beispiel einfach und verständlich zu gestalten, wird als Erregersignal ein Rechteckimpuls gewählt, wie er für die digitale Datenübertragung typisch ist. Zur Erläuterung der Faltung wird eine graphische Darstellung gewählt.
Folgende Abbildung zeigt ein Rechteckimpuls der Dauer T_1 als Erregersignal $s_1(t)$ und eine Exponentialfunktion $h(t)$ als Systemantwort auf einen Dirac-Impuls, wie sie für passive Leitungen typisch ist.

Abbildung 1-12: Erregersignal und Systemantwort auf Dirac-Stoß für ein Beispiel

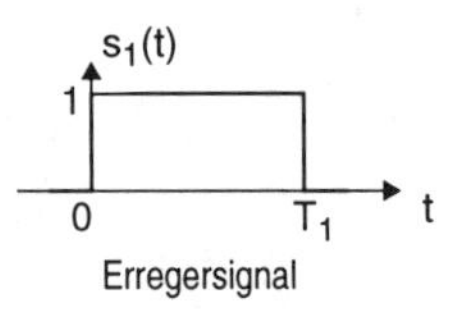

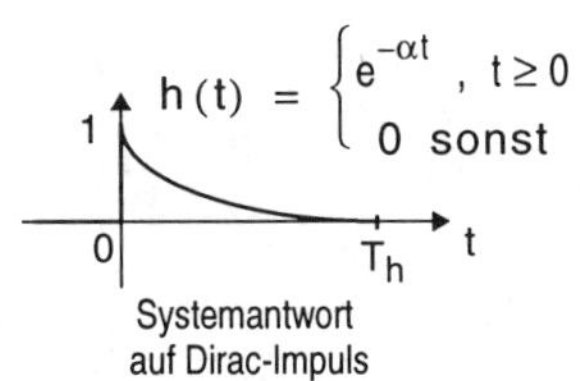

Zur Berechnung des Faltungsintegrals mit der Integrationsvariablen τ werden die beiden Funktionen $s_1(t)$ und $h(t)$ auf der τ-Achse aufgetragen. Für $t = 0$ ergibt sich $h(-\tau)$. Die Impulsantwort erscheint gespiegelt oder gefaltet (daher auch der Name *Faltung*). Für $t > 0$ wird die zeitinverse Impulsantwort nach rechts verschoben. Für jede Position ist das Integral über das Produkt $s_1(\tau) \cdot h(t-\tau)$ zu bilden (siehe Formel 1-16). ❑

Abbildung 1-13: Faltungsbeispiel. Graphische Erläuterung des Faltungsintegrals.

Faltungsberechnung:

Faltungsintegral:

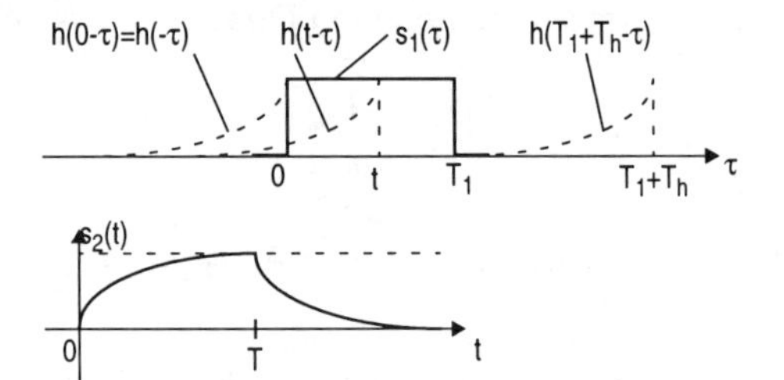

Systemanalyse im Frequenzbereich

Zur Analyse komplexerer Übertragungssysteme führt die Elektrotechnik meist eine Transformation vom Zeitbereich in den Frequenzbereich durch. Hierzu werden Transformationen wie zum Beispiel die Fouriertransformation oder die dazu ähnliche *Laplace*-Transformation[1] ausgeführt. Mit dem Übergang vom Zeit- in den Frequenzbereich gehen komplexe Operationen der Differentiation und Integration (z. B. die eben beschriebene Faltung) in einfachere algebraische Operationen (z. B. Multiplikation und Division) mit komplexen Variablen über. Aus komplexen Differentialgleichungssystemen werden dann relativ einfach zu lösende lineare Gleichungssysteme. Nach Analyse des Übertragungssystems im Frequenzbereich muß jedoch das Ergebnis wieder in den Zeitbereich zurücktransformiert werden. Auch wenn die beiden Transformationen zu Beginn und am Ende der Systemanalyse einen gewissen Aufwand bedeuten, so ist doch meist die gesamte Systemanalyse im Frequenzbereich einfacher als direkt im Zeitbereich.

Zum Abschluß dieses Abschnitts über die Analyse von Übertragungssystemen möchte ich darauf hinweisen, daß die hier vorgestellte Theorie nur eine ganz oberflächliche Betrachtung der Nachrichtentheorie, einem Teilgebiet der Elektrotechnik, ist. Es sollte hiermit nur ein Eindruck und ein Gefühl dafür vermittelt werden, wie Übertragungssysteme sich auf die Signalübertragung auswirken und wie diese Auswirkung berechnet werden kann. Dieses Wissen ist schon deshalb wichtig, da der Einfluß der Übertragungsmedien (z. B. Kupfer- oder Glasfaserleitungen) auf die Signalform mit steigenden Taktfrequenzen und Übertragungsgeschwindigkeiten immer größer werden. Selbst für die relativ kurzen Leitungen innerhalb eines Prozessorchips müssen heute bereits bei den aktuellen Technologien (ca. 200 MHz Takt und ca. 0,5 µm Strukturbreiten) komplexe Übertragungsmodelle berechnet werden, um die Leistung des Prozessors zu bestimmen.

1. Die Ausführung der Fouriertransformation verlangt einige mathematische Voraussetzungen, die von vielen praxisrelevanten Funktionen nicht gegeben sind. Um dies zu umgehen, verwendet man einen leicht modifizierten Exponenten im Transformationsintegral. Man spricht dann von der Laplace-Transformation. Interessierte Leser seien an dieser Stelle auf die Literatur, z. B. [Pau95], verwiesen.

1.1.3.2 Abtastsysteme

Nachdem wir uns den Einfluß analoger Übertragungskanäle auf zu übertragende Signale betrachtet haben, soll nun der Zusammenhang zwischen Analog- und Digitalsignalen erörtert werden, bevor wir im folgenden Abschnitt die Übertragung von Analog- und Digitalsignalen über analoge Breitbandleitungen untersuchen.

Ein großer Nachteil bei der analogen Informationsübertragung, z. B. Telefon oder Rundfunk, liegt darin, daß analoge Signale sehr sensibel gegenüber Störungen sind. Jeder hat schon einmal den Qualitätsverlust bei der analogen Signalübertragung erfahren: sei es durch schlechten Radioempfang aufgrund widriger Wettersituationen oder durch Störungen beim Telefonieren. Nicht zuletzt aus diesem Grund hat im HiFi-Bereich die digitale Audio-CD einen solchen Siegeszug gegenüber der analogen Schallplatte erfahren. Im vorangegangenen Abschnitt haben wir gesehen, daß bereits eine einfache Kupferleitung das Analogsignal verfälscht (siehe Beispiel auf Seite 16).

Aus all diesen Gründen liegt es nahe, zu versuchen, ein vorliegendes Analogsignal (Sprache, Musik, Video, etc.) zu digitalisieren, bevor es über ein Übertragungssystem gesendet wird. Hierbei besteht die Hoffnung, daß das digitalisierte Signal auch bei leichten Verfälschungen (der Rechtecksignale) am Empfangsort noch exakt interpretiert werden kann. Daß es möglich ist, digitale Signale irgendwie ohne Verfälschungen zu übertragen, zeigt seit Jahren der Datenaustausch zwischen Computern[1]. Die Frage die wir uns nun stellen müssen, ist die, ob es auch möglich ist, das vorliegende Analogsignal verlustfrei zu digitalisieren und am Empfangsort wieder exakt zu rekonstruieren. Hierzu wollen wir uns jetzt die zugrundeliegende Theorie ein wenig ansehen. Das wichtigste physikalische Gesetz, das wir in diesem Zusammenhang kennenlernen werden, ist das *Abtasttheorem*.

Der wesentliche Vorgang beim Umsetzen eines Analogsignals in ein Digitalsignal ist das Abtasten des Analogsignals in äquidistanten Zeitschritten. Hierzu sei folgende Abtastanordnung gegeben:

---

1. Auf die Probleme bei der Übertragung digitaler Signale und die Möglichkeiten zur korrekten Datenübertragung wird später noch vertieft eingegangen.

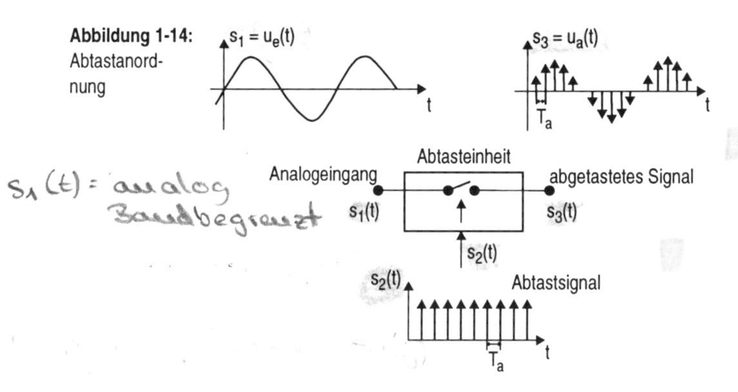

Abbildung 1-14: Abtastanordnung

Zur Abtastung nehmen wir an, daß das Analogsignal (oder allgemeiner: das zeitkontinuierliche Signal) $s_1(t)$ bandbegrenzt ist[1]. Dies bedeutet, daß alle Spektralanteile des Frequenzspektrums $S_1(f)$ innerhalb einer Frequenzbandbreite f_g liegen. Wie wir noch sehen werden, ist dies eine notwendige Voraussetzung zur verlustfreien Abtastung. Generell ist diese Forderung keine Einschränkung, da alle in der Praxis vorkommenden Analogsignale bandbegrenzt sind. Andererseits kann es jedoch vorkommen, daß die Grenzfrequenz f_g zur verlustfreien Abtastung durch eine real gegebene Abtasteinheit zu hoch ist. Wie groß diese Grenzfrequenz sein darf, soll nun bestimmt werden.

Abbildung 1-15 zeigt die Zeitverläufe und die Spektren der drei Signale s_1, s_2 und s_3 aus Abbildung 1-14. Die Zeitfunktionen sind in der linken Hälfte und die Frequenzspektren in der rechten Hälfte der Abbildung 1-15 dargestellt.

Das Abtastsignal s_2, das zum Schließen des Schalters in der Abtasteinheit dient, besitzt ein unendliches Linienspektrum. Es ist das Resultat der periodischen Impulse der Breite Null[2] im Abstand T_a. Der Abstand der Spektrallinien beträgt $f_a = 1/T_a$.

In der obersten Zeile von Abbildung 1-15 ist ein Analogsignal $s_1(t)$ mit seinem Frequenzspektrum $S_1(f)$ dargestellt, das als Eingangssignal der Abtasteinheit dienen soll. Durch die Überlagerung des Eingangssignals $s_1(t)$ mit dem Abtastsignal $s_2(t)$ ergibt

1. Da bei bandbegrenzten Signalen keine Sprünge auftreten können, fallen alle bandbegrenzten zeitkontinuierlichen Signale in die Unterklasse der Analogsignale.
2. In Tabelle 1-2 wurde gezeigt, daß das Frequenzspektrum des Dirac-Stoßes unendlich ist.

ZEITFUNKTION FREQUENZSPEKTRUM

Abbildung 1-15: Zeitverläufe und Frequenzspektren

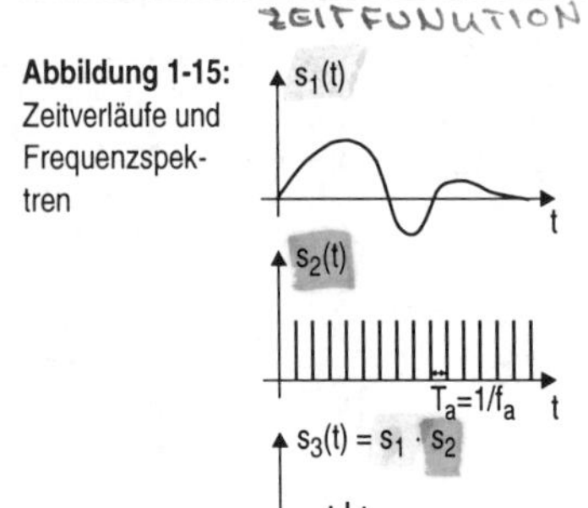

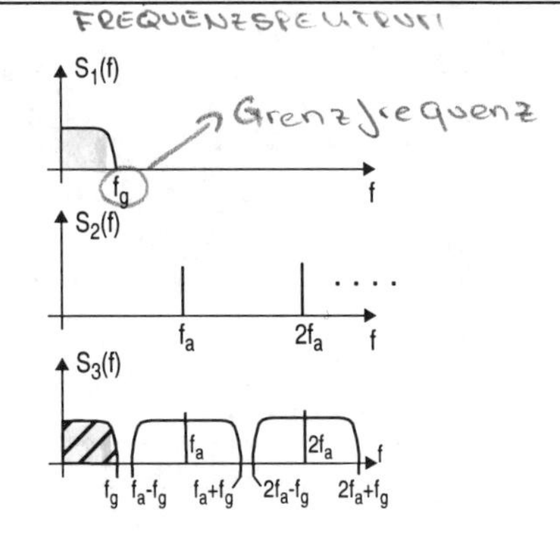

sich das abgetastete Signal $s_3(t)$ mit dem zugehörigen Frequenzspektrum $S_3(f)$. Die schraffierte Fläche ist gleich dem Originalspektrum $S_1(f)$, das nun an die Stellen f_a, $2f_a$, $3f_a$, ... kopiert wurde und zwar rechts von den Frequenzen f_a, $2f_a$, ... in seiner ursprünglichen Form und links davon gespiegelt. Diese Vervielfältigung des Spektrums $S_1(f)$ aufgrund der Abtastung wird weiter unten bei der Beschreibung der Modulation noch einmal aufgegriffen. An dieser Stelle sei darauf hingewiesen, daß in der Praxis, wo wir schmale Rechteckimpulse als Abtastsignal verwenden, die Amplitude des Spektrums $S_2(f)$ und damit auch die von $S_3(f)$ mit zunehmender Frequenz abnehmen (d. h. die Seitenbänder werden immer kleiner).

Nach Übertragung des abgetasteten, zeitdiskreten Signals muß dieses beim Empfänger in ein zeitkontinuierliches Signal zurückgewandelt werden. Die Frage, die wir uns nun stellen wollen, ist folgende: Wie groß muß die Abtastfrequenz f_a sein, damit das zeitkontinuierliche Originalsignal $s_1(t)$ auf der Empfangsseite wieder eindeutig (rück-) konstruiert werden kann?
Zur Beantwortung dieser Frage hilft uns das *Abtasttheorem.*

Abtasttheorem

Satz. Die Zeitfunktion $s(t)$ mit einem Frequenzspektrum im Intervall 0 bis f_g (f_g = Grenzfrequenz) wird durch Abtastsignale vollständig beschrieben, wenn

$$f_a \geq 2 \cdot f_g \quad \text{ist} \quad (f_a\text{: Abtastfrequenz}).$$

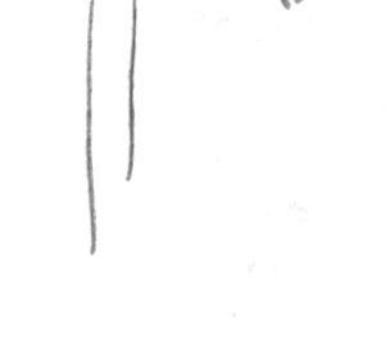

Dies bedeutet, daß die Abtastfrequenz f_a mindestens doppelt so groß sein muß, wie die maximale Signalfrequenz f_g. ❑

Begründung. Dieser äußerst wichtige Zusammenhang zwischen dem Frequenzband (Frequenzspektrum) des abzutastenden Analogsignals und der Abtastfrequenz soll nun kurz

Abtastfrequenz fa muß mind. doppelt so groß sein wie die Grenzfrequenz fg

begründet werden. Dabei wird bewußt auf einen formalen Beweis zugunsten einer einfachen Plausibilitätsbetrachtung verzichtet. Wir werden die Spektren der Fälle betrachten, bei denen das Abtasttheorem eingehalten bzw. verletzt wird.
Zunächst wollen wir uns den Grenzfall betrachten, d. h. das Abtasttheorem wird (gerade noch) eingehalten: $T_a = \frac{1}{f_a} = \frac{1}{2f_g}$.
Dies wird durch folgende Abbildung veranschaulicht.

Abbildung 1-16: Abtasttheorem gerade eingehalten:

$$T_a = \frac{1}{2f_g}$$

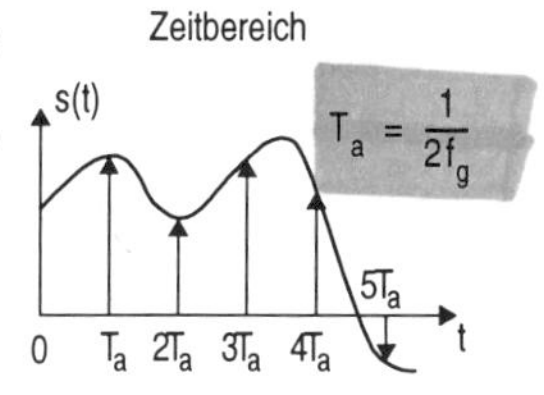

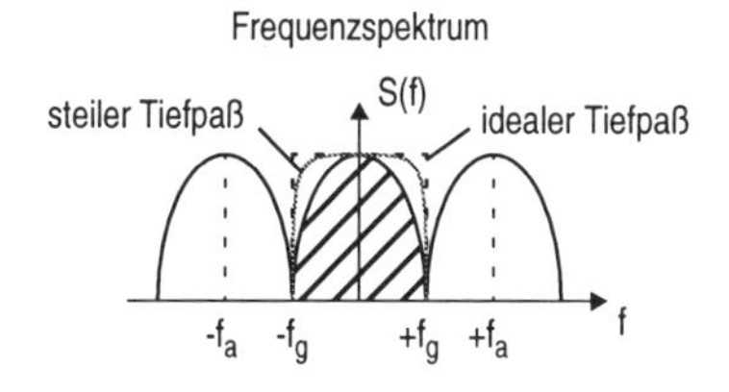

Wir haben oben gesehen, daß alle Seitenbänder des abgetasteten Signals die Breite $2f_g$ haben, so daß sich die Bänder bei einer Abtastfrequenz $f_a = 2f_g$ gerade berühren (siehe rechte Hälfte der Abbildung 1-16). Da sich die Bänder nicht überschneiden, lassen sie sich auf der Empfangsseite durch einen idealen Tiefpaßfilter wieder so trennen, daß nur das schraffierte Originalspektrum ohne Verluste übrig bleibt.
Abbildung 1-17 zeigt nun, was passiert, wenn die Abtastfrequenz f_a erhöht wird. In dem vorliegenden Beispiel soll nun doppelt so häufig abgetastet werden, d. h. $T_a' = 1/4f_g$ bzw. $f_a' = 4f_g$.

Abbildung 1-17: Abtasttheorem eingehalten:

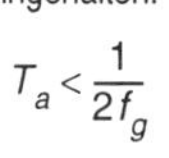

$$T_a < \frac{1}{2f_g}$$

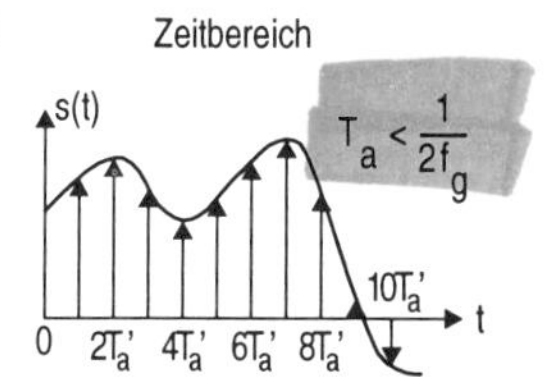

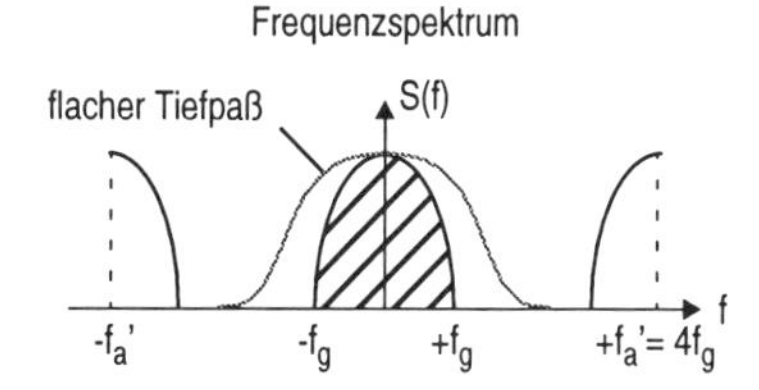

Mit zunehmender Abtastfrequenz werden die Seitenbänder des abgetasteten Signals nicht breiter, rücken aber weiter auseinander. Abbildung 1-17 zeigt recht deutlich, daß in unserem Beispiel das erste Seitenband an die Stelle $f_a' = 4f_g$ rückt und somit leicht durch einen Tiefpaßfilter mit nicht mehr ganz steiler Kennlinie getrennt werden kann. Je größer die Abtastfrequenz ist, desto leichter läßt sich das Originalsignal auf der Empfangs-

seite wieder rekonstruieren, da durch den Tiefpaß weder das Spektrum des Original-Analogsignals beschnitten wird, noch das Seitenband die Ausgabe verfälscht.
Ganz anders sieht es jedoch aus, wenn die Abtastfrequenz zu klein wird. Dies ist in Abbildung 1-18 dargestellt. In diesem Beispiel wurde die ursprünglich Abtastrate halbiert, d. h. $T_a'' = 1/f_g$ bzw. $f_a'' = f_g$.

S. |

Abbildung 1-18: Abtasttheorem nicht eingehalten: $T_a > \frac{1}{2f_g}$

ALIASING!

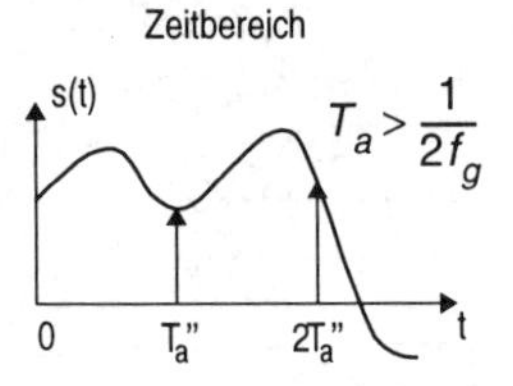

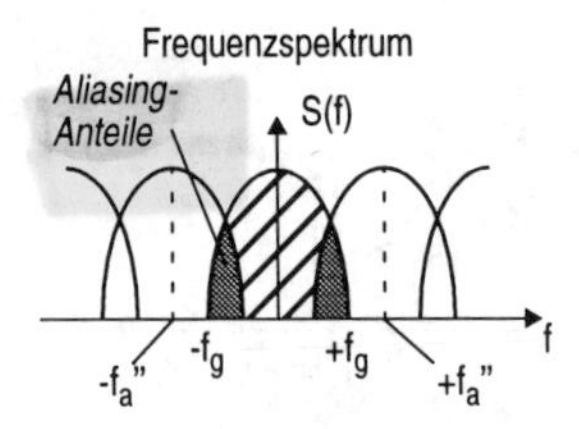

Hier ist deutlich zu sehen, daß das Ausgangsspektrum, d. h. die Seitenbänder nicht mehr zu trennen sind. Das erste Seitenband überlappt sich mit dem Originalspektrum des Analogsignals. Man spricht hierbei von *Aliasing*. Auch ein noch so guter Filter kann jetzt auf der Empfangsseite das Originalsignal nicht mehr korrekt rekonstruieren (d. h. vom Seitenband trennen). ❑

Beispiele

Bei der Abtastung und Digitalisierung von Analogsignalen muß stets das Abtasttheorem eingehalten werden, wenn kein Qualitätsverlust des ursprünglichen Analogsignals in Kauf genommen werden soll. Dies bedeutet, daß die Abtastfrequenz mindestens das Doppelte der maximalen Frequenz des abzutastenden Analogsignals ist. Die folgende Tabelle zeigt einige Beispiele aus der Praxis. Hier kann man recht deutlich sehen, daß die verwendete Abtastrate aufgrund des Abtasttheorems festgelegt wurde. Die Abtastfrequenz wurde immer etwas höher als das verlangte Minimum gewählt, um die Rückgewinnung des Analogsignals zu vereinfachen.

Beispiel	Abtastfrequenz f_a
CD-Spieler (ohne Oversampling) HiFi: f_g = 20 kHz	Norm: f_a = 44 kHz
Digitales Telefon (analoges Telefon: f_g = 3400 Hz)	Norm: f_a = 8 kHz)
Digitales Fernsehen (analoges Fernsehen: f_g= 5 MHz)	Norm: f_a = 13,3 MHz

1.1.4 Modulation und Demodulation

Am Ende des letzten Abschnitts haben wir mit dem Abtasttheorem die notwendigen Grundlagen und Voraussetzungen zur Digitalisierung von Analogsignalen kennengelernt. Nun wollen wir etwas näher auf die Übertragung solcher digitalen Signale über analoge Kanäle (Leitungen oder Funk) eingehen.

Ein Digitalsignal, genauer gesagt, ein wertdiskretes Signal, das z. B. von einem Rechner zu einem anderen übertragen werden soll, kann entweder im Basisband oder über ein Breitbandmedium gesendet werden. Im Falle der Basisbandübertragung würden die Rechtecksignale der Quelle direkt auf das Übertragungsmedium gelegt werden. Dies wird bei den meisten lokalen Netzwerken, wie beispielsweise *Ethernet* oder *Tokenring* (siehe Kapitel 5.3), gemacht. Die Auswirkung des Übertragungsmediums auf diese Rechtecksignale, sprich die Verformung der Impulse, wurde bereits im vorangegangenen Abschnitt 1.1.3 diskutiert. Ein weiteres Problem, das bei der Übertragung hochfrequenter Signale auftritt, ist die Reflexion von Signalen an Leitungsenden und -übergängen. Dieses Thema wird in Abschnitt 1.1.6 behandelt werden. Zunächst wird jedoch auf die zweite Übertragungsmöglichkeit, die Breitbandübertragung, eingegangen.

In vielen Fällen der Rechnerkommunikation wird das vorliegende Digital- bzw. wertdiskrete Signal nicht in seiner ursprünglichen Form übertragen, sondern auf ein Trägersignal aufmoduliert. Dies ist beispielsweise bei der Übertragung über Telefonleitungen, über Funkstrecken und über Glasfaserkabel der Fall. Die Gründe für eine solche Signalumformung sind vielfältiger Natur. Bei den drei genannten Beispielen ist eine Signalumsetzung bereits deshalb erforderlich, da alle drei Übertragungskanäle reine Analogkanäle sind, so daß das wertdiskrete Signal in ein Analogsignal umgeformt werden muß.[1] Bei den Glasfaserleitungen und den Funkstrecken kommt hinzu, daß das Frequenzspektrum des gesendeten Signals meist wesentlich höher ist, als das eigentliche Digitalsignal (bei Telefonleitungen ist dies heute i. allg. umgekehrt). Die Frequenz des Lichtsignals in Lichtwellenleitern liegt in der Größenordnung von 10^{14} Hz und bei Richtfunkstrecken werden Mikrowellen im Frequenzbe-

1. Eine Basisbandübertragung ist nur über elektrische Leitungen möglich.

reich von 10^9 Hz bis 10^{11} Hz (1 bis 100 GHz) verwendet. Bei der Datenübertragung über solche Kanäle muß die Information, d. h. das Digitalsignal, an diese Frequenzvorgaben angepaßt werden. Man spricht dabei von *Modulation*; ein gleichförmiges Trägersignal aus dem gewünschten Frequenzspektrum wird mit dem zu übertragenden Digitalsignal moduliert.

Kanalmultiplex

Ein wesentlicher Vorteil der Breitbandübertragung liegt darin, daß ein physikalischer Kanal, z. B. ein Koaxialkabel, in mehrere logische Kanäle unterteilt werden kann, indem das gesamte Frequenzspektrum des physikalischen Kanals in kleinere Intervalle partitioniert wird. Jedem dieser Intervalle wird eine Trägerfrequenz zugeordnet. So können dann mehrere relativ niederfrequente Datensignale in verschiedenen Frequenzbändern gleichzeitig über ein Medium übertragen werden. Typische, bekannte Beispiele aus der Analogwelt sind Rundfunk und Fernsehen, bei denen die verschiedenen Sender unterschiedlichen Kanälen mit jeweils eigenen Frequenzbereichen zugeordnet sind. Man spricht hierbei von *Frequenzmultiplex*.[1]

Wir wollen uns nun den Vorgang der Modulation näher ansehen. Wichtig im Rahmen dieses Buches ist das Thema zum Verständnis der Funktionsweise von Modems zur Rechnerkopplung und der digitalen Breitbandübertragung.

Modulation/ Demodulation/ Modem

Definition. Unter *Modulation* versteht man die Änderung von Signalparametern (Amplitude, Frequenz, Phase, ...) eines Trägersignals durch ein modulierendes bzw. aufgeprägtes Signal.
Die Rückgewinnung des modulierenden Signals, d. h. des eigentlichen Datensignals, aus dem modulierten Informationsträger nennt man *Demodulation*.
Ein Gerät, das die Modulation und Demodulation in einer Einheit realisiert, wird *Modem* genannt. ❑

Einige Gründe zur Durchführung der Modulation/Demodulation wurden bereits angesprochen. Andere werden weiter unten noch näher diskutiert. Die Gründe sind im einzelnen:

---

1. Neben dem Frequenzmultiplex lassen sich physikalische Übertragungskanäle auch durch *Zeitmultiplex* in mehrere logische Kanäle teilen. Hierbei werden mehrere niederfrequente Digitalsignale in höherfrequente Digitalsignale umgesetzt, die dann abwechselnd, in speziellen Zeitintervallen, über ein Medium übertragen werden. Die physikalische Übertragung ist in diesem Fall weiterhin die Basisbandübertragung. Zeitmultiplex findet man zum Beispiel bei schnellen Weitverkehrsnetzwerken wie *ATM* (s. Kapitel 5.3).

- Mehrfachausnutzung von Übertragungssystemen (Frequenzmultiplex)
- bessere Übertragung und Filterung hochfrequenter Signale (Basisbandübertragung nur über elektrische Leitungen)
- Verbesserung des Signal-/Störverhältnisses.

Die prinzipielle Datenübertragung mit Hilfe eines modulierten Signals ist in Abbildung 1-19 dargestellt.

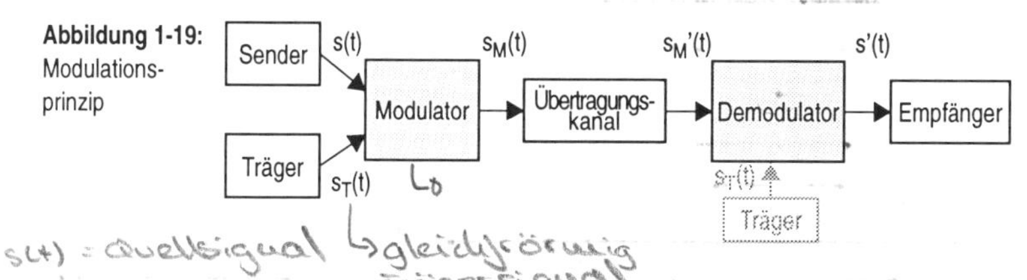

Abbildung 1-19: Modulationsprinzip

Der Sender auf der linken Seite der Abbildung liefert das zu übertragende Quellsignal *s(t)*. Bei der Rechnerkommunikation wäre dies ein binäres Rechtecksignal. Neben diesem Quellsignal erhält der Modulator, bzw. die Modulationskomponente eines Modems, das gleichförmige Trägersignal $s_T(t)$. Auf dieses Trägersignal wird nun das Quellsignal aufgeprägt, d. h. der Träger wird moduliert. Das modulierte Signal $S_M(t)$ wird über den Übertragungskanal gesendet und vom Demodulator auf der Empfangsseite mehr oder weniger verfälscht empfangen ($s_M'(t)$). Der Demodulator, bzw. die Demodulationskomponente eines Modems, filtert aus dem modulierten Signal eine möglichst gute Näherung des Quellsignals *s'(t)* heraus. Nach Möglichkeit sollte $s'(t) = s(t)$ sein. Wie wir gleich sehen werden, gibt es zur Modulation und zur Demodulation mehrere Möglichkeiten. Einige der Verfahren benötigen auf der Demodulationsseite erneut das Trägersignal $s_T(t)$, um das Quellsignal und den Träger zu trennen. Dies soll durch den hellgrauen Teil in der rechten Hälfte der Abbildung 1-19 angedeutet sein.

Als Trägersignal $s_T(t)$, kurz Träger genannt, kommen alle periodischen Funktionen in Frage - sowohl kontinuierliche als auch diskontinuierliche.

Aus der Klasse der *kontinuierlichen Trägersignale* wird in den überwiegenden Fällen die Sinusschwingung gewählt. Hier lassen sich

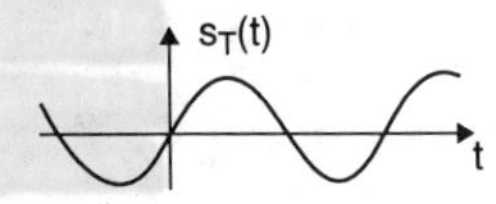

- Amplitude
- Phase
- Frequenz

der Sinusfunktion durch die Modulation verändern. Alles drei kommt in der Praxis vor (s.u.).

Aus der Klasse der *diskontinuierlichen Trägersignale* findet man meist pulsförmige Signale. Hier lassen sich die Parameter

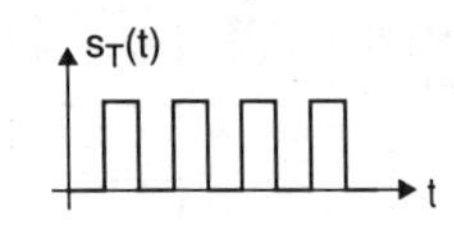

- Amplitude
- Phase
- Frequenz
- Pulsdauer

durch die Modulation verändern. Man spricht in diesem Fall von Pulsmodulation. Verbreitet sind hier u. a. die digitalen Audiosignale nach dem Verfahren der Pulscodemodulation (PCM-Modulation - s.u.).

Wir wollen uns nun einige Modulationsverfahren etwas näher betrachten. Folgende Tabelle zeigt eine Liste der wichtigsten Modulationsarten, von denen einige ein wenig vertieft untersucht werden sollen.

Tabelle 1-3: Wichtige Modulationsverfahren

Sinusträger		
analoges Modulationssignal		
	AM	Amplitudenmodulation
	FM	Frequenzmodulation
	PM	Phasenmodulation
	QAM	Quadratur(amplituden)modulation
digitales Modulationssignal (Umtastung)		
	ASK	Amplitudentastung
	FSK	Frequenztastung
	PSK	Phasentastung
Pulsträger		
analoges Modulationssignal (unkodiert)		
	PAM	Pulsamplitudenmodulation
	PFM	Pulsfrequenzmodulation
	PPM	Pulsphasenmodulation
	PDM	Pulsdauermodulation
digitales Modulationssignal (quantisiert und kodiert)		
	PCM	Pulscodemodulation

Zunächst werden wir uns einige Modulationsverfahren mit einem Sinusträger betrachten. Ich werde etwas tiefer auf die Amplitudenmodulation eingehen, um das Modulationsprinzip mit Sinusträgern zu beschreiben. Die danach folgende Behandlung der Frequenz- und Quadraturmodulationen wird nicht mehr ganz so tief gehen. Abschließend werde ich in diesem Abschnitt noch die Pulscodemodulation PCM als Vertreter der Pulsmodulationsverfahren ansprechen.

1.1.4.1 Amplitudenmodulation (AM)

Das einfachste Modulationsverfahren ist die Amplitudenmodulation - vor allem, wenn wir die Demodulation betrachten. Da dieses Modulationsverfahren jedoch sehr störempfindlich ist, wird es nur dort eingesetzt, wo die Qualität der Signalübertragung, speziell von analogen Quellsignalen, nicht die Relevanz einer einfachen Demodulation besitzt. In der Praxis wird die Amplitudenmodulation beispielsweise beim Mittelwellenrundfunk verwendet.

a) Modulation

Die Modulation der Amplitude eines hochfrequenten Sinusträgers mit einem wesentlich niederfrequenteren Analogsignal wird prinzipiell über eine Multiplikation ausgeführt. In der Praxis gibt es hierfür effiziente Multiplizierschaltungen. Das Trägersignal $s_T(t)$ habe eine Amplitude A_T und eine gleichbleibende Frequenz $\omega_T = 2\pi ft$:

$$s_T(t) = A_T \cdot \cos \omega_T t$$

Das Frequenzspektrum S_T dieser Sinuswelle besitzt eine Linie an der Frequenz ω_T.

Dieses Trägersignal wird nun mit einem Modulationssignal (Quellsignal)

$$s_M(t) = A_M \cdot \cos \omega_M t$$

zu einem modulierten Signal $s_{AM}(t)$ multipliziert. Zu beachten ist dabei, daß in der Praxis sowohl die Amplitude A_M als auch die Frequenz ω_M des Modulationssignals über die Zeit schwankt, so daß wir eigentlich mit einem Frequenzband rechnen müßten. Bei den folgenden Berechnungen werde ich allerdings der Einfachheit halber nur mit einer festen Amplitude und Frequenz rechnen, bei den Darstellungen der Spektren aber Frequenzbänder zeichnen.

Zur Amplitudenmodulation gibt es wiederum mehrere Verfahren. Am einfachsten zu beschreiben ist die

- *Zweiseitenband-Modulation ohne Träger:*

$$s_{AM}(t) = k \cdot s_T(t) \cdot s_M(t)$$
$$= k/2 \cdot A_T \cdot A_M [\cos(\omega_M + \omega_T)t + \cos(\omega_M - \omega_T)t] \qquad (1\text{-}17)$$

Das Ergebnis dieser Multiplikation bzw. Modulation sind zwei neue Frequenzen (genauer: Frequenzbänder) $(\omega_T \pm \omega_M)$ symmetrisch zu einem nicht vorhandenen Träger ω_T. Eine genauere Analyse zeigt, daß diese Multiplikation im Zeitbereich einer Faltung der Spektren im Frequenzbereich entspricht:

$$s_M(t) \cdot s_T(t) \circ\!\!-\!\!\bullet\; S_M(\omega) * S_T(\omega).$$

Abbildung 1-20 zeigt die Wirkung der Modulation anhand der Spektren.

Abbildung 1-20: Zweiseitenband-Modulation ohne Träger

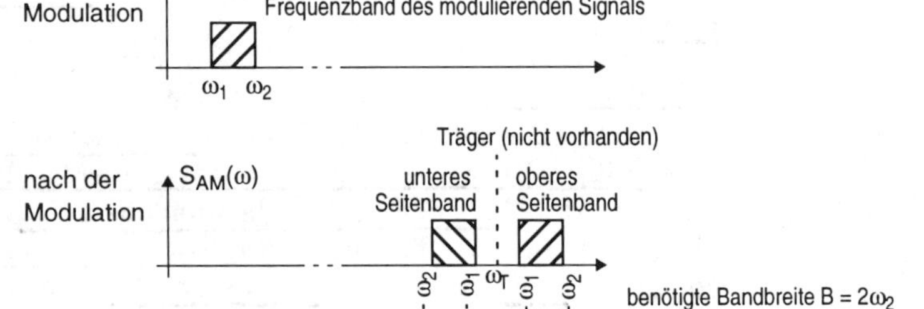

Die Schwierigkeit bei dieser Art der Modulation liegt im fehlenden Trägersignal, das nach der Übertragung auf der Empfängerseite zur Demodulation benötigt wird. Denn nur wenn der Träger bekannt ist, kann auch das modulierende Signal wieder davon getrennt werden. Um dies zu bewerkstelligen, muß dem Demodulator auf der Empfängerseite ebenfalls das Trägersignal bereitgestellt werden (siehe Abbildung 1-19). In der Praxis ist das aber nicht immer möglich bzw. gewünscht. In diesem Fall bleibt uns dann nichts anderes übrig, als den Träger mit zu übertragen. Wir kommen damit zur

- *Zweiseitenband-Modulation mit Träger:*

Durch leichte Modifikation der Multiplikation läßt sich erreichen, daß das Trägersignal im modulierten Signal enthalten bleibt. Die Modulationsfunktion sieht wie folgt aus:

$$s_{AM}(t) = [A_T + kA_M \cos\omega_M t] \cdot \cos\omega_T t$$
$$= A_T\left[\cos\omega_T t + \frac{kA_M}{2 \cdot A_T}\cos(\omega_T + \omega_M)t + \frac{kA_M}{2 \cdot A_T}\cos(\omega_T - \omega_M)t\right]$$
$$= A_T\left[\cos\omega_T t + \frac{m}{2}\cos(\omega_T + \omega_M)t + \frac{m}{2}\cos(\omega_T - \omega_M)t\right]$$
$$\text{mit } m = \frac{k \cdot A_M}{A_T} \qquad (1\text{-}18)$$

Diesem Ergebnis entsprechen im Frequenzspektrum drei Linien bzw. eine Linie und zwei Bänder. Zum einen enthält das modulierte Signal den gewünschten Träger ω_T mit der Amplitude A_T und zum anderen ein linkes und rechtes Seitenband an den Stellen $\omega_T + \omega_M$ und $\omega_T - \omega_M$ mit den Amplituden $m/2$. Dieser Zusammenhang ist in Abbildung 1-21 dargestellt.

Abbildung 1-21: Zweiseitenband-Modulation mit Träger

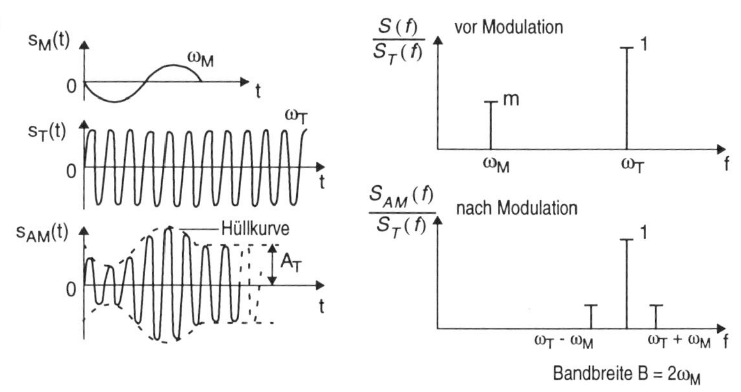

Bei beiden Modulationsverfahren ist die zur Übertragung notwendige Bandbreite doppelt so groß wie die Bandbreite des ursprünglichen Quellsignals: $B = 2 \cdot \omega_M$.

Die linke Hälfte von Abbildung 1-21 zeigt das Ergebnis der Modulation im Zeitbereich. Man sieht deutlich, wie die Amplitude des Trägers, d. h. der hochfrequenten Sinusschwingung, sich mit dem modulierenden Quellsignal $s_M(t)$ verändert. In diesem Beispiel ist $s_M(t)$ zur Vereinfachung ebenfalls eine (niederfrequente) Sinusschwingung. Die Einhüllende des modulierten Signals $s_{AM}(t)$ schwankt um den Trägermittelwert im Rhythmus der Frequenz des Quellsignals. Voraussetzung für eine erfolgreiche Modulation nach diesem Verfahren ist, daß die Amplitude des modulierenden

Quellsignals klein gegenüber dem Trägersignal ist:

$$m = k \cdot s_M/s_T \leq 1 .$$

Wird diese Bedingung nicht eingehalten, tritt ein Phasensprung um 180^0 auf und ein einfacher Demodulator kann das Quellsignal nicht mehr zurückgewinnen.

Neben der Störempfindlichkeit birgt das verhältnismäßig starke Trägersignal einen zweiten großen Nachteil des Modulationsverfahrens: der größte Teil der Energie zur Signalübertragung dient der Übertragung des Trägersignals selbst. Der Vorteil liegt dagegen in einer einfachen Demodulation, wie wir gleich sehen werden.

b) Demodulation

Prinzipiell läßt sich ein amplitudenmoduliertes Signal wieder demodulieren, indem man das modulierte Signal $s_{AM}(t)$ noch einmal mit dem Trägersignal $s_T(t)$ multipliziert. Man spricht hierbei von *Synchrondemodulation*. Das Schöne bei einem amplitudenmodulierten Signal ist jedoch, daß es bereits mit einer einfachen Diodenschaltung - ein Gleichrichter mit Tiefpaßwirkung - demoduliert werden kann. In diesem Fall spricht man von einem *Hüllkurvendetektor*.

- *Synchrondemodulation:*

  Nach der Signalübertragung liegt auf der Empfangsseite ein mehr oder weniger verfälschtes amplitudenmoduliertes Signal $s_{AM}(t)$ vor. Dieses Signal wird nun durch den Demodulator mit einem Sinussignal $s_T'(t)$ multipliziert, das die gleiche Frequenz wie der Träger $s_T(t)$ besitzt, jedoch um den Winkel φ phasenverschoben sein kann:

$$\begin{aligned} s_a(t) &= s_{AM}(t) \cdot s_T'(t) \\ &= [[A_T + kA_M \cos\omega_M t] \cdot \cos\omega_T t] \ [A_T \cos(\omega_T t + \varphi)] \\ &= [f(t) \cdot \cos w_T t] \cdot [A_T \cos(\omega_T t + \varphi)] \\ &\qquad \text{mit } f(t) = A_T (1 + m \cdot \cos w_M t) \\ &= A_T \cdot f(t) \ \cos\varphi + (f(t)/2) \cdot \cos(2\omega_T t + \varphi) \end{aligned} \quad (1\text{-}19)$$

Schickt man nun dieses Signal $s_a(t)$ über einen Tiefpaß mit $RC < 2 \cdot \omega_T$, so wird der zweite Term $(f(t)/2) \cdot \cos(2\omega_T t + \varphi)$ herausgefiltert:

$$\begin{aligned} s_a'(t) &= A_T \cdot f(t) \cdot \cos\varphi \\ &= [A_T^2 + A_T \cdot m \cdot \cos\omega_M t] \cdot \cos\varphi \end{aligned} \quad (1\text{-}20)$$

Da die drei Terme A_T^2, A_T und $cos\varphi$ Konstanten (bzgl. der Zeit) sind, ist das gefilterte Signal $s_a'(t)$ proportional zum modulierenden Quellsignal $s_M(t)$:

$$s_a'(t) = k \cdot s_M(t)\ . \qquad (1\text{-}21)$$

- *Hüllkurvendemodulation:*

Bei der Hüllkurvendemodulation genügt ein einfacher Einweggleichrichter mit anschließendem Glättungskondensator, um das modulierende Quellsignal $s_M(t)$ aus $s_{AM}(t)$ herauszufiltern. Die prinzipielle Schaltung ist in Abbildung 1-22 dargestellt.

Abbildung 1-22: Einfacher Hüllkurvendetektor

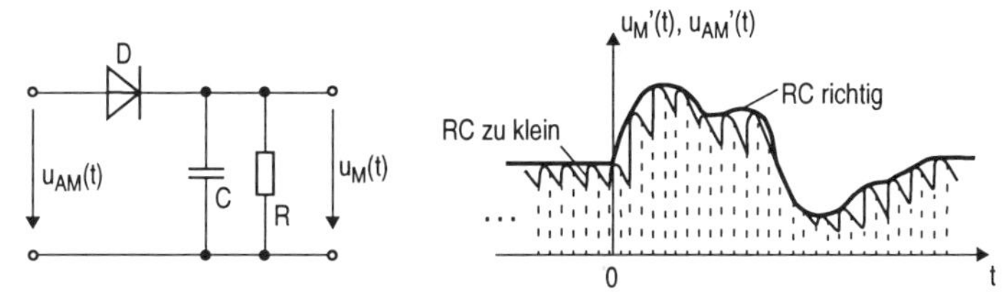

Die Hüllkurve des gleichgerichteten hochfrequenten Signals entspricht dem modulierenden Quellsignal $s_M(t)$. Das rechte Diagramm in Abbildung 1-22 zeigt, daß diese Hüllkurve bei einem geeignet gewählten Tiefpaßfilter herausgefiltert werden kann. In der angegebenen Schaltung müssen hierzu lediglich die beiden Komponenten *R* und *C* geeignet gewählt werden. Wird das Produkt *RC* zu klein gewählt, dann folgt der Ausgang des Tiefpasses zu stark dem hochfrequenten Signal, wie durch die dünn gezeichnete Linie angedeutet. Die korrekte Hüllkurve, die man durch das richtige *RC* erhält, ist fett gezeichnet. Ein zu großes RC würde dagegen das Signal zu sehr glätten.

Eine recht gute Hüllkurve erhält man, wenn folgende Bedingungen bzw. Relationen eingehalten werden:

- $\omega_M << \omega_T$ und
- $\frac{10}{\omega_T} < RC < \frac{1}{\omega_{M_{max}}}$.

c) weitere Amplitudenmodulationsverfahren

In der Praxis finden wir eine ganze Reihe weiterer Amplitudenmodulationsverfahren, deren Beschreibung hier zu weit führen würde. Sie alle haben ihre spezifischen Vor- und Nachteile und werden in speziellen Anwendungen eingesetzt. Zwei Beispiele wären:

- Zweiseitenband-AM mit Trägerunterdrückung (s.o.)
  Vorteil: höherer Wirkungsgrad
  Nachteil: Demodulation (lokal erzeugter Träger)
  Anwendung: selten, u. a. TV-Farbsignal
- Einseitenband-AM mit Trägerunterdrückung
  Vorteil: hoher Wirkungsgrad (theoretisch 100%)
  Verdopplung der Kanäle
  Nachteil: Modulation/Demodulation komplizierter
  Anwendung: u. a. Kurzwellen- und Amateurfunk

1.1.4.2 Winkelmodulation

Der große Nachteil der Amplitudenmodulation liegt in der Störempfindlichkeit des übertragenen Signals. Der in Abbildung 1-22 dargestellte Hüllkurvendetektor macht deutlich, daß sich jede Störung der Amplitude dieses Signals, z. B. Dämpfung, auch direkt auf das demodulierte Signal auswirkt. Dies ist bei der Übertragung von modulierenden Digitalsignalen (s. u.) tolerierbar, wenn die Amplituden der einzelnen Digitalwerte weiter auseinander liegen als eine mögliche Störung das Signal verfälschen kann. Betrachten wir jedoch analoge Quellsignale, so können diese nur verfälscht amplitudenmoduliert übertragen werden. Um die Qualität eines zu übertragenden Analogsignals zu erhöhen, sollte die Information des Quellsignals möglichst nicht in der Amplitude des modulierten Signals kodiert sein, da die meisten Störungen gerade diese Amplitude verfälschen.

Bei gleichbleibender Amplitude eines Sinusträgers lassen sich dessen *Frequenz* und *Phase* verändern. Man spricht in diesem Fall von *Winkelmodulation*. Ist die Information in der Frequenz- bzw. Phasendifferenz zu dem Trägersignal kodiert, verändert eine Störung der Amplitude die Information nicht. In der Praxis erfahren wir dies täglich in der besseren Qualität der frequenzmodulierten UKW-Hörfunksendungen gegenüber den amplitudenmodulierten Mittelwellensendungen.

Abbildung 1-23 zeigt den Einfluß eines digitalen Modulationssignals $s_M(t)$ auf die Frequenz bzw. Phase eines Sinusträgers $s_T(t)$.

Abbildung 1-23: Frequenz- und Phasenmodulation

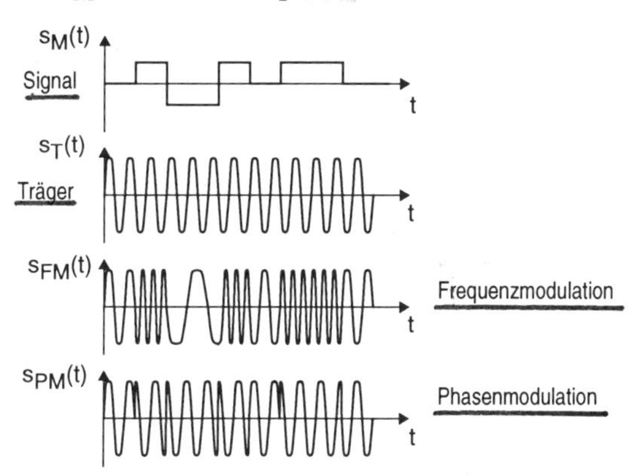

Phasen- und Frequenzmodulation stehen in engem Zusammenhang. Betrachten wir hierzu ein winkelmoduliertes Signal $s_{WM}(t) = A_T \cdot cos\ \Phi(t)$ mit dem Träger $s_T(t) = A_T \cdot cos\ \omega_T t$ und fester Amplitude A_T.

Phasen-modulation

Bei der Phasenmodulation ist der momentane Winkel bzw. die Phase $\Phi(t)$ des modulierten Signals $S_{PM}(t)$ vom Modulationssignal $s_M(t)$ abhängig:

$$\begin{aligned}\Phi(t) &= \omega_T t + \varphi(t) \\ &= \omega_T t + \alpha_P \cdot s_M(t).\end{aligned}$$

Frequenz-modulation

Bei der Frequenzmodulation ist dagegen die momentane Frequenz $\Omega(t)$ vom Modulationssignal s_M abhängig:

$$\begin{aligned}\Omega(t) &= d\Phi(t)/dt \\ &= \omega_T + d\varphi(t)/dt \qquad \text{mit } d\varphi(t)/dt = \alpha_F \cdot s_M(t)\ .\end{aligned}$$

Der Zusammenhang zwischen beiden Modulationsarten ist demnach folgender:

- Ein Frequenzmodulator kann durch einen Phasenmodulator realisiert werden, wenn man das Modulationssignal $s_M(t)$ integriert
- Ein Phasenmodulator kann durch einen Frequenzmodulator realisiert werden, wenn man das Modulationssignal $s_M(t)$ differenziert.

Der Vorteil der Winkelmodulation gegenüber der Amplitudenmodulation ist die bereits angesprochene Unempfindlichkeit bezüglich Amplitudenstörungen. Darüber hinaus besitzt diese Art der Modulation einen guten Wirkungsgrad des Trägers, was wir jedoch nicht beweisen wollen. Auch zeigt sich in der Praxis, daß sich die Winkelmodulation durch recht einfache Schaltungen mit zeitgesteuerten Bauteilen, z. B. Kapazitätsdioden in einem Schwingkreis, realisieren läßt.

Diesen Vorteilen stehen aber auch einige Nachteile gegenüber. Der größte Nachteil dürfte ein wesentlich größerer Frequenzbandbedarf sein. Das Frequenzspektrum ist theoretisch unendlich. Allerdings fallen die Spektralanteile mit zunehmendem Abstand von der Trägerfrequenz ab, so daß man das Frequenzband beschneiden kann, ohne daß der Fehler, d. h. die Differenz zwischen modulierendem Quellsignal und demodulierten Ergebnissignal, zu groß wird. Winkelmodulation macht demnach nur bei hohen Trägerfrequenzen, die wesentlich größer als die Grenzfrequenz des Quellsignals sind, einen Sinn.

1.1.4.3 Tastverfahren

Tiefer soll an dieser Stelle nicht auf die Theorie der Winkelmodulation eingegangen werden. Da wir bei der Rechnerkommunikation im wesentlichen an der Übertragung digitaler Signale interessiert sind, soll im weiteren noch betrachtet werden, wie die Modulation mit digitalen bzw. binären Quellsignalen aussieht. Zunächst wollen wir hierzu weiterhin einen Sinusträger annehmen. Sinusträger werden beispielsweise bei der Übertragung (von Digitalsignalen) über analoge Telefon- und Funkkanäle verwendet. Abhängig vom diskreten Wert des Quellsignals wird auch hier die Amplitude, die Frequenz oder die Phase des Trägers variiert. Man nennt dies *Amplitudentastung ASK*, *Frequenzumtastung FSK* oder *Phasenumtastung PSK*. Wie diese drei Tastverfahren (engl. *Shift Keying Methods*) das Trägersignal verändern bzw. modulieren, soll anhand eines für uns interessanten binären Quellsignals gezeigt werden.

Tastverfahren

Das binäre Quellsignal $s_M(t)$ besteht aus Rechteckimpulsen der Dauer T_P. Dies bedeutet, daß der Signalwert im Zeitintervall $n \cdot T_P \leq t < (n+1) \cdot T_P$ entweder Null oder Eins ist und zu Beginn des Folgeintervalls den Wert wechseln kann. In den folgenden Beispielen soll ein einfaches Binärsignal der Folge 0-1-0-1-0-... betrachtet werden.

Je nach Modulations- bzw. Tastverfahren wird abhängig vom

aktuellen Signalwert $s_M(t)$ zwischen zwei Amplituden, zwei Frequenzen oder zwei Phasenlagen hin- und hergeschaltet. Das modulierte Signal der Amplitudentastung $s_{ASK}(t)$ hat bei gleichbleibender Frequenz entweder die Amplitude A_T oder die Amplitude Null. Bei der Frequenzumtastung FSK wird zwischen den beiden Trägerfrequenzen ω_0 und ω_1 umgeschaltet und bei der Phasenumtastung ist das Trägersignal abhängig von $s_M(t)$ um 180^0 phasenverschoben. Abbildung 1-24 zeigt den Zusammenhang zwischen dem Quellsignal $s_M(t)$ und den modulierten Signalen.

Abbildung 1-24: Amplitudentastung, Frequenzumtastung, Phasenumtastung
Quelle: [Pau95]

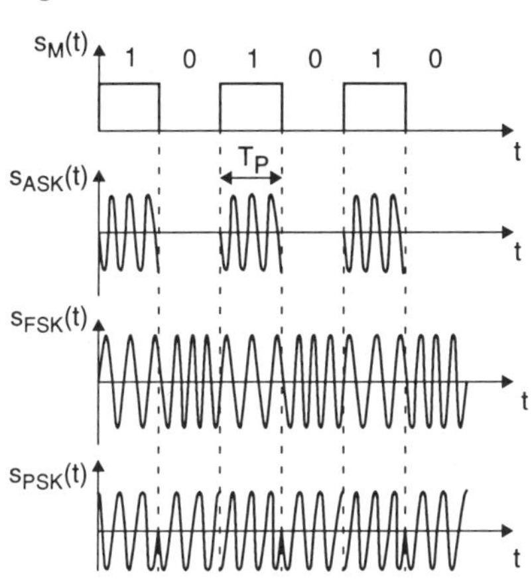

Die Spektren aller in Abbildung 1-24 dargestellten Signale entsprechen der (diskreten) Si-Funktion. Im Falle der ASK und PSK ist die Si-Funktion an die Trägerfrequenz ω_T verschoben, im Falle der FSK haben wir zwei Si-Funktionen an den Stellen ω_0 und ω_1. Damit liegt in allen Fällen prinzipiell ein sehr breites Spektrum (theoretisch unendlich breit) vor, es wird jedoch bereits durch die Tiefpaßeigenschaft des Übertragungskanals beschränkt.

Differenzphasentastung

Im Gegensatz zu ASK und FSK gibt es bei der Demodulation der Phasenumtastung Probleme. Um das Quellsignal aus dem modulierten Signal wieder extrahieren zu können, muß die Phasendifferenz zur Phase des Trägersignals bekannt sein. Hierzu benötigt man jedoch die absolute Phasenlage des Trägers auf der Empfangsseite, was in der Praxis im allgemeinen nicht der Fall ist. Um dieses Problem zu umgehen, wird daher die Phasendifferenz zweier aufeinander folgender Schritte betrachtet.

Bei einer Phasenänderung liegt ein Wechsel des Wertes des modulierenden Signals vor, bleibt die Phasenlage gleich, hat sich auch das Quellsignal nicht geändert. Dieses Verfahren, die sogenannte *Differenzphasentastung*, ist nur dann möglich, wenn die Impulsdauer bzw. die Schrittweite konstant und auf der Empfängerseite bekannt ist.

Die Amplitudentastung kommt in der Praxis nur sehr selten zum Einsatz. Bei der Rechnerkommunikation kommen fast ausschließlich die Frequenz- und Phasenumtastung zum Einsatz. Beide werden bei den in Abschnitt 4.1 beschriebenen Modems eingesetzt. Während ältere Modems die Frequenzumtastung verwenden, kommt bei moderneren Modems die Phasenumtastung zum Zuge, meist allerdings nicht mit zwei, sondern mit vier Phasendifferenzen (jeweils um 90^0 verschoben). Dies bezeichnet man als *Quadratur-Phasentastung*. Wegen ihrer Wichtigkeit beim Datenaustausch zwischen Rechnern über Telefonleitungen, soll sie nun etwas näher betrachtet werden.

1.1.4.4 Quadraturamplitudenmodulation QAM

Der Vorteil der Quadratur-Phasentastung liegt darin, daß in *einem Schritt* gleich *zwei Bit* übertragen werden können, da vier unterschiedliche (Phasen-) Werte zur Kodierung zur Verfügung stehen. Zum Teil wird diese Phasentastung mit der Amplitudentastung kombiniert, um noch mehr Bits in einem Schritt zu übertragen. Dies bezeichnet man als *Quadraturamplitudenmodulation QAM*. Man kann sie als Erweiterung der Amplitudentastung als auch der Phasenumtastung betrachten. Sie wird bei allen modernen Modems eingesetzt.

Betrachtet man die QAM als Sonderform der ASK, dann liegt eine Amplitudentastung mit zwei bzw. vier Trägern vor, die alle die gleiche Frequenz und Phasendifferenzen von 180^0 bzw. 90^0 zueinander haben. Man kann diese Art der Modulation aber auch als Phasenumtastung mit zusätzlich variablen Amplituden betrachten. Im Gegensatz zur ASK und PSK sind bei der QAM zwei Parameter des Trägers variabel. Diese Parameter werden in einem zweidimensionalen Diagramm, dem sogenannten *Strahlendiagramm* oder *Phasenstern* beschrieben (Abbildung 1-25).

Jeder Punkt in der Ebene des Strahlendiagramms beschreibt eine erlaubte Kombination von Amplitude und Phase des modulierten Signals. Der Winkel α des durch einen Punkt beschrie-

Abbildung 1-25: Phasenstern der Quadraturamplitudenmodulation

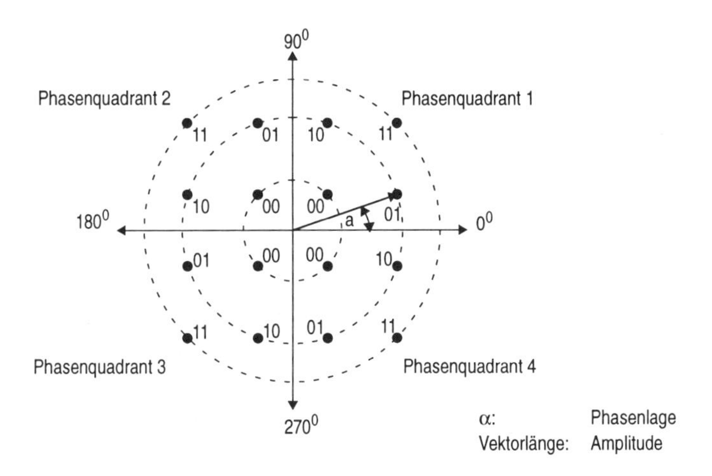

benen Vektors zur X-Achse stellt dabei die Phasendifferenz des aktuellen modulierten Signalwertes gegenüber der Phase des Trägers dar, und die Länge des Vektors beschreibt die Amplitude. Abbildung 1-25 zeigt einen Phasenstern mit 16 unterschiedlichen Werten. Die damit beschriebene Modulation setzt sich aus drei verschiedenen Amplituden und 12 unterschiedlichen Phasen zusammen. Sie wird beispielsweise bei *V.22bis*-Modems (siehe Seite 225) zur Übertragung von vier Bits in einem Schritt verwendet.

In der Praxis wird bei der QAM versucht, die Punkte in gleichmäßigen Abständen in der Ebene zu verteilen, um so den Störabstand zu maximieren.

1.1.4.5 Pulsmodulation

Zum Abschluß des Kapitels über Modulation betrachten wir kurz noch die Pulsmodulation. Im Gegensatz zu den oben beschriebenen Modulationsverfahren haben wir nun keinen sinusförmigen Träger mehr, sondern verwenden ein Impulssignal als Träger. Bei einem solchen Träger läßt sich neben der Amplitude, Frequenz und Phase auch noch die Impulsbreite verändern, wie in Abbildung 1-26 dargestellt.

Im allgemeinen wird die Pulsmodulation verwendet, um analoge Signale über einen digitalen Übertragungskanal zu senden, also gerade umgekehrt zum oben beschriebenen Tastverfahren. Bestandteil der Modulation ist die Abtastung des Analogsi-

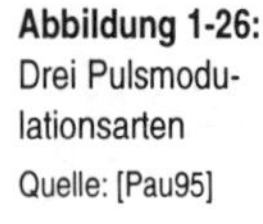

Abbildung 1-26: Drei Pulsmodulationsarten

Quelle: [Pau95]

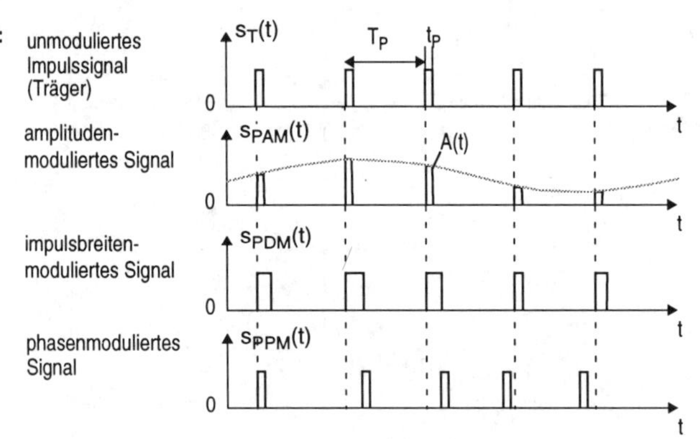

gnals. Da bei Digitalkanälen das modulierte Signal nur aus einem diskreten Wertebereich stammen kann, ist häufig auch eine Quantisierung als Bestandteil der Pulsmodulation zu finden. Damit wird sogar die Übertragung eines binär kodierten Signals möglich, wie Abbildung 1-27 zeigt. Im Gegensatz dazu ist der Träger in Abbildung 1-26 wertkontinuierlich moduliert.

Die Übertragung eines pulsmodulierten Signals erfolgt im Basisband. In diesem Fall ist ein Frequenzmultiplex nicht möglich. Allerdings lassen sich bei der Pulsmodulation die Daten im *Zeitmultiplex* übertragen. Die am häufigsten eingesetzte Pulsmodulation ist die *Pulscodemodulation PCM*, bei der für jeden Abtastwert eine binäre Kodierung mit fester Bit-Zahl und einheitlichem Zeitraster verwendet wird (Abbildung 1-27).

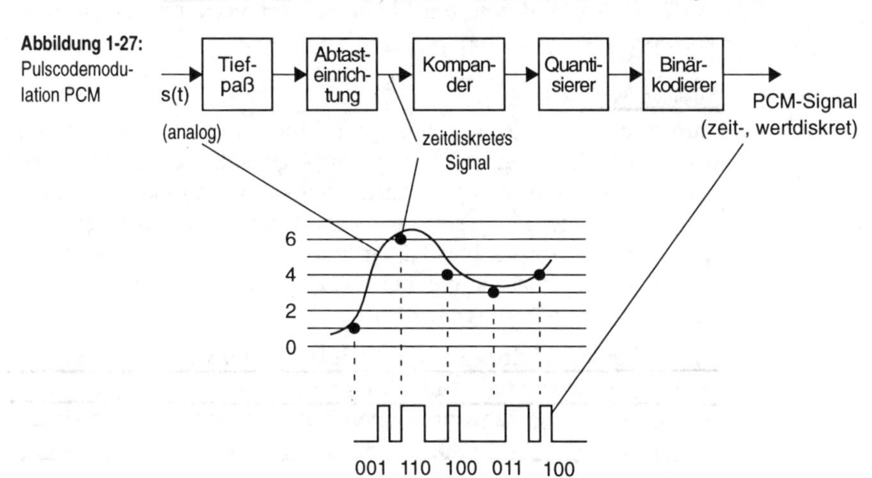

Abbildung 1-27: Pulscodemodulation PCM

Die Pulscodemodulation findet man unter anderem bei der digitalen Fernsprechübertragung (ISDN), wobei das Analogsignal in 8 Bit kodiert, d. h. 256 Stufen quantisiert wird. Alle 125 µs wird ein Abtastwert und damit 8 Bit pro Kanal übertragen, was eine Übertragungsleistung von 64 kBit/s verlangt. Dies ist genau die Geschwindigkeit eines ISDN-Datenkanals, wie wir in Kapitel 5.3.5 noch sehen werden.

1.1.5 Signalübertragung über Leitungen und freien Raum

Computer kommunizieren über die unterschiedlichsten Medien. Die Übertragungskanäle können leitungsgebunden oder auch funkbasiert sein. Bei weiter entfernten Rechnern besteht die Ende-zu-Ende-Verbindung im allgemeinen aus mehreren Abschnitten, denen unterschiedliche Medien zugrunde liegen können. Die Umsetzung der physikalischen Signale wird dabei von speziellen Kommunikationsgeräten durchgeführt. In diesem Abschnitt wollen wir uns nun die wichtigsten Übertragungsmedien betrachten. Diese sind

- leitungsgebundene Systeme
    - Paralleldrahtleitungen
    - Koaxialkabel
    - Wellenleiter
    - Lichtwellenleiter
- funkbasierte Systeme
    - Mikrowellenkommunikation
    - Satellitenkommunikation.

Anschließend an die Beschreibung dieser Übertragungsmedien werden wir uns deren Einfluß auf die Daten- bzw. Signalübertragung etwas näher ansehen. Keines dieser Medien kann ein Quellsignal unverfälscht zum Empfänger übertragen. Bei jeglicher Art von Übertragungsmedium - sei es ein kurzer Systembus oder ein langer Abschnitt eines Weitverkehrsnetzes - müssen physikalische Phänomene wie Dämpfung und Verzögerungszeit, aber auch Störungen durch Übersprechen u. ä. beachtet werden. Bei Übertragungsstrecken, deren Länge groß gegenüber der Frequenz des zu übertragendenden Signals ist, müssen zusätzlich noch die Wellenvorgänge in die Betrachtung mit einbezogen werden. Diese erzeugen Probleme wie etwa lange Signallaufzeiten und Reflexionen an den Leitungsenden und -übergängen. Tabelle 1-4 zeigt für einige Beispiele die Leitungslängen, bei denen - abhängig von der Frequenz - mit Wellenvorgängen gerechnet werden muß.

Tabelle 1-4: Frequenz und Wellenlänge

Frequenz	Periodendauer	Wellenlänge / Leitungslänge mit Wellenvorgang
50 Hz	20 ms	6.000 km
1 MHz	1 µs	300 m
300 Mhz	3,3 ns	1 m
1 GHz	1 ns	30 cm

1.1.5.1 Leitungsarten

Paralleldrahtleitung

Paralleldrahtleitungen bestehen aus isolierten Drähten mit konstantem Querschnitt und Abstand, die entweder parallel zueinander verlaufen oder verdrillt sind (Abbildung 1-28). Durch ihren einfachen Aufbau bilden Paralleldrahtleitungen die billigste Art, Computer und andere Geräte (über kürzere Distanzen) miteinander zu verbinden.

Der in einem Leitungspaar hin- und zurückfließende Strom verhindert ein äußeres Magnetfeld. Das Verdrillen den Drähte reduziert zudem die Störanfälligkeit gegenüber kapazitiven Einflüssen. Um die Anfälligkeit gegenüber äußeren Einflüssen noch weiter zu reduzieren, werden höherwertige verdrillte Leitungen durch einen Metallmantel geschirmt, was höhere Datenraten zuläßt. Im Englischen nennt man diese geschirmten, verdrillten Doppeldrahtleitungen *Shielded Twisted Pair STP* (im Gegensatz zu den nicht geschirmten *Unshielded Twisted Pair UTP*).

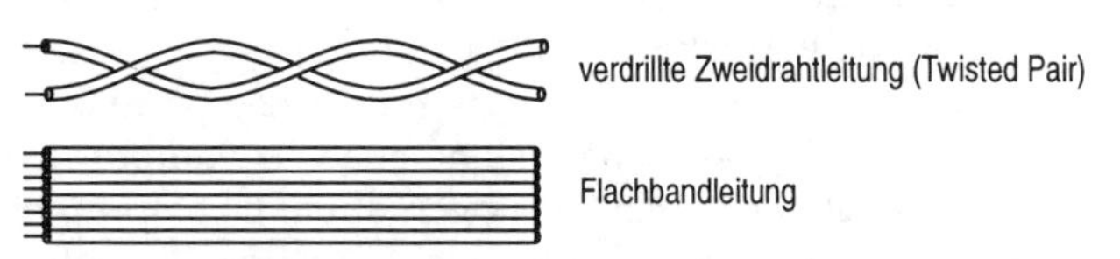

Abbildung 1-28: Verdrillte Zweidrahtleitung und Flachbandleitung

Charakteristisch für einen solchen Doppeldrahtleiter sind seine Dämpfung und sein Wellenwiderstand. Die Dämpfung liegt in der Größenordnung von 0,05 dB/m bei 10 MHz. Der Wellenwiderstand liegt typischerweise zwischen 100 Ω und 300 Ω. Wie wir weiter unten noch kennen lernen werden, muß eine Leitung an den Enden mit dem Wellenwiderstand abgeschlossen werden, wenn Reflexionen vermieden werden sollen. Diese kommen bei Übertragungsraten von über 100 kBit/s störend zum Tragen.

Die maximale Länge von Paralleldrahtleitungen hängt stark von der Übertragungsgeschwindigkeit ab. So erlaubt beispielsweise die relativ niedrige Frequenz des analogen Telefons eine Verkabelung bis zur nächsten Vermittlungsstelle, während die Netzwerkkarte eines Rechners mit einer Datenrate von 10 MBit/s über verdrillte Leitungen nur noch innerhalb eines Gebäudes an einen Vermittlungsrechner angeschlossen werden kann. Abbildung 1-29 zeigt den Zusammenhang zwischen maximaler Übertragungsrate und Leitungslänge für die genormte serielle Schnittstelle *RS-485*.

Abbildung 1-29: Zusammenhang zwischen Leitungslänge und maximaler Übertragungsrate bei Zweidrahtleitern
Quelle: [CKN86]

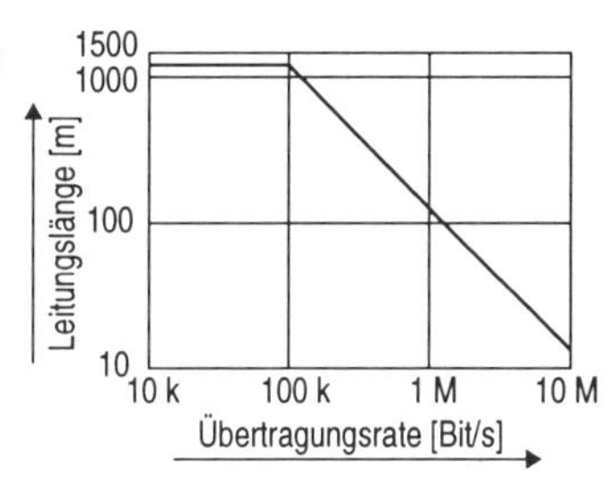

Koaxialleitung

Koaxialkabel werden vor allem bei der Breitbandübertragung und bei Bussen mit hohen Übertragungsraten über längere Entfernungen eingesetzt. Abbildung 1-30 zeigt den typischen Aufbau eines solchen Kabels. Die Hin- und Rückleiter sind beim Koaxialkabel konzentrisch angeordnet. Der als Draht ausgebildete innere Leiter (genannt: Seele) wird von Außenleiter - meist in Form eines Drahtgeflechts - durch ein Dielektrikum getrennt.

Wie beim verdrillten Leiterpaar ist das Koaxialkabel sehr abstrahlungsarm. Auch hier gibt es keine äußeren elektromagnetischen Felder. Der Wellenwiderstand liegt typischerweise bei 50 Ω, zum Teil auch bei 75 Ω. Bei hohen Datenraten (bis zu 1 GHz) muß die Anpassung durch Abschlußwiderstände sehr

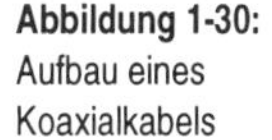
Abbildung 1-30: Aufbau eines Koaxialkabels

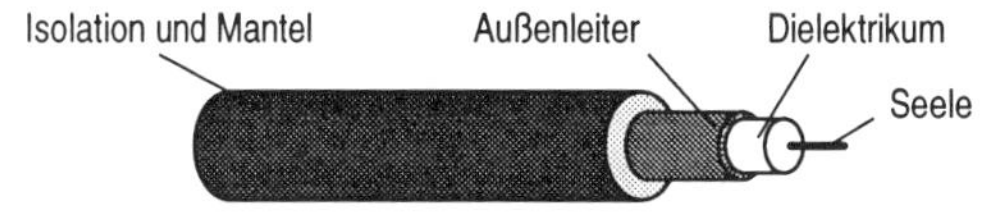

sorgfältig ausgeführt werden. Die Dämpfung ist mit etwa 0,15 dB/m bei 100 MHz etwas höher als bei der Paralleldrahtleitung.

Das Einsatzgebiet von Koaxialkabel ist sehr vielfältig: von der Audio- über die Video- bis zur Datentechnik. Beispiele sind das Kabelfernsehen und das *Ethernet* im Bereich der lokalen Netze.

Lichtwellenleiter

Höhere Datenraten als Koaxialkabel bieten Lichtwellenleiter. In diesem Fall werden elektromagnetische Wellen im Frequenzbereich des sichtbaren Lichts über einen speziellen Leiter übertragen. Aufgrund der hohen Frequenz von Lichtwellen ist eine Basisbandübertragung bei der Rechnerkommunikation nicht möglich. Lichtwellenleiter sind immer Breitbandleiter. An den Enden der Verbindungsstrecken sind daher spezielle Modems notwendig.

Ein Lichtwellenleiter ist prinzipiell aus einem lichtdurchlässigen Kern und einem umgebenden Mantel aufgebaut (Abbildung 1-31). Beide sind bei hochwertigen Leitern aus Quarzglas, bei billigeren Leitern aus Kunststoff gefertigt. Der Kerndurchmesser liegt bei etwa 5 µm bis 500 µm, der Außendurchmesser beträgt etwa 100 µm. Der Brechungsindex des Kerns n_K ist immer höher als der des Mantels n_M.

Abbildung 1-31: Aufbau eines Lichtwellenleiters

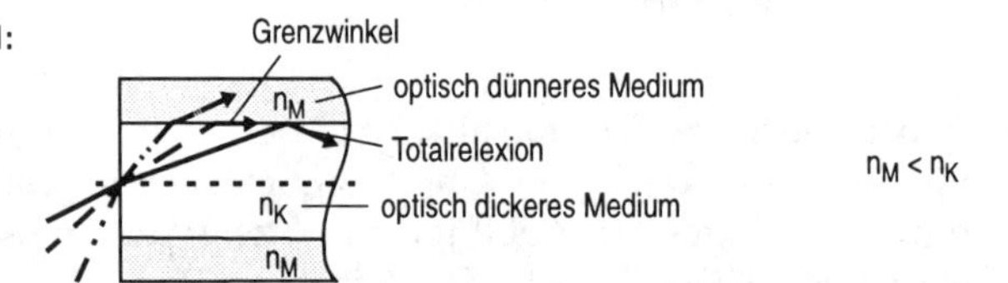

Das Grundprinzip der Führung des Lichts im Leiter beruht auf der Brechung von Licht an der Grenzfläche zweier optischer Medien mit unterschiedlichem Brechungsindex. Licht wird an einer solchen Oberfläche immer in Richtung des Mediums mit höherem Brechungsindex gebrochen. Dies wird in Abbildung 1-31 verdeutlicht. Tritt ein Lichtstrahl aus dem optisch dichteren Medium in einem flachen Winkel auf die Grenzfläche, so wird er total reflektiert und es tritt kein Licht in das optisch dünnere Medium, in unserem Fall in den Mantel des Leiters. Der Lichtstrahl bleibt in diesem Fall im Kern des Leiters „gefangen" und wird vom Leiter „geführt".

Abbildung 1-32 zeigt die Datenübertragung über einen Lichtwellenleiter. Auf der linken Seite der Abbildung sehen wir den Sender, auf der rechten Seite den Empfänger. Da heutzutage innerhalb des Senders und Empfängers elektrische Signale vorherrschend sind, müssen diese an beiden Enden des Lichtwellenleiters in Licht (bzw. umgekehrt) konvertiert werden. Dies geschieht durch eine Laser- bzw. Leuchtdiode auf der Senderseite und eine(n) lichtempfindliche(n) Diode/Transistor (Fotodiode/Fototransistor) auf der Empfangsseite.

Abbildung 1-32: Signalübertragung über Lichtwellenleiter

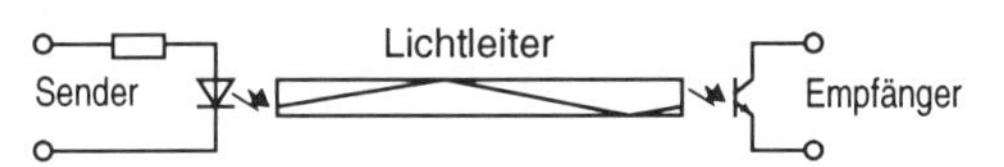

Vorteile der Lichtwellenleiter sind im wesentlichen eine Unempfindlichkeit gegenüber äußeren elektromagnetischen Störungen, eine galvanische Trennung von Sender und Empfänger und eine relativ geringe Dämpfung. Dämpfungen von unter 2 dB/*km* sind durchaus möglich. Die Stärke der Dämpfung hängt von der Wellenlänge des Lichtes ab. Die geringste Dämpfung erhält man bei Verwendung von Dioden im Infrarotbereich mit einer Wellenlänge von etwa 1,5 µm.

Auf langen Strecken muß trotz dieser geringen Dämpfung das Signal regelmäßig verstärkt werden. Da die Verstärkung momentan auf elektrischem Wege erfolgt, muß in jedem Verstärker zwischen Lichtsignalen und elektrischen Signalen gewandelt werden, was diese Technik gegenüber der Kupfertechnik (z. B. Koaxialkabel) aufwendig und teuer macht.

Eines der größten Probleme bei der Signalübertragung über Lichtwellenleiter ist die Abhängigkeit der Signallaufzeit vom Eintrittswinkel in den Leiter. Je nach Eintrittswinkel, muß ein Lichtstrahl einen kürzeren oder längeren Weg zurücklegen. Da in der Praxis Strahlen in verschiedenen Winkeln in den Leiter eintreten, „verschmiert" das Signal aufgrund der Laufzeitdifferenzen. Man spricht hierbei von *Dispersion* (siehe auch Seite 59).

Ein Impuls verbreitert sich aufgrund der Dispersion um etwa 50 ns/km. Dies reduziert die maximale Übertragungsrate bei einem Kilometer Lichtleiter vom GBit/s-Bereich auf etwa 30 MBit/s. Höhere Datenraten können nur durch aufwendigere Lichtleiter mit geringerer Dispersion erreicht werden. In der Praxis findet man heute drei Typen von Lichtwellenleiter (vgl. Abbildung 1-33):

Abbildung 1-33: Profile von Lichtwellenleitern

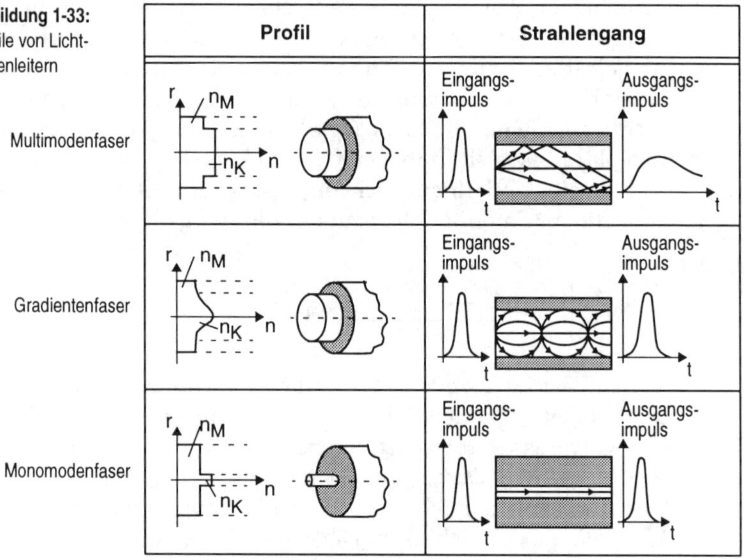

	Profil	Strahlengang
Multimodenfaser	r, n_M, n_K, n	Eingangsimpuls, t — Ausgangsimpuls, t
Gradientenfaser	r, n_M, n_K, n	Eingangsimpuls, t — Ausgangsimpuls, t
Monomodenfaser	r, n_M, n_K, n	Eingangsimpuls, t — Ausgangsimpuls, t

- Den einfachsten und preisgünstigsten Aufbau besitzt der oben beschriebene Leiter (Abbildung 1-31). Man spricht hierbei von *Multimodenfaser.* Aufgrund des relativ großen Kerndurchmessers und der daraus resultierenden hohen Dispersion tritt eine große Signalverformung auf, was den Leiter nur für kurze Entfernungen oder für niedrige Datenraten einsetzbar macht.
- Höhere Datenraten erlauben *Gradientenfasern*. Bei diesen Leitern fällt der Brechungsindex des Kerns radial nach außen ab, so daß alle Strahlen immer zur Kernmitte hin gebrochen werden. Auch wenn hier der Kerndurchmesser mit etwa 50 µm immer noch recht groß ist, werden die Strahlen in Richtung der Mittellinie fokussiert. Da die Ausbreitungsgeschwindigkeit im optisch dünneren Medium höher ist, wird die Dispersion zusätzlich verringert. Ein Impuls verbreitert sich „nur" noch um etwa $^1/_4$ ns/km, was die Datenrate bei einem Kilometer Leiterlänge auf über ein Gigahertz erhöht.
- Die Dispersion eines Lichtwellenleiters läßt sich auch dadurch verringern, daß man den Durchmesser des Kerns minimiert. Mit kleinerem Kerndurchmesser werden die Längenunterschiede bei unterschiedlich einfallenden Strahlen

reduziert. Im Extremfall breiten sich die Strahlen fast parallel in Richtung des Leiters aus. Man spricht in diesem Fall von *Monomodenfasern*. Heutige Monomodenfasern haben einen Kerndurchmesser von etwa 5 µm und erlauben eine Datenrate von einigen Gigahertz auf einen Kilometer. Monomodenfasern sind jedoch aufwendiger und teurer und lassen sich schwerer handhaben als Multimodenfasern.

Leiterbahnen

Leiterbahnen sind die vorherrschenden Verbindungsmedien innerhalb von Computern. Zur Datenübertragung werden dünnen Metallbahnen auf dem Substrat integrierter Schaltungen bzw. auf Platinen aufgebracht. Die Verbindung der Komponenten auf einem Chip erfolgt vor allem über Aluminiumbahnen, wogegen die Leiterbahnen auf den Platinen in Kupfer ausgebildet sind. Die Bahnen mehrbittiger Parallelbusse verlaufen in der Regel parallel zueinander, was auf der einen Seite gleichmäßige Signallaufzeiten garantiert, auf der anderen Seite aber auch Störungen durch kapazitive und induktive Einkopplungen fördert.

Freier Raum

Die Datenübertragung über größere Entfernungen durch den freien Raum, d. h. nicht leitergebunden, wird mit Hilfe elektromagnetischer Mikrowellen durchgeführt. Wir unterscheiden hier im wesentlichen zwischen

- erdgebundenen Richtfunkverbindungen und
- Satellitenverbindungen.

Im Falle der Richtfunkverbindungen werden spezielle Parabol-, Horn- oder Trichterantennen auf Sichtweite installiert. Die Wellenausbreitung erfolgt im Frequenzbereich von 1 ... 100 GHz fast wie im optischen Fall.

Satellitenverbindungen verwenden im überwiegenden Maße Satelliten auf der geostationären Bahn, d. h. 36.000 km fest über einem Punkt des Äquators. Der Frequenzbereich liegt ebenfalls im Gigahertzbereich. Beachtenswert sind hier jedoch die Signallaufzeiten, die mit etwa $^{1}/_{4}$ Sekunde für eine Strecke zu Verzögerungen im Sekundenbereich bei transkontinentalen Verbindungen führen.

1.1.6 Leitungsgebundene Übertragungsstrecke

Dieser Abschnitt beschäftigt sich mit einigen Problemen, die bei der Verwendung von Leitern zur Datenübertragung zu beachten sind. Einige der Phänomene gelten auch analog für Funkverbindungen. Da in der Datenkommunikation die leitungs-

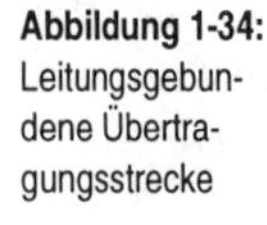

Abbildung 1-34: Leitungsgebundene Übertragungsstrecke

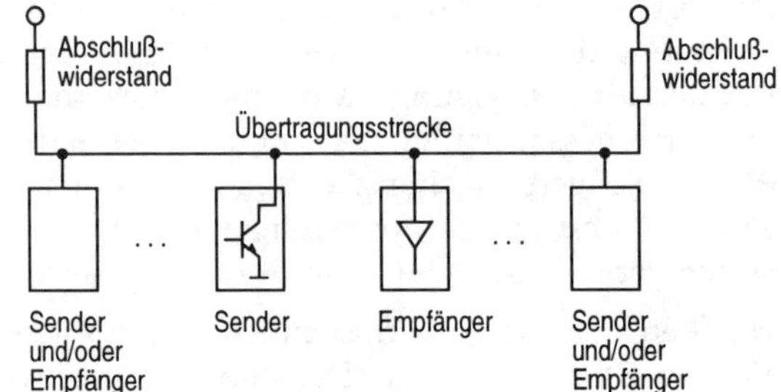

gebundenen Verbindungen vorherrschen (zumindest innerhalb von Computern und auf kürzeren Strecken), wollen wir uns hier auf diese Art der Verbindung beschränken.

Unter einer (leitungsgebundenen) Übertragungsstrecke wird ein Teil eines Leiters verstanden, an den Sender und Empfänger angeschlossen sind. Dies wird in Abbildung 1-34 dargestellt. Vom Sender pflanzt sich ein Signal in Form einer Welle zum Empfänger fort.

Auf dem Weg vom Sender zum Empfänger wird das Signal mehr oder weniger verfälscht (Abbildung 1-35). Die Verfälschung kann ganz unterschiedliche Ursachen haben und sich mehr oder weniger störend auf die Datenübertragung auswirken. Einige Ursachen werden in Abschnitt 1.1.6.2 auf Seite 53ff erläutert. Die Stärke der Auswirkung einer äußeren Störung auf ein Signal hängt auch vom Aufbau der Übertragungsstrecke, die in Abbildung 1-35 als grauer Kasten eingezeichnet ist, ab. Zwei mögliche Übertragungsmodelle sind die symmetrische bzw. asymmetrische Signalübertragung.

Abbildung 1-35: Signalverformung auf Leitungen

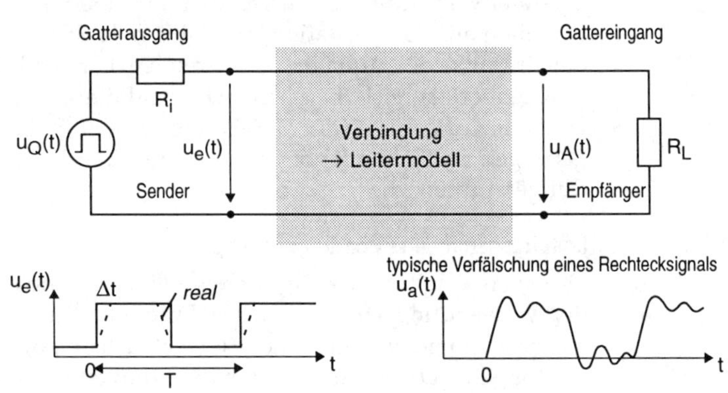

1.1.6.1 Symmetrische und asymmetrische Signalübertragung

Die Übertragung eines elektrischen Signals benötigt zwei Leitungen, einen Hin- und einen Rückleiter, damit ein elektrischer Strom fließt. Das Signal wird dabei üblicherweise durch die Spannung zwischen den beiden Leitern oder durch die Stromstärke kodiert. Bei der gleichzeitigen Übertragung von n Signalen von einem Sender zu einem Empfänger werden somit $2 \cdot n$ Leitungen benötigt. Es ist jedoch möglich, bei allen diesen Leiterpaaren jeweils einen Leiter auf ein für alle Signale gemeinsames elektrisches Potential, im allgemeinen auf das Massepotential, zu legen. In diesem Fall können die Masseleitungen aller Leitungspaare zu einer einzigen Leitung reduziert werden. Zur Übertragung aller n Signale sind dann nur noch $n+1$ Leitungen notwendig.

Asymmetrische Übertragung

Bei der asymmetrischen Übertragung wird für jedes Signal die Spannung eines Leiters gegenüber einem gemeinsamen Massepotentials gemessen. Eine solche asymmetrische Verbindung zwischen zwei Kommunikationspartnern P_1 und P_2 ist in Abbildung 1-36 dargestellt. Der in der Abbildung gezeigte Aufbau erlaubt die gleichzeitige Übertragung jeweils eines elektrischen Signals in beide Richtungen. In beiden Fällen wird die Signalspannung zu einer für P_1 und P_2 gemeinsamen Masse gemessen.

Abbildung 1-36: Asymmetrische Signalübertragung

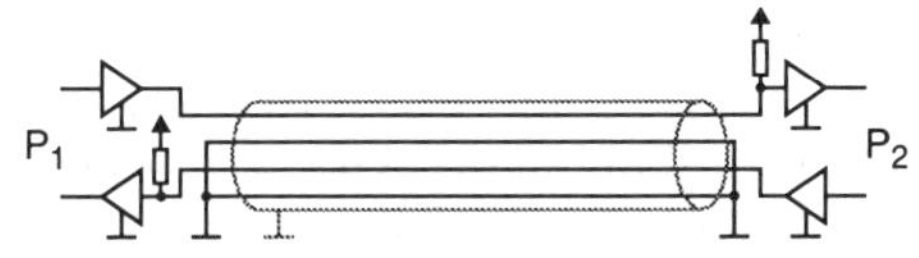

Der Vorteil dieser asymmetrischen Verbindung liegt darin, daß auf beiden Seiten jeweils nur eine Signalspannung benötigt wird. Auch lassen sich die beiden in der Abbildung eingezeichneten Masseleitungen zu einer einzigen Leitung reduzieren, so daß für beide Signale nur drei Leitungen benötigt werden. Dem Vorteil der reduzierten Anzahl von Leitungen steht bei der asymmetrischen Übertragung aber eine erhöhte Störanfälligkeit gegenüber. Gerade das Übersprechen von benachbarten Leitungen macht bei höheren Datenraten größere Probleme.

Bei hohen Datenraten werden daher zur Abschirmung von ungewolltem Übersprechen zwischen jeder Signalleitung eine Masseleitung, wie in Abbildung 1-36 dargestellt, gelegt. Reflexionen an den Leitungsenden werden durch geeignete Abschlußwiderstände minimiert. Zur Abschirmung von äußeren Störungen kann das gesamte Leitungsbündel mit einem Mantel umgeben werden, wie wir das bei den geschirmten Doppeldrahtleitern und beim Koaxialkabel kennengelernt haben (grauer Zylinder in Abbildung 1-36). In diesem Fall ist der Vorteil der reduzierten Leiterzahl aber hinfällig.

Symmetrische bzw. differentielle Übertragung

Hochwertigere Bussysteme verwenden nicht die eben beschriebene asymmetrische, sondern eine symmetrische Übertragung. Bei dieser wird statt der Verwendung einer gemeinsamen Masse jedes Signal über zwei Leitungen mit gegensätzlicher Spannung (gegen Masse) übertragen (Abbildung 1-37).

Abbildung 1-37: Symmetrische Signalübertragung

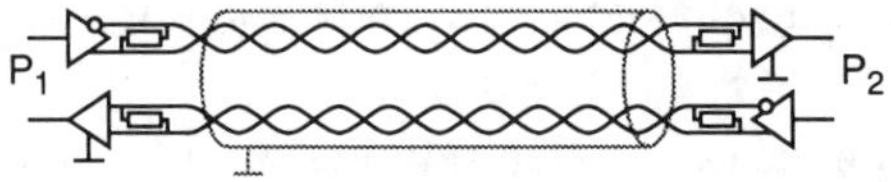

Der Einsatz von zwei Spannungsquellen zur Erzeugung der gegensätzlichen Spannungen U^+ und U^- wird durch zwei Vorteile belohnt: Dadurch, daß auf den beiden Leitungen jederzeit gerade das gegensätzliche Potential liegt, ist die Spannungsdifferenz doppelt so hoch wie im asymmetrischen Fall. Dies gilt für die Eingangsspannung auf der Senderseite und für die Ausgangsspannung auf Empfangsseite. Letztere kann aufgrund der Dämpfung der Leitung stark reduziert sein. Durch die doppelte Spannung erlaubt die symmetrische Übertragung längere Leitungen bei gleicher Empfindlichkeit des Eingangsverstärkers des Empfängers. Der zweite Vorteil ist die Erhöhung des Störabstands, was durch Abbildung 1-38 eindrucksvoll dargestellt wird.

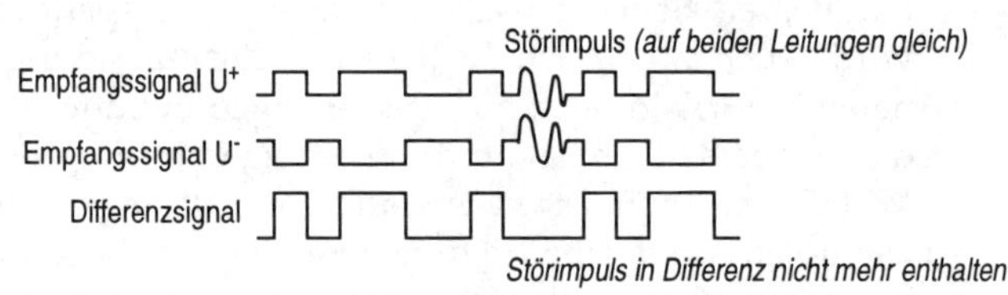

Abbildung 1-38: Differenzspannung und Elimination von Störungen

In der Abbildung werden die gegensätzlichen Spannungen der beiden Leitungen U^+ und U^- zur Masse sowie die Differenzspannung, die das Signal kodiert, gezeigt. Eine von außen einwirkende Störung auf die Signale wird in der Mitte der Abbildung angedeutet. Die Störung, egal ob kapazitiver oder induktiver Natur, wirkt auf beide Leiter in gleicher Weise. Würde das Signal lediglich - wie bei der asymmetrischen Übertragung - durch die Spannung auf einer Leitung gegenüber Masse beschrieben, läge bei der eingezeichneten Störung eine Fehlinformation auf der Empfangsseite vor. Da aber im symmetrischen Fall das Signal durch die Spannungsdifferenz ausgedrückt wird und die Störung auf beiden Leitungen gleich ist, liegt auf der Empfangsseite keine Störung im *Signal* vor (auch wenn die Störungen auf den einzelnen Leitungen erheblich sein können). Wir sehen also, daß der symmetrische Aufbau den Störabstand erheblich erhöhen kann. Darüber hinaus lassen sich externe Störungen und Reflexionen wie im asymmetrischen Fall durch Verdrillung, Abschirmung und Abschlußwiderständen weiter reduzieren.

Das Fazit des Vergleichs zwischen asymmetrischer und symmetrischer (differentieller) Übertragung ist, daß im symmetrischen Fall zu Lasten der zwei Stromversorgungen und der notwendigen Leitungspaare die Leitungslängen bzw. Übertragungsraten wesentlich erhöht werden können.

Übertragung über Koaxialleitung

Die Verwendung von Koaxialleiter entspricht der asymmetrischen Übertragung, wobei jede Signalleitung einzeln abgeschirmt ist (Abbildung 1-39). Das Kabel selbst wird entweder für eine Ende-zu-Ende-Verbindung herangezogen oder es wird, wie bei *Ethernet*, an bestimmten Stellen „angezapft". Im letzteren Fall wird ein Mittenanstich durch den Mantel bis zur Seele in der Leitermitte durchgeführt. Das Beispiel *Ethernet* wird in Abschnitt 5.3.1 gezeigt.

Abbildung 1-39: Koaxialkabelverbindung

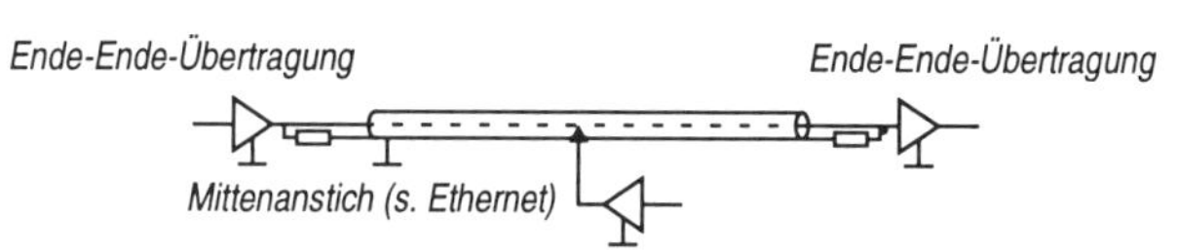

Wie bei der Zweidrahtleitung lassen sich auch hier die Reflexionen durch Abschlußwiderstände reduzieren.

1.1.6.2 Verzerrung des Signals der Quelle

In den vorangegangenen Abschnitten wurde wiederholt über Störungen auf Leitungen wie zum Beispiel Übersprechen und Reflexionen gesprochen. In diesem Abschnitt wollen wir uns nun diese Störungen, die zu Verzerrungen des zu übertragenden Signals führen, etwas näher betrachten. Die wesentlichen

Größen, die einen Einfluß auf die Signalform haben, sind:

- begrenzte Bandbreite der Leitung
- Reflexion an den Leitungsenden
- Dispersion
- Übersprechen.

Abbildung 1-40 zeigt den Einfluß dieser Störungen auf ein einfaches Binärsignal. Im oberen Teil der Abbildung sehen wir den Signalverlauf, wie er typischerweise in Zeitdiagrammen zu finden ist. In solchen Datenblättern haben die Signale einen mehr oder weniger idealen Verlauf mit geraden Linien und scharfen Ecken. Teilweise werden die Pegelübergänge als senkrecht angenommen.

Abbildung 1-40: Signalverzerrungen

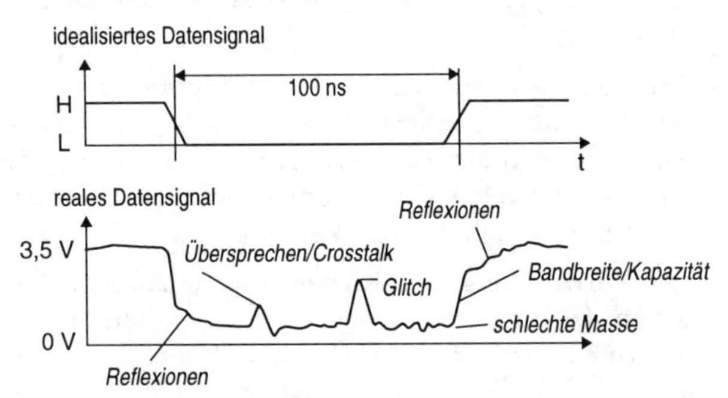

In Wirklichkeit sehen die Signale jedoch nicht so ideal aus. Der untere Teil von Abbildung 1-40 zeigt den entsprechenden Signalverlauf, wie er typischerweise auf einem Oszilloskop zu sehen ist. Hier sind weder gerade Linien noch scharfe Ecken zu finden. Durch die Bandbreitenbegrenzung der Leitung werden die Ecken abgerundet. Andere störende Einflüsse erzeugen ungewollte Impulse (Glitches), die bei großen Amplituden sogar zu Informationsverfälschungen führen können. Ein gewisses Grundrauschen des Signals könnte beispielsweise von einer schlechten Masseleitung stammen.

Wir wollen uns nun einige dieser Phänomene etwas näher betrachten.

Bandbreite des Übertragungswegs

Jede Leitung besitzt einen Widerstand und eine Kapazität, die bei einem Signalwechsel umgeladen werden muß. Durch diese Eigenschaft verhält sich die Leitung wie ein Tiefpaßfilter, d. h., mit zunehmender Frequenz werden die Signalanteile immer stärker gedämpft. Eine charakteristische Eigenschaft der Leitung ist damit die maximal übertragbare Frequenz eines Signals.

Ein Rechtecksignal, wie es in der Digitaltechnik üblich ist, besitzt ein theoretisch unendlich breites Spektrum (vgl. Tabelle 1-2). Das Rechteck erreicht demnach einen Empfänger nur dann in seiner exakten Form, wenn die Übertragungsstrecke alle Spektralanteile mit beliebig hohen Frequenzen unverändert, d. h. ungedämpft, überträgt. Da dies in der Praxis nicht der Fall ist, wird das Rechtecksignal nur angenähert übertragen. Die Annäherung ist um so besser, je mehr Oberwellen übertragen werden können (Abbildung 1-41).

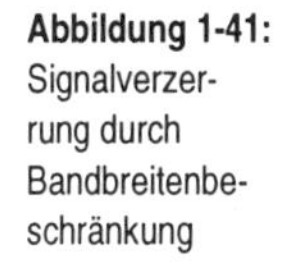

Abbildung 1-41: Signalverzerrung durch Bandbreitenbeschränkung

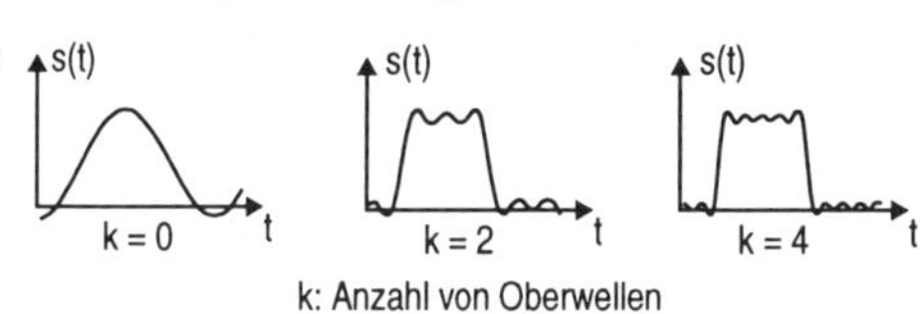

Zur Modellierung einer passiven Leitung (z. B. Doppeldrahtleitung, Koaxialkabel) werden mehr oder weniger komplexe Modelle verwendet. Für Leitungen, die im Vergleich zur Frequenz des Übertragungssignals kurz sind, genügt im allgemeinen ein *konzentriertes Modell*. Hierbei wird die Leitung durch eine Schaltung, bestehen aus einem Widerstand, einem Kondensator und eventuell aus einer Spule, beschrieben. Die Auswirkung der Leitung auf ein beliebig geformtes Eingangssignal kann durch die klassische Wechselstromtheorie berechnet werden.

Für lange Leitungen ist ein solches konzentriertes Modell nicht mehr ausreichend genau. In diesem Fall müssen die Welleneigenschaften der Signale mit in Betracht gezogen werden. Es darf nicht vernachlässigt werden, daß ein Signal eine endliche Laufzeit besitzt. Ein hochfrequentes Taktsignal von beispielsweise 5 ns Pulslänge läuft auf einer Leitung ca. 80 cm während eines Pulses. Zur Modellierung einer solchen langen Leitung wird ein *verteiltes Wellenleitermodell* (Abbildung 1-42) verwendet, das durch kompliziertere Signaltheorien beschrieben wird. Die für dieses Buch wichtigste Eigenschaft des Wellenleitermodells ist

Abbildung 1-42: Eine Leitung wird aus einer Serie von identischen RLC-Vierpolen modelliert.

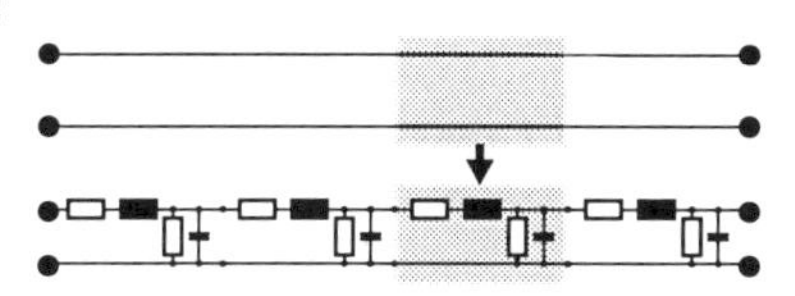

der sogenannte Wellenwiderstand, der unabhängig von der Länge der Leitung ist. Eine weitere wichtige Eigenschaft des Wellenleiters ist die oben bereits angesprochene Dispersion.

Wellenwiderstand

Definition. Unter dem *Wellenwiderstand* einer Leitung versteht man den Eingangswiderstand einer Leitung, den man mißt, wenn die Leitung mit dem gleichen Widerstand abgeschlossen ist. Man spricht dann auch von Leitungsanpassung (s. u.). Der Wellenwiderstand ist frequenzabhängig und im allgemeinen komplexwertig. ❑

Leitungsreflexion

Wir wollen uns nun betrachten, wie ein Signal sich auf einer ungestörten (langen) Leitung ausbreitet. Dazu soll uns ein einfaches Experiment helfen. Für das Experiment verwenden wir den Versuchsaufbau von Abbildung 1-43. Auf der linken Seite haben wir einen Sender mit einer idealen Spannungsquelle und einem Innenwiderstand R_I. Als Empfänger dient uns ein einfacher Abschlußwiderstand R_T. Die Übertragungsstrecke sei wie in Abbildung 1-42 durch einen verteilten Wellenleiter modelliert. Der Gleichstromwiderstand der Leitung sei Null. Es werden die Spannungen am Anfang (Position *X*) und Ende (Position *Y*) der Übertragungsstrecke gemessen.

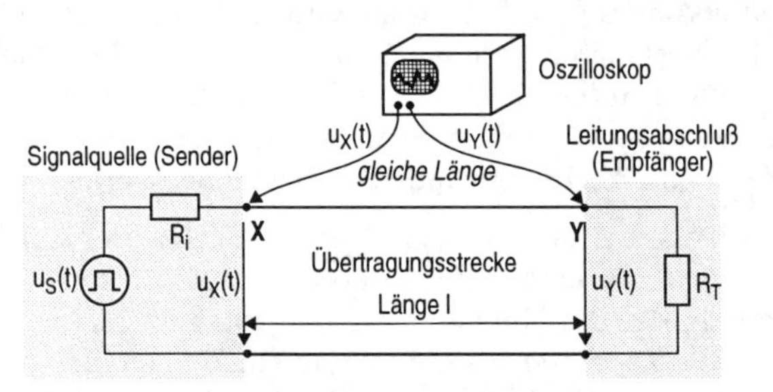

Abbildung 1-43: Meßaufbau zur Bestimmung der Reflexion auf Leitungen

Nehmen wir nun an, daß zum Zeitpunkt $t=0$ die Spannung des Senders u_S von 0 auf U_S wechselt und dann konstant bleibt. Vernachlässigt man den Gleichstromwiderstand der Leitung, so beträgt die Spannung $u_X(t)$ für die beiden Extremwerte $t=0$ und $t=\infty$:

$$u_X(0) = 0$$

$$u_X(\infty) = u_Y(\infty) = U_S \cdot \frac{R_T}{R_T + R_I} \tag{1-22}$$

Zwischen diesen beiden Zeiten mißt man mit dem Oszilloskop folgende Spannungen an den Punkten *X* und *Y*:

Abbildung 1-44: Signalformen auf Leitungen mit Reflexionen

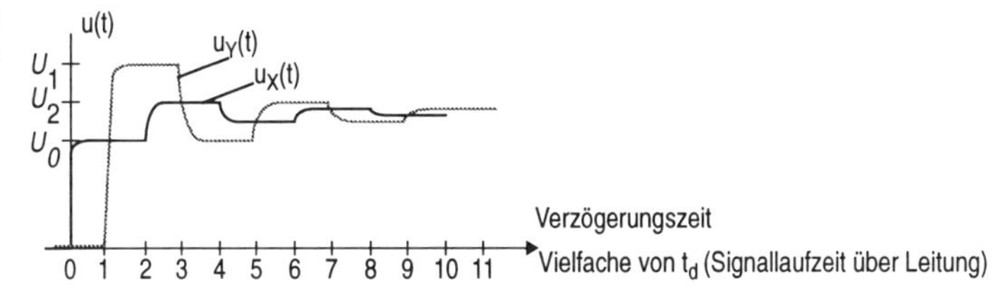

Versuchen wir nun, diese Spannungsverläufe zu begründen.

Betrachten wir zunächst die Zeit $t < t_d$, wobei t_d die Zeit ist, die das Signal benötigt, um mit beinahe Lichtgeschwindigkeit vom Anfang der Leitung (*X*) zum Ende der Leitung (*Y*) zu gelangen. Während dieser Zeitspanne ist der Flankenwechsel von u_S bei *Y* noch nicht sichtbar, da die Signalwelle den Punkt *Y* noch nicht erreicht hat. Für den Sender ist während dieser Zeit der Abschlußwiderstand R_T auch noch nicht sichtbar, so daß er folgende Schaltung sieht:

Abbildung 1-45: Übertragungsstrecke mit Wellenwiderstand abgeschlossen

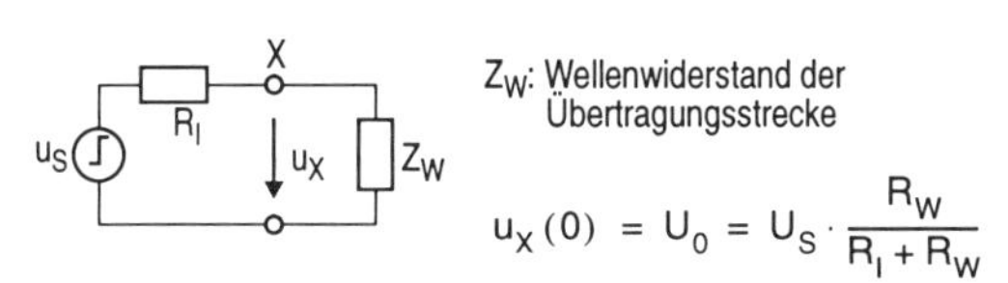

Die Signalwelle erreicht *Y* nach der Zeitspanne t_d und wird am Ende mit dem Reflexionsfaktor

$$r = \frac{R_T - Z_W}{R_T + Z_W} \tag{1-23}$$

reflektiert. Während der Zeit $t_d \leq t < 2t_d$ überlagern sich nun die ankommende und die reflektierte Welle.

- Bei offenem Ende ($R_T = \infty$) muß nach dem Ladungserhaltungssatz der ankommende Strom gleich dem reflektierten Strom sein (Reflexionsfaktor $r = 1$). Die Spannung der rücklaufenden Welle ist durch die Überlagerung doppelt so groß wie die der hinlaufenden Welle.
- Bei Kurzschluß am Leitungsende ($R_T = 0$) fließt der Strom der ankommenden Welle weiter, da die Spannung über R_T Null ist, so daß die Spannung der rücklaufenden Welle den glei-

chen Betrag, aber umgekehrtes Vorzeichen hat. Für den Reflexionsfaktor gilt: $r = -1$.

- Bei endlichem Abschlußwiderstand $0 < R_T < \infty$ liegt der Reflexionsfaktor r zwischen -1 und 1. In unserem Beispiel sei $R_T > Z_W$, wonach $r > 0$ und $U_1 > U_0$ (Abbildung 1-44) ist.
- Ist $R_T = Z_W$, fällt die gesamte Spannung der ankommenden Welle über R_T ab, so daß die gesamte Energie des Signals in Wärme umgesetzt wird. Der Reflexionsfaktor r ist Null. Man spricht hierbei von perfekter Leitungsanpassung. Dies sollte bei hochfrequenten Signalen möglichst erreicht werden.

Abbildung 1-46 stellt die hin- und rücklaufenden Wellen bei den unterschiedlichen Leitungsabschlüssen bildlich dar. Die Abbildung zeigt auch das mechanische Analogon einer reflektierten Welle bei einem schwingenden Seil.

Abbildung 1-46: Reflexion auf Leitungen

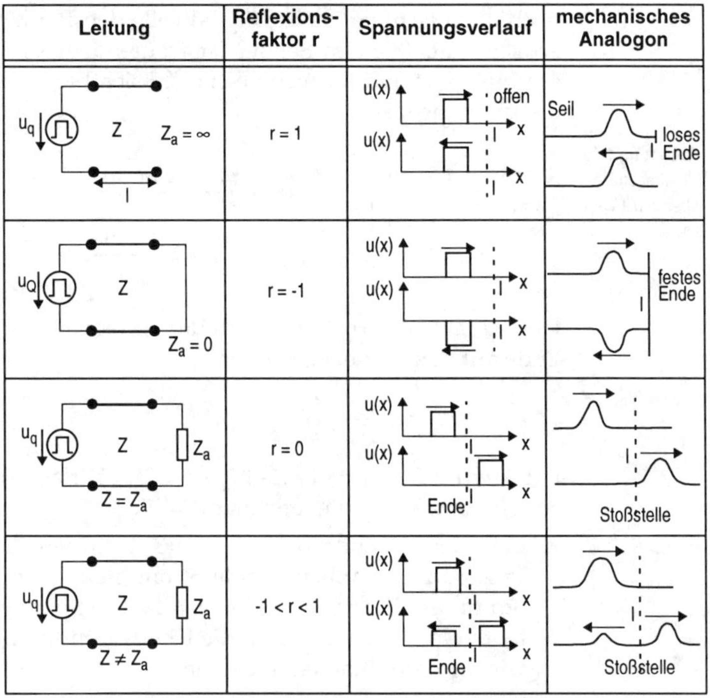

Leitung	Reflexions-faktor r	Spannungsverlauf	mechanisches Analogon
u_q, Z, $Z_a = \infty$, l	r = 1	u(x), offen, x, l	Seil, loses Ende
u_Q, Z, $Z_a = 0$	r = -1	u(x), x, l	festes Ende
u_q, Z, Z_a, $Z = Z_a$	r = 0	u(x), x, Ende, l	Stoßstelle
u_q, Z, Z_a, $Z \neq Z_a$	-1 < r < 1	u(x), x, Ende, l	Stoßstelle

Nach $t = 2 \cdot t_d$ erreicht die rücklaufende, überlagerte Welle die Position X und wird dort durch das Leitungsende erneut reflektiert. Nehmen wir nun an, daß $R_I < Z_W$ sei. Der Reflexionsfaktor r ist damit kleiner als Null, wodurch die überlagerte Spannung an Position X kleiner als die Spannung der ankommenden Welle ist ($U_2 < U_1$ in Abbildung 1-44). Die bei X reflektierte Welle mit negativem Vorzeichen ($r < 0!$) erreicht bei $t = 3 \cdot t_d$ wieder die Position Y und wird dort wieder mit gleichem Vorzeichen reflektiert, so daß die Spannung an Position Y bei $t = 3t_d$ abfällt.

Da der Betrag des Reflexionsfaktors r bei X und Y kleiner als Eins ist, streben die Spannungen auf der Leitung den Grenzwert $u_X(\infty)$ an. ❑

Dispersion

Den Begriff der *Dispersion* hatten wir schon bei der Behandlung der Lichtwellenleiter kennengelernt. Unter Dispersion versteht man die frequenzabhängige unterschiedliche Wellenausbreitung eines Signals. Da alle praxisrelevanten Signale ein Frequenzband abdecken, die einzelnen Elementarsignale unterschiedlicher Frequenz aber verschieden schnell übertragen werden, „verwischt" das Signal bei der Übertragung. Aus einem idealen Rechtecksignal auf Senderseite wird durch die Dispersion (und Dämpfung) der Leitung auf Empfangsseite ein „verwischtes" Signal $u_a(t)$, wie in Abbildung 1-47 dargestellt.

Abbildung 1-47: Dispersion

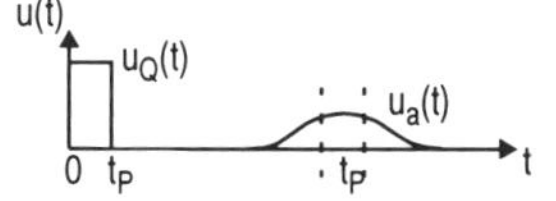

Abhängig vom Aufbau einer Leitung ist diese mehr oder weniger dispersiv. In der Praxis verwendete Hochfrequenzleitungen sind dispersionsfrei, während die in der Datenübertragung eingesetzten Doppeldrahtleiter und Koaxialkabel dispersiv sind. Um die Dispersion nicht zu groß werden zu lassen, müssen auf längeren Leitungen in regelmäßigen Abständen Verstärker eingebaut werden, die das „verwischte" Signal wieder aufbereiten.[1]

1.1.7 Bustreiber

Den Abschluß der physikalischen Grundlagen bilden die Bustreiber. Historisch bedingt und wegen des hohen Strombedarfs, werden bei den meisten Bussen die Busteilnehmer über bipolare

1. Die Verstärker werden auch zur Regenerierung stark gedämpfter Signale benötigt.

TTL-Treiber angeschlossen. Moderne Bussysteme mit weit geringeren Lasten können dagegen direkt über CMOS-Schaltungen getrieben werden. Ihre Pegel sind häufig aus Kompatibilitätsgründen nach den TTL-Pegeln spezifiziert.

Der Vorteil bei der Verwendung von TTL-Gattern zur Ansteuerung von Bussen liegt in der hohen Stromabgabe dieser bipolaren Treiber. Damit lassen sich wesentlich höhere Lasten ansteuern als durch MOS-Schaltungen. Da auf der anderen Seite aber so gut wie alle Logikschaltungen heute in CMOS implementiert werden, muß der Vorteil der Treiberstärke durch eine Umsetzung zwischen den MOS-Pegeln der Logik und den TTL-Pegeln der Busse bezahlt werden. Aus Fabrikationsgründen werden die Bustreiber häufig in eigenen integrierten Schaltkreisen (ICs) gefertigt. Um diesen „Umweg" über getrennte Treiberbausteine zu umgehen, wird in jüngerer Zeit vermehrt eine Technologie (*BiCMOS*) eingesetzt, die die Fertigung von MOS-Logik und Bipolar-Treibern auf einem Chip erlaubt.

Bei den moderneren Systembussen, die wegen ihrer hohen Taktraten nur noch sehr geringe kapazitive Lasten erlauben, geht man noch einen Schritt weiter. Die Begrenzung dieser Busse auf eine geringe Anzahl von Busteilnehmern verlangt keine leistungsfähigen Treiber mehr, so daß die Busse direkt von den MOS-Schaltungen angesteuert werden. Diese können wesentlich höher integriert werden, wodurch sich heute die Logik ganzer Erweiterungskarten in wenige ICs, sogenannten ASICs (kundenspezifische Schaltkreise), realisieren läßt. Die Erweiterungskarten und damit auch das gesamte Bussystem können klein gehalten werden[1]. Einige moderne Systembusse, wie zum Beispiel der *SBus* (Abschnitt 3.3.5), sind bereits mit CMOS-Pegeln spezifiziert.

Wegen ihrer Relevanz im Bereich der Rechnerverbindungen und Bussysteme wollen wir uns in diesem Abschnitt die TTL-Pegel und den Aufbau von TTL-Bustreibern etwas näher ansehen. Abbildung 1-48 zeigt den typischen Aufbau eines TTL-Gatters, das in eine Eingangsstufe und eine Ausgangsstufe zerfällt. Die Eingangsstufe hat als Kern einen Multiemitter-Transistor im Inversbetrieb, der einen für Bipolarschaltungen recht hohen Ein-

1. Kurze Busleitungen kompakter Bussysteme sind eine Voraussetzung für geringe Treiberlasten.

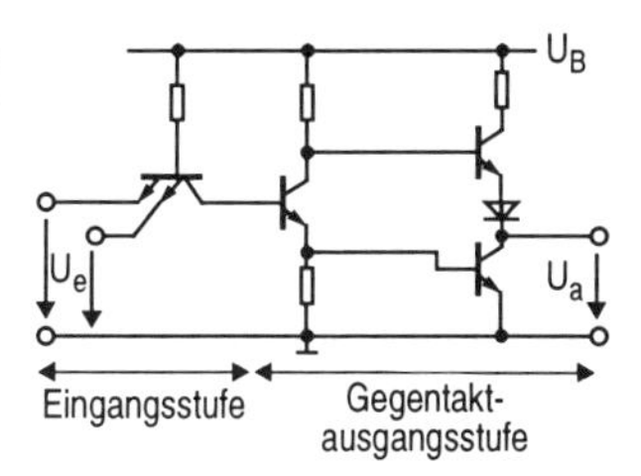

Abbildung 1-48: TTL-Grundgatter (z. B. SN 7400)

gangswiderstand und damit eine geringe Last darstellt. Die Ausgangsstufe auf der rechten Seite der dargestellten Schaltung ist eine sogenannte Gegentaktendstufe, bei der - analog zu CMOS - je nach Eingangsbeschaltung einer der beiden Ausgangstransistoren geöffnet und der andere geschlossen ist. Durch diesen gegensätzlichen Betrieb werden keine hohen Widerstände im Ausgangskreis benötigt, was eine höhere Stromabgabe und damit eine höhere Belastbarkeit bewirkt. Zur genaueren Erläuterung der genauen Funktionsweise einer solchen TTL-Grundschaltung sei auf die entsprechende Spezialliteratur, z. B. [SiS92] und [TiS93], verwiesen.

Die logischen Pegel der TTL-Schaltkreisfamilie sind in Abbildung 1-49 dargestellt. Diese wurden für die meisten Schnittstellen- und Busspezifikationen übernommen. Bei korrekter Eingangsbeschaltung garantiert TTL einen Ausgangspegel für logisch Eins zwischen 2,4 V und 5 V und für logisch Null zwischen 0 V und 0,4 V, wenn die Fan-Out-Werte nicht überschritten werden. Diese unsymmetrische Bereichsfestlegung hat ihren Grund in der Schaltungsstruktur, bei der mit steigender Last der Eins-Pegel immer mehr abgesenkt wird (Spannungsteiler), wogegen der Null-Pegel diesem Problem nicht unterliegt. Für den Eingang fordert ein TTL-Gatter eine Spannung zwischen 2 V und 5 V für eine logische Eins und zwischen 0 V und 0,8 V für eine Null.

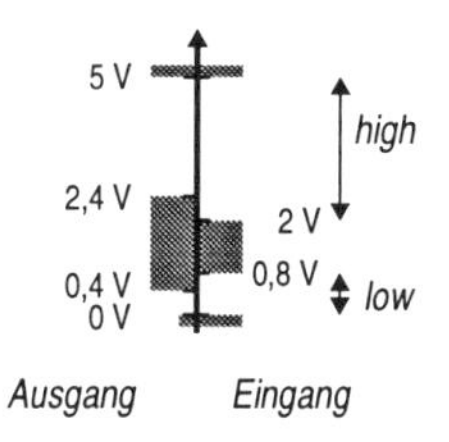

Abbildung 1-49: TTL-Pegel

TTL garantiert am Ausgang:
High-Bereich: 2,4 ... 5 V
Low-Bereich: 0 ... 0,4 V

TTL fordert am Eingang:
High-Bereich: 2 ... 5 V
Low-Bereich: 0 ... 0,8 V

Probleme bei der Verwendung von TTL-Gattern als Bustreiber treten durch die Funktionsweise der Gegentaktendstufe auf. Bei dieser Art der Ausgangsschaltung kann es zu Kurzschlüssen kommen, wenn zwei Ausgänge zusammengeschaltet werden, wie es bei Bussen üblich ist. Das Kurzschlußproblem wird durch Abbildung 1-50 deutlich. In diesem Beispiel werden zwei Gatter *TN1* und *TN2* über eine Busleitung verbunden. Von beiden Busteilnehmern sind lediglich die Ausgänge dargestellt. In der im Beispiel verwendeten Beschaltung ist bei *TN1* der Transistor T_1 und bei *TN2* der Transistor T_4 geöffnet. Dabei kommt es über die Busleitung zu einer sehr niederohmigen Kurzschlußverbindung zwischen der Versorgungsspannung und dem Massepotential. Dies ist durch den grauen Pfeil angedeutet.

Abbildung 1-50: Kurzschluß bei Kopplung von TTL-Gegentaktausgängen

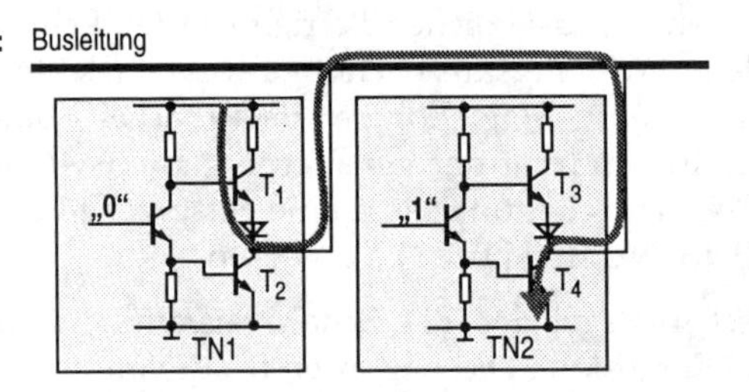

Zur Busankopplung müssen die TTL-Ausgangsstufen abgeändert werden. In der Praxis findet man hierzu zwei Lösungsansätze: den *Open-Collector-Ausgang* und den *Tri-State-Ausgang*, die in den Abbildungen 1-51 und 1-52 dargestellt sind.

Beim *Open-Collector-Ansatz* werden die Pull-Up-Transistoren aller an einer Busleitung angeschlossenen Gatter durch einen gemeinsamen, externen Kollektorwiderstand ersetzt. In Abbildung 1-51 sind die beiden Transistoren T_3 und T_4 der beiden Busteilnehmer aus Abbildung 1-50 entfernt und durch den gemeinsamen Widerstand R_C ersetzt worden. Damit ist sichergestellt, daß bei beliebiger Beschaltung der Ausgangstransistoren in den Busteilnehmern eine hochohmige Verbindung zwischen der Versorgungsspannung U_B und Masse vorliegt. Diese hochohmige Verbindung zwischen der Busleitung und der Versorgungsspannung hat allerdings den Nachteil, daß sich die Kapazitäten nur langsam aufladen und damit die Verzögerungszeiten steigen.

Ausgenutzt wird die Open-Collector-Technik überall dort, wo

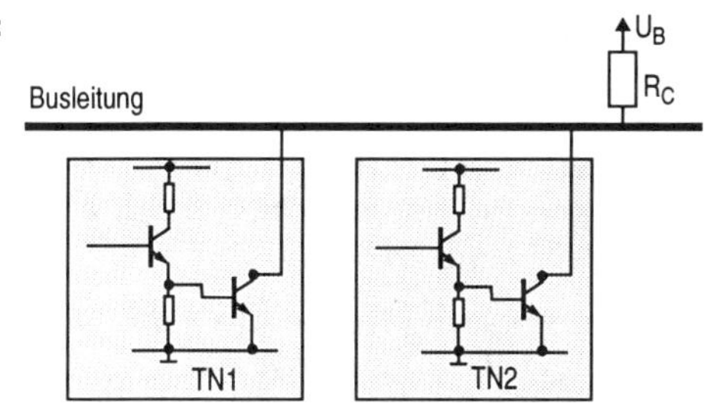

Abbildung 1-51: TTL-Open-Collector-Ausgänge

mehrere Sender gleichzeitig aktiv den Bus belegen. Betrachtet man Abbildung 1-51 genauer, so erkennt man, daß der Spannungspegel der Busleitung auf Masse gezogen wird, sobald einer der Pull-Down-Ausgangstransistoren der Busteilnehmer durchschaltet. Der Buspegel ist nur dann logisch Eins (hoher Spannungspegel), wenn alle Ausgangstransistoren sperren. Dies entspricht einer logischen UND- bzw. NOR-Verknüpfung. Man spricht in diesem Fall von *Wired-AND* bzw. *Wired-NOR*. In der Praxis ist dies beispielsweise bei einer *BUS-FREE*-Leitung anwendbar: ein Bus wird erst dann für einen neuen Zyklus freigegeben, wenn alle Busteilnehmer die *BUS-FREE*-Leitung auf logisch Eins legen. Im Verlauf dieses Buches werden mehrere Anwendungen dieser Technik gezeigt.

Für alle anderen Busleitungen, bei denen nur ein Busteilnehmer zu einem Zeitpunkt auf den Bus schreiben darf, z. B. den Daten und Adreßleitungen eines Systembusses, wird ein anderes Busankopplungsverfahren realisiert. In diesen Fällen kommen sogenannte (TTL-) *Tri-State-Treiber* zum Einsatz. Ein Beispiel wird in Abbildung 1-52 gezeigt.

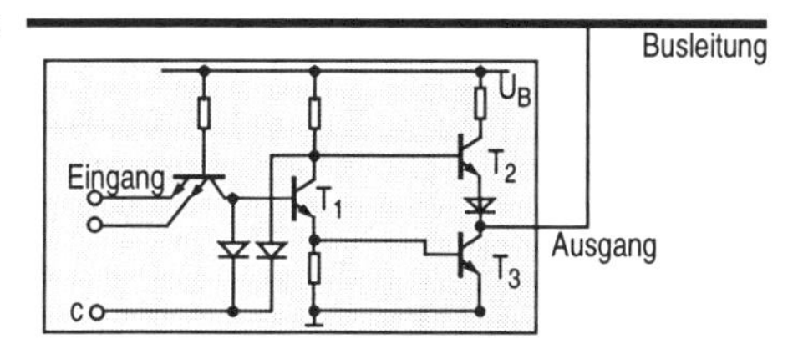

Abbildung 1-52: Tri-State-Bustreiber

Die Tri-State-Ausgangsstufe einer TTL-Schaltung ist eine Erweiterung der oben beschriebenen Grundschaltung. Durch einen weiteren Kontrolleingang *c* können die Eingänge der beiden Ausgangstransistoren T_2 und T_3 über zwei Dioden gleichzeitig auf Null gezogen werden, so daß beide Transistoren sperren[1]. In diesem Fall ist die Busleitung über die beiden hochohmigen Transistoren sowohl von der Versorgungsspannung als auch von der Masse entkoppelt. Wir sprechen davon, daß sich der Ausgang des Gatters in einem dritten, hochohmigen Zustand befindet - daher der Name *Tri-State.*

Der Vorteil dieser Schaltung liegt darin, daß die Busleitung auf beide logischen Pegel *aktiv* über einen niederohmigen Transistor gezogen werden kann, was ein schnelleres Schalten (als beim Open-Collector-Ansatz) erlaubt. „Abgeschaltete" Gatter verhalten sich dagegen völlig passiv. Ein Kurzschluß ist bei fehlerhaft arbeitenden Busteilnehmern jedoch nicht auszuschließen.

1.2 Grundlagen der Datenübertragung

Nachdem wir uns in den beiden ersten Abschnitten verstärkt mit den physikalischen Problemen der analogen Signalübertragung auseinandergesetzt haben, soll nun der Datenaustausch über einen *Digitalkanal* betrachtet werden. Die Themen, mit denen sich die Grundlagen der digitalen Datenkommunikation beschäftigen (müssen), sind recht vielfältiger Natur: unter anderem *Übertragungsarten, Synchronisation* und *Fehlersicherung*.

Definition. Unter *Datenkommunikation* wollen wir den Austausch von Information, Sprache, Text, Bildern, akustischen Signalen, etc. zwischen Kommunikationspartnern verstehen. Die Kommunikationspartner unterscheiden sich in den Sender einer Nachricht (Datenquelle) und den/die Empfänger der Nachricht (Datensenke). ❑

Im Gegensatz zu dieser allgemeinen Definition der Datenübertragung werde ich mich im weiteren auf die Übertragung binärkodierter Daten, wie sie bei der Rechnerkommunikation vorliegen, beschränken. Abbildung 1-53 zeigt die Kommunikation über einen Digitalkanal. Da jedoch, wie wir in Abschnitt 1.1 kennengelernt haben, jeder physikalische Kanal analoger Natur ist, wird in der Abbildung auch die Schnittstelle zwischen Digital- und Analogkanal aufgeführt.

Während eine Digitalquelle mit einer Digitalsenke direkt über

1. Der in Abbildung 1-52 eingezeichnete Kontrolleingang *c* muß dazu auf Masse gelegt werden. Bei C = 5 V arbeitet das Gatter genauso wie das Standardgatter mit Gegentakt-Ausgangsstufe.

Abbildung 1-53: Kommunikation über einen Digitalkanal

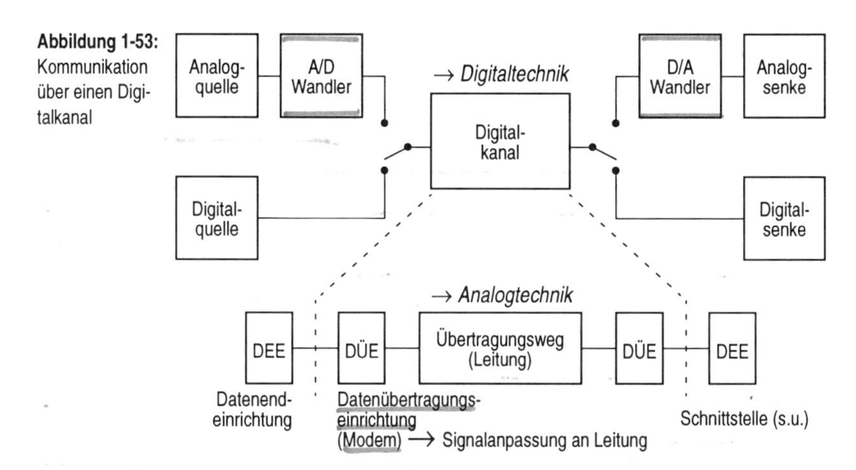

den Digitalkanal kommunizieren kann, benötigen analoge Endgeräte einen Analog-/Digital-Wandler (A/D-Wandler) auf der Senderseite und einen Digital-/Analog-Wandler (D/A-Wandler) auf der Empfangsseite. Ein typisches Beispiel hierfür wäre der Anschluß konventioneller Analogtelefone an einen digitalen *ISDN*-Anschluß.

Der untere Teil von Abbildung 1-53 zeigt den internen Aufbau des Digitalkanals. Der Kanal setzt sich zusammen aus einer analogen Übertragungsstrecke und den Digital-Analog-Umsetzern auf beiden Seiten, die hier *Datenübertragungseinrichtungen (DÜE)*[1] genannt werden. Die Begriffe Datenübertragungseinrichtung und *Datenendeinrichtung (DEE)* stammen aus der Fernmeldetechnik, wo Computer über Modems und eine Telefonleitung gekoppelt werden. Bei digitalen Übertragungseinrichtungen, wie beispielsweise den lokalen Netzen, ist die Umsetzung auf das analoge Medium nicht ganz so offensichtlich, wird letztendlich aber in den Busadapterkarten der Computer ausgeführt.

Der Vorteil der Betrachtung der Datenkommunikation über einen Digitalkanal liegt in der Abstraktion von der Vielzahl von analogen Problemen, die zum Teil in Abschnitt 1.1 angesprochen wurden. Während sich die *Analogtechnik* mit Parametern,

1. In der Literatur findet man auch sehr häufig die Abkürzungen der englischen Bezeichnungen: DCE (Data Communication Equipment) und DTE (Data Terminal Equipment).

wie etwa Amplituden- und Phasenverzerrung, Bandbreite, Signal-Rauschverhältnis und nichtlineare Verzerrung, auseinander setzen muß, genügt in der *Digitaltechnik* im wesentlichen die Betrachtung von zwei Parametern: *Übertragungsrate* (Kanalkapazität) und *Bitfehlerwahrscheinlichkeit.*

Übertragungsrate

Definition. Die *Übertragungsrate* gibt die Informationsmenge an, die ein (digitaler) Übertragungskanal in einer Zeiteinheit übertragen kann. Die Einheit lautet *Bit/s.*
Die Übertragungsrate, auch *Bitrate* genannt, beschreibt die Kanalkapazität. ❑

Schrittgeschwindigkeit

Definition. Alternativ zur Übertragungs- bzw. Bitrate in Bit/s kann die Übertragungsgeschwindigkeit auch durch die *Schrittgeschwindigkeit* beschrieben werden.
Die Schrittgeschwindigkeit ist der Kehrwert der Dauer eines Übertragungsschrittes, d. h. die Zahl der übertragenen Schritte pro Sekunde. Die Informationsmenge, die in einem Schritt übertragen wird, ist dadurch nicht festgelegt. Die Einheit der Schrittgeschwindigkeit lautet *Baud (Bd).*
Die Schrittgeschwindigkeit findet man oft auch unter der Bezeichnung Baudrate. ❑

Auch wenn die beiden Begriffe *Bitrate* und *Baudrate* auf den ersten Blick das gleiche beschreiben, so stimmt dies nur bei binären Signalen. In diesem Fall gilt: *1 Bd = 1 Bit/s.* Ist die Basis der Kanalkodierung, d. h. die Zahl unterschiedlicher Digitalwerte auf dem Medium, größer als zwei, dann ist die Bitrate größer als die Baudrate, da mehr als ein Bit pro Schritt kodiert werden kann. *Die Baudrate ist demnach kein direktes Maß für die übertragene Information pro Zeiteinheit.*

Tabelle 1-5 zeigt typische Übertragungsraten verschiedener

Tabelle 1-5: Übertragungsraten verschiedener Dienste
Quelle: [Pau95]

Dienstleistung / Übertragungskanal	Informationsart	Übertragungsrate
Modem (Telefon, analog)	Daten	4800 ... 32000 kBit/s
Fernsprecher (ISDN)	Spracheund Daten	64 kBit/s
Telex	Text	50 Bit/s (bei 50 Bd)
Bildschirmtext	Text, Bild	1200 / 75 Bit/s (hin/zurück)
Rundfunk (stereo)	Ton	76,8 kBit/s
Fernsehen	Bewegtbild	140 MBit/s

Tabelle 1-6: Übertragungsraten verschiedener Medien (die angegebenen Werte sind nur Anhaltspunkte)
Quelle: [Pau95]

Medium	Übertragungsrate
Leiter auf Chip (Si)	< 300 MBit/s
Leiter auf Platine	< 100 MBit/s
Zweidrahtleitung	< 1 ... 10 MBit/s
Koaxialkabel	< 20 ... 200 MBit/s
Glasfaserleitung	< 10 GBit/s
Funkverbindung	< 1 MBit/s

Dienstleistungen. Bei den in der Tabelle angegebenen Daten muß jedoch beachtet werden, daß die Übertragungsrate des Mediums wesentlich größer sein kann. Typische Übertragungsraten von Medien sind:

Bei der Angabe der Übertragungsrate eines Dienstes oder eines Mediums muß zwischen *Nutzdaten* und *redundanter Information* bzw. *Steuerinformation* (Steuerbits, Fehlersicherung) unterschieden werden. Die für eine Datenübertragung notwendigen, über die Nutzdaten hinausgehenden, Daten liegen in vielen Fällen in der Größenordnung der Nutzdaten selbst. Hierauf werden wir im Abschnitt 1.2.3 bei der Behandlung der Datensicherung und im Kapitel 5 bei der Beschreibung der Datenübertragung über lokale und Weitverkehrsnetzwerke noch zu sprechen kommen.

Datenübertragung

Zurück zur Datenübertragung selbst: Abbildung 1-54 stellt den typischen Ablauf einer Übertragung von einem Sender (links oben) zu einem Empfänger (rechts oben) über einen (analogen) Übertragungskanal dar. Voraussetzungen zur Kommunikation sind:

- Kanal- und Leitungskodierung:
  Festlegung der Bitstruktur der Daten (z. B. *ASCII, EBCDIC*) und
  der physikalischen Signalform der Bits auf dem Medium
- Kommunikationsprotokoll:
  Festlegung des Ablaufs der Übertragung von Nutz- und Statusdaten
- die Kommunikationsteilnehmer müssen über die Schnittstellen und Übertragungssysteme/-medien verfügen.

Ausgangspunkt der Datenübertragung ist die Nachricht des Senders, die in digitaler oder in analoger Form vorliegt. Analoge Nachrichten unterliegen einer A/D-Wandlung, bestehend aus

Abbildung 1-54: Prinzipieller Ablauf der Datenübertragung

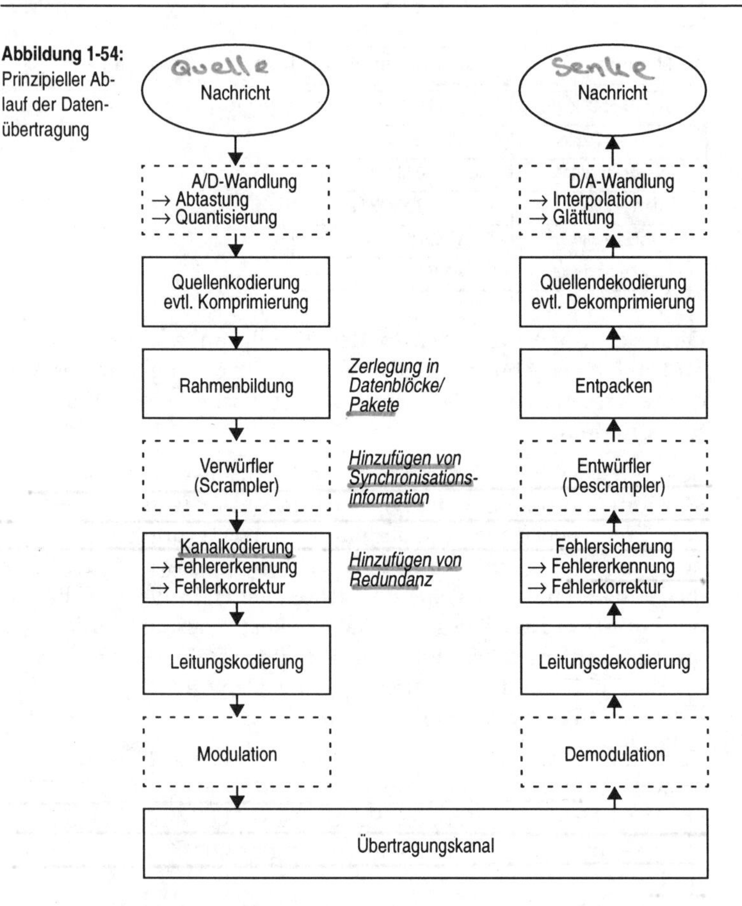

Abtastung und Quantisierung. Die digitale Nachricht wird dann kodiert und evtl. komprimiert, falls dies nicht bereits mit der ursprünglichen Nachricht geschehen ist. Diese nun vorliegenden Nutzdaten werden zur Übertragung in Datenblöcke oder Pakete zerlegt, wobei jeder Block mit zusätzlichen Steuer- und Prüfdaten versehen wird. Falls notwendig wird durch einen Verwürfler Synchronistationsinformation hinzugefügt, bevor der Datenblock einer Kanalkodierung zur Erkennung bzw. Korrektur von Fehlern auf Empfangsseite unterliegt. Die anschließende Leitungskodierung paßt die binären Zeichen den Spannungs- bzw. Strompegeln des Kanals an. Bei einer Breitbandleitung wird das Signal abschließend noch moduliert, bevor es über die Leitung übertragen wird.

Auf der Empfangsseite wird der ganze Kodierungsprozeß in umgekehrter Reihenfolge durchlaufen, um aus dem ankommenden Signal die ursprüngliche Nachricht zu rekonstruieren. Aus dem physikalischen Signal werden die Binärdaten abgeleitet (Leitungsdekodierung), die anschließend einer Fehlerprüfung unterliegen und entpackt, dekomprimiert und dekodiert sowie evtl. digital-analog-gewandelt werden.

1.2.1 Übertragungsarten

Neben dem allgemeinen Übertragungsablauf ist es in der Praxis wichtig, die Übertragungsrichtung und den Grad der Parallelität bei der Übertragung festzulegen. Diese hängen sehr stark von der Anforderung der Kommunikation, basierend auf der Art der Nachrichten, ab. Rundfunknachrichten werden beispielsweise nur in einer Richtung ausgestrahlt, während man beim Telefonieren auf eine bidirektionale Verbindung nicht verzichten kann. In Hinsicht auf die Übertragungsgeschwindigkeit und der damit notwendigen Übertragungsparallelität stellt eine Festplatte ganz andere Anforderungen als eine Tastatur.

Bei der Festlegung der Übertragungsrichtung ist zwischen drei verschiedenen Modelle zu unterscheiden: *Simplex*, *Halbduplex* und (Voll-) *Duplex*.

Übertragungsrichtung

- Der *Simplex*-Betrieb (bzw. Richtungsbetrieb) stellt lediglich eine unidirektionale Verbindung zur Verfügung. Dies wird im wesentlichen bei allen Broadcast-Diensten wie Fernsehen und Radio sowie im Computerbereich bei der Prozeßdatenerfassung angewendet.

Abbildung 1-55: Simplex-Verbindung

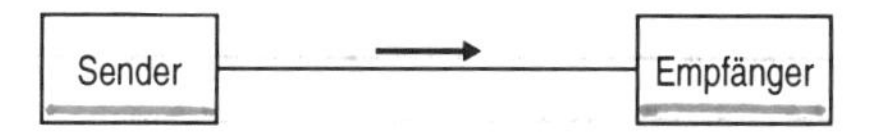

- Der *Halbduplex*-Betrieb (bzw. Wechselbetrieb) erlaubt bereits eine bidirektionale Kommunikation, allerdings nicht gleichzeitig. Zu einem Zeitpunkt darf nur einer der Kommunikationspartner senden, während alle anderen Teilnehmer auf

Abbildung 1-56: Halbduplex-Verbindung

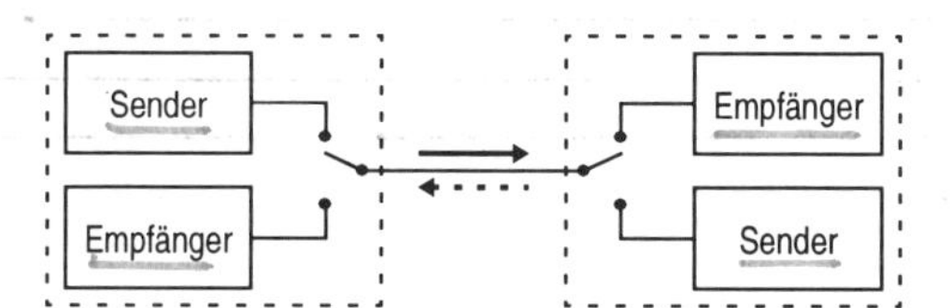

Empfang geschaltet sind. Das Umschalten zwischen Senden und Empfangen geschieht nach festgelegten Protokollen in den Endgeräten. Anwendungsbeispiele sind die Funkkommunikation und Rechnernetze wie *Ethernet* etc.

- Im *Duplex*-Betrieb (bzw. Gegenbetrieb) dürfen beide Kommunikationspartner gleichzeitig senden (und empfangen). Zu einem Zeitpunkt werden damit Nachrichten in beide Richtungen ausgetauscht. In der Praxis findet man diese Art der Kommunikation beim Telefon und bei der seriellen Schnittstelle RS-232.

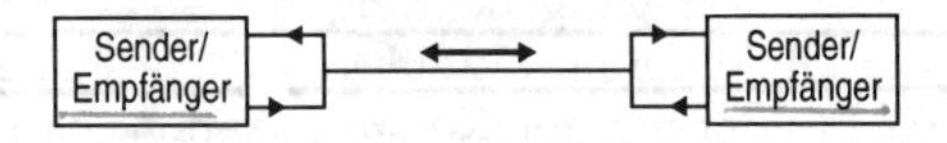

Abbildung 1-57: Duplex-Verbindung

Datenparallelität

In allen drei Betriebsarten (Simplex, Halbduplex, Duplex) können die Bits eines Datenstroms einzeln nacheinander oder in Gruppen von meist 8, 16, 32 oder 64 Bit übertragen werden. Im ersten Fall spricht man von *serieller* bzw. bitserieller Übertragung. Sie wird überall dort eingesetzt, wo lange Wege zu überbrücken sind oder nur geringe Datenraten benötigt werden. Im Gegensatz dazu werden bei der *parallelen* Datenübertragung mehrere Bits gleichzeitig gesendet, was wesentlich höhere Datenraten zuläßt.

Parallele Übertragung

Die *parallele* Datenübertragung verwendet mehr als eine physikalische Leitung zur Verbindung zweier Kommunikationspartner. Je nach Anforderung werden heute auf 8, 16, 32 oder 64 Datenleitungen entsprechend viele Bits auf einmal übertragen. Neben diesen Datenleitungen besitzen die parallelen Datenkanäle zusätzliche Takt- und Steuerleitungen zur Synchronisation und zur schnellen Abwicklung des Kommunikationsprotokolls (s. u.).

Der Vorteil der parallelen Datenübertragung liegt in der hohen Datenrate durch mehrere Datenleitungen und minimale Synchronisationszeiten. Probleme bereiten der parallelen Datenübertragung die hohen Treiber- und Leitungskosten und der sogenannte *Skew* zwischen den Datenleitungen. Die Kosten steigen erfahrungsgemäß mit der Übertragungsrate (hochwertige Bauteile, gute Abschirmung, etc.) und der Leitungslänge. Der Skew beschreibt die unterschiedlichen Ankunftszeiten der einzelnen Signale auf den verschiedenen Leitungen. Bei der parallelen Übertragung muß abgewartet werden, bis das letzte bzw.

langsamste Bit beim Empfänger eintrifft. Je länger eine Leitung wird, desto größer wird auch der Skew. Aufgrund dieser Nachteile werden parallele Übertragungskanäle nur bei kürzeren Entfernungen eingesetzt. Beispiele sind die Ansteuerung von Druckern und Laufwerken oder Steuerungsaufgaben.

Serielle Übertragung

Bei der *seriellen* Datenübertragung wird der Datenstrom Bit-für-Bit über einen Kanal, z. B. Zweidrahtleitung oder Funk, gesendet. Da nur eine physikalische Leitung zur Kommunikation zur Verfügung steht, müssen Nutz- und Steuerdaten abwechselnd das Medium belegen. Aufwendigere Synchronisationsprotokolle zwischen Sender und Empfänger ersetzen die Steuerleitungen der parallelen Verbindungen.

Dem Nachteil einer geringeren Datenrate als bei der parallelen Übertragung steht der Vorteil, daß größere Entfernungen wesentlich einfacher und günstiger zu überbrücken sind, gegenüber. Eine einzelne Leitung kann bei akzeptablen Kosten mit aufwendigerer Technologie angesteuert werden. Es ist auch keine komplizierte Synchronisation mehrerer parallel anliegender Signale notwendig.

Die serielle Datenübertragung ist heute der führende Ansatz bei der Rechnerkommunikation, sei es über lokale Netze oder Weitverkehrsnetze. Auch langsame Peripheriegeräte werden aus Kostengründen bitseriell angesteuert. Interessant ist die Beobachtung, daß auch schnelle Peripheriegeräte, z. B. Festplatten, in jüngerer Zeit immer häufiger auch seriell mit dem Rechner verbunden sind (siehe z. B. Seite 240).

Gruppenkodierung

Eine Kombination aus serieller und paralleler Übertragung ist die *Gruppenkodierung*. Hierbei werden mehrere Bit gleichzeitig übertragen, allerdings nicht über mehrere Leitungen, sondern mit mehreren Signalpegeln auf einer Leitung. Jeder Signalwert kodiert mehr als ein Bit, indem man bei der Leitungskodierung mehrere Amplitudenwerte, Phasenverschiebungen, etc. verwendet. Da die Anzahl von notwendigen Signalwerten auf der Leitung exponentiell mit der in einem Schritt übertragenen Bitzahl wächst, ist der Parallelitätsgrad hier wesentlich geringer als bei der parallelen Übertragung.

Der Vorteil der höheren Übertragungsrate muß bei der Gruppenkodierung mit einer erhöhten Störanfälligkeit bezahlt werden. Angewendet wird die Gruppenkodierung beispielsweise bei der Rechnerkommunikation über Telefonleitungen mittels Modems.

1.2.2 Synchronisation

Der Beginn und das Ende eines Datenstroms müssen zwischen Sender und Empfänger synchronisiert werden. Der Empfänger muß bekanntgeben, wann er bereit ist, einen neuen Datenstrom zu empfangen, und der Sender muß den Anfang und das Ende des Datenstroms mitteilen.

Der Datenstrom selbst kann *synchron* oder *asynchron* übertragen werden. Im ersten Fall werden die Bits des Datenstroms synchron zu einem Takt übertragen, während im zweiten Fall prinzipiell jeder einzelne Schritt zwischen Sender und Empfänger über spezielle Protokolle synchronisiert werden muß.

Asynchrone Übertragung

Im *asynchronen* Fall kann die Übertragung eines Datums zu jedem Zeitpunkt erfolgen. Anfang und Ende der Übertragung müssen jedoch vom Sender markiert werden. Dem Nachteil des aufwendigen Protokolls steht eine hohe Flexibilität gegenüber.

Synchrone Übertragung

Im *synchronen* Fall erfolgt die Übertragung der Daten nur zu festen Zeitpunkten. Die Synchronisation zwischen Sender und Empfänger findet auch dann statt, wenn keine Nutzdaten gesendet werden. Während dieser Zeit werden ständig Synchronisationszeichen gesendet.
In den meisten Fällen wird jedoch zur Synchronisation ein für Sender und Empfänger gemeinsames Taktsignal verwendet. Die Periodendauer des Taktes muß sich nach dem potentiell langsamsten Kommunikationsteilnehmer richten. Dies ist nicht akzeptabel, wenn ganz unterschiedlich schnelle Komponenten an einem gemeinsamen Bus angeschlossen sind.

Tabelle 1-7 zeigt die üblicherweise verwendeten Synchronisationsverfahren, abhängig davon, ob die Übertragung seriell, parallel, synchron oder asynchron erfolgt.

Tabelle 1-7: Synchronisationsverfahren

	asynchrone Übertragung	**synchrone Übertragung**
parallele Übertragung	Handshake-Betrieb	gemeinsame Taktleitung
serielle Übertragung	Start-Stop-Verfahren	- geeigneter Leitungscode oder - Verwürfler (teilweise auch gemeinsame Taktleitung (z. B. V.24))

1.2.2.1 Handshake-Verfahren

Die Grundlage der asynchronen Kommunikation über Parallelbusse ist das *Handshaking*. Mit Hilfe eines mehr oder weniger aufwendigen Protokolls geben Sender und Empfänger bekannt, wann gültige Daten vorliegen bzw. wann sie bereit sind, Daten zu empfangen. Das Handshake-Protokoll läuft meist auf ein oder zwei speziellen Steuerleitungen ab.

Das Prinzip der Handshake-Synchronisation ist in Abbildung 1-58 dargestellt. Zur Synchronisation eines einzelnen Übertragungsschrittes wird eine Steuerleitung benötigt. Der Sender legt neue Daten auf die Datenleitungen und gibt über eine spezielle Steuerleitung, hier *VALID* genannt, dem Empfänger bekannt, wann die Daten gültig sind. Das *VALID*-Signal darf erst gesendet werden, wenn korrekte Spannungen auf allen Datenleitungen der Parallelverbindung vorliegen, d. h. der Sender hat den Daten-Skew (siehe Seite 70ff) zu beachten. Nach dem Treiben der Datenleitungen wartet der Sender jedesmal eine gewisse Zeit t_S, bevor er das *VALID*-Signal aktiviert.

Abbildung 1-58: Eindraht-Handshake

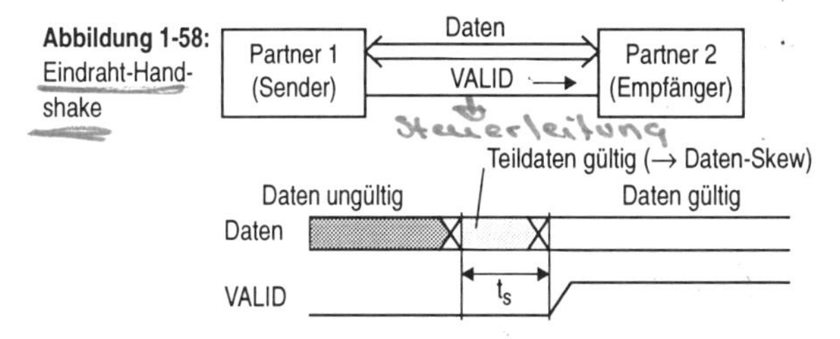

Dieses prinzipielle Verfahren genügt nur für einen Übertragungsschritt. Um mehrere Daten nacheinander zu übertragen, wird in der Regel eine zweite Steuerleitung vom Empfänger zurück zum Sender notwendig. Über diese Steuerleitung gibt der Empfänger seine Bereitschaft zum Empfang neuer Daten bekannt. Abhängig von der Verarbeitungsgeschwindigkeit von Sender und Empfänger wird auf den beiden Steuerleitungen ein *halbverzahnter Handshake* oder ein etwas aufwendigerer *vollverzahnter Handshake* durchgeführt.

Halbverzahnter Handshake

Bei der Übertragung mehrerer Daten in aufeinanderfolgenden Schritten muß der Sender wissen, wann er mit dem nächsten Übertragungsschritt beginnen kann. Hierzu gibt es mehrere Lösungsmöglichkeiten, von denen drei in Abbildung 1-59 vorgestellt werden:

Abbildung 1-59: Halbverzahnter Handshake

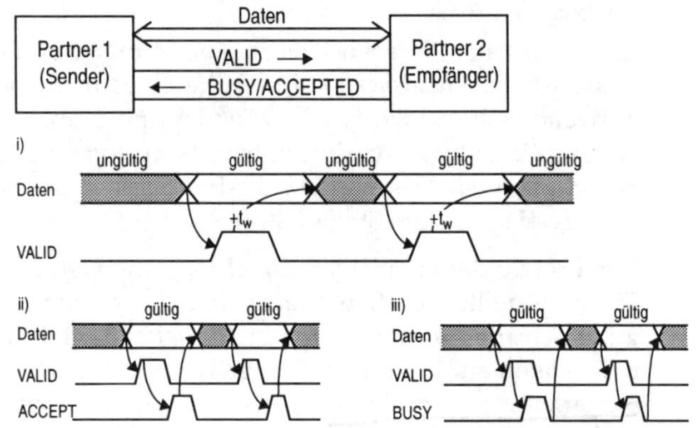

- Der Sender wartet nach dem Setzen des *VALID*-Signals immer eine feste Zeitspanne t_w, bevor er die Daten wieder vom Bus nimmt (Abbildung 1-59 i). Hierzu ist es notwendig, daß der Empfänger synchron zum Sender arbeitet.
  Die Wartezeit t_w muß sich nach dem potentiell langsamsten Empfänger richten, wodurch die Kommunikation zwischen schnellen Partnern unnötig verzögert wird.
- Der Empfänger aktiviert seine Steuerleitung, hier *ACCEPT* genannt, sobald er die Daten nicht mehr benötigt. Erkennt der Sender den „1"-Pegel auf der *ACCEPT*-Leitung, nimmt er die Daten wieder vom Bus (Abbildung 1-59 ii).
  Diese Art des Handshaking bereitet Schwierigkeiten, wenn der Empfänger zu langsam ist und das *ACCEPT*-Signal zu lange anliegen läßt. Dann kann es vorkommen, daß der Sender das Folgedatum vom Bus nimmt, bevor dieses gelesen wurde.
- Der Empfänger setzt ein *BUSY*-Signal, solange Daten gültig anstehen müssen. Erst nach dem Rücksetzen von *BUSY* darf der Sender die Daten vom Bus nehmen (Abbildung 1-59 iii).
  Auch hier kann es zu Synchronisationsproblemen kommen, wenn der Empfänger zu langsam ist und das *BUSY*-Signal zu spät aktiviert. Der Sender erkennt in diesem Fall einen „0"-Pegel auf der *BUSY*-Leitung und nimmt die Daten (zu früh) vom Bus.

Typisch für den halbverzahnten Handshake ist es, daß beide Kommunikationspartner nur die Pegel der Steuerleitungen, nicht aber deren Flanken interpretieren. Egal, welches Verfahren des halbverzahnten Handshake zum Einsatz kommt, können Konstellationen konstruiert werden, in denen es zu Synchronisationsproblemen kommen kann, da die Flanken der Steuersignale nicht betrachtet werden.

Der halbverzahnte Handshake kann daher nur dann eingesetzt werden, wenn aufgrund garantierter Geschwindigkeitsverhältnisse zwischen Sender und Empfänger diese Synchronisationsprobleme ausgeschlossen werden können. In allen anderen Fällen ist ein aufwendigeres Protokoll, das die Flanken der Steuersignale mit berücksichtigt, notwendig. Man spricht dabei vom *vollverzahnten* Handshake. Dieser kommt in der Praxis bei den allermeisten asynchronen Übertragungen zum Einsatz.

Vollverzahnter Handshake

Die Synchronisation kann auch bei beliebigen Geschwindigkeitsdifferenzen zwischen Sender und Empfänger sichergestellt werden, wenn alle Flanken der beiden Steuersignale beachtet werden. Dabei reagieren die beiden Kommunikationsteilnehmer abwechselnd auf den nächsten Flankenwechsel des Partners. Dies wird durch Abbildung 1-60 deutlich.

Der Sender darf nur bei *ACCEPT = 0* neue Daten auf den Bus legen und gibt dies dann mit *VALID = 1* bekannt. Durch *VALID = 1* erkennt der Empfänger die gültigen Daten und verarbeitet diese. Sobald die Daten konsumiert wurden, setzt der Empfänger *ACCEPT = 1*. Nachdem der Empfänger die Daten quittiert hat (*ACCEPT = 1*), nimmt der Sender die Daten vom Bus und setzt *VALID* zurück auf „*0*“. Erkennt der Empfänger die Rücknahme von *VALID*, nimmt dieser auch *ACCEPT* zurück. Erst dann darf der Sender einen neuen Zyklus beginnen. ❑

Die Synchronisation über den vollverzahnten Handshake ist immer sicher - egal wie schnell oder langsam Sender und Empfänger sind. In der Praxis kann das Zeitverhalten gegenüber der

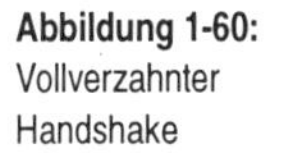
Abbildung 1-60: Vollverzahnter Handshake

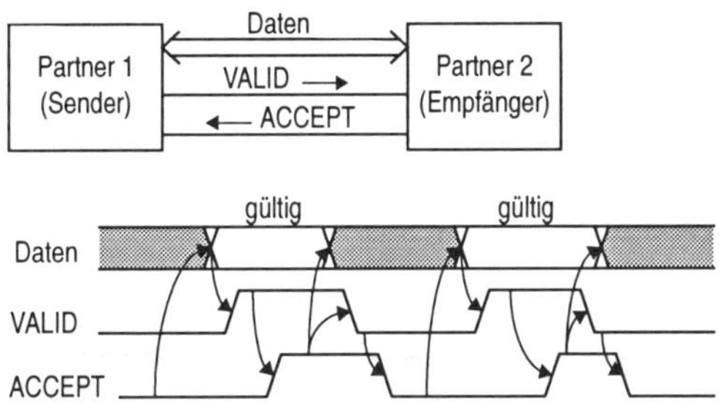

obigen Beschreibung leicht unterschiedlich sein, je nachdem, ob der Initiator der Übertragung ein Datum senden oder empfangen will. Dies soll durch folgendes Beispiel verdeutlicht werden.

Beispiel: Es soll die asynchrone Kommunikation zwischen einem Prozessor und einem Speicher betrachtet werden. Der Prozessor greife lesend auf den Speicher zu (*Read*-Befehl). Die Übertragung besteht aus zwei Zyklen:

i) der Prozessor sendet die Adresse an den Speicher
ii) nach einer gewissen Zeit sendet der Speicher das ausgelesene Datum an den Prozessor

Abbildung 1-61: Handshake-Beispiel

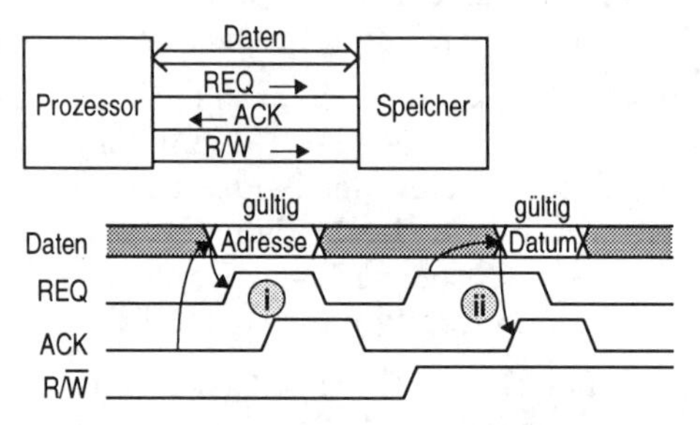

Schritt i) (Prozessor sendet Adresse)
Der Prozessor setzt die Schreib-/Leseleitung $R/\overline{W}$ auf „*0*", da er die Adresse an den Speicher senden (schreiben) will. Die Steuerleitungen *REQ* und *ACK* entsprechen *VALID* und *ACCEPT* aus Abbildung 1-60, mit gleichem Zeitverhalten wie oben beschrieben.

Schritt ii) (Speicher sendet Datum)
Nach dem Senden der Adresse setzt der Prozessor die Leitung $R/\overline{W}$ auf „*1*", da sich zum Empfangen des Datums die Übertragungsrichtung umkehrt. Gleichzeitig aktiviert der Prozessor die Request-Leitung (*REQ*). Der Speicher legt daraufhin (irgendwann) das Datum auf die Datenleitungen und bestätigt dies über *ACK*. In diesem Zyklus sind die Daten zusammen mit *ACK* gültig. ❑

1.2.2.2 Start-Stop-Verfahren

Das Start-Stop-Verfahren wird zur Synchronisation von asynchronen seriellen Übertragungen eingesetzt. Zwischen einer Start- und einer Stop-Sequenz wird eine Serie von n Bit quasisynchron gesendet. Sender und Empfänger haben hierzu getrennte Taktgeneratoren mit annähernd gleicher Frequenz, so daß sie sich nur in regelmäßigen Abständen synchronisieren müssen.

Der Empfangstakt dient zur Abtastung der Datenleitung. Jedes Bit hat eine genau definierte Schrittweite, die durch die Baud-Rate festgelegt ist. Stimmt der Empfangstakt annähernd mit dem Sendetakt überein, so tastet der Empfänger jedes gesendete Bit genau einmal ab (Abbildung 1-62). Damit dies sichergestellt ist, muß gelten:

10,5 Sendetakte < 11 Empfangstakte < 11,5 Sendetakte.

Abbildung 1-62: Start-Stop-Verfahren. Der Ruhepegel liegt bei „1", um einen Stromausfall zu erkennen.

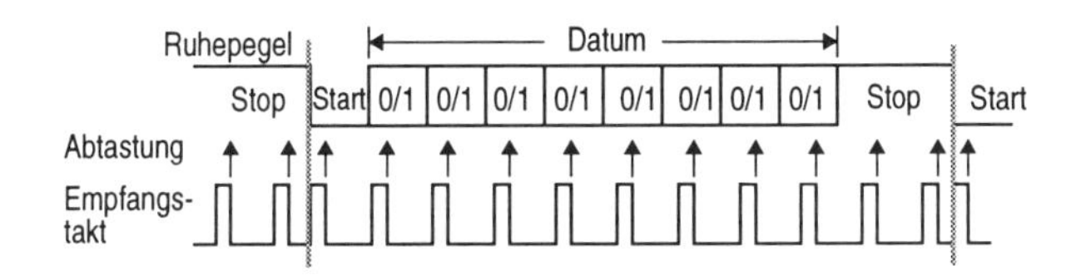

In der Praxis werden im allgemeinen ein Start- und zwei Stop-Bits mit unterschiedlichen Pegeln verwendet. Dazwischen wird ein Daten-Byte, d. h. 8 Bit ohne weitere Synchronisation übertragen. Der Overhead dieses Verfahrens liegt mit drei von 11 Bit bei etwa 27%. Um dies zu verbessern, findet man manchmal auch nur 1 Stop-Bit.

Das Start-Stop-Verfahren ist ein selbstsynchronisierendes Verfahren. Dies bedeutet, daß kein spezielles Protokoll zum Aufbau der Kommunikation vorgesehen ist. Der Empfänger muß selbständig den Beginn einer 11-Bit-Sequenz in einem beliebigen Datenstrom des Senders finden:
Der Empfänger wartet hierzu auf die nächste „1→0"-Flanke, dem nächstmöglichen Wechsel von einem Stop- zu einem Start-Bit (vgl. Abbildung 1-62). Daraufhin wartet der Empfänger 9 Takte - dann müßte eine „1 - 1 - 0"-Folge (Stop - Stop - Start) kommen. Ist dies nicht der Fall, wird ein „Frame-Error" gemeldet und auf die nächste „1→0"-Flanke gewartet. Diese Prozedur wird solange wiederholt, bis sich der Empfänger mit dem Sender synchronisiert hat.

1.2.2.3 Serielle synchrone Übertragung

Der Start-Stop-Ansatz auf Byte- bzw. Blockebene kommt bei der seriellen synchronen Übertragung zum Einsatz. Hierbei wird der Datenstrom der Nachricht in Blöcke (*sinnvoller* Länge) aufgeteilt, die von Synchronisations- und Steuerzeichen eingerahmt werden. Sender und Empfänger synchronisieren sich nur in größeren Abständen (Abbildung 1-63).

Abbildung 1-63: Serielle synchrone Übertragung

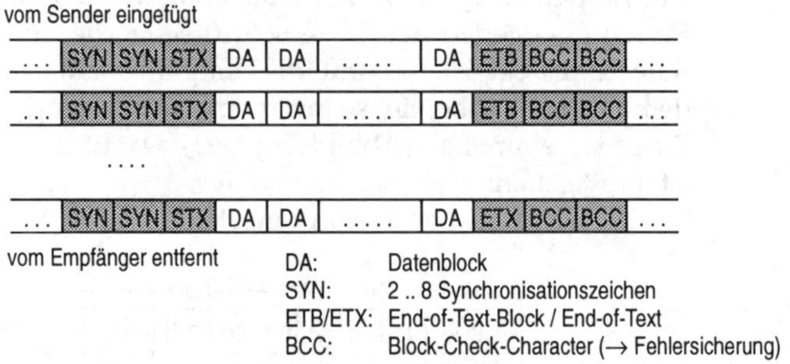

vom Sender eingefügt

... SYN | SYN | STX | DA | DA | ..... | DA | ETB | BCC | BCC ...

... SYN | SYN | STX | DA | DA | ..... | DA | ETB | BCC | BCC ...

....

... SYN | SYN | STX | DA | DA | ..... | DA | ETX | BCC | BCC ...

vom Empfänger entfernt

DA:	Datenblock
SYN:	2 .. 8 Synchronisationszeichen
ETB/ETX:	End-of-Text-Block / End-of-Text
BCC:	Block-Check-Character (→ Fehlersicherung)

Der Nachteil dieser Art von Synchronisation liegt darin, daß zur Unterscheidung zwischen Nutz- und Steuerdaten keine Synchronisations- bzw. Steuersequenzen in den Nutzdaten erlaubt sind. Dies kann allerdings nur dann sichergestellt werden, wenn die Nutzdaten durch Zeichensequenzen, die keine Steuerzeichen enthalten, kodiert sind. Damit wird aber die Übertragung von Binärdaten verboten oder die Binärdaten müssen mit Hilfe von Verwürflern so umkodiert werden, daß keine Steuersequenzen in den Nutzdaten enthalten sind (siehe „Bit-Stopfen" auf Seite 82).

1.2.2.4 Leitungscodes (Leitungskodierung)

Bevor eine Nachricht über eine physikalische Leitung gesendet wird, wird in vielen Fällen der Bitstrom den Übertragungsanforderungen angepaßt. Eine mögliche Anforderung könnte eine Taktrückgewinnung aus dem Datenstrom auf Empfangsseite sein. Die Umkodierung des Datenstroms wird Leitungskodierung genannt (vgl. auch Abbildung 1-54). Zwei wichtige Gruppen von Leitungscodes sind:

- *selbsttaktende Leitungscodes:*
  Selbsttaktende Leitungscodes ermöglichen die Taktrückgewinnung aus dem Datenstrom auf Empfangsseite. Dies wird häufig bei der seriellen Datenübertragung, bei der es keine Taktleitung zur Synchronisation gibt, gewünscht. Voraussetzung zur Taktrückgewinnung ist ein regelmäßiger Wechsel

zwischen den „0"- und „1"-Pegeln im Datenstrom. Da diese Wechsel synchron zum Sendertakt erfolgen, kann der Empfänger den Takt aus den Flanken rekonstruieren. Ein selbsttaktender Leitungscode muß sicherstellen, daß keine (zu) langen Eins- bzw. Nullfolgen ohne Flankenwechsel im übertragenen Signal vorkommen.

- *gleichstromfreie Leitungscodes*:
  Leitungscodes ohne einen Gleichanteil im Signal ermöglichen eine Übertragung der Daten über eine Stromversorgungsleitung, sofern eine Gleichspannung als Energieversorgung verwendet wird. In diesem Fall wird auf die Gleichspannung das Wechselsignal der Nachricht aufgeprägt. Auf Empfangsseite kann der Kommunikationspartner durch einen Hochpaß den Gleichanteil und die Energieversorgung durch einen Tiefpaß das Datensignal herausfiltern.
  Teilweise werden gleichstromfreie Codes auch dort eingesetzt, wo die Spezifikation aus physikalischen oder anderen Gründen eine Wechselspannung vorschreibt. So verbietet beispielsweise die *Telekom* zur Sicherung der Kompatibilität mit alten Geräten auch bei der digitalen Telekommunikation (*ISDN*) den Einsatz von Codes mit Gleichstromanteilen.

Tabelle 1-8 und die anschließende Auflistung beschreiben einen Auszug aus der Vielzahl von existierenden Leitungscodes. Weitere Codes finden sich u. a. in [KoB94] und [Sne94].

- *NRZ-Kodierung (Non-Return to Zero)*:
  NRZ ist die „direkte" Kodierung binärer Daten mit positiver Logik. Logisch „1" wird mit einem High-Pegel und logisch „0" mit einen Low-Pegel kodiert. NRZ ist weder gleichstromfrei noch läßt sich der Takt auf Empfangsseite rückgewinnen. Diese direkte Kodierung findet ihre Anwendung im wesentlichen bei der asynchronen Übertragung, bei der die Synchronisation durch die Rahmendaten der Nachrichtenblöcke erfolgt.
- *RZ-Kodierung (Return to Zero)*:
  Wie der Name ausdrückt, kehrt bei der RZ-Kodierung jedes Signal wieder nach Null zurück. RZ hat die halbe Schrittweite gegenüber NRZ und benötigt damit die doppelte Bandbreite. Je nach aktuellem logischen Wert ist das Signal eine halbe Taktperiode auf High- oder Low-Pegel und kehrt dann für die zweite Hälfte der Taktperiode zum Low-Pegel zurück. RZ vermeidet beliebig lange „1"-Folgen, ist jedoch durch mögliche lange „0"-

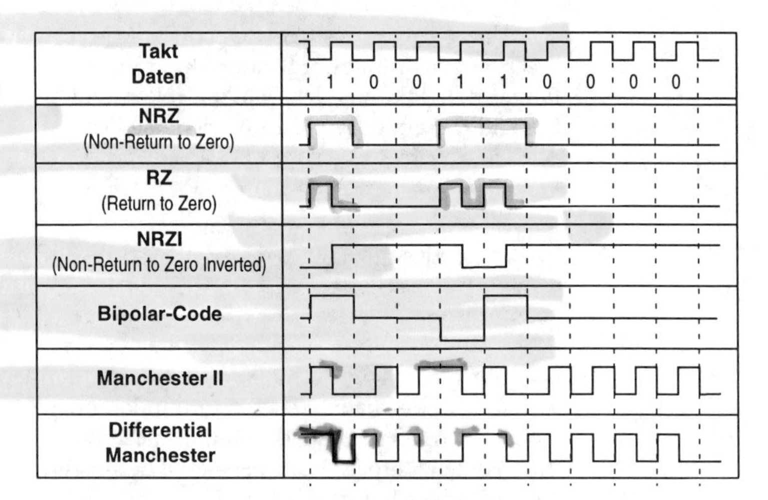

Tabelle 1-8: Verschiedene Leitungscodes

Folgen nicht gleichstromfrei. Eine Taktrückgewinnung ist auch nicht möglich.

NRZI-Kodierung (Non-Return to Zero Inverted):
Bei der NRZI-Kodierung wechselt das Datensignal bei jeder Eins den Pegel und behält bei einer Null den aktuellen Signalpegel bei. Wie die RZ-Kodierung vermeidet auch die NRZI-Kodierung dadurch beliebig lange „1"-Folgen. NRZI kommt jedoch ohne Bandbreitenerhöhung aus, da in jedem Taktintervall das Datensignal nur maximal einen Signalwechsel ausführt.

Bipolar-Kodierung:
Der Bipolar-Code hat einen alternierenden Impuls bei jeder „1". Während eine „0" durch einen Null-Pegel kodiert wird, wird die „1" abwechselnd durch eine positive und eine negative Amplitude kodiert. Der Bipolar-Code ist dadurch gleichstromfrei (da bei jeder „1" gewechselt wird), eine Taktrückgewinnung ist aber nicht immer möglich, da beliebig lange „0"-Folgen auftreten können.

Manchester-Kodierung:
Der Manchester-Code führt zur Mitte jedes Taktintervalls einen Pegelwechsel aus. Bei einer „1" liegt eine „1→0"-Flanke und bei einer „0" eine „0→1"-Flanke zur Taktmitte vor. Entsprechend dieser Definition muß zu Beginn einer Taktperiode ein Wechsel ausgeführt werden oder unterbleiben. Der Manchester-Code benötigt die doppelte Bandbreite gegenüber dem NRZ-Code, läßt

Tabelle 1-9: 4B/5B-Kodierung

4-Bit-Block → 5-Bit-Codewort			
0000 → 11110	0100 → 01010	1000 → 10010	1100 → 11010
0001 → 01001	0101 → 01011	1001 → 10011	1101 → 11011
0010 → 10100	0110 → 01110	1010 → 10110	1110 → 11100
0011 → 10101	0111 → 01111	1011 → 10111	1111 → 11101

aber eine Taktrückgewinnung durch den Empfänger zu. Gleichstromfrei ist dieser Code nur bei Verwendung eines bipolaren Signals. Der Manchester-Code ist Teil des *Ethernet*-Standards.

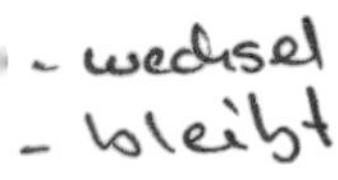

Differential-Manchester-Kodierung:
Dieser Code ist ähnlich dem vorangegangenen. Auch hier erfolgt ein Flankenwechsel jedesmal zur Taktmitte. „0" und „1" werden jedoch nicht über diese Flanke kodiert, sondern durch eine mögliche Flanke am Taktanfang. Bei einer „0" findet ein Wechsel am Taktanfang statt, bei einer „1" unterbleibt dieser Wechsel. Durch die garantierte Flanke zur Taktmitte ist eine Taktrückgewinnung möglich, allerdings wieder auf Kosten einer erhöhten Bandbreite. Dieser Code findet beim *Tokenring* seine Anwendung.

4B/5B-Kodierung:
4B/5B fällt in die Klasse der selbsttaktenden Codes. Um genügend häufige Signalwechsel zu garantieren, werden Blöcke von jeweils 4 Bit durch 5 Bit kodiert. Tabelle 1-9 zeigt die Abbildung. Es ist zu sehen, daß keines der 5-Bit-Codewörter mehr als eine führende bzw. zwei abschließende Nullen besitzt. Bei beliebigen Datenströmen können so nie mehr als drei Nullen aufeinander folgen. Damit auch keine zu langen „1"-Folgen auftreten, werden die 5-Bit-Codewörter anschließend NRZI-kodiert. Durch die Verwendung von 5-Bit-Codewörter für 4 Bit Nutzdaten erhöht sich die Bandbreitenanforderung auf das 1,25-fache der NRZ-Kodierung (der Manchester-Code benötigt dagegen die zweifache Bandbreite). Der 4B/5B-Code wird bei *FDDI* eingesetzt.

1.2.2.5 Verwürfler

Verwürfler (engl. Scrambler) auf der Senderseite und Entwürfler (engl. Descrambler) auf der Empfangsseite dienen der synchronen, seriellen Übertragung. Ihre Aufgabe ist die *Sicherstellung der Taktrückgewinnung* durch häufige Flankenwechsel („1 - 0"- bzw. „0 - 1"-Folgen) im Datensignal, falls keine entsprechende

Leitungskodierung, z. B. Manchester-Code, verwendet wird. Zwei mögliche Realisierungen sind das *Bitstopfen* und die Erzeugung einer *Pseudozufallsfolge*.

Bit-Stopfen

Beim Bit-Stopfen fügt der Sender immer nach einer Folge fester Länge *n* von Einsen/Nullen eine Null/Eins in den Datenstrom ein. Der Empfänger interpretiert dann jede 111...110-Folge als 111...11 (bzw. umgekehrt). Wir hatten dieses Verfahren bereits in Abschnitt 1.2.2.3 bei der Blocksynchronisation von Binärdaten kennengelernt.
Folgendes Beispiel veranschaulicht das Verfahren. Nach $n = 5$ Einsen wird eine Null in die Bitfolge eingefügt.

$$\begin{array}{c} 001111111000110011111 00 \\ \downarrow \\ 00111110110001100111110 00 \end{array}$$

Pseudozufallsfolge

Ein alternativer Ansatz zum Bit-Stopfen ist die Erzeugung einer Pseudozufallsfolge, aus der der ursprüngliche Datenstrom eindeutig rückgewonnen werden kann. Diese Zufallsfolgen garantieren einen häufigen Flankenwechsel, ohne daß sich die Signallänge wie beim Bit-Stopfen verlängert. Die Pseudozufallsfolgen werden durch Verwürfler, basierend auf rückgekoppelten Schieberegistern, generiert. Die Entwürfler sind symmetrisch dazu aufgebaut. Abbildung 1-64 zeigt eine typische Anordnung mit Verwürfler und Entwürfler.

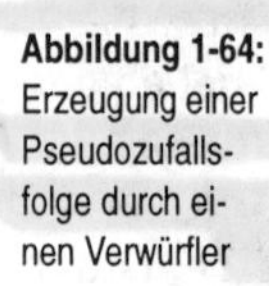
Abbildung 1-64: Erzeugung einer Pseudozufallsfolge durch einen Verwürfler

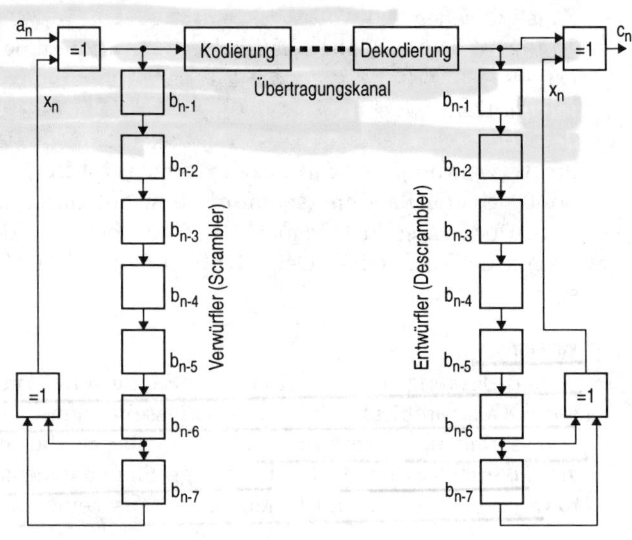

Für die in Abbildung 1-64 angegebene Schaltung gilt:

$$c_n = b_n \oplus x_n = (a_n \oplus x_n) \oplus x_n = a_n \quad \text{mit}$$
$$x_n = b_{n-6} \oplus b_{n-7} \text{ (auf beiden Seiten),}$$

d. h. die Ausgangsfolge c_n stimmt mit der ursprünglichen Datenfolge a_n überein.

1.2.3 Datensicherung

Prinzipiell muß man davon ausgehen, daß alle technischen Geräte und physikalische Übertragungswege fehlerbehaftet sind. Beispiele für Störungen auf Übertragungswegen sind:

- thermisches Rauschen in (Halb-) Leitern
- elektromagnetische Einstrahlungen (Übersprechen, Motoren, Zündanlagen, Blitze, ...)
- radioaktive Einstrahlungen (Höhenstrahlung, ...).

Oft treten solche Fehler gehäuft während eines Zeitabschnitts auf (Fehlerbündel, Error Bursts). Die Fehlerrate steigt im allgemeinen mit Übertragungsgeschwindigkeit (Frequenz) an. Heutzutage muß man mit folgenden typischen Bitfehlerwahrscheinlichkeiten[1] rechnen:

- verdrillte Zweidrahtleitungen in industrieller Umgebung: ca. 10^{-4}
- Telex (50 Baud): ca. 10^{-6}
- digitale Standleitung: bis 10^{-12}.

Auch wenn diese Störungen nicht immer zu vermeiden sind, gibt es doch Maßnahmen zur Sicherstellung einer korrekten Datenübertragung. Hierzu kann man einerseits versuchen, durch technische Maßnahmen (Abschirmung, Potentialtrennung, ...) die Bitfehlerwahrscheinlichkeit zu reduzieren, was allerdings noch keine korrekte Übertragung garantiert. Diese Garantie[2] erlangt man heute durch zusätzliche Softwaremaßnahmen, wobei man eine Nachricht auf Fehler untersucht und im Fehlerfall auf geeignete Weise einschreitet.

1. Unter der Bitfehlerwahrscheinlichkeit versteht man die Wahrscheinlichkeit, daß ein einzelnes Bit falsch ist. Der Kehrwert davon ist demnach die Anzahl von Bits, die, statistisch gesehen, gesendet werden können, ohne daß ein Fehler auftritt.
2. 100%-ige Garantie kann nicht gegeben werden. Allerdings läßt sich durch die heute eingesetzten Methoden die Restfehlerwahrscheinlichkeit so weit reduzieren, daß man dies als sicher ansieht.

Datensicherung besteht immer aus zwei Schritten:

- *Fehlererkennung* und
- *Fehlerkorrektur*.

In der Praxis kommt der Fehlererkennung eine gewichtigere Rolle zu als einer automatischen Fehlerkorrektur mittels fehlerkorrigierender Codes. Ist die Bitfehlerwahrscheinlichkeit gering, so ist es wesentlich effizienter, eine als fehlerhaft erkannte Nachricht wiederholen zu lassen, als aufwendige fehlerkorrigierende Codes einzusetzen. Dieser Abschnitt wird sich mit beiden Ansätzen befassen. Ich werde hierzu zunächst die Fehlererkennung etwas näher betrachten und danach nicht ganz so detailliert die Fehlerkorrektur diskutieren.

Fehlerentdekkung durch Redundanz

Folgendes Beispiel soll deutlich machen, wie wichtig es ist, bei heutigen Übertragungssystemen eine Fehlerprüfung durchzuführen.

Beispiel. Wir wollen annehmen, daß die Bitfehlerwahrscheinlichkeit einer *Ethernet*-Leitung bei 10^{-7} liegt. Dies ist eine pessimistische Annahme, kommt aber in die Größenordnung heutiger Netze. Mit dieser Fehlerrate tritt bei einer *Ethernet*-Verbindung mit 10 MBit/s im Mittel jede Sekunde ein Fehler auf. Bei Nachrichten bzw. übertragenen Dateien im Megabyte-Bereich ist, statistisch gesehen, jede Übertragung fehlerhaft. Dies ist in der Praxis natürlich nicht zu vertreten. ❑

Zur Fehlerbetrachtung in diesem Abschnitt sollen beliebige bitorientierte Codes, bei denen jede Bitkombination erlaubt und potentiell sinnvoll ist, angenommen werden. Es ist leicht einzusehen, daß bei solchen Codes aus den empfangenen Daten allein kein Fehler erkannt werden kann. Ist ein Bit falsch übertragen, so kodiert der Datenstrom lediglich eine andere, aber immer noch korrekte Nachricht mit möglicherweise anderer Semantik. Fehler können nur dann erkannt werden, wenn ein Datenstrom ein Mindestmaß an Redundanz enthält.

Diese Erkenntnis ist durch ein Beispiel aus dem täglichen Leben leicht nachzuvollziehen.

Beispiel. Zur schriftlichen Kommunikation verwenden wir alle Wörter und Zahlen. Zahlen, basierend auf Ziffernkombinationen, sind nicht redundant, wodurch auch keine Fehlererkennung möglich ist. Ändert sich eine Ziffer in der Zahl „1234" - der Empfänger erhält beispielsweise die Ziffernfolge „1254" - kann

aus der Ziffernfolge nicht erkannt werden, daß die Zahl falsch ist. Unsere Sprache basierend auf Wörtern ist dagegen hochgradig redundant. Aus einer empfangenen Zeichenfolge „virzig" kann sofort auf den Verlust des Buchstabens „e" direkt aus der Zeichenfolge geschlossen werden.
Diese hohe Redundanz in unseren Wörtern wird sehr häufig in der Praxis ausgenutzt. Ein uns allen bekanntes Beispiel ist die zusätzliche textuelle Angabe eines Geldbetrages auf einem Scheck oder einer Überweisung. ❑

Eine weitere Voraussetzung zur Fehlererkennung ist eine Aufteilung des Datenstroms in eine Sequenz von Datenblöcken (die zur Fehlererkennung Redundanzen enthalten). Genauso, wie im obigen Beispiel der Fehler nur durch die Einteilung einer Nachricht in Wörter (Blöcke) erkannt wird, können bei binären Nachrichten nur Bitfolgen (Blöcke) fehlergesichert werden.

Merke: *Fehler können nur bei von mit Redundanzen versehenen Datenblöcken erkannt werden.*

Die grundlegende Idee der Fehlererkennung ist die Berechnung redundanter Prüfinformation (r Bit Länge) aus einem Nutzdatenblock (k Bit Länge) durch den Sender. Nutzdaten und Prüfinformation werden dann zum Empfänger gesendet, der nach Erhalt der Daten die Prüfinformation noch einmal berechnet. Stimmt die erneut berechnete Prüfinformation nicht mit der empfangenen überein, so ist bei der Übertragung ein Fehler aufgetreten.
Die Gesamtlänge des übertragenen Datenblocks beträgt

$$n = k + r \text{ Bit.}$$

Die mit der Prüfinformation eingeführte Redundanz ist

$$Redundanz = r/k.$$

Wie wir weiter unten noch sehen werden, wächst mit der Anzahl von Prüfbits auch die Wahrscheinlichkeit der Fehlererkennung. Andererseits darf aber nicht vergessen werden, daß die übertragenen Prüfdaten auch verfälscht sein können, d. h. die Fehlerwahrscheinlichkeit wächst mit Länge der Prüfdaten. In der Praxis ist daher ein Kompromiß in der Länge der Prüfdaten zu finden, der zusätzlich noch ökonomischen Aspekten genügen muß.

In der Praxis finden sich überwiegend zwei Ansätze zur Fehlersicherung, die im folgenden vorgestellt werden:

- *Paritätsprüfung*
- *Zyklische Redundanzprüfung*.

1.2.3.1 Fehlererkennung durch Paritätsprüfung

Bei der Paritätsprüfung zur Fehlersicherung wird zu jedem Datenblock von k Bit Länge ein Prüfbit hinzugefügt. Dieses Prüfbit wird so belegt, daß die Anzahl aller Einsen im erweiterten Datenblock gerade/ungerade ist. Man spricht dabei von *gerader/ungerader Parität*.

Die Redundanz bei einem Paritätsbit beträgt $1/k$. Mit einer solchen 1-Bit-Parität kann jede ungerade Anzahl verfälschter Bits, insbesondere aber alle 1-Bit-Fehler, im Block erkannt werden. Nicht erkannt werden beispielsweise 2-Bit-Fehler.

Ob eine solche Fehlersicherung in der Praxis ausreicht, hängt von der benötigten Sicherheit und der Bitfehlerwahrscheinlichkeit des Übertragungsmediums ab. Bei einer (1-) Bitfehlerwahrscheinlichkeit p ergibt sich die Wahrscheinlichkeit, daß in einem übertragenen Block der Länge n (enthält Nutz- und Prüfdaten) s Bit fehlerhaft sind:

s-Bit-Fehlerwahrscheinlichkeit

$$p_s = \binom{n}{s} \cdot p^s \cdot (1-p)^{n-s} \ .$$

Tabelle 1-10 zeigt die s-Bit-Fehlerwahrscheinlichkeit p_s (s liegt zwischen 0 und 6) für Bitfolgen der Länge $n = 8$, $n = 100$ und $n = 1000$. In dem Beispiel wird eine Bitfehlerwahrscheinlichkeit $p = 10^{-6}$ angenommen. Die Redundanz bei einem Bit Parität liegt bei den Bitfolgen bei 12,5% ($n = 8$), 1% ($n = 10$) bzw. 0,1% ($n = 1000$).

Wie zu erwarten ist, nimmt die Fehlerwahrscheinlichkeit p_s mit der Länge des Datenblocks zu. Insbesondere der in der Tabelle

Tabelle 1-10: s-Bit-Fehlerwahrscheinlichkeit

s	n = 8	n = 100	n = 1000
0	0,99	0,99	0,99
1	$8 \cdot 10^{-6}$	$1 \cdot 10^{-4}$	$1 \cdot 10^{-3}$
2	$3 \cdot 10^{-11}$	$5 \cdot 10^{-9}$	$5 \cdot 10^{-7}$
3	$6 \cdot 10^{-17}$	$2 \cdot 10^{-13}$	$2 \cdot 10^{-10}$
4	$7 \cdot 10^{-23}$	$4 \cdot 10^{-18}$	$4 \cdot 10^{-14}$
5	$5 \cdot 10^{-29}$	$8 \cdot 10^{-23}$	$8 \cdot 10^{-18}$
6	$3 \cdot 10^{-35}$	$1 \cdot 10^{-27}$	$1 \cdot 10^{-21}$

hervorgehobene Fall eines 2-Bit-Fehlers, der mit einem Bit Parität nicht erkannt werden kann, liegt bei großen Datenblöcken in einem Bereich, der nur selten akzeptiert werden kann. Hier ist eine höhere Redundanz mit mehreren Prüfbits notwendig. In der Praxis wird die Paritätsprüfung mit einem Paritätsbit im allgemeinen bei Parallelbussen der Breite $n = 8$ bis $n = 64$ eingesetzt, wobei bei heutiger Technologie die Bitfehlerwahrscheinlichkeit p wesentlich kleiner als der im Beispiel angenommene Wert von $p = 10^{-6}$ ist.[1]

Eine Erhöhung der Erkennungsrate von Fehlern kann durch eine Erweiterung des Paritätsprüfverfahrens zur sogenannten Kreuzsicherung erreicht werden. Hierbei wird der Datenblock der Länge k in mehrere (Teil-) Gruppen aufgeteilt, die man sich wie in Abbildung 1-65 matrixartig angeordnet vorstellen muß. Diese Matrix von Nutzdaten wird sowohl horizontal als auch vertikal um Paritätsbits erweitert. Man spricht hierbei von

- Längsparität: LRC (Longitudinal Redundancy Check)
- Querparität: VRC (Vertical Redundancy Check).

Durch diese Art der Abdeckung der Nutzdaten mit einer erhöhten Anzahl von Prüfbits lassen sich weiterhin alle ungeraden Bitfehler entdecken, aber auch alle geradzahligen Bitfehler mit einer ungeraden Anzahl von Bitfehlern in einer Zeile bzw. Spalte. Insbesondere werden alle 2-Bit-Fehler und die meisten 4-Bit-Fehler erkannt (außer, wenn die 4 fehlerhaften Bits die Ecken eines Rechtecks beschreiben, da dann horizontal und vertikal eine gerade Anzahl von Fehlern vorliegt).

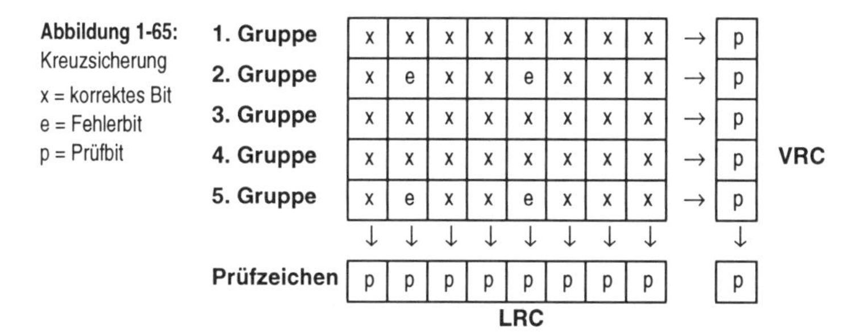

Abbildung 1-65: Kreuzsicherung
x = korrektes Bit
e = Fehlerbit
p = Prüfbit

1. Bei langen Datenblöcken, wie sie beispielsweise bei der seriellen Übertragung über lokale Netze vorkommen, wird dagegen das Zyklische Redundanzprüfverfahren mit 8 bis 32 Prüfbits pro Block verwendet. Auf diesen längeren Leitungen ist auch die Bitfehlerwahrscheinlichkeit p größer.

Die hohe Fehlerentdeckungsrate muß aber mit einer erhöhten Redundanz bezahlt werden. Im Beispiel von Abbildung 1-65 liegt die Redundanz bei 14 von 40 Bit, d. h. bei 29%. Kreuzsicherung wird beispielsweise bei Magnetbändern verwendet.

1.2.3.2 Zyklische Redundanzprüfung

Wie das Beispiel der Kreuzsicherung zeigt, steigt die Wahrscheinlichkeit der Fehlerentdeckung mit der Anzahl von Prüfbits. Da in der Praxis eine sehr hohe Fehlererkennungsrate verlangt wird, bei langen Leitungen andererseits die Bitfehlerwahrscheinlichkeit zunimmt, werden bei der seriellen Übertragung im allgemeinen größere Datenblöcke durch längere Prüfbitfolgen abgesichert. *Ethernet* deckt beispielsweise Datenblöcke von etwa 1500 Byte Länge durch 32 Prüfbits ab. Hierzu wird jedoch nicht die Paritätsprüfung, sondern ein mathematisch etwas komplizierteres, auf Polynomdivision beruhendes Verfahren eingesetzt. Das Verfahren nennt sich *Zyklische Redundanzprüfung* (engl. *Cyclic Redundancy Check,* abgekürzt *CRC*). CRC ist das in der Rechnerkommunikation am meisten verwendete Verfahren.

Das CRC-Verfahren interpretiert die Bitfolge $(b_{n-1}b_{n-2} \ldots b_1b_0)$ als Koeffizienten eines Polynoms $P(x)$ vom Grad n-1:

$$P(x) = b_{n-1}x^{n-1} + b_{n-2}x^{n-2} + \ldots + b_1x + b_0$$

Beispiel: *10011001* $x^7 + x^4 + x^3 + 1$

Mathematisch betrachtet handelt es sich hierbei um den Ring der Polynome in x über dem Körper $\{0, 1\}$. Für die Elemente des Körpers gelten die Regeln der Modulo-2-Arithmetik. Terme unterschiedlichen Grads sind damit voneinander unab-hängig. Es gelten folgende Rechenregeln:

Modulo-2-Arithmetik

Addition/Subtraktion		
+/-	0	1
0	0	1
1	1	0

Multiplikation		
*	0	1
0	0	0
1	0	1

Division		
	0	1
0	-	0
1	-	1

Bei der Addition und Subtraktion zweier Polynome wird kein Übertrag betrachtet, d. h. $x^i \quad x^i = 0$, da für den Körper $\{0, 1\}$ gilt: $1 \quad 1 = 0$. Die Multiplikation erfolgt durch einfaches Ausmultiplizieren der Polynome.

Für das CRC-Verfahren ist die Division die wichtigste Rechenregel. Sie wird analog zur manuellen Division durchgeführt. Polynome gleichen Grads sind immer subtrahierbar. Das Ergebnis ist ein Polynom geringeren Grads. Zahlenüberläufe brauchen nicht betrachtet werden.

Beispiel: $x^3 + x + 1 \div x + 1 = x^2 + x$ *Rest 1*

$- (x^3 + x^2) \quad \{ = x^2(x+1) \}$

$x^2 + x + 1$

$- (x^2 + x) \quad \{ = x(x+1) \}$

$1 \quad \{ \text{Rest} \}$

Das CRC-Verfahren basiert auf der Berechnung des Divisionsrests.

Datenübertragung: Für die Beschreibung der Datenübertragung werden die im folgenden aufgelisteten Polynome definiert. Dabei ist die Polynomschreibweise (wegen der Basis 2) gleichberechtigt mit der entsprechenden Bitfolge.

$U(x)$: Nachrichtenpolynom vom Grad k-1.
Dies entspricht dem Nutzdatenblock der Länge k.

$G(x)$: Generatorpolynom vom Grad r.
Dieses Polynom beschreibt, wie r Prüfbits berechnet werden. Das Polynom ist bei einem Übertragungsverfahren auf Sender- und Empfangsseite gleich.

$D(x)$: Rest der Division $U(x) \cdot x^r \div G(x)$.
Der Grad des Restpolynoms ist kleiner als r. Die Koeffizienten werden bei der Übertragung als Prüfbits in einem Feld der Länge r den Nutzdaten angehängt. Dieses Feld wird CRC-Feld genannt und ist typischerweise 16 bzw. 32 Bit lang.

$C(x)$: Übertragenes Codepolynom vom Grad $n = k - 1 + r$.
Das Polynom setzt sich aus dem Nutz- und CRC-Prüfdaten-Polynomen zusammen.

$E(x)$: Fehlerpolynom. Beschreibt den Fehler einer Übertragung.
Da n Bit übertragen werden, ist der Grad dieses Polynoms kleiner als n.

$R(x)$: Empfangenes Codepolynom: $R(x) = C(x) + E(x)$.
$R(x)$ beschreibt das eventuell verfälscht übertragene Codewort.

Für Übertragung gilt:

$$C(x) = U(x) \cdot x^r + D(x) \Rightarrow R(x) = U(x) \cdot x^r + D(x) + E(x).$$

Der Sender überträgt die Nutzdaten $U(x)$ und den Rest $D(x)$ der Division $\frac{U(x) \cdot x^r}{G(x)}$.

Auf Empfangsseite wird nach Erhalt der Nachricht das empfangene Codepolynom $R(x)$ erneut durch das Generatorpolynom $G(x)$ dividiert:

$$\frac{R(x)}{G(x)} = \frac{U(x) \cdot x^r + D(x) (+E(x))}{G(x)}$$

Bei korrekter Übertragung ist $R(x)$ aufgrund der Art seiner Berechnung ein ganzzahliges Vielfaches von $G(x)$. Der Rest der Division $R(x) \div G(x)$ ist in diesem Fall gleich Null. Zur Fehlererkennung muß vom Sender der Rest $D(x) = U(x) \cdot x^r \div G(x)$ berechnet und vom Empfänger $R(x) \div G(x) = 0$ getestet werden.

Abbildung 1-66 zeigt ein einfaches Beispiel mit einem 4 Bit langen Nutzdatenblock $u = 1011$ und einem 2-Bit-Generatorpolynom $G(x) = x + 1$. In Tabelle 1-11 sind die Generatorpolynome einiger praxisrelevanter Anwendungen aufgelistet. Diese sind ein häufig verwendetes 16-Bit-Polynom *CRC-16*, das von der CCITT genormte und in *HDLC* verwendete Polynom *CRC-CCITT*, das bei *Ethernet*-ähnlichen Übertragungsverfahren verwendete 32-Bit-Polynom *CRC-CSMA/CD* und ein 8-Bit-Polynom *HEC*, mit dem der Kopf von *ATM*-Zellen gesichert wird.

Tabelle 1-11: Generatorpolynome

Protokoll	Generatorpolynom
CRC-16 (häufig verwendet)	$x^{16} + x^{15} + x^2 + 1$
CRC-CCITT (für HDLC)	$x^{16} + x^{12} + x^5 + 1$
CRC-CSMA/CD	$x^{32}+x^{26}+x^{23}+x^{22}+x^{16}+x^{12}+x^{11}+x^{10}+x^8+x^7+x^5+x^4+x^2+x+1$
HEC (für ATM-Header)	$x^8 + x^2 + x + 1$

Um ein Gefühl für die Güte der CRC-Sicherung zu geben, sollen die beiden 16-Bit-Polynome (*CRC-16* und *CRC-CCITT*) betrachtet werden. Es kann gezeigt werden, daß mit diesen Polynomen

- alle ungeraden Bitfehler für Blöcke bis 4095 Byte
- alle 2-Bit-Fehler für Blöcke bis 4095 Byte
- alle Fehlerbündel[1] bis 16 Bit Länge
- 99,997% aller längeren Fehlerbündel

erkannt werden.

Abbildung 1-66: Beispiel einer mit CRC gesicherten Übertragung

Polynomschreibweise	bitweise Darstellung
$U(x) = x^3 + x + 1; \quad G(x) = x + 1$	$u = 1011; \quad g = 11$
1. Division auf Senderseite	
$U(x) \cdot x^1 \div G(x) =$ $x^4 + x^2 + x \div x + 1 = x^3 + x^2 + 1$ $-(x^4 + x^3) \quad \{= x^3(x+1)\}$ $x^3 + x^2 + x$ $-(x^3 + x^2) \quad \{= x^2(x+1)\}$ x $-(x + 1) \quad \{= 1(x+1)\}$ $1 \quad \{Rest\}$	$(1011 \cdot 10) \div 11 =$ $10110 \div 11 = 1101$ -11 011 -11 0010 -11 $01 \quad \{Rest\}$
2. Übertragung	
$C(x) = U(x) \cdot x^1 + D(x)$ $= x^4 + x^2 + x + 1$	$c = 10110 + 1$ $= 10111$
3. Division auf Empfangsseite	
$C(x) \div G(x) =$ $x^4 + x^2 + x + 1 \div x + 1 = x^3 + x^2 + 1$ $-(x^4 + x^3) \quad \{= x^3(x+1)\}$ $x^3 + x^2 + x + 1$ $-(x^3 + x^2) \quad \{= x^2(x+1)\}$ $x + 1$ $-(x + 1) \quad \{= 1(x+1)\}$ $0 \quad \{Rest\}$ ✔	$10111 \div 11 = 1101$ -11 011 -11 0011 -11 $00 \quad \{Rest\}$ ✔

Einfache Divisionshardware

Bisher haben wir das Prinzip des CRC-Prüfverfahrens kennengelernt. Der Kern des Verfahrens ist die Polynomdivision eines Datenpolynoms *U(x)* bzw. *R(x)* durch das Generatorpolynom *G(x)* auf Sender- und Empfangsseite. Das Verfahren macht in der Praxis allerdings nur dann Sinn, wenn die Division in Echtzeit, d. h. in der Geschwindigkeit der Datenübertragung erfolgt. Um das zu gewährleisten, muß die Division durch eine geeigne-

1. In der Praxis treten Fehler bei der Datenübertragung recht selten auf. In einem dieser Fehlerfälle werden dann aber meist mehrere Bits hintereinander verfälscht, da bei hochfrequenter Übertragung eine Störung lange im Vergleich zur Taktperiode andauert. In diesen Fällen spricht man von Fehlerbündeln (Fehler-Bursts). Die Länge eines Fehlerbündels ist die Anzahl aufeinanderfolgender fehlerhafter Bits.

te Hardware ausgeführt werden.

Zur Polynomdivision wird der Divisor $G(x)$, d. h. das Generatorpolynom, am Dividenden $P(x)$ (Senderseite: $U(x)\cdot x^r$; Empfangsseite: $U(x)\cdot x^r + D(x)$) entlanggeschoben und addiert, wenn das aktuell höchstwertige Bit des Dividenden Eins ist.

Beispiel: $P_{32}(x) = 11001100000011111100110000001111$
$G_{17}(x) = 10001000100000001$ (= $x^{16}+x^{12}+x^8+1$)

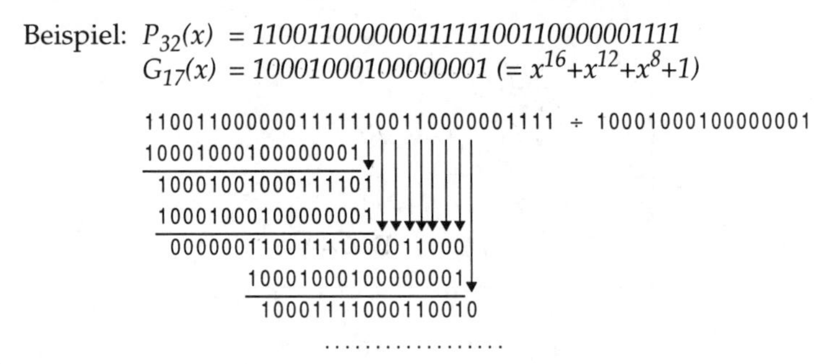

Diese Art der Division kann durch ein erweitertes Schieberegister implementiert werden. Die Schaltung ist in Abbildung 1-67 dargestellt. An den Eingang des Schieberegisters wird der Nutzdatenblock seriell angelegt. Die Ausgabe ist die zu übertragende Bitfolge. Zur Echtzeitdivision muß lediglich das Schieberegister mit dem Takt des Kommunikationsmediums getaktet werden.

Abbildung 1-67: Polynomdivisions-Hardware

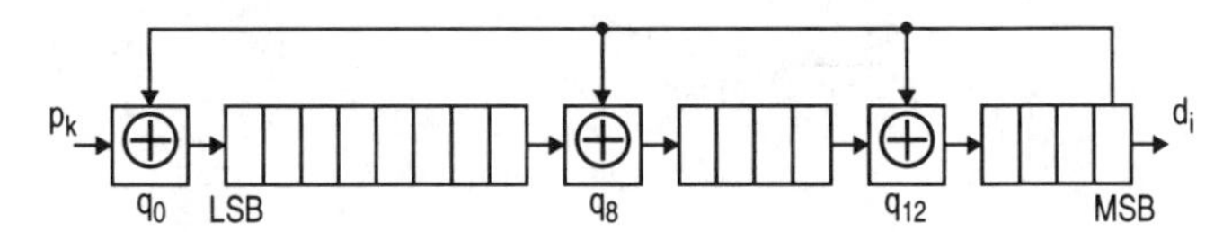

Die Division durch das erweiterte Schieberegister erfolgt nach folgendem Prinzip:
Der Inhalt des höchstwertigen Bit (MSB) bestimmt das aktuelle Quotientenbit. Ist $MSB = 1$, wird das Generatorpolynom durch eine einfache XOR-Schaltung addiert/subtrahiert. Aufgrund der Modulo-2-Arithmetik werden keine Addierer mit Übertrag benötigt. Ein XOR-Gatter (⊕-Gatter) ist hierzu nur an den Positionen notwendig, wo das Generatorpolynom eine „1" besitzt (im Beispiel: Positionen *1*, *8* und *12*). Danach wird der Dividend nach links geschoben, was einem Rechtsschieben des Generatorpolynoms entspricht. Ist $MSB = 0$, wird lediglich geschoben. Am

Anfang wird solange nur geschoben, bis die erste Eins im MSB steht.

1.2.3.3 Fehlerkorrigierende Codes (Error Correcting Codes ECC)

Bisher haben wir uns ausführlich mit der Fehlererkennung beschäftigt. In vielen Fällen wird neben der Erkennung auch eine automatische Korrektur des Fehlers durch den Kommunikationsdienst verlangt[1]. Diese Aufgabe wird in der Praxis durch zwei alternative Ansätze gelöst:

- fehlerkorrigierende Verfahren basierend auf fehlerkorrigierenden Codes
- falsche Blöcke werden noch einmal angefordert (ARQ: Automatic Repeat Request).

Die notwendige Redundanz, um eine automatische Fehlerkorrektur zu ermöglichen, ist wesentlich höher als die zur Fehlererkennung. Bei geringer Fehlerwahrscheinlichkeit und wenn keine sichere Echtzeitverbindung gefordert wird, ist die Wiederholung eines Datenblocks durch das ARQ-Verfahren ökonomischer als die Verwendung fehlerkorrigierender Codes und wird daher in der Praxis überwiegend eingesetzt. Dies ist allerdings nicht immer möglich. Zum einen ist ARQ bei hoher Fehlerwahrscheinlichkeit und längeren Blöcken nicht anwendbar, da auch die wiederholt gesendeten Blöcke mit großer Wahrscheinlichkeit fehlerbehaftet sind. Zum anderen kann es bei einer zeitkritischen Anwendung nicht tolerierbar sein, auf das erneute Senden eines Blocks zu warten. In diesen Fällen wird ein fehlerkorrigierender Code notwendig.

Die ersten Untersuchungen zu fehlererkennenden Codes wurden von dem Mathematiker Hamming durchgeführt. Nach ihm sind die selbstkorrigierenden Codes benannt: *Hamming-Codes.* In diesem Abschnitt wollen wir die Entwicklung eines Codes zur automatischen Fehlerkorrektur von 1-Bit-Fehlern herleiten. Es gelten weiterhin die oben festgelegten Bezeichnungen:

k:	Anzahl von Nutzdatenbits
r:	Anzahl von Prüfbits
$n = k + r$:	Länge des übertragenen Codewortes.

1. Führt der aktuelle Kommunikationsdienst nur eine Fehlererkennung durch und überläßt die Korrektur dem „Auftraggeber", spricht man von „unsicherer Verbindung".

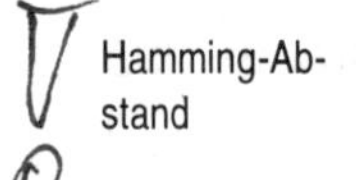

Hamming-Abstand

Definition. Der *Hamming-Abstand zweier Codewörter* ist die Anzahl von Stellen, an denen die Codewörter unterschiedliche Werte haben. ❑

Beispiel: Der Hamming-Abstand der beiden Codewörter

1**01**1001**1** und

1**10**1001**0**

ist drei. Sie unterscheiden sich an den drei markierten Stellen. ❑

Jedes Codewort hat die Länge n (im Beispiel war $n = 8$). Mit diesen n Bits lassen sich 2^n verschiedene Codewörter darstellen. Man sagt, das *Alphabet* des Codes umfaßt (maximal) 2^n Zeichen. Eine Fehlererkennung und eine Fehlerkorrektur sind nur dann möglich, wenn der gewählte Code redundant ist, was bedeutet, daß die Zahl der erlaubten Zeichen des Alphabets kleiner als 2^n ist.

Aus der obigen Definition des Hamming-Abstands zweier Codewörter bzw. Zeichen des Alphabets läßt sich der Hamming-Abstand des Alphabets definieren.

Definition: Der *Hamming-Abstand eines Alphabets* ist der minimale Hamming-Abstand zweier unterschiedlicher Wörter aus dem Alphabet. ❑

Es gilt: Hamming hat gezeigt, daß man ein Alphabet mit Hamming-Abstand 2 benötigt, um einen 1-Bit-Fehler zu sichern, d. h. zu korrigieren. Verallgemeinert gilt, daß ein Alphabet einen Hamming-Abstand von $2{\cdot}i$ oder größer haben muß, um einen i-Bit-Fehler zu sichern. ❑

Begründung: Nehmen wir ein Alphabet C mit Hamming-Abstand $2{\cdot}i$ an. Ein Sender überträgt ein beliebiges Zeichen c aus dem Alphabet, d. h. ein erlaubtes Codewort. Auf der Übertragungsstrecke können maximal i Bits verfälscht werden, wenn eine automatische i Bit-Korrektur vorgesehen ist.

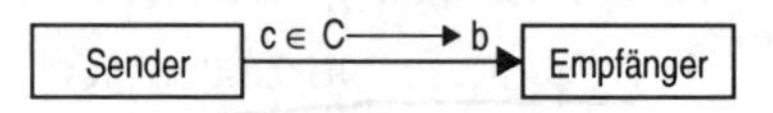

Der Empfänger erhält das Zeichen c in mehr oder weniger verfälschter Form. Wir wollen das empfangene Zeichen b nennen. Es sind zwei Fälle zu unterscheiden:

- Das empfangene Zeichen b ist ein erlaubtes Zeichen des Alphabets C. Dann weiß der Empfänger, daß das Zeichen (c)

korrekt übertragen wurde.

- Wurden dagegen (maximal) i Bits bei der Übertragung verfälscht, dann ist das empfangene Zeichen b wegen des Hamming-Abstands $2 \cdot i$ nicht aus dem Alphabet C. Der Empfänger erkennt den Fehler und kann ihn auch korrigieren, indem er das Zeichen $c \in C$ mit minimalen Abstand zu b wählt.[1] ❑

Wir kennen nun den notwendigen Hamming-Abstand, um eine bestimmte Fehlerklasse zu sichern. Wir wissen aber noch nicht, wieviele redundante (Prüf-) Bits ein Codewort für diesen Hamming-Abstand enthalten muß. Hierzu wollen wir nun die Anzahl von Prüfbits für k Bit Nutzdaten und Hamming-Abstand 1 ermitteln.

Es ist leicht zu überlegen, daß zu jedem (übertragenen) Codewort c der Länge n

- nur c selbst den Hamming-Abstand *Null* und
- n Codewörter den Abstand *1*

haben. Damit haben $n + 1$ Codewörter zu c einen Hamming-Abstand kleiner als 2. Jedes der 2^k Codewörter aus dem Alphabet belegt also $n + 1$ Codewörter. Für die Codewortlänge $n = k + r$ muß gelten

$$(n+1)2^k \leq 2^{k+r}$$
$$\Rightarrow n = k + r \leq 2^r - 1. \qquad (1\text{-}24)$$

Zur Kodierung werden die n Bits eines Codeworts in r Paritätsgruppen zusammengefaßt.

Beispiel. Eine 4-Bit-Block soll durch 3 Prüfbits abgesichert werden. Die Gesamtwortlänge beträgt damit sieben. Die obige Bedingung ist mit dieser Festlegung erfüllt:

$$n = 4 + 3 \leq 2^3 - 1 = 7.$$

Die 7 Bits werden in $k = 3$ Paritätsgruppen aufgeteilt, die jeweils durch ein Paritätsprüfbit auf ungerade Parität ergänzt werden. Abbildung 1-68 stellt die Zuordnung der Bits des Codewortes zu den Paritätsgruppen durch graue Kästchen dar. Ein Bit des Codewortes kann mehreren Paritätsgruppen zugeordnet sein.

---

1. Damit das an maximal i Stellen verfälschte Codewort eindeutig dem nächst höheren oder nächst niedrigeren Codewort aus dem Alphabet C zugeordnet werden kann, benötigt man einen Hamming-Abstand von $2 \cdot i$.

Abbildung 1-68: Paritätsgruppen zur Fehlersicherung

		Bit						
Gruppe	**Prüfbit**	1 (=p_1)	2 (=p_2)	3	4 (=p_3)	5	6	7
1	p_1	■		■		■		■
2	p_2		■	■			■	■
3	p_3				■	■	■	■

Die Zuordnung ist in Abbildung 1-68 so gewählt, daß ein falsches Bit genau eine Kombination von Paritätsfehlern erzeugen wird, wie folgende Tabelle zeigt:

Fehler in Bit	**1**	**2**	**3**	**4**	**5**	**6**	**7**
Paritätsfehler in Gruppen	1	2	1, 2	3	1, 3	2, 3	1, 2, 3
Kombination	001	010	011	100	101	110	111

Das allgemeine Zuordnungsverfahren für ein Codewort der Länge $n = k + r$ ist:

- Prüfbits an den Stellen 2^i, $i = 1, .., r$; restliche Stellen: Nutzdaten.
- das i-te Prüfbit deckt die Stellen ab, deren binäre Nummer an der Stelle i eine Eins hat (Paritätsprüfung über Nutzdaten- und Prüfbits).

Tritt ein Übertragungsfehler an der Stelle j auf, gibt es Paritätsfehler in allen den Paritätsgruppen, wo die binäre Kodierung von j eine Eins hat. Dies wird durch folgende Tabelle anschaulich gemacht:

Stelle	**1**	**2**	**3**	**4**	**5**	**6**	**7**	**8**	**9**	**10**	**11**	**...**
binär kodiert	0001	0010	0011	0100	0101	0110	0111	1000	1001	1010	1011	...
Nutzdaten-/ Prüfbit	p_1	p_2	d_1	p_3	d_2	d_3	d_4	p_4	d_5	d_6	d_7	...
Paritätsgruppe	1	2	1,2	3	1,3	2,3	1,2,3	4	1,4	2,4	1,2,4	...

Durch das Konstruktionsverfahren erkennen wir, daß die Redundanz bei Korrektur von 1-Bit-Fehlern

$$Redundanz = \frac{r}{k} = \frac{r}{2^r - r - 1} \approx \frac{\log_2 k}{k} \quad [1] \qquad (1\text{-}25)$$

beträgt.

Die Redundanz wächst logarithmisch mit der Codewortlänge.

1. Siehe Konstruktionsverfahren: Prüfbits kommen an die Stellen 2^i.

- $n = 7$ ($k = 4$, $r = 3$): Redundanz = 75%
- $n = 15$ ($k = 11$, $r = 4$): Redundanz = 36%
- $n = 2^{16}-1$ ($k = 65519$, $r = 16$): Redundanz = 0,025%.

Bei dieser Reihenentwicklung darf jedoch nicht vergessen werden, daß die Wahrscheinlichkeit der damit *nicht* korrigierbaren Mehrbitfehler ebenfalls steigt. Gerade bei Übertragungswegen, bei denen die oben angesprochenen Fehlerbündel (Error Bursts) auftreten, ist die 1-Bit-Fehlerkorrektur nicht anwendbar. In der Praxis findet man daher vorwiegend das ARQ-Verfahren (mit Fehler*erkennung*).

1.3 Netzwerktopologien

Dieser Abschnitt beschäftigt sich mit den verschiedenen Topologien von Rechnerverbindungen. Die meisten dieser Topologien finden sich bei der Verbindung der Prozessoren in den unterschiedlichen Multiprozessorsystemen wieder. Aber auch Rechnernetze (lokale Netze u. ä.) können nach den beschriebenen Topologien klassifiziert werden.

1.3.1 Klassifikation

Es gibt mehrere Möglichkeiten, Verbindungsnetze zu klassifizieren. Mögliche Kriterien der Klassifikation sind:

- Entfernung
- Gleichartigkeit der Anschlüsse
- Vermittlungsart
- Betriebsart
- Blockierung
- Topologie.

Bevor vertieft auf die verschiedenen Netzwerktopologien eingegangen wird, sollen die Klassifikationskriterien kurz diskutiert werden.

1.3.1.1 Klassifikation nach Entfernung

Betrachtet man die Verbindung von Computern und deren Komponenten, so bildet das Rechnersystem eine natürliche Grenze zwischen zwei Klassen von Verbindungsstrukturen: der systeminternen *Intrasystemverbindung* und der rechnerübergreifenden *Intersystemverbindung*.

- *Intrasystemkommunikation*

  Hierunter fällt die Kommunikation zwischen Partnern innerhalb eines Rechnersystems über kürzeste Entfernungen, meist kleiner als 1 m. Der typische Anwendungsfall ist die Verbindung der Elemente von Multiprozessorsystemen. Die Verbindung der Komponenten kann statisch oder dynamisch sein (s. u.). Generell läßt sich sagen, daß die symmetrische Verbindung von Prozessoren untereinander über statische Netze erfolgt, während die asymmetrische Verbindung von Prozessoren mit einem gemeinsamen Speicher auf dynamischen Verbindungen beruht.

- *Intersystemkommunikation*

  Im Gegensatz zu der systeminternen Kommunikation erfolgt die Intersystemkommunikation zwischen weiter entfernten Partnern. Diese Art der Kommunikation deckt das weite Spektrum von den lokalen Netzen innerhalb eines Raumes bis zum globalen Weitverkehrsnetz wie das *Internet* ab. Intersystemverbindungen fallen heute alle in die Klasse der statischen Netze. Sie werden anhand ihrer Ausdehnung in folgende Klassen unterteilt:

  - *LANs*: *Lokale Netze* (Local Area Networks)

    Lokale Netze bilden die erste Ebene von hierarchisch strukturierten Netzwerken. Sie sind direkt oberhalb der systeminternen Verbindungen anzusiedeln. In diese Klassen fallen Kurzstreckenverbindungen von wenigen Metern bis einigen Kilometern. Lokale Netze dienen der Verbindung innerhalb von Büros, Gebäuden, Fabrikgeländen, etc. Die Teilnehmerstruktur ist heterogen: u. a. Rechner, Drucker, Speicher, Terminals. Die Übertragungsrate eines lokalen Netzes hängt im wesentlichen von den Teilnehmern ab. Die Struktur der Netze variiert von Installation zu Installation. Zu finden sind hier alle Topologien wie Bus, Ring, Stern und Baum.
    Am weitesten verbreitet sind *Ethernet* und *Tokenring*.

  - *MANs*: *Stadtnetze* (Metropolitan Area Networks)

    In diese Klasse fallen die meist festgeschalteten Verbindungen zwischen zwei Städten oder innerhalb einer Stadt. Üblich sind hier Hochgeschwindigkeitsübertragungen von 1 bis 200 MBit/s, z. B. auf Glasfaserbasis.

Beispiele für Stadtnetze sind das Kabelfernsehen und im Bereich der Rechnerkommunikation die Verbindung von Großrechnern in einer Region.

- *WANs*: *Landesnetze* (Wide Area Networks)

  Größere, meist landesweite Ausdehnung haben die Landesnetze. Sie dienen der Vernetzung von Stadtnetzen oder direkt von lokalen Netzen. Ihre Leistungsfähigkeit liegt bei mittleren Übertragungsraten (z. B. *ISDN*: 64 kBit/s) bis hohen Übertragungsraten (in der Größenordnung von 100 MBit/s).
  Typische Beispiele sind das analoge Telefonnetz und *ISDN* sowie das Deutsche Wissenschaftsnetz (*WIN*).

- *GANs*: *globale Fernnetze* (Global Area Networks)

  Die größte Ausdehnung haben die kontinentalen und transkontinentalen Fernnetze. Ihre Übertragungsleistung liegt meist unterhalb der Leistung kürzerer Netze. Teilweise finden wir hier Verbindungen im kBit/s-Bereich. Globale Fernnetze werden sowohl von privaten als auch öffentlichen Einrichtungen betrieben. In vielen Fällen wird jedoch nicht zwischen Weitverkehrs-/Landesnetzen und globalen Fernnetzen, d. h. zwischen WANs und GANs, unterschieden.
  Das populärste Beispiel für globale Netze ist das Internet, aufgebaut aus den Netzen *NSFNET*, *ARPANET*, NASA-Netz *NSN*, *EUNET*, *NORDUNET*, u. s. w.

1.3.1.2 Klassifikation nach Gleichartigkeit der Teilnehmer

Neben ihrer Ausdehnung lassen sich Rechnernetze auch über die Gleich- bzw. Verschiedenartigkeit der über das Netz verbundenen Teilnehmer klassifizieren. In der Praxis findet man diese Klassifikation jedoch nur bei den systeminternen Verbindungen, da alle systemübergreifenden Verbindungen in die Klasse der einseitigen Netze fallen.

- *Gleichartige Teilnehmer / einseitige Netze*

  Die Verbindung von Prozessoren in Multicomputer-Systemen mit *loser* Kopplung erfolgt über einseitige Netze mit statischer Verbindungsstruktur (Abbildung 1-69a). Die einzelnen Teilnehmer kommunizieren über Nachrichten (*Message-Passing*).

Abbildung 1-69:
Ein- und zweiseitige Netzwerke

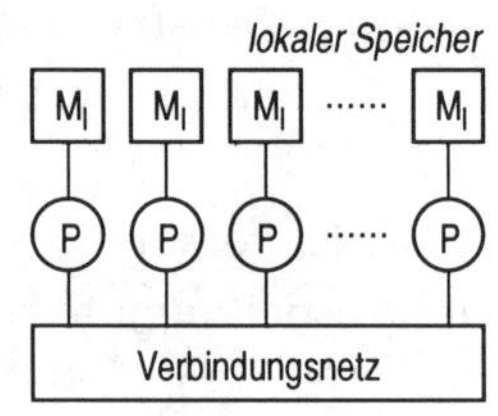

a) einseitiges Netzwerk

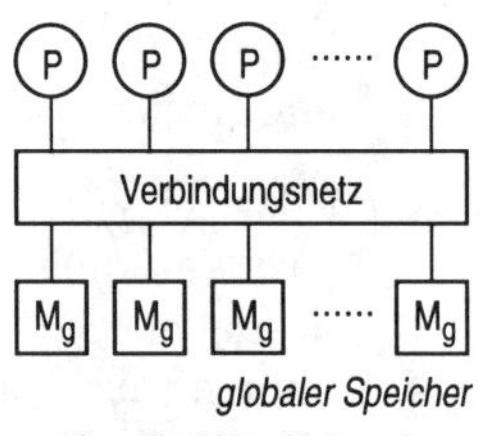

b) zweiseitiges Netzwerk

- *Verschiedenartige Teilnehmer / zweiseitige Netze*

  Prozessoren in Multiprozessor-Systemen mit *enger* Kopplung kommunizieren über einen gemeinsamen Speicher. Die Verbindung der Prozessoren mit dem Speicher erfolgt über ein zweiseitiges Netz mit dynamischer Verbindungsstruktur (Abbildung 1-69b). *Zweiseitiges* Netzwerk bedeutet, daß nur Verbindungen von einem Anschluß auf der einen Seite des Netzwerks mit einem (beliebigen) Anschluß auf der anderen Seite geschaltet werden können. Dynamische Schalterverbindungen, wie sie in Abschnitt 1.3.4 vorgestellt werden, erlauben eine direkte Kommunikation über eine individuell geschaltete Leitung, beispielsweise zwischen einem Prozessor und einem beliebigen Speichermodul.

1.3.1.3 Klassifikation nach Vermittlungsart

Zwei heute verwendete Möglichkeiten zum Datenaustausch über ein Netzwerk mit mehreren Teilnehmern sind das Schalten einer Verbindung zwischen zwei Kommunikationspartnern für die Dauer der Verbindung (Leitungsvermittlung, entspricht der Telefonverbindung) und die Aufteilung einer Nachricht in kleinere Pakete, die einzeln über das Netz gesendet werden (Paketvermittlung, entspricht dem Postverkehr).

- *Leitungsvermittlung*

  Zwischen den Kommunikationspartnern wird für die gesamte Dauer der Übertragung eine feste physikalische Verbindung (Kanal, Leitung) aufgebaut. Der Nachteil dieser Methode ist, daß für die gesamte Dauer der Verbindung die Leitung blockiert ist und anderen Datenübertragungen nicht zur Verfügung steht.

  Der Aufbau von geschalteten Verbindungen ist besonders dann die geeignete Verbindungsstrategie, wenn viele Nachrichten zwischen denselben Teilnehmern übertragen werden und diese die Leitungskapazität weitgehend ausnutzen. Da häufig aber die Übertragungsrate der physikalischen Leitungen viel höher als die der Kommunikationspartner ist, werden die physikalischen Leitungen in vielen Fällen im *Frequenzmultiplex* betrieben. Für die Verbindung werden dabei nur logische Kanäle geschaltet.

- *Paketvermittlung*

  Abgesehen von der Kommunikation über (analoge) Telekommunikationsnetze verwendet man für die Rechnerverbindung i. allg. den zweiten Ansatz: die Paketvermittlung. Hierbei wird keine physikalische Verbindung zwischen dem Sender und dem Empfänger einer Nachricht geschaltet, sondern der Sender schickt seine Nachricht in Form von meist kleineren Paketen, die mit einer Zieladresse versehen sind, in das Netz. Das Netzwerk ist dann für den Transport der Pakete zum Empfänger verantwortlich. Mit Hilfe der Zieladresse wird ein Paket eventuell über mehrere Vermittlungsstationen zum Empfänger geleitet.

  Enthält ein Datenpaket variabler Länge die gesamte Nachricht, spricht man von *Message Switching*. Wird dagegen die Nachricht in kleinere Blöcke bzw. Pakete gleicher Größe aufgeteilt, die dann einzeln versandt werden, spricht man von *Packet Switching*. Die einzelnen Pakete können über verschiedene Wege zum Ziel gelangen.

  Der Vorteil der Paketvermittlung liegt darin, daß eine Leitung immer nur für die Dauer eines Pakets belegt ist und somit quasi gleichzeitig - wenn die Pakete kurz genug sind - von mehreren logischen Verbindungen genutzt werden kann. Man spricht dabei von *Zeitmultiplex*.

  Das Problem bei der Paketvermittlung liegt in der potentiell unterschiedlichen Laufzeit der verschiedenen Pakete einer Nachricht durch das Netzwerk. Bei isochroner Übertragung, bei der ein kontinuierlicher Datenstrom vorausgesetzt wird (z. B. Audio, Video), kann es zu Stockungen kommen, wenn ein Paket zu spät ankommt. Auch ein Überholen von Paketen kann nicht immer ausgeschlossen werden. In diesem Fall müssen die Pakete mit Zeitmarken versehen und beim Empfänger sortiert werden.

Es gibt zwei unterschiedliche Übertragungsstrategien zur Weiterleitung von Paketen über die Vermittlungsstationen:

- *'Store-and-Forward'-Strategie*

  Nach dem Eintreffen eines Pakets in einer Vermittlungsstation, wird dieses dort in einem Pufferbereich zwischengespeichert. Erst wenn das gesamte Paket empfangen wurde, bestimmt die Vermittlungstation den weiteren Weg des Pakets anhand seiner Adresse und sendet es an eine benachbarte Vermittlungsstation weiter. Diese Strategie findet man bei der Intersystemkommunikation. Hierbei muß jedoch für genügend Pufferplatz in den Vermittlungsstationen gesorgt werden, damit es nicht zu Blockierungen kommt. Da ein Paket bei jeder Vermittlungsstelle aufgehalten wird, führt diese Strategie zu recht hohen Latenzzeiten.

- *'Worm-Hole'-Strategie*

  Die hohen Latenzzeiten machen die Store-and-Forward-Strategie ungeeignet zur Prozessorkommunikation innerhalb von Parallelrechnersystemen. Eine Verbesserung bietet die Worm-Hole-Strategie, die bei Supercomputern immer beliebter wird. Bei ihr werden die Pakete in kleinere Einheiten, sogenannte *Flits* (Flow Control Digits, typischerweise 8 Bit), unterteilt, die in Pipelining-Manier auf dem selben Weg nacheinander durch das Netz laufen.

  Das erste Flit enthält die Zieladresse des Pakets und wird wie oben beschrieben durch das Netz transportiert (Einsatz von Routing-Strategien). Alle weiteren Flits des Pakets folgen ohne Pause direkt aufeinander auf dem selben Weg in gleichbleibender Reihenfolge wie die Waggons eines Zuges (die Lokomotive, d. h. das erste Paket bestimmt den Weg). Wie Abbildung 1-70 zeigt, verkürzt diese Strategie die Latenzzeit des Pakets durch das Netz, da in jeder Vermittlungsstation nur noch ein Flit zwischengespeichert werden muß. Probleme können andererseits auftreten, wenn sich Pakete kreuzen, da dann die Gefahr eines Deadlocks besteht.

Abbildung 1-70: Zeitdiagramm bei Store-and-Forward und Worm-Hole

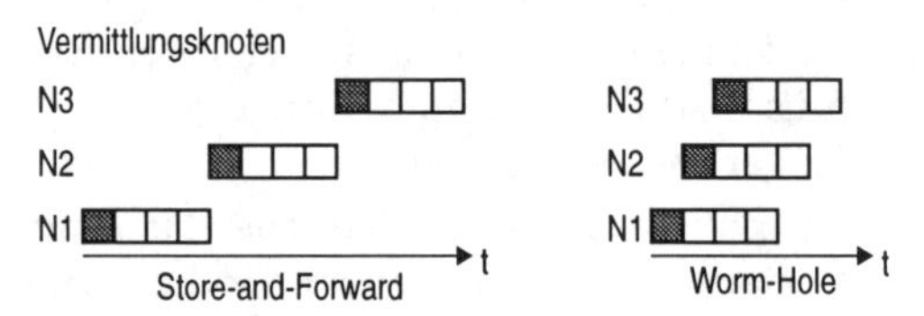

1.3.1.4 Klassifikation nach Blockierung

Eine wichtige Frage beim Aufbau von Verbindungen ist die der Blockierung. In komplexen, verwobenen Netzen kann der Aufbau einer Verbindung möglicherweise den Aufbau einer weiteren Verbindung zwischen anderen Kommunikationspartnern verhindern. Im Extremfall kann es sogar zu Blockierungen des gesamten Netzes kommen, wenn zwei Verbindungen gleichzeitig bereits teilweise aufgebaut sind, sich aber so gegenseitig beeinflussen, daß beide Verbindungen nicht vervollständigt werden können. Auch wenn wir die Frage, ob ein Netzwerk blockierend oder nicht blockierend ist, vor allem bei dynamischen Netzwerken finden, so tritt die Problematik auch bei statischen Netzen auf, z. B. beim oben angesprochenen Worm-Hole-Routing. Wir wollen in diesem Abschnitt drei Netzklassen unterscheiden:

- *nichtblockierend*

  Jede gewünschte Verbindung kann unmittelbar und unabhängig von bestehenden Verbindungen hergestellt werden.

- *blockierend*

  Neue Verbindungen können nicht aufgebaut werden, wenn sie vorhandene Verbindungen im Netz kreuzen, da sie gleiche Pfade verwenden. Die bestehende Verbindung blockiert den Aufbau einer neuen Verbindung.

- *rekonfigurierbar*

  Ein Netz ist rekonfigurierbar, wenn eine neue Verbindung dadurch aufgebaut werden kann, daß eine bestehende Verbindung abgebaut und über neue Wege wieder geschaltet wird. Der Verwaltungsaufwand ist bei dieser Methode sehr hoch.

1.3.1.5 Klassifikation nach Topologie

Der Rest dieses Abschnitts betrachtet verschiedene Netzwerktopologien. Diese teilen sich in folgende drei Klassen, die in den drei Abschnitten 1.3.2 bis 1.3.4 einzeln beschrieben werden:

- *statische Netzwerke*

  Statische Netze bestehen aus festen Punkt-zu-Punkt-Verbindungen zwischen Computern (allgemeiner: Kommunikationspartnern) und Vermittlungsstationen. Sie sind typisch für das Kommunikationssystem von Multicomputer-Systemen ohne globalen Speicher. Nachrichten werden in Form von Paketen anhand ihrer Zieladressen von Station zu Station im Netz weitergegeben.

- *dynamische Netzwerke*

  Dynamische Netze stellen die Verbindungen der Teilnehmer mit Hilfe von Schaltelementen individuell her. Die Verbindungsstruktur ist dadurch an die jeweilige Verbindungsanforderung anpaßbar. Wie in Abbildung 1-69 gezeigt, werden dynamische Netze typischerweise zur Verbindung von Prozessoren mit einem globalen Speicher verwendet. Aber auch das dynamische Schalten von Verbindungen in leitungsvermittelnden Netzen fällt in diese Kategorie.

- *hierarchische Netzwerke*

  Häufig werden Netzwerke hierarchisch gegliedert, wobei Teilnetze mehrfach gleich- oder verschiedenartig ausgelegt sein können, um Blockierungen zu vermeiden. Eine Vermischung von statischen und dynamischen Netzen ist möglich. Die Einteilung der Netzwerke in hierarchische bzw. nicht-hierarchische Netze ist daher orthogonal zur Einteilung in statische und dynamische Netze zu sehen.

Abbildung 1-71 zeigt die Klassifikation einiger Netzwerkstrukturen nach ihrer Topologie. Statische Netze werden dabei noch einmal nach ihrer Dimension und dynamische Netze nach ihrer Tiefe unterschieden.

Abbildung 1-71: Klassifikation von Netzwerktopologien

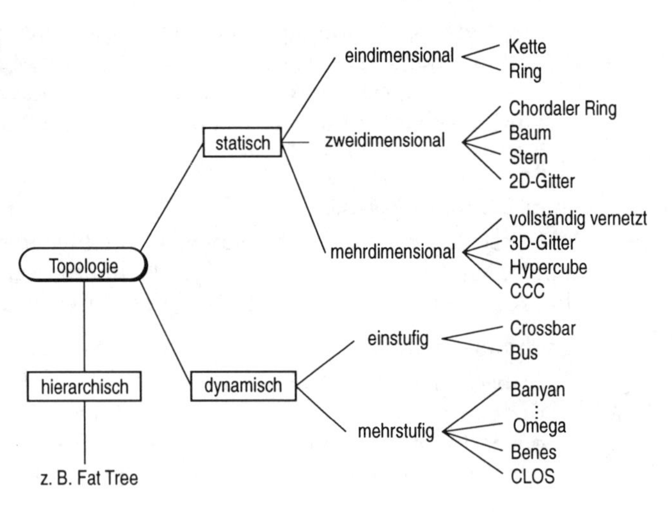

1.3.2 Statische Netzwerke

Statische Netze bestehen aus Punkt-zu-Punkt-Verbindungen zwischen Kommunikationsendgeräten und Vermittlungsstationen. Jedes dieser Geräte kann ein, zwei oder mehrere Verbindungen zu anderen Geräten haben. Mit Hilfe der Verbindungen werden ein- oder mehrdimensionale, meist symmetrische Netzstrukturen aufgebaut. Die einzelnen Kommunikationsgeräte im Netz (Endgeräte und Vermittlungsstationen) werden im weiteren *Knoten* genannt.

Jede Netztopologie hat ihre Vor- und Nachteile und muß für den individuellen Fall gewählt werden. Es gibt keine „beste" Topologie für alle Fälle. Beispielsweise muß eine hohe Fehlertoleranz durch mehr Verbindungen mit höheren Kosten bezahlt werden. Bei der Betrachtung der verschiedenen Topologien sind folgende Bewertungskriterien gegeneinander abzuwägen:

- *Durchmesser*:
  Unter dem Durchmesser eines Netzwerks wird der maximale Abstand, d. h. die Anzahl von Teilverbindungsstrekken, zwischen zwei Knoten verstanden. Da die maximale Verzögerungszeit einer Nachricht durch das Netz mit steigendem Durchmesser wächst, sollte der Durchmesser möglichst klein sein.
- *Bisektionsbreite*:
  Die Bisektionsbreite ist die minimale Anzahl von Kanten, die man entfernen muß, um ein Netzwerk in zwei unabhängige Teile zu trennen. Da die Fehlertoleranz eines Netzes von diesem Wert abhängt, sollte ermöglichst groß sein.

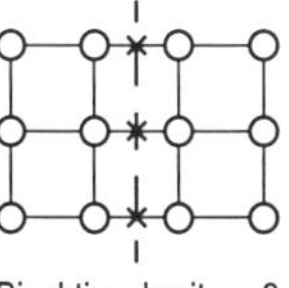
Bisektionsbreite = 3

- *Knotengrad*:
  Der Grad eines Knotens ist die Anzahl von Verbindungen bzw. Kanten des Knotens zu seinen Nachbarn. Der Knotengrad eines Netzes ist der maximale Knotengrad aller Knoten im Netz. Da die Kosten mit dem Knotengrad steigen, sollte dieser möglichst klein sein.

Die für eine Topologie wichtigsten Bewertungskriterien werden bei der Vorstellung der Netzstrukturen direkt mit aufgeführt. Eine vollständige Auflistung aller Kriterien findet sich im Anschluß an diesen Abschnitt in einer zusammenfassenden Tabelle.

Eindimensionale Strukturen

Besitzen alle N Knoten im Netz maximal zwei Verbindungen zu ihren Nachbarn, d. h. das Netz hat den Knotengrad zwei, so lassen sich nur eindimensionale Netztopologien aufbauen. Diese sind (siehe Abbildung 1-72):

- *Kette:* lineare Verbindung der Knoten
- *Ring:* geschlossene Kette.

Abbildung 1-72: Eindimensionale Verbindungsnetze

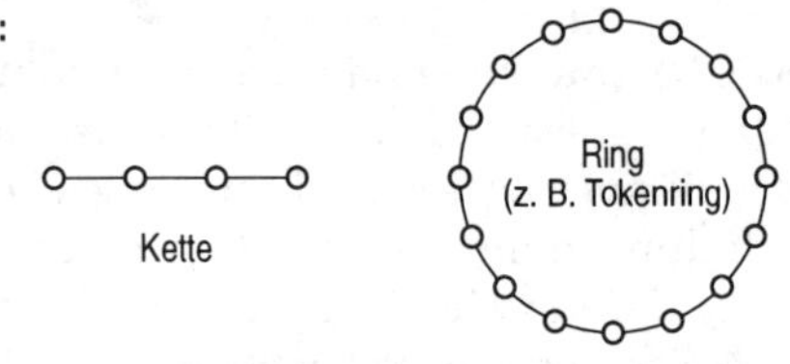

Die Kommunikation in der Kette ist bereits dann unterbrochen, wenn eine Verbindung ausfällt. Die Bisektionsbreite ist daher 1. Beim Ring wird diese durch den zyklischen Schluß verdoppelt, ohne daß sich die anderen beiden Parameter verschlechtern. Der Knotengrad ist in beiden Fällen 2. Auch wenn die lineare Struktur der Kette einen Vergleich mit der Busstruktur aufzwängt, sind diese beiden Netze grundsätzlich verschieden: während die Kette aus vielen Punkt-zu-Punkt-Verbindungen besteht, sind die Kommunikationsgeräte beim Bus alle an eine Leitung angeschlossen.[1]

Zweidimensionale Strukturen

Mit einem Knotengrad größer als zwei können zwei- oder mehrdimensionale Strukturen aufgebaut werden. Durch höhere Verdrahtungskosten lassen sich Fehlertoleranz (Bisektionsbreite) und Laufzeiten (Durchmesser) reduzieren. Mögliche zweidimensionale Strukturen sind (siehe Abbildung 1-73):

- *Chordaler Ring:* Erweiterung des Rings durch Hinzufügen zusätzlicher Verbindungen zum „Überspringen" eines oder mehrerer Knoten. Die zusätzlichen Kanten erhöhen den Knotengrad und die Bisektionsbreite, verringern aber den Durchmesser. Eine Erweiterung des Chordalen Rings, bei

1. Auf physikalischer Ebene können auch Busse durch Punkt-zu-Punkt-Verbindungen realisiert sein. Bei Bussen liegt allerdings auf allen Netzsegmenten das gleiche Signal an (z. B. *Thin-Ethernet*), während bei der Kette die Nachrichtenpakete von Station zu Station weitergegeben werden (z. B. *DQDB*).

Abbildung 1-73: Zweidimensionale Verbindungsstrukturen

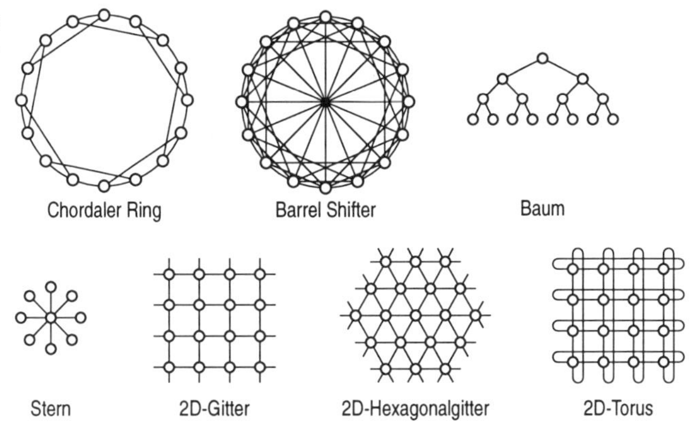

dem ein Knoten mit all den Knoten verbunden ist, die eine Zweierpotenz entfernt sind, ist der *Barrel Shifter*. Dessen Topologie ist allerdings mehrdimensional. Sie ist ähnlich mit dem weiter unten aufgeführten Hypercube.

- *Baum:* Die Baumtopologie ist geeignet für Broadcast-artige Kommunikation (von der Wurzel aus). Bei ungeeigneter Kommunikation kann der Pfad über die Wurzel zum Engpaß werden. Eine Verbesserung bietet der Leisersonsche Baum bzw. Fat Tree (siehe Abschnitt 1.3.3). Die Bisektionsbreite des Baums beträgt 1.
- *Stern:* Spezialfall eines einstufigen Baums mit hohem Knotengrad bei der Zentralstation. Dem hohen Knotengrad und der schlechten Bisektionsbreite steht ein kleiner Durchmesser gegenüber. Die Sternstruktur findet sich bei modernen lokalen Netzen mit zentralem Sternkoppler bzw. Hub (siehe Abschnitt 5.2.7).
- *2D-Gitter:* Jeder Knoten ist mit vier Nachbarn verbunden, was zu einer Gitterstruktur führt. Bei festem Knotengrad 4 ist das Gitter leicht skalierbar, weshalb diese Struktur bei einigen Multiprozessorsystemen beliebt ist. Durchmesser und Bisektionsbreite wachsen mit der Quadratwurzel der Knotenzahl, was weniger gut ist. Eine Abwandlung der Rechteckstruktur ist das hexagonale 2D-Gitter mit Knotengrad 6, das beispielsweise bei Systolischen Arrays zum Einsatz kommt.

- *2D-Torus:* Beim paarweisen Schließen der einzelnen Ketten eines Gitters zu jeweils einem Ring in beiden Dimensionen kommt man zu einer Torusstruktur, wie sie unter anderem in der *Connection Machine CM-2* zu finden ist. Der Durchmesser verkürzt sich vom Gitter zum Torus durch den Ringschluß auf die Hälfte. Auch das Routing ist mit Modulo-Operationen bei geschlossenen Ringen leichter.

Mehrdimensionale Strukturen

- *3D-Gitter und 3D-Torus:* Beide Topologien sind dreidimensionale Erweiterungen der entsprechenden 2D-Strukturen (siehe Abbildung 1-74). Bei leicht erweitertem Knotengrad (6) wächst der Durchmesser nur noch mit der dritten Wurzel bzgl. der Gesamtknotenzahl. Der Torus wurde im *Cray T3D*-Multiprozessor implementiert.

- *Hypercube:* Der Hypercube ist ein mehrdimensionaler Würfel. Jeder Knoten ist genau mit den Knoten verbunden, die sich bei der binären Adresse in genau einem Bit unterscheiden, d. h. um eine Zweierpotenz entfernt sind. Die Wegfindung kann dezentral einfach realisiert werden, da für jede Bitposition, an der sich Quell- und Zieladresse unterscheiden, lediglich ein Schritt in der entsprechenden Dimension gemacht werden muß. Der große Vorteil des Hypercube liegt darin, daß sowohl Durchmesser als auch Knotengrad nur logarithmisch mit der Gesamtknotenzahl wachsen. Er findet sich daher in vielen Supercomputern, z. B. als 16-dimensionaler Würfel im *nCUBE-3* mit bis zu 65536 Prozessoren oder in der *Connection Machine CM-2* als 12-

Abbildung 1-74: Mehrdimensionale Verbindungsstrukturen

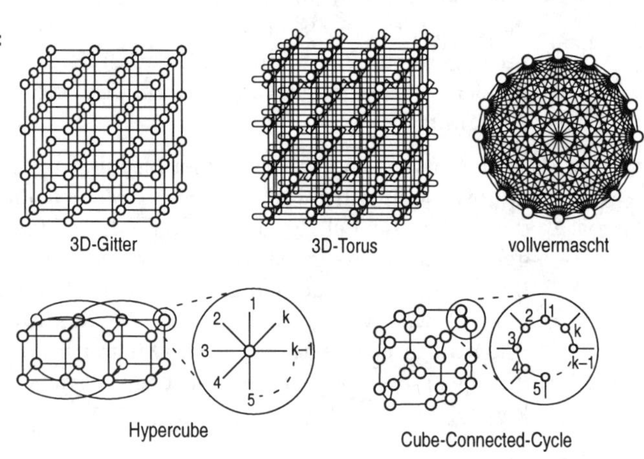

dimensionaler Würfel zur Vernetzung von Torus-Cluster.

- *Cube-Connected-Cycle:* Der Cube-Connected-Cycle (CCC) ist eine Erweiterung des Hypercube mit festem Knotengrad 3. Jeder Eckpunkt des Hypercube mit Grad *k* wird durch einen Ring von *k* Knoten mit Grad *3* ersetzt. Der Nachteil des CCC gegenüber dem Hypercube liegt in seinem größeren Durchmesser.
- *Vollständige Vernetzung:* Einen Durchmesser von Eins und eine maximale Bisektionsbreite erhält man durch vollständige Vernetzung, wobei jeder Knoten mit jedem anderen verbunden ist. Da der Hardwareaufwand dabei sehr hoch ist (der Knotengrad wächst linear mit der Knotenanzahl), ist die vollständige Vernetzung nur bei geringer Knotenzahl realisierbar.

Tabelle 1-12: Vergleich statischer Netzwerke

Topologie	Durchmesser	Bisektionsbreite	Knotengrad
Kette	$N-1$	1	≤ 2
Ring	$N-1$ (unidirektional) $N/2$ (bidirektional)	2	2
Chordaler Ring	$< N-1$ bzw. $< N/2$	> 2	> 2
Barrel Shifter	$\log_2(N)/2$	> 2	$2 \cdot \log_2(N) - 1$
k-zinkiger Baum	$2 \cdot h$ (h = Höhe)	1	$\leq k+1$
Stern	2	1	1 bzw. $N-1$
nächster Nachbar	$2 \cdot (\sqrt{N} - 1)$	$< \sqrt{N}$	≤ 4
hexagonales Gitter	$2 \cdot (\sqrt{N} - 1)$	$< 2 \cdot \sqrt{N}$	≤ 6
2D-Torus	$\sqrt{N}$	$2 \cdot \sqrt{N}$	≤ 4
3D-Gitter	$3 \cdot (\sqrt[3]{N} - 1)$	$< N^{2/3}$	≤ 6
3D-Torus	$3 \cdot (\sqrt[3]{N} - 1)/2$	$2 \cdot N^{2/3}$	≤ 6
Hypercube	$\log_2(N)$	$\log_2(N)$	$\log_2(N)$
k-dim. CCC	$2k - 1 + k/2$	3	3
vollständige Vernetzung	1	$N-1$	$N-1$

1.3.3 Hierarchische Netzwerke

Große, komplexe Netzwerke sind häufig hierarchisch aufgebaut. Je nach Anforderung kann auf jeder Hierarchieebene eine andere Topologie vorliegen. Hier sollen beispielhaft zwei Vertreter hierarchischer Netze vorgestellt werden: der *Leisersonsche Baum* aus dem Bereich der Supercomputer und das *Backbone*-Konzept aus dem Bereich der lokalen Netze.

1.3.3.1 Leisersonscher Baum (Fat Tree)

Eine der oben vorgestellten zweidimensionalen Topologien ist die Baumstruktur. Diese bietet auf der einen Seite den Vorteil, daß sich lokale Kommunikation, die sich häufig durch das Lokalitätsprinzip ergibt, auf einen Teilbaum abbilden läßt. Die lokale Kommunikation kollidiert nicht mit der Kommunikation innerhalb anderer Teilbäume. Auf der anderen Seite bildet in der Praxis die Wurzel des Baumes einen Engpaß, da die gesamte globale Kommunikation über sie läuft.

Um diesen Engpaß der Kommunikationsbandbreite in Wurzelnähe zu vermeiden, kam Leiserson auf die Idee, den Baum zur Wurzel hin immer mehr zu verbreitern, wie es auch bei den Ästen natürlicher Bäume der Fall ist. In Abbildung 1-75 ist die größer werdende Kommunikationsbandbreite in Richtung Wurzel durch die dicker gezeichneten Verbindungen dargestellt.

Das Konzept des Fat Tree hat Leiserson in der *Connection Machine CM-5* verwirklicht. In dieser Architektur werden bis zu etwa 16.000 Prozessoren mit lokalem Speicher über einen 4-zinkigen Fat Tree (Hyperbaum genannt) verbunden (siehe Abbildung 1-76). Mit jeder Stufe in Richtung Wurzel verdoppelt sich die Leitungszahl und die Bandbreite für einen Ast. Zusätzlich erhöht sich bei diesem Konzept die Bisektionsbreite und damit die Fehlertoleranz gegenüber einem einfachen Baum. Von vorne betrachtet liegt ein einfacher, vierzinkiger Baum und von der Seite betrachtet ein umgekehrter Binärbaum vor.

Abbildung 1-75: Leisersonscher Baum, Fat Tree

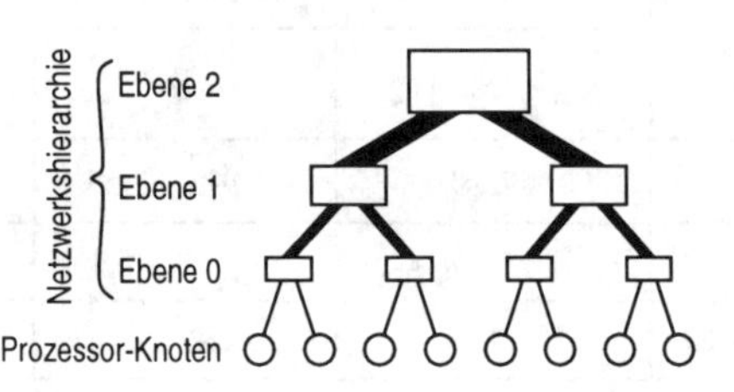

Abbildung 1-76: Fat Tree in der CM-5

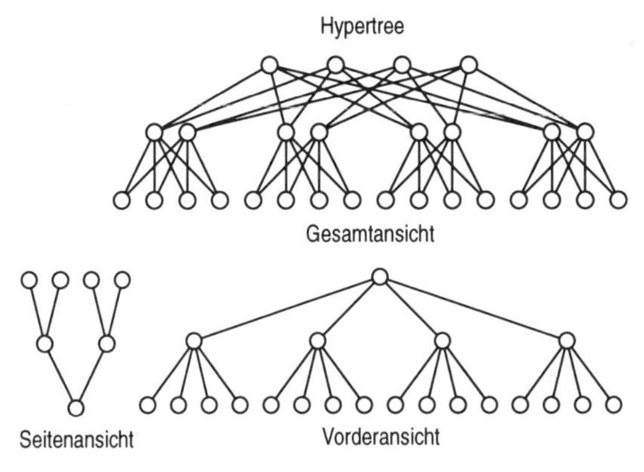

1.3.3.2 Backbone

Die Vernetzung der Computer größerer Unternehmen oder Universitäten erfolgt ebenfalls über ein hierarchisches Netzwerk. Meist sind die Rechner einzelner Abteilungen, Gebäude oder Stockwerke über ein eigenes LAN wie z. B. ein *Ethernet*-Bus oder einen *Tokenring* vernetzt. Diese einzelnen (Sub-) Netze werden über ein schnelles übergeordnetes Netzwerk verbunden. Dieses Verbindungsnetz, das kleinere Netze verbindet, ist quasi das Rückgrad der Kommunikationsinfrastruktur und wird deshalb Backbone-Netz genannt.[1]

Das Gesamtnetzwerk hat meist eine sehr heterogene Struktur. An dem Backbone sind die unterschiedlichsten Subnetztypen angeschlossen: z. B. PC-Netze unter *Novell*-Netzwerksoftware, Workstationgruppen, die über *Ethernet* oder *Tokenring* verbunden sind, oder Mainframes direkt. Abbildung 1-77 skizziert eine mögliche Backbone-Struktur.

1.3.4 Dynamische Netzwerke

Die Verbindungsstruktur von dynamischen Netzwerken ist nicht ein für allemal festgelegt, sondern variiert über die Zeit. Mit Hilfe von Schaltern kann die Verbindung der Kommunikationsteilnehmern jederzeit geändert und den aktuellen Anforderungen angepaßt werden. Die Stellung der Schalter wird durch spezielle Steuersignale bestimmt. Verantwortlich für die Bele-

1. Backbone-Netze sind heute häufig in *FDDI*-Technologie realisiert - es wird aber vermehrt über *ATM* in diesem Bereich nachgedacht.

Abbildung 1-77:
Backbone-Netz

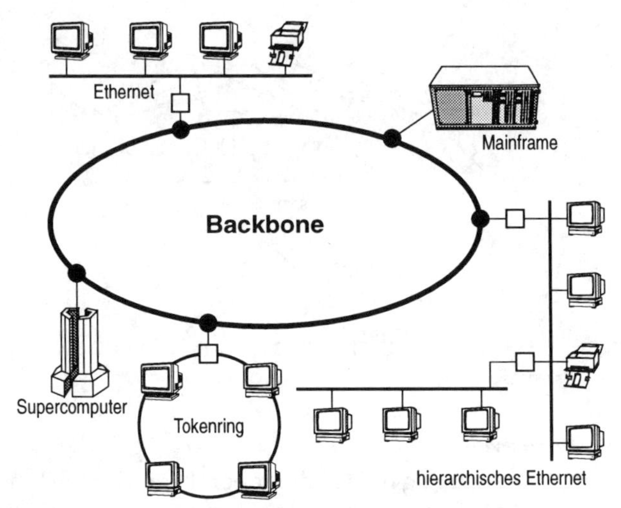

gung der Steuersignale ist meist eine zentrale Steuereinheit. Bei leitungsvermittelnden Netzen wird die Schalterstellung letztendlich durch das Anwählen des Kommunikationspartners bestimmt und dezentral ausgeführt.

Folgende Kriterien klassifizieren die dynamischen Netzwerke, wobei es sich dabei meist um zweiseitige Netzwerke handelt:

- *einstufig ↔ mehrstufig*
  Gibt an, wieviele Schalterstufen auf der Übertragungsstrekke zwischen zwei Partnern liegen.
- *blockierend ↔ nicht blockierend*
  Gibt an, ob der Aufbau von Verbindungen den Aufbau anderer Verbindungen behindern oder blockieren kann.
- *alle Verbindungen ↔ nicht alle Verbindungen*
  Gibt an, ob ein zweiseitiges Netzwerk jeden beliebigen Knoten auf einer Seite des Netzwerkes mit jedem beliebigen Knoten auf der anderen Seite verbinden kann.
- *alle Permutationen ↔ nicht alle Permutationen*
  Gibt an, ob zu einem Zeitunkt alle Knoten auf der einen Seite des Netzwerkes *gleichzeitig* mit jeweils einem Partnerknoten auf der anderen Seite verbunden werden kann, d. h. die Verbindungen behindern sich nicht gegenseitig.

1.3.4.1 m x n-Kreuzschienenverteiler (Crossbar)

Der Kreuzschienenverteiler erlaubt eine beliebige Verschaltung der *m* Eingänge auf die *n* Ausgänge. Abbildung 1-78 skizziert die Struktur dieses Netzwerks. Bei einer Matrix aus *m* Zeilen (horizontale Leitungen) und *n* Spalten (vertikale Leitungen) sitzt an jedem Kreuzungspunkt ein Schalter, der eine Verbindung der entsprechenden Ein- und Ausgänge auf- und abbauen kann.

Abbildung 1-78: m x n-Kreuzschienenverteiler

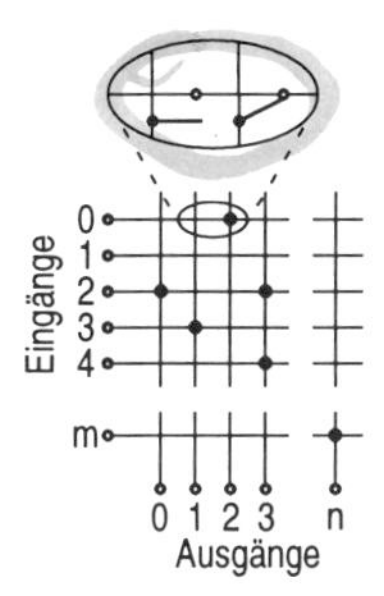

Der Kreuzschienenverteiler ist einstufig, nicht blockierend und alle Verbindungen und Permutationen sind möglich. Mit dem Netzwerk ist sogar Broadcast (ein Sender wird mit mehreren Empfängern verbunden) möglich. Kreuzschienenverteiler finden sich u. a. in den Supercomputern *Paragon XP/S* von *Intel* (5 x 5 Crossbar) und *VPP550* von *Fujitsu/Siemens* (224 x 224 Crossbar).

1.3.4.2 Permutationsnetzwerke

Permutationsnetzwerke ergeben sich durch den Verzicht von Broadcast (und Konzentration mehrerer Eingänge auf einen Ausgang, was beim Kreuzschienenverteiler auch möglich wäre). Permutationsnetzwerke sind reine Punkt-zu-Punkt-Verbindungen. Im allgemeinen sind diese Netze mehrstufig nach einem rekursiven Schema aufgebaut. Ein nxn-Netzwerk (jeweils *n* Ein- und Ausgänge) besteht aus einer irgendwie gearteten Verbindung zweier $^{n}/_{2}x^{n}/_{2}$-Netzwerke. Die Tiefe des gesamten Netzes und damit die Latenzzeit einer Nachricht durch das Netz wächst somit logarithmisch mit der Zahl von Ein- und Ausgängen.

Die Rekursion endet bei einem 2x2-Basisnetz. Diese Grundschaltung, *Shuffle-Baustein* genannt, ist ein Zweierschalter, der

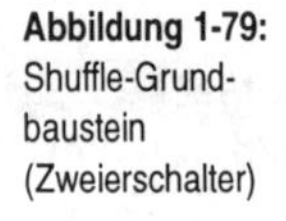
Abbildung 1-79: Shuffle-Grundbaustein (Zweierschalter)

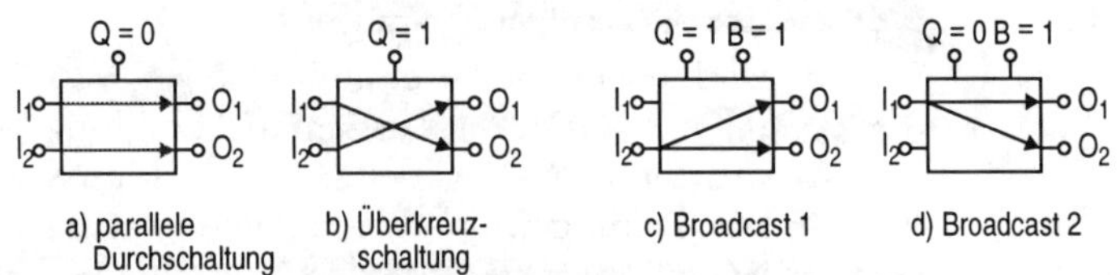

zwei Eingänge parallel oder über Kreuz auf zwei Ausgänge schaltet (Abbildung 1-79 a und b). Broadcast-Erweiterungen dieses Grundbausteins (Abbildung 1-79 c und d) sind möglich, aber meist nicht implementiert.

Nach einem rekursiven Bildungsgesetz kann ein beliebig großes Netzwerk aus mehreren Stufen solcher Zweierschalter aufgebaut werden. Mit jedem Rekursionsschritt verdoppelt sich die Netzgröße. Bei den meisten Netzen ist daher die Zahl von Ein- und Ausgängen eine Zweierpotenz.[1]

Rekursiv definiertes Netz

Wir wollen uns nun ein rekursiv aufgebautes NxN-Netzwerk ($N=2^n$) ansehen. Dieses Netz wird in der Literatur als *Permutationsnetz* oder *Benes-Netz* bezeichnet. Das NxN-Permutationsnetz besteht aus jeweils einer Reihe von *N/2* Zweierschalter direkt hinter den Eingängen bzw. vor den Ausgängen, die über zwei $^N/_2 x ^N/_2$-Permutationsnetze verbunden sind (Abbildung 1-80).

Abbildung 1-80: N x N-Permutationsnetz

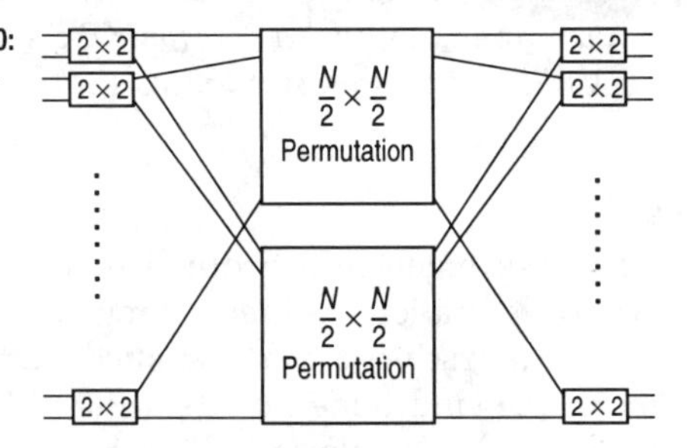

Insgesamt hat das Netz $2 \cdot log N - 1$ Stufen und $N \cdot log N - \frac{N}{2}$ Schalter. Es kann gezeigt werden, daß dieses Netz alle Permutationen (und damit auch alle Verbindungen) schalten kann. Abbildung 1-81 zeigt als Beispiel ein 8x8-Permutationsnetz, das die

1. Prinzipiell lassen sich auch andere Grundbausteine und Teilerverhältnisse verwenden. Ein Beispiel hierfür ist das weiter unten vorgestellte *Clos*-Netzwerk. Die meisten Permutationsnetze sind jedoch nach dem beschriebenen Rekursionsschema zur Basis 2 aufgebaut.

Permutation

$$0\,1\,2\,3\,4\,5\,6\,7 \rightarrow 5\,3\,7\,0\,4\,2\,6\,1$$

schaltet.

Abbildung 1-81: 8 x 8-Netz mit Beispielspermutation

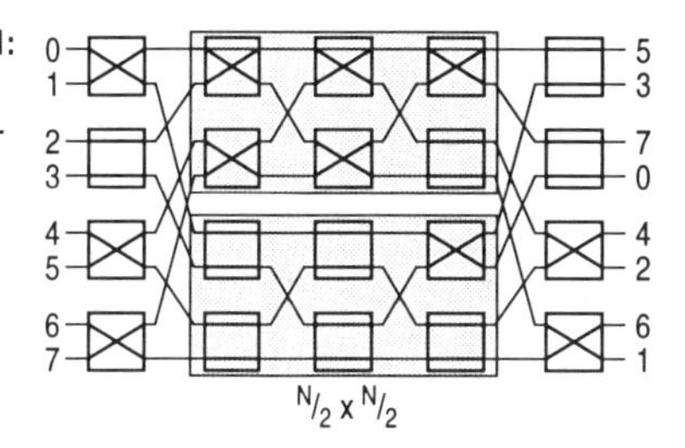

Mögliche Permutationen

Zwei benachbarte Schalterstufen des Netzwerkes werden nach einem bestimmten Permutationsschema verbunden - daher auch der Name der Netzwerke. In der Praxis finden wir unterschiedliche Permutationsnetze, die auf einer jeweils anderen Verbindungsstruktur zwischen zwei Schalterstufen beruhen.

Die Verbindungsstrukturen beruhen auf folgendem einfachen Permutationsverfahren: Die Ein- und Ausgänge einer Schalterreihe werden binär kodiert. Die einem Netz zugrundeliegende Permutation läßt sich als Manipulation der Adreßindizes darstellen. Diese Permutation bestimmt nun, welche Ausgänge der Schalterstufe i mit welchen Eingängen der Schalterstufe $i+1$ verbunden werden. Die typische Verbindungsstruktur, wie sie z. B. in Abbildung 1-81 zu sehen ist, ergibt sich dadurch, daß die Ein- und Ausgänge der Schalter immer in gleicher (aufsteigender) Reihenfolge ihrer Adressen sortiert sind.

Von den vielen möglichen Permutationsarten wollen wir zwei häufig verwendete Permutationen betrachten:

- *Mischung* (Rotation)
- *Kreuzung* (Vertauschen)

Mischung (Perfect Shuffle)

Sei $A = (a_{n-1}, a_{n-2}, \ldots, a_1, a_0)$ die binäre Adresse eines Ausgangs einer Schalterreihe. Dieser Anschluß wird verbunden mit

- $M(A) \quad = (a_{n-2}, \ldots, a_1, a_0, a_{n-1})$ Mischfunktion
- $M^{-1}(A) = (a_0, a_{n-1}, a_{n-2}, \ldots, a_1)$ inverse Mischfunktion.

Die Mischung ergibt sich aus der Rotation der Adreßbits. Sie ist nicht symmetrisch, d. h., um die ursprüngliche Permutation wieder zu erhalten, muß die inverse Mischfunktion angewandt werden. Das auf der Mischung beruhende Permutationsnetz wird *Perfect Shuffle* genannt.

Die Mischung (Rotation) muß nicht, wie oben gezeigt, auf allen Bits des Adreßvektors ausgeführt werden, sondern läßt sich auch auf nur einen Teil der Adreßbits anwenden:

- $M_i(A) = (a_{n-1}, ..., a_{i+1}, a_{i-1}, ..., a_1, a_0, a_i)$ Submischfunktion
- $M^i(A) = (a_{n-2}, ..., a_{n-i}, a_{n-1}, a_{n-i-1}, ..., a_0)$ Supermischfunktion

Abbildung 1-82 zeigt die Verbindungsstrukturen verschiedener Mischungen auf 3-Bit-Adressen.

Abbildung 1-82: Mischfunktionen Die Adreßbits wurden permutiert und wieder aufsteigend sortiert.

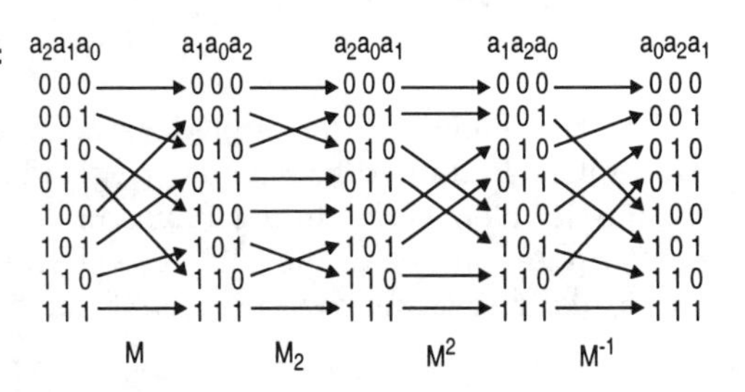

Perfect Shuffle bzw. Omega-Netz Ω_n

NxN-Perfect Shuffle und *NxN-Omega-Netz* Ω_n sind zwei Namen für ein Permutationsnetz mit *n* Stufen, bestehend aus jeweils einer Mischung *M* und nachfolgender Schalterreihe *S* ($M \bullet S$).

Für die Tiefe (Stufenanzahl) *n* eines Omega-Netzes gilt: $n = log_2N$. Das Netz kann zwar alle Verbindungen schalten, erlaubt aber nicht alle Permutationen. Abbildung 1-83 zeigt hierfür ein Beispiel: zwei Verbindungen *A* und *B* lassen sich zwar beide schalten, benutzen aber eine Leitung gemeinsam, so daß es hier zu einem Konflikt kommt. Alle Permutationen lassen sich erst mit $3(log_2N) -1$ Stufen bilden.

Abbildung 1-83: Konflikt im Ω_3-Netz

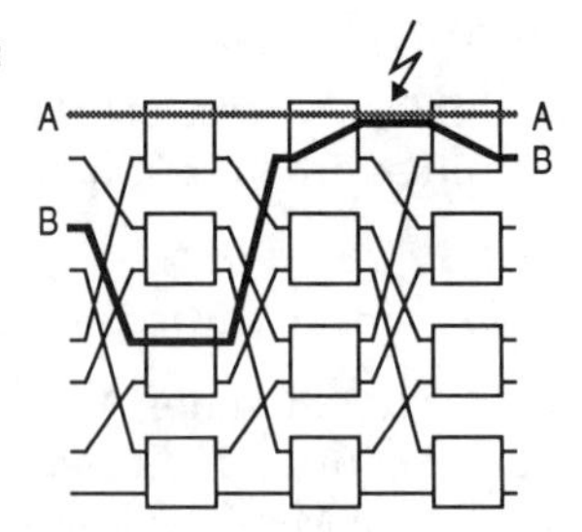

Baseline-Netz

Bei einem anderen Permutationsnetz, dem *NxN-Baseline-Netz* Ba_n, wird in jeder Stufe *i* eine inverse Submischung auf den letzten *i* Bit ausgeführt (siehe Abbildung 1-84):

$$Ba_n = \left(Z \bullet M_n^{-1}\right)\left(Z \bullet M_{n-1}^{-1}\right) \ldots \left(Z \bullet M_2^{-1}\right)\left(Z \bullet M_1^{-1}\right) = \prod_{i=0}^{n-1}\left(Z \bullet M_{n-i}^{-1}\right).$$

Das inverse Baseline-Netz Ba_n^{-1} führt dagegen eine Submischung auf den letzten *i* Bit (von rechts nach links betrachtet) durch:

$$Ba_n^{-1} = (M_1 \bullet Z)\,(M_2 \bullet Z)\ \ldots\ (M_{n-1} \bullet Z)\,(M_n \bullet Z) = \prod_{i=1}^{n} (M_i \bullet Z)\ .$$

Sowohl das Baseline-Netz Ba_n als auch das inverse Baseline-Netz Ba_n^{-1} ermöglichen *alle Verbindungen*, aber nicht alle Permutationen, wie Abbildung 1-84 beispielhaft zeigt.

Abbildung 1-84: 8 x 8-Baseline-Netze

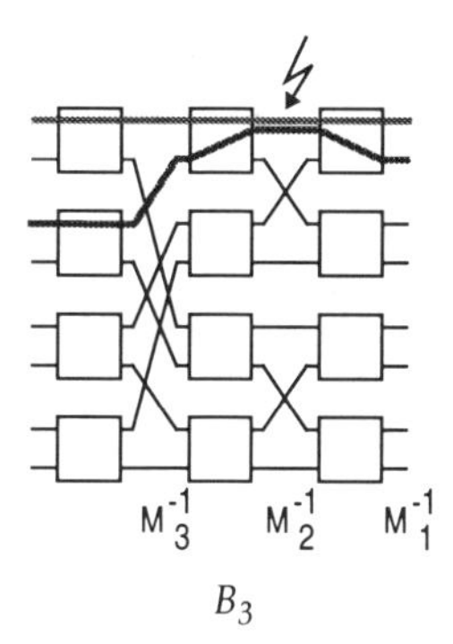

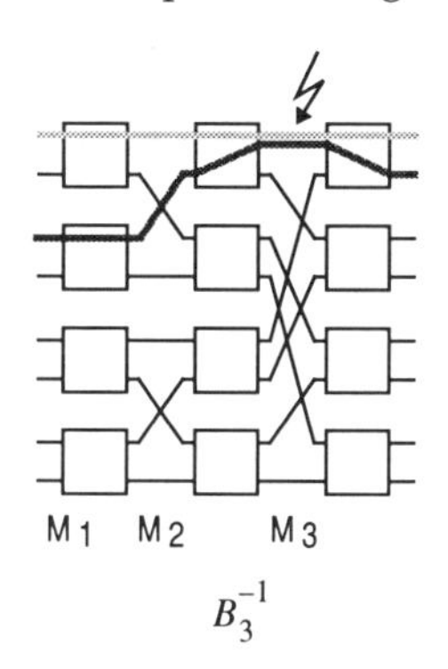

Benes-Netz

Durch das Hintereinanderschalten zweier NxN-Baseline-Netze $Ba_n \bullet Ba_n^{-1}$ kommen wir zum *NxN-Benes-Netz* Be_n (siehe Abbildung 1-85):

$$Be_n' = \left(Z \bullet M_n^{-1}\right) \ldots \left(Z \bullet M_2^{-1}\right) \bullet Z \bullet (M_2 \bullet Z)\ \ldots\ (M_n \bullet Z)\ .$$

Das Benes-Netz ist in der Lage, neben allen Verbindungen auch alle Permutationen zu schalten.

Kreuzung (Butterfly)

Alle bisher vorgestellten Permutationsnetze beruhen auf der Mischung, d. h. der Rotation aller Adreßbits bzw. eines Ausschnitts von ihnen. Eine andere Möglichkeit der Adreßmanipulation wäre ein Vertauschen einiger Bits, z. B. des höchstwertigen (MSB) mit dem niederwertigsten (LSB). Man spricht bei dieser Art der Permutation von Kreuzung.

Sei $A = (a_{n-1}, a_{n-2}, \ldots, a_1, a_0)$ wieder die binäre Adresse eines Aus-

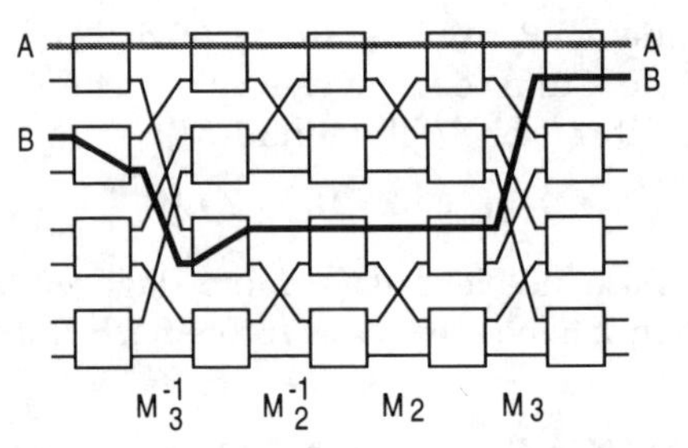

Abbildung 1-85: 8 x 8-Benes-Netz

gangs einer Schalterreihe. Bei der Kreuzung wird dieser Anschluß verbunden mit

- $K(A) = (a_0, a_{n-2}, ..., a_1, a_{n-1})$ Kreuzung

Im Gegensatz zur Mischung ist die Kreuzung eine symmetrische Abbildung, so daß es keine inverse Funktion gibt. Wie bei der Mischung läßt sich die Kreuzung aber auch auf einem Teil der Adreßbits anwenden:

- $K_i(A) = (a_{n-1}, ..., a_{i+1}, a_0, a_{i-1}, ..., a_1, a_i)$ Subfunktion
- $K^i(A) = (a_{n-i}, a_{n-2}, ..., a_{n-i+1}, a_{n-1}, a_{n-i-1}, ..., a_0)$ Superfunktion.

Analog zu Abbildung 1-82 zeigt Abbildung 1-86 die Verbindungsstrukturen verschiedener Kreuzungen auf 4-Bit-Adressen.

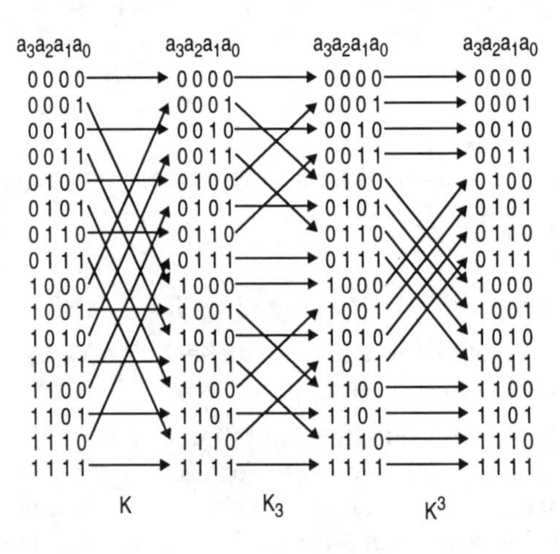

Abbildung 1-86: Kreuzungsfunktionen. Die Adreßbits wurden permutiert und wieder aufsteigend sortiert.

Butterfly-Netz bzw. Banyan-Netz

Ein Beispielnetz, das auf der Kreuzung beruht, ist das *NxN-Butterfly-Netz* bzw. *NxN-Banyan-Netz*. Unter zwei verschiedenen Namen wird in $n = log_2N$ Stufen folgende Permutation Bu_n realisiert (Abbildung 1-87):

$$Bu_n = (K_1 \bullet Z)\,(K_2 \bullet Z)\,\ldots\,(K_n \bullet Z) = \prod_{i=1}^{n} (K_i \bullet Z) \; .$$

Wie alle bisher vorgestellten Permutationsnetze mit einfacher logarithmischer Tiefe, kann das Butterfly-Netz alle Verbindungen, aber nicht alle Permutationen schalten. Das Butterfly-Netz ist sogar dahingehend eingeschränkt, daß eine Verbindung nur eindeutig auf eine Weise geschaltet werden kann.

Abbildung 1-87: 8 x 8 Butterfly-Netz

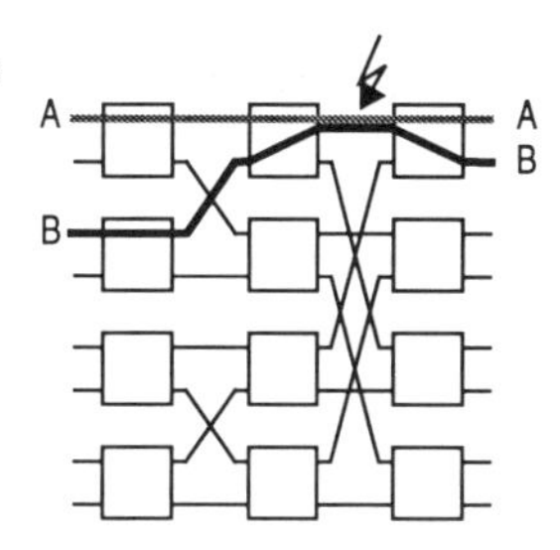

Weitere Permutationen

Neben der Rotation (Mischung) und Austausch (Kreuzung), auf denen die bekanntesten Permutationsnetze beruhen, sind weitere Permutationen denkbar. Beispiele hierfür sind die beiden Adreßmanipulationen:

- Tausch: Negation eines Adreßbits
  $T_i(A) = (a_{n-1}, a_{n-2}, \ldots, \bar{a}_i, \ldots, a_0)$
- Umkehrung: Spiegelung der Adreßbits an der Mitte
  $U(A) = (a_0, a_1, \ldots, a_{n-2}, a_{n-1})$
  $U_i(A) = (a_{n-1}, \ldots, a_i, a_0, a_1, \ldots, a_{i-1})$ Subfunktion
  $U^i(A) = (a_{n-i}, \ldots, a_{n-1}, a_{n-i-1}, \ldots, a_0)$ Superfunktion

1.3.4.3 Clos-Netzwerk

Das nach dem Mathematiker Clos benannte Clos-Netzwerk vermeidet die hohen Blockierungsmöglichkeiten anderer mehrstufiger Netzwerke durch Verwendung von Kreuzschienenverteilern anstelle der Shuffle-Bausteine. Durch diese Ersetzung der Schalter liegt das Clos-Netzwerk sowohl in seiner Komplexität als auch in seinen Möglichkeiten zwischen dem Kreuzschienenverteiler und den auf Shuffle-Bausteinen beruhenden Permutationsnetzwerken. Abbildung 1-88 zeigt die typische Struktur eines Clos-Netzwerks.

Die Aufteilung des Verbindungsnetzes in kleinere Kreuzschienenverteiler mit zwischengeschalteten Permutationsverbindun-

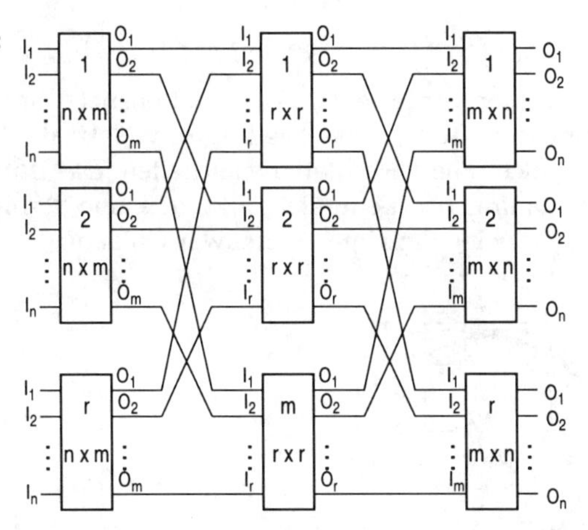

Abbildung 1-88: Clos-Netzwerk

gen ergeben eine geringere Komplexität als ein einziger, großer Kreuzschienenverteiler. Das Clos-Netzwerk ist typischerweise dreistufig. Ist die Anzahl von Kreuzschienenverteilern in der mittleren Stufe groß genug, kann das Netz nicht nur alle Permutationen schalten, sondern ist sogar nicht blockierend [Reg87].

Implementiert wurde das Clos-Netzwerk in einigen Supercomputern, wie z. B. dem Forschungsrechner von *IBM GF 11* (dreistufiges Netz mit 24 24x24-Kreuzschienenverteilern je Stufe) und dem *MasPar-2* (dreistufiges Netz mit 16 64x16-, 16 16x16- und 16 16x64-Kreuzschienenverteilern).

2 Grundlagen von Schnittstellen und Bussen

Im ersten Kapitel verstanden wir unter der Datenkommunikation den Austausch von Informationen, Sprache, Bildern, etc. Wir haben gesehen, daß zum Datentransfer ein physikalischer Kanal in Form einer Leitung oder einer Funkverbindung notwendig ist. Der Transfer kann seriell oder parallel erfolgen. Während bei der Kommunikation über längere Distanzen die serielle Kommunikation vorherrscht, wird der Datenaustausch innerhalb eines Computersystems überwiegend über Parallelbusse abgewickelt.

Damit es überhaupt zu einer Verständigung zwischen den Kommunikationspartner kommen kann, sind einige Vereinbarungen bezüglich Kommunikations-Hardware und Übertragungsprotokolle notwendig. Durch die *Normung* der Schnittstellen zwischen den Kommunikationspartnern wird es dem Anwender ermöglicht, die Kommunikationsteilnehmer auf mehr oder weniger einfache Weise zu verbinden.

In diesem Kapitel werden die Grundlagen der Schnittstellen und darauf aufbauend die Grundlagen allgemeiner Bussysteme zur Verbindung mehrerer Kommunikationsgeräte über einen gemeinsamen physikalischen Kanal beschrieben.

2.1 Schnittstellen

Im *Duden* finden wir unter dem Schlagwort *Schnittstelle* folgende Definition:

Schnittstelle

Definition des Duden. (Eine Schnittstelle ist eine) Vorrichtung zum Zweck des Informationsaustauschs mit anderen informationsverarbeitenden Systemen. Die Schnittstelle eines Systems ist die Zusammenfassung aller von außen benötigten (→ Importschnittstelle) und aller von außen abrufbaren (→ Exportschnittstelle) Größen, sowie allgemeiner Informationen für die Verwendung des Systems. Zugleich umfaßt sie Vereinbarungen, sogenannte Protokolle, über die Art und Weise, wie Informationen ausgetauscht werden. ❑

Die Schnittstelle ist die Trennstelle zweier (Teil-) Systeme. An ihr können die Systeme getrennt werden.[1] Interessant ist aus dieser

Sicht der folgende Aspekt:
Obwohl die Schnittstelle die Grenze zwischen zwei Systemen darstellt, ist sie für ein System, d. h. aus dessen Sicht, definiert.

Es existieren viele Arten von Schnittstellen, die alle dem Zweck dienen, irgendeine Form von Kommunikation zu ermöglichen (vgl. Abbildung 2-1):

- Mensch-Mensch-Schnittstelle
- Mensch-Maschine-Schnittstelle
- Maschine-Maschine-Schnittstellen (Hardware-Schnittstellen).

Abbildung 2-1: Verschiedene Formen von Schnittstellen

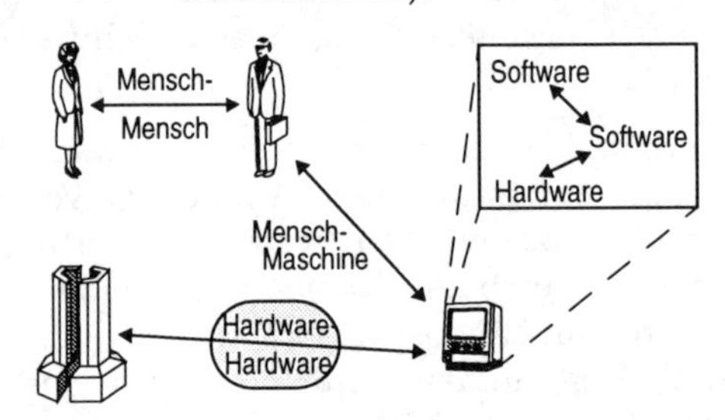

Uns interessiert im weiteren von diesen verschiedenen Schnittstellen nur die Hardware-Schnittstelle. Diese wird vom *Duden* gegenüber der allgemeinen Schnittstellendefinition wie folgt eingeschränkt:

Hardware-Schnittstelle

Definition des Duden. Die Hardware-Schnittstelle wird beschrieben durch die Eigenschaft der Übertragungsstrecke (Kabel, Stecker, usw.) und durch die Art und Bedeutung der auf den Leitungen übertragenen Signale. ❑

Hardware-Schnittstellen enthalten *genormte* Angaben über das Zusammenwirken von Signalen und machen daher einen Datenaustausch unabhängig von Gerätebesonderheiten erst möglich. Die (Hardware-) Schnittstelle definiert drei Eigenschaftsklassen:

- *mechanische* Eigenschaften:
  im wesentlichen Steckerart und Steckerbelegung
- *elektrische* Eigenschaften:
  im wesentlichen Signalpegel (Strom, Spannung), Frequenzen

1. In der Praxis geschieht dies durch genormte Steckverbindungen.

- *funktionelle* Eigenschaften:
  im wesentlichen Leitungscode (Bedeutung der Signale), Protokoll (Abfolge der Signale).

Die Umsetzung der system- bzw. computerinternen Leitungen, Pegel und Protokolle auf die der Schnittstelle erfolgt meist durch einen *Schnittstellenbaustein*. In der Praxis finden wir den Begriff „Schnittstellenbaustein" vor allem bei der Schnittstelle zwischen einem Rechner und seiner Peripherie (Abbildung 2-2).

Schnittstellen-baustein

Definition. Ein Schnittstellen-Baustein (oft auch nur Schnittstelle oder Interface genannt) setzt die internen Signale eines Systems in die (genormten) Signale der (genormten) Schnittstelle um. ❑

Abbildung 2-2: Schnittstellenankopplung über Schnittstellenbaustein

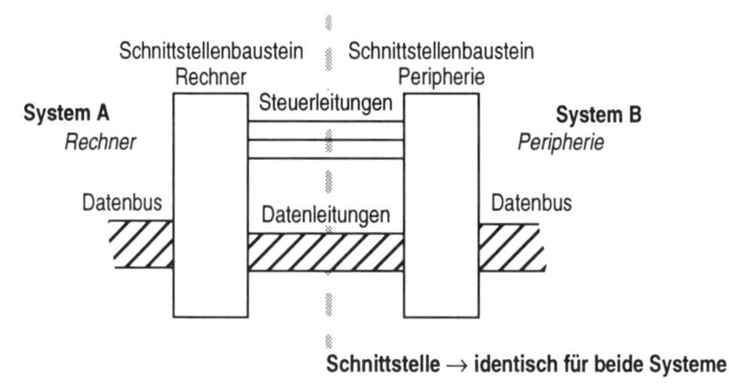

Führt man einen Schnitt an der gestrichelten Linie in Abbildung 2-2 durch, so kann man dort die oben genannten Eigenschaften betrachten. Eine Ausnahme bilden in diesem Beispiel die mechanischen Eigenschaften, da in der Abbildung kein Stecker eingezeichnet ist.

2.2 Bussysteme

Die Komponenten eines Computers kommunizieren über Busse bzw. Bussysteme. Diese werden vom *Brockhaus* wie folgt definiert:

Bussystem (Bus)

Definition des Brockhaus. (Ein Bus ist eine) den Daten- und Informationsaustausch zwischen den verschiedenen Systemkomponenten einer Datenverarbeitungsanlage ermöglichende, als Linien- oder Ringnetz aufgebaute, mehradrige Sammelleitung, an die alle Komponenten der Anlage angeschlossen sind. Sie

verbindet den Ausgang jeder Komponente mit den Eingängen aller übrigen.
Der Datenaustausch zwischen den Komponenten erfolgt im Multiplex-Betrieb. ❑

Das Bussystem ist demnach ein Transportsystem für Informationen mehrerer Teilnehmer. Der in der *Brockhaus*-Definition gewählte Begriff „Datenverarbeitungsanlage" muß allerdings im weitesten Sinne betrachtet werden, da Busse auf allen Hierarchieebenen der Rechnerkommunikation zu finden sind:

- Verbindung *funktionaler Einheiten* innerhalb von *Chips* (CPU-Bus)
- Verbindung von *Chips* innerhalb von *Systemen/ Rechnern* (Systembus)
- Verbindung von *Rechnern* mit *Ein-/Ausgabegeräten* (Peripheriebus)
- Verbindung *(autonomer) Einheiten/Rechner* in Fahrzeugen, Flugzeugen, etc. (Feldbus)
- Verbindung *(autonomer) Einheiten/Rechner* in Fabriken, Universitäten, etc. (LAN-Bus).

Auf noch höherer Ebene, d. h. im WAN- und GAN-Bereich, findet man kaum noch Busstrukturen, sondern fast ausschließlich Punkt-zu-Punkt-Verbindungen.

Busteilnehmer sind über (Bus-) Schnittstellen an die gemeinsame Leitung angeschlossen. Daher ist die *Schnittstellendefinition* Teil der *Busdefinition*. Über die Schnittstellendefinition hinaus werden bei der Busdefinition zusätzliche Eigenschaften, wie etwa *Buslänge*, Zahl von *Einschubplätzen* und *Terminierung*, festgelegt.

Durch den Anschluß mehrerer Busteilnehmer an den gemeinsamen Kanal ist der aktuelle Sender in der Lage, jederzeit zu einem oder zu mehreren Empfängern zu senden. Den zweiten Fall nennt man *Broadcast*-Übertragung. Da aber nicht nur mehrere Empfänger, sondern auch mehrere potentielle Sender am Bus angeschlossen sind, wird eine Busverwaltung notwendig, die sicherstellt, daß nicht zwei Einheiten gleichzeitig senden. Man spricht hierbei von der *Busvergabe*. Die Busvergabe ist immer der erste Schritt eines Übertragungszyklus über einen Bus. Die möglichen Busvergabestrategien werden weiter unten im Detail erläutert.

2.2.1 Parallele und serielle Busse

Busse lassen sich prinzipiell in die beiden Klassen

- serielle Busse (z. B. *Ethernet*)
- parallele Busse (z. B. *PCI, SCSI*)

unterscheiden.

Wie wir bereits bei der Diskussion der seriellen Datenübertragung (Abschnitt 1.2.1) kennengelernt haben, muß bei seriellen Bussen der gesamte Datenverkehr - Nutz-, Adreß- und Steuerdaten - über eine Leitung im Zeitmultiplex übertragen werden. Auch die Busvergabe erfolgt zu bestimmten Zeiten über diese Leitung. Den Parallelbussen stehen hierfür mehrere, unterschiedliche Leitungen zur Verfügung. Die Leitungen eines Parallelbusses unterteilen sich in Daten-, Adreß- und Steuerleitungen, so daß mehrere Schritte des Übertragungsprotokolls zeitgleich ausgeführt werden können. Abbildung 2-3 zeigt den Unterschied zwischen seriellen und parallelen Bussen.

Abbildung 2-3: Serielle und parallele Busse

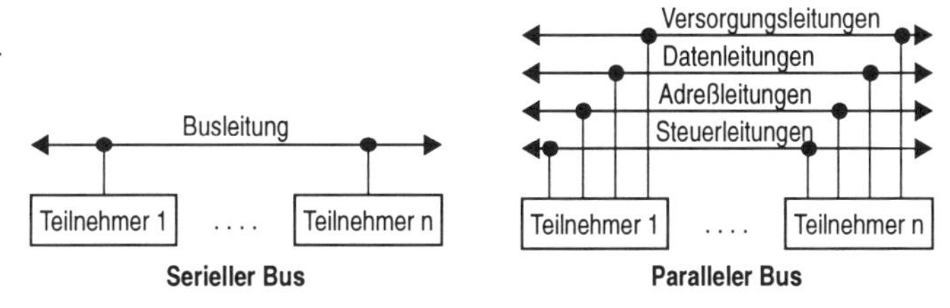

2.2.1.1 Aufbau paralleler Busse

Parallele Busse bestehen aus einer Vielzahl - teilweise sogar mehreren Hundert - Leitungen. Diese lassen sich in verschiedene Teilbusse unterteilen, die jeweils einer speziellen Aufgabe zugeordnet sind:

- Der *Datenbus* überträgt die eigentlichen Nutzdaten. Die typische Datenwortbreite liegt heute bei 8, 16, 32 bzw. 64 Bit.
- Der *Adreßbus* dient der Auswahl einzelner Busteilnehmer und teilweise von Registern und Funktionen innerhalb der Busteilnehmer. Die typische Adreßwortbreite liegt heute bei 32 Bit. Zum Teil werden Daten und Adressen jedoch zeitversetzt auf denselben Leitungen übertragen, um einen Teil der Leitungen einzusparen (z. B. *IEC*-Bus). Dies ist dann sinnvoll, wenn Nutzdaten und Adressen nur selten gemeinsam zur Übertragung vorliegen.

- Der *Steuerbus* dient überwiegend der Abwicklung des Busprotokolls, bestehend aus den Aufgaben: Busanforderung, Busvergabe, Interrupting und Synchronisation durch Handshaking.
- Eine vierte Klasse von Busleitungen bilden den *Versorgungsbus*, der häufig nicht mitbetrachtet wird. Diese Leitungen dienen der Stromversorgung und Taktverteilung.

Abbildung 2-4 beschreibt den funktionalen Aufbau eines Bussystems. Die Abbildung beinhaltet die Komponenten eines Busteilnehmers, die notwendig sind, um das Busprotokoll abzuwickeln.

Abbildung 2-4: Funktionaler Aufbau eines Bussystems
Quelle: [Fär87]

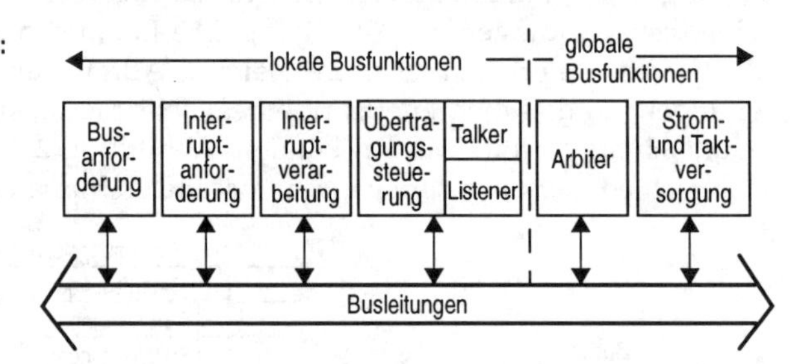

Die Komponenten eines Busteilnehmers zur Abwicklung des Busprotokolls haben die folgenden Aufgaben:

Busanforderung. Bekanntgabe, daß der Teilnehmer Bus-Master werden möchte.[1]

Busvergabe (Arbiter). Möchten ein oder mehrere Busteilnehmer die Kontrolle über den Bus erhalten, muß die Buskontrolle von einem Arbiter (Busvergabeeinheit) vergeben werden. Die Bearbeitung der Busvergabe nach Vorliegen einer Anforderung ist eine zentrale Aufgabe für das Bussystem, kann aber zentral oder dezentral implementiert werden. Die Busvergabe wird in Abschnitt 2.2.2.1 vertieft behandelt.

Interruptanforderung. Weiterleitung eines Interrupt des Teilnehmers (meist von einem Peripheriegerät an den Prozessor).

Interruptverarbeitung. Annahme und Verarbeitung eines externen Interrupt.

1. Der Bus-Master hat die Kontrolle über das Busprotokoll. Er wird weiter unten noch näher beschrieben.

Übertragungssteuerung. Abwicklung der eigentlichen Datenübertragung. Der Busteilnehmer kann dabei „Bus-Master" oder „Slave" sein. Als Bus-Master hat der Teilnehmer während eines Übertragungszyklus die Kontrolle über den Bus, wogegen ein Slave nur auf eine Anfrage *reagiert*. Sowohl als Master als auch als Slave kann der Teilnehmer Daten senden (→ Talker) oder empfangen (→ Listener).

Das absolute Minimum an Funktionen, die ein Busteilnehmer beherrschen muß, sind die Funktionen der Übertragungssteuerung. Alle anderen beschriebenen Komponenten sind optional. Soll ein Teilnehmer jedoch Bus-Master werden, so muß er auch die Fähigkeit der Busanforderung besitzen.

Lokale Funktionen, in Abbildung 2-4 in der linken Hälfte dargestellt, müssen in jedem Teilnehmer vorhanden sein. Globale Funktionen sind dagegen nur in einem Teilnehmer notwendig.

2.2.1.2 Aufbau serieller Busse

Bei seriellen Bussen ist nur eine Leitung als Bus ausgebildet. Alle Funktionen, die bei parallelen Bussen durch spezielle Leitungen realisiert sind, müssen hier durch (Software-) Protokolle ersetzt werden. Busanforderung, Busvergabe, Interrupting, Handshaking, Nutzdatenübertragung etc. sind nacheinander auszuführen.

Die Vorteile der seriellen Busse liegen in den geringeren Hardware-Kosten und in der Tatsache, daß sie in Bezug auf Änderungen i. allg. flexibler als parallele Busse sind. Bei längeren Leitungen muß bei seriellen Bussen auch nicht auf einen Daten-Skew (siehe Seite 70ff) geachtet werden.

2.2.2 Buszyklus

Ein Buszyklus gliedert sich grob in die drei Schritte:

- Anforderung
- Zuteilung
- Übertragung

wobei die ersten beiden Schritte häufig unter dem Begriff „Busarbitrierung" zusammengefaßt werden. Der wesentliche Aspekt der Übertragungsphase ist die Synchronisation einzelner Datenblöcke, wie sie in Abschnitt 1.2.2 erläutert wurde. Im folgenden wollen wir uns die Busarbitrierung genauer ansehen.

2.2.2.1 Busarbitrierung

Die Vergabe der Buskontrolle kann auf verschiedene Arten ausgeführt werden. Sie läßt sich auf zwei Weisen klassifizieren:

- zentral ↔ dezentral
- kontrolliert ↔ zufällig.

Busse mit zentraler Busvergabe besitzen eine spezielle, ausgezeichnete Arbitrierungseinheit. Innerhalb eines Computersystems ist dies häufig der Prozessor. Im Falle der dezentralen Vergabe müssen sich die Busteilnehmer selbst mittels geschickter Verfahren darum kümmern, wer die Buskontrolle erhält.

Bei vielen Bussen wird die Vergabe nach festgelegten Regeln kontrolliert abgewickelt. Dagegen gibt es aber auch Busse, die die Vergabe mehr oder weniger zufallsbasiert ausführen. Welches Verfahren für einen gegebenen Bus eingesetzt werden sollte, hängt nicht unwesentlich davon ab, ob es sich um einen parallelen oder um einen seriellen Bus handelt.

Arbitrierungsverfahren

- parallele Busse (nur kontrollierte Arbitrierung)
  - Daisy-Chaining (zentral/dezentral)
  - Polling (zentral/dezentral)
  - Stichleitungen (nur zentral)
- serielle Busse (nur dezentrale Arbitrierung)
  - kontrolliert - Token-Passing
  - zufällig - Aloha
    - CSMA/CD, CSMA/CA.

Zentrales Daisy-Chaining

Das Daisy-Chain-Verfahren verwendet zwei Sammelleitungen (hier *Request* und *Busy* genannt) und eine Leitung (*Grant*), die von Teilnehmer zu Teilnehmer weitergereicht wird (Abbildung 2-5). Mit Hilfe der *Busy*-Leitung teilt ein Teilnehmer mit, daß der aktuelle Buszyklus noch nicht beendet werden darf und somit kein neuer Zyklus begonnen werden kann.[1] Da dies jeder Teilnehmer können muß, ist die *Busy*-Leitung als Sammelleitung (z. B. wired-NAND) ausgelegt.

Alle im nächsten Übertragungszyklus sendewilligen Stationen melden ihre Sendewünsche über die zweite Sammelleitung (*Request*) dem Arbiter (T_0). Besitzt die zugehörige Sendestation kei-

1. Die Busvergabe für den folgenden Übertragungszyklus kann unabhängig davon während des aktuellen Übertragungszyklus bereits ausgeführt werden.

nen eigenen Sendewunsch, so gibt er ein *Grant*-Signal an den ersten Teilnehmer (T_1) weiter.

Erhält ein Teilnehmer T_i das *Grant*-Signal - man spricht auch von *Grant-Token* - darf er die Buskontrolle übernehmen. Ist dies der Fall, aktiviert er die *Busy*-Leitung und behält das *Grant*-Signal für sich. Hat T_i jedoch keinen Sendewunsch, so reicht er das Token an seinen Nachbarn T_{i+1} weiter.

Abbildung 2-5: Daisy-Chain, zentral

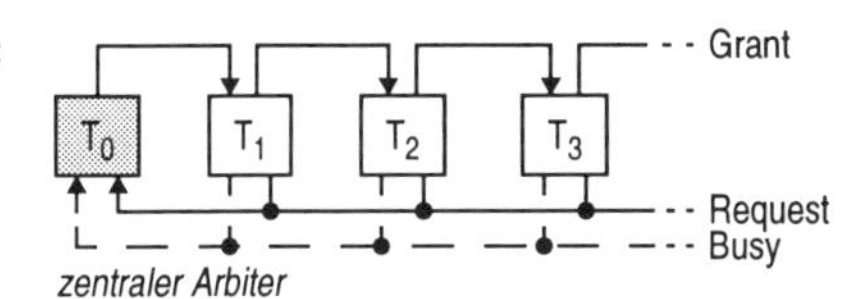

Das zentrale Daisy-Chain-Verfahren ist ein unfaires Verfahren, da Prioritäten durch die Verdrahtung festgelegt sind. Es ist leicht einzusehen, daß die Priorität eines Teilnehmers mit steigenden Abstand vom Arbiter sinkt: alle Teilnehmer mit kleinerem Index können ihm das *Grant*-Token vorenthalten. Die Arbitrierung ist relativ langsam, da das Token sequentiell von Station zu Station weitergegeben werden muß. Der Vorteil des Verfahrens liegt darin, daß der Hardware-Aufwand gering ist. Unabhängig von der Anzahl von Teilnehmern werden drei Leitungen benötigt. Die Teilnehmerzahl läßt sich leicht erweitern.

Dezentrales Daisy-Chaining

Durch Wegfall des ausgezeichneten Arbiters (T_0 in Abbildung 2-5) kommt man zum dezentralen Daisy-Chain-Verfahren. Hier kursiert das *Grant*-Token auf einem Ring, d. h., das *Grant*-Signal beginnt nicht bei jeder Vergabe von neuem bei T_0, sondern bei dem Teilnehmer, der zuletzt Bus-Master war (Abbildung 2-6).

Abbildung 2-6: Daisy-Chain, dezentral

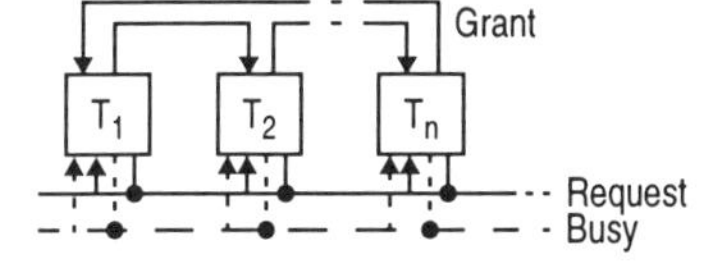

Aufgrund des rotierenden *Grant*-Tokens ist das dezentrale Daisy-Chaining ein faires Verfahren, da keine Prioritäten vergeben sind. Das Verfahren ist allerdings weiterhin langsam, hat einen niedrigen Hardware-Aufwand und ist leicht erweiterbar.

Zentrales Polling

Die Busanforderung erfolgt beim Polling analog zum Daisy-Chaining. Die beiden Sammelleitungen *Request* und *Busy* (Abbildung 2-7) haben dieselbe Semantik.

Nachdem mindestens ein Teilnehmer seinen Sendewunsch über die Sammelleitung *Request* dem Arbiter mitgeteilt hat, adressiert dieser (nach Prioritäten geordnet) sukzessive die einzelnen Busteilnehmer (daher der Name Polling). Wird die Adresse eines Teilnehmers gesetzt, der einen Sendewunsch abgesetzt hat, so aktiviert dieser die *Busy*-Leitung und wird Bus-Master. Der Arbiter hört dann mit dem Wählen (Polling) auf.

Abbildung 2-7: Polling, zentral

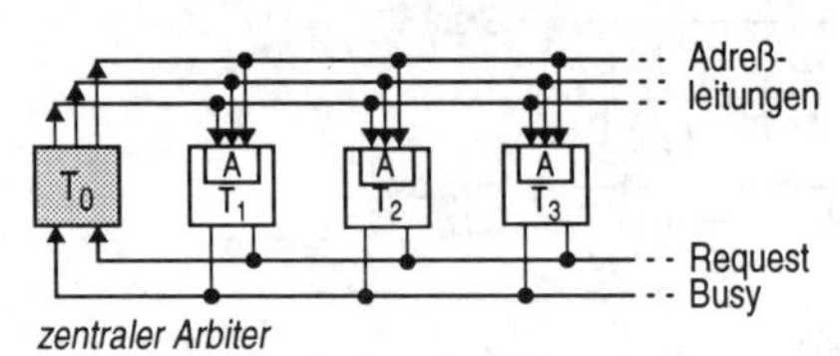

Durch beliebige Festlegung der Reihenfolge beim Anwählen der Teilnehmer sind faire und prioritätsgesteuerte Verfahren möglich. Der Hardware-Aufwand hält sich in Grenzen, da die Zahl der Wähl- bzw. Adreßleitungen logarithmisch mit der Anzahl von Teilnehmern wächst. Durch das sequentielle Anwählen ist das Polling-Verfahren sehr langsam.

Dezentrales Polling

Das dezentrale Polling verzichtet auf den zentralen Arbiter, indem die Arbitrierungsfunktion in jedem Teilnehmer redundant realisiert ist. Der Bus-Master, der als letztes gesendet hat, übernimmt die Aufgabe des Arbiters für den folgenden Übertragungszyklus.

Abbildung 2-8: Polling, dezentral

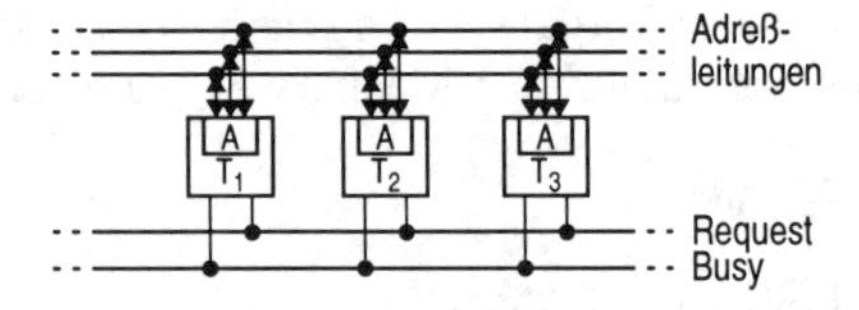

Wie beim zentralen Polling sind hier faire und prioritätsgesteuerte Verfahren möglich. Die Arbitrierungszeit ändern sich ebenfalls nicht durch den Wegfall des zentralen Arbiters. Der Hardware- und Software-Aufwand steigt etwas, da die Arbitrierungsfunktion redundant in aller Teilnehmern implementiert werden muß.

Stichleitungen

Bei diesem Arbitrierungsverfahren wird von jedem Teilnehmer eine Stichleitungen zu einem zentralen Arbiter geführt. Auf ihr kann auch das *Busy*-Signal realisiert werden. In umgekehrter Richtung wird ebenfalls für jeden Teilnehmer eine *Grant*-Leitung angelegt (Abbildung 2-9).

Bei Sendewunsch aktiviert ein Teilnehmer seine eigene *Request*-Leitung. Der zentrale Arbiter gewährt nach einem individuell festgelegten Verfahren über die *Grant*-Leitung eines sendewilligen Teilnehmers diesem den Buszugriff. Besteht Sendewunsch von mehreren Teilnehmern, so erhält derjenige den Zuschlag, der in der Prioritätstabelle des Arbiters am höchsten steht.

Abbildung 2-9: Arbitrierung über Stichleitungen

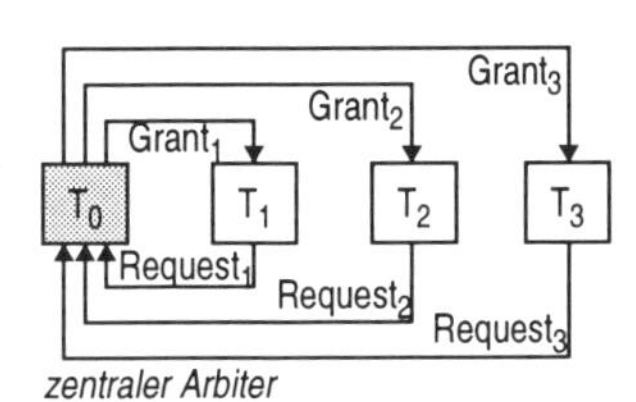

Die Arbitrierung über Stichleitungen ist stets ein zentrales Verfahren. Durch beliebige Implementierung der Prioritäts- bzw. Zuteilungstabelle sind faire und prioritätsgesteuerte Verfahren möglich. Die Prioritäten sind leicht änderbar. Dedizierte *Request*- und *Grant*-Leitungen ermöglichen eine schnelle Busvergabe, allerdings auf Kosten eines erhöhten Hardware-Aufwands. Da für jeden Teilnehmer eigene Steuerleitungen implementiert werden müssen, ist ein einfacher Ausbau des Bussystems auf eine beliebige Anzahl von Teilnehmern nicht ohne weiteres möglich.[1]

Token-Passing

Alle folgenden Arbitrierungsverfahren sind Lösungen für *serielle* Busse. Hierbei unterscheidet sich der kontrollierte Token-Passing-Ansatz, die Grundlage des Token-Rings, prinzipiell von den zufälligen Verfahren, deren bekannteste Implementierung wohl das *Ethernet* ist.

Beim Token-Passing hängen alle Teilnehmer an einem (seriellen) Bus. Jeder Teilnehmer besitzt eine eindeutige Adresse und hat die Adresse seines (logischen) Nachfolgers gespeichert, wodurch ein *logischer* Ring entsteht. Auf diesem logischen Ring ro-

1. Bei modernen Systembussen ist dies kaum noch ein Nachteil, da diese Busse schon aufgrund physikalischer Restriktionen nur eine geringe Anzahl von Busteilnehmern haben dürfen.

tiert ein Frei-Token. Die Buskontrolle übernimmt ein Teilnehmer nur dann, wenn er das Token erhält (vgl. Daisy-Chaining). Besitzt ein Teilnehmer das Token, will den Bus aber nicht belegen, gibt er das Token an seinen Nachfolger weiter.

Ist die physikalische Struktur des logischen Rings ein Bus, wie in Abbildung 2-10 dargestellt, so spricht man vom Token-Bus. Ist allerdings auch die physikalische Struktur ein Ring, so nennt man dies Token-Ring. Wir wollen an dieser Stelle nicht näher auf den Unterschied eingehen.

Abbildung 2-10: Token-Passing

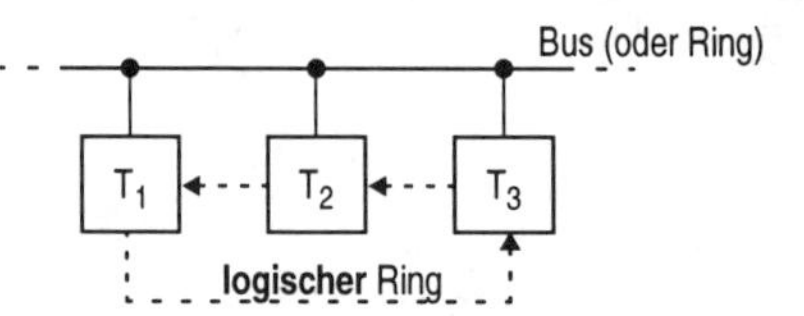

Das Token-Passing-Verfahren ist ein flexibles, faires und echtzeitfähiges Arbitrierungsverfahren. Im einfachsten Fall, ohne Prioritätenregelung, darf jeder Teilnehmer nach maximal *((n-1)*maximale Datenlänge)* Zeiteinheiten senden. Werden den verschiedenen Teilnehmern jedoch Prioritäten zugeordnet, ist die Fairneß und Echtzeitfähigkeit der niederprioren Teilnehmer nicht mehr gewährleistet. In diesem Fall müssen die niederprioren Teilnehmer auf die Fairneß der höherprioren Teilnehmer hoffen.

Zur Erweiterung des Token-Busses bzw. Token-Rings werden lediglich Prozeduren zum Ein- und Ausketten von Teilnehmern verlangt. Das Token-Passing-Verfahren ist damit ein sehr flexibles Busvergabeverfahren.

Aloha

Aloha ist die Bezeichnung der ersten Arbitrierungs- bzw. Medienzugriffsverfahren nach zufälligen Strategien. Sie wurden primär in einem funkbasierten Forschungsnetz auf Hawaii - zur Verbindung der Inseln - eingesetzt.

Aloha zeichnet sich dadurch aus, daß alle sendebereiten Teilnehmer sofort senden, ohne eine Erlaubnis einzuholen und ohne Überprüfung, ob das Medium zur Zeit belegt ist. Es ist offensichtlich, daß dieses primitive Verfahren Probleme aufwirft, sobald zwei Teilnehmer gleichzeitig senden. Durch Überlagerung der Signale werden diese verfälscht und von den Empfängern nicht mehr erkannt. Um eine korrekte Informationsübertragung zu gewährleisten, muß eine Kollisionserkennung vorhanden sein.

Bei den Aloha-Verfahren wird die Konflikterkennung durch Versenden von Quittungssignalen gelöst. Nach korrektem Empfang einer Nachricht, was durch Fehlerprüfverfahren erkannt werden kann (siehe Abschnitt 1.2.3), sendet der Empfänger ein *Quittungssignal* zum Sender zurück. Bleibt diese Quittung aus, erkennt der Sender, daß die Übertragung gestört wurde und sendet sein Datenpaket noch einmal. Dies wird solange wiederholt, bis eine Quittung vorliegt.

Mit statistischen Methoden läßt sich leicht zeigen, daß die Fehlerrate, bedingt durch Kollisionen, schnell mit der Belegung des Übertragungskanals zunimmt. Bereits bei relativ geringer Kanalauslastung treten so viele Kollisionen auf, daß sich die Übertragungen merklich verzögern. Es darf nicht vergessen werden, daß das mehrfache Versenden von Datenpaketen und Quittungen den Kanal zusätzlich erheblich belasten. Rechnungen zeigen, daß das Verfahren nur dann eingesetzt werden kann, wenn ein Kanal weniger als ca. 20% ausgelastet ist.

Das Aloha-Protokoll ist, wie alle anderen zufälligen Buszugriffsprotokolle, nicht echtzeitfähig, da die Wartezeit bis eine Übertragung begonnen werden kann, unbestimmt ist.

Das einfache Verfahren ist nie aus dem Forschungsstadium herausgekommen, da durch leichten Mehraufwand wesentlich bessere Verfahren möglich sind. Die am weitesten verbreiteten Nachfolgeprotokolle sind die CSMA-Verfahren, die den Kanal dahingehend abhören, ob er zur Zeit belegt ist (siehe unten).

Aber auch andere, sehr einfache Erweiterungen lassen das Verfahren erheblich effizienter werden. *Slotted-Aloha* teilt beispielsweise die Zeit in Zeitscheiben (engl. Slots) ein, wobei nur zu Beginn einer Zeitscheibe versucht werden darf eine Übertragung zu starten. Diese Restriktion ermöglicht einem Sender, seine Übertragung bis zum Ende der Zeitscheibe ohne Konflikte zu Ende zu bringen. Die Kanalkapazität erhöht sich auf etwa 35%.

CSMA

CSMA steht für *Carrier Sense Multiple Access*. Das Busarbitrierungsverfahren ist eine Erweiterung von Aloha. Jede sendewillige Station hört den Kanal ab, bevor sie selbst - bei freiem Kanal - mit der Übertragung beginnt. Da zum Zeitpunkt des Freiwerdens des Kanals weiterhin Kollisionen auftreten können, müssen diese auch bei CSMA behandelt werden. Hierzu gibt es zwei Implementierungen:

- CSMA/CD (*collision detect*): nur Kollisionserkennung
- CSMA/CA (*collision avoidance*): Kollisionsvermeidung.

Für CSMA und seine beiden Unterklassen gibt es zwei leicht unterschiedliche Ansätze:

- *Nicht-persistente Verfahren*
  Bei Sendewunsch überprüft der Teilnehmer, ob der Kanal frei ist. Ist dies der Fall, fängt der Teilnehmer sofort an zu senden. Ist der Kanal dagegen besetzt, wird eine zufällige Zeitspanne gewartet, bevor der Sendeversuch mit dem Abhören des Kanals von vorne beginnt.
  Durch diese zufällige Wartezeit vermindert sich die Wahrscheinlichkeit, daß zwei wartende Teilnehmer gleichzeitig zu senden beginnen. Meist wird zusätzlich die Wartezeit bei jeder Iteration, d. h. bei jedem Sendeversuch, erhöht, um die Kollisionswahrscheinlichkeit weiter zu verringern.
  Der Nachteil dieses Verfahrens liegt darin, daß der Kanal während der Wartezeit ungenutzt ist, währenddessen ein oder mehrere Teilnehmer eigentlich senden wollten.
- *p-persistentes Verfahren*
  Auch bei diesem Ansatz wird bei Sendewunsch zunächst überprüft, ob der Kanal frei ist. Ist dies der Fall, wird jedoch nur mit der Wahrscheinlichkeit p, $p < 1$, sofort gesendet. Anders ausgedrückt, bedeutet dies, daß ein sendewilliger Teilnehmer mit der Wahrscheinlichkeit $1-p$ für eine Zeitspanne t wartet, bevor er mit dem Sendeversuch erneut beginnt. t ist so gewählt, daß ein Bit genügend Zeit hat, den Kanal zu durchlaufen. Der sendewillige Teilnehmer kann damit feststellen, ob ein zweiter Teilnehmer ebenfalls senden will. Belegt ein anderer Teilnehmer während der Zeit t den Bus, wird erneut gewartet, bis der Kanal frei ist und dann mit dem Buszugriff von vorne begonnen.

Der Nachteil beider Verfahren ist, daß keine direkte Kollosionserkennung während der Arbitrierungsphase durchgeführt wird. Eine Kollision wird erst durch eine fehlende Quittung erkannt, d. h. nachdem ein ganzes Paket gesendet wurde. Dies wird bei CSMA/CD und erst recht bei CSMA/CA vermieden.

CSMA/CD

CSMA/CD (*CD* steht für *Collision Detect*) ist ein Verfahren zur direkten Erkennung von Kollisionen bereits während der Arbitrierungsphase. Nachdem der Übertragungskanal frei geworden ist, versucht ein sendewilliger Teilnehmer, durch Senden seines Datenpakets, den Bus zu belegen. Gleichzeitig liest der Sender auf Kanal mit und überprüft, ob das von ihm gesendete Signal mit dem gelesenen übereinstimmt. Sind beide Signale gleich, trat keine Störung bzw. Kollision auf, und der Teilnehmer erhält, nach Ablauf einer bestimmten Arbitrierungszeit, bis zum Ende der Übertragung seines Datenpakets den Bus, ohne weiter gestört zu werden.

Durch das gleichzeitige Lesen während des Aussendens des Arbitrierungssignals kann der Teilnehmer sehr schnell erkennen, ob eine Kollision aufgetreten ist. Erkennt der Sender eine solche Kollision, so bricht er seine Übertragung ab und sendet ein Störsignals (*Jam*-Signal). Dieses Störsignal wird von allen anderen Teilnehmern, die ebenfalls begonnen haben zu senden, empfangen, worauf auch diese ihre Übertragung abbrechen.

Eine Kollision wird nach spätestens doppelter maximaler Signallaufzeit t_S erkannt. Dies wird durch Abbildung 2-11 verdeutlicht. Die Arbitrierungszeit und damit auch die minimale Paketlänge[1] betragen $2 \cdot t_S$. Damit t_S bekannt ist, muß die maximale Leitungslänge festliegen.

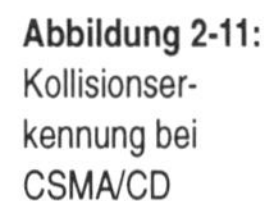

Abbildung 2-11: Kollisionserkennung bei CSMA/CD

1. TN_i beginnt zum Zeitpunkt t zu senden

2. Die Übertragung ist (noch) ungestört, obwohl TN_j zu senden beginnt

3. TN_j erkennt spätestens zum Zeitpunkt $t+t_S$ eine Störung und sendet Störsignal

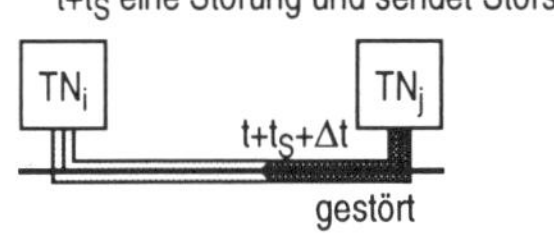

4. Spätestens zum Zeitpunkt $t+2t_S$ erkennt TN_i die Störung

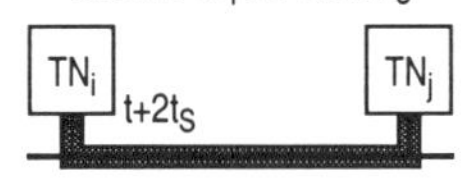

Die bekannteste Anwendung ist das *Ethernet*-Protokoll. *Ethernet* verwendet *1-persistentes CSMA/CD*. Das Kollisionserkennungsverfahren begrenzt auch bei Ethernet die maximale Buslänge.

1. Genauer: die minimale Dauer, die zur Übertragung des Pakets benötigt wird.

Bemerkung: Da die maximale Signallaufzeit t_S unabhängig von der Signalfrequenz ist, reduziert sich die Zeit der Kollisionserkennung (Arbitrierungszeit) nicht bei Verwendung höherer Bitraten. Moderne 100 MBit/s- und 1 GBit/s-*Ethernet*-Varianten[1] verwenden daher nur noch eine physikalische Sternstruktur, wobei der zentrale Verbindungsrechner jedem Teilnehmer defacto einen kollisionsfreien Kanal zur Verfügung stellt, intern aber andere Arbitrierungsverfahren verwendet.

CSMA/CA

CSMA/CA (*CA* steht für *Collision Avoidance*) erkennt nicht nur Kollisionen, sondern vermeidet sie durch eine prioritätsgesteuerte Busvergabe. Jeder Teilnehmer erhält eine Kennung (ID), die seiner Priorität entspricht.

Nach Beendigung einer Busübertragung beginnen alle sendewilligen Teilnehmer gleichzeitig (synchron) ihre Kennung zu senden, wobei die Busleitung eine wired-OR- bzw. wired-AND-Verknüpfung der Teilnehmer realisiert. Die Prioritätskodierung hängt von diesen Verknüpfungsverfahren ab:

- wired-OR: „1" dominant, „0" rezessiv
- wired-AND: „0" dominant, „1" rezessiv.

Die Übertragung beginnt mit dem höchstwertigen Bit. Sobald die auf dem Bus anliegende, durch Überlagerung verknüpfte Kennung größer als seine eigene Kennung ist, zieht sich der entsprechende Teilnehmer von der Arbitrierung zurück und versucht später wieder zu senden. Abbildung 2-12 zeigt dies anhand eines Beispiels, wobei die „1" dominant gegenüber der „0" ist.

Voraussetzung zur Erkennung des jeweils dominanten Bits ist, daß die Signallaufzeit t_S vernachlässigbar klein gegenüber der Schrittweite (Dauer eines Bit) t_B ist:

$$\left[t_S = \frac{l}{v}\right] \ll \left[t_B = \frac{1}{UR}\right]$$

l = Leitungslänge
v = Ausbreitungsgeschwindigkeit
UR = Übertragungsrate

Bei typischen Werten $v = 0{,}66 \cdot c$ und $UR = 10\ MBd$ gilt dann:

$$l \ll \frac{v}{UR} \qquad \Rightarrow l << 20\ m.$$

Ist die Paketlänge begrenzt, hat der Teilnehmer mit höchster Priorität bei CSMA/CA Echtzeitverhalten. Der Bus kann allerdings für niederpriore Teilnehmer blockiert werden, wenn der

1. Standard ist bei *Ethernet* 10 MBit/s.

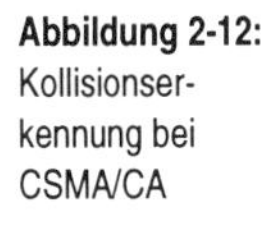

Abbildung 2-12: Kollisionserkennung bei CSMA/CA

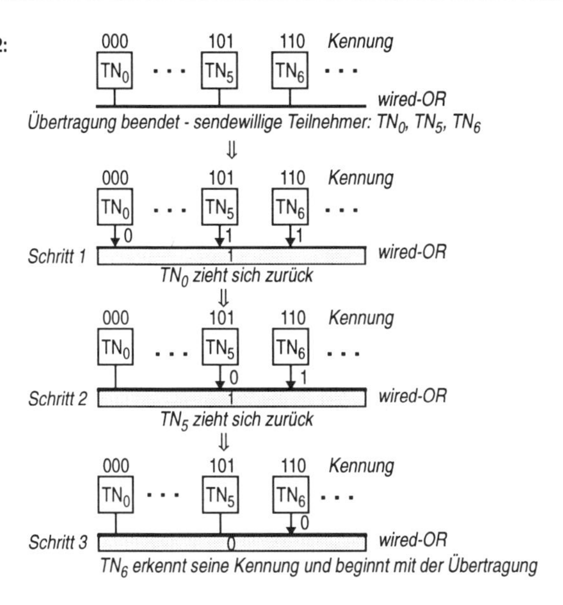

Teilnehmer mit höchster Priorität ständig senden würde. Er sollte daher nach einem Übertragungszyklus eine bestimmte Zeit warten, bevor er sich wieder um den Bus bemüht. Weitere Teilnehmer können echtzeitfähig werden, wenn die Wartezeit des Teilnehmers mit höchster Priorität lang genug ist.

2.2.2.2 Datenübertragung

Ein Buszyklus gliedert sich in die Arbitrierungsphase (Busanforderung und Buszuteilung) und in die Übertragungsphase. Die Übertragungsphase teilt sich im allgemeinen in die

- Adressierung des Kommunikationspartners und
- Datenaustausch mittels busspezifischem Synchronisationsverfahren.

Das Protokoll, das zur Datenübertragung verwendet wird, ist stark busspezifisch. Große Unterschiede bestehen zwischen den Protokollen der Klassen der synchronen Parallelbusse, der asynchronen Parallelbusse und der seriellen Busse. Arbitrierung und Übertragung werden meist durch einen Zyklus eines Protokolls beschrieben. Hierzu finden wir kommentierte Zustandsgraphen und/oder Zeitdiagramme. Abbildung 2-13 beschreibt den Buszyklus des einfachen 8-Bit *Intel-8080*-Systembusses in Form

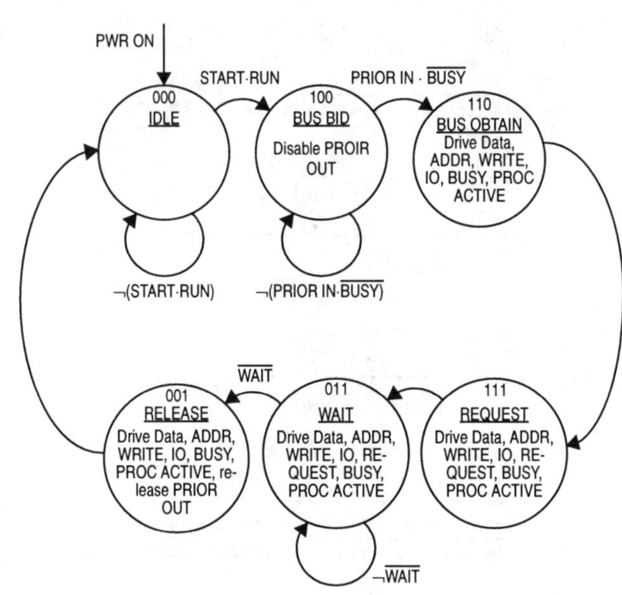

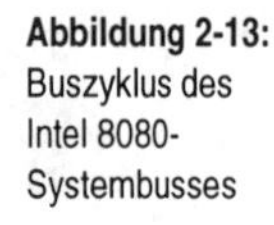
Abbildung 2-13: Buszyklus des Intel 8080-Systembusses

eines Zustandsgraphen, währen der Zyklus des *SCSI*-Peripheriebusses in Abschnitt 4.2.1 auf Seite 238 durch ein Zeitdiagramm beschrieben wird. Weitere Protokolle werden bei der Diskussion der einzelnen Busse angesprochen.

2.2.3 Übersicht über verschiedene Bussysteme

Der Überblick über einen Großteil der wichtigsten Busse in Abbildung 2-14 läßt die Vielfalt existierender Bussysteme nur erahnen. Die meisten der in dieser Abbildung aufgezählten Busse werden im Verlauf dieses Buches erläutert. Darüber hinaus gibt es noch eine Vielzahl weiterer Busse - zum Teil sehr applikationsspezifisch. In Abbildung 2-14 sind die aufgelisteten Busse nach verschiedenen Kriterien klassifiziert.

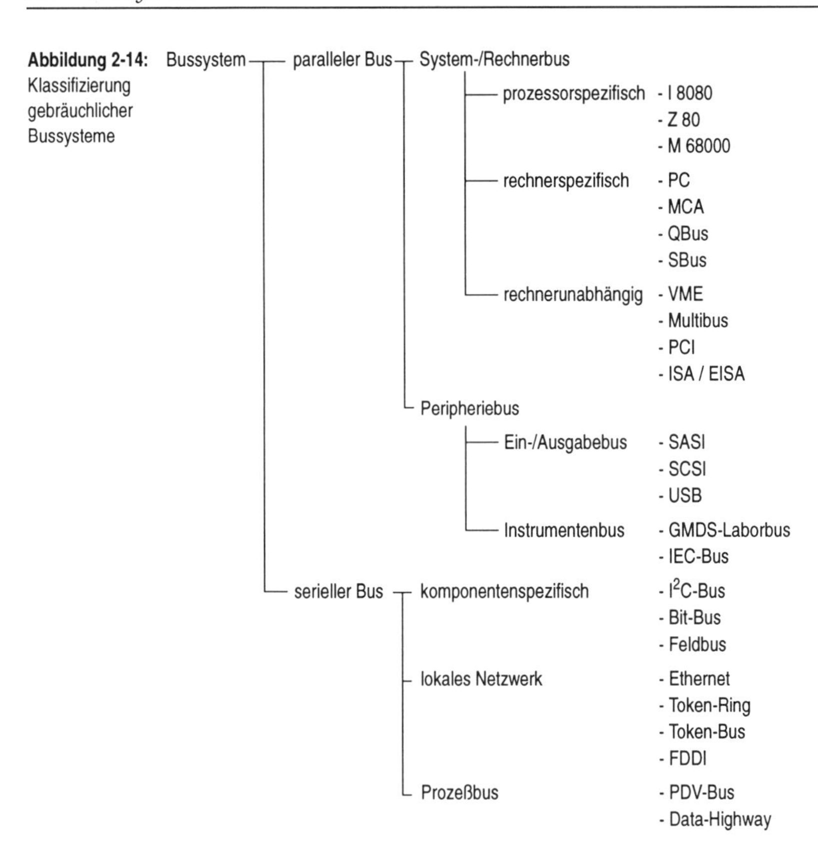

Abbildung 2-14: Klassifizierung gebräuchlicher Bussysteme

3 Systembusse

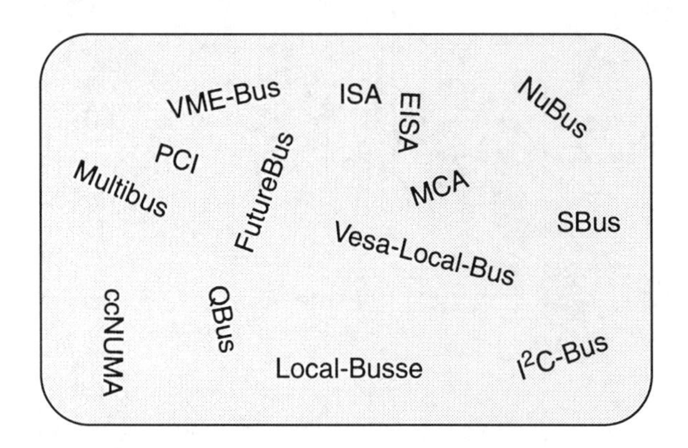

3.1 Grundlagen

In der von Neumann-Architektur, der Grundlage fast aller Computersysteme, kommunizieren die einzelnen Komponenten wie Prozessor, Hauptspeicher und Ein-/Ausgabekomponenten über einen zentralen Systembus (siehe Abbildung 3-4 auf Seite 151). Häufig wurde in der Vergangenheit mit jeder neuen Computerarchitektur auch ein neuer Systembus entwickelt.

Obige Abbildung und die Auflistung in Abbildung 2-14 zeigen jeweils einen Ausschnitt aus der Vielzahl der aktuell existierenden Systembusse. Eine naheliegende Frage, die man sich bei der Betrachtung dieser Liste stellen kann, lautet:

Warum gibt es so viele Bussysteme?

Eine Antwort auf diese Frage ist die, daß die Welt der Datenverarbeitung nicht stehen bleibt und sich ständig weiterentwickelt. Mit den Veränderungen treten immer neue Anforderungen an die Komponenten des Datenverarbeitungssystems und damit auch an das Kommunikationssubsystem auf.

Die sich ständig ändernden Anforderungen an die Busse in den Computeranlagen scheinen ganz unterschiedlicher Natur zu sein; bei genauerer Betrachtung lassen sich die Anforderungen jedoch auf einen wesentlichen Punkt reduzieren: *die Integrations-*

fortschritte in der Halbleiterindustrie.

Durch diesen ständigen Fortschritt werden die Prozessoren und die Peripheriekarten immer leistungsfähiger. Dies gilt sowohl in Bezug auf die Verarbeitungsgeschwindigkeit als auch auf die Datenpfadbreite. Damit diese Rechnerkomponenten ihre volle Leistung ausschöpfen können, ist es notwendig, daß auch das Kommunikationsmedium zwischen ihnen diesem Fortschritt mithält. Auf der anderen Seite ermöglichte die Integration erst die Entwicklung sehr kompakter und damit auch sehr schneller Busse, wie wir am Beispiel des *SBus* noch sehen werden.

Seit die von Neumann-Architektur ihren Siegeszug angetreten hat, wird der Systembus als der *von Neumann-Flaschenhals* bezeichnet. Dieser, in Computerkreisen wohlbekannte, Begriff macht sehr deutlich, daß seit jeher immer größere Anforderungen an das Bussystem vorlagen, als dieses bereitstellen konnte. Mit der Entwicklung neuerer, leistungsfähigerer Bussysteme wurde versucht, diese Anforderungen so weit wie möglich zu befriedigen. Zu Beginn dieses Kapitels werden die wesentlichen Anforderungen an ein Bussystem vorgestellt.

3.1.1 Anforderungen an Systembusse

Performance

Bei den heute allgemein verwendeten von Neumann-Computern kommt dem zentralen Bussystem eine wesentliche Rolle zu. Es wird gewünscht, daß der Bus keine Komponente „ausbremst". Dabei ist zu berücksichtigen, daß die verschiedenen Komponenten eines Computersystems heutzutage ganz unterschiedliche Anforderungen an die Kommunikation stellen. Beispielsweise liegen die Anforderungen an die Übertragungsrate teilweise um einige Größenordnungen auseinander. Tabelle 3-1 listet die Bandbreitenanforderungen einiger Komponenten auf.

Tabelle 3-1 Bandbreitenanforderungen einiger Rechnerkomponenten.
Quellen: [Lyl92] und [HeP94]

Anwendung	Anforderung	Anwendung	Anforderung
Cache	200 MByte/s	Ethernet	1,5 MByte/s
Hauptspeicher	100 MByte/s	FDDI	12,5 MByte/s
Platte	4 MByte/s	ISDN (Primärratenanschluß)	200 kByte/s
Graphikkarte	2 .. 30 MByte/s	ISDN (Basisanschluß)	16 kByte/s
SCSI	5 MByte/s	MIDI	4 kByte/s
Tastatur	10 Byte/s	Drucker	0,1 ... 5 MByte/s

Die Leistungsfähigkeit eines Bussystems darf nicht allein nach der Übertragungsrate beurteilt werden. Es ist nicht ratsam, die Übertragungsleistung nur nach der schnellsten Komponente - i. allg. dem Prozessor - auszurichten. Für die Mehrzahl der Komponenten eines Computers, als Beispiel sei die Tastatur genannt, bietet eine Erhöhung der Bandbreite keine Vorteile mehr - aber erhöhte Kosten, da die Busanschlußelektronik mit steigender Taktrate immer aufwendiger gestaltet werden muß.

Heutige Computer sind mit hierarchischen Bussystemen ausgestattet, um den unterschiedlichen Anforderungen gerecht zu werden. An der Wurzel der Hierarchie steht der Prozessorbus mit der größten Bandbreite. Je weiter eine Buskomponente von dieser Wurzel der Hierarchie entfernt ist, um so geringer ist i. allg. seine Übertragungsleistung, was andererseits meist einen billigeren Zugang mit sich bringt. Häufig wird an den Blättern des Hierarchiebaums der Systembus einer älteren Computergeneration eingesetzt, da es für einen solchen Bus bereits eine Vielzahl günstiger Komponenten gibt. Das bekannteste Beispiel ist der *ISA*-Bus des *IBM-AT* Personal Computer.
Hierarchische Bussysteme werden weiter unten noch vertieft behandelt.

Latenzzeit

Unter der *Latenzzeit* versteht man die Zeitspanne von Beginn einer Anforderung bis die Anforderung erfüllt wurde. Dieses Zeitintervall ist individuell für eine Anforderung definiert und nicht mit der Bandbreite bzw. Übertragungsrate des Kommunikationsmediums gleichzusetzen. In Bezug auf das Übertragungssystem hängt die Latenzzeit unter anderem stark davon ab, wie lange ein potentieller Bus-Master warten muß, bis er die Kontrolle über den Bus erhält.

Häufig werden Daten, die im Vergleich zur Bandbreite des Bussystems nur selten anfallen, lokal gepuffert, um die Ausnutzung des Busses zu erhöhen. Die Pufferung der Daten vergrößert aber auch die Latenzzeit. Es muß daher ein Kompromiß zwischen einer vernünftigen Auslastung des Kommunikationssystems und der maximalen Latenzzeit einer einzelnen Anforderung gefunden werden. Bei Echtzeitanforderungen hat die Minimierung der Latenzzeit die höhere Priorität.[1]

---

1. Bei harten Echtzeitanforderungen, wie sie in kritischen Steuerungen vorliegen, muß vom System eine maximale Latenzzeit garantiert werden.

Lokalität

In vielen Bereichen der Datenverarbeitung wird das Prinzip der Lokalität ausgenutzt. Auch die Bearbeitung der Daten durch die Hardware folgt diesem Prinzip. Beispielsweise greift die CPU in den meisten Fällen nur auf den (lokalen) Cache zu. Eine Kommunikation über den Cache hinaus zum Hauptspeicher ist nur bei einem *Cache-Miss* notwendig. Ein weiteres Beispiel sind die externen Geräte, die i. allg. über ihre Controller mit dem Hauptspeicher kommunizieren.

Dieses räumlich lokale Verhalten läßt sich durch hierarchische Bussysteme ausnutzen. Indem versucht wird, den Datenaustausch möglichst weitgehend lokal auf einem Bussegment zu halten, kann der Durchsatz des Gesamtsystems erhöht werden. Solange die Übertragungen lokal bleiben, können mehrere Übertragungen gleichzeitig auf verschiedenen Bussegmenten erfolgen.

Low-Power

Der Trend im Computerbereich geht aus vielschichtigen Gründen in Richtung Verringerung der Leistungsaufnahme. Dies erreicht man durch niedrigere Spannungen und Ströme. Kleinere Spannungen und Ströme erhöhen andererseits die Störanfälligkeit der Übertragungsleitung, was engere Toleranzen bezüglich der elektrischen Busspezifikation mit sich bringt.

Verschiedene Gründe zur Reduktion der Leistungsaufnahme können sein:

- Verringerung der Temperatur und der Kühlprobleme, vor allem in Desktops und Laptops
- Verringerung der Energieaufnahme bei Batteriebetrieb
- Erhöhung der Taktrate durch kleinere Pegel.

Typische Werte bei heutigen Bussystemen sind:

- *Spannung*: 5 V mit starkem Trend in Richtung 3,3 V. Die Spannung auf dem Systembus lehnt sich häufig der Versorgungsspannung des aktuellen Prozessors an.
- *Strom*: Die Stromaufnahme liegt meist unter 10 mA.
- *Kapazität*: Die Kapazitätsobergrenze liegt heute bei etwa 100 pF je Leitung für den gesamten Bus, d. h. inklusive der kapazitiven Last durch die Teilnehmer.

Abmessungen

Nicht nur die Leistungsaufnahme, sondern auch die Gehäuseabmessungen der Computer verringert sich von Jahr zu Jahr. Es wird versucht, immer kleinere Desktop- und Laptop-Gehäuse herzustellen. Hierzu ist es wichtig, daß auch die Abmessungen der Einschubkarten kleiner werden.

Kleine Abmessungen der Buskomponenten fordern auf der einen Seite auch kleine Abmessungen der Busankopplungen, öffnen auf der anderen Seite aber neue Perspektiven. Zum einen können die Busleitungen kürzer werden, was die Leitungskapazität verringert und damit eine höhere Taktrate ermöglicht. Zum anderen bekommt man durch kleinere Komponenten mehr Funktionalität im gleichen Volumen unter, was für günstigere Buskomponenten ausgenutzt werden kann.

Kosten

Bei der Berechnung der Gesamtkosten eines Systems dürfen die Hardware-Kosten zur Anbindung der Komponenten der Hauptplatine (Motherboard) und der Erweiterungskarten an den Systembus nicht vernachlässigt werden. Im hart umkämpften Massenmarkt kann es sich ein Bussystem nicht leisten, teure Schaltungsbausteine, z. B. spezielle CPUs, vorauszusetzen. Zur Kostenersparnis sind gut unterstützte Standardprotokolle oder einfache, synchrone Übertragungsprotokolle, die durch einfache Hardware-Schaltungen realisiert werden können, notwendig.

Kompatibilität

Die Einführung eines neuen Buskonzepts sollte möglichst kompatibel zu existierenden Bussen und Erweiterungskarten sein. Aus verschiedenen, bereits angesprochenen Gründen soll ein neuer Bus nicht den Austausch aller Systemkomponenten erzwingen. Viele gute Buskonzepte haben sich in der Praxis nur deshalb nicht durchgesetzt, weil sie nicht kompatibel waren. Dies gilt sowohl für billige als auch für teuere Systeme.

Ein gutes Beispiel für die Wichtigkeit der Kompatibilität ist der *Micro Channel* von IBM (*MCA*), der den *AT-Bus* ablösen sollte, zum *AT-Bus* aber nicht kompatibel war. Diese fehlende Kompatibilität war einer der wesentlichen Gründe, daß sich der damals technologisch sehr fortschrittliche *MCA* auf dem Markt nicht durchsetzen konnte. Die Wichtigkeit der Kompatibilität, gerade mit dem *ISA-Bus*[1], zeigt sich unter anderem darin, daß fast alle modernen Busse Brücken zum *ISA-Bus* haben.

1. *ISA-Bus* = *AT-Bus*

Funktionale Anforderungen

Technische Daten wie Bandbreite und Leistungsaufnahme sind nicht allein ausschlaggebend für die Qualität eines Bussystems, wie die Diskussion zur Kompatibilität zeigte. Für den Anwender muß das (Bus-) System darüber hinaus einfach und leicht erweiterbar sein. Ein technologisch überlegener Bus ohne ausreichende Anzahl von Erweiterungskarten wird höchstwahrscheinlich am Markt scheitern.

Ein gutes Beispiel für die Wichtigkeit funktionaler Anforderungen ist die Plug&Play-Unterstützung des *NuBus* und des *PCI*-Busses, die bei der Beschreibung der entsprechenden Computersysteme ganz groß geschrieben wird.

Flexibilität

Die abschließende Anforderung an ein Bussystem soll seine möglichst vielseitige Verwendbarkeit sein. Je größer das Anwendungsspektrum des Busses ist, um so größer ist auch seine Erfolgsaussicht. Zur Abdeckung eines solch breiten Anwendungsspektrums müssen einige, zum Teil gegensätzliche, Anforderungen erfüllt werden:

- Low-Cost-Bereich: billig, klein, kompatibel
- High-End-Bereich: Performance
- Laptops: klein, Low-Power.

3.1.2 Wichtige Parameter

Bei der Entwicklung eines neuen Bussystems müssen verschiedene Parameter betrachtet werden. Es genügt nicht, die oben diskutierten Anforderungen zu kennen. Der Busentwickler muß darauf aufbauend einige wichtige Parameter seines neuen Busses spezifizieren.

Nur durch quantitativen Vergleich mit anderen Produkten kann die Abgrenzung eines Bussystems zu konkurrierenden Produkten dargestellt werden. Dies gilt für neu zu entwickelnde Systeme genauso wie für den Vergleich existierender Busse. Die wichtigsten Parameter verschiedener Systembusse, die auch in der Diskussion in den Abschnitten 3.3 und 3.4 immer wieder vorkommen, werden nun beschrieben.

Bandbreite

In vielen Fällen wird ein Übertragungssystem mit seiner maximalen Bandbreite charakterisiert. Man spricht in diesem Fall von *Peak-Performance*. In der Praxis sagt dieser Wert allerdings nur die „halbe Wahrheit", da die maximale Bandbreite nur dann erreicht wird, wenn zu jedem Zeitpunkt auch ein Datum übertragen wird. Dies kann nur in seltenen Fällen erreicht werden.

Zwei typische „Bremsen" für die Datenübertragung sind:

- Wartezyklen (Wait States) und
- Overhead beim Lesen und/oder Schreiben.

Wartezyklen werden von einem Kommunikationsteilnehmer immer dann in einen Übertragungszyklus eingefügt, wenn der Teilnehmer mit der Übertragungsgeschwindigkeit nicht mehr mitkommt. Beispielsweise kann ein langsamer Speicherbaustein die Übertragung über einen schnellen Systembus unterbrechen, da das Auslesen einer Speicherzelle länger als einen Taktzyklus beansprucht. Wartezyklen können jederzeit von einem Bus-Master oder einem Slave eingefügt werden.

Die Auswirkung des Verwaltungs-Overhead auf die Übertragungsrate soll anhand eines Beispiels gezeigt werden. In diesem Fall wird der *SBus* von Sun herangezogen [Lyl92].

Der *SBus* ist ein 32-Bit-Bus mit einer maximalen Taktrate von 25 MHz. Der Bus kann demnach alle 40 ns vier Byte gleichzeitig übertragen. Mit diesen Zahlen kommt man auf eine Maximalgeschwindigkeit von 100 MByte/s (Peak-Performance).

In der Praxis finden wir dagegen für jede Bustransaktion einen Overhead von vier Taktperioden, der sich zusammensetzt aus:

- Adreßumsetzung: Der *SBus* überträgt - im Gegensatz zu fast allen anderen Systembussen - virtuelle Adressen, die in einem Buszyklus in physikalische Adressen umgesetzt werden.
- Das Setzen und Rücksetzen des *Address-Strobe*-Signals benötigt 2 Takte.
- Die Freigabe des Busses erfolgt während einer weiteren Taktperiode.

Rechnet man diesen Overhead bei jeder Bustransaktion mit ein, so kommt man bei der Übertragung eines einzelnen Wortes je Transaktion auf einen Maximalwert von nur 20 MByte/s, d. h. 5 Takte je Wort. Bei einer Blockübertragung[1] von 16 Wörtern je Transaktion reduziert sich der Overhead auf 1/4. In diesem Fall können 16 Wörter in 16+4 Takten übertragen werden. Dies ergibt eine Rate von 80 MByte/s, was ebenfalls noch unterhalb der oben berechneten 100 MByte/s-Peak-Rate liegt.

---

1. auch Burst-Übertragung genannt

Beim Einsatz des *SBus* in einem Computer kann sich der Overhead durch zusätzliche Berechnungen weiter erhöhen. Wir wollen hierfür beispielhaft zwei Workstation-Generationen von Sun betrachten:

- zusätzlicher Overhead bei *SPARCstation1*:
  - Adreßumsetzung: 2 Takte
  - Zugriff 1. Wort: 2 Takte
  - Zugriff weitere Wörter: 1 Takt
- zusätzlicher Overhead bei *SPARCstation2*:
  - Adreßumsetzung: 1 Takt
  - Zugriff 1. Wort: 1 Takt
  - Zugriff weitere Wörter: 0 Takte.

Abbildung 3-1 zeigt die Auswirkung des Overhead beim *SBus* und den beiden Workstation-Generationen abhängig von der Blockgröße.

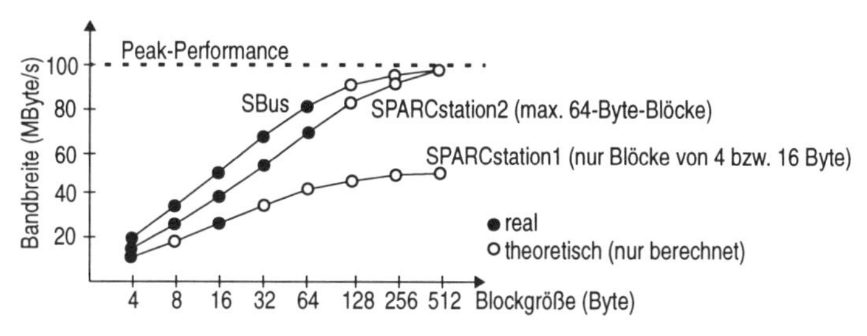

Abbildung 3-1 Verminderte Übertragungsrate durch Overhead beim SBus
Quelle: [Lyl92]

Latenzzeit

Abbildung 3-1 zeigt deutlich, daß die Übertragungsbandbreite mit der Blockgröße steigt. Viele Bussysteme unterstützen jedoch nicht beliebig lange Blöcke, da mit der Blockgröße auch die Latenzzeit wartender Bus-Master - eventuell auch der aktuellen Übertragung - wächst. Abbildung 3-2 zeigt den Zusammenhang zwischen der Blockgröße und der Latenzzeit bei zwei verschiedenen Taktraten. In der Abbildung wird auch zwischen vier und acht, um den Bus konkurrierende, Bus-Master unterschieden.

Der Zusammenhang zwischen Bandbreite und Latenzzeit wird in Abbildung 3-3 verdeutlicht. Für verschiedene Blockgrößen wird gezeigt, wie die Bandbreite und die Latenzzeit ansteigen. Es wird der prozentuale Wertanstieg von einer Blockgröße zur nächsten dargestellt. Die Graphik zeigt, wie die erreichbare Bandbreite mit der Blockgröße zunimmt und gegen die Peak-

Abbildung 3-2 Latenzzeit in Abhängigkeit von der Blockgröße
Quelle: [Lyl92]

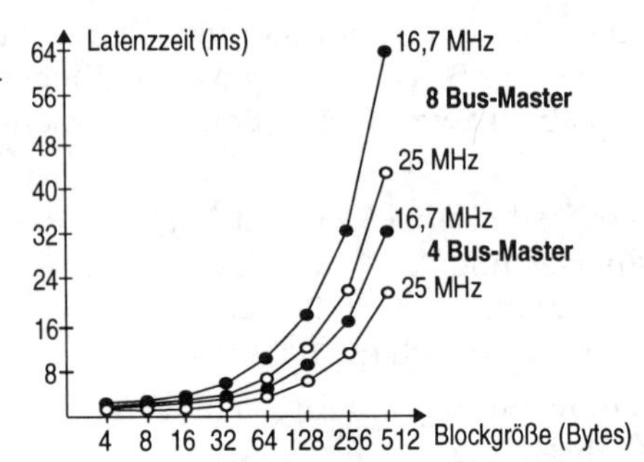

Rate konvergiert (die Kurve konvergiert gegen die Abszisse). Während der Gewinn bei der Übertragungsrate immer geringer wird, steigt die Latenzzeit immer drastischer an. Abhängig vom Anwendungsgebiet muß daher ein sinnvoller Kompromiß für die Blockgröße gefunden werden.

Taktrate

Abgesehen vom Overhead wächst die Bandbreite eines Bussystems linear mit der Taktrate. Man könnte nun meinen, daß es sinnvoll ist, die Taktraten der Systembusse, die heute bei etwa 30 MHz liegen (z. B. *SBus*: 25 MHz, *PCI*: 33 MHz), auf einen Maximalwert drastisch zu erhöhen.

Genauere Betrachtungen zeigen aber, daß dies nicht sinnvoll ist. Nur wenige Geräte, wie etwa Speicher und Graphikkarte, benötigen die hohen Übertragungsraten. Oft liegt der leistungsbeschränkende Faktor eines Computersystems nicht so sehr im Zentralsystem, sprich beim Systembus, sondern vielmehr bei den Ein-/Ausgabebussen oder im Netzwerk (z. B. *Ethernet*). Höhere Taktraten sind andererseits elektrotechnisch so schwierig zu realisieren[1], daß die Busankopplung der Erweiterungskarten sehr teuer und für viele Anwendungen unwirtschaftlich würde.

Abbildung 3-3 Vergleich Bandbreite - Latenzzeit
Quelle: [Lyl92]

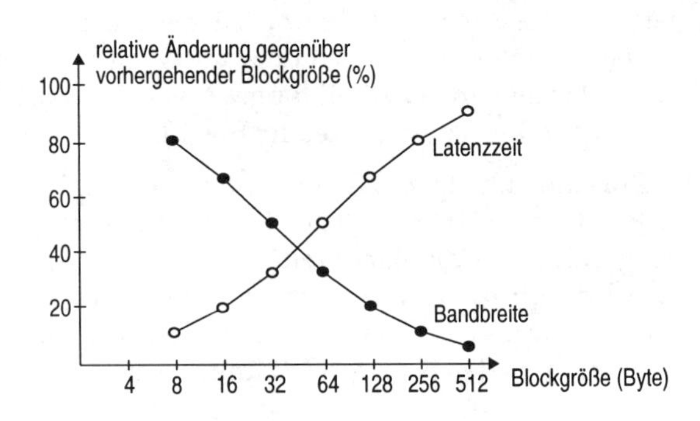

Die Gesamt-Performance eines Computersystems ist daher nicht nur durch verbesserte elektrotechnische Parameter, sondern auch auf der Architekturseite zu erhöhen. Beispielsweise muß bei der oben besprochenen Bushierarchie nur der Prozessorbus schneller werden. Weitere Möglichkeiten zur Erhöhung der Gesamt-Performance sind:

- Erhöhung der Bus- bzw. Wortbreite. Der Übergang von einem 32-Bit- zu einem 64-Bit-Bus ergibt eine Verdopplung der Bandbreite, ohne die Taktrate zu erhöhen.
- Schnellere Geräte und Busankopplungen ergeben weniger Wartezyklen.
- Die Implementierung einer sogenannten *Split-Cycle-Übertragung*, bei der ein Übertragungszyklus unterbrochen und später wieder aufgenommen wird, erhöht ebenfalls die Auslastung des Busses. Zum Beispiel kann beim Lesen aus einem relativ langsamen Hauptspeicher, nach dem Senden der Adresse, der Bus für andere Übertragungen freigegeben und erst beim Vorliegen des Datums wieder belegt werden. Ohne den Split-Cycle-Modus müßte der Hauptspeicher während des eigentlichen Lesevorgangs den Bus mit Wartezyklen blockieren.

3.1.3 Architekturfortschritt

In diesem Abschnitt wird gezeigt, wie in der Vergangenheit durch neue Architekturkonzepte erreicht wurde, die Übertragungsleistung in Computersystemen zu erhöhen. Es werden sechs solcher Konzepte vorgestellt.

DMA und Bus-Master

Die Kommunikation zwischen der CPU und den Ein-/Ausgabegeräten (E/A-Controller) kann auf unterschiedliche Weise durchgeführt werden:

- Waiting/Polling: Übertragung einzelner Wörter. Die CPU wartet nach Anstoß des E/A-Vorgangs auf die Beendigung.
- Interrupt: Übertragung einzelner Wörter. Die CPU wird nach Beendigung des E/A-Vorgangs durch Interrupt benachrichtigt.
- DMA (Direct Memory Access): Blockübertragung ohne CPU-

1. Zu betrachtende Werte mit immer engeren Toleranzen sind Flankensteilheit, Skew, Leistungsaufnahme etc.

Unterstützung. Die CPU wird nach Beendigung der Blockübertragung durch Interrupt benachrichtigt.

Die DMA ist ein spezieller Prozessor, der die Daten zwischen Speicher und Ein-/Ausgabegeräten bzw. zwischen zwei Speicherbereichen meist blockweise überträgt, während die CPU (über den CPU-Bus und den Cache) weiterarbeiten kann. Die DMA muß für diese Aufgabe natürlich Bus-Master sein können.[1] Zur Datenübertragung übergibt die CPU lediglich die Adressen und Blocklängen an die DMA. Die DMA bewirbt sich daraufhin um den Bus und überträgt die Daten, sobald die CPU oder ein anderer Bus-Master den Bus freigibt.

Die Blockübertragung kann in mehreren Schritten erfolgen. Beispielsweise haben die Arbiter der Busse *EISA* und *PCI* sogenannte *Watchdog-Timer*, die die Anzahl der Übertragungszyklen mitzählen und ggf. die Übertragung unterbrechen. Die Übertragung muß dann später wieder aufgenommen werden.

Oft ist die DMA bereits als Komponente des Controller eines Ein-/Ausgabegerätes realisiert.

Bemerkung zur PC-Umgebung: Der *ISA*-Bus und seine Nachfolgebusse haben alle einen zentralen DMA-Controller, der allerdings der *ISA*-Spezifikation entspricht und damit langsam ist (max. 8 MHz, 4 Takte pro Zyklus, 8/16 Bit Wortbreite). Dieser DMA-Controller wird daher heute nur noch selten genutzt.
In der Literatur wird bei PCs unter *DMA-Übertragung* meist die Verwendung dieses zentralen, Mainboard-internen DMA-Controller verstanden, während bei der Übertragung durch externe DMA-Controller von *Bus-Master-DMA* gesprochen wird.

Bushierarchie

Abbildung 3-4 illustriert die prinzipielle von Neumann-Architektur, die durch fast alle heutigen Computer realisiert wird. In dieser Architektur kommunizieren alle Komponenten: Prozessor, Speicher und Ein-/Ausgabegeräte, über einen zentralen Bus. Die von Neumann-Architektur beschreibt heute nur noch den logischen Aufbau eines Computers, entsprach aber bis vor etwa 10 Jahren oft auch der physikalischen Realisierung.

Der Anschluß aller Komponenten eines Computersystems an einen einzigen zentralen Bus war die typische Konfiguration eines

---

1. *Zur Erinnerung:* Bus-Master zu sein bedeutet, in der Lage zu sein, sich um die Buskontrolle während der Arbitrierungsphase zu bewerben und anschließend die Übertragung selbständig zu steuern.

Abbildung 3-4
von Neumann-Architektur

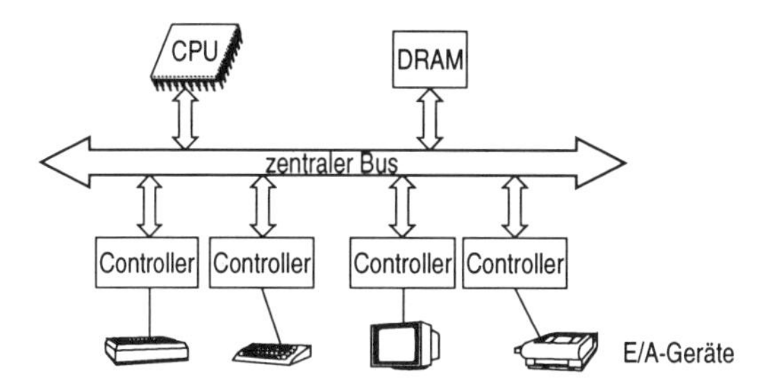

Mikroprozessorsystems zu Beginn der 80er Jahre. Die Taktraten der damaligen Mikroprozessoren (z. B. beim IBM *XT/AT*: 8 MHz) konnten auf einem größeren Bus mit relativ vielen Steckplätzen realisiert und auch von allen Peripheriegeräten ohne größere Probleme eingehalten werden.

Heute übertreffen dagegen die hohen Taktfrequenzen aktueller CPUs (50 ... 300 MHz) bei weitem die Taktfrequenzen, die von Standardbussen bereitgestellt werden können. Hinzu kommt, daß nur wenige Komponenten die hohen Transferleistungen überhaupt benötigen. Wie bereits besprochen wurde, werden heute diese unterschiedlichen Anforderungen durch hierarchische Bussysteme befriedigt, wobei die Übertragungsraten der Hierarchieebenen mit denen der Speicherhierarchie im wesentlichen übereinstimmen.[1] Abbildung 3-5 zeigt ein typisches hierarchisches Bussystem.

Hierarchische Multiprozessorsysteme

Alle modernen Mikroprozessoren (*Pentium, Alpha, SPARC, PowerPC* etc.) erlauben mit ihrer Architektur auch einen Multiprozessorbetrieb. Die Konfiguration der Multiprozessorsysteme muß durch geeignete Buskonzepte und Chip-Sätze[2] unterstützt werden.

Viele heutige Betriebssysteme (z. B. *Solaris 2.1, Windows NT*) unterstützen einen symmetrischen Multiprozessorbetrieb (SMP), bei dem jeder Prozessor jede Aufgabe übernehmen kann. Die Prozessoren arbeiten auf und kommunizieren über einen gemeinsamen Hauptspeicher. Die Daten werden in lokalen Caches

1. Die Geschwindigkeit des dem Prozessor nächsten Busses richtet sich im wesentlichen nach der Geschwindigkeit des Cache; der Systembus richtet sich nach dem Hauptspeicher, und die Übertragungsraten der Peripheriebusse (z. B. *SCSI*) richten sich nach den Anforderungen der Sekundärspeicher.
2. Chip-Sätze sind integrierte Bus-Controller, vgl. Seite 193.

Abbildung 3-5
Hierarchisches Bussystem

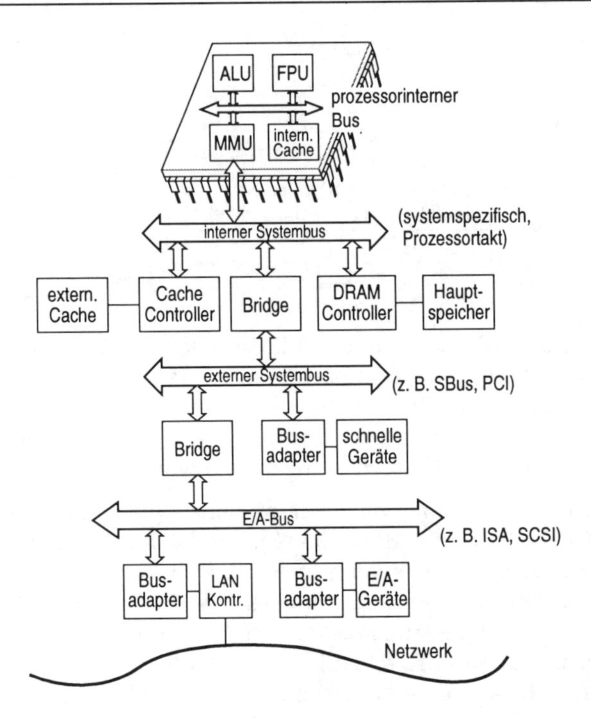

für jeden Prozessor getrennt gepuffert. Das Bussystem muß hierbei einen effizienten Zugriff auf den gemeinsamen Hauptspeicher gewährleisten.

Ein aktuelles Beispiel für einen Multiprozessorbus ist der Intel *Pentium Pro*-Prozessorbus, der die Basis des *Standard High Volume*-Multiprozessor-Boards (SHV) bildet. Mit bis zu vier Pentium Pro-Prozessoren bietet Intels SHV-Board einen einfachen und relativ preisgünstigen Einstieg in die Domäne der Multiprozessor-Server. Über eine spezielle Schnittstelle lassen sich SHV-Boards zu größeren Multiprozessorsystemen zusammenschalten (siehe ccNUMA-Architekturen auf Seite 197ff).

Mit Hilfe des Orion-Chip-Satzes unterstützt der 64 Bit *Pentium Pro*-Prozessorbus bei 66 MHz Bustakt bis zu vier Prozessoren mit jeweils 512 kByte lokalem Cache (Abbildung 3-6). Der Orion Chip-Satz regelt den Zugriff der vier Prozessoren auf einen gemeinsamen, maximal 4 GByte großen Hauptspeicher sowie die Ein-/Ausgabe über zwei PCI-Schnittstellen. Die Konsistenz der Daten in den Caches - man spricht hier vom Cache-Kohärenz-

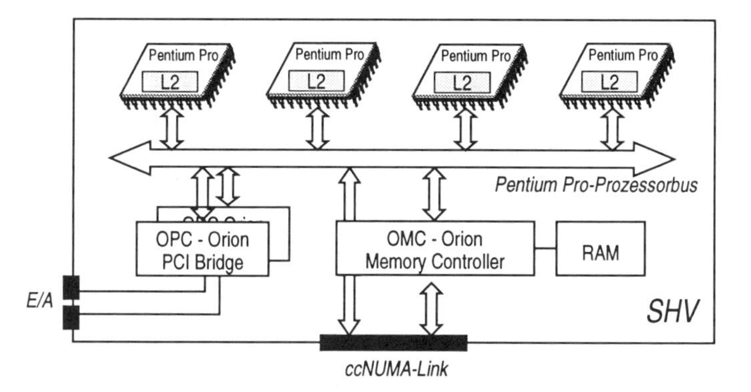

Abbildung 3-6 Architektur des Intel SHV-Servers mit bis zu vier Pentium Pro-Prozessoren (jeweils mit lokalem L2-Cache) und zentralem Pentium Pro-Prozessorbus.

problem - wird durch das MESI-Protokoll gesichert (siehe Seite 164ff). Die maximale Übertragungsrate liegt bei 267 Mbyte/s.

Erhöhung der Bandbreite durch breiteren Datenbus

Aufgrund der hohen Transferanforderungen muß die Bandbreite des Systembusses stetig erhöht werden. Bei gleichbleibender Taktrate kann die Bandbreite durch Erhöhung der Anzahl von Datenleitungen vergrößert werden (Abbildung 3-7). Der Vorteil des breiteren Busses, d. h. der erhöhten Anzahl von Datenleitungen, liegt darin, daß der Bandbreitengewinn ohne Nachteile bezüglich der Latenzzeit erreicht werden kann. Allerdings erhöhen sich die Hardware-Kosten. Ein wirklicher Leistungszuwachs kann nur dann erzielt werden, wenn alle parallel ausgelesenen Daten auch benötigt werden (dies gilt auch für den im folgenden angesprochenen Blocktransfer).

Burst-Modus: Erhöhung der Bandbreite durch Blocktransfer

DRAM-Chips sind als Matrizen in Spalten und Zeilen organisiert. Die Adresse eines einzelnen Bits wird in eine obere Hälfte (*Zeilenadresse*) und eine untere Hälfte (*Spaltenadresse*) unterteilt. Der Adreßbereich mit gleicher Zeilenadresse wird Seite (*Page*) genannt. Um Pins zu sparen, werden die beiden Adreßhälften

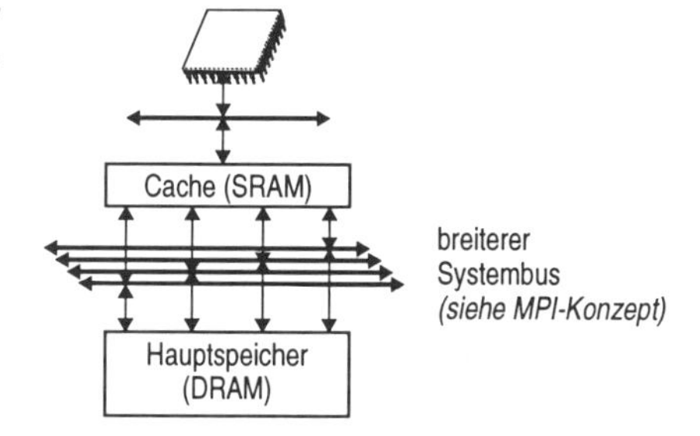

Abbildung 3-7 Bandbreitenerhöhung durch breiteren Bus

nacheinander über dieselben Anschlüsse angelegt, so daß der Speicher zuerst eine ganze Zeile aus der Matrix ausliest, diese kurz zwischenspeichert und dann ein Bit über einen mit der Spaltenadresse adressierten Dekoder auswählt. Bei Ausgabe des Datums wird die ganze Zeile wieder zurückgeschrieben, um den Speicherinhalt aufzufrischen (dieses *Refresh* ist bei dynamischen RAM-Bausteinen wichtig). Welche der beiden Adreßhälften gerade an den Adreßpins anliegt, wird durch zwei Steuerleitungen *RAS* (*Row Address Strobe*) und *CAS* (*Column Address Strobe*) bestimmt.

Die bei DRAMs angegebene Zugriffszeit von heute typischerweise 60 ns ist die Zeilenzugriffszeit. Dagegen ist die Spaltenzugriffszeit wesentlich kürzer (ca. 20 ns). Die Zykluszeit bei DRAMs berechnet sich demnach aus der Zeilenzugriffszeit, der Spaltenzugriffszeit und einer Erholzeit für Refresh und Precharge. Die Zykluszeit beträgt bei 60 ns DRAMs etwa 120 ns.

Abbildung 3-8
DRAM-Adressierungsschema
Quelle: [Sti95]

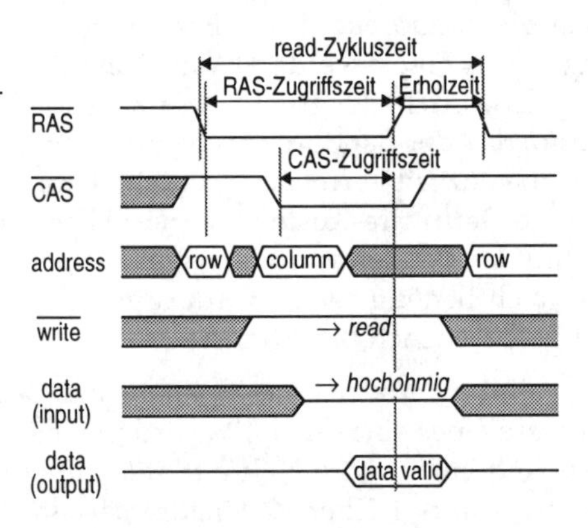

Bei synchronen Bussen wird die endgültige Zykluszeit darüber hinaus vom Takt des Systembusses bestimmt. Die Zykluszeit muß ein ganzzahliges Vielfaches der Periodendauer des Taktes sein, wobei alle RAM-Bedingungen einzuhalten sind.

Beispiel (die reine Speicherzykluszeit sei maximal 120 ns):
30 MHz *PCI*: T_{clock} = 33 ns → Zykluszeit = 133 ns = 4 Takte
33 MHz *PCI*: T_{clock} = 30 ns → Zykluszeit = 120 ns = 4 Takte
60 MHz *VLB*: T_{clock} = 15 ns → Zykluszeit = 120 ns = 8 Takte. ❑

page mode: Alle heutige DRAMs unterstützen diese Betriebsart, bei der die Zeilenadresse nicht neu eingelesen werden muß, wenn beim Folgezugriff auf dieselbe Seite zugegriffen wird (*page hit*). Lediglich die neue Spaltenadresse wird angelegt. Somit bestimmt im wesentlichen die kürzere Spaltenzugriffszeit die Page-Mode-Zykluszeit. In die genaue Zykluszeit gehen noch zusätzliche Faktoren ein (Erholzeit, minimale *CAS*-Pegeldauer, Daten-Setup-Zeit). Sie beträgt etwa 50 ns.

burst mode: Moderne Chipsätze lesen i. allg. ganze Blöcke aus dem DRAM in den Cache. Alle Daten eines Blocks liegen auf einer Seite, so daß höchstens beim ersten Zugriff ein Seitenfehler (*page miss*) auftritt. Bei der Beschreibung einer Burst-Übertragung werden die Taktzyklen für jedes übertragene Wort bzw. Doppelwort angegeben, z. B. 4-2-2-2. Einen „Ideal-Burst" von x-1-1-1 (x = 2 oder 3, siehe Abbildung 3-9) erreicht man heute nur mit statischen SRAMs (Caches) oder bei Taktraten unter 20 MHz.

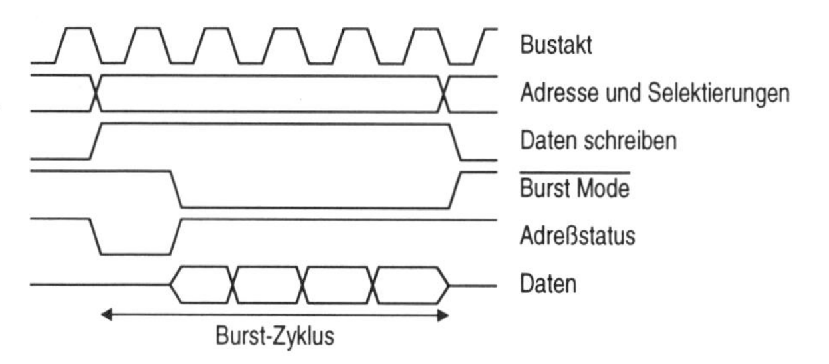

Abbildung 3-9 2-1-1-1 Write-Burst beim Pentium
Quelle: [Wop93]

Erhöhung der Bandbreite durch Interleaving

Bei der Block- oder Burst-Übertragung spart man zwar die Adressierung des zweiten und aller weiteren Wörter eines Datenblocks, die Daten selbst werden aber weiterhin sequentiell aus dem Speicher ausgelesen. Da aber gerade dieses Lesen relativ lange dauert, liegt es nahe, die einzelnen Datenwörter eines Blocks auf mehrere Speichermodule zu verteilen und diese gleichzeitig (mit der selben Blockadresse) auszulesen. Die Daten können dann mit höherer Geschwindigkeit zum Prozessor übertragen werden[1]. Diese Art der Speicheradressierung nennt man verschränkte Adressierung oder *Interleaving*. Ursprünglich für die Adressierung bei Supercomputern verwendet, findet man das Interleaving heute auch im PC-Bereich, allerdings mit etwas unterschiedlicher Implementierung. Wir wollen uns beide Verfahren etwas näher ansehen.

1. Das Verfahren funktioniert natürlich auch in umgekehrter Richtung.

- **Verfahren 1.** Dieses, bei Supercomputern verwendete Verfahren entspricht im wesentlichen der obigen Beschreibung. Die Daten eines Blocks werden auf mehrere Speichermodule aufgeteilt. Alle Daten des Blocks werden gleichzeitig ausgelesen und in Latches bzw. Registern gepuffert. Während die Daten mit einem schnellen Bustakt übertragen werden (zu jedem Takt ein Wort), können die Speicherblöcke erneut adressiert werden (Abbildung 3-10). Dieser Ansatz erhöht zwar die Übertragungsbandbreite, verbessert aber nicht die Latenzzeit.

Abbildung 3-10 Verschränkter Speicherzugriff (Interleaving)

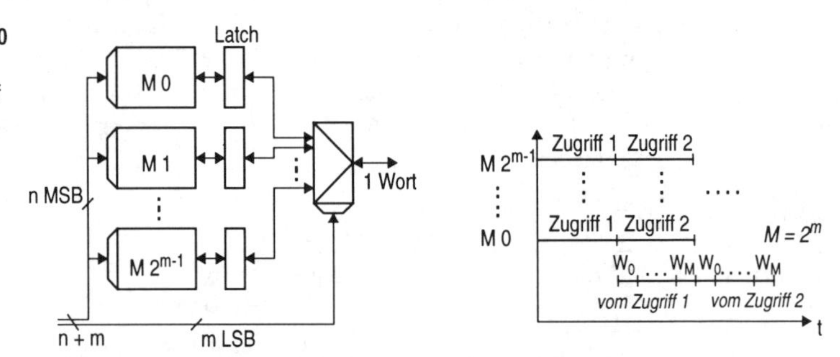

Verfahren 2. Beim zweiten Ansatz, der beispielsweise bei modernen PCs mit Intel *Saturn*-Chipsatz zu finden ist, werden zwei oder mehr Speicherbänke abwechselnd (interleaved) adressiert. Während eine Bank aktiv mit Schreiben oder Lesen beschäftigt ist, kann sich die andere erholen (Refresh-Zyklus). Diese Art des Interleaving verkürzt bei Burst-Transfers den Spaltenzugriff um die Pre-Charge-Zeit von ca. 10 ns und kommt somit auf eine Page-Mode-Zykluszeit von ca. 30 ns.

Erhöhung der Bandbreite durch Pipelining

Die oben erläuterte Page-Mode-Zykluszeit kann reduziert werden, indem eine neue Adresse bereits angelegt wird, bevor das vorhergehende Datum übernommen wurde. Dazu werden in der Praxis die ausgelesenen Daten im Chipsatz zwischengespeichert, so daß die Block- oder Burst-Übertragung um einen Takt verzögert ist. Ein 3-2-2-2 Burst könnte durch Pipelining bei etwas höherer Latenzzeit zu einem 4-1-1-1 Burst verbessert werden. Man spricht bei diesem Adressierungsverfahren von *Pipeline-Burst-Mode.*

Eine höhere Leistung läßt sich erzielen, wenn dieses Pipelining vom Hauptspeicher selbst gesteuert wird. Dies wird von den

EDO-RAMs (Extended Data Out) gemacht, bei denen die Daten unabhängig vom *CAS*-Signal (verzögert bzw. länger) anliegen.[1]

Burst-EDO-RAMs benötigen nur zur Burst-Initialisierung die Spaltenadresse und zählen dann intern hoch. Liegen aufeinanderfolgende Blöcke in derselben Seite des Hauptspeichers, kann die Startadresse des Folgeblocks während des letzten *CAS*-Signals des vorhergehenden Blocks schon angelegt werden, so daß die Blockübertragung verzögerungsfrei weitergehen kann.

3.1.4 Technologiefortschritt

Der wesentliche Faktor bei der Weiterentwicklung von Bussystemen - und Computersystemen im allgemeinen - ist der Technologie- und Integrationsfortschritt. Die Abmessungen der Leiterplatten sowie deren Strukturen und Bauteile werden immer kleiner, bei meist gleichzeitiger Erhöhung des Funktionsumfangs.

Die Vorteile bei der Verwendung von kleineren Platinen und Komponenten sowie von hochintegrierten, anwendungsspezifischen Schaltkreisen sind unter anderem:

- kleinere Rechner
- höhere Taktraten
- geringere Leistungsaufnahme.

Diesen Vorteilen stehen allerdings auch einige Nachteile gegenüber, die fast immer zu höheren Entwicklungskosten führen:

- komplexe, nur durch Spezialfirmen zu fertigende Mehrlagenplatinen
- Verwendung sehr kleiner und damit nur aufwendig einzubauender SMD-Bauteile
- ...

Trotz der erhöhten Kosten ist der Trend in Richtung Miniaturisierung deutlich zu sehen. Beim *SBus* war beispielsweise die geringe Leiterplattengröße ein wesentliches Entwurfskriterium. Wir wollen uns nun ansehen, welche Möglichkeiten es zur Reduzierung der Bauteilabmessungen gibt.

1. EDO-RAMs vertragen sich daher nicht mit dem oben beschriebenen Pipelining, da es durch die länger anliegenden Daten zu Kollisionen auf dem Datenbus kommt.

3.1.4.1 Möglichkeiten zur Reduktion der Abmessungen

Verwendung von PLDs und ASICs

Der Entwickler neuer Computerkomponenten mit Busankopplung hat mehrere Möglichkeiten, seine Schaltung zu implementieren. Vielfach werden bei geringer Stückzahl und bei den ersten Entwürfen für genormte Busse fertig zu kaufende Schaltkreise, z. B. Interface-Bausteine, verwendet und diese mit Standard-Logikbausteinen zur fertigen Anwendungen erweitert. Diese Schaltungen aus Standard-Logikbausteinen, die große Platinenflächen in Anspruch nehmen, werden Glue-Logic bezeichnet.

Bei hohen Stückzahlen kann es sich lohnen, die dedizierte Logik durch spezielle integrierte Schaltungen, ICs, zu ersetzen. In Extremfällen kann die gesamte Logik in einem einzigen, speziell gefertigten, ASIC (*Application Specific Integrated Circuit*) untergebracht werden. Aber auch in Fällen, in denen nur Teile der Schaltung durch ASICs ersetzt werden, läßt sich der Gesamtflächenbedarf der Schaltung erheblich reduzieren.

Will man die Anzahl von Bauteilen und den Flächenbedarf seiner Schaltung reduzieren, kann oder will sich aber nicht die Entwicklung eines ASIC leisten, so gibt es mit der Verwendung programmierbarer Bausteine einen gangbaren Mittelweg, der sich vor allem bei kleineren und mittleren Stückzahlen eignet. Zur Implementierung der Glue-Logic, oder Teile davon, gibt es heute eine große Anzahl von verschiedenartigen programmierbaren Bausteinen (PLDs - *Programmable Logic Devices*), die für die unterschiedlichsten Anwendungen verwendbar sind:

EPROMs (*Erasable Programmable Read-Only Memories*) sind programmierbare Festwertspeicher, mit denen zweistufige Schaltnetze problemlos realisiert werden können. Die möglicherweise kritischen Faktoren hierbei sind eine beschränkte Größe der realisierbaren Schaltnetze und die relativ hohe Speicherzugriffszeit.

PALs (*Programmable Array Logic*) können ebenfalls zweistufige Schaltnetze realisieren. PALs bestehen aus einer programmierbaren UND-Matrix, während die Produktterme fest mit ODER-Gattern verknüpft sind.[1] PALs sind für kleinere Schaltungen eine gute Wahl.

---

1. Bei PLAs (*Programmable Logic Arrays*) läßt sich dagegen auch die ODER-Matrix programmieren.

Für größere Schaltungen gibt es schließlich die in jüngster Zeit immer beliebteren FPGAs (*Field Programmable Gate Arrays*). FPGAs sind etwas teurere programmierbare Bausteine, deren Komplexität und Geschwindigkeit allerdings die Größenordnung von ASICs erreichen. Moderne FPGAs beinhalten beliebig programmierbare kombinatorische Logik und speichernde Elemente. Bei ihnen sind sowohl die Gatter als auch die Verbindungsstrukturen programmierbar. Sie sind nicht auf zweistufige Logik beschränkt. Für weitere Einzelheiten bzgl. dieser interessanten Technologie sei auf die einschlägige Literatur, z. B. [AuR95], verwiesen.

Verwendung kleinerer Gehäuse-Technologien

Die Integration spezifischer Schaltungen in einem ASIC oder in einem programmierbaren Baustein ist eine Möglichkeit, die benötigte Fläche auf Platinenebene zu reduzieren. Eine weiter Reduktion ist dadurch möglich, daß kleinere Gehäuseformen mit engerem Pinraster verwendet werden. Durch Einsatz moderner SMD-Technologie (SMD = *Surface Mounted Devices*), konnte das Pinraster von ursprünglich 0,1 Zoll auf 0,05 Zoll und jüngst sogar auf 0,025 Zoll, d. h. ca. 0,6 mm, reduziert werden. Mit dem Pinabstand nehmen entsprechend auch die Gehäusegrößen und meist auch die Leiterbahnbreiten und -abstände ab.

Zweiseitige Platinenbestückung und "Mehrebenen-Boards"

Eine weitere Reduktion der Abmessungen von Busteilnehmern erreicht man durch Ausnutzung der dritten Dimension. Zum einen gibt es hier die Möglichkeit, die Platinen zweiseitig zu bestücken, und zum anderen lassen sich sogenannte Mehrebenenkarten in „Sandwich-Bauweise" realisieren. Man muß bei diesem Ansatz jedoch beachten, daß damit nicht der Abstand der Busanschlüsse (Steckplätze) unnötig verbreitert wird.

3.1.4.2 Kartengrößen

Inwieweit der Technologiefortschritt und die geringeren Abmessungen der Schaltungen im Laufe der Zeit zu kleineren Platinen für die Busteilnehmern führte, soll anhand von Abbildung 3-11 gezeigt werden. In der oberen Hälfte der Abbildung sehen wir die Platinenformen der Busse aus den 70er Jahren und in der unteren Hälfte die Formen der heute verwendeten Karten.

Die gestrichelten Linien bei einigen der Karten bedeuten, daß diese Platinen, je nach Anwendung, in einfachem und doppeltem Format verwendet werden können. Beim *Q-Bus* und *VME-Bus* ist jedoch die Datenbusbreite bei einfachem Format geringer

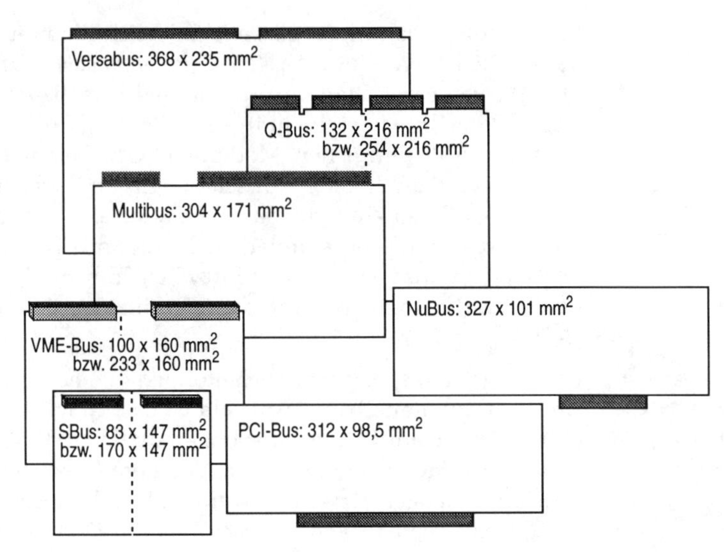

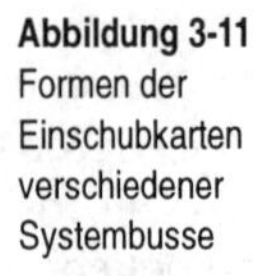
Abbildung 3-11 Formen der Einschubkarten verschiedener Systembusse

als bei der dargestellten großen Karte. Die geringen Ausmaße der *SBus*-Karte (83 x 147 mm^2) können durch die direkte Ansteuerung der Busleitungen durch die CMOS-Logikbausteine erreicht werden. Sollte diese Kartengröße nicht ausreichen, so kann eine doppelt breite Karte mit zwei Steckern verwendet werden. Die Stecker belegen zwei benachbarte Steckplätze.

3.1.5 Physikalische und mechanische Realisierungen

Computerinterne Busse, d. h. Systembusse und Peripheriebusse, werden in vier verschiedenen Bauformen realisiert:

- Backplane-Busse
- Daughter-Card-Busse
- Mezzanine-Busse
- Busse mittels Flachbandkabel

Während frühere Computersysteme prinzipiell auf den Backplane-Bussen basierten, findet man diese heute vorwiegend im Multiprozessorbereich bzw. in der Labor- und Steuerungsumgebung. Heutige PCs und Workstations basieren dagegen auf den Daughter-Card- und Mezzanine-Bussen. Flachbandkabel ist überwiegend im Peripheriebereich zu finden.
Wir wollen uns nun die vier verschiedenen Bauformen etwas näher betrachten.

Backplane-Busse

Bei den traditionellen *Backplane-Bussen* werden alle Signale und die Stromversorgung über eine spezielle Platine geführt, die die Rückwand eines Einschubrahmens (Gehäuses) bildet. Die Busplatine bzw. Backplane enthält selbst so gut wie keine aktiven Bauteile. Die Komponenten auf der Platine sind im wesentlichen nur Steckplätze in konstantem Abstand und passive Busterminierungen. Die Anzahl von Steckplätzen ist relativ hoch, was eine hohe kapazitive Last mit sich bringt.[1]

Alle Komponenten des Computersystems, Prozessoreinheit, Speicher und jegliche Peripherie, sind auf getrennten Einschubkarten realisiert. Aus Sicht des Busses sind diese alle gleichartig.

Die Signale auf den Backplane-Bussen werden meist im Daisy-Chain-Verfahren von Stecker zu Stecker geführt. Um den großen mechanischen Kräfte (z. B. beim Kartenein-/ausbau) zu widerstehen, muß die Busplatine stabil gebaut sein. Backplane-Busse sind immer noch geeignet für große, komplexe Systeme, nicht aber für Desktop-Rechner.

Aktuelle Beispiele sind der *VME-Bus* und der *Futurebus+*.

Daughter-Card-Busse

Daughter-Card-Busse spiegeln die Entwicklung der Integration mit immer geringeren Busabmessungen, kleineren Karten und möglichst minimaler Leistungsaufnahme wider. Alle Standardelemente, die in jedem Computer vorhanden sind, werden auf einer einzigen, größeren Hauptplatine, auch Motherboard oder Mainboard genannt, untergebracht. Diese Komponenten sind die CPU, der Speicher und ein zentraler Bus-Controller inklusive zugehöriger Verbindungslogik.

Alle optionalen Komponenten (serielle/parallele Schnittstelle, Zusatzspeicher, Graphik-Controller etc.) werden mittels getrennten Platinen orthogonal auf diese Hauptplatine aufgesteckt. Dies ermöglicht eine einfache individuelle Konfiguration.

Der Systembus ist auf der Hauptplatine in Form von parallel verlaufenden Leiterbahnen realisiert. Alle Standardkomponenten sind an diese Leiterbahnen direkt angeschlossen (aufgelötet), während die Erweiterungskarten über Steckplätze (auf die Leiterbahnen des Busses aufgelötete Sockel) verbunden sind. Die Zahl von Steckplätzen ist i. allg. wesentlich geringer als bei

1. Backplane-Busse werden daher durch bipolare TTL-Treiber mit einem hohen Fanout angesteuert.

den Backplane-Bussen. Die Zusatzkarten (*Daughter-Cards*) stekken senkrecht zur Hauptplatine.

Aktuelle Beispiele sind die Busse *ISA, EISA, MCA, PCI* und *NuBus*.

Mezzanine-Busse

Mezzanine-Busse verfolgen einen analogen Ansatz wie die Daughter-Card-Busse: geringe Busabmessungen, kleine Karten und geringe Leistungsaufnahme. Im Gegensatz zu den Daughter-Card-Bussen stecken hier die Zusatzkarten parallel zur Hauptplatine, was eine flachere Bauweise für kleine Gehäuse, wie z. B. Desktop-Gehäuse, ermöglicht.

Aktuelle Beispiele sind der *SBus* und der *TURBOchannel*.

Flachbandkabel

In speziellen Anwendungen, z. B. im Labor oder in industriellen Anlagen, sind die Busteilnehmer, und mit ihnen die Steckpositionen, räumlich weit voneinander entfernt. Die Busteilnehmer können nicht mehr auf eine einzelne Platine aufgesteckt werden. Sie werden daher über Kabel miteinander verbunden. Parallelbusse werden dabei vorwiegend in Form von *Flachbandkabeln* realisiert.

In modernen, hierarchischen Bussystemen findet man Flachbandkabel überwiegend bei den Ein-/Ausgabebussen. In jüngster Zeit werden an Stelle dieser Parallelbusse immer häufiger serielle Hochgeschwindigkeitsbusse in Glasfasertechnik eingesetzt. Zum Beispiel erhält der parallele *SCSI*-Bus immer mehr Konkurrenz durch serielle Busse, wie dem *Fibre Channel*.

3.1.6 Entwicklungsgeschichte

Bevor weiter unten die wichtigsten Systembusse näher betrachtet werden, soll die Entwicklungsgeschichte der Busse anhand der Datenbusbreite und der Bandbreite dargestellt werden. Tabelle 3-2 stellt das Einführungsjahr der betrachteten Busse dar. Sollte ein Bus für einen speziellen Prozessortyp oder eine spezielle Rechnerarchitektur entworfen worden sein, so ist dies auch in der Tabelle mit angegeben.

Abbildung 3-12 vergleicht die Datenbusbreiten der verschiedenen Busse. Interessant ist in diesem Vergleich die teilweise große Diskrepanz zu einem Zeitpunkt - vor allem zu Beginn der 80er Jahre. Um 1980 kam am unteren Leistungsende der *PC-XT* mit einem 8-Bit-Bus auf den Markt, während im oberen Leistungsspektrum und in der Forschung bereits 32-Bit-Systeme im Ge-

Tabelle 3-2
Jahr der Einführung wichtiger Systembusse

Jahr	Bus	Rechnerarchitektur / Entwickler	Prozessor
1975	Q-Bus	DEC PDP-11	
1977	Multibus		M 68000
1979	NuBus	MIT	
1980	Futurebus	IEEE, Multiprozessorsystem	
1981	VME-Bus	IEEE, Nachfolger des VERSA-Bus	M 680x0
1984	ISA	PC-AT	i286
1987	MCA 2.0	IBM RS/6000	i386
	NuBus	Apple MAC II	M 68020
1989	EISA	PC	i386 / i486
1989	SBus	SUN SPARCstation	SPARC
1990	TURBOchannel	DECstation 5000	
1991	Futurebus+	IEEE, Multiprozessorsystem	
1992	VLB	PC	i486
1993	PCI 2.0	PC	Pentium

spräch waren. Im Laufe der Zeit haben sich diese Unterschiede in der Busbreite reduziert, so daß heute de-facto alle wichtigen Busse zumindest eine 64-Bit-Variante besitzen. Gibt es mehrere Varianten eines Bussystems mit unterschiedlichen Breiten, so ist in Abbildung 3-12 die überwiegend verwendete Variante schwarz, die alternative Version grau eingezeichnet.

Der zweite Vergleich der Systembusse ist in Abbildung 3-13 zu sehen. In dieser Graphik sind die maximalen Bandbreiten der einzelnen Busse in ihren Einführungsjahren dargestellt. Erlaubt ein Bus einen Blocktransfer (Burst), so ist in der Abbildung die

Abbildung 3-12
Datenbusbreite einiger Systembusse

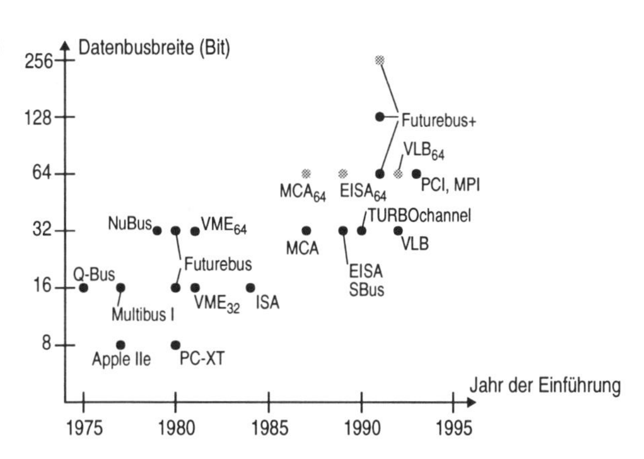

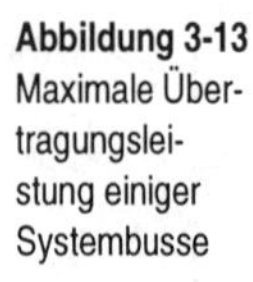

Abbildung 3-13 Maximale Übertragungsleistung einiger Systembusse

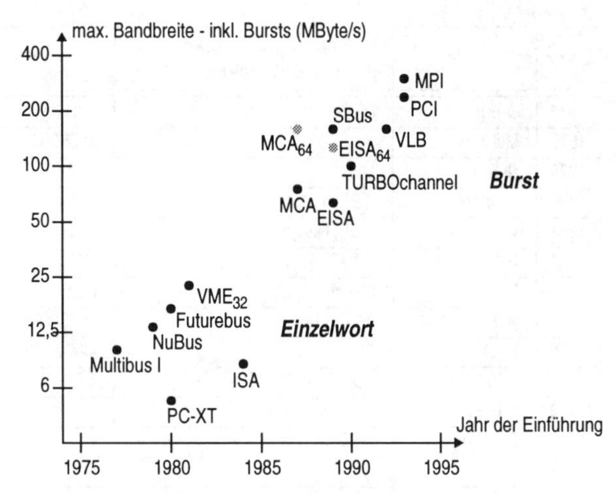

maximale Blocktransferrate angegeben, die höher liegt als eine Einzelwortübertragung.

In der Graphik ist sehr deutlich zu sehen, daß in der Mitte der 80er Jahre ein Wechsel von einer reinen Einzelwortübertragung zu Burst-fähigen Bussen stattfand. Zum heutigen Zeitpunkt gibt es keinen modernen Systembus mehr, der nicht einen Blocktransfer unterstützt.

3.2 Cache-Kohärenz

Heutige Multiprozessorsysteme realisieren überwiegend symmetrisches Multiprocessing mit gemeinsamen Speicher (shared memory), bei dem jeder Prozessor jeden Auftrag bearbeitet kann. Ein anstehender Auftrag wird von dem Prozessor ausgeführt, der als nächstes frei wird. Zur Realisierung des symmetrischen Multiprocessing werden die Prozessoren mit lokalen Caches versehen, um den Hauptspeicher, der zentral oder verteilt realisiert sein kann[1], zu entlasten. In einfachen, kleineren Mehrprozessorsystemen werden die CPU-Cache-Subsysteme über einen zentralen Bus untereinander und mit einem gemeinsamen Hauptspeicher gekoppelt (siehe Abbildung 3-6). In größeren Computern, an deren oberem Leistungsende massiv parallele Supercomputer mit mehreren Tausend Prozessoren

1. Im zweiten Fall spricht man von verteiltem, gemeinsamen Speicher bzw. distributed shared memory (DSM)

stehen, sind solche kleineren Systeme über schnelle Netzwerke zu größeren Einheiten verbunden.

Das Problem, das beim symmetrischen Multiprocessing auftritt, ist die Sicherstellung der Konsistenz aller Speicherbereiche, d. h. aller Caches und des Hauptspeichers. In einer verteilten Umgebung können Daten in mehreren Caches gleichzeitig gepuffert sein, was zu Inkonsistenzen führen kann. Man spricht hierbei vom *Cache-Kohärenzproblem*.

Falls ein Bus-Master (beispielsweise eine CPU oder ein DMA-Controller) auf einen Speicherbereich zugreift, dessen Inhalt im Cache eines anderen CPU-Cache-Subsystems gepuffert ist, muß dies dem entsprechenden Cache-Kontroller mitgeteilt werden, damit er seine Cache-Einträge eventuell als ungültig markiert. Auch beim Schreiben in Write-Back-Caches muß der entsprechende Hauptspeicherbereich als geändert markiert werden.

In der Literatur und in der Praxis finden sich mehrere Ansätze zur Sicherung der Cache-Kohärenz. Alle Ansätze lassen sich prinzipiell in zwei Klassen aufteilen. Kleinere Multiprozessoren, bei denen alle Prozessor-Cache-Subsysteme über einen zentralen Bus verbunden sind, verwenden ein *Snoopy-Protokoll*. Bei diesem Verfahren belauschen alle Busteilnehmer die Adreßleitungen des gemeinsamen Busses, was in der Fachwelt unter dem Begriff *Bus-Snooping* bekannt ist. Wird nun auf einen Speicherbereich zugegriffen, der in einem Cache gepuffert ist, so reagiert der entsprechende, den Bus belauschende, Cache-Kontroller auf den Zugriff und modifiziert den Zustand seiner Cache-Einträge.

In größeren Systemen, bei denen die Subsysteme über ein mehrstufiges Netzwerk mit Punkt-zu-Punkt-Verbindungen gekoppelt sind, ist dieser Snoopy-Ansatz nicht möglich. Snooping verlangt Broadcast-Kommunikation, was in solchen Systemen viel zu „teuer" wäre. Für solche Computer sind die *Directory-basierten* Kohärenzsicherungsprotokolle zu verwenden. Hierbei erhält jedes Speichermodul im System ein zusätzliches Verzeichnis (engl. directory), in dem alle Cache-Kopien der Daten vermerkt werden. Einen sehr guten Überblick über die verschiedenen Lösungen des Cache-Kohärenzproblems bietet [Hwa93].

An dieser Stelle soll lediglich ein Lösungsansatz stellvertretend für alle anderen beschrieben werden: das *MESI-Protokoll*. Dieses

Protokoll fällt in die Klasse der Snoopy-Ansätze und wird seit dem *i486*-Prozessor bei Intel verwendet. Es ist zum Beispiel Teil der Spezifikation des auf Seite 151 beschriebenen *SHV*-Boards, ein Multiprozessorsystem mit bis zu vier *Pentium Pro*-Prozessoren. Ein etwas erweiterter Ansatz, das *MOESI-Protokoll*, ist Teil der *MBus*- und der *Futurebus+*-Spezifikationen.

Je nach Art des Zugriffs und Vorhandenseins der Daten ist ein Block im Cache bzw. im Hauptspeicher in einem der Zustände *Modified, Exclusive, Shared,* und *Invalid*. Die Zustände sind durch zwei zusätzliche Bits je Cache-Block kodiert. Die Anfangsbuchstaben der Zustände geben dem *MESI*-Protokoll seinen Namen.

- *Modified*: Die Daten des Cache-Blocks sind exklusiv in diesem Cache, aber nicht mehr konsistent mit den Hauptspeicherdaten. Dies bedeutet, daß die CPU die lokalen Cache-Daten, welche zu einem späteren Zeitpunkt (Write-Back-Phase) zurückgeschrieben werden müssen, geändert hat.
- *Exclusive*: Die Daten sind nur in einem Cache gepuffert und konsistent mit den Hauptspeichereinträgen. Der Cache-Kontroller kann den Block ändern, ohne die anderen Cache-Kontroller zu informieren, wobei der Zustand dann nach *Modified* wechselt.
- *Shared*: Der zugehörige Hauptspeicherblock ist in mehreren Caches gepuffert. Bei jedem Schreibzugriff müssen die anderen Cache-Kontroller ihre Blöcke als *Invalid* kennzeichnen. Lesezugriffe auf einen *Shared*-Block erzwingen keinen Zustandsübergang.
- *Invalid*: Der Cache-Block enthält keine gültigen Daten, da der zugehörige Hauptspeicherblock entweder noch nicht gepuffert ist oder von einer anderen CPU modifiziert wurde. Lesezugriffe führen zu Read Misses.

Zur Realisierung des *MESI*-Protokolls benötigt der *Pentium Pro*-Systembus zwei spezielle Steuerleitungen:

- *WT (Write-Through)*. Mit dieser Leitung wird einem Cache-Controller mitgeteilt, ob er nach dem Write-Through- oder dem Copy-Back-Prinzip (siehe [Hwa93]) arbeiten soll.
- *INV (Invalidate)*. Ist diese Leitung aktiv, muß der aktuelle

Abbildung 3-14
MESI-Protokoll

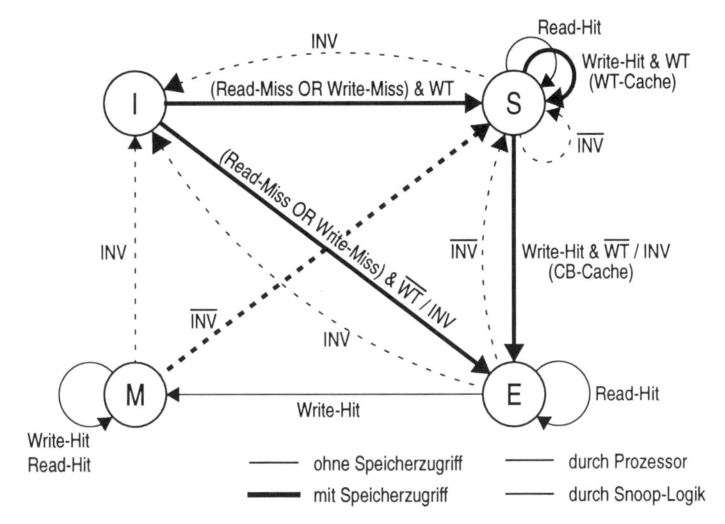

Cache-Block invalidiert werden. Dies ist dann der Fall, wenn ein Prozessor schreibend auf den Block in seinem Cache zugreift. Die Daten in allen anderen Caches sind dann nicht mehr gültig.

Abbildung 3-14 zeigt den Zustandsgraph des *MESI*-Protokolls. Hierbei sind nur die wichtigsten Zustandsübergänge eingezeichnet. Die Übergänge sind durch vier verschiedene Pfeiltypen beschrieben. Durchgezogene Pfeile beschreiben Übergänge, die durch Aktionen des lokalen Prozessors ausgelöst werden. Gestrichelte Pfeile beschreiben dagegen Übergänge durch die Snoop-Logik des Cache-Kontrollers, d. h. aufgrund von Lese- bzw. Schreibaktionen anderer Subsysteme auf dem Bus. Das Event *INV* bedeutet, daß ein anderer Prozessor schreibend auf den Datenblock zugreift und daher die *INV*-Leitung aktiviert, während $\overline{INV}$ auf einen lesenden Zugriff hinweist. Dicke Peile sagen aus, daß während der aktuellen Bustransaktion Daten übertragen werden. Im Fall der dünnen Pfeile werden lediglich die Steuerleitungen aktiviert. Die Zustandsübergänge werden durch den Cache-Controller ausgeführt.

3.3 Universelle Systembusse

In diesem Abschnitt werden nun die wichtigsten Merkmale einiger ausgewählter Systembusse näher erläutert. Die Vielzahl von Bussen wird in zwei Klassen eingeteilt. Es werden zunächst einige universelle Bussysteme und anschließend in Abschnitt 3.4 die Busse des PC-Bereichs in ihrer zeitlichen Entwicklungsreihenfolge angesprochen. Für weitergehende Beschreibungen sei auf die Spezialliteratur und die Handbücher der Hersteller verwiesen.

3.3.1 QBus

Der *QBus*, eine Weiterentwicklung des seit 1968 existierenden *UNIBUS*, wurde 1975 von DEC (Digital Equipment Corporation) als Systembus der *PDP-11/LSI-11*[1]-Rechnerfamilie eingeführt. Durch die hohe Verbreitung dieser Rechnerfamilie entwickelte sich der *QBus* zu einem de-facto-Standard, vor allem im industriellen Einsatzbereich. Der Bus wurde anfangs auch in *Micro-VAX*-Systemen und in Workstations, z. B. von Sun, verwendet.

Die Signale des *QBus* werden über zwei Direktstecker mit zusammen 72 Pins, davon 16 Daten- und 22 Adreßleitungen, übertragen. Maximal 3 Backplanes mit je 16 Steckplätzen können durch Flachbandkabel verbunden werden. Die Gesamtlänge des Busses beträgt etwa 5 m, für eine Leitung sind maximal 60 pF und 120 Ω Wellenwiderstand für Platine und Flachband spezifiziert. Abbildung 3-15 zeigt die Topologie des Maximalausbaus.

16 Leitungen werden als Daten- und Adreßleitungen im Zeitmultiplex verwendet. 2 weitere Leitungen dienen als Parity- und Adreßleitungen im Zeitmultiplex. Zu diesen 18 Leitungen kommen 4 spezielle Adreßleitungen. Insgesamt erlauben 22 Adreßleitungen einen maximalen Adreßraum von 4 MByte. 6 Systemsteuerleitungen dienen unter anderem dem DRAM-Refresh.

Der *QBus* ist von Haus aus Multimaster-fähig. Die allermeisten Systeme enthielten aber nur einen Prozessor und ein bzw. mehrere DMA-fähige Busteilnehmer. Das Arbitrierungsschema ist Daisy-Chaining, mit dem Prozessor als zentralem Arbiter. Die

1. Die *LSI*-Familie ist die kompakte Large-Scale-Integration-Familie der *PDP-11*

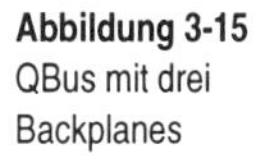

Abbildung 3-15
QBus mit drei Backplanes

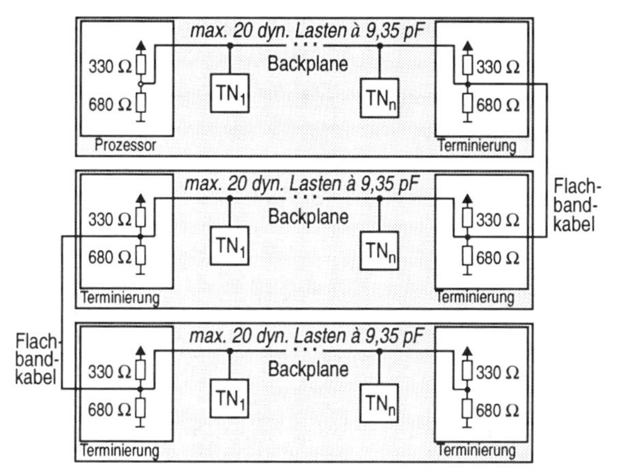

Übertragung erfolgt nach einem asynchronen Handshake-Protokoll.

3.3.2 VME-Bus (Versa Module Europa)

Im Gegensatz zum *QBus* spielt der *VME-Bus* auch heute noch eine wichtige Rolle. Der *VME-Bus* wurde 1981 von den Firmen Motorola, Mostek und Signetics/Philips spezifiziert und in den Normen IEEE 1014 und IEC 821 standardisiert. Als rechnertypunabhängiges, multiprozessorfähiges Bussystem hat der *VME-Bus* eine führende Rolle im industriellen und wissenschaftlichen Bereich.

Früher selbst als Workstation-Systembus eingesetzt (z. B. von Sun), gibt es heute kein wichtiges Bussystem ohne *VME*-Schnittstelle. Ähnliches gilt für die Prozessoren. Ursprünglich als Systembus für die Motorola *M68000*-Prozessorfamilie entwickelt, gibt es heute auch Karten mit Intel- und anderen Prozessoren. Mehr als 300 Hersteller bieten Steckkarten (Prozeßmodule, Rechner, Module zur Bildverarbeitung, ...) für den *VME-Bus* an [Fem94]. Als Systembus tritt der *VME-Bus* allerdings immer mehr in den Hintergrund.

Der *VME-Bus* ist eine Europakarten-kompatible Version des 1979 von Motorola eingeführten *VERSA*-Backplane-Busses. Es gibt Einschubkarten sowohl im einfachen als auch im doppelten Europaformat (siehe Abbildung 3-11). Beide Formate sind kompatibel zum 32-Bit-Bus mit 96 Pins. Zu einer 64-Bit-Erweiterung mit 192 Pins paßt allerdings nur das Doppelformat mit zwei Steckern.

Der *VME-Bus* unterstützt 32-Bit-Rechner, aber auch kleinere Anwendungen. 16-, 24- und 32-Bit-Adreßtransfers sind gemischt möglich. Bei 64-Bit-Datenzugriffen werden die 32 Adreßbits im Multiplex verwendet. Das Übertragungsprotokoll ist asynchron.

Da der Bus einen Multiprozessorbetrieb unterstützt, wird er heute gern als Kern von Multiprozessorsystemen eingesetzt. Im Gegensatz zu neueren Multiprozessorbussystemen existiert beim *VME-Bus* kein Verfahren zur Sicherung der Datenkonsistenz der Caches. Die Wahrscheinlichkeit ist daher groß, daß die Anwender des *VME-Busses* mit ihren Multiprozessorsystemen in Zukunft auf den *Futurebus+* mit Cache-Kohärenzsicherung umsteigen werden.

Die Arbitrierung erfolgt über 4 Daisy-Chains mit unterschiedlicher Priorität. Durch Zuordnung zu einer der vier Ketten kann ein Busteilnehmer seine Priorität dynamisch ändern. Zur Rückmeldung stellt der *VME-Bus* 7 Interrupt-Ebenen zur Verfügung. Die Module bzw. Einschubkarten werden „geographisch" anhand ihrer Anschlußposition (Slot-ID) adressiert.

Drei interessante Besonderheiten des *VME-Busses* sind:

- Der *VME-Bus* kann ohne Performance-Verlust extern fortgesetzt werden.
- Innerhalb des parallelen, asynchronen Busses existiert ein synchroner, serieller Bus. Dieser dient dem Austausch von Meldungen für die Systemsteuerung, zur Programmunterbrechung etc.
- Vier verschiedene Versorgungsspannungen sind Teil der Busspezifikation. Diese enthalten unter anderem die Spannung +5 V zur Versorgung von Speicherbausteinen bei Spannungsausfall.

Die *VME*-Norm wird durch die *VITA* (*VME-Bus International Trade Association*) ständig weiterentwickelt. Die ober erwähnte 64-Bit-Erweiterung wurde beispielsweise 1990 eingeführt. Inwieweit der *VME-Bus* auch in Zukunft als Grundlage von Multiprozessorumgebungen verwendet wird, oder ob er nicht doch demnächst durch einen neueren Bus, z. B. den *Futurebus+*, ersetzt wird, bleibt abzuwarten.

3.3.3 Multibus I + II (IEEE 796-Bus)

Der *Multibus* war Ende der 80er Jahre ein weltweit sehr verbreitetes Bussystem. Er wurde 1975 von Intel 1975 als 8-Bit-Bus eingeführt und seit dem immer wieder weiterentwickelt.

- Der *Multibus I* wurde 1977 als 16-Bit-Erweiterung eingeführt und 1980 von der IEEE standardisiert. Er besitzt 16 Datenleitungen, 24 Adreßleitungen, ist multimasterfähig und hat 8 Interruptebenen.
- Die *Multibus II*-Erweiterung wurde von der IEEE 1987 standardisiert und unterstützt sowohl eine 32-Bit- als auch eine Burst-Übertragung.

Der *Multibus*, ebenfalls ein Backplane-Bus, hat ein ganz ähnliches Einsatzgebiet wie *VME-Bus*. Er war zeitweise im Workstation-Bereich, basierend auf der Motorola *M68000*-Familie, weit verbreitet. Auch für ihn gibt es noch eine Vielzahl von Steckkarten.

Die Einschubkarten des *Multibus I* besitzen ein großes Platinenformat mit zwei Direktsteckern zum Bus. Der erste Stecker enthält 86 Pins mit allen Daten-, Adreß- und Steuerleitungen. Der zweite Stecker mit 60 Pins ist als Erweiterung für zukünftige Zwecke vorgesehen. Er enthält 4 weitere Adreßleitungen. Mit dem *Multibus II* wurde zum Europakartenformat und indirekten Steckern übergegangen. Wie der *VME-Bus* wurde auch der *Multibus* um einen seriellen Zweidrahtbus (Sub-Bus) erweitert.

Der *Multibus* unterstützt 8-, 16- und 32-Bit-Datentransfers[1]. Das Übertragungsprotokoll ist synchron. Der Bus unterstützt ebenfalls einen Multiprozessorbetrieb, wobei die Arbitrierung durch Daisy-Chaining erfolgt und 8 Interrupt-Ebenen zur Verfügung stehen. Nachteilig wirkt sich beim Multiprozessorbetrieb die Tatsache aus, daß keine Sicherung der Cache-Kohärenz unterstützt wird (siehe auch *VME-Bus*). Dies bereitet gerade bei der Verwendung vom modernen RISC-Prozessoren, deren Erfolg zu großen Teilen auf dem Cache-Konzept beruht, Probleme.

Die Busspezifikationen *Multibus I* und *II* unterscheiden sich in allen wichtigen Signalspezifikationen. Der *Multibus II* ist also keine einfache Erweiterung des *Multibus I*. Der *Multibus* kann als direkter Konkurrent des *VME-Busses* betrachtet werden, kam

1. Der 32-Bit-Datentransfer wird nur vom *Multibus II* unterstützt.

dafür aber zu spät als offener Systembus auf den Markt. Der *Multibus I* wurde von Siemens unter der Bezeichnung *AMS-Bus* übernommen.

3.3.4 Futurebus, Futurebus+

Der *Futurebus+* wird von vielen als Nachfolger des *VME-Busses* bzw. des *Multibus* gehandelt, da er im Multiprozessorbetrieb die Sicherung der Cache-Kohärenz unterstützt.

Die erste Version des Busses, der *Futurebus*, wurde 1980 von der IEEE als unabhängiger Bus vorgeschlagen. Die Erweiterung zum *Futurebus+* wurde ein Jahrzehnt später (1991) von der IEEE, der VME International Trade Association (VITA), der *Multibus Manufacturers Group* und anderen veröffentlicht. Dieser Bus soll die nächsten Prozessorgenerationen, vor allem in Multiprozessorumgebungen, unterstützen. Die Unterstützung des *Futurebus+* durch die VITA und die Multibus Manufacturers Group macht ihn als aussichtsreichen Bus interessant.

Beide Versionen des *Futurebus* sind Backplane-Busse im Europakartenformat. Der *Futurebus* in einfachen Europakartenformat besitzt 96 Anschlüsse mit 32-Bit-Adreß- und Datenbus. Auch er enthält einen seriellen Bus für Interrupting und andere Aufgaben. Der *Futurebus+* basiert auf dem Doppel-Europakartenformat. Die Backplane erlaubt das Einstecken von bis zu 20 Karten. Die 64 Adreßleitungen können den Bus durch Multiplexbetrieb mit 64 bis 196 Datenleitungen auf bis zu 256 Bit erweitern. Hierzu stehen insgesamt 91 bis 343 Leitungen zur Verfügung. Alle Leitungen werden, in Byte-Gruppen aufgeteilt, durch Parity-Leitungen gesichert. Der *Futurebus+* ist technologieunabhängig. Seine Spezifikation kann durch CMOS-, BiCMOS-, TTL-, ECL- und GaAs-Bausteinen implementiert werden.

Wie alle bisher besprochenen Busse, hat auch der *Futurebus* ein asynchrones Übertragungsprotokoll. Die Arbitrierung erfolgt verteilt über 8 Leitungen oder durch einen zentralen Arbiter. Als Datenbusbreite sind 32, 64, 128 und 256 Bit spezifiziert, die Adreßbreite liegt bei 32 oder 64 Bit. Weitere Eigenschaften sind der heute übliche Burst-Transfer und Plug&Play-Fähigkeit. Großer Wert wurde auf den Einsatz in Multiprozessorumgebungen gelegt. Der *Futurebus* unterstützt hierzu *Snoopy-Protokoll* zur Cache-Kohärenzsicherung und auch einen Multi-Slave-Betrieb im SIMD-Modus[1].

3.3.5 SBus

Der *SBus* von Sun gehört ebenfalls zu den moderneren Systembussen. Er wird von Sun als Ein-/Ausgabebus bezeichnet, liegt aber zwischen dem prozessorspezifischen, internen Systembus (*MBus* bzw. *Futurebus+*) und der langsameren Ein-/Ausgabe. Die Aufgabe des *SBus* ist die Ankopplung schneller Peripherie wie Graphikkarten, FDDI etc., was typischerweise durch den Systembus nach unserer Definition ausgeführt wird. Der *SBus* wird in SUN *SPARCstations* und entsprechenden Clones eingesetzt und von relativ vielen Kartenherstellern unterstützt.

Der Bus ist auf der Hauptplatine des Rechners implementiert und besitzt 3 bis 4 Steckplätze à 96 Pins. Über diese Sockel werden Mezzanine-Erweiterungskarten über High-Density-Stecker aufgesteckt. Wichtige Signale des *SBus* sind in Tabelle 3-3 aufgelistet.

Eine interessante Eigenschaft, die den *SBus* gegenüber den meisten anderen Systembussen auszeichnet, ist die Adressierung mit virtuellen Adressen durch die Busteilnehmer. Die Umsetzung in physikalische Adressen erfolgt durch einen zentralen

Tabelle 3-3 Wesentliche Signale des SBus
Quelle [Lyl92]

<table>
<tr><th>Name</th><th>Anzahl</th><th>Treiber</th><th>Beschreibung</th></tr>
<tr><td>PhysAddr</td><td>28</td><td>C</td><td>physikalische Adressen</td></tr>
<tr><td>Data</td><td>32</td><td>M / S</td><td>Daten</td></tr>
<tr><td>Size</td><td>3</td><td>M</td><td>Datenbreite</td></tr>
<tr><td>SlaveSelect</td><td>für jeden Slave</td><td>C</td><td>Slave-Auswahl</td></tr>
<tr><td>BusRequest</td><td rowspan="2">für jeden Master</td><td>M</td><td>Busanforderung</td></tr>
<tr><td>BusGrant</td><td>C</td><td>Buszuteilung</td></tr>
<tr><td>Read</td><td>1</td><td>M</td><td>Übertragungsrichtung</td></tr>
<tr><td>AddrStrobe</td><td>1</td><td>C</td><td>Adreß-Strobe</td></tr>
<tr><td>Ack</td><td>3</td><td>S / C</td><td>Übertragungsquittung</td></tr>
<tr><td>LateError</td><td>1</td><td>S</td><td>später Datenfehler</td></tr>
<tr><td>IntReq</td><td>7</td><td>S</td><td>Interrupt-Anforderung</td></tr>
<tr><td>+5 V</td><td>5</td><td>C</td><td rowspan="3">Versorgungsleitungen</td></tr>
<tr><td>+12 V / -12 V</td><td>1 / 1</td><td>C</td></tr>
<tr><td>Ground</td><td>7</td><td>C</td></tr>
<tr><td>Clock</td><td>1</td><td>C</td><td>Takt</td></tr>
</table>

M = Bus-Master; S = Slave; C = zentraler Bus-Controller

1. SIMD = Single Instruction Multiple Data Stream. SIMD ist ein Verarbeitungsmodell, bei dem ein Controller eine Vielzahl von Verarbeitungseinheiten steuert. Die Verarbeitungseinheiten führen dieselben Operationen aus.

Bus-Controller. Dies hat den Vorteil, daß die Master- und Slave-Geräte einfacher aufgebaut sein können, da die Adreßabbildung den Gerätetreibern abgenommen wird. Alle Geräte können beim *SBus* vereinfacht durch virtuelle Geräteadressen adressiert werden.

Der *SBus* ist multimasterfähig. Die hierzu notwendige Arbitrierung erfolgt parallel, zentral über Stichleitungen. Die Busvergabe liegt in der Verantwortung des zentralen Bus-Controller, der auch die virtuelle Adreßabbildung ausführt.

Im Gegensatz zu den bisher beschriebenen Systembussen besitzt der *SBus* ein einfaches synchrones Übertragungsprotokoll. Alle Übergänge erfolgen an einer Taktflanke und werden an der nächsten Flanke ausgewertet. Ein Buszyklus beträgt minimal 5 Takte. Der Zyklus ist in drei Hauptschritte unterteilt (vergleiche Abbildung 3-16):

- *Arbitrierung:* Der zentrale Controller wertet alle *BusRequest*-Signale bereits während der vorhergehenden Übertragung aus und setzt ein gerätespezifisches *Grant*-Signal. Dies ermöglicht eine Arbitrierung ohne Zeitverlust.
- *Adreßumsetzung:* Nach der Buszuteilung legt der Bus-Master eine virtuelle Adresse auf die Datenleitungen und belegt die *Size*-Leitungen mit der von ihm gewünschten Datenwortbreite sowie die *Read*-Leitung zur Bestimmung der Übertragungsrichtung.

Abbildung 3-16 Signale eines Buszyklus beim SBus
Quelle: [Lyl92]

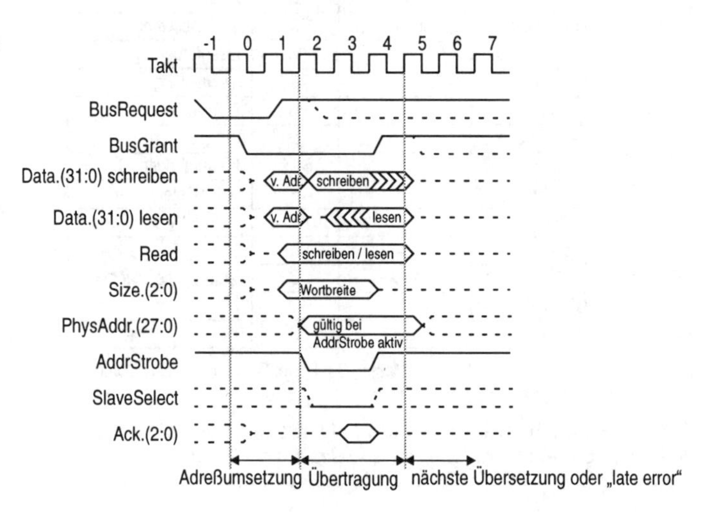

Die virtuelle Adresse des Bus-Master liegt genau einen Takt an. Anschließend wird sie vom Bus-Master im Schreibzyklus durch (64-Bit-) Daten überschrieben oder im Lesezyklus auf hochohmig geschaltet.
Der zentrale Bus-Controller übersetzt die virtuelle Adresse in einem oder mehreren Taktzyklen in eine physikalische Adresse, die er dann auf die *PhysAddr*-Leitungen legt. Der Bus-Controller dekodiert aus der virtuellen Adresse ebenfalls die Slave-ID und aktiviert die *SlaveSelect*-Leitung des entsprechenden Geräts.

- *Übertragung:* Über die *AddressStrobe*-Leitung signalisiert der zentrale Bus-Controller, daß die physikalischen Adressen und die Slave-Auswahl gültig sind. Der restliche Übertragungszyklus wird dann im wesentlichen vom Slave bestimmt:

  Schreiben: Der Master hält die Daten solange aktiv, bis der Slave über die *Ack*-Leitungen die Daten als fehlerfrei bzw. fehlerhaft quittiert.

  Lesen: Der Slave legt die gewünschten Daten auf die Datenleitungen, nachdem er eine *Ack*-Quittierung gesendet hat. Der Master übernimmt Daten bei der Flanke, die auf das *Ack*-Signal folgt.

  Mit der Quittierung über die *Ack*-Leitungen kann der Slave die Übertragungsgeschwindigkeit steuern. Der Master muß immer schneller sein.

Die Datenwortbreite kann beim *SBus* dynamisch angepaßt werden. Der aktuelle Bus-Master und sein Kommunikationspartner (Slave) verhandeln die Datenbreite über die *Size*- und *Ack*-Leitungen. Hierzu legt der Master mit dem ersten Datum die Datenbreite auf die *Size*-Leitungen und der Slave antwortet seine Port-Breite über die *Ack*-Leitungen (und übernimmt gleichzeitig die niederwertigen Bits des Datums). Falls die Port-Breite des Slaves kleiner als die *Size*-Angabe des Bus-Master ist, muß der Master die restlichen Teildaten nachträglich noch einmal übermitteln, da sein Partner nur die niederwertigen Bits übernommen hat. Die maximale Datenwortbreite betrug ursprünglich 32 Bit, wurde aber 1991 auf 64 Bit erweitert, indem die Adreßleitungen bei einer 64-Bit-Übertragung als Datenleitungen im Zeitmultiplex verwendet werden.

Die synchrone Übertragung erfolgt nach einem zentralen Bustakt mit 16,67 MHz bis 25 MHz. Die maximale Blocklänge bei einer Burst-Übertragung beträgt 16 Wörter. Bei einer Wortbreite von 32 Bit kommt der *SBus* damit auf eine maximale Übertragungsrate von 80 MB/s, bei 64-Bit-Daten sogar auf 160 MB/s. Wie viele andere Bussysteme, so wird auch der *SBus* ständig weiterentwickelt. Beispielsweise arbeitet die IEEE an einer Spezifikationsrevision, u. a. zur Multi-Geräte-Unterstützung durch den Busmaster, um ein Multiprocessing zu vereinfachen.

Eine wichtige Vorgabe bei der Entwicklung des *SBus* war eine geringe geometrische Ausdehnung - sowohl des Busses selbst als auch der Erweiterungskarten. Um dies zu erreichen, wurden unter anderem die Signalpegel des Busses an die CMOS-Charakteristik angepaßt. CMOS-Bausteine können dadurch den Bus direkt ansteuern. Durch die geringe Zahl von Busteilnehmern ist die kapazitive Last so klein, daß keine bipolaren TTL-Treiber nötig sind. Mit der geringen Stromaufnahme der CMOS-Treiber ist auch an einen Einsatz bei Batteriebetrieb gedacht.

Ein Problem bei der Vorgabe der CMOS-Charakteristik sind die wired-AND-Leitungen, die i. allg. durch Open-Collector-Treiber angesteuert werden. Bei der Verwendung von kräftigen TTL-Treibern können diese Busleitungen durch einen relativ kleinen Pull-Up-Widerstand und durch starke TTL-Pull-Down-Treiber in kurzer Zeit umgeladen werden. Bei CMOS-Treibern muß der Pull-Up-Widerstand jedoch hoch sein, damit auch die schwachen Treiber ihn noch übersteuern können. Solch große Widerstände ergeben aber eine große Zeitkonstante im Mikrosekundenbereich, was nicht tragbar ist. Der *SBus* umgeht das Problem durch *Aktivsteuerung*, bei der jeder Treiber, der die gemeinsame Sammelleitung aktiviert, diese auch wieder deaktivieren muß, so daß auch ein hoher Pull-Up-Widerstand den inaktiven Zustand dann halten kann.

3.3.6 TURBOchannel

Der *TURBOchannel* wurde 1990 von DEC für die *DECstation-5000*-Serie entwickelt. Bei näherer Betrachtung sieht man hier eine starke Ähnlichkeit mit dem *SBus* von Sun, so daß der *TURBOchannel* hier nur im Vergleich zum *SBus* vorgestellt wird.

DECs *TURBOchannel* ist ebenfalls ein Mezzanine-Bus, hat jedoch mit 144 x 118 mm^2 etwas größere Ausmaße als der *SBus* (147 x 84 mm^2, siehe Abbildung 3-17). Dieser Größenunterschied kann wichtig werden, wenn der entsprechende Bus in einer *VME*-Umgebung eingesetzt werden soll. Dort lassen sich zwei *SBus*-Karten ohne Probleme auf einer doppelten Europakarte unterbringen, wie Abbildung 3-17 zeigt.

In einer solchen *VME*-Multiprozessorumgebung kann auch die asymmetrische Struktur[1] des *TURBOchannel* problematisch werden. Beim *TURBOchannel* kann weder die CPU noch der Hauptspeicher auf einer Einschubkarte realisiert werden, was der symmetrische *SBus* erlaubt.

Identisch bei beiden Bussystemen ist die Möglichkeit der direkten Ansteuerung der Leitungen durch CMOS-ASICs und die Möglichkeit der 8-, 16- und 32-Bit-Datenübertragung. Daten- und Adreßleitungen werden beim *TURBOchannel* im Zeitmultiplex verwendet. Die synchrone Übertragung mit einem Takt zwischen 12,5 MHz und 25 MHz und einem einfachen Übertragungsprotokoll ist vergleichbar mit dem *SBus*. Die Blocklänge im Burst-Modus ist mit maximal 128 Wörtern größer und auch die maximale Burstrate ist mit 100 MB/s höher als beim *SBus*. Dies liegt u. a. daran, daß beim *TURBOchannel* die Umsetzung der virtuellen Adressen beim Burst-Beginn entfällt.

Ein DMA-Transfer erfolgt beim *TURBOchannel* immer über den Hauptspeicher und ist nicht zwischen zwei Geräten direkt möglich. Aufgrund der Verwendung von physikalischen Adressen

Abbildung 3-17 Größenvergleich TURBOchannel und SBus
Quelle: [Lyl92]

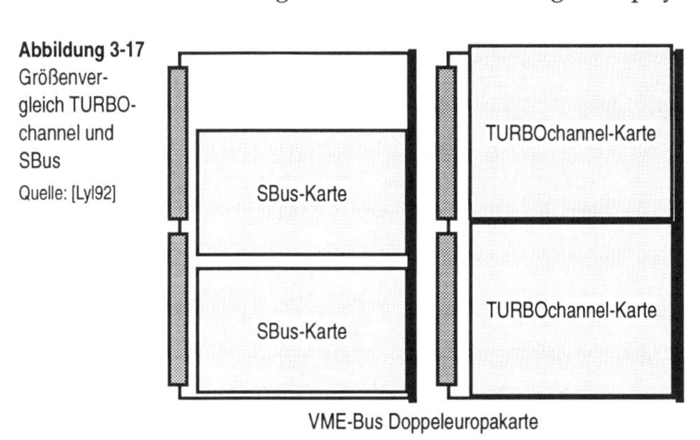

1. Unter „asymmetrischer Struktur" versteht man den Ansatz, daß die Kernkomponenten eines Rechners (Prozessor, Speicher) auf der Hauptplatine untergebracht sind und nur die Peripherie auf Erweiterungskarten zugesteckt wird. Backplane-Busse sind in diesem Sinne „symmetrisch".

kann keine DMA-Übertragung über Seitengrenzen (2k-Grenzen) hinweg durchgeführt werden. Ein DMA-Transfer kann auch nur durch die CPU initiiert werden.

3.4 PC-Systembusse

In diesem Abschnitt werden die Systembusse im PC-Bereich in ihrer geschichtlichen Entwicklungsreihenfolge vorgestellt. Vielfach sind diese Busse komplizierter aufgebaut als vergleichbare Konkurrenzsysteme, da man sich beim PC immer zur Auflage gesetzt hatte, mit alten Bussystemen und Erweiterungskarten kompatibel zu bleiben. Durch Einführung hierarchischer Bussysteme konnte das Problem entschärft werden.

Zu Beginn dieses Abschnitts soll jedoch ein Bus vorgestellt werden, der nicht in IBM-kompatiblen PCs eingesetzt wird: der *NuBus* des Apple-*Macintosh.* Dies ist der einzige wichtige Konkurrent zu den „echten PC-Bussen" in dieser Rechnerklasse. Obwohl der *NuBus* eigentlich älter als der *XT-* oder *AT-*Bus ist, hat er das besser durchdachte Konzept, was den Apple-*Macintosh* aus technischer Sicht in einigen Bereichen dem PC überlegen machte.[1]

3.4.1 NuBus

Der *NuBus* wurde 1979 am MIT zusammen mit Western Digital für die sich damals bereits abzeichnende 32-Bit-Rechnergeneration entworfen. Er wurde daraufhin von Texas Instruments um eine Multimasterfähigkeit erweitert, dann aber erst einmal in der „Schublade versenkt". Von der IEEE genormt, ist der *NuBus* erst 1987 durch Einsatz in Apple *Macintosh-II-*Rechnern relevant geworden. Mittlerweile wurde er zum *NuBus'90* erweitert und in der *Quadra-*Familie von Apple eingesetzt.

Der *NuBus* hat ein einfaches, leistungsfähiges Konzept mit Plug&Play-Fähigkeit und ist fast identisch mit dem *NextBus.* Es zeichnet sich jedoch ab, daß auch Apple zukünftig aus verschiedenen Gründen zum *PCI-Bus* wechseln wird.

Beide Versionen, der *NuBus* und der *NuBus'90,* haben 96 Signale. Alle Signale sind active low und im allgemeinen als wired-

---

1. Der *NuBus* war beispielsweise von Anfang an Plug&Play-fähig, was bei den PCs erst mehr als ein Jahrzehnt später mit dem *PCI-Bus* der Fall war.

AND-Busleitungen realisiert. Spezielle Signale dienen der Kennung des Übertragungsmodus (Read, Write, Burst, Datenbreite etc.). Der *NuBus'90* enthält darüber hinaus einen seriellen Bus und 4 spezielle Signale zur Implementierung eines Cache-Kohärenz-Protokolls.

Das Übertragungsprotokoll ist synchron bei einem 10-MHz-Takt. Der *NuBus'90* bietet zusätzlich 20 MHz für Burst-Übertragungen. Alle Signale werden bei der „0→1"-Flanke gesetzt und bei bei der „1→0"-Flanke gelesen (Abbildung 3-18).

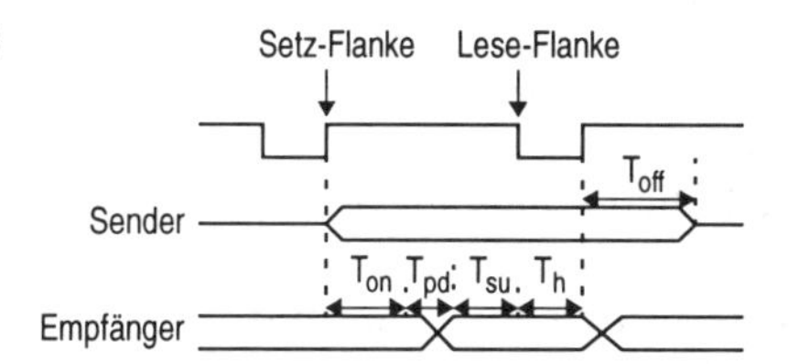

Abbildung 3-18 Zeitdiagramm des NuBus
Quelle: [Kor93]

Abbildung 3-19 zeigt den einfachen Aufbau des Protokolls eines Übertragungszyklus, sowohl für Schreiben als auch für Lesen. Der mittlere, ausgeschnittene, Abschnitt wird bei Blockübertragung (Burst-Modus) wiederholt ausgeführt und entfällt bei der Übertragung eines einzelnen Wortes.

Beim Einsatz des *NuBus* im Apple *Macintosh II* liegen jeweils 5

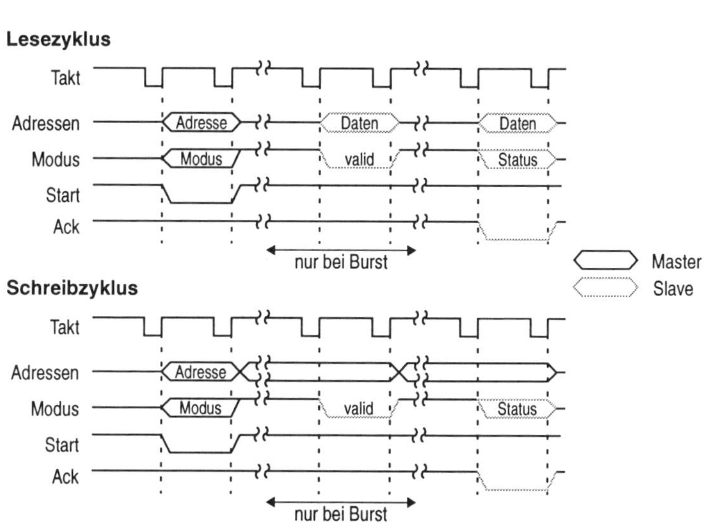

Abbildung 3-19 NuBus-Übertragungszyklus
Quelle: [Kor93]

bis 7 Totzyklen zwischen zwei Zugriffen auf den Bus, was die Übertragung relativ langsam macht. Hinzu kommt, daß der *Macintosh* II keinen Burst-Transfer durchführt. Bei der *Quadra*-Familie reduziert sich die „Leerlaufzeit" auf einen Totzyklus zwischen zwei Zugriffen.

Jeder Busteilnehmer, d. h. jede Karte, erhält eine eindeutige Kennung (ID) und einen 16 MByte großen Adreßraum (*$Fsxxxxxx*, *s* = Steckplatznummer). Die Busarbitrierung erfolgt über 4 Arbitrierungsleitungen nach einem verteilten Protokoll, das mit dem des *SCSI*-Busses verwandt ist (siehe Abschnitt 4.2.1). Während der Arbitrierungsphase legt jeder potentielle Bus-Master seine Kennung auf die Arbitrierungsleitungen. Liegt aufgrund der wired-AND-Überlagerung der Kennungen aller potentiellen Bus-Master eine höhere Kennung als seine eigene an, nimmt ein Busteilnehmer seine Anforderung wieder zurück (siehe auch CSMA/CA auf Seite 136). Nach maximal zwei Takten liegt die Kennung des Teilnehmers mit höchster Priorität stabil an. Eine faire Busvergabe wird beim *NuBus* dadurch erreicht, daß, sobald Master den Bus belegt, eine neue Arbitrierung mit den verbliebenen, sendewilligen Busteilnehmern stattfindet. Zusätzliche Stationen dürfen während dieser Arbitrierungsrunde nicht mitmachen, d. h. neue Anforderungen werden erst dann angenommen, wenn alle aktuellen Wünsche befriedigt wurden. Auch der aktuelle Bus-Master (mit hoher Priorität) darf sich nach der Busfreigabe erst wieder in der nächsten Runde um den Bus bemühen.

Plug&Play

Im Gegensatz zu den *XT*- und *AT*-Bussen war der *NuBus* von Anfang an Plug&Play-fähig, das heißt, das Betriebssystem kann die Erweiterungskarten automatisch identifizieren. In den Apple-Rechnern hat hierzu jeder Busteilnehmer ein *Declaration-ROM*, in dem eine, von Apple eindeutig vergebene, Kennung (ID) der Karte an der Adresse *$FsFFFFFC* (*s* = Nummer des Steckplatzes) steht. Darüber hinaus enthält das Declaration-ROM eventuell zusätzliche Treiber-Software (Abbildung 3-20). Über die Kennung wird der Busteilnehmer identifiziert.
Der *NuBus* verlang von jedem Busteilnehmer eine Reaktion, wenn die Adresse *$FsFFFFFC* angesprochen wird. Damit kann erkannt werden, welche Steckplätze (Slots) belegt sind. Das Betriebssystem kann nun die Geräte in allen belegten Steckplätzen identifizieren. Durch die Steckplatznummer und das Declaration-ROM der Karte ist damit Plug&Play leicht möglich.

Abbildung 3-20 Einträge im Declaration-ROM von NuBus-Erweiterungskarten

einige Einträge des Declaration-ROM
ID der Karte
Kartenfunktion
Icons
Treiber (evtl. mehrere für verschiedene Prozessoren)
Boot-Code, damit der Rechner von der Karte (z. B. Plattenkontroller) booten kann
Load-Record, um evtl. Treiber vom externen (an die Karte angeschlossenen) Medium zu lesen

Der Boot-Prozeß läuft in *Macintosh*-Rechnern wie folgt ab: Zunächst werden alle wichtigen Funktionen der Hauptplatine (z. B. DRAM) getestet. Daraufhin identifiziert der Betriebssystemkern alle Busteilnehmer und prüft, ob die auf Anfrage zurückgegebene BoardID mit der im *Parameter-RAM* (*PRAM*) des Rechners unter der Slot-Nummer gespeicherten Kennung übereinstimmt. Ist dies der Fall, so wurde die Karte seit dem letzten Systemstart nicht verändert und die Karte wird mit den Daten aus dem *PRAM* konfiguriert. Andernfalls wird der Initialisierungscode von der Karte ins *PRAM* geladen und ausgeführt. In den nächsten Schritten werden die Graphikkarte durch Laden der Treiber initialisiert, das BOOT-Device bestimmt und die Treiber aller Busteilnehmer geladen.

3.4.2 Intel 80x86-Mikroprozessorgenerationen

Die Entwicklung des (IBM-kompatiblem) PC und seines Systembusses kann nur im Zusammenhang mit den Intel-Prozessoren der *80x86*-Familie betrachtet werden. Die verschiedenen Bussysteme wurden immer unter Beachtung des entsprechenden aktuellen bzw. auf den Markt kommenden *80x86*-Prozessors spezifiziert. Tabelle 3-4 zeigt die historische Entwicklung der Prozessoren, deren spezielle Eigenschaften und den typischerweise mit dem jeweiligen Prozessor eingesetzten Systembus. In den folgenden Abschnitten werden diese Busse dann näher betrachtet.

3.4.3 ISA (AT-Bus)

Der *AT*-Bus ist der Nachfolger des *XT-Busses*, welcher im IBM-*XT* lediglich die Weiterführung der Intel *8086*-Anschlüsse darstellte. Der *XT-Bus* hatte 8 Datenleitungen und konnte mit 20

Tabelle 3-4 Entwicklungsgeschichte der Intel x86-Prozessoren

Jahr	Prozessor / Co-Prozessor	Takt [MHz]	Datenpins Adreßpins [Bit]	Bemerkung	Systembus
1981	8086 8087	4,77 ... 10	16 20	1 MB physikal. Adreßraum	XT-Bus
1984	80286 80287	6 .. 25	16 24	16 MB physikal. Adreßraum, virtuelles Speicherkonzept durch Segmentation Unit	AT-Bus (ISA-Bus)
1986	80386 SX / 80386 DX 80387	16 .. 50	SX DX 16 32 24 32	DX: 4 GB phys. Adreßraum, 64 TB virt. Adreßraum, on-Chip MMU mit TLB	ISA, EISA, MCA
1989	80486 SX / 80486 DX 80487 SX / on-Chip	20 ... 66	32 32	on-Chip-Coprozessor, 8 kB on-Chip-Cache, zusätzl. Befehle zur Unterstützung von Multiprozessorsystemen	EISA, MCA, VLB
1993	Pentium on-Chip	60 ... 166	64 32	superskalarer RISC-Prozessor max. 66 MHz interner Systembus	PCI
1995	Pentium Pro on-Chip	133 .. 200	64 36	Split Transactions 256 kByte 2nd-Level-Cache auf CPU max. 66 MHz interner Systembus	PCI

Adreßbits gerade einmal 1 MByte adressieren (diese Einschränkung macht bis heute noch Probleme beim PC). Der Bus wurde mit 4,77 MHz getaktet und konnte maximal 2 MByte/s übertragen. Das Bussystem hatte einen Interrupt-Controller für 8 Interrupts und einen DMA-Controller für 4 DMA-Kanäle.

1984 wurde der *XT-Bus* auf 16 Daten- und 24 Adreßbit erweitert. Der erweiterte Bus wurde im IBM-*AT*, basierend auf dem Intel *80286*, eingesetzt und dementsprechend *AT-Bus* (*Advanced Technology*) genannt. Durch den großen Erfolg des PC entwickelte sich der *AT-Bus* zu einem de-facto-Standard und wurde (erst!) 1991 unter dem Namen *ISA* (*Industry Standard Architecture*) von der IEEE genormt. Der Name der Norm, IEEE P996 - P steht für Priliminary - zeigt bereits, daß damit der Bus immer noch nicht in allen Einzelheiten standardisiert ist. Mit der Erweiterung erhielt der *AT-* bzw. *ISA-Bus* weitere Interrupt- und DMA-Leitun-

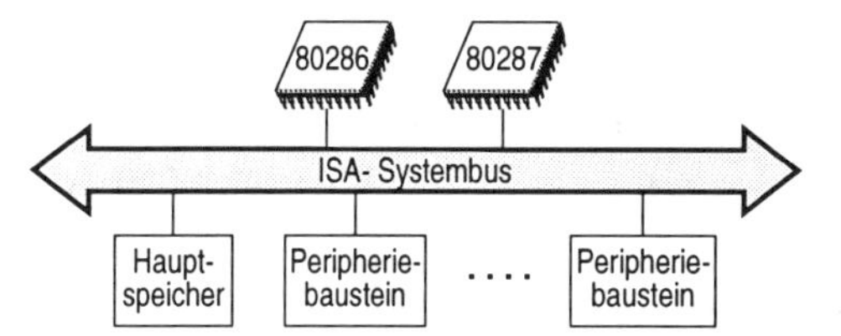

Abbildung 3-21 ISA als zentraler i286-Systembus (Backplane-Architektur)

gen und jeweils einen zweiten Controller. Der *ISA-Bus* ist heute der meist unterstützte Bus überhaupt.

In den auf den Prozessoren *i286* (*Intel 80286*) und *i386* basierenden PC-Systemen wurde der *ISA-Bus* als Systembus eingesetzt (Abbildung 3-21). Mit seiner maximalen Übertragungsrate von 5 bis 6 MByte/s bremste der Bus jedoch schon höher getaktete *i286*-Systeme (16 MHz Prozessortakt) aus. *i386*-basierte Systeme verwenden daher bereits ein hierarchisches Systembuskonzept, bei dem ein lokaler CPU-Bus höher getaktet ist als der *ISA*-Systembus (Abbildung 3-22). In heutigen PCs wird der *ISA-Bus* daher nur noch als langsamer Ein-/Ausgabebus für alle Erweiterungkarten, die keine hohe Transferleistung benötigen, eingesetzt.

Der physikalische Aufbau des *ISA-Busses* entspricht, wie bei allen anderen PC-Bussen auch, dem Daughter-Card-Prinzip. Die Erweiterungskarten sind alle mit Direktsteckern ausgerüstet. Der *ISA-Bus* ist zudem steckerkompatibel mit seinem Vorgänger, dem *XT-Bus*, so daß alle *XT*-Erweiterungskarten (im Prinzip) in *AT*-Systemen weiter verwendbar sind.

Bei der Erweiterung wurde der Datenbus von 8 auf 16 Bit und der Adreßbus von 20 auf 24 Bit verbreitert, womit sich der

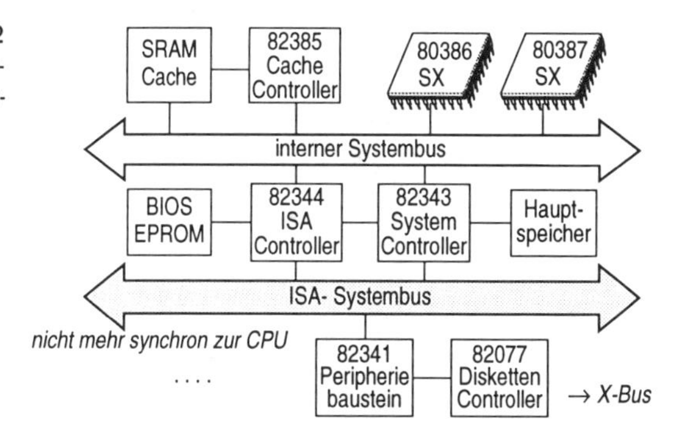

Abbildung 3-22 ISA-Bus im hierarchischen i386-System

Adreßraum von 1 auf 16 MByte erhöhte. Abbildung 3-23 zeigt die Steckerbelegung des *AT-Busses*. Auf der linken Seite der Abbildung sind die 62 Pins des *XT-Busses* aufgeführt und auf der rechten Seite die 36 zusätzlichen Pins der *AT*-Erweiterung.

Die Weiterverwendung älterer *XT*-Erweiterungskarten erzwang jedoch, daß der *AT-Bus*, der mit 8 MHz getaktet wird, ein kompliziertes Übertragungsprotokoll erhielt (siehe unten). Beispiele hierfür sind eine knifflige 8/16 Bit-Erkennung und das doppelte Vorhandensein der Adreßleitungen 17 bis 19, einmal als Ausschnitt der gelatchten, späten *XT*-Adreßleitungen *SA[17] ... SA[19]* und ein zweites Mal als Teil der frühen ungelatchten *AT*-Adreßleitungen *LA[17] ... LA[23]* zur schnellen Dekodierung von 128-kByte-Blöcken.

Der *ISA*-Bus ist Multimaster-fähig, eine DMA-Übertragung ist

Abbildung 3-23
ISA-Pinbelegung
Quelle: [Sti91]

	XT-Belegung		**16-Bit-Erweiterung**	
Pin	**Reihe B**	**Reihe A**	**Reihe D**	**Reihe C**
01	GND	IO CH CHK#	MEM CS 16#	SBHE#
02	RESET DRV	D[07]	I/O CS 16#	LA[23]
03	+5 V	D[06]	IRQ 10	LA[22]
04	IRQ 2	D[05]	IRQ 11	LA[21]
05	-5 V	D[04]	IRQ 12	LA[20]
06	DRQ 2	D[03]	IRQ13	LA[19]
07	-12 V	D[02]	IRQ 14	LA[18]
08	0WS#	D[01]	DACK 0#	LA[17]
09	+12 V	D[00]	DRQ 0	MEMR#
10	GND	IO CHRDY	DACK 5#	MEMW#
11	SMWTC#	AENx	DRQ 5	D[08]
12	SMRDC#	SA[19]	DACK 6#	D[09]
13	IOWC#	SA[18]	DRQ 6	D[10]
14	IORC#	SA[17]	DACK 7#	D[11]
15	DACK 3#	SA[16]	DRQ 7	D[12]
16	DRQ 3	SA[15]	+ 5V	D[13]
17	DACK 1#	SA[14]	MASTER 16#	D[14]
18	DRQ 1	SA[13]	GND	D[15]
19	REFRESH#	SA[12]		
20	BCLK	SA[11]		
21	IRQ 7	SA[10]		
22	IRQ 6	SA[09]		
23	IRQ 5	SA[08]		
24	IRQ 4	SA[07]		
25	IRQ 3	SA[06]		
26	DACK 2#	SA[05]		
27	TC	SA[04]		
28	BALE	SA[03]		
29	+5 V	SA[02]		
30	OSC	SA[01]		
31	GND	SA[00]		

Abbildung 3-24 Übertragungsprotokoll des Befehls MEMx 16 Bit 0 Waitstate
Quelle: [Sti91]

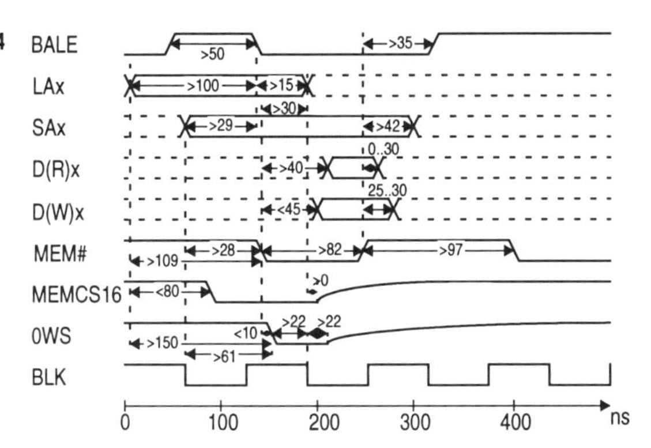

jedoch nur zwischen dem Speicher und den Ein-/Ausgabeports, und nicht zwischen zwei Speicherbereichen, möglich. Zusätzliche Probleme bereitet hierbei der 16-MByte-Adreßraum. In modernen Rechnern mit größerem Hauptspeicher müssen die Daten der Ein-/Ausgabe zuerst in einen Block im 16-MByte-Adreßraum kopiert und dann von der CPU über den lokalen, breiten Bus umkopiert werden. Dies führt natürlich das DMA-Konzept ad absurdum.

Während der *XT-Bus* noch vollständig synchron arbeitete, ist der *ISA-Bus* als „asynchron mit wenigen synchronen Komponenten“ zu bezeichnen. Er besitzt 16 verschiedene Transferarten mit unterschiedlichem Timing, aufgeteilt in 6 Hauptzyklen (CPU ↔ DRAM, CPU ↔ I/O, Busmaster ↔ DRAM, Busmaster ↔ I/O, DMA ↔ I/O bzw. DRAM, Refresh). Diese Hauptzyklen werden weiter in 8-Bit- und 16-Bit-, Lese- und Schreib- sowie Standard-, Ready- und 0-Wait-State-Zyklen unterteilt. Abbildung 3-24 zeigt ein Beispielprotokoll für einen Befehl. Man erkennt hieran recht deutlich das wesentlich kompliziertere Schema gegenüber beispielsweise dem voll synchronen *NuBus*-Protokoll.

3.4.4 MCA (Micro Channel Architecture)

IBM entwickelte 1987 die *Micro Channel Architecture* als Nachfolger des *ISA-Busses* für die *PS/2*-Rechnerfamilie. Mit diesem Bus hatte IBM einen technologisch interessanten und modernen 32 Bit-Ansatz, versuchte aber, den *MCA* durch eine restriktive Lizenzpolitik zu Geld zu machen. Durch die hohen Lizenzgebühren gab es nur wenige Kartenhersteller, die den Wechsel vom

Abbildung 3-25
MCA-Bushierarchie

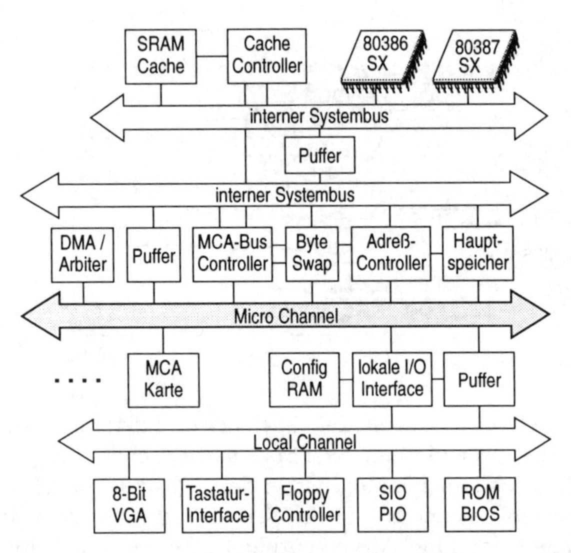

ISA-Bus zum *MCA* mit vollzogen. IBM war gezwungen, den Bus offenzulegen, so daß er heute als offener Standard vorliegt. Dieser Schritt kam jedoch zu spät, um sich gegen die Konkurrenz „auf breiter Front" durchzusetzen. Seit 1991 gibt es auch eine 64-Bit-Erweiterung.

Der *MCA* ist ein echter 32-Bit-Bus (32 Adreß- und 32 Datenleitungen) in Daughter-Card-Topologie. Das Bussystem ist hierarchisch aufgebaut, mit einem prozessorspezifischen internen Systembus, dem *MCA*-Systembus und einer Erweiterung für integrierte Peripherie wie SIO, PIO, Maus und 8-Bit-VGA (siehe Abbildung 3-25).

IBM hatte zugunsten eines „sauberen" Buskonzepts auf eine Kompatibilität mit dem *ISA-Bus* verzichtet. In *MCA*-basierten Computersystemen sind daher keine *ISA*-Karten verwendbar. Man hatte sich gedacht, daß wegen der integrierten Peripherie keine *ISA*-Erweiterungskarten mehr notwendig seien. Dies führte zu der spöttischen Bemerkung: „nichts ist weniger IBM-kompatibel als ein IBM PS/2-Rechner".

Das Übertragungsprotokoll des *MCA* ist asynchron mit ursprünglich 200 ns minimaler Zykluszeit. Damit erreicht der *MCA* eine maximale Übertragungsrate von 5 MByte/s im Burst-Modus[1]. 1989 wurde die minimale Zykluszeit auf 100 ns halbiert, was zusammen mit anderen Erweiterungen eine maximale Burst-Übertragungsrate von 40 MByte/s ergab. 1992 wurde die Zykluszeit noch einmal auf nun minimal 50 ns halbiert, so daß bei einem 64-Bit-Datenbus theoretisch 160 MByte/s im Burst-Modus über den Bus geschickt werden können. Die Tatsache, daß auch in den schnellen *RS/6000*-Rechnern nur maximal etwa 40 MByte/s erreichbar sind, zeigt das vorhandene Potential des Busses und sein modernes Konzept.

Der *MCA* ist wie jeder moderne Bus Multimaster-fähig. Die Arbitrierung ist ganz ähnlich wie beim *NuBus*. 8 DMA-Kanäle mit je 16-Bit-Daten- und 24-Bit-Adreßbreite erreichen eine Transferrate von je 5 MByte/s bei zwei Bustakten pro Schritt. Seit 1989 erreichen 32-Bit-DMA-Controller eine Transferrate von 10 MByte/s. Eine 16-Bit-Kennung für jede Karte und ein CMOS-RAM zum Abspeichern von Adapterkonfigurationen machen den *MCA* Plug&Play-fähig. Für Erweiterungskarten sind beim *MCA* sieben verschiedene Slot-Größen vorgesehen:

- 16 Bit
- 32 Bit
- 16/32 Bit
- 16 Bit + Video-Extension
- 32 Bit + Video-Extension
- 32 Bit + Memory-Extension
- 32 Bit + Memory-Extension + Video-Extension.

3.4.5 EISA (Extended-ISA)

Die restriktive Lizenzpolitik von IBM für ihren *Micro Channel* (siehe oben) führte dazu, daß neun PC-Hersteller (Compac, Intel, HP, u. a.) 1989 als konzertierte Antwort ein Konkurrenzprodukt spezifizierten: den *EISA-Bus*. Mit diesem Bus versuchte man den *ISA-Bus* auf 32 Bit zu erweitern.

Die mit *ISA* kompatible Busspezifikation ließ sich nur mit relativ hohem Hardware-Aufwand realisieren, was zu teuren Erweiterungskarten führte. Der *EISA-Bus* fand daher zunächst nur in teuren Server-Systemen Einzug. Bis die Busanbindung preiswert genug war, um auch im großen Stil im PC-Massenmarkt Einzug zu finden, gab es mit dem *VESA Local-Bus* und in jüngster Zeit mit dem *PCI-Bus* bereits etablierte Konkurrenten, die

1. Die DMA-Übertragung war zunächst nur 16-bittig.

der *EISA-Bus* nicht mehr verdrängen konnte. Heute dient der *EISA-Bus* nur noch als (schnelle) *PCI*-Erweiterung. Wie der *ISA-Bus*, so ist auch der *EISA*-Nachfolger vom Systembus zum Ein-/ Ausgabebus geworden. Abbildung 3-26 zeigt den *EISA-Bus* in seiner ursprünglichen Aufgabe als Systembus in einer hierarchischen Umgebung.

Abbildung 3-26 Hierarchische EISA-Bustopologie

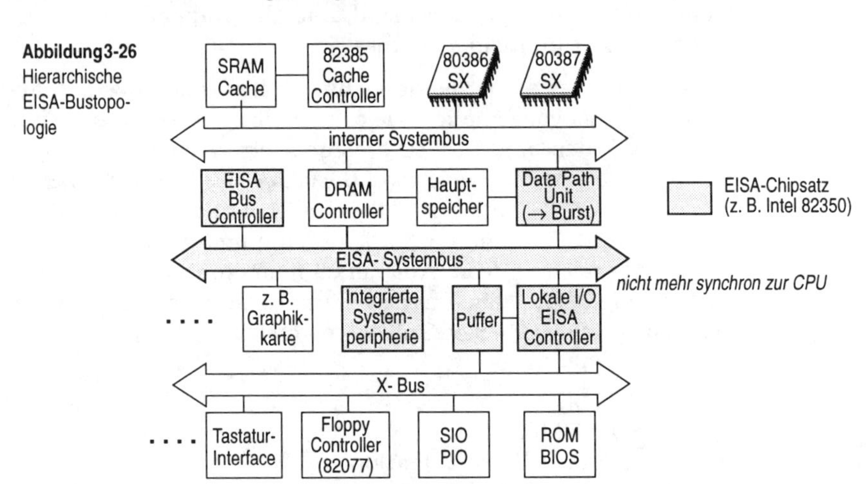

EISA ist ein vollständiger 32-Bit-Daughter-Card-Bus mit getrennten 32 Daten- und 32 Adreßleitungen. Zur Unterstützung der Kartenhersteller wurde der *EISA-Bus* steckerkompatibel mit *ISA* entwickelt. Abbildung 3-27 zeigt die Steckerbelegung. Die Pins der *XT*- bzw. *AT*-Karten, die direkt in einen *EISA*-Steckplatz gesteckt werden können, sind in der Mitte grau hervorgehoben.

Der *EISA-Bus* wird synchron mit (nur) 8 bis 8,33 MHz getaktet, um kompatibel mit *ISA* zu bleiben. Das Zeitverhalten der Signale auf dem Bus ist genau spezifiziert - auch die *ISA*-Teilmenge, die hier *E-ISA* genannt wird. Die maximale Datenrate liegt bei 16 MByte/s, im Burst-Modus erhöht sie sich auf 33 MByte/s. Um noch höhere Datenraten bei gleichbleibendem Bustakt zu ermöglichen, wurde der *Enhanced Master Burst-Modus* (*EMB*) eingeführt: bei der Blockübertragung werden Daten sowohl bei der steigenden als auch bei der fallenden Taktflanke übertragen. Der *EISA*-Bus kommt damit auf maximal 66 MByte/s. Eine 64-Bit-Blockübertragung mit maximal 126 MByte/s wird durch Multiplexen der Adreßleitungen erreicht.

Abbildung 3-27
EISA-Pinbelegung
Quelle: [Snu93]

Pin	Reihe F	Reihe B	Reihe A	Reihe E
01	GND	GND	IO CH CHK#	CMD#
02	+5 V	RESET DRV	D[07]	START#
03	+5 V	+5 V	D[06]	EXRDY
04	-	IRQ 2	D[05]	EX32#
05	-	-5 V	D[04]	GND
06	(Kodiersteg)	DRQ 2	D[03]	(Kodiersteg)
07	-	-12 V	D[02]	EX 16#
08	-	0 WS#	D[01]	SLBURST#
09	+12 V	+12 V	D[00]	MSBURST#
10	M /IO	GND	IO CHRDY	W / R
11	LOCK#	SMWTC#	AENx	GND
12	reserviert	SMRDC#	SA[19]	reserviert
13	GND	IOWC#	SA[18]	reserviert
14	reserviert	IORC#	SA[17]	reserviert
15	BE 3#	DACK 3#	SA[16]	GND
16	(Kodiersteg)	DRQ 3	SA[15]	(Kodiersteg)
17	BE 2#	DACK 1#	SA[14]	BE 1# / D[33]
18	BE 0# / D[32]	DRQ 1	SA[13]	LA[31] / D[63]
19	GND	REFRESH#	SA[12]	GND
20	+5 V	BCLK	SA[11]	LA[30] / D[62]
21	LA[29] / D[61]	IRQ 7	SA[10]	LA[28] / D[60]
22	GND	IRQ 6	SA[09]	LA[27] / D[59]
23	LA[26] / D[58]	IRQ 5	SA[08]	LA[25] / D[57]
24	LA[24] / D[56]	IRQ 4	SA[07]	GND
25	(Kodiersteg)	IRQ 3	SA[06]	(Kodiersteg)
26	LA[16] / D[48]	DACK 2#	SA[05]	LA[15] / D[47]
27	LA[14] / D[46]	TC	SA[04]	LA[13] / D[45]
28	+ 5 V	BALE	SA[03]	LA[12] / D[44]
29	+ 5 V	+5 V	SA[02]	LA[11] / D[43]
30	GND	OSC	SA[01]	GND
31	LA[10] / D[42]	GND	SA[00]	LA[09] / D[41]

Pin	Reihe H	Reihe D	Reihe C	Reihe G
01	LA[08] / D[40]			LA[07] / D[39]
02	LA[06] / D[38]	MEM CS 16#	SBHE#	GND
03	LA[05] / D[37]	I/O CS 16#	LA[23] / D[55]	LA[04] / D[36]
04	+ 5V	IRQ 10	LA[22] / D[54]	LA[03] / D[35]
05	LA[2] / D[34]	IRQ 11	LA[21] / D[53]	GND
06	(Kodiersteg)	IRQ 12	LA[20] / D[52]	(Kodiersteg)
07	D[16]	IRQ13	LA[19] / D[51]	D[17]
08	D[18]	IRQ 14	LA[18] / D[50]	D[19]
09	GND	DACK 0#	LA[17] / D[49]	D[20]
10	D[21]	DRQ 0	MDRC#	D[22]
11	D[23]	DACK 5#	MWTC#	GND
12	D[24]	DRQ 5	D[08]	D[25]
13	GND	DACK 6#	D[09]	D[26]
14	D[27]	DRQ 6	D[10]	D[28]
15	(Kodiersteg)	DACK 7#	D[11]	(Kodiersteg)
16	D[29]	DRQ 7	D[12]	GND
17	+ 5 V	+ 5 V	D[13]	D[30]
18	+ 5 V	MASTER 16#	D[14]	D[31]
19	MACKx#	GND	D[15]	MREQx#

Der *EISA-Bus* ist Multimaster-fähig und besitzt 8 DMA-Kanäle mit je 32 Bit Adreßbreite. Unabhängig von der CPU können zwei Komponenten Burst-Transfers durchführen. Man spricht hierbei vom *EISA-Busmaster,* wenn der Transfer durch den *EISA-*

Chipsatz abgewickelt wird, und vom *EISA-DMA-Busmaster,* wenn der Transfer von einem DMA-Baustein vorgenommen wird. Multimaster-Unterstützung wird nicht geboten, um das Cache-Kohärenz-Problem zu vermeiden.

Aufgrund seiner Spezifikation sollte der *EISA-Bus* eigentlich Plug&Play-fähig sein. Dies wird durch spezielle Karten-Kennungen und *CFG-Dateien* (zu jeder *EISA*-Karte gehört eine externe Konfigurationsdatei) erreicht. In der Praxis besitzen aber viele Karten diese Informationen nicht.

3.4.6 VL-Bus (Vesa Local Bus)

Im hart umkämpften PC-Massenmarkt waren vielen Graphikkartenherstellern nicht nur der *MCA* durch IBMs Lizenzpolitik, sondern auch der technologisch aufwendige *EISA-Bus* zu teuer. Da sie wegen den hohen Transferanforderungen der Graphikkarten auch nicht auf den billigeren *ISA-Bus* ausweichen konnten, wurde nach alternativen, billigen Lösungen gesucht. Aus dieser Not heraus wurden die sogenannten Local-Bussysteme geboren, bei denen die schnelle Peripherie wieder direkt an den Prozessorbus angeschlossen wurde. Enge elektrotechnische Toleranzen erlauben jedoch wesentlich höhere Taktraten als die früheren Backplane-Busse.

Zunächst wurden verschiedene, inkompatible 16-Bit-Local-Bus-Implementierungen mit auf dem Motherboard integrierten Graphik-Controller (später auch Steckkarten) entwickelt. Die Busse wurden mit dem Prozessortakt gesteuert und waren meist systemabhängig. Die Bussteuerung erfolgte über Chipsätze (z. B. von UMC - 33 MHz, Opti - 50 MHz), die im wesentlichen auf die damaligen 16-Bit-Graphikkarten zugeschnitten waren. Es fehlte eine gemeinsame Norm.

Die Vereinigung der Graphikkartenhersteller *VESA* (*Video Electronics Standard Association*) erkannte recht bald diesen Mißstand und versuchte eine Norm für einen schnellen, billigen 32-Bit-Bus als Konkurrenz zu *EISA* zu finden. Um Kosten zu sparen, war, analog dem Local-Bus-Konzept, an keine Entkopplung von CPU und Local-Bus gedacht. Die gemeinsame Norm wurde *VESA-Local-Bus VLB* genannt.

Der *VLB* ist als interner Systembus nach Daughter-Card-Prinzip mit 32 Daten- und 32 Adreßleitungen aufgebaut (Abbildung 3-

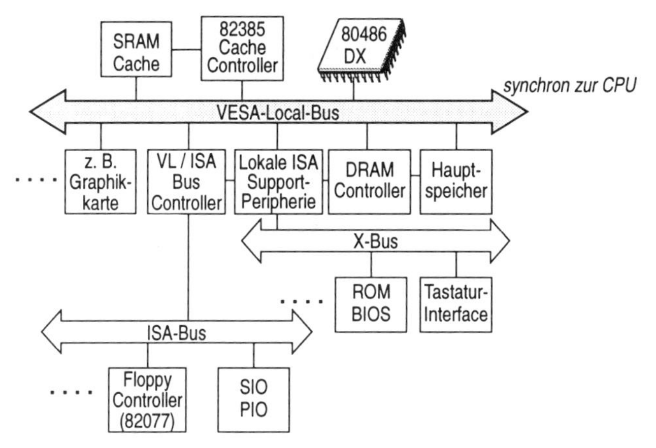

Abbildung 3-28
VESA Local Bus

28). Zur Begrenzung der kapazitiven Last, was für eine hohe Taktrate notwendig ist, wurde der *VLB* auf maximal 3 Busteilnehmer und - je nach Taktrate - auf 0 bis 3 Steckplätze beschränkt.[1] Der Anschluß von Erweiterungskarten an den Bus erfolgt über den 116-poligen Stecker des *MCA*.

Der *VLB* arbeitet synchron mit dem externen CPU-Takt. Maximal sind 66 MHz erlaubt, wenn keine Steckplätze vorhanden sind. Diese Begrenzung ist problematisch bei höhergetakteten CPUs und damit ein Grund dafür, daß der *VLB* nur kurzfristig bei *i486*-Systemen Verbreitung fand. De-facto ist der *VLB* ein leicht modifizierter *i486*-Prozessorbus.

Der *VLB* ist Multimaster-fähig. Die Arbitrierung erfolgt zentral durch den Bus-Controller. Der maximale Datendurchsatz im Burst-Modus liegt bei 80 MByte/s, bei maximal 4 Doppelwort-Blöcken. Zwischen 32 Bit- und 16 Bit-Datenwortbreite wird mit einer speziellen Steuerleitung unterschieden.

3.4.7 PCI (Peripheral Component Interconnect)

Der *PCI-Bus* wurde von Intel als Konkurrent zum *VLB* entwikkelt. Ziel der Entwicklung war die Kehrtwendung vom Local-Bus-Ansatz wieder in Richtung einer strengen Entkopplung des Systembusses vom internen, systemabhängigen Prozessorbus (Abbildung 3-29). Intel hat seine *PCI*-Spezifikation von Anfang

1. Der *VLB 2.0* erlaubt 2 bis 3 Slots bei weniger als 40 MHz Bustakt und noch 1 bis 2 Slots bei weniger als 50 MHz.

Abbildung 3-29
Allgemeine Struktur eines PCI-Bussystems

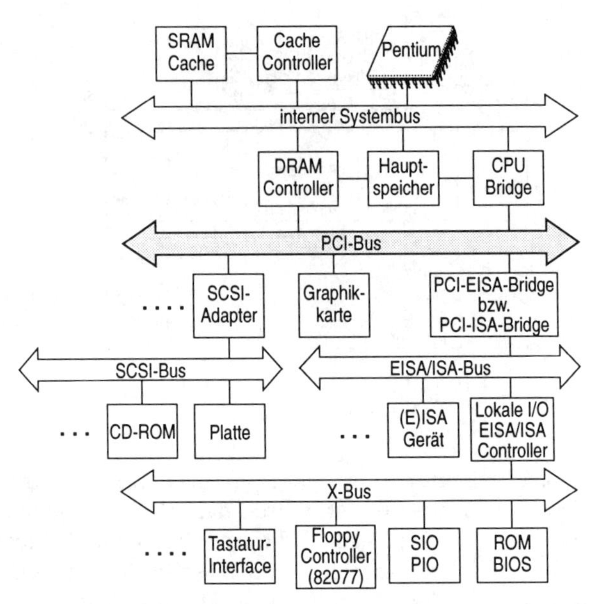

an offengelegt, um nicht in dieselbe Sackgasse wie IBM mit dem *MCA* zu geraten. Die Offenlegung der Busspezifikation und die Entkopplung des Systembusses von der CPU haben bewirkt, daß der *PCI* in immer mehr Rechnerfamilien zum Einsatz kommt. Beispiele hierfür sind *Alpha*-basierte DEC-Computer und *PowerPC*-basierte Apple-Computer.

Die Systemunabhängigkeit erreicht der *PCI-Bus* durch die Trennung von Prozessorbus und *PCI*-Systembus mit Hilfe der Buskontroll-Hardware, dem sogenannten Chipsatz. Dieser Chipsatz ist auf ein spezielles Bussystem und Prozessor zugeschnitten. Er führt die Bussteuerung und den Zugriff auf den Cache und den Hauptspeicher durch. Dies soll im folgenden anhand des Intel *Triton*-Chipsatzes, der in aktuellen *Pentium*-Systemen verwendet wird, erläutert werden (siehe Abbildung 3-30). Andere Prozessoren und Computersysteme verwenden zwar andere Chipsätze, diese haben jedoch im wesentlichen die gleichen Aufgaben.

- Die Steuerung des externen L2-Cache wird durch den *TSC* (*Triton System Controller*) durchgeführt. Mit diesem Controller werden maximal 64 MByte Hauptspeicher zur Pufferung im L2-Cache unterstützt. Größere Hauptspeicher müssen bei

Abbildung 3-30 Intel Triton Chipsatz des PCI-Busses
Quelle: [Sti95a]

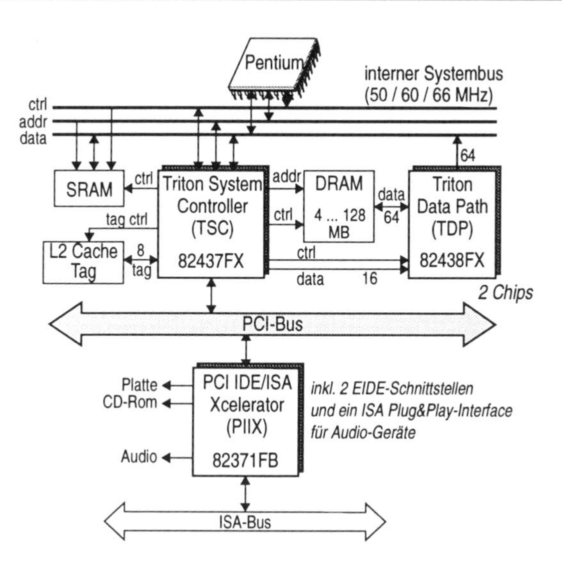

diesem Chipsatz ohne Cache auskommen. In diesem Fall sind nur schnellere EDO-RAMs einsetzbar, deren Daten direkt in den L1-Cache des Prozessors übertragen werden. Bei Verwendung von asynchronen SRAM-Bausteinen mit maximal 15 ns Zugriffszeit für den L2-Cache und bei 66 MHz Bustakt auf dem internen Prozessorbus können folgende Zugriffsraten erreicht werden:

Burst: lesen: 3-2-2-2; schreiben: 4-3-3-3

Synchrone SRAM-Chips mit maximal 8,5 ns, in der Praxis auch 10 ns, Zugriffszeit kommen dagegen auf folgende Werte: Burst: lesen/schreiben: 3-1-1-1; Pipeline: -1-1-1-1.

Der Zugriff auf den Hauptspeicher erfolgt über den *TSC* und den *TDP* (*Triton Data Path*). Diese unterstützen zwei, möglicherweise unterschiedlich bestückte, Speicherbänke von je 64 Bit[1]. Der Chipsatz steuert dabei alle Burst-Zugriffe. Parity-Prüfung gibt es nicht. Die Zyklusrate beim Blocktransfer hängt von den Speicherchips ab. Sie beträgt beim Lesen x-2-2-2 mit x < 12 bei Standard-RAMs und x < 9 bei EDO-RAMs. Ein im Chipsatz enthaltener 12 Doppelworte großer Puffer hilft den *PCI* ↔ RAM-Transfer zu beschleunigen.

Eine dritte Komponente des Chipsatzes, der *PCI-IDE/ISA*

1. Jede Speicherbank muß daher mit zwei SIMM-Modulen bestückt sein.

Xcelerator PIIX, besitzt zwei EIDE-Schnittstellen für Festplatten und CD-ROM-Laufwerke, einen Audio-Port und eine Plug&Play-Brücke zum *ISA-Bus*. Durch den Chipsatz werden maximal fünf *PCI*-Bus-Master, inklusive der *PCI-ISA*-Brücke, unterstützt. ❑

Entsprechend allen anderen PC-Bussen ist der *PCI-Bus* ein Daughter-Card-Bus. Die erste Version des *PCI* war ein 32-Bit-Bus mit 32 Daten- und Adreßleitungen im Zeitmultiplex. Die aktuelle Version 2.0 ist ein 64-Bit-Bus.

Der *PCI-Bus* kann zu einem hierarchischen Bussystem mit theoretisch bis zu 256 Bussen ausgebaut werden. Abbildung 3-31 zeigt eine mögliche Struktur einer solchen Bushierarchie in einem *Pentium*-basierten System. Abbildung 3-32 zeigt als Alternative zu den Pentium-Rechnern das hierarchische *PCI*-Bussystem im Apple *Power Mac*.

Der *PCI-Bus* im Apple-System in Abbildung 3-32 wird durch den *Bandit*-Chipsatz gesteuert. Dieser Chipsatz unterstützt ein 32-Bit-*PCI*-Bussystem mit vier *PCI*-Bussen, die zusammen einen maximalen Datendurchsatz von 528 MByte/s bieten. Eine wesentliche Aufgabe des Chipsatzes ist die Umsetzung der Spezifika von Apple-Computern auf die Spezifikationen des am PC

Abbildung 3-31
Hierarchisches PCI-Bussystem

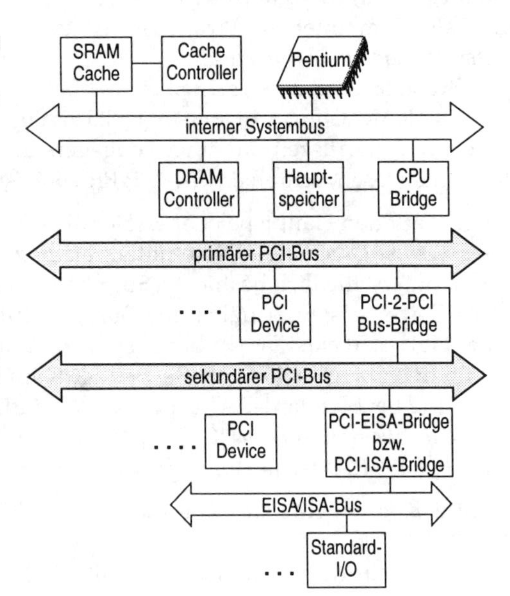

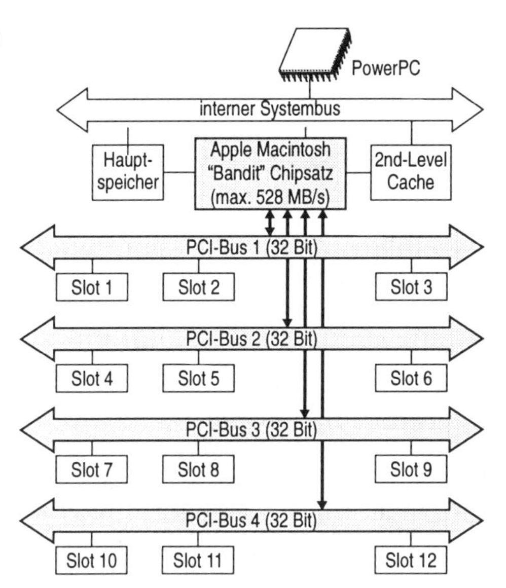

Abbildung 3-32 PCI-Bussystem im Apple Power Mac

orientierten *PCI-Busses*. Hierzu gehören beispielsweise die Umsetzung der memory-mapped Ein-/Ausgabe der Apple-Rechner auf die Ein-/Ausgabebereiche des *PCI* und die Umsetzung der *Big-Endian*-Übertragung auf das *Little-Endian*-Format. ❑

Wie beim *SBus* war auch bei der *PCI*-Entwicklung ein Kriterium die direkte Ansteuerbarkeit der Leitungen durch Standard-ASICs. Hierzu wurde unter anderem darauf geachtet, daß die Anzahl von Busleitungen möglichst klein ist. Der *PCI-Bus* kommt mit 48- bzw. 96-Pin-Steckern aus. Die kapazitive Last wird dadurch klein gehalten, daß maximal 10 Geräte (inkl. CPU-Bridge) mit je 10 pF/Leitung erlaubt sind. Jeder Sockel wird mit einer Load-Einheit, was einem Gerät entspricht, bewertet. Zusammengenommen erlaubt der *PCI-Bus* demnach nicht mehr als 3 Steckplätze. Die restlichen Kapazitätskontigente sind für Motherboard-Devices vorgesehen.

Der Bus stellt an alle Busteilnehmer hohe elektrische Anforderungen. Beispielsweise sollen alle Busanschlüsse an einer Seite eines Geräts sein. Abbildung 3-33 deutet dies für (a) Einfunktions-, (b) Multifunktions- und (c) Multigeräte-Erweiterungskarten an. Die Busanschlüsse liegen immer an einer Seite eines ASIC (schraffierte Fläche).

Der *PCI-Bus* wird synchron mit einem Bustakt zwischen 25 und 33 MHz betrieben. Der Bustakt muß allerdings ein ganzzahliger Teiler des Prozessortaktes sein. Dies bedeutet bei einem 166-MHz-*Pentium* 33 MHz auf dem *PCI-Bus*, bei einem 150-MHz-*Pentium* aber lediglich 30 MHz auf dem Bus (beim UMC-Chipsatz sind es immer 33 MHz). In der *PCI 2.1*-Norm sind auch 66 MHz vorgesehen, allerdings nur, wenn alle Busteilnehmer mit 66 MHz takten. Damit käme der PCI 2.1 mit 64-Bit-Datenwortbreite und 66-MHz-Takt auf eine theoretische Burst-Datenrate von 470 MByte/s, was so schnell wohl nicht ausgeschöpft werden wird.

Der Datenübertragung unterliegt ein einfaches Protokoll mit wenigen unterschiedlichen Zyklen (Initialisierung, Arbitrierung und ein Grundzyklus zur Datenübertragung). Der Bus ist Multimaster-fähig und besitzt hierfür eine zentrale Arbitrierung. Beim Burst-Transfer sind beliebig lange Blöcke mit maximal 132/235 MByte/s möglich. Für die Steuerung ist die CPU-Bridge verantwortlich. Der Zeitbedarf für einen Schreib-Burst liegt bei 2-1-1-1-..., für einen Lese-Burst dagegen bei 3-1-1-1-.... . Auch bei *i486*-Prozessoren, die keinen Burst unterstützen, erfolgt eine Blockübertragung von Daten aus dem Hauptspeicher in den Videospeicher. In allen Systemen kann die CPU zur gleichen Zeit auf dem Cache arbeiten, während die CPU-Bridge auf den Hauptspeicher zugreift.

Plug&Play

Der *PCI-Bus* war von Anfang an als Plug&Play-fähig, d. h. zur automatischen Konfiguration der Geräte durch das BIOS, ausgelegt. Jedes *PCI*-Gerät besitzt im BIOS einen 256-Byte-Konfigurationsbereich, in dem die Geräteressourcen (Interrupt, I/O- und Speicheradressen) abgelegt sind. Bei Konflikten können diese Einträge vom Betriebssystem geändert werden.

Für neu entwickelte *PCI*-Karten ist dieses Verfahren einfach.

Abbildung 3-33
Pinbereiche bei PCI-Controller

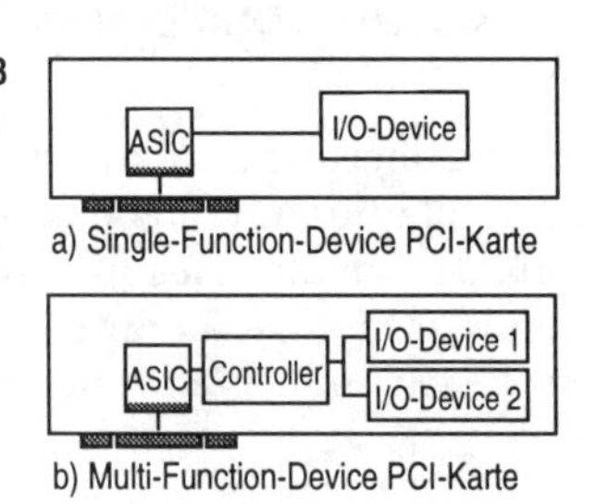

a) Single-Function-Device PCI-Karte

b) Multi-Function-Device PCI-Karte

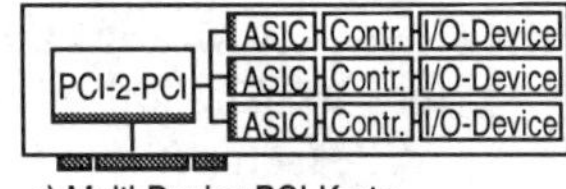

c) Multi-Device PCI-Karte

Während der Initialisierungsphase teilt jede *PCI*-Karte dem BIOS mit, welche Ressourcen sie benötigt. Hierfür hat jede Karte einen standardisierten Konfigurationsbereich. In diesem Konfigurationsbereich führt die Karte ebenfalls Buch, welche Ressourcen das BIOS der Karte zugesprochen hat.

Schwieriger ist die Realisierung von Plug&Play für den *ISA*-Erweiterungsbus, der keine Plug&Play-Spezifikation besitzt. Jede neuere *ISA-Plug&Play*-Karte besitzt einen eindeutigen 72-Bit-Bezeichner (32 Bit für den Hersteller, 32 Bit für die Produktnummer, 8 Bit Checksumme) und einen Konfigurationsbereich, der Auskunft über die benötigten Ressourcen gibt. Die Karten werden vom BIOS über drei 8-Bit-E/A-Ports angesprochen (279h: Adresse, A79h: Lesen, ein Port im Bereich 203h-3FFh zum Schreiben). Nach dem Einschalten des Rechners sind alle zur Systeminitialisierung (Booten) nicht notwendigen Karten inaktiv. Während eines Isolationsprozesses wird jede Karte durch das BIOS isoliert und erhält eine *Card-Select-Number* (*CSN*). Die Isolierung erfolgt Bit-für-Bit der 72-Bit-Kennung ganz ähnlich wie beim Arbitrierungsverfahren des *NuBus*. Mit dem Befehl *WAKE[CSN]* kann nun jede Karte individuell angesprochen und die gewünschten Ressourcen aus dem Konfigurationsbereich ausgelesen werden.

Alte *ISA*-Karten ohne Plug&Play-Erweiterung sind von der automatischen Geräteerkennung durch das Betriebssystem natürlich ausgenommen.

3.5 Zusammenfassung / Vergleich

In der Tabelle 3-5 (drei Teiltabellen) werden die wichtigsten Merkmale der in diesem Kapitel vorgestellten Systembusse für einen direkten Vergleich nebeneinandergestellt. Bei Bussystemen, die mit verschiedenen Busbreiten spezifiziert sind, wurden die Werte der typischen Konfiguration für den Vergleich gewählt. Falls die Werte der erweiterten Spezifikation mit in die Tabelle aufgenommen wurden, sind sie in Klammern geschrieben.

3.6 Scalable Coherent Interface (SCI)

Das *Scalable Coherent Interface* (*SCI*) wurde von der ANSI/IEEE als Standard #1596-1992 normiert, um mittelgroßen Multiprozessorsystemen ein schnelles, Cache-kohärentes Verbindungs-

Tabelle 3-5
Vergleich einiger Systembusse
(zwei weitere Teiltabellen folgen auf den nächsten beiden Seiten)

Merkmal	QBus	VME Bus	Multibus (I)	FutureBus
Jahr der Einführung	1975	1981	1977	1980
Bustyp	Backplane	Backplane	Backplane	Backplane
Pins	72	96 / 192	86 (+60)	96[2]
Datenbreite / Adreßbreite / Daten-/Adreßmultiplex	16 22 ja	16 / 32 (64) 24 / 32 nein / ja[1]	16 24 nein	8 ... 128 32 ja
maximale Länge	5 m	0,5 m	Rack	0,5 m
Anzahl Steckplätze/ Geräte	3 x 16	21 / 21		
Taktung	asynchron	asynchron	asynchron	asynchron
Multimaster-fähig	ja	ja	ja	ja
Arbitrierungsschema	Daisy-Chain	4 x Daisy-Chain	Daisy-Chain	Selbstauswahl
Bandbreite: Einzelwort	je nach Größe	24 MB/s	10 MB/s	15,5 MB/s[2]
Burst-Modus	-	-	-	-

[1] bei 64-Bit-Datenzugriff [2] bei 32-Bit-Datenbus

netzwerk zu bieten. Das Netz basiert auf zu einem Ring geschlossenen Punkt-zu-Punkt-Verbindungen und ist die Basis vieler ccNUMA-Architekturen. Mit Hilfe des *SCI* können mehrere kleinere Multiprozessor-Boards mit meist etwa vier Prozessoren (z. B. der auf Seite 153 vorgestellte *SHV* von Intel) zu Systemen von bis zu mehreren Hundert Prozessoren ausgebaut werden.

Aufgrund seines speziellen Einsatzgebietes und seiner Technologie ist das *SCI* in die Kapiteleinteilung dieses Buches schwer einzuordnen. Die *SCI*-Normierungsgruppe meint hierzu:

- *SCI* ist kein Systembus
- *SCI* ist kein Ein-/Ausgabebus
- *SCI* ist kein Netzwerk.

Und doch hat das *SCI* von allen drei Verbindungsstrukturen etwas.

- Das *SCI* wurde am Ende dieses Abschnitts über *Systembusse* eingeordnet, da das *SCI* ebenfalls der Verbindung von Prozessor, Cache und Hauptspeicher - wenn auch mit anderer Technologie - dient. Das *SCI* ist mit dieser Betrachtungsweise ein externer Systembus, analog zum *SBus* und zum *PCI*-Bus. Zusätzlich ist in der *SCI*-Norm noch das Cache-Kohärenzsicherungsverfahren festgelegt. Aufgrund der Netztopologie wird jedoch ein Directory-basiertes Sicherungsverfahren

Merkmal	Futurebus+	SBus	TURBO-channel	NuBus	PC-Bus
Jahr der Einführung	1991	1989	1990	1979	1980
Bustyp	Backplane	Mezzanine	Mezzanine	Backplane	Daughtercard
Pins	bis > 300	96		96	62
Datenbreite / Adreßbreite / Daten-/Adreßmultiplex	32 ... 256 64 ja	32 32 nein / ja[1]	32 32 nein	32 32 ja	8 20 nein
maximale Länge	Rack	Mainboard		0,5 m	Mainboard
Anzahl Steckplätze / Geräte	20	3 .. 4 5 .. 8		16 16	
Taktung	asynchron	synchron 16 .. 25 MHz	synchron	synchron	synchron 4,77 MHz
Multimaster-fähig	ja	ja	ja	ja	nein
Arbitrierungsschema	Selbstauswahl	Stichleitungen		Selbstauswahl	-
Bandbreite: Einzelwort	ca. 20 MB/s[2]	20 MB/s		20 MB/s	2,2 MB/s
Burst-Modus: max. Blocklänge / Bandbreite	ca. 150 MB/s[1]	16 Wörter 80 / 160[1] MB/s	100 MB/s	16 / 256[2] Wörter 37,5 / 80[1] MB/s	

[1] bei 64-Bit-Datenzugriff [2] bei NuBus'90

(siehe [Hwa93]) und nicht das in Abschnitt 3.2 erläuterte *MESI*-Protokoll verwendet.

- Von der Struktur her gesehen entspricht das *SCI* einem (lokalen) *Netzwerk*[1]. Wie bei dem in Abschnitt 5.3 beschriebenen Token-Ring werden die einzelnen *SCI*-Knoten Punkt-zu-Punkt[2] zu einem Ring verbunden. Von dem 64-Bit-Adreßraum des *SCI* werden die oberen 16 Bit zur Identifikation der Knoten im Netzwerk verwendet. Insgesamt unterstützt *SCI* 252 Knoten. Die Daten werden wie bei lokalen Netzen in Form von Paketen über das Netz gesendet.
- Physikalisch betrachtet hat das *SCI* viele Ähnlichkeiten mit den modernen, seriellen *Ein-/Ausgabebussen* (vergleiche Abschnitt 4.2). Die *SCI*-Norm enthält drei Verkabelungsarten. Zum einen finden wir hier die Möglichkeit der Verwendung eines 16-Bit-Parallelbusses mittels 18 Shielded Twisted

1. Es gibt sogar Forschungsprojekte, die das SCI verwenden, um Workstations zu Multiprozessorsystemen zu koppeln (z. B. das Lamb-Projekt an der Universität von Santa Clara [GuL95]).
2. Punkt-zu-Punkt-Verbindungen erlauben wesentlich höhere Datenraten als Busse mit mehreren Teilnehmern. Dafür wird jedoch das Routing aufwendiger.

Merkmal	ISA	EISA	MCA	VLB 2.0	PCI 2.0
Jahr der Einführung	1984	1989	1987	1993	1993
Bustyp	Daughtercard	Daughtercard	Daughtercard	Daughtercard	Daughtercard
Pins	98	202	90 + Erweiterungen	116	120 / 194
Datenbreite / Adreßbreite / Daten-/Adreßmultiplex	16 24 nein	32 / 64 32 bei 64-Bit-Burst	8 / 16 / 32/ 64 24 / 32 bei 64-Bit	32 32 nein	32 / 64 32 / 64 ja
maximale Länge	Mainboard	Mainboard	Mainboard	Mainboard	
Anzahl Steckplätze/ Geräte	8	15 15	8 16	0 ... 3 3	3 10
Taktung	synchron 8 MHz	synchron 8 ... 8,3 MHz	asynchron	synchron ext. CPU-Takt max. 66 MHz	synchron (zum CPU-Takt) 25 ... 33 MHz
Multimaster-fähig	ja	ja	ja	ja	ja
Arbitrierungsschema		Stichleitungen	Selbstauswahl	Stichleitungen	Stichleitungen
Bandbreite: Einzelwort	8 MB/s	16,6 MB/s	38 MB/s	33 ... 50 MB/s	ca. 100 MB/s
Burst-Modus: max. Blocklänge / Bandbreite	-	256 Wörter 66 / 128 MB/s	unbegrenzt 5 .. 160MB/s	4 Wörter 100 ... 160 MB/s	unbegrenzt ca. 230 MB/s

Pairs (STP) mit differentiellen ECL-Pegeln und 250 MHz Takt (SCI 18-DE-500). Über eine Entfernung von bis zu wenigen Metern erlaubt diese Verbindung Datenraten von 1 GByte/s. Größere Entfernungen lassen sich über Koaxialkabel (bis zu 100 m, SCI 1-SE-1250) und Lichtwellenleiter (bis zu 10 km, SCI 1-FO-1250) überbrücken. In beiden Fällen wird bei einer Signalrate von 1250 MBit/s eine Netto-Datenrate von 1 GBit/s erreicht. SCI liegt mit diesen Technologien theoretisch in Konkurrenz mit den seriellen Schnittstellen wie *Fibre Channel* und *SSA* (siehe Abschnitt 4.2.2).

Abbildung 3-34 zeigt die typische Struktur eines Rechnersystems basierend auf einem *SCI*-Netzwerk. Das Rechnersystem fällt in die Klasse der NUMA-Architekturen (Non-Uniform Memory Access), bei denen auf die Daten im Speicher des lokalen Subsystems schneller zugegriffen werden kann, als über den *SCI*-Ring auf entfernte Daten in anderen Subsystemen[1]. Da das

1. Bei den kleineren Multiprozessorsystemen mit zentralem Systembus wie dem *SHV*, die in Abbildung 3-34 als Subsysteme dienen, können alle Prozessoren auf alle Daten gleich schnell zugreifen. Man nennt diese symmetrischen Architekturen UMA: Uniform Memory Access.

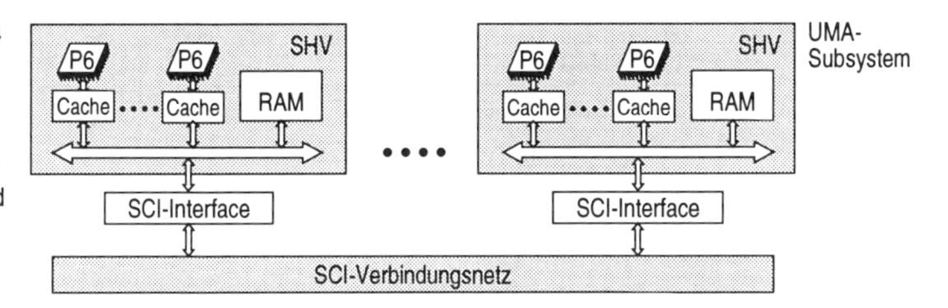

Abbildung 3-34 ccNUMA-Architektur basierend auf dem Scalable Coherent Interface (SCI) und dem Standard High-Volume Server (SHV)

SCI die Cache-Kohärenz im gesamten System durch die Hardware sicherstellt, spricht man auch von einer ccNUMA-Architektur, wobei *cc* für *cache-coherent* steht.

Wichtige Komponenten der ccNUMA-Architekturen auf *SCI*-Basis sind die *SCI*-Interfaces, die von den verschiedenen Rechnerherstellern stammen, während als Subsystem häufig aus Kostengründen das Intel *SHV*-Board verwendet wird (z. B. von Data General, Fujitsu, Hitachi, IBM, Intergraph, NEC, Olivetti, Samsung)[1]. Als Beispiel für ein solches *SCI*-Interface soll der in Abbildung 3-35 dargestellt *SCI Interconnect Adapter* von Data General dienen.

Kern des Adapters ist ein Speicher (*Far Memory Cache FMC*), der als L3-Cache externe Daten von anderen *SHV*-Knoten für den lokalen Knoten puffert. Die Anbindung an den Netzwerk-Port des *SHV*-Boards erfolgt über zwei Schnittstellen *PIU* (Processor Interface Unit) - eine Schnittstelle für Adressen (*PIU-A*), die auch die Cache-Tags verwaltet und eine Schnittstelle für Daten (*PIU-D*). Mit Hilfe des *Orion* Speicher-Controllers des *SHV*-Boards unterstützt die *PIU* das *MESI*-Protokoll des *Pentium Pro*-Busses. Auf der anderen Seite dient eine weitere Einheit des Adapters, der *SCI Coherence Controller SCC*, der Einhaltung des Directory-basierten Cache-Kohärenzprotokolls des *SCI*. Der Adapter brückt also die beiden unterschiedlichen Kohärenzsicherungsverfahren. Auch werden die unterschiedlichen Cache-

1. Neben der Kombination *SHV-SCI* gibt es noch weitere ccNUMA-Architekturen. HP koppelt beispielsweise bis zu 8 Prozessoren über einen Crossbar zu einem Subsystem, während die Subsysteme über vier *SCI*-Ringe - bei HP *Coherent Toroidal Interconnect* (*CTI*) genannt - gekoppelt sind. Zwei weitere Beispiele sind Silicon Graphics/Crays SMP-Architektur (über *CrayLink* gekoppelte Subsysteme aus MIPS R10000-Prozessoren und Crossbars) und Suns *S3.mp* (je zwei über den *MBus* gekoppelte SPARC-Prozessoren werden über einen eigenen Switch zu größeren Systemen verbunden).

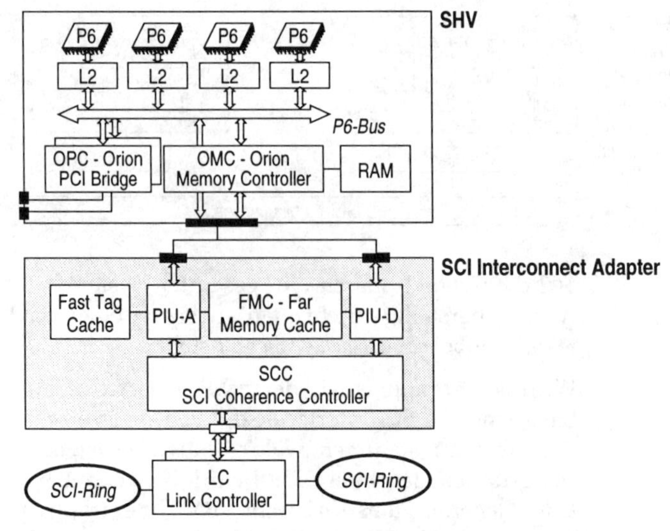

Abbildung 3-35 SCI-Interface von Data General

(P6 steht als Abkürzung für den Intel-Prozessor Pentium Pro)

Blockgrößen (*SHV*: 32 Byte; *SCI*: 64 Byte) durch den Adapter angepaßt. Benötigt ein anderer *SCI*-Knoten beispielsweise einen 64-Byte-Datenblock aus dem Speicher oder einem Cache des lokalen *SHV*-Boards, so beantragt der Adapter selbständig zwei Cache-Blöcke über den *Pentium Pro*-Bus, um sie dann als ein Block über den *SCI*-Ring zum anfragenden *SCI*-Knoten zu senden.

4 Schnittstellen und Peripheriebusse

Der allgemeine von Neumann-Rechner (Abbildung 3-4) kann für moderne Computersysteme nur noch als logisches Architekturschema angesehen werden. Während bis etwa Mitte der 80er Jahre noch alle Komponenten eines Computers zentral an einem einzigen Systembus angeschlossen waren, basieren heutige Rechnersysteme auf hierarchischen Bussystemen (vgl. Abbildung 3-5).

Wir haben in Abschnitt 3.1 gesehen, daß prinzipiell die Übertragungsleistung eines Busses in dem Maße abnimmt, wie der Bus von der Wurzel des Bushierarchiebaums entfernt ist. Ganz oben in der Hierarchie sind die im vorangegangenen Kapitel besprochenen Systembusse anzutreffen, die die schnellsten Rechnerkomponenten, vor allem den Prozessor, den Cache und den Hauptspeicher verbinden. Auch die Graphik-Controller zur Bildschirmausgabe sind aufgrund ihrer hohen Datentransferanforderung sehr weit oben in der Bushierarchie zu finden. Andere Peripheriegeräte wie beispielsweise die Festplatten, CD-ROM-Laufwerke, Drucker, Netzwerkanbindung und Modems sind dagegen über spezielle Peripheriebusse beziehungsweise Schnittstellen angeschlossen. Während die Peripheriebusse mehrere Ein-/Ausgabegeräte über eine gemeinsame Leitung dem Zentralsystem zuführen, definieren Schnittstellen Punkt-zu-Punkt-Verbindungen. Entsprechende Schnittstellenbausteine binden die externe Rechnerschnittstelle an das interne Bussystem an.

In diesem Kapitel werden zunächst die wichtigsten genormten Schnittstellen vorgestellt. Anschließend werden die Peripheriebusse besprochen, die sich in die beiden Teilklassen: Ein-/Ausgabebusse und Instrumentenbusse untergliedern.

4.1 Genormte Schnittstellen (Beispiele)

Die Grundlagen von Schnittstellen wurden bereits ausführlich in Abschnitt 2.1 behandelt. Grob gesagt, beschreibt eine Schnittstelle alle mechanischen und elektrischen Eigenschaften einer Übertragungsstrecke sowie die Art und Bedeutung der auf den Leitungen übertragenen Signale. In diesem Abschnitt sollen nun einige Beispiele von genormten Schnittstellen vorgestellt werden. Die wichtigsten Schnittstellen sind die serielle (*RS-232C-*) und die parallele (*Centronics-*) Schnittstelle. Zur Abrundung des Themas wird am Ende des Abschnitts die analoge Schnittstelle angesprochen, die beispielsweise bei der Modemverbindung zweier Rechner zum Tragen kommt.

4.1.1 Serielle Schnittstellen - Übersicht

Im Mikrocomputerbereich werden langsame Peripheriegeräte häufig über die serielle Schnittstelle angeschlossen. Hierbei wird der Begriff *serielle Schnittstelle* nicht selten mit der amerikanischen Norm *RS-232C* bzw. der äquivalenten europäischen Norm *V.24* gleichgesetzt. Im Laufe der letzten Jahre wurde die Leistungsfähigkeit der seriellen Schnittstelle den Bedürfnissen nach größerer Bandbreite angepaßt, was zu weiteren Normen führte. Tabelle 4-1 listet die heute gebräuchlichen Normen auf.

Tabelle 4-1: Vergleich verschiedener serieller Schnittstellen

<table>
<tr><td>CCITT-Norm</td><td>V.10</td><td>V.11</td><td>V.24</td><td></td></tr>
<tr><td>EIA-Norm</td><td>RS-423A</td><td>RS-422A</td><td>RS-232C</td><td>TTY</td></tr>
<tr><td>Übertragungsrate</td><td>100 kBit/s</td><td>10 MBit/s</td><td>max. ca.
20 kBit/s</td><td>max. ca.
4 kBit/s</td></tr>
<tr><td rowspan="2">Bemerkung</td><td>asymmetrisch</td><td>symmetrisch</td><td rowspan="2">meist mit TTY kombiniert</td><td rowspan="2">auch 20-mA-Stromschleife genannt</td></tr>
<tr><td colspan="2">in RS-449 zusammengefaßt</td></tr>
</table>

Die verschiedenen seriellen Schnittstellen wurden vom europäischen Normungsgremium der Telekommunikation *CCITT* (*Comité Consultatif International Télégraphique et Téléfonique*) und dem amerikanischen Normungsinstitut *EIA* (*Electronic Industry Association*) kompatibel festgelegt. Die CCITT faßt unter ihren *V.xx*-Empfehlungen alle Standards zur Übertragung von Daten über öffentliche Fernmeldenetze zusammen. Die Empfehlungen wurden meist als ISO-Norm übernommen. Das Kürzel *RS* der amerikanischen EIA-Normen steht für *Recommended Standard.* Die Empfehlungen der beiden Gremien sind zwar kompatibel, aber nicht identisch. Ihre Unterschiede werden in Abschnitt 4.1.2 erläutert.

4.1.2 V.24/V.28 - RS-232C

Die *V.24/V.28-* bzw. *RS-232C*-Schnittstelle ist die momentan wichtigste serielle Schnittstelle. Sie war ursprünglich für die Modem-Übertragung auf Telefonleitungen vorgesehen, hat heute jedoch ein wesentlich breiteres Einsatzgebiet. Sie dient der Kopplung von Mikrocomputern untereinander, mit Bildschirmen, Druckern, Modems, Prozeßperipherie etc.

Im europäischen Standard ist die serielle Schnittstelle durch die beiden Normen *V.24* und *V.28* festgelegt. *V.24* normiert die Definition der Leitungen und *V.28* die elektrischen Eigenschaften. Die amerikanische EIA-Spezifikation *RS-232C* beschreibt dagegen sowohl die funktionellen als auch die elektrischen Eigenschaften, umfaßt aber nur einen Teil der in *V.24* enthaltenen Schnittstellenleitungen.

Die Schnittstelle beschreibt eine synchrone und eine asynchrone Übertragung. Die elektrischen Signale sind zwischen -15 V und 15 V asymmetrisch, d. h. gegenüber einer gemeinsamen Signalmasseleitung definiert (Abbildung 4-1). Obwohl 3 Leitungen für eine bidirektionale serielle Übertragung ausreichen würden, hat die Schnittstelle einen 9-poligen oder 25-poligen Stecker (und entsprechend viele Leitungen). Die meisten Leitungen der seriellen Schnittstelle dienen dem Komfort und der Betriebssicherheit.

Abbildung 4-1: TTL-Pegel der seriellen Schnittstelle

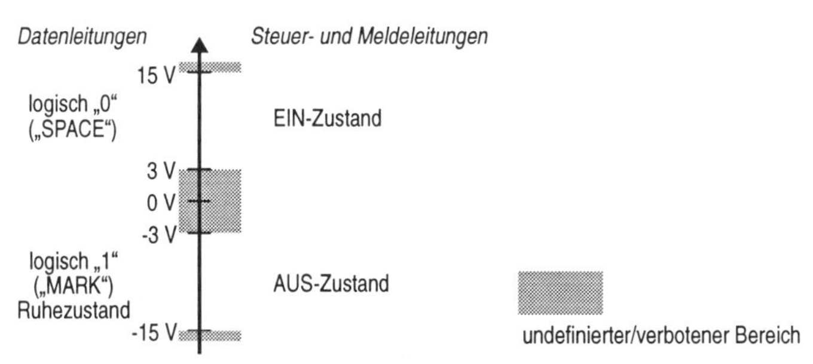

Die Norm enthält auch einen 75-Baud-Hilfskanal zur Steuerung des Hauptkanals (z. B. bei FAX). Dieser Kanal wird heute, genauso wie die meisten Leitungen, nicht mehr verwendet. Ihre Funktionen wurden durch spezielle Steuerzeichen ersetzt. Man spricht hierbei von *Im-Band-Signalisierung*.

Wegen ihres ursprünglichen Einsatzes in der Datenübertragung über Telekommunikationsleitungen ist die *V.24*-Schnittstelle zwischen einer Datenendeinrichtung (z. B. Computer) und einer Datenübertragungseinrichtung (z. B. Modem) definiert. Dies ist in Abbildung 4-2 dargestellt. Diese Asymmetrie der Schnittstelle

Abbildung 4-2: V.24 Schnittstelle zwischen einer DEE und einer DÜE

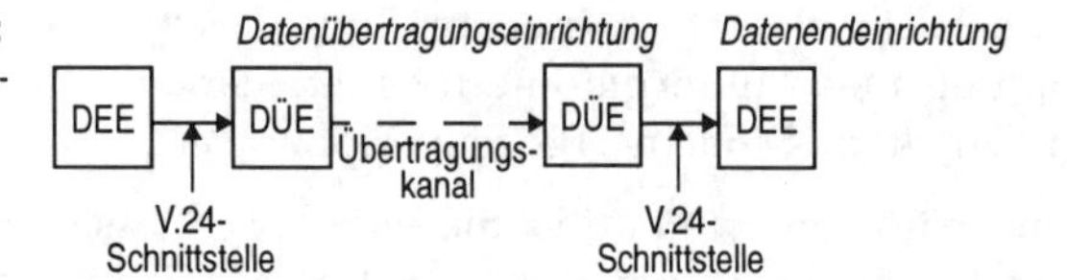

ist bei der Kopplung zweier Rechner zu beachten. In diesem Fall müssen die Datenübertragungseinheiten und der Übertragungskanal durch ein sogenanntes Null-Modem „simuliert" werden. Wir kommen hierauf noch zu sprechen.

Abbildung 4-3 zeigt die Form und die Signalbelegung des 25-poligen Steckers. Neun der 25 Signale sind auch bei einer zweiten Steckerform mit 9 Stiften zu finden. Der entsprechende Ausschnitt aus der Signalmenge kann Abbildung 4-4 entnommen werden. Dieser Ausschnitt ist der in der Praxis bei Mikrocompu-

Abbildung 4-3: Pinbelegung des 25-poligen Subminiatur-D- bzw. Cannon-Steckers der seriellen Schnittstelle

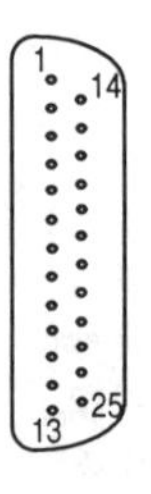

Stift	Gruppe	Abk.	Bedeutung	Richtung DEE - DÜE
1	Betriebserde u. Rückleiter	PG	Schutzerde	-
7		SG	Signal-Betriebserde	-
2	Datenleitungen	TxD	Sendedaten	→
3		RxD	Empfangsdaten	←
4	Steuerleitungen	RTS	Sendeteil EIN	→
11		-	hohe Frequenzlage EIN	→
20		DTR	Eingabegerät betriebsbereit	→
23		-	hohe Übertragungsgeschwindigkeit EIN	→
5	Meldeleitungen	CTS	Sendebereitschaft	←
6		DSR	Betriebsbereitschaft	←
8		DCD	Empfangssignalpegel	←
21		-	Empfangsgüte	←
22		RI	Ankommender Ruf	←
15	Taktleitungen	RxC	Sendeschrittakt von DÜE	←
17		TxC	Empfangsschrittakt von DÜE	←
24		-	Sendeschrittakt zur DÜE	→
12	Leitungen des Hilfskanals	-	Empfangssignalpegel	←
13		-	Sendebereitschaft	←
14		-	Sendedaten	→
16		-	Empfangsdaten	←
19		-	Sendeteil EIN	→
9			Testspannung (nicht genormt)	
10				
11			nicht belegt	
18				
25				

Tabelle 4-2: Signale der 9-poligen seriellen Schnittstelle

PG	Protective Ground. PG wird mit Gehäuse und Schutzleiter beider Geräte verbunden und muß von der Signalmasseleitung SG getrennt sein.
TxD	Transmit Data. TxD überträgt den seriellen Datenstrom zur Empfangsstation. Die Übertragung ist nur erlaubt, wenn RTS, DTR und CTS, DSR im Ein-Zustand sind.
RxD	Receive Data. Über RxD empfängt die DEE einen seriellen Datenstrom.
RTS	Request to Send. Wird als DÜE ein Modem verwendet, wird diesen mit RTS in den Sendemodus geschaltet. Bei einer Kopplung von zwei Computern dient RTS zusammen mit CTS als Handshake-Leitung.
CTS	Clear to Send. Ein Modem zeigt über CTS seine Sendebereitschaft an.
DSR	Data Set Ready. Ein Modem zeigt durch DSR an, daß es online ist (mit Kanal verbunden und betriebsbereit).
SG	Signal Ground. Gemeinsame Signalmasseleitung.
DCD	Data Channel Received Line Signal Detector. DCD gibt an, daß der Empfangssignalpegel des Übertragungskanals innerhalb bestimmter Toleranzgrenzen liegt.
DTR	Data Terminal Ready. DTR gibt an, daß die DEE online ist (eingeschaltet und betriebsbereit).

tern verwendete und von seriellen Schnittstellenbausteinen unterstützte Teil der *V.24*-Leitungen. Die drei gestichelt gezeichneten Leitungen (15, 17, 24) sind Taktleitungen für einen möglichen Synchronbetrieb. Der 9-polige Stecker verwendet jedoch nur die restlichen Leitungen der Abbildung, was eine asynchrone Übertragung voraussetzt. Folgende Tabelle gibt eine kurze Erläuterung dieser neun Signale.

Datenübertragung und Handshaking

Die Datenübertragung über die *V.24*-Schnittstelle erfolgt in den allermeisten Fällen asynchron nach dem in Abschnitt 1.2.2.2 erläuterten 8-Bit-Start-/Stop-Verfahren. Es ist jedoch auch eine synchrone Übertragung möglich, bei der lediglich Datenblöcke durch Synchronisationszeichen eingerahmt und synchronisiert

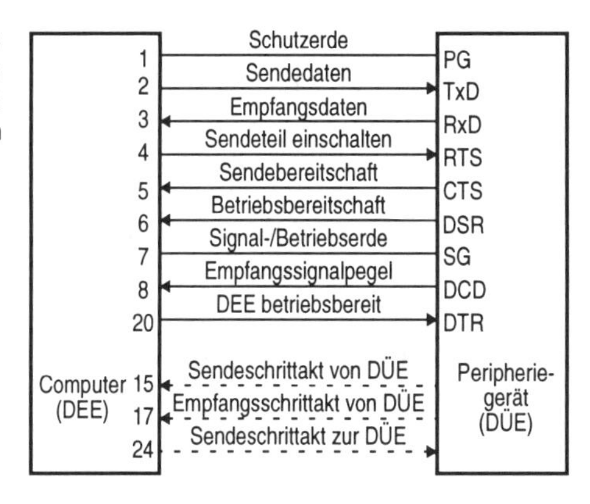

Abbildung 4-4: 9-polige serielle Schnittstelle bei Mikrocomputern

werden (vergleiche Abschnitt 1.2.2.3). Dieses Verfahren ist schneller, benötigt aber mehr Leitungen.

Ein Handshaking, zur Synchronisation, ist bei der *V.24*-Schnittstelle in Software und in Hardware möglich. Das Software-Handshaking kann über zwei mögliche Protokolle abgewickelt werden:

- Beim *XON/XOFF*-Protokoll erfolgt die Datenanforderung der Empfangsstation durch ein spezielles Zeichen, den *XON*-Code (ASCII 17 „DC1"). Hiermit deutet der Empfänger seine Empfangsbereitschaft an. Gestoppt wird die Datenübertragung vom Empfänger durch einen *XOFF*-Code (ASCII 19 „DC3"), wonach die Übertragung bis zum nächsten XON-Zeichen unterbrochen wird. Das *XON/XOFF*-Protokoll kommt mit den drei 3 Leitungen *TxD*, *RxD* und *SG* aus.
- Das *ETX/ACK*-Protokoll dient der Übertragung von Datenpaketen bestimmter Länge, die von der Pufferkapazität des Empfängers abhängt. Der Empfänger gibt seine Empfangsbereitschaft dadurch bekannt, daß er die Steuerleitung *DTR* auf High-Pegel setzt und gleichzeitig das Steuerzeichen „ACK" (ASCII 6) sendet. Daraufhin überträgt der Sender ein Datenpaket, das er mit „ETX" (ASCII 3) abschließt. Nach Verarbeitung des Datenblocks sendet der Empfänger erneut das „ACK"-Zeichen. Das *ETX/ACK*-Protokoll benötigt eine vierte Leitung (*DTR* → *DSR*).

Beim Hardware-Handshaking erfolgt die Kontrolle der Datenübertragung durch die Schnittstelle bzw. den Schnittstellenbaustein mit Hilfe der Leitungspaare *RTS/CTS* und *DSR/DTR* sowie der Leitung *DCD*. *V.24* kennt hierbei mehrere Handshaking-Protokolle.

Null-Modem

Da *V.24* ursprünglich zum Anschluß eines Modems an einen Rechner gedacht war, wurde die Schnittstelle asymmetrisch ausgelegt. Die Signale wurden zwischen einer Datenendeinrichtung und einer Datenübertragungseinrichtung definiert (siehe Abbildung 4-2). Es ist daher nicht möglich, den Modem einfach durch einen zweiten Rechner auszutauschen.

Zur Kopplung zweier Rechner (Datenendeinrichtungen) muß die Verbindung über die zwei Modems und den Übertragungskanal in Abbildung 4-2 „simuliert werden". Dies geschieht durch ein *Null-Modem*, einem Kabeladapter, der in die Verbin-

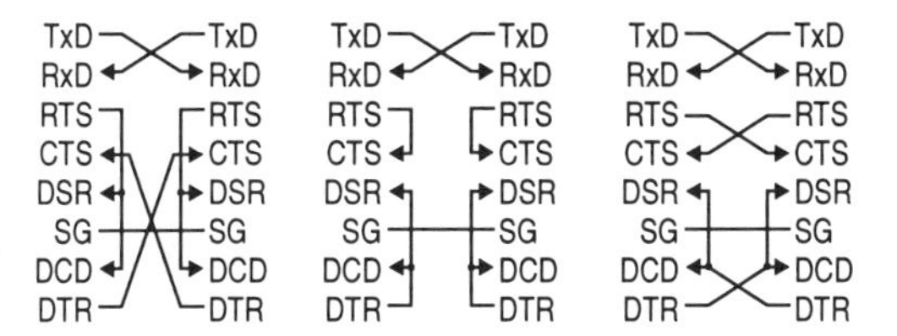

Abbildung 4-5: Verschaltung verschiedener Null-Modems. Nicht benötigte Anschlüsse werden intern rückgekoppelt.

dungsleitung zwischen den beiden Datenendeinrichtungen gesteckt wird. Innerhalb des Null-Modems werden einige Steuerleitungen so gekreuzt, daß beide Kommunikationspartner meinen, sie wären über zwei Modems verbunden.

In der Praxis finden wir verschiedene Arten von Null-Modems, die sich in ihrer internen Verschaltung unterscheiden. Gemeinsam ist allen Null-Modems die Überkreuzung der Datenleitungen *TxD* und *RxD*. Abbildung 4-5 zeigt die Schaltungsstruktur von drei verschiedenen Null-Modems. Abgesehen von der Wahl des Null-Modems ist eine Datenverbindung zweier Rechner ohne zwischengeschaltete Modems häufig problematisch, da die meisten Rechnerhersteller nur Teile der *V.24*-Empfehlung implementieren. Abbildung 4-6 zeigt weitere Kabelverbindungen wichtiger Geräte im PC-Bereich, die über die serielle Schnittstelle asynchron kommunizieren.

4.1.2.1 Interface-Bausteine - Beispiel: Intel USART 8251

Die Umsetzung eines Datenbyte in einen seriellen Bitstrom und die Steuerung der seriellen Datenübertragung wird nicht vom Prozessor, sondern durch einen speziellen Schnittstellenbaustein ausgeführt. Die Daten werden hierzu vom Prozessor byteweise in ein spezielles Register des Bausteins geschrieben

Abbildung 4-6: Serielle Kabelverbindungen im PC-Bereich
Quelle: [Fem94]

XT	AT			Drucker	Terminal	Modem	AT	XT
25-polig	9-polig	Signal	Richtung	25-polig	25-polig	25-polig	9-polig	25-polig
2	3	TxD	→	3	3	2	2	3
3	2	RxD	←	2	2	3	3	2
4	7	RTS	→	5	5	4	8	5
5	8	CTS	←	4	4	5	7	4
6	6	DSR	←	20	20	6	4	20
7	5	SG	↔	7	7	7	5	7
8	1	DCD	←			8		
20	4	DTR	→	6	6	20	6	6
22	9	RI				22		
DEE				DÜE			DEE	

bzw. aus einem anderen Register gelesen. Weitere, vom Prozessor ansprechbare, Register des Bausteins dienen der Festlegung der Übertragungsrate, der Anzahl von Daten- und Stopbits sowie der Art der Paritätsprüfung.

Die Schnittstellenbausteine werden *U[S]ART* (Universal [Synchronous] Asynchronous Receiver-Transmitter) bezeichnet. Zu ihren Aufgaben gehören:

- parallele Kommunikation mit dem Prozessor über spezielle Ein-/Ausgaberegister
- Parallel/Seriell-Wandlung zu sendender Daten
- Seriell/Parallel-Wandlung empfangener Daten
- serielle Datenübertragung
- bei synchroner Übertragung: Betreuung der Taktleitung und Einfügen/Ausfiltern von Steuerzeichen.

Zur Durchführung dieser Aufgaben besitzt der *U[S]ART*-Baustein spezielle Steuerleitungen sowohl auf der Rechnerseite als auch am seriellen Ausgang. Im Handel befinden sich *U[S]ART*-Bausteine verschiedener Firmen. An dieser Stelle soll beispielhaft der Intel *USART 8251* vorgestellt werden.

Abbildung 4-7 zeigt das Blockdiagramm des Intel *USART 8251* Schnittstellenbausteins, der hier gemeinsam mit dem Treiberbaustein *MAX 236* der Firma MAXIM verwendet wird. Die Treiber dienen der Umsetzung der *8251*-TTL-Pegel auf die *V.24*-Pegel.[1] Der eigentliche Schnittstellenbaustein hat eine Schnittstelle

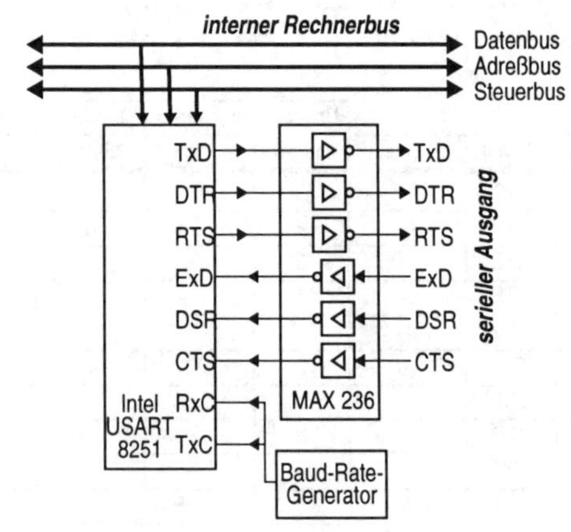

Abbildung 4-7: Blockdiagramm des Intel 8251 USART-Schnittstellenbausteins

Abbildung 4-8: Interne Struktur des Intel USART 8251

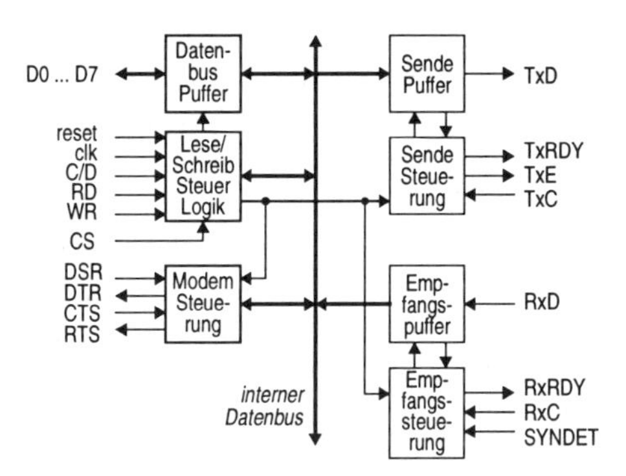

zum byteweisen Datenaustausch mit dem Rechner, eine Kopplung mit dem Treiberbaustein und einen Eingang für einen externen Taktgenerator. Die Kommunikation mit dem Partner über die serielle Schnittstelle erfolgt über den Treiberbaustein.

Die interne Struktur des Schnittstellenbausteins ist in Abbildung 4-8 dargestellt. In dieser Graphik befindet sich die Rechnerschnittstelle auf der linken Seite. Diese enthält 8 Datenleitungen zur parallelen Übertragung eines Bytes und diverse Steuerleitungen zum Umschalten zwischen Lesen und Schreiben (*RD, WR*) und zwischen Daten- und Kontrollregister (*C/D*). *CS* dient zur Auswahl des Bausteins. Die Steuerleitungen der Modemsteuerung entsprechen den oben beschriebenen *V.24*-Signalen. Auch die Signale des seriellen Ausgangs entsprechen den *V.24*-Signalen. *TxC* und *RxC* sind Takteingänge. Sie müssen auch im Asynchronbetrieb beschaltet werden. Die Synchronisationserkennung *SYNDET* (*SYNC detect*) muß dagegen nur im Synchronbetrieb belegt werden.

4.1.3 TTY-Schnittstelle

Auf den seriellen Schnittstellenkarten findet man neben den *V.24*-Anschlüssen häufig vier zusätzliche Anschlüsse:

- +20 mA out • -20 mA out
- +20 mA in • -20 mA in.

Diese Anschlüsse sind die Ein- und Ausgänge einer der ältesten

1. Für den *MAX 236* gilt: maximale Leerlaufspannung: 25 V, maximaler Kurzschlußstrom: 500 mA, logisch Null: 5 V ... 15 V (3 V ... 25 V am Eingang), logisch Eins: -5 V ... -15 V (-3 V ... -25 V am Eingang), kurzschluß- und gegenspannungsfest.

seriellen Schnittstellen, die als *TTY*[1]- bzw. *20mA-Stromschleifenschnittstelle* bezeichnet wird. Die *TTY*-Schnittstelle wurde meist zur Ansteuerung von Fernschreibern eingesetzt, ist aber auch dort zu finden, wo es auf eine galvanische Trennung der zu koppelnden Geräte ankommt.

Die *TTY*-Schnittstelle ist nicht normiert, so daß die Stifte häufig unterschiedlich belegt sind. Sie ist eine Alternative zu den *RS-232C*-Leitungstreibern und für die Datenübertragung über große Entfernungen geeignet. Die maximale Übertragungsrate liegt bei 4800 Baud. Sie sollte nicht überschritten werden, da die Übertragung ohne Handshaking erfolgt. Störsignale werden durch die Potentialtrennung der zu koppelnden Geräte und der Verwendung von Hin- und Rückleitungen für jedes Signal weitgehend unterdrückt.

Abbildung 4-9 stellt die Übertragungsstrecke über die *TTY*-Schnittstelle für eine Signalrichtung dar. Eine logische Null wird bei dieser Realisierung durch einen konstanten Strom von 20 mA realisiert, die logische Eins durch eine Stromunterbrechung. Der konstante Strom wird durch einen TTL-Leistungstreiber geliefert. Der Widerstand R_1 dient der Strombegrenzung. Die Potentialtrennung erfolgt durch einen Optokoppler auf der Empfangsseite.

Abbildung 4-9: Datenverbindung über die TTY-Schnittstelle

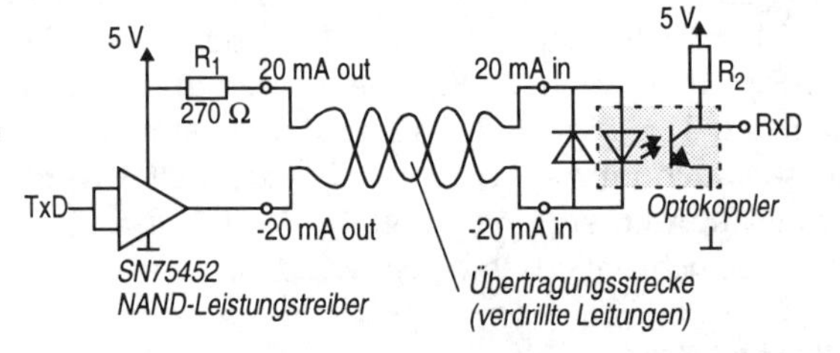

4.1.4 V.10/V.11 - RS-449

Der hohen Verbreitung der *RS-232C*-Schnittstelle steht eine relativ geringe Datenrate von etwa 20 kBit/s gegenüber. Diese wurde in einer weiterführenden Norm, *RS-449*, auf maximal 10 MBit/s erhöht. Die neue Norm ist teilweise mit *RS-232C* kompatibel (mechanisch, elektrisch und funktionell). *RS-449* umfaßt die beiden Normen *RS-423A* und *RS-422A*, die den euro-

1. *TTY* ist die Abkürzung für *Teletype* (= Fernschreiber)

päischen Empfehlungen *V.10* und *V.11* entsprechen. Folgende Tabelle beschreibt den Zusammenhang:

EIA		CCITT	Beschreibung
RS-449	RS-423A	V.10	asymmetrische Schnittstelle mit 100 kBit/s
	RS-422A	V.11	symmetrische Schnittstelle mit 10 MBit/s

Der 25-polige Stecker der *RS-232C*-Schnittstelle wurde durch einen 36-poligen Stecker ersetzt, um zusätzlichen Masseleitungen und Leitungen zum Testen von Modems Platz zu bieten. Für einen Hilfskanal ist ein zweiter, 9-poliger Stecker vorgesehen. In der Praxis findet man jedoch 25- und 15-polige Stecker, da auf viele Leitungen der Spezifikationen verzichtet wird. Auf eine genaue Beschreibung der einzelnen Leitungen muß aus Platzgründen verzichtet werden. Eine Signalbeschreibung ist u. a. in [Tie90] und [Fem94] zu finden.

Asymmetrische RS-423/ V.10-Schnittstelle

Die *RS-423A*- bzw. *V.10*-Schnittstelle verwendet verdrillte Leitungen oder Koaxialkabel. Im Gegensatz zu *RS-232C* werden die Signalspannungen aber nicht zur Masse, sondern zu einer gemeinsamen Rückleitung ausgewertet. Dies reduziert die kapazitive Last, da die Querkapazität zur Rückleitung - speziell bei verdrillten Leitungen - geringer als die Kapazität einer Signalleitung zur Masse ist. Zur Reduktion der Störspannungen wird der Rückleiter nur einmal auf der Senderseite geerdet.

Die *RS-423*-Schnittstelle zeichnet sich (gegenüber *RS-422*) dadurch aus, daß mehrere Signalleitungen *eine gemeinsame Rückleitung* verwenden. Die DEE-Rückleitung wird *SC* (*Send Common*) und die DÜE-Rückleitung wird *RC* (*Receive Common*) bezeichnet. Abbildung 4-10 zeigt die unsymmetrische Schnittstelle für zwei Leitungen und eine Übertragungsrichtung.

Abbildung 4-10: Asymmetrische Übertragung

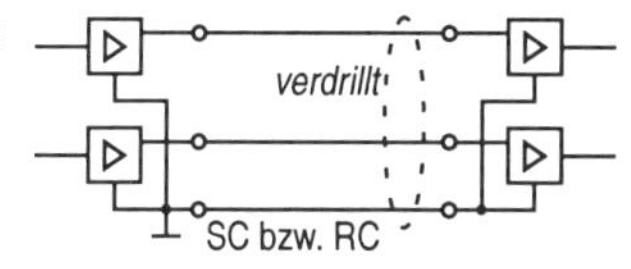

Die Ausgangsspannung liegt i. allg. bei maximal ±6 V, um eine maximale Eingangsspannung von ±12 V möglichst sicherzustellen. Die relativen Signalanstiegszeiten sind wesentlich großzügiger bemessen als bei *RS-232C*. Sie dürfen bis zu 30% der Schrittweite betragen, was eine höhere Übertragungsrate erlaubt. Wie bei *RS-232C* hängt die maximale Übertragungsrate auch von der Länge der Leitung ab. Sie beträgt bei *RS-423A* bei 10 m Leitung etwa 100 kBit/s und reduziert sich bei 1 km Leitung auf etwa 1 kBit/s.

Symmetrische RS-422/V.11-Schnittstelle

Höhere Übertragungsraten als 100 kBit/s lassen sich durch eine symmetrische Schnittstelle erreichen, wie sie in *RS-422A* bzw. *V.11* festgelegt ist. Diese Schnittstelle verwendet ebenfalls verdrillte Leitungen oder Koaxialkabel; im Gegensatz zu *RS-423A* allerdings *separate Rückleitungen* für alle wichtigen Signale, was zu einer deutlichen Verringerung der gegenseitigen Beeinflussungen führt. Gleichtaktstörungen beeinflussen die Signalqualität nicht (siehe Abbildung 1-38). Abbildung 4-11 zeigt die symmetrische Schnittstelle für eine Hin- und eine Rückleitung. Die gemeinsame Masseleitung wird nicht zur Signalübertragung verwendet.

Der zusätzliche Hardware-Aufwand durch Einführung einer separaten Rückleitung für jede (wichtige) Signalleitung wird mit einer erhöhten Bandbreite belohnt. Ohne Verwendung eines Abschlußwiderstandes (R_T) kann die Bandbreite auf das Zehnfache der *RS-423A* erhöht werden (1 MBit/s bei 10 m Leitungslänge und 10 kBit/s bei 1 km Leitungslänge). Die Einführung des in Abbildung 4-11 eingezeichneten Abschlußwiderstands auf Empfängerseite reduziert auftretende Signalverzerrungen, was mit einem weiteren Faktor Zehn in der Bandbreite belohnt wird (10 MBit/s bei 10 m Länge und 100 kBit/s bei 1 km Länge). Leitungslängen von mehr als einem Kilometer sind möglich, wenn die Dämpfung unter 6 dB bleibt.

Abbildung 4-11: Symmetrische Übertragung

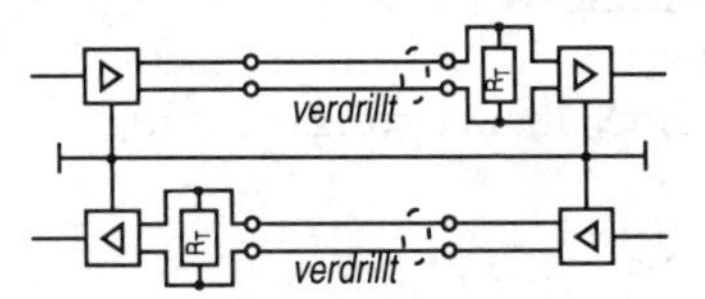

RS-422A ist elektrisch und mechanisch äquivalent zu *RS-423A*. Die eigentliche Punkt-zu-Punkt-Schnittstelle läßt sich sogar zu einem Bussystem ausbauen, was vor allem im Automatisierungsbereich aus Kostengründen gerne ausgenutzt wird.

4.1.5 Parallele Schnittstelle (Centronics-Schnittstelle)

Die parallelen Schnittstellen kommen nicht wie die bisher beschriebenen seriellen Schnittstellen aus dem Telefonbereich. Sie wurden speziell für den Anschluß von Peripheriegeräten[1] entwickelt und genormt. Zur schnelleren Kommunikation soll der Datenaustausch mit den Peripheriegeräten nicht bit-seriell, sondern byte-seriell erfolgen. Dies bedeutet, daß jedes (parallel übertragene) Byte durch Handshaking synchronisiert wird.[2]

Das am häufigsten über eine parallele Schnittstelle an einen Computer angeschlossene Peripheriegerät dürfte der Drucker sein. Hierfür wurde von der Firma Centronics eine parallele Schnittstelle entwickelt, die sich heute als Quasi-Norm etabliert hat und für die es auch eine Vielzahl von kompatiblen Nicht-Druckergeräten gibt. Beispiele hierfür sind schnelle Diskettenlaufwerke (z. B. das ZIP-Laufwerk von Iomega), Bandlaufwerke und Prozeßperipherie, aber auch Computer werden teilweise über die parallele Schnittstelle gekoppelt.

Genauso wie im allgemeinen Sprachgebrauch die serielle Schnittstelle ohne genauere Angaben mit der *RS-232C*-Spezifikation gleichgesetzt wird, werden die Begriffe *parallele Schnittstelle* und *Centronics-Schnittstelle* (und auch *Druckerschnittstelle*) de-facto als Synonyme verwendet. Diese Schnittstelle soll im folgenden etwas näher beleuchtet werden.

Die parallele Schnittstelle wurde von der Firma Centronics als Druckerschnittstelle zu einer Zeit eingeführt, als Centronics im Druckergeschäft noch stark vertreten war. Die Firma hat zwar längst ihre Marktführerschaft verloren, ihre Schnittstelle ist aber immer noch in praktisch jedem PC und jeder Workstation realisiert, obwohl sie nie genormt wurde.

Steckerbelegung

In der Regel wird für die *Centronics*-Schnittstelle ein 36-poliger AMP-Stecker der Firma Amphenol verwendet. Eine passende Buchse ist beim PC allerdings nicht zu finden. Aufgrund der fehlenden Norm entschied sich die Firma IBM, an ihren Mikrocomputern den 25-poligen Subminiatur-D- bzw. Cannon-Stekker zu verwenden, den wir bereits bei der *RS-232C*-Schnittstelle kennengelernt haben. Auch eine 5-V-Leitung wurde von IBM weggelassen. Trotz alledem wird auch die PC-seitige parallele

1. Peripheriegeräte werden i. allg. über kurze Entfernungen angeschlossen. Hier sind Parallelverbindungen ohne Probleme möglich.
2. Vielfach werden heute die Peripheriegeräte nicht mehr über Punkt-zu-Punkt-Verbindungen, sondern über spezielle Peripheriebusse an einen Rechner angeschlossen.

Abbildung 4-12: Steckerbelegung der parallelen Schnittstelle

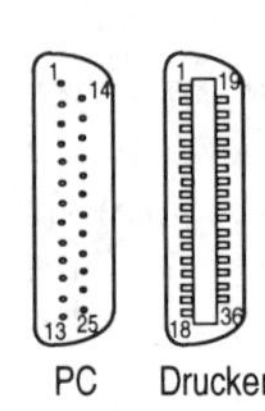

Rechner (PC) Cannon-Stecker				Drucker AMP-Stecker		
Signalstift	**Gruppe**	**Signalname**	**Richtung**	**Signalstift**	**Massestift**	**Bedeutung**
2	Datenleitungen	D0	→	2	20	Daten Bit 0
3		D1	→	3	21	Daten Bit 1
4		D2	→	4	22	Daten Bit 2
5		D3	→	5	23	Daten Bit 3
6		D4	→	6	24	Daten Bit 4
7		D5	→	7	25	Daten Bit 5
8		D6	→	8	26	Daten Bit 6
9		D7	→	9	27	Daten Bit 7
1	Handshakeleitungen	Strobe	→	1	19	Daten gültig
10		ACK	←	10	28	Zeichen übernommen
11		Busy	←	11	29	Drucker beschäftigt
12	Meldeleitungen	PE	←	12	-	kein Papier
13		Select	←	13	-	Drucker on-line
15		Error	←	32		Fehler aufgetreten
14	spezielle Signale	AutoFeed	→	14	-	autom. CR nach LF
16		Init	→	31	30	Puffer löschen
17		SelectIn	→	36		Drucker on-line schalten
18 ... 25	Stromversorgung	GND	↔	16, 19 ... 30		Masse (Logik)
		FrGnd	-	17		Schutzerde (Gehäuse)
		5 V	←	18		Spannung von Drucker
	unbeschaltet		-	15, 33 ... 35		

Schnittstelle meistens *Centronics* genannt.

Beim AMP-Stecker liegen sich die Signalleitungen und die zugehörigen Masseleitungen genau gegenüber, um miteinander leicht verdrillt werden zu können. Abbildung 4-12 zeigt die Steckerformen und die Stiftbelegungen für die PC-Seite (Cannon-Stecker) und für die Druckerseite (AMP-Stecker).

Elektrische Spezifikation

Die maximale Leitungslänge ist mit 2 m bis 5 m angegeben. Alle Signale sind mit TTL-Pegeln spezifiziert. Die *Centronics*-Schnittstelle verwendet positive und negative Logik. Ein Datenbyte muß für mindestens 0,5 µs anliegen. Der Empfänger, d. h. die Druckerseite kann über eine *Busy*-Steuerleitung die Übertragung verlangsamen, was bei einer maximalen Transferrate von etwa 0,5 MByte/s[1] in vielen Fällen auch notwendig ist.

1. Dieser Wert ergibt sich bei der Annahme, daß alle 2 µs ein Byte übertragen wird. In der Praxis liegt die Übertragungsrate für Nutzdaten mit wenigen hundert kBit/s weit darunter.

Handshake-Verfahren

Die parallele Schnittstelle kennt zwei unterschiedliche Handshake-Verfahren, die entweder drei oder zwei Steuerleitungen benötigen. Ein *Dreidraht-Handshake* verwendet die Leitungen $\overline{Strobe}$, $\overline{Ack}$ und $\overline{Busy}$, während ein *Zweidraht-Handshake* ohne die $\overline{Busy}$-Leitung auskommt.

- *Dreidraht-Handshaking*
  Das Zeitdiagramm des Dreidraht-Handshake ist in Abbildung 4-13 dargestellt. Die grauen Balken beschreiben die drei Hauptphasen der Übertragung eines Bytes. Der Rechner legt ein Daten-Byte auf die Leitungen *D0* bis *D7*. Nachdem die Daten mindestens 0,5 µs angelegen haben, aktiviert der Rechner das $\overline{Strobe}$-Signal. Nach Übernahme der Daten quittiert der Drucker den Empfang mit $\overline{ACK}$ und der Rechner kann neue Daten senden. Kann der Drucker keine Daten empfangen[1], aktiviert er die $\overline{Busy}$-Leitung. Sobald er wieder empfangsbereit ist, wird $\overline{Busy}$ zurückgenommen und die Empfangsbereitschaft mit $\overline{ACK}$ signalisiert. Das $\overline{Strobe}$-Signal muß jedesmal mindestens 0,5 µs aktiv sein und die Daten müssen nach dem Rücksetzen des $\overline{Strobe}$-Signals noch 0,5 µs weiter anliegen.

Abbildung 4-13: Zeitdiagramm des Dreidraht-Handshake

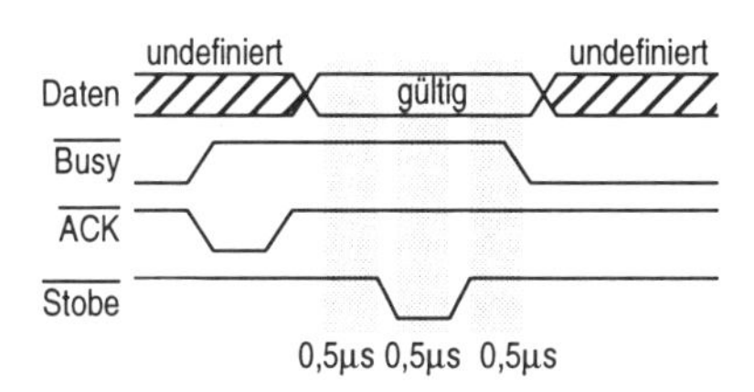

- *Zweidraht-Handshaking*
  Der Zweidraht-Handshake entspricht dem in Abschnitt 1.2.2 vorgestellten vollverzahnten Handshake und kommt ohne $\overline{Busy}$-Leitung aus. Der Rechner legt ein Daten-Byte auf die Leitungen *D0* bis *D7* und signalisiert dies daraufhin mit $\overline{Strobe}$. Das $\overline{Strobe}$-Signal bleibt solange auf „0", bis der Rechner die Quittierung der Datenübernahme über $\overline{ACK}$ vom Drucker empfängt. Der Rechner kann daraufhin neue Daten senden. Solange der Drucker keine Daten empfangen kann, bleibt $\overline{ACK}$ auf „1".

1. Mögliche Gründe sind: Datenpuffer wird geleert/gedruckt, Drucker ist off-line, Papierende, Initialisierungsphase etc.

Rechnerkopplung über Null-Modem

Im Gegensatz zur seriellen Schnittstelle können bei der *Centronics*-Schnittstelle die Daten über die Datenleitungen meist nur in einer Richtung übertragen werden. Diese Einschränkung hat ihre Ursache in der ursprünglichen Anwendung als Druckerschnittstelle, d. h. zur Ansteuerung eines reinen Ausgabegeräts. Auf vielen Schnittstellenkarten ist das Datenregister auf der Rechnerseite als reines Ausgaberegister realisiert. Der Drucker antwortet nur über einige Steuerleitungen.

Da das Einsatzgebiet der parallelen Schnittstelle heute sehr viel breiter geworden ist, birgt die Unidirektionalität häufig Schwierigkeiten. Viele Geräte müssen sich bei der Datenübertragung in der Rückrichtung dadurch behelfen, daß sie einige Steuerleitungen für die Datenübertragung verwenden. Den gleichen Ansatz finden wir auch bei der Rechnerkopplung mit Hilfe spezieller Rechnerkopplungsprogramme (z. B. *LapLink*) und eines Null-Modems. Die Daten werden über die Steuerleitungen der *Centronics*-Schnittstelle bidirektional übertragen. Abbildung 4-14 zeigt einen Null-Modem, das die Übertragung von fünf Bit in jedem Zyklus ermöglicht.

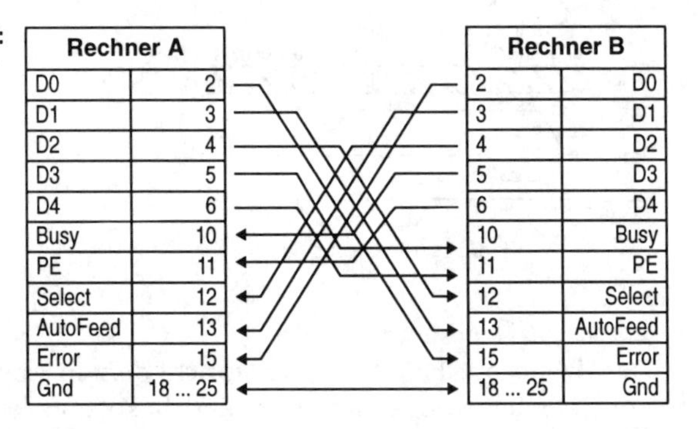

Abbildung 4-14: Null-Modem der parallelen Schnittstelle

4.1.5.1 Interface-Bausteine - Beispiel: Intel 8255

Die parallele Schnittstelle wird heute durch integrierte Bausteine realisiert. Beispiele hierfür sind der *Intel 8255* und der *Motorola 6823*. Stellvertretend für alle anderen Bausteine soll der Intel *PIA* (*Peripheral Interface Adapter*) etwas näher betrachtet werden.

Der Baustein *8255* wurde von Intel bereits für die Mikroprozessoren *Z80*, *8080* und *8086* entwickelt. Er besitzt drei 8 Bit breite Ein-/Ausgabe-Ports, wobei ein Port in zwei Hälften zu je 4 Bit

Abbildung 4-15: Blockdiagramm des Intel PIA 8255

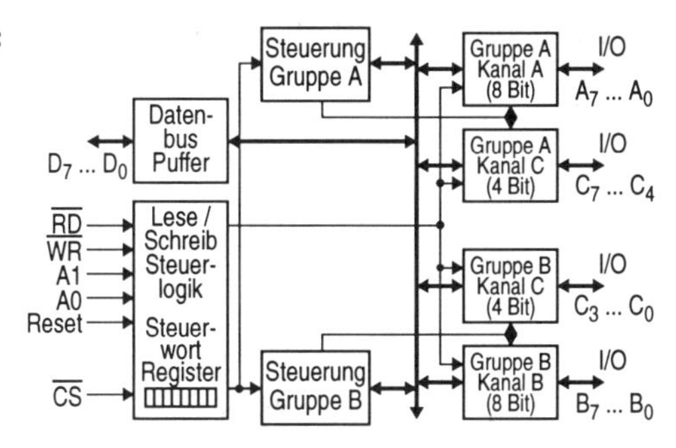

geteilt ist. Das Blockdiagramm des Bausteins ist in Abbildung 4-15 zu sehen. In Abbildung 4-16 ist anschließend die Verwendung des *8255* in einer Rechnerumgebung dargestellt. Vor den Datenein- und -ausgängen auf der Rechnerseite und auf der Seite der parallelen Schnittstelle sind Treiberbausteine vorgeschaltet, um die Busleitungen bzw. die Leitungen des Kabels ansteuern zu können.

Die Steuerleitung $\overline{RD}$ gibt die Übertragungsrichtung an. $\overline{IOReq}$ wird vom Rechner aktiviert (auf Null gezogen), wenn ein Ein-/Ausgabebefehl vorliegt, d. h. die Peripherie und nicht der Spei-

Abbildung 4-16: Centronics-Schnittstelle
Quelle: PrM89]

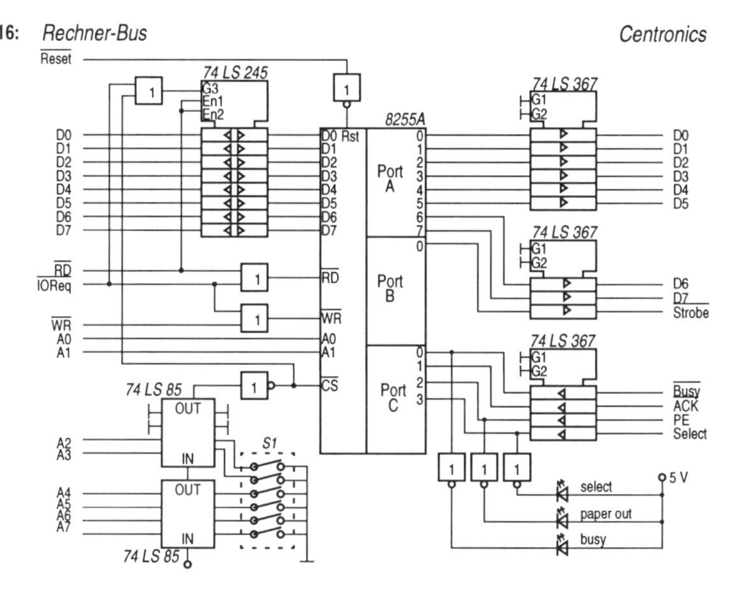

cher angesprochen wird. Im linken unteren Abschnitt der Graphik wird die auf dem Adreßbus anliegende Adresse (*A7* bis *A2*[1]) mit der über den DIL-Schalter *S1* eingestellten Bausteinadresse verglichen. Das Ergebnis des Vergleichs wird dem Eingang $\overline{CS}$ (*Chip Select*) zugeführt. Stimmen die Adressen überein und ist $\overline{IOReq}$ aktiv, so wird auch der Treiber vor den Datenanschlüssen aktiviert. $\overline{RD}$ steuert dann die Durchlaßrichtung des Bausteins.

Auf der Schnittstellenseite werden die Daten und das *Strobe*-Signal über die Ports *A* und *B* und die nachgeschalteten Treiber an das Peripheriegerät ausgegeben. Über Port *C* liest der Schnittstellenbaustein die Meldesignale des Peripheriegeräts ein. Die logischen Werte von drei dieser Meldeleitungen werden über Leuchtdioden visualisiert.

4.1.5.2 EPP, ECP und IEEE 1284

Die weit verbreitete *Centronics*-Schnittstelle wurde bereits Anfang der 80er Jahre zusammen mit den ersten PCs eingeführt. Seit dieser Zeit hat sich zwar die Rechnergeschwindigkeit vervielfacht, die Geschwindigkeit der Datenübertragung über die parallele Schnittstelle blieb jedoch mit wenigen Hundert kBit/s in etwa konstant. Die Datenübertragung wird vorwiegend durch Software gelöst, was bedeutet, daß das Abfragen und Setzen der Steuerleitungen durch den Treiber und nicht durch die Schnittstellen-Hardware erfolgt. Dies stellt eine unnötige Belastung des Prozessors dar.

1991 gründeten daher einige Druckerhersteller (Lexmark, IBM, TI, u. a.) die Network Printing Alliance (NPA) zur Ausarbeitung einer mit *Centronics* voll kompatiblen schnelleren Parallelschnittstelle. Das Ergebnis wurde der IEEE vorgestellt und 1994 unter der Kennung IEEE 1284 als Norm veröffentlicht.

Die Spezifikation IEEE 1284 beschreibt eine erweiterte parallele Schnittstelle, die bis zu 1 MByte/s halbduplex in beide Richtungen übertragen kann. Die Kompatibilität zur *Centronics*-Schnittstelle wird durch die Einführung von fünf Transfermodi erreicht. Die einzelnen Modi beschreiben einen Datentransfer entweder in Vorwärtsrichtung, in Rückwärtsrichtung oder bidirektional:

---

1. *A1, A0* adressieren vier Steuerwort-Register des *8255*.

- *Compatibility Mode*: Centronics- oder Standard Modus zum Transfer in Vorwärtsrichtung wie oben beschrieben.
- *Nibble Mode*: Transfer in Rückwärtsrichtung, bei dem in jedem Schritt vier Bit über die Steuerleitungen übertragen werden (siehe auch Seite 218).
- *Byte Mode*: Transfer in Rückwärtsrichtung, bei dem in jedem Schritt acht Bit über die Datenleitungen übertragen werden. Ports mit diesem Modus werden häufig „bidirektionale Ports" bezeichnet.
- *EPP (Enhanced Parallel Port)* und *ECP (Extended Capability Port)*: zwei bidirektionale Modi, bei denen das Übertragungsprotokoll von der Hardware abgearbeitet wird.

Alle existierenden parallelen Schnittstellen können bidirektional mit Hilfe der *Compatibility-* und *Nibble-Modi* kommunizieren. *Byte-Modus* wird von etwa 25% der existierenden Parallel-Ports unterstützt. Diese können Daten über die Datenleitungen empfangen. Die Übertragung wird in allen drei Modi durch die Software gesteuert und ist daher langsam.

Die *EPP-* und *ECP*-Protokolle unterstützen bidirektionale Übertragungen, wobei die Hardware der Schnittstelle selbständig die Kontrolleitungen setzt und abfragt und den Handshake durchführt. Zur Übertragung eines Bytes wird dadurch nur noch ein *OUT*-Befehl benötigt. Die Kontrolleitungen der Parallelschnittstelle haben bei *EPP* und *ECP* neue Bedeutungen, die in der IEEE-Norm nachgelesen werden können.

EPP

Die *EPP*-Spezifikation ist etwas älter als die IEEE-Norm. Das Protokoll beinhaltet vier unterschiedliche Transferzyklen: Datum schreiben, Datum lesen, Adresse schreiben und Adresse lesen, wobei die beiden Adreßzyklen zum Austausch von Adressen, Kommandos und Kontrollinformationen dienen. Eine der interessantesten Eigenschaften von *EPP* ist die Fähigkeit, einen Datentransferzyklus innerhalb eines *ISA*-Ein-/Ausgabezyklus abzuarbeiten, was eine Transferrate von bis zu 2 MByte/s ergibt. *EPP* wird hauptsächlich von Nicht-Drucker-Peripheriegeräten (Band- und CD-ROM-Laufwerke, Netzwerkkarten, etc.) verwendet.

ECP

ECP wurde von HP und Microsoft für neue Drucker und Scanner entwickelt. Auch bei *ECP* wird der Übertragungszyklus von der Hardware kontrolliert. Die Spezifikation enthält sogar eine Echtzeit-Datenkompression mit Kompressionsraten von bis zu

64:1, was speziell bei der Übertragung von Rasterbildern zu Druckern bzw. von Scannern interessant ist. Darüber hinaus kennt *ECP* Kanäle und logische Geräte innerhalb physikalischer Peripheriegeräte. Beispielsweise könnte damit ein *Fax-Drucker-Modem* eine Datei über das Modem empfangen, während gleichzeitig ein Dokument ausgedruckt wird.

4.1.6 Analoge Schnittstelle: Modem

Häufig kann eine Rechnerverbindung nicht durch eine Basisbandübertragung realisiert werden. In diesen Fällen muß das digitale Signal auf ein Trägersignal aufmoduliert und als Analogsignal über das Übertragungsmedium gesendet werden (siehe Abschnitt 1.1.4). Beispiele für eine notwendige Analogübertragung sind:

- Lichtwellenleiter und Richtfunkstrecken:
  In beiden Fällen haben wir elektromagnetische Signale eines Frequenzspektrums (Lichtwellenleiter: ca. 10^{14} Hz; Funk: Mikrowellen im Bereich 2 bis 96 GHz), das eine Basisbandübertragung per Definition ausschließt.
- Telefonverbindung:
  Die öffentliche Telefonleitung ist nur für Frequenzen von 300 Hz bis 3400 Hz spezifiziert. Eine Basisbandübertragung wäre bei diesen niedrigen Frequenzen unwirtschaftlich. Es wäre eine Übertragungsrate von lediglich etwa 300 bis 600 Baud möglich.

In allen diesen Fällen, in denen aus irgend einem Grund die digitale Datenübertragung über eine Analogstrecke erfolgen muß, wird der Einsatz von *MODEMs* (*MODulator/DEModulator*) an den beiden Enden der Analogstrecke notwendig. Wie der Name sagt, setzen diese Geräte auf der Sendeseite die Digitalsignale in Analogsignale um (Modulation) und wandeln auf der Empfängerseite die Analogsignale wieder in die ursprünglichen Digitalsignale zurück (Demodulation).

Im folgenden wird die am häufigsten im privaten Bereich verwendete analoge Datenübertragung, die Kommunikation über das öffentliche Fernsprechnetz, vorgestellt. Die Anbindung eines Computers an die Telefonleitung erfolgt über ein Modem.[1]

1. Unter dem Begriff *Modem* ohne nähere Erläuterung wird im üblichen Sprachgebrauch ein Gerät zur Anbindung an das Telefonnetz verstanden.

4.1.6.1 Übertragung über Telefonleitungen

Entscheidend für die größtmögliche Übertragungsrate über eine Analogleitung ist die Bandbreite des Kanals und der Signal-Rauschabstand, d. h. das Verhältnis zwischen der Signalleistung und der Rauschleistung. Durch theoretische Überlegungen stellte Shannon folgende Formel auf (*Shannon'sches Theorem*):

$$max.\ Bitrate = Bandbreite \cdot log_2\left(1 + \frac{Signalleistung}{Rauschleistung}\right)[Bit/s] \qquad (4\text{-}1)$$

Die Energie bzw. Leistung eines Signals wächst quadratisch mit dessen Amplitude. Beträgt beispielsweise das Amplitudenverhältnis von Nutzsignal zum Rauschen 30:1, so liegt das Leistungsverhältnis bei etwa 1000:1. Da nach Shannon die maximale Bitrate logarithmisch von diesem Leistungsverhältnis abhängt, kommt man nach obiger Formel auf eine Bitrate von etwa dem Zehnfachen der Kanalbandbreite. Bei einer Bandbreite von etwa 3 kHz für eine Telefonleitung kommen wir somit auf eine Übertragungsrate von ca. 30 kBit/s. Genauere Untersuchungen ergeben einen Wert von etwa 23 kBit/s.

Die Rechnerkommunikation über das Telefonnetz erfolgt vollduplex mit maximaler Übertragungsrate in beide Richtungen. In die Modems eingebaute Echosperren verhindern den Empfang der eigenen Signale. Folgende Tabelle gibt die maximale Bitrate für verschieden gute Telefonleitungen mit unterschiedlichen Signal-Rauschabständen an.[1] Höhere Datenübertragungsraten lassen sich nur noch durch Komprimierungsverfahren erzielen.

Tabelle 4-3: Maximale Bitraten unterschiedlich guter Telefonleitungen

Signal-Rausch-Abstand [dB]	12 (schlecht)	30 (gut)	40 (sehr gut)
max. Übertragungsrate [kBit/s]	24,8	31	41,2

Für die Rechnerkopplung entwickelten sich mit der Zeit viele Modem-Normen, die als CCITT-Empfehlungen spezifiziert sind. Die erste CCITT-Empfehlung lautet *V.21* und spezifiziert eine Bitrate von 300 Bit/s. Jüngere Spezifikationen, wie zum Beispiel *V.34*, erreichen dagegen bereits 28.800 Bit/s ohne Komprimierung. Moderne Modems erreichen solch hohe Übertragungsraten nur dadurch, daß sie sich automatisch der Leitungs-

1. Vom öffentlichen Telefonnetz werden nur 23 kBit/s garantiert, allerdings meist übertroffen.

Tabelle 4-4: Vergleich der CCITT-Modemspezifikationen

Norm	Bitrate	Typ	Baud rate	Modulations-art	Bemerkung
normale Modems					
V.21	300	Vollduplex	300	FM	0-1 durch Frequenzwechsel
V.22	1200 / 600	Vollduplex	600	PM	Dibits: 4 Phasenwinkel auf einem Träger
V.22bis	2400	Vollduplex	600	QAM	Quadbits: 12 Phasenwinkel und 3 Amplitudenwerte auf einem Träger
V.23	75 / 1200	Halbduplex	1200	FM	altes Btx; 75 Senden, 1200 Empfangen
V.26	2400	Vollduplex	1200	PM	
	75 / 2400	Vollduplex			75 Baud-Hilfskanal zum Fehlerschutz
V.26bis	2400 / 1200	Vollduplex	1200	PM	4 oder 2 Phasenwinkel
V.27	4800	Vollduplex	1600	PM	Tribit: 8 Phasenwinkel
V.27bis	4800 / 2400	Vollduplex	1600	PM	entweder 8 oder 4 Phasenwinkel
V.32	9600 / 7200 4800	Vollduplex	2400	Trellis (QAM)	Weiterentwicklung von V.29
V.32bis	14400 / 12000 9600 / 7200 4800	Vollduplex		Trellis (QAM) mehrere Träger	Protokoll mit mehreren Trägerfrequenzen → höhere Übertragungsrate → dyn. Leitungsanpassung
V.32terbo	19200	Vollduplex		Trellis (QAM) mehrere Träger	Verbesserung der Phasen-/ Amplitudenkonstellation
V.34/ V.fast	bis 28800	Vollduplex		Trellis (QAM) mehrere Träger	2...3-fache Signalverarbeitungsleistung gegenüber V.32bis
Fax-Modems					
V.27ter	4800 / 2400	Halbduplex	1600/ 1200	PM	entweder 8 oder 4 Phasenwinkel
V.29	9600 / 7200 4800	Halbduplex	2400	QAM	
V.17	14400 / 9600 / 7200	Halbduplex	2400	Trellis (QAM)	

qualität anpassen. Nur bei guten Leitungen erreichen sie höhere Übertragungsraten als die oben beschriebene Grenze von ca. 23 kBit/s.

Tabelle 4-4 listet die CCITT-Modemspezifikationen auf. Für jede der Empfehlungen wird die Bitrate, die Schrittgeschwindigkeit (Baudrate) und die Modulationsart angegeben. Einige der Empfehlungen werden im folgenden näher betrachtet. Dabei wird im wesentlichen auf die zugrundeliegende Modulation eingegangen. In der Tabelle sind die Modem-Empfehlungen der CCITT in die beiden Klassen „normale" Modems zur Rechnerkopplung und Faxmodems unterteilt. Die Modems der beiden

Klassen sind prinzipiell nicht kompatibel, d. h. eine direkte Kommunikation zwischen einem Computer und einem Fax-Gerät ist nicht möglich, es sei denn, das Modem ist für beide Gerätearten ausgelegt.

V.21: Vollduplexverbindung mit 300 Bit/s

Die erste Modem-Empfehlung der CCITT trägt die Bezeichnung *V.21*. Sie basiert auf einer Frequenzmodulation. Die Hin- und Rückrichtung der Übertragung erfolgt auf zwei verschiedenen Trägerfrequenzen (Kanälen). Die Trägerfrequenz der Hinrichtung beträgt 1080 Hz und die der Rückrichtung 1750 Hz. Eine logische Eins wird dadurch übertragen, daß die Trägerfrequenz um 100 Hz erniedrigt wird. Bei einer logischen Null wird die Trägerfrequenz um 100 Hz erhöht. Somit ergeben sich folgende Frequenzen:

- unterer Kanal: log. „1“: 980 Hz; log. „0“: 1180 Hz
- oberer Kanal: log. „1“: 1650Hz; log. „0“: 1850 Hz

Die Schrittgeschwindigkeit liegt bei 300 Baud auf jedem der beiden Kanäle. Die Schrittweite ist demnach 3,333 ms.

V.22bis: Vollduplexverbindung mit bis zu 2400 Bit/s

V.22 ist die CCITT-Empfehlung für 1200-Bit/s-Modem, *V.22bis* die 2400-Bit/s-Erweiterung. Da *V.22* eine echte Teilmenge von *V.22bis* ist, soll hier das 2400 Bit/s-Modem vorgestellt und anschließend die Einschränkung von *V.22* angesprochen werden.

V.22bis verwendet wie *V.21* zwei Trägerfrequenzen für die beiden Übertragungsrichtungen. Der Träger des unteren (Hin-) Kanals liegt bei 1200 Hz ± 0,5 Hz, der des oberen (Rück-) Kanals bei 2400 Hz ± 1Hz. Die Schrittgeschwindigkeit liegt bei 600 Baud, was einer Schrittweite von 1,666 ms entspricht. Der untere Kanal überträgt damit zwei Schwingungen, der obere Kanal vier Schwingungen pro Schritt.

Die Modulationsart von *V.22bis* ist die Quadraturamplitudenmodulation, eine Mischung aus Phasen- und Amplitudenmodulation (vgl. Abschnitt 1.1.4.4). *V.22bis* spezifiziert 12 Phasendifferenzen und 3 Amplitudenwerte, zwischen denen beim Übergang von einem Schritt *n* zum Folgeschritt *n+1* gewechselt werden kann. Tabelle 4-5 beschreibt alle möglichen Wellenzüge,

Tabelle 4-5: Wellenzüge bei V.22bis

Amplitude	Phasendifferenz zum vorhergehenden Schritt							
A	45	135	225	315				
$\sqrt{5} \cdot A$	18	72	108	162	198	252	288	342
3·A	45	135	225	315				

wobei der Faktor *A* in der Tabelle ein beliebiger Normierungsfaktor für die Amplitude ist.

Das Signal in eine Übertragungsrichtung kann zwischen 16 verschiedenen Wellenzügen wechseln. Der Wechsel wird zu jeder Schrittmitte ausgewertet. Abbildung 4-17 zeigt alle möglichen Wellenzüge für den Schritt *n+1* zu einem gegebenen Wellenzug in Schritt *n*.

Abbildung 4-17: Mögliche Wellenzüge bei V.22bis

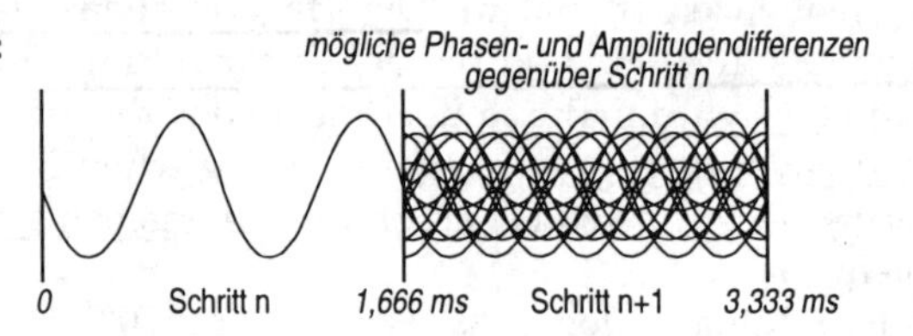

In jedem Schritt können 16 unterschiedliche Werte kodiert werden. Dies entspricht vier Bit (einem Quadbit oder einer Hexadezimalziffer). Bei einer Schrittgeschwindigkeit von 600 Baud ergibt dies:

600 Baud x 4 Bit = 2400 Bit/s

für jede der beiden Richtungen, die getrennte Trägerfrequenzen verwenden. Zur Darstellung der möglichen Wellenzüge eignet sich das in Abschnitt 1.1.4.4 vorgestellte Strahlendiagramm, auch Phasenstern genannt. Abbildung 1-25 zeigt den Phasenstern von *V.22bis*. In der Abbildung ist gut zu sehen, daß die Amplituden und Phasendifferenzen der verschiedenen Wellenzüge so gewählt wurden, daß die Punkte im Diagramm äquidistante Abstände besitzen.

V.22bis ordnet jeweils einer 4 Bit langen Zahl eine Phase und eine Amplitude *dynamisch* zu. Es gibt keine feste Kodierung. Die ersten beiden Bit (Dibit) der Zahl legen den Phasenquadranten für Schritt *n+1* abhängig vom Quadranten des Schritts *n* fest (Tabelle 4-6). Hiermit soll eine Gleichverteilung der Punkte im Diagramm erreicht werden, um den Störabstand zu vergrößern. Das zweite Dibit kodiert den Punkt im Quadranten.

V.22

Im Gegensatz zu *V.22bis* überträgt *V.22* in jedem Schritt nur ein Dibit, wodurch sich die Übertragungsrate auf 1200 Bit/s halbiert. Die Trägerfrequenzen bleiben mit 1200 Hz und 2400 Hz gleich. Statt 3 verschiedener Amplituden verwendet *V.22* nur eine. Das Dibit wird lediglich durch vier Phasenwinkel (0^0, 90^0, 180^0 und 270^0) kodiert.

Tabelle 4-6: Phasenwechsel zwischen zwei Schritten bei V.22bis
Quelle: [Fem94]

erstes Dibit	Phasenquadrant Schritt n		Phasenquadrant Schritt n+1
00	1	→	2
	2	→	3
	3	→	4
	4	→	1
01	kein Wechsel		
11	1	→	4
	2	→	1
	3	→	2
	4	→	3
10	1	→	3
	2	→	4
	3	→	1
	4	→	2

V.29: Halbduplex-verbindung mit 9600 Bit/s

Die *V.29*-Empfehlung wurde für Fax-Verbindungen auf festgeschalteten Leitungen herausgegeben. In der Praxis findet man jedoch auch *V.29*-Modems für Telefonleitungen und *V.29*-kompatible Pseudo-Vollduplex-Modems. Die Empfehlung umfaßt neben der Übertragungsrate von 9600 Bit/s auch reduzierte Raten von 7200 Bit/s und 4800 Bit/s.

Das Modulationsverfahren von *V.29* ist analog zu *V.22bis* (Quadraturamplitudenmodulation). Die Trägerfrequenz liegt bei 1700 Hz ± 1Hz in der Mitte des Telefonbandes. Es gibt keinen Rückkanal. Die Schrittgeschwindigkeit ist mit 2400 Baud vier mal so hoch wie bei *V.22*. Abbildung 4-18 enthält die Phasensterne für die drei Übertragungsraten. Bei 9600 Bit/s werden Quadbits, bei 7200 Bit/s Tribits und bei 4800 Bit/s Dibits übertragen.

Trellis-kodierte Modulation

Die nach *V.29* folgenden Modem-Empfehlungen basieren auf einem erweiterten Modulationsprinzip, der Trellis-Modulation.

Abbildung 4-18: Phasensterne von V.29 bei verschiedenen Übertragungsraten

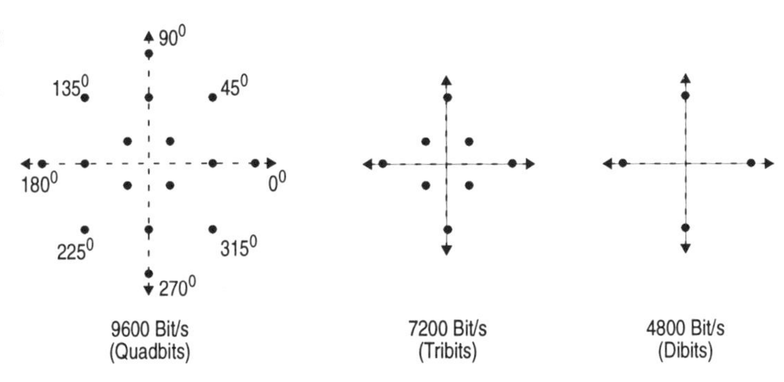

Bei dieser Art von Modulation wird die eigentliche Modulation mit der Leitungskodierung geschickt kombiniert, um bei Leitungsrauschen Gewinne von 3 dB bis 6 dB, je nach Kodierungsaufwand, zu erzielen. Die Kodierung ist heute durch schnelle Signalprozessoren in Echtzeit möglich. Neben der Modem-Verbindung über das Telefonnetz wird die Trellis-Kodierung auch erfolgreich beim digitalen Richtfunk und Mobilfunk eingesetzt.

Die Zuordnung der Datenbits zu den Punkten im Phasenstern, d. h. die Modulation, ist abhängig von der Kanalkodierung. Man versucht dabei, während der Übertragung Symbolfolgen zu finden, bei denen aufeinander folgende Symbole so verschieden wie möglich sind, auch wenn sich die Quellsymbolfolgen in nur einem Bit unterscheiden. Dies dient der Erhöhung der Hamming-Distanz und damit zur Herabsetzung der Empfindlichkeit gegenüber Leitungsstörungen.

Die Trellis-Modulation verwendet Quintbits statt Quadbits. Das fünfte Bit dient zur automatischen Fehlerkorrektur durch den Empfänger, d. h. die Bandbreitenerhöhung dient nicht der Erhöhung der Nutzdatenübertragung. Durch die Fehlerkorrektur wird die Übertragung etwa doppelt so sicher, was eine geringere Schrittweite erlaubt.

V.34/V.fast: Vollduplexverbindung mit bis zu 28800 Bit/s

Eine Weiterentwicklung der Fax-Modem-Spezifikation *V.29* im Bereich der Rechnerkommunikation ist die Spezifikation *V.32* mit ihren Erweiterungen *V.32bis* und *V.32terbo*. Deren Übertragung basiert auf der oben beschriebenen Trellis-Modulation. Durch verbesserte Festlegung der Punkte im Phasenstern, dynamische Leitungsanpassung und ähnlichen Maßnahmen ist es gelungen, auf guten Leitungen bis zu 19200 Bit/s zu übertragen (*V.32terbo*).

Der Trend bei moderneren Spezifikationen geht in Richtung Ausnutzung guter Leitungsqualitäten für hohe Übertragungsraten, wobei die Übertragungsrate auf schlechter werdenden Leitungen automatisch verringert wird. Moderne Modems testen hierzu regelmäßig die augenblickliche Qualität der Übertragungsstrecke.

Die Spezifikationen *V.34* bzw. *V.fast* erhöhen die maximale Übertragungsrate auf 28800 Bit/s durch Ausnutzung verbesserter Signalverarbeitung gegenüber *V.32bis*. *V.34*-Modems wählen automatisch einen optimalen Satz von Modulationsmöglichkeiten und Techniken zur Unterdrückung von Störeinflüssen. Man spricht hierbei von *Adaptiver Intelligenz.*

Der Modemstandard *V.34* beinhaltet eine längere Liste verschiedener Modulationswerkzeuge. Hierzu gehören:[1]

- *V.8 Negotiation Handshake,* eine zu *V.32bis* kompatible Start-up-Prozedur nach *V.21* (300 Bit/s). Beim Aufbau einer Modemverbindung dient diese Prozedur der Aushandlung schneller Übertragungsparameter. Unter anderem werden hierbei *V.34*-Modems identifiziert, der Daten- oder Sprachübertragungsmodus festgelegt und verfügbare Modulationsverfahren abgesprochen.
- Direkt nach dem *V.8*-Protokoll findet das *Line Probing* statt. Hierbei wird regelmäßig eine Analyse der Leitungsqualität durchgeführt und das Ergebnis ausgetauscht. Dieser Test erfolgt zu Beginn der Kommunikation, aber auch während der Übertragung, um auf sich ändernde Leitungsqualitäten bei Langzeitverbindungen (z. B. bei Standleitungen) reagieren zu können.
- Eine weitere verwendete Technik ist das *Precoding.* Hierunter versteht man im wesentlichen eine Kombination von Trellis-Kodierung und Signalvorverzerrung, die dazu dient, Leitungsverzerrungen zu kompensieren.
- Unter *Pre-Emphasis* versteht man das Filtern des Signals, so daß es in einigen Spektralbereichen verstärkt, in anderen dagegen abgeschwächt wird. Dies ist sehr effektiv bei Signalverzerrungen. Bei *V.34* dienst eine als *Adaptive Pre-Emphasis* bekannte Erweiterung dazu, die Signale gegen die beim Line-Probing erkannten Verzerrungen durch geeignete Filter zu „immunisieren".
- Auch die Übertragungsleistung wird dynamisch angepaßt. Zur Vermeidung von Reflexionen sollte nicht immer die maximale Sendeleistung gewählt werden. Unter dem Begriff *Adaptive Power Control* wird bei *V.34* ein optimaler Sendepegel mit Hilfe des Line-Probing ermittelt und eingestellt.
- *Shell Mapping* ist ein Algorithmus zur sphärischen Verteilung der Signalpunkte im Phasenstern. Damit gelingt es den

1. Die Liste der verwendeten Modulationswerkzeuge ist absichtlich so ausführlich, um den technologischen Aufwand moderner Modems zu verdeutlichen.

Signal-Rauschabstand um ca. 1 dB zu erhöhen. *Warping*, eine weitere Technik, verschiebt die Punkte im Phasenstern, um harmonischen Verzerrungen entgegenzuwirken.

- Schnelle Prozeduren zur Modemsynchronisation, *Fast Training & Training Recovery Procedures* genannt, werden eingesetzt, um den Verbindungsaufbau inklusive initialem Protokoll zu verkürzen. Bei *V.34* ist es gelungen, die Verbindungsaufbauzeit auf etwa 7 Sekunden zu reduzieren, gegenüber ca. 10 Sekunden bei *V.32bis*. ❑

Die meisten Maßnahmen dienen einer höheren Übertragungsrate bei geeignet guten Leitungen. Wird jedoch die Leitungsqualität so schlecht, daß auch Precoding, Pre-Emphasis etc. nicht mehr ausreichen, um eine weitgehend fehlerfreie Übertragung zu gewährleisten, kann bei *V.34* dynamisch auf geringere Geschwindigkeiten (z. B. *V.32*, *V.22bis*) zurückgeschaltet werden.

Abschließend sei noch bemerkt, daß die modernen *V.34*-Modems aufgrund ihrer hohen Übertragungsrate nicht mehr über die *V.24*-Schnittstelle mit dem Computer verbunden werden können. Wie wir oben gesehen haben, ist *V.24* lediglich bis ca. 20 kBit/s spezifiziert. *V.34*-Modems, die die Daten vor der Übertragung komprimieren (nach *V.42bis* - siehe unten), benötigen dagegen teilweise mehr als 100 kBit/s. Die Modems werden daher sinnvollerweise über die moderneren seriellen Schnittstellen *V.10* und *V.11* angebunden.

V.42, V.42bis

Die beiden CCITT-Empfehlungen *V.42* und *V.42bis* beschreiben keine Leitungskodierung, sondern dienen einer korrekten und schnellen Modemverbindung durch Festlegung einer Fehlerkorrektur und einer Datenkompression.[1] *V.42* ist dabei das CCITT-Fehlerkorrekturprotokoll, bei dem kleinere Blöcke automatisch wiederholt gesendet werden, wenn sie nicht korrekt empfangen wurden. *V.42bis* erweitert *V.42* um zusätzliche Datenkompression. Die Standards sind in jüngeren Modems, z. B. *V.34*-Modems, realisiert.

Übertragungsprotokolle

Alle bisher beschriebenen CCITT-Empfehlungen betreffen lediglich die unterste Übertragungsebene. Sie beschreiben nur, wie

1. *V.42* ist kompatibel mit dem Protokoll *MNP-4*. *V.42bis* ist etwa doppelt so effektiv wie *MNP-5*, aber nicht kompatibel.
(MNP, Microcom Networking Protocol, ist ein häufig implementiertes 10-Klassen-Protokoll zur fehlerfreien, blockorientierten Modemverbindung).

einzelne Bits auf den Leitungen kodiert und übertragen werden. Im Laufe der Zeit habe sich daneben auch Quasi-Standards auf der Ebene der Übertragungsprotokolle etabliert, die beispielsweise festlegen, wie ganze Dateien zu übertragen sind. Tabelle 4-7 faßt die wichtigsten Protokolle zusammen.

Tabelle 4-7: Modem-Übertragungsprotokolle

Modem-Art	Beschreibung
X-Modem	• De-facto-Standard zur Dateiübertragung über Modems • Übertragung von 128 Byte-Blöcken im Halbduplexverfahren • Empfänger quittiert mit ACK-Signal • Fehlererkennung durch CRC (Cyclic Redundancy Check)
1K-X-Modem	• wie X-Modem, jedoch 1024-Byte-Blöcke • höhere Übertragungsrate auf guten Leitungen • Wiederholung größerer Blöcke bei Fehler
Y-Modem	• ähnlich dem X-Modem • Übertragung mehrerer Dateien hintereinander (inkl. Dateiattribute)
Z-Modem	• einige Erweiterungen gegenüber X- und Y-Modems (z. B. Wiederaufsetzen der Übertragung bei Verbindungsunterbrechung) • seit Mitte der 80er Jahre
Bi-Modem	• Erweiterung des Z-Modems zur Übertragung größerer Datenmengen in beide Richtungen • weniger verbreitet als Z-Modem

4.2 Ein-/Ausgabebusse

Hardware-Schnittstellen beschreiben allgemein Punkt-zu-Punkt-Verbindungen zwischen Computer untereinander, aber auch zwischen einem Computer und einem Peripheriegerät. Beispiele hierfür sind Drucker, die meist über die parallele Schnittstelle, zum Teil aber auch über die serielle Schnittstelle an den Computer angeschlossen sind.

Bei einer größeren Anzahl von Peripheriegeräten ist eine sternförmige Verkabelung, bei der jedes Peripheriegerät über eine Punkt-zu-Punkt-Verbindung mit dem Computer verbunden ist, aus verschiedenen Gründen ineffizient. In diesem Fall sollte eine busförmige Verbindungsstruktur vorgezogen werden.

Wie in Abschnitt 3.1 ausführlich dargelegt wurde, ist der direkte Anschluß der meisten Peripheriegeräte an den Systembus nicht sinnvoll. Gründe, die dagegen sprechen, sind u. a. der Geschwindigkeitsunterschied der Busteilnehmer und die hohen elektrischen Anforderungen der Systembusse. Zum Anschluß der Peripheriegeräte wurden daher spezielle Peripheriebusse entwickelt, die über eine Brücke mit dem Systembus gekoppelt sind.

Die Klasse der Peripheriebusse untergliedert sich noch einmal in *Ein-/Ausgabebusse* und in *Instrumentierungs-* bzw. *Instrumentenbusse* (siehe auch Abbildung 2-14).

Ein-/Ausgabebusse dienen dem Anschluß von Standard-Peripheriegeräten wie etwa Festplatten, CD-ROM-Laufwerke und Drucker. Zum Teil werden auch Prozeßperipheriesteuerwerke (z. B. Digital- und Analog-Ein-/Ausgabe) über diese Busse mit dem Rechner gekoppelt.

Die Grundlagen der Datenübertragung über Ein-/Ausgabebusse wurden bereits in Kapitel 2 behandelt. Aufgrund ihrer geometrischen Ausdehnung und den hohen Geschwindigkeitsunterschieden zwischen den einzelnen Busteilnehmern wird bei der Datenübertragung über Peripheriebusse ein asynchrones Übertragungsprotokoll bevorzugt, auch wenn einige dieser Busse synchrone Aspekte in sich bergen. Das asynchrone Protokoll garantiert eine konfliktfreie Übertragung auch bei noch so großen Geschwindigkeitsdifferenzen zwischen den Kommunikationspartnern.

In diesem Abschnitt sollen nun zwei ausgewählte Ein-/Ausgabebusse diskutiert werden. Zum einen wird der *SCSI*-Bus besprochen, der, aus dem Workstation-Bereich kommend, auch immer größere Verbreitung im oberen PC-Bereich findet. Zum anderen soll der *USB* (*Universal Serial Bus*) vorgestellt werden, den Intel, Microsoft und andere Firmen gerne als zukünftigen Standard zum Anschluß aller mittelschnellen und langsamen Peripherie im PC-Bereich sehen. Er könnte einmal die serielle und parallele Schnittstelle ersetzen.

4.2.1 SCSI (Small Computer System Interface)

1979 entwickelte die Firma Shugart eine Festplattenschnittstelle, die sie *SASI* (*Shugart Associates System Interface*) nannte. In Zusammenarbeit mit der NCR entstand aus dieser Schnittstelle ein allgemeineres 8-Bit-Bussystem, das 1982 als *SCSI-Bus* (ISO-9316) veröffentlicht wurde und zur Verbindung der gesamten Computer-Peripherie genutzt werden kann. Im Gegensatz zum *SASI-Interface* ist der *SCSI-Bus* nicht mehr auf Festplatten beschränkt.

Der *SCSI-Bus* war ursprünglich im Workstation-Bereich zuhause und ist dort der dominierende Peripheriebus. In jüngerer Zeit setzt er sich darüber hinaus vermehrt als ernstzunehmender Konkurrent im „High-End"-PC-Bereich durch. Bisher war in der PC-Welt *IDE* (*Integrated Drive Electronics*) die vorherrschende Festplattenschnittstelle, die jedoch argen Beschränkungen unterliegt[1]. *IDE* wurde daher durch Spezifikationen wie *Fast-IDE* und vor allem *Enhanced-IDE* (*E-IDE*) erweitert. Letztere unterstützt auch CD-ROM-Laufwerke und bis zu 8,4 GByte Plattenkapazität, bei einer theoretischen Übertragungsrate von bis zu 16,7 MByte/s. Da *E-IDE* kompatibel zu *Standard-IDE* ist, hat diese Schnittstelle sehr schnell die Herrschaft im PC-Markt übernommen.

Aus Sicht der Konzeption, vor allem für High-End-Geräte, ist der *SCSI-Bus* der *E-IDE-Schnittstelle* überlegen. *SCSI* ist frei von allen Kompatibilitätsbeschränkungen bezüglich *IDE*, unterstützt die verschiedensten Peripheriegeräte (z. B. CD-ROM-Laufwerke, Drucker, Scanner) und ist sogar Multimaster-fähig. Da von *SCSI*-Geräten mehr „Intelligenz" als von *IDE*-Platten gefordert wird, sind diese noch etwas teurer als ihre Konkurrenten und daher im PC-Massenmarkt noch nicht so verbreitet.[2]

SCSI wurde 1986 zum ANSI-Standard. Seit dieser Zeit etwa gibt es eine 16- bzw. 32-Bit-Weiterentwicklung unter dem Namen *SCSI-2*, die Vorläufer der 1993 eingeführten *SCSI-3*-Version ist. Neben diesen drei Versionen gibt es noch Entwicklungen unter den Namen *Fast-SCSI*, *Wide-SCSI*, *Ultra-SCSI* und deren Kombinationen. Der zukünftige Trend bezüglich der technologischen Grundlage scheint auch bei *SCSI* vom Parallelbus in Richtung serieller Verbindung zu gehen, wobei die logische *SCSI*-Schnittstelle aus Kompatibilitätsgründen beibehalten bleiben soll. *SCSI-3* spezifiziert hierfür ein dreischichtiges Architekturmo-

1. Beschränkungen von *Standard-IDE* sind beispielsweise die Einschränkung auf Festplatten (keine Unterstützung von CD-ROM-Laufwerken, eine maximale Übertragungsrate von 3,3 MByte/s und eine maximale Plattenkapazität von 538 MByte pro Festplatte).
2. Der momentane Preisunterschied läßt sich allerdings nicht allein durch den technologischen Unterschied erklären.

dell, bei dem die parallelen Busleitungen, für das Gerät transparent, durch einen seriellen Bus ausgetauscht werden können. Die Vorteile der seriellen Verbindung liegen in kleineren Steckern für die immer kleiner werdenden Gehäuse und in der Erkenntnis, daß bei hohen Signalfrequenzen (z. B. 100 MBit/s) der Parallelbus zu teuer wird.[1]

Obwohl von der ANSI genormt, gibt es zur Zeit bei *SCSI* des öfteren Schwierigkeiten mit der Kompatibilität. Dies liegt zum einen daran, daß alle drei angesprochenen Versionen zur gleichen Zeit existieren. Für alle Versionen gibt es mehrere, unterschiedliche Leitungsarten (Flachband- und Rundkabel) und Stecker (Tabelle 4-8 zeigt die Belegung des beim Apple *Macintosh* verwendeten 25-poligen *SCSI-1*-Steckers). *SCSI-2* kennt bereits mindestens 6 verschiedene Stecker. Darüber hinaus kommt es vor, daß Peripheriegeräte nur einen eingeschränkten Funktionsumfang besitzen, was die Konfiguration eines *SCSI*-Bussystems erschweren kann.

In diesem Abschnitt wird der *SCSI-Bus* im Detail vorgestellt. Zu Beginn werden die *SCSI*-Prinzipien anhand der *SCSI-1*-Norm erklärt und anschließend die Unterschiede bzw. Erweiterungen der neueren Versionen vorgestellt.

SCSI-1

Abbildung 4-19 zeigt die prinzipielle Topologie eines *SCSI*-Bussystems. Der Peripheriebus ist bei *SCSI-1* auf acht Busteilnehmer beschränkt, da bei der Busvergabe jedem Busteilnehmer eine der acht Datenleitungen zugeordnet wird. Mit der Zuord-

Abbildung 4-19: SCSI-1-Bustopologie

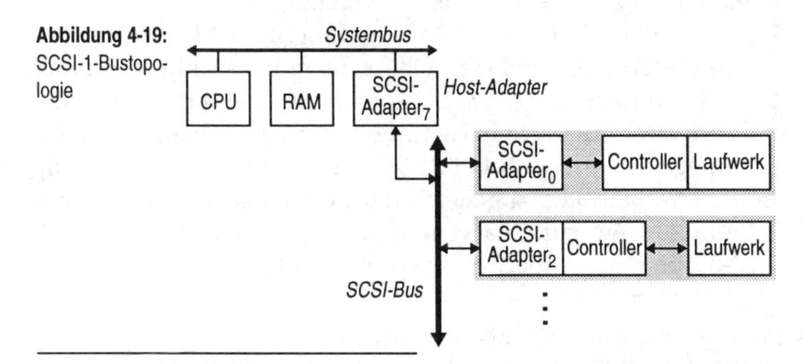

1. Einige der Probleme von Parallelbussen bei hohen Signalfrequenzen sind das im ersten Teil des Buches angesprochene Übersprechen zwischen den Leitungen sowie die Abschirmung und aktive Terminierung, die für jede Leitung einzeln realisiert werden müssen.

Tabelle 4-8: 25-poliger SCSI-1-Stecker des Apple Macintosh. Der Stekker führt nicht alle Masseleitungen nach außen. Quelle: [HuS93]

Signalstift	Signalname	Bedeutung
1	$\overline{REQ}$	Target zeigt an, daß es Service benötigt
2	$\overline{MSG}$	Nachricht auf Datenbus
3	$\overline{I/O}$	Richtung des Datenaustausches
4	$\overline{RST}$	Businitialisierung (von jedem Teilnehmer möglich)
5	$\overline{ACK}$	Reaktion auf $\overline{REQ}$ (→ Handshake)
6	$\overline{BSY}$	wired-OR-Leitung: Bus ist belegt
7	GND	
8	$\overline{DB[0]}$	Daten Bit 0
9	GND	
10	$\overline{DB[3]}$	Daten Bit 3
11	$\overline{DB[5]}$	Daten Bit 5
12	$\overline{DB[6]}$	Daten Bit 6
13	$\overline{DB[7]}$	Daten Bit 7
15	GND	
14	$\overline{C/D}$	Unterscheidung zwischen Daten und Kommandos
16	GND	
17	$\overline{ATN}$	Initiator signalisiert, daß Nachricht bereitsteht
18	GND	
19	$\overline{SEL}$	Initiator wählt Target aus
20	$\overline{DB[P]}$	Parity-Bit
21	$\overline{DB[1]}$	Daten Bit 1
22	$\overline{DB[2]}$	Daten Bit 2
23	$\overline{DB[4]}$	Daten Bit 4
24	GND	
25	TRMPWR	Versorgungsleitung für Busterminierung

nung liegt auch die Priorität des Busteilnehmers fest. Einer der acht Busteilnehmer ist der *Host-Adapter*, der den *SCSI-Bus* mit dem Systembus koppelt. In der Abbildung sehen wir als Beispiel zwei Laufwerke stellvertretend für beliebige Peripheriegeräte. Der Geräte-Controller war anfänglich noch vom Busadapter getrennt. Mit der Entwicklung neuer ICs werden diese beiden Einheiten jedoch immer öfter integriert.

Alle Peripheriegeräte sind über ihre Busadapter an ein 50-poliges, bis zu 6 m langes Flachbandkabel bzw. an ein *Centronics*-ähnliches Rundkabel angeschlossen. Die acht Datenleitungen werden auch zur Übertragung von Adressen im Zeitmultiplex verwendet. Einzelne Geräte/Adapter können logische Kanäle (*LUNs - Logical Unit Numbers*) aufweisen. Diese LUNs dienen beispielsweise zur Identifikation verschiedener Partitionen einer Festplatte, was zur Zeit, als *SCSI*-Controller noch teuer waren, interessant war, heute aber kaum noch ausgenutzt wird.

Die *SCSI*-Spezifikation beinhaltet einen asynchronen und einen synchronen Modus. Im asynchronen Modus, bei dem jedes Byte durch einen Handshake synchronisiert wird, erreicht der Bus eine Übertragungsrate von maximal 3,3 MByte/s. Im synchronen Modus erfolgt der Handshake erst nach Übertragung mehrerer Bytes, wodurch die Übertragungsrate auf bis zu 5 MByte/s steigt. Der synchrone Modus ist der Datenübertragung vorbehalten und kann nicht bei der Übertragung von Kommandos genutzt werden. Da er zudem recht aufwendig zu implementieren ist, wird er selten genutzt. Um überhaupt synchron übertragen zu können, läuft nach dem Einschalten (Power-On) bzw. nach einem Reset das sogenannten *Sync Negotiation-Protokoll* ab, bei dem die Busteilnehmer untereinander aushandeln, welches Gerät welche Transferrate unterstützt.[1]

Der *SCSI-Bus* ist Multimaster-fähig, was ihn gegenüber den meisten Ein-/Ausgabebussen auszeichnet. Jeder Busadapter kann Busmaster sein, d. h. die Brücke zum Systembus hat prinzipiell keine ausgezeichnete Rolle, erhält in der Praxis jedoch die höchste Priorität.

Die Beziehung zwischen zwei Kommunikationspartnern heißt im *SCSI*-Sprachgebrauch nicht „Master - Slave" sondern „Initiator - Target". Der Initiator stößt die Datenübertragung (nach Erhalt des Busses) nur an - der eigentliche Datentransfer wird daraufhin vom Target gesteuert. Bei geteilten Übertragungszyklen (Split-Cycles) kann auch das Target die Rolle eines Bus-Master übernehmen. Beide Kommunikationspartner sind also gleichrangig.

Die Busarbitrierung erfolgt prioritätsgesteuert durch Selbstauswahl (s. u.). Die Priorität wird durch die Geräteadresse (0 bis 7) festgelegt. Adresse 7 hat die höchste Priorität - 0 die niedrigste. I. allg. erhält der Host-Adapter die Adresse 7. Weitere Initiatoren werden absteigend durchnumeriert. Targets werden dage-

1. Beginnend mit der maximalen Transferrate des Initiators, wird die vorgeschlagene Transferrate sukzessive solange heruntergesetzt, bis ein Wert erreicht ist, der sowohl Initiator als auch Target unterstützen. Diese Taktrate wird dann bei der synchronen Übertragung verwendet, ohne daß eine Taktleitung benötigt wird.

gen, bei der Adresse 0 anfangend, aufsteigend numeriert. Es gibt daneben auch einfacher aufgebaute Single-Initiator-Systeme, die ohne Arbitrierung auskommen.

Wie bereits erwähnt, ist *SCSI* geräteunabhängig. Beispielsweise erscheint eine Festplatte als ein Gerät mit einer bestimmten Anzahl logischer Blöcke, genauso wie ein CD-ROM-Laufwerk. Zur Identifikation und Konfiguration können die Geräte dem Host-Adapter mitteilen, von welcher Art sie sind. Dies unterstützt Plug&Play. Targets können mehrere Verbindungen gleichzeitig unterhalten und damit z. B. mehrere logische Kanäle (LUNs) konkurrent bedienen.

Ein großer Nachteil von *SCSI-1* liegt darin, daß bei der Spezifikation nur die elektrischen Eigenschaften festgelegt wurden. Ein detaillierteres Befehlsformat gibt es nur für Festplatten. Dies aber läßt den Herstellern zuviel Freiraum bei der Gestaltung gerätespezifischer Befehle, was zu Inkompatibilitäten führen kann.

Übertragungszyklus

Die Übertragung unterteilt sich beim *SCSI-Bus* in acht Phasen. Die Bedeutung der einzelnen Phasen ist in Tabelle 4-9 zusammengefaßt. Die mögliche Phasenübergänge sind in Abbildung 4-20 aufgeführt. Nachdem der Bus freigegeben wurde (*Bus Free*) erfolgt die Busvergabe (*Arbitration*) und die Adressierung des Kommunikationspartners (*Selection* oder *Reselection*). Ist die Verbindung aufgebaut, wird zunächst ein Befehl gesendet (*Command*), gefolgt von der Übertragung der Daten (*Data In/Out*) und einer Statusmeldung (*Status*). Abschließend kann noch eine Meldung übertragen werden (*Message In/Out*), bevor der Bus

Tabelle 4-9: Acht Phasen des SCSI-Übertragungszyklus

Name	Bedeutung
Arbitration	Buszuteilung nach adreßabhängigen Prioritäten
Bus Free	- Bus ist freigegeben - alle Signale im Tristate-Zustand
Command	SCSI-Befehl (bis zu 10 Byte; geht vom Initiator aus)
Data In/Out	Datenein-/ausgabe (Eingabe: Target → Initiator; Ausgabe: Initiator → Target)
Message In/Out	Meldungen, z. B. zum Auf-/Abbau von logischen Verbindungen (Command Complete, Extended Message, ...) und zur Schnittstellensteuerung (z. B. Busbreitenvereinbarung bei *SCSI-2/3*)
Reselection	Wiederanwählen nach Unterbrechung einer Übertragung
Selection	Adressierung eines Targets zum Verbindungsaufbau
Status	- Statusübergabe vom Target zum Initiator - Meldung, ob Befehl erfolgreich ausgeführt wurde (ein Byte)

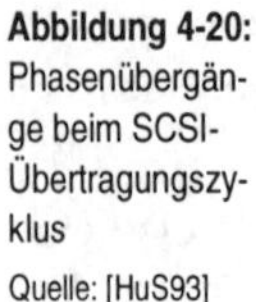

Abbildung 4-20: Phasenübergänge beim SCSI-Übertragungszyklus
Quelle: [HuS93]

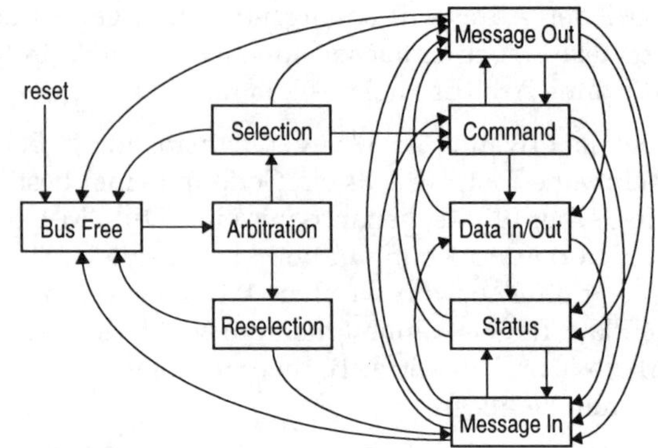

wieder freigegeben wird. Abbildung 4-21 zeigt das Zeitdiagramm eines Übertragungszyklus. Der Handshake zur Übertragung eines Befehlsbyte und die Businitialisierung sind durch Schraffuren hervorgehoben.

Die Busvergabe in der *Arbitration*-Phase erfolgt nach einem dezentralen Verfahren, das dem des *NuBus* ähnelt. In der Busvergabephase aktiviert jeder potentielle Initiator, der an der Buskontrolle interessiert ist, die ihm zugeordnete Datenleitung,

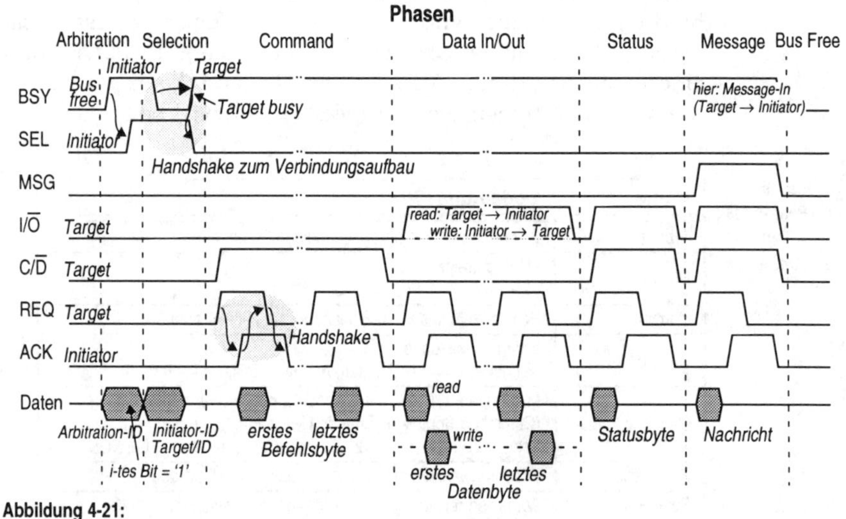

Abbildung 4-21:
Zeitdiagramm des SCSI-Übertragungszyklus
Quelle: [Bäh94]

d. h. die Leitung, die seiner Kennung entspricht. Daneben wird von den an der Arbitrierung beteiligten Initiatoren die als wired-OR ausgelegte *Busy*-Leitung aktiviert. Nach einer *Arbitration*-Pause liest jeder an der Arbitrierung beteiligte Busteilnehmer die Belegung des Datenbusses. Der Busteilnehmer mit der höchsten Priorität erhält den Bus und aktiviert die *Select*-Leitung. Alle anderen nehmen ihre *Busy*-Aktivierung zurück und warten auf die nächste Arbitrierungsphase.

Nach der Busannahme legt der neue Initiator in der *Selection*-Phase die Target-Adresse seines Kommunikationspartners auf den Datenbus. Das Target meldet sich mit der Reaktivierung der *Busy*-Leitung, worauf der Initiator das *Select*-Signal zurücknehmen kann. Die Übertragung kann nun beginnen.

SCSI-2

1986 wurde *SCSI-1* unter anderem auf Betreiben der Hersteller von Nicht-Festplatten-Peripheriegeräten erweitert, um auch für diese Geräte einen Befehlssatz festzulegen. In der zu *SCSI-1* kompatiblen Erweiterung wurden Befehlsformate für 10 Gerätetypen mit eigener Media-Kennung festgelegt:

- Direct Access Devices (Festplatten etc.)
- Sequential Access Devices (Bandlaufwerke)
- Printer Devices
- Processor Devices (gedacht zum Aufbau eines *Table Area Network TAN*)
- Write Once Devices (WORM, CD-Schreiber, EPROM etc.)
- CD-ROM Devices
- Scanner Devices (auch 3-D-Systeme)
- Optical Memory Devices (ähnliche Befehle wie Direct Access Devices, jedoch zusätzliche Befehle wie *Pre-Erase*)
- Medium Changer Devices („Jukeboxes")
- Communication Devices (Modems, Netzwerkkarten)

Der bei *SCSI-1* noch optionale synchrone Modus wurde bei *SCSI-2* Pflicht. Dieser wurde unter dem Begriff *FAST-SCSI* bekannt. Die maximale Übertragungsrate wurde im Synchronbetrieb auf 10 MByte/s erhöht[1], Befehle müssen aber weiterhin asynchron übertragen werden. Single-Initiator-Systeme, d. h. Systeme ohne Arbitrierung sind nicht mehr möglich. Zur Pflicht

1. Dies gilt bei einer Beschränkung der Kabellänge auf 3 m. Bei Beibehaltung der ursprünglichen 6 m Kabellänge liegt die maximale Übertragungsrate auch bei *SCSI-2* bei 5 MByte/s.

wurde auch die Paritätsprüfung auf dem Datenbus, und ein Initiator muß in der Lage sein, die Versorgungsleitung für die Abschlußwiderstände zu treiben.

Optional wurde bei *SCSI-2* das sogenannte *Command-Queuing* eingeführt. Hierbei kann ein Target in einem Kommandopuffer bis zu 256 Kommandos zwischenspeichern und zur Optimierung in beliebiger Reihenfolge auswerten. Eine Festplatte kann so Zugriffe auf Daten, die im lokalen Cache vorliegen, vorziehen. Die Option des Command-Queuing machte die Einführung von Kommandokennungen notwendig.

SCSI-3

Etwa 1993 wurde *SCSI-3*, eine zu *SCSI-2* und *SCSI-1* abwärtskompatible Erweiterung, veröffentlicht. Auf der Befehlsseite kamen bei *SCSI-3* neue Befehlssätze für Graphikgeräte hinzu.

Die wesentliche Neuerung ist jedoch eine Aufteilung des Übertragungsprotokolls in drei Protokollebenen und mehrere Teildokumente. Abbildung 4-22 zeigt das zugehörige Mehrschichten-Architektur-modell. In der Mitte sehen wir die *Primary Commands*. Diese bilden den Befehlssatz, den jedes *SCSI*-Gerät beherrschen muß. Daneben gibt es für jeden Gerätetyp einen spezifischen Befehlssatz. Im unteren Teil der Abbildung sehen wir die Transportschicht, die das Hardware-Protokoll beschreibt.

Abbildung 4-22: SCSI-3-Architekturmodell

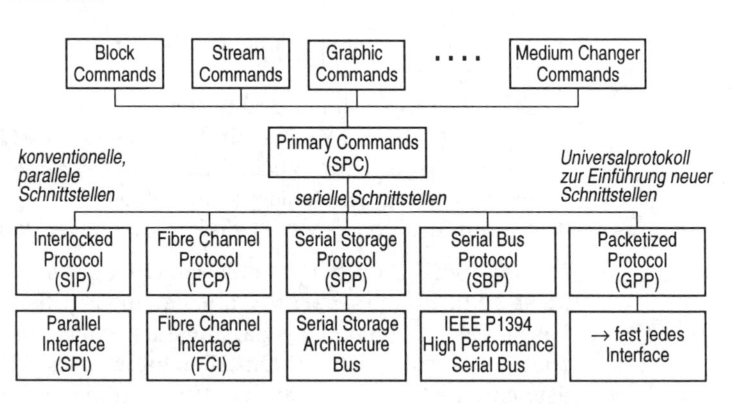

Mit dieser Mehrschichtenarchitektur ist es nun möglich, die Übertragungs-Hardware auszutauschen - durch Anpassung der *Primary Command-Schicht* den Geräten aber weiterhin eine einheitliche Sicht auf den Bus zu bieten. Es wird damit ermöglicht, neue Technologien kompatibel einzuführen. Hierbei ist vor allem an einen Umstieg auf die immer beliebter werdenden seriellen Schnittstellen gedacht. Diese bieten in Zukunft Datenraten von bis zu mehreren 100 MByte/s sowie 100 m Kabellänge, und das bei geringeren Hardware-Kosten und Beibehaltung der *SCSI*-Befehlsstruktur. Die neuen Medien erlauben auch eine schnelle Kommandoübertragung, die bei *SCSI-2* noch im langsamen asynchronen Modus durchgeführt wird.

Abbildung 4-22 zeigt fünf verschiedene Übertragungsmedien: den bisher verwendete Parallelbus, drei ausgewählte serielle Schnittstellen (*Fibre Channel*, *SSA* und *IEEE P1394*) und ein Protokoll zur Einführung beliebiger neuer Medien. Die seriellen Schnittstellen werden im Anschluß an *SCSI* beschrieben.

Ultra-SCSI, Fast 20

Im Bereich der parallelen Verbindung wurde bei Einführung von *SCSI-3* durch engere elektrische Toleranzen die maximale Übertragungsrate auf 20 MByte/s (bei 8-Bit-Datenbus) erhöht. Um diesen Wert zu erreichen, wurde die Zahl von Busteilnehmern und die erlaubte Leitungslänge reduziert, sowie eine aktive Leitungsterminierung vorgeschrieben. Die Erhöhung der Transferrate schlug sich in der Bezeichnung *Ultra-SCSI* bzw. *Fast-20* nieder. Der nächste Schritt in Richtung 40 MByte/s unter dem Namen *Ultra-2-SCSI* ist bereits in der Spezifikationsphase. Bei breiterem Datenbus kann bei *Ultra-SCSI* sogar eine Datenrate von bis zu 80 MByte/s erreicht werden, was als Konkurrenz zu den seriellen Schnittstellen angesehen wird. Bisher hat sich jedoch noch kein Hersteller dazu durchgerungen, die entsprechend breiten Stecker einzusetzen.

Auf der Software-Seite wurde bei *SCSI-3* der Plug&Play-Gedanke berücksichtigt. Unter dem Begriff *SCAM* (*SCSI Configured Automatically*) soll das Setzen von Jumpern entfallen. Die Zuweisung der SCSI-ID eines Busteilnehmers übernimmt bei SCAM das Hostadapter-BIOS.

Wide-SCSI

Bei der Weiterentwicklung von *SCSI-1* über *SCSI-2* zu *SCSI-3* wurde durch Einschränkung der elektrischen Toleranzen erreicht, daß beim parallelen 8-Bit-Bus die maximale Übertragungsrate von 5 MByte/s auf 20 MByte/s kletterte. Eine weitere Möglichkeit, den Durchsatz zu erhöhen, ist es, die Datenbusbreite zu ändern, da die Transferrate linear mit der Zahl von Datenleitungen wächst. Seit *SCSI-2* wurde daher neben dem 8-Bit-Bus ein 16-Bit- und ein 32-Bit-Busprotokoll spezifiziert. Beide Erweiterungen werden *Wide-SCSI* genannt. In der Praxis hat sich bisher jedoch nur die 16-Bit-Variante durchgesetzt. Die beiden breiteren Busse haben folgende Spezifikationen:

- Die *16-Bit-Variante* erlaubt 16 Busteilnehmer und erreicht im synchronen Modus maximal 20 MByte/s. Unter den engeren *Ultra-SCSI*-Toleranzen sind sogar 40 MByte/s (*Wide-Ultra-SCSI*) und in Zukunft 80 MByte/s (*Wide-Ultra-2-SCSI*) spezifiziert. In den beiden letzten Fällen ist die Zahl von Busteilnehmern jedoch geringer. In allen Fällen wird bei der 16-Bit-Variante i. allg. ein 68-poliges Kabel mit einem High-Density-Stecker verwendet.
- Die *32-Bit-Version* liegt auf dem Papier zwar vor, fand jedoch bisher keinen Einzug in die Praxis. Maximal 32 Geräte sollen mit bis zu 40 MByte/s im synchronen Modus kommunizieren. Hierzu ist jedoch ein 110-poliger Stecker vorgesehen, der zum einen recht teuer und zum anderen zu breit für die immer kleiner werdenden (Platten-) Gehäuse ist.

Tabelle 4-10 faßt noch einmal alle beschriebenen SCSI-Parallelbusspezifikationen zusammen.

Tabelle 4-10: Vergleich der SCSI-Parallelbusspezifikationen

Typ	Übertragungsrate [MByte/s]	Anzahl Busteilnehmer	Kabellänge
SCSI-1	5	8	6 m
SCSI-2 / Fast-SCSI	5 / 10	8	6 m / 3 m
Wide-SCSI-2	10 / 20*	16 / 32*	6 m
Fast-Wide-SCSI	20 / 40*	16 / 32*	3 m
Fast-20 (→ SCSI-3) bzw. Ultra-SCSI	20	4 8	3 m 1,5 m
Wide-Fast-20-SCSI bzw. Wide-Ultra-SCSI	40 / 80*	4 < 10	3 m 1,5 m
Ultra-2-SCSI Wide-Ultra-2-SCSI	40 80	8 16	1,5 m

* bei 32 Bit, jedoch bisher nicht realisiert

Elektrische Eigenschaften

Betrachtet man die elektrischen Eigenschaften, so läßt sich *SCSI* neben der Unterscheidung *SCSI-1* ↔ *Fast-SCSI* ↔ *Ultra-SCSI* und der Differenzierung *8-Bit-SCSI* ↔ *Wide-SCSI* noch einmal in die Klassen *Single-Ended-SCSI* und *Differential-SCSI* unterteilen. Hierbei werden zwei verschiedene Signalkodierungen unterschieden.

- *Single-Ended-SCSI* besitzt für jedes Signal eine Leitung, die mit TTL-Pegel in negativer Logik getrieben wird (Abbildung

Abbildung 4-23: SCSI-Signalübertragungsverfahren

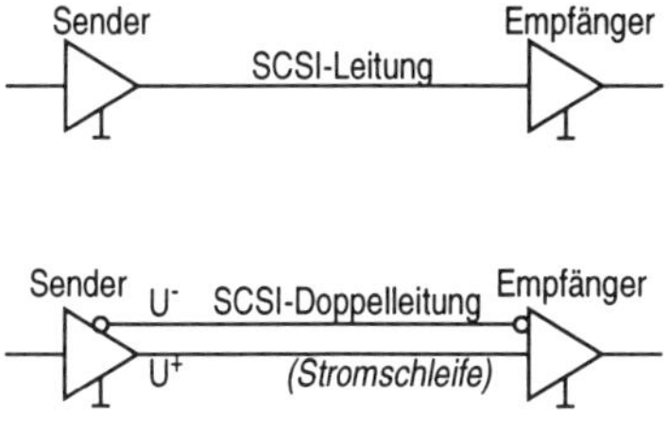

a) Single-Ended-SCSI
Das Signal wird als Spannung der Signalleitung zur Masse kodiert (TTL-Pegel, negative Logik)

b) Differential SCSI
Übertragung nach dem RS-485-Stromschleifenprinzip. Das Signal entspricht der Spannungsdifferenz zwischen den beiden Leitungen.

4-23a). Diese Realisierung entspricht der asymmetrischen Signalübertragung von Seite 51. Sie ist momentan am verbreitetsten. Obwohl die einzelnen Signale durch Masseleitungen voneinander abgeschirmt sind, können Störimpulse relativ leicht zu Signalverfälschungen führen.

- *Differential-SCSI* verwendet dagegen für jedes Signal eine Zweidrahtverbindung nach dem Stromschleifenstandard *RS-485*. Das Signal wird in diesem Fall aus der Differenzspannung zwischen zwei entgegengesetzten Spannungen auf den beiden Leitungen gebildet (Abbildung 4-23b). Das Prinzip der differentiellen bzw. symmetrischen Übertragung ist auf Seite 52 beschrieben. Dort wird auch gezeigt, daß sich ein Störimpuls weit geringer auswirkt, da er im allgemeinen auf beide Leitungen in gleicher Weise einwirkt, so daß die Spannungsdifferenz unberührt bleibt. Durch diese höhere Störtoleranz sind längere Leitungen möglich (bis zu 25 m statt 6 m). Der größere Aufwand macht sich allerdings im Preis bemerkbar, so daß man *Differential-SCSI* fast ausschließlich in der Workstation- bzw. Großrechnerwelt findet.

Zum Abschluß dieses Abschnitts soll noch auf die Terminierung der Leitungen eingegangen werden. Bei *SCSI*-Bussen findet man zur Reduktion von Signalreflexionen an den Leitungsenden sowohl eine passive als auch eine aktive Terminierung. Letztere ist bei *Ultra-SCSI* Pflicht. In beiden Fällen erfolgt die Terminierung beim ersten und letzten Busteilnehmer. Bei internen und externen Geräten müssen die äußersten Geräte, nicht jedoch der Host-Adapter, terminiert werden. Die passive Terminierung erfolgt über ein einfaches Widerstandsnetz, dessen Widerstände an den Wellenwiderstand der Busleitung angepaßt sind (Abbildung 4-24a). Bei der aktiven Terminierung liegt dagegen eine Konstantspannungsquelle mit Vorwiderstand vor (Abbildung 4-

Abbildung 4-24: Terminierung von SCSI-Busleitungen

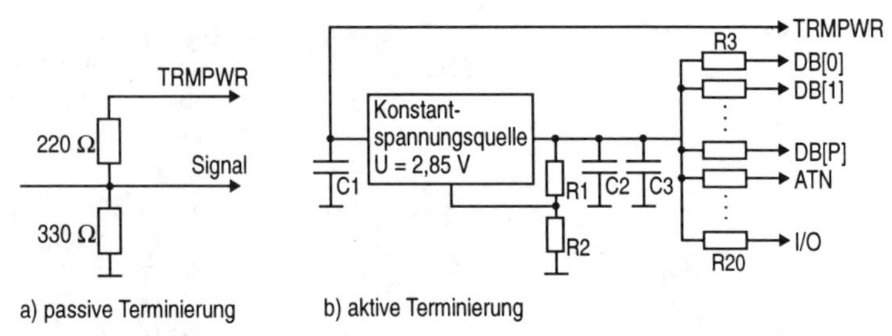

24b). Durch die Konstantspannungsquelle wird der Spannungspegel lastunabhängig. Bei der passiven und bei der aktiven Terminierung muß genau ein Busteilnehmer die Terminierungen über die Leitung *TRMPWR* versorgen.

4.2.2 Serielle Verbindungen

Dieser Abschnitt beschreibt die schnellen seriellen Schnittstellen *Fibre Channel, SSA* (*Serial Storage Architecture*) und *IEEE P1394* (*Fire Wire*). Alle drei Schnittstellen konkurrieren mit dem *SCSI-Parallelbus* im Bereich der schnellen Anbindung von Sekundärspeichern. Darüber hinaus sind die seriellen Schnittstellen, aufgrund ihrer technologischen Vorzüge, als Basis schneller Netzwerke, z. B. von *ATM*, gedacht[1]. Ihre Beschreibung würde daher auch in Kapitel 5 passen, was den Vorteil hätte, daß keine Vorwärtsreferenzen auf bisher noch nicht erläuterte Begriffe notwendig wären. Die Wahl für diese Stelle liegt im wesentlichen darin begründet, daß zur Zeit die Schnittstellen in der Literatur vorwiegend zusammen mit Massenspeichern diskutiert werden[2].

4.2.2.1 Fibre Channel

Die Basis des *Fibre Channel* ist ein IBM-Protokoll, das den Anforderungen der optischen Datenübertragung genügt. 1988 wurde von der ANSI eine Arbeitsgruppe zur Festlegung einer Norm gebildet. Das Ziel der Spezifikation war eine serielle Verbindung, die die Konzepte der Peripheriebusse und der Rechnernetze verbindet. Die unterschiedlichen Anforderungen an eine solche Verbindung wurden u. a. durch eine flexible Netzwerkto-

1. Zumindest der *Fibre Channel* und *SSA* sind für schnelle Netzwerke im Gespräch.
2. Vorwärtsreferenzen, d. h. unbekannte Begriffe, können im Glossar nachgeschlagen werden.

pologie gelöst. Während die Kommunikationsteilnehmer (Datenendeinrichtungen, beim *Fibre Channel Node* genannt) in allen Fällen lediglich ein einfaches Protokoll für eine Punkt-zu-Punkt-Verbindung beherrschen müssen, können komplexere Netzwerke durch zentrale Verbindungsstrukturen, sogenannten *Fabrics*, realisiert werden.

Der *Fibre Channel* unterstützt verschiedene Netzwerktopologien (Abbildung 4-25):

Abbildung 4-25: Durch den Fibre Channel unterstützte Topologien

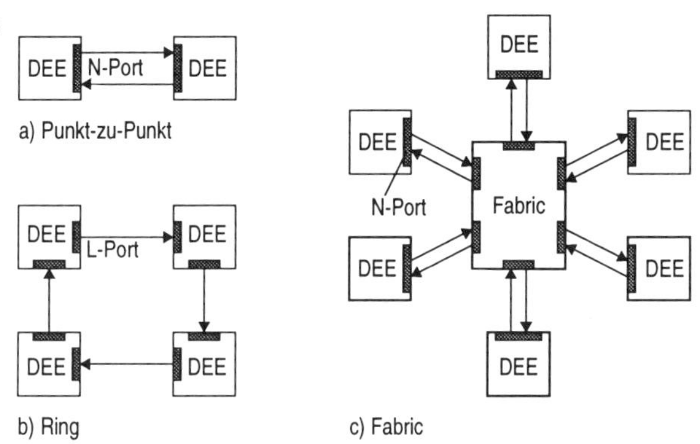

- *Punkt-zu-Punkt.* Die einfachste Topologie ist eine bidirektionale, nicht-blockierende Verbindung zweier N-Ports (Node-Ports).
- *Ring.* Die jüngste spezifizierte Topologie ist ein Ring. Hier werden die Kommunikationsteilnehmer ringförmig durch unidirektionale Verbindungen zwischen L-Ports (Loop-Ports) zusammengeschlossen. Der Zugriff auf das Medium erfolgt in diesem Fall nach einer fairen Arbitrierung. Der Ring wurde als Low-Cost-Variante entwickelt.
- *Fabric.* Dies ist die allgemeinste Verbindungsstruktur. Die Nodes sind über bidirektionale N-Ports Punkt-zu-Punkt mit einem zentralen Verbindungsnetzwerk (Fabric) verbunden. Die Technik des Verbindungsnetzwerkes (Switch, Hub etc.) ist nicht festgelegt.

Der *Fibre Channel* selbst definiert nur die Punkt-zu-Punkt-Verbindung zwischen zwei Stationen und eine einfache Fehlererkennung. Die Wegbestimmung der Daten (Routing) wird höheren Protokollschichten überlassen. Um möglichst viele Kommu-

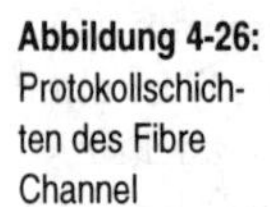

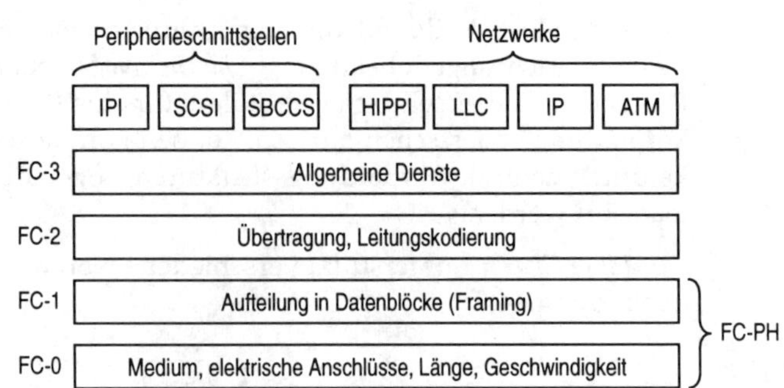

Abbildung 4-26: Protokollschichten des Fibre Channel

nikationsprotokolle zu unterstützen, enthält die *Fibre Channel*-Spezifikation eine mehrschichtige Protokollarchitektur (Abbildung 4-26). Die Protokolle auf der Schicht *FC-4* zeigen deutlich die beiden Einsatzgebiete des *Fibre Channel*: Peripheriebus und Rechnernetz. In diesem Abschnitt soll noch etwas näher auf die physikalische Schicht (*FC-PH*) eingegangen werden. Erläuterungen zu den höheren Schichten finden sich in Kapitel 5.

Der *Fibre Channel* unterstützt Übertragungsgeschwindigkeiten von 12,5 MByte/s, 25 MByte/s, 50 MByte/s und 100 MByte/s. Zukünftige Transferraten von 200 MByte/s und 400 MByte/s sind angestrebt. Neben den namensgebenden Glasfaserleitungen ist die Schnittstelle auch in konventioneller Kupferkabeltechnik (Koaxialkabel und verdrillte Zweidrahtleitungen) realisierbar. Maximal 126 Geräte bei 30 m Kabellänge werden in der Anwendung als Peripheriebus unterstützt. Im Bereich der Netzwerke sind Verbindungslängen von bis zu 10 km möglich.

Das Leitungssignal ist gleichspannungsfrei und selbsttaktend. Dies wird durch einen *8B/10B*-Leitungskode, bei dem 8-Bit-Nutzdaten durch 10 Bits leicht redundant kodiert werden, erreicht. Dieser Code ist mit dem in Abschnitt 1.2.2.4 beschriebenen *4B/5B*-Code vergleichbar.

4.2.2.2 SSA (Serial Storage Architecture)

Während Plattenhersteller wie Seagate, Quantum und HP den *Fibre Channel* favorisieren, engagieren sich IBM, Micropolis und Conner für die *Serial Storage Architecture (SSA)*. Diese Schnittstelle wurde Anfang der 90er Jahre ebenfalls von IBM entwikkelt.

Der Basisanschluß bei der *SSA* ist ein bidirektionaler Port mit ei-

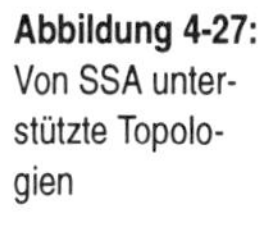

Abbildung 4-27: Von SSA unterstützte Topologien

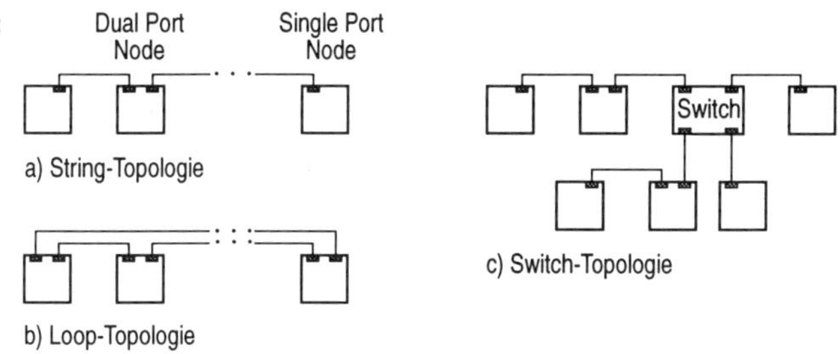

ner Transferrate von zusammen 80 MByte/s. Als Netzwerktopologien werden eine Kette, ein Ring und auf Switches basierende Strukturen unterstützt (Abbildung 4-27). Wie der *Fibre Channel*, kann auch *SSA* als Basistechnologie für Protokolle wie *SCSI, HIPPI, IP, ATM* etc. genutzt werden.

SSA unterstützt 128 Geräte bei maximal 80 MByte/s. Die maximale Kabellänge beträgt 20 m bei 6-adrigem Kupferkabel (4 Datenleitungen, 3,3 V Signalspannung) bzw. 680 m bei Glasfaser. Eine gerade veröffentlichte, neue Spezifikation verspricht sogar 160 MByte/s. Die Hardware-Kosten sollen etwas geringer als beim *Fibre Channel* sein.

Jede Adapterkarte führt beim Einschalten einen Selbsttest durch. Als Leitungskodierung wird der *8B/10B*-Code verwendet, wodurch das Leitungssignal gleichspannungsfrei und selbsttaktend ist (siehe auch *Fibre Channel*).

4.2.2.3 IEEE 1394, Fire Wire

Die serielle Schnittstelle *IEEE P1394* verspricht Datenraten von bis zu 200 MByte/s und zielt hauptsächlich auf Multimediaanwendungen im Desktop- und Mobilbereich, indem sie u. a. einen isochronen Datentransfer garantiert. Eine der ersten kommerziellen Produkte mit dieser Schnittstelle ist Sonys digitaler Video-Camcorder.

Die *IEEE P1394*-Spezifikation wurde 1995 verabschiedet und stimmt mit Apples *Fire Wire* überein. Genauer betrachtet definiert *P1394* zwei Buskategorien: einen Backplane-Bus (hervorgegangen aus den Bussen *VME, Multibus II* und *Futurebus*) und den seriellen Bus basierend auf 6-adrigen Kabeln, der aus dem *Fire Wire* hervorging.

Die Topologie des Kabelbusses (nur dieser wird im weiteren betrachtet) ist eine beliebige azyklische (Baum-) Struktur, bestehend aus Brücken und Knoten. Mit Hilfe einer 16-Bit-Adresse können bis zu 64.000 Knoten adressiert werden. Zwei Knoten dürfen nicht mehr als 16 Kabelstrecken von je 4,5 m voneinander entfernt sein. Knoten können selbst auch wieder als Brücken fungieren (vergleiche auch *USB*), wobei aktuelle Geräte meist drei Anschlüsse haben. Eine ausgezeichnete Brücke, heute meist eine *1394-to-PCI*-Brücke, dient als Bus-Master und Controller. Sie ist auch für die Verwaltung der Ressourcen für die isochrone Übertragung zuständig.[1] Abbildung 4-28 zeigt eine typische *1394*-Konfiguration.

Abbildung 4-28: Beispieltopologie eines 1394-Netzwerks

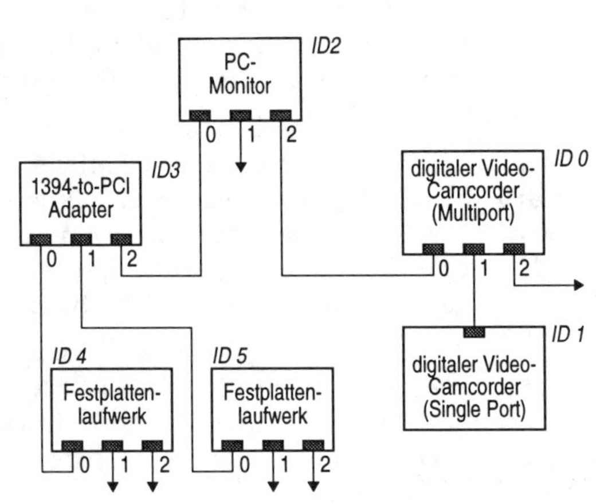

Die Kosten des seriellen Busses sind mit denen des *SCSI*-Parallelbusses vergleichbar. Das *1394*-Buskabel ist ein 6-adriges Kabel, bestehend aus zwei separat abgeschirmten verdrillten Zweidrahtleitungen für die Datensignale und zwei Versorgungsleitungen (8 bis 40 V, 1,5 A). Das gesamte Kabel ist noch einmal abgeschirmt. Als Stecker wurde der preisgünstige Anschluß des Nintendo-Gameboy gewählt. Eine Taktrückgewinnung aus dem Datensignal aufgrund geschickter Leitungskodierung ist *nicht* möglich.

Alles in allem hat der *1394*-Bus große Ähnlichkeit mit dem im

1. Ein zentraler PC als Bus-Master ist jedoch nicht notwendig. Diese Rolle kann auch von anderen Geräten übernommen werden, wenn sie die Funktionalität besitzen. So könnten beispielsweise ein digitaler Camcorder und ein Drucker direkt, ohne Verwendung eines Rechners, gekoppelt werden.

folgenden Abschnitt erläuterten *USB*, wobei der *1394* höhere Datenraten bei aufwendigerer Technik bietet.

4.2.3 USB (Universal Serial Bus)

Der *USB* ist eine Neuentwicklung im Bereich der mittelschnellen PC-Peripheriebusse. Marktanalysen zufolge hat er das Potential zum zukünftigen Standard zu werden, da er von vielen großen Firmen unterstützt wird[1]. Das eigentliche Ziel der Entwicklung von *USB* ist die Integration des Computers mit dem Telefon und der Unterhaltungselektronik. Hierzu wurden beispielsweise einige Telefonprotokolle mit in die Busspezifikation aufgenommen.

Jedes Peripheriegerät, von der Tastatur, über Maus, CD-ROM-Laufwerk, Bildschirmsteuerung, Scanner, Joystick, Datenhandschuh, Telefonanschluß, Audio, Drucker, bis hin zum Fernseher, soll über die genormte *USB*-Schnittstelle vom Computer softwaremäßig versorgt und angesteuert werden. *USB* soll mittelfristig alle bisherigen PC-Schnittstellen (Tastatur, seriell, parallel etc.) ersetzen, so daß es nur noch eine Steckverbindung am Rechner für die gesamte externe mittelschnelle Peripherie gibt.

Die Busspezifikation ist so ausgelegt, daß mit 12 MBit/s ein MPEG-2-Datenstrom übertragen werden kann. *USB* erlaubt hierzu asynchrone und isochrone Übertragung. Neben dem 12-MBit/s-Hauptkanal gibt es noch einen 1,5-MBit/s-Low-Cost-Unterkanal.

Interessant ist, daß der Bus durch geeignete „Steckdosen" in den Peripheriegeräten auf einfache Weise verlängert werden kann. Nach dem Vorbild der Netzsteckdosen und -steckern lassen sich physikalische Baumstrukturen aufbauen. Das *USB*-Netzwerk ist auf 127 Geräte beschränkt. Wie alle modernen Busse ist der USB Plug&Play-fähig. Sogar während des Betriebs können neue Geräte hinzugefügt und konfiguriert oder Geräte wieder entfernt werden (Hot-Plugging).

Mit allen seinen Spezifikationen ist der *USB* einer der zukunftsträchtigsten Kandidaten im Bereich der sogenannten Desktop-Busse. Konkurrenten in diesem Bereich sind

1. Der *USB* wurde von Compaq, DEC, IBM, Intel, Microsoft, NEC und Northern Telecom entwickelt. Etwa 20 Firmen haben bereits erste *USB*-Produkte wie Tastaturen, Joysticks, Modems, Drucker, Lautsprecher und Monitore.

- *ADB* (*Apple Desktop Bus*): seriell, bis 16 Geräte, max. 90 kBit/s
- *ACCESS.bus* (von DEC aus I^2C-Bus entwickelt): seriell, bis 127 Geräte, max. 400 kBit/s
- *IEEE P1394* (*SCSI*-Bereich - s.o.): seriell, bis 100 Mbit/s, isochron und asynchron, teuer.

Topologie

Obwohl sein Name eine Busstruktur suggeriert, besitzt der *USB* keine Bustopologie. Physikalisch betrachtet, werden die Geräte vielmehr über Punkt-zu-Punkt-Verbindungen zu einer Baumstruktur zusammengeschaltet, während logisch betrachtet eine Sternstruktur vorliegt.

Abbildung 4-29 zeigt die physikalische Topologie des *USB*. Im *USB*-Sprachgebrauch wird zwischen *Nodes* und *Hubs* unterschieden. *Nodes* sind die Peripheriegeräte und die Blätter im abgebildeten Baum. Sie können mehrere Gerätefunktionen, bei *USB Functions* genannt, in sich vereinen. *Hubs* kann man als Verteilerdosen ansehen, an die mehrere „Verbaucher“, d. h. Nodes oder weitere Hubs, angeschlossen werden. An der Wurzel des Baumes bzw. der gezeichneten Pyramide steht der Computer (*Host*) mit seinem *USB*-Verteiler (*RootHub*). Die Zuordnung von Nodes und Hubs zu physikalischen Geräten und ihre Lage im Baum sind beliebig. So kann ein Gerät ein einzelner Node sein oder als *Compound Device* zwei oder mehr Teilgeräte beinhalten.

Die Sternstruktur eines Hub[1], der als innerer Baumknoten einen

Abbildung 4-29: Physikalische USB-Topologie

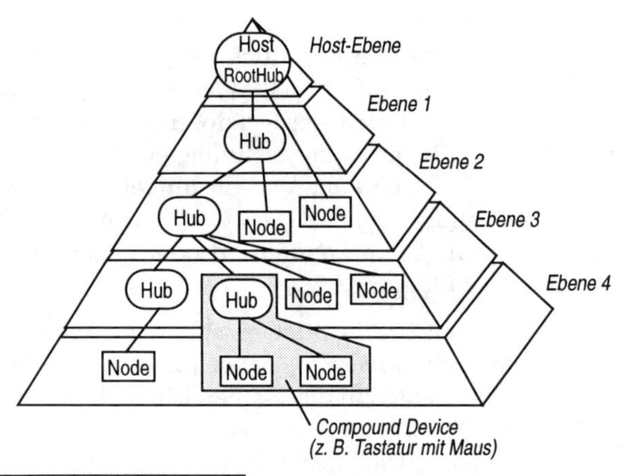

1. auf Deutsch: Sternverteiler, Sternkoppler (wörtlich: Nabe, Mittelpunkt)

Abbildung 4-30: Interner Aufbau eines Hub

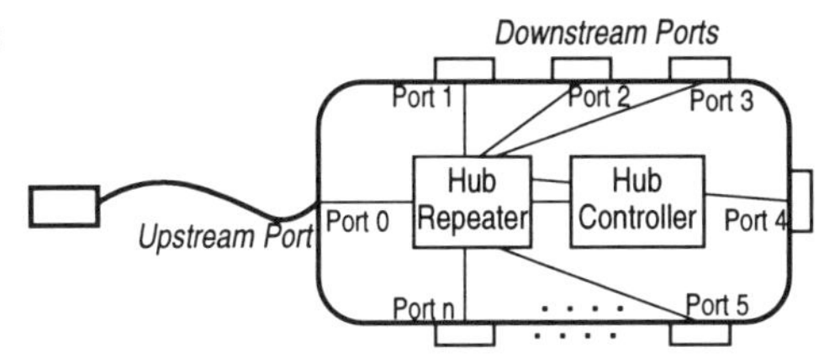

Vorgängerknoten mit mehreren Nachfolgerknoten verbindet, wird in Abbildung 4-30 dargestellt. Der Hub besitzt einen ausgezeichneten Anschluß, den Upstream Port, der über ein Kabel mit einem Stecker verbunden ist. Über dieses Kabel wird der Hub in Richtung Computer (Host) verbunden und auch mit Strom versorgt. Ein vom Vorgängerknoten über diesen Anschluß ankommendes Signal wird elektrisch verstärkt und an alle Ausgänge (Downstream Ports, Buchsen) weitergeleitet. Mit Hilfe des internen Controller wird damit ein Broadcast ausgeführt. Ein Signal, das an einem der Downstream Ports in der Rückrichtung ankommt, wird vom Hub nur an den Upstream Port weitergeleitet. Der Hub fungiert in diesem Fall als Konzentrator.

Der in Abbildung 4-30 dargestellte Hub kann als eigenständiges Gerät oder als Teil eines Peripheriegeräts vorliegen. Wie bei gewöhnlichen Netzsteckern, kann der Stecker am Upstream Port an jede freie Buchse jedes beliebigen Geräts/Hub, das direkt oder indirekt mit dem Computer verbunden ist, eingesteckt werden. Abbildung 4-31 zeigt eine mögliche Beispielkonfiguration.

Abbildung 4-31: USB-Beispielkonfiguration

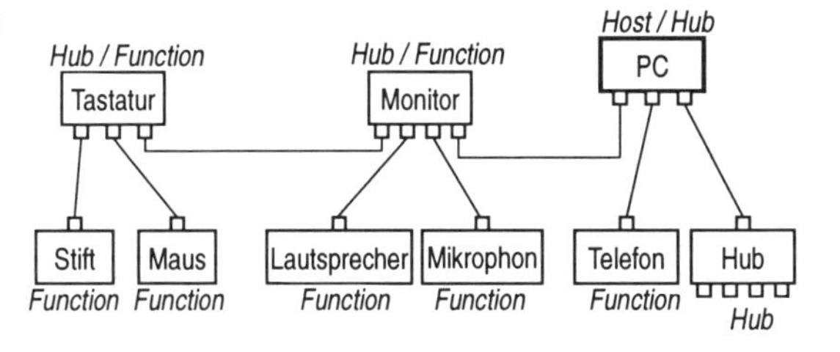

Aus der Sicht der Kommunikation reduziert sich die Baumstruktur zu einer Sternstruktur mit dem Computer im Zentrum (Abbildung 4-32). Die Hubs sind reine elektrische Verstärker und aus Sicht der Kommunikation völlig transparent. Der Computer (Host) adressiert jedes logische Gerät (*Node*) direkt. Jede

Abbildung 4-32: Logische Topologie des USB

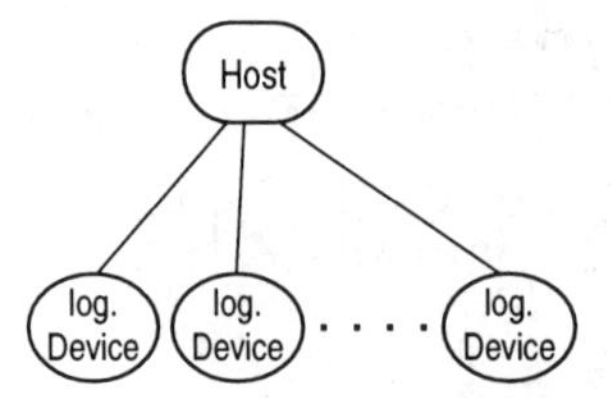

Nachricht des Computers wird in Broadcast-Manier an alle Geräte gesendet. Für diese Kommunikationsrichtung liegt also eine logische Busstruktur vor. In der Rückrichtung empfängt allerdings nur der Computer eine Nachricht von einem Gerät. Die Geräte können nicht untereinander kommunizieren.

Elektrische und mechanische Eigenschaften

Das Verbindungskabel ist fest mit dem Upstream Port des Geräts verbunden, was einen verwechslungsfreien Aufbau einer Sterntopologie erzwingt. Laut *USB*-Spezifikation sind maximal 7 Ebenen im Verbindungsbaum erlaubt, um die Maximalverzögerung zwischen Rechner und Endgerät zu begrenzen. Der Abstand zwischen zwei Ebenen darf nicht mehr als 5 m Kabellänge und 70 ns Verzögerung betragen. Zusammen ergibt dies bei sieben Ebenen 35 m Abstand zwischen Rechner und Peripheriegerät sowie maximal etwa 500 ns Verzögerung.

Das *USB*-Kabel beinhaltet vier Drähte (Abbildung 4-33). Zwei Drähte, *D+* und *D-*, dienen dem differentiellen Datensignal mit ±1 V zur Masse, d h. 2 V Spannungshub. Auf der Senderseite wird vom Hub-Ausgang minimal 2 V Spannungshub gefordert; ein Empfänger muß noch mit 0,2 V auskommen. Der Ruhezustand entspricht dem logischen Eins-Zustand. Als Leitungscode wurde NRZI (siehe Seite 81) mit Bit-Stopfen zur Taktrückgewinnung gewählt. Beim Bit-Stopfen wird nach 6 Einsen eine Null eingefügt.

Abbildung 4-33: USB-Kabel und Stecker

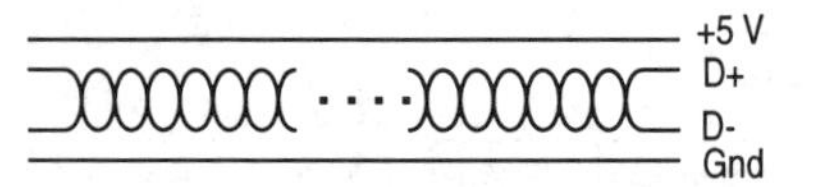

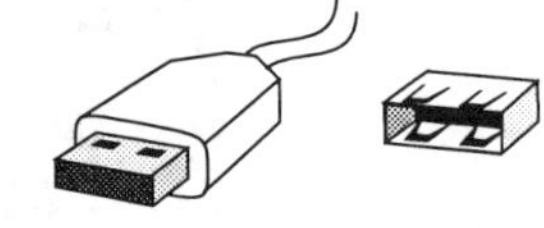

Beim 12-MBit/s-Bus sind die beiden Datenleitungen verdrillt. Kabel und Stecker sind abgeschirmt. Bei einer billigeren 1,5-MBit/s-Realisierung wird auf das Verdrillen und Abschirmen verzichtet, wobei die Kabellänge auf maximal 3 m beschränkt ist. Die Leitungsterminierung erfolgt passiv und für den Anwender unsichtbar in den Geräten.

Die beiden anderen Drähte, *+5V* und *Gnd*, dienen der Energieversorgung leistungsschwacher Geräte (Functions oder Hubs) ohne eigene Stromversorgung. Ein solches Gerät, das über den *USB* versorgt wird, darf nicht mehr als 500 mA aufnehmen. Hierbei ist an Geräte wie Maus und Joystick gedacht. Beim Einschalten bzw. Einstecken darf ein Geräte nur 100 mA verbrauchen. Während der daraufhin anlaufenden Phase der Geräteidentifikation wird überprüft, ob die vom Gerät gewünschte Stromaufnahme vom Bus noch befriedigt werden kann. Ist dies der Fall, wird das Gerät vom Rechner konfiguriert, ansonsten zurückgewiesen. Im Zustand *Suspended* darf das Gerät dann nicht mehr als 500 µA aufnehmen.

Die für den *USB* vorgesehene Steckerform ist in Abbildung 4-33 dargestellt. In der Spezifikation des Busses gibt es nur eine Bauform. Die Stifte für die Stromversorgung sind etwas länger als die für die Datenleitungen, um das Hot-Plugging zu ermöglichen.

Übertragungsprotokoll

Bei der Spezifikation des *USB* wurde auf ein einfaches Übertragungsprotokoll Wert gelegt, damit auch die Schnittstellen-Bausteine einfach werden. Zur Integration von Computer und Telefon wurden einige Telefondienste (Fax, Modem, Telefon) in die *USB*-Spezifikation mit aufgenommen. Durch Einführung entsprechender Pufferspeicher wird eine isochrone Übertragung von Bild und Ton erreicht.

Die Peripheriegeräte werden vom Rechner über eine 8-Bit-Geräteadresse und eine 3-Bit-Unteradresse für den Endpunkt innerhalb eines Geräts adressiert. Insgesamt ergeben sich damit maximal 256 x 8 Adressierungsmöglichkeiten. Beim Einstecken bzw. Einschalten stellt jedes Gerät die Adresse 0 ein und erhält vom Rechner seine endgültige Adresse nach der Gerätekonfiguration.

Zwischen dem Rechner und den Functions werden gerichtete logische Verbindungskanäle aufgebaut, die bei *USB Pipes* genannt werden. *IN*- und *OUT-Pipes* zu und von einer Function, mit denen eine Vollduplex-Übertragung möglich ist, sind zwei getrennte Kanäle.

In der Maximalausbaustufe sind 127 Functions an den Bus anschließbar. Es können jedoch nur solange Pipes geöffnet werden, bis die Kapazität des Busses erreicht ist. Hierzu wird bei Eröffnung einer Pipe ausgehandelt, welcher Anteil der Busbandbreite für den neuen Kanal benötigt wird. Wird der Bus damit überlastet, kann die Pipe nicht etabliert werden. Durch diese Beschränkung gleichzeitig existierender Pipes wird eine isochrone Übertragung auf den bestehenden Kanälen garantiert.

Die Kommunikation über die Pipes erfolgt mittels eines Tokenbasierten Protokolls. Das hierzu notwendige Scheduling führt der Rechner durch. Alle Daten werden vom Rechner im Polling-Modus gesendet bzw. abgefragt. Der Rechner ist somit Initiator jeder Übertragung. Für die Initiierung einer Kommunikation wird ein spezielles Token gesendet. Während der Rechner auf ein Ergebnis bzw. eine Reaktion der adressierten Funktion wartet, darf kein anderes Gerät den Bus belegen. Da der Host-Adapter bei diesem Verfahren über längere Zeit (durch Warten) blockiert werden kann, muß die Verbindung zwischen Prozessor und Host-Adapter über intelligente Interrupt-Zugänge gelöst werden. Unterschiedliche Prioritäten der Peripheriegeräte haben Einfluß auf die Polling-Reihenfolge. Isochrone Pipes haben hohe Priorität und werden entsprechend häufig abgefragt.

Eine Übertragung erfolgt in drei Schritten:

1. Der Host-Adapter sendet ein Adreß-Token mit der Endpunkt-Adresse und der Übertragungsrichtung. Über die Adresse dekodieren sich die Geräte selbst.

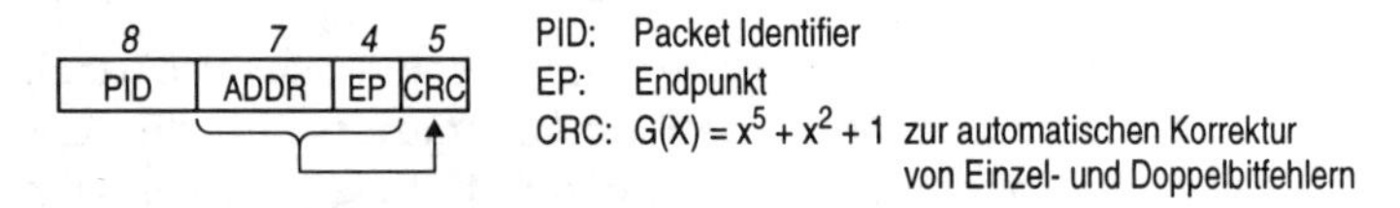

2. Übertragung des Datenpakets vom Rechner zum Peripheriegerät bzw. umgekehrt.

8 | 0 ... 1023 Byte | 16
PID | DATA | CRC

CRC: $G(X) = x^{16} + x^{15} + x^2 + 1$

3. Das Ziel quittiert den Empfang des Datenpakets mit einem sogenannten Handshake-Paket.

8
PID

Der *USB* kennt vier verschiedene Transferarten:

- *Control Data Transfer*: zur Gerätekonfiguration
- *Bulk Data Transfer*: Übertragung größerer Dateneinheiten (z. B. zum Drucker, vom Scanner)
- *Interrupt Data Transfer*: einzelne Zeichen bei Interaktion
- *Isochronous Data Transfer*: stetiger Datenstrom mit vorher verhandelter Latenzzeit und Bandbreite

4.3 Instrumentenbusse

Instrumentenbusse bzw. Instrumentierungsbusse sind von Rechnertyp unabhängige Peripheriebusse. Sie wurden konzipiert, um möglichst viele verschiedene Geräte an eine einheitliche, universelle Schnittstelle anzuschließen. Im Gegensatz zu den oben beschriebenen Ein-/Ausgabebussen, die dem Anschluß rechnerspezifischer Peripherie wie Drucker und Scanner dienen, entstammen die Instrumentenbusse dem Laborbereich, in dem rechnerunabhängige Meßgeräte und anderes Inventar zur Automatisierung mit einem Computer verbunden werden sollten. Viele der existierenden Instrumentenbusse sind Eigenentwicklungen von Großlabors bzw. Forschungseinrichtungen und wurden zum Teil nur einmal realisiert.

Im Laufe der Zeit hat sich ein Instrumentenbus als Quasistandard etabliert: der *IEC-Bus*. Es gibt heute fast kein Laborgerät mehr, das nicht mit einer *IEC*-Schnittstelle ausgelegt ist. Aufgrund dieser Popularität soll im folgenden der *IEC-Bus*, stellvertretend für alle anderen Instrumentenbusse, betrachtet werden.

4.3.1 IEC-Bus

Geschichte und Normierungen

1965 führte HP einen Instrumentenbus unter dem Namen *HP-IB* (*Hewlett-Packard Interface Bus*) für programmierbare Meßgeräte ein. Aufgrund seiner relativ hohen Übertragungsrate von bis zu 1 MByte/s wurde der Bus sehr schnell sehr erfolgreich. 1975 wurde er dann von der IEEE erstmals unter der Kennung *IEEE 488.1* genormt. Er fand sich dann ebenfalls als ISO-Norm der *IEC* (*International Electronical Commission*), die ihm den Namen *IEC-625* gab, wieder. Letztere Norm wurde als DIN IEC 625 übernommen, wobei sich die DIN-Norm im Steckertyp unterscheidet. Der Bus war seinerzeit auch unter dem firmenneutralen Namen *GPIB* (*General Purpose Interface Bus*) weit verbreitet.

Alle angesprochenen Normen erstrecken sich im wesentlichen auf die Hardware. 1987 fand dann eine Überarbeitung der Norm statt, die sich unter der Kennung *IEEE 488.2* niederschlug. Die neue Norm umfaßt nun auch Definitionen von Datenformaten, Statusmeldungen und Fehlerbehandlungsfunktionen. 1990 gab es schließlich eine Erweiterung um den Programmiersprachenstandard *SCPI* (*Standard Commands for Programmable Instruments*). Damit liegt nun ein einheitlicher Befehlssatz zur Kommunikation von Geräten unterschiedlicher Hersteller vor. Insgesamt definieren die IEEE 488.1-Norm und ihre beiden Erweiterungen eine dreischichtige Architektur:

Tabelle 4-11: IEC-Schichtenarchitektur
Quelle: [PrM89]

Norm	Ebene	Umfang der Norm
SCPI	instrumentenspezifischer Kommandosatz	umfaßt - DIF (Data Interchange Format) und - SICS (Standard Instrument Command Set)
IEEE 488.2	allgemeine Kommandos und Abfragen Syntax und Datenstrukturen	- Protokoll, - Befehle, die alle Geräte benötigen, - Nachrichten und Datenformate, - Statusberichte und allgemeine Kommandos
IEEE 488.1	Nachrichten	elektrische, mechanische und funktionale Eigenschaften

Eine ausführliche Beschreibung der Funktionen findet sich u. a. in [PrM89].

Bustopologie und Steckerbelegung

Durch Verwendung von Durchgangssteckern, d. h. von Steckverbindungen mit Stecker und Buchse, lassen sich lineare und sternförmige Verbindungen herstellen (Abbildung 4-34). Die Stecker sind transparent, so daß alle Geräte zu einer Zeit das selbe Signal sehen. Es liegt demnach ein echter Bus vor. Wie bereits gesagt, unterscheiden sich die amerikanischen und europäischen Normen und Geräte in der Steckerform. In den USA wird ein 24-poliger Amphenol-Stecker, in Europa ein 25-poliger

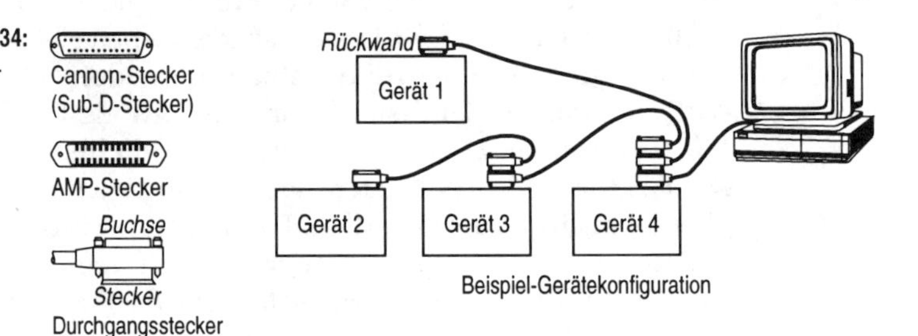

Abbildung 4-34: IEC-Steckverbindungen

Abbildung 4-35:
IEC-Pinbelegung
Quelle: [PrM89]

IEC 625	IEEE 488	Gruppe	Signal-name	Bedeutung
1	1	Daten-leitungen	DIO1	Datenleitungen für - Befehle: wenn ATN = '1' - Daten: wenn ATN = '0'
2	2		DIO2	
3	3		DIO3	
4	4		DIO4	
14	13		DIO5	
15	14		DIO6	
16	15		DIO7	
17	16		DIO8	
5	17	Steuer-leitungen	REN	Fernsteuerbetrieb aller Geräte
6	5		EOI	Ende oder Identifikation
7	6	Hand-shake-leitungen	DAV	Daten auf Datenleitungen gültig
8	7		NRFD	Gerätemeldung: nicht empfangsbereit
9	8		NDAC	Gerätemeldung: Daten noch nicht übernommen
10	9	Steuer-leitungen	IFC	alle Geräte in Grundzustand
11	10		SRQ	Bedienungsanforderung durch ein Gerät
12	11		ATN	Anzeige, ob Befehl oder Datum übertragen wird
13	12	Masse-leitungen	-	Abschirmung
18	24		-	Masse (Logik)
19	-		-	Masse (EOI)
20	18		-	Masse (DAV)
21	19		-	Masse (NRFD)
22	20		-	Masse (NDAC)
23	24		-	Masse (Logik)
24	22		-	Masse (SRQ)
25	23		-	Masse (ATN)
-	21		-	Masse (IFC)

Cannon-Stecker (bzw. Subminiatur-D-Stecker) verwendet. Die Steckerbelegung der beiden Normen ist in Abbildung 4-35 nebeneinandergestellt. Die wichtigsten Signalleitungen sind mit jeweils einer zugehörigen Masseleitung verdrillt.

An den Bus können maximal 15 Geräte angeschlossen werden. Je nach Gerätetyp unterscheidet *IEC* zwischen

- Talker, die Daten bzw. Nachrichten senden
- Listener, die Daten empfangen
- Talker/Listener, die beides können und
- ein Controller, der den Bus verwaltet.

Prinzipiell können mehrere potentielle Controller an den Bus angeschlossen werden, es darf aber nur einer zu einem Zeitpunkt aktiv sein. In der Praxis übernimmt meist ein Mikroprozessor die Aufgabe des Controller. Im Gegensatz zu einem Talker kann der Controller neben Nachrchten auch Kommandos senden.

Pegel und Übertragungsverfahren

Alle Signale sind TTL-kompatibel und haben negative Logik. Die Übertragung erfolgt wie bei der parallelen Schnittstelle asynchron bitparallel/byteseriell, d. h. jedes Byte wird über einen Handshake synchronisiert. Der Datenbus wird für Steuer- und Adressierfunktionen im Zeitmultiplex genutzt. Die Grenzwerte bezüglich der Leitungslängen sind in Tabelle 4-12 zusammengefaßt.

Tabelle 4-12: IEC-Grenzwerte

Grenzwert	IEEE 488-Norm	bei 1 MByte/s
max. Buslänge	20 m	10 m
max. Länge zwischen zwei Busteilnehmern	4 m	1 m

Die einzelnen Geräte nutzen selten alle Möglichkeiten des *IEC-Busses*. Die Funktionen werden daher wie beim *SCSI-Bus* in Gruppen (Subsets) aufgeteilt, so daß ein Gerät nur die Funktionen seiner Gruppe implementieren muß. Am *IEC-Bus* lassen sich auch „Teilgeräte" innerhalb eines Busteilnehmers individuell über eine Sekundäradresse ansprechen.

Handshake-Verfahren

Die Kommunikation erfolgt beim *IEC-Bus* prinzipiell zwischen einem Talker (Sender) und mehreren Listener (Empfänger). Für das Handshaking zur Synchronisation eines Byte verwendet der *IEC-Bus* drei Leitungen: *DAV* (*Data Valid*) wird vom Talker gesteuert und *NRFD* (*Not Ready For Data*) sowie *NDAC* (*No Data ACcepted*) werden von den Listener belegt. Die Handshake-Leitungen sind alle active-low. *NRFD* und *NDAC* sind zudem wired-AND verknüpft, da mehrere Listener sich gleichzeitig am Handshake-Protokoll beteiligen. Alle Listener müssen dem Talker durch Low-Pegel mitteilen, daß die Daten übernommen wurden. Damit legt der langsamste Busteilnehmer die Übertragungsgeschwindigkeit fest. Abbildung 4-36 zeigt das Zeitdiagramm des Dreidraht-Handshake.

Sind nur ein Talker und ein Listener an der Übertragung beteiligt, genügt dem *IEC-Bus* auch ein Zweidraht-Handshake, wie er in Abschnitt 1.2.2 vorgestellt wurde. In diesem Fall ist kein Controller notwendig.

Abbildung 4-36:
IEC-Dreidraht-Handshake

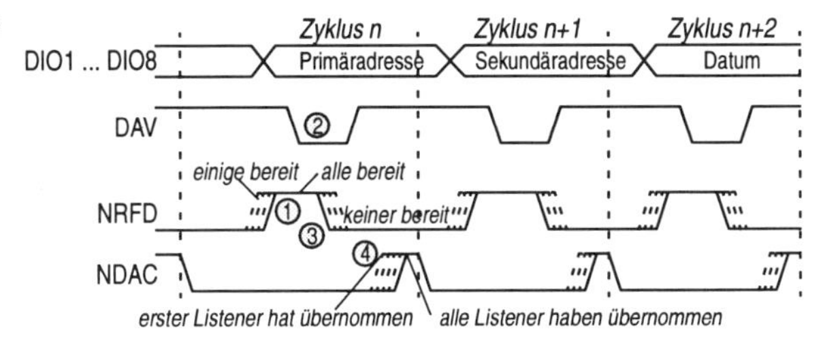

① : Alle Listener senden ihre Datenübernahmebereitschaft durch NRFD = high = log. „0“.

② : Gültiges Datum auf dem Bus signalisiert der Talker durch DAV = low = log. „1“.

③ : Hat ein Listener das Datum übernommen und verarbeitet sie, so sendet er NRFD = low = log. „1“, was bedeutet, daß der Listener besetzt ist.

④ : Jeder Listener, der das Datum übernommen hat, setzt NDAC = high = log. „0“. Durch die wired-AND-Verknüpfung wird NDAC erst dann log. „0“, wenn alle Listener NDAC zurücksetzen.

Ein neues Datum kann gesendet werden, wenn NRFD = high = log. „0“ ist.

Ein Übertragungszyklus ist beendet, wenn NDAC = high = log. „0“ ist.

5 LANs und WANs

Nachdem in den vorangegangenen Kapiteln die Verbindungsstrukturen zwischen den Komponenten innerhalb eines Rechners und zwischen Rechner und seinen Peripheriegeräten ausführlich behandelt wurden, soll nun betrachtet werden, wie Rechner untereinander verbunden werden. Diese können nahe beieinander innerhalb eines Raums stehen, aber auch weit entfernt in zwei verschiedenen Kontinenten beheimatet sein. Für alle Anforderungen wurden in der Vergangenheit unterschiedliche Lösungen entwickelt.

Je nach Entfernung der Kommunikationspartner, werden diese über ein lokales Netzwerk (*LAN - Local Area Network*) oder ein Weitverkehrsnetz (*WAN - Wide Area Network*) verbunden. Im allgemeinen liegt zwischen zwei Kommunikationspartnern ein komplexes Kommunikationsnetzwerk, das mit Hilfe unterschiedlicher Kommunikationsgeräten aufgebaut ist.

Damit sich die einzelnen Computer und Kommunikationsgeräte der verschiedensten Hersteller auch verstehen, war es notwendig, sich auf gemeinsame Normen zu einigen. Diese Normen müssen sowohl die Hardware als auch die Software berücksichtigen. Um den verschiedenen Anforderungen an das Kommunikationssystem flexibel begegnen zu können, haben sich in der Vergangenheit verschiedene mehrschichtige Kommunikationsmodelle, welche die Hard- und Software umfassen, entwickelt. Die wichtigsten Ansätze in diesem Bereich sollen zunächst vorgestellt werden, bevor in Abschnitt 5.2 auf die Kommunikationsgerätetypen und in Abschnitt 5.3 auf die wichtigsten lokalen und Weitverkehrsnetzwerke eingegangen wird.

Auf die Kommunikationsmodelle und -protokolle kann an dieser Stelle aus Platzgründen nur insoweit eingegangen werden, wie es für das Verständnis der Arbeitsweise der Kommunikations-Hardware notwendig ist. Eine vertiefte Diskussion der Software würde mehrere Bücher beanspruchen. Für weitergehende Informationen sei daher auf die Literatur zum Thema Rechnernetze verwiesen. Einige Beispiele aus dem reichhaltigen Buchangebot sind die unter [Ker95], [KoB94] und [Tan92] im Literaturverzeichnis angegebenen Bücher.

5.1 Kommunikationsmodelle

Die Entwicklung der Rechnernetze begann wie bei den Bussystemen mit herstellerspezifischen, geschlossenen Lösungen (z. B. Reservierungssysteme von Fluggesellschaften in den 60er Jahren). Heute dagegen dominieren offene Netze mit Geräten unterschiedlichster Hersteller. Lokale Netze sind über Weitverkehrsnetze global miteinander verbunden. Das weltweit wichtigste Weitverkehrsnetz ist zur Zeit das *Internet*, das aus dem 1969 eingeführten *ARPANET* (*Advanced Research Projects Agency*) des amerikanischen Verteidigungsministerium hervorging.

Der Datenaustausch über diese weitverzweigten, miteinander verbundenen Netze erfordert Vereinbarungen, wie die Kommunikation stattzufinden hat. Nur durch solche Vereinbarungen und Normen kann es möglich sein Computer und andere Geräte unterschiedlicher Herkunft miteinander zu verbinden. Bei den Vereinbarungen im Bereich der Rechnerkommunikation spricht man von Kommunikationsmodellen bzw. Protokollen.

Alle gängigen Kommunikationsarchitekturen sind heute als Schichtenmodelle realisiert, da sich Kommunikationsmodelle gut in (unabhängige) Schichten mit eigenen Aufgaben aufteilen lassen. Jede Schicht realisiert eine Bibliothek mit Funktionen für die darüber liegende Schicht, wobei die „oberste" Schicht das Anwenderprogramm ist. Die „unterste" Schicht beschreibt den Zugriff auf das physikalische Medium. Der große Vorteile der Schichtenarchitektur liegt darin, daß sich das Protokoll einer Schicht (bzw. das physikalische Medium der untersten Schicht) austauschen läßt, ohne daß die anderen Schichten davon betroffen sind.

Das wichtigste Referenzmodell zur Rechnerkommunikation wurde von der *International Standard Organisation* (*ISO* - eine Institution der UNO) 1984 nach Vorarbeiten der CCITT veröffentlicht und wurde unter dem Begriff

OSI-Basisreferenzmodell bzw. *OSI-7-Schichtenmodell*
(*Basic Reference Model for Open Systems Interconnection*)

bekannt. Das Referenzmodell liegt als *ISO 7498*-Norm vor und wurde später als *X.200*-Norm von der CCITT übernommen.

Als Referenzmodell definiert das Dokument nur die Aufgaben der Protokolle auf den einzelnen Schichten, nicht jedoch die Protokolle die Implementierung der Schichten selbst.

5.1.1 OSI-Basisreferenzmodell

Die sieben Schichten des OSI-Basisreferenzmodells repräsentieren die einzelnen Teilaufgaben der Rechnerkommunikation über Netzwerke. Folgende Tabelle gibt eine Übersicht über diese Schichten und Aufgaben.

Tabelle 5-1: Schichten des OSI-Basisreferenzmodells

Angegeben sind die am häufigsten verwendeten deutschen Schichtenbezeichnungen. Die englischen Bezeichnungen stehen in Klammern darunter. Weicht die DIN-Bezeichnung von den gewählten Begriffen ab, ist sie seprarat aufgeführt.

Schicht	Name	Aufgabe
7	Anwendungsschicht (*Application Layer*) DIN:Verarbeitungs-schicht	Festlegung des Dienstes des Kommunikationspartners für das jeweilige Anwendungsprogramm (z. B. Dateiübertragung, E-Mail, ...)
6	Darstellungsschicht (*Presentation Layer*)	Festlegung des Strukturen der Anwenderdaten inklusive Formatierung, Verschlüsselung, Zeichenersetzung, ...
5	Sitzungsschicht (*Session Layer*) DIN: Kommunikations-steuerschicht	Kommunikationsauf- und -abbau, d. h. Auf- und Abbau von logischen Kanälen auf dem physikalischen Transportsystem
4	Transportschicht (*Transport Layer*)	Steuerung des Datenstroms durch Bereitstellen von fehlerfreien logischen Kanälen auf dem physikalischen Transportsystem
3	Vermittlungsschicht (*Network Layer*)	Festlegung eines Weges für einen Datenstrom durch das Netzwerk
2	Sicherungsschicht (*Data Link Layer*)	Sicherstellung eines korrekten Datenstroms durch Festlegung - eines Datenformats für die physikalische Übertragung (Kanalkodierung) und der - Zugriffsart auf das Netzwerk
1	Bitübertragungsschicht (*Physical Layer*)	Festlegung des Übertragungsmediums (elektrische und mechanische Eigenschaften)

1 Bitübertragungsschicht (Physikalische Schicht)

Die Bitübertragungsschicht (Schicht 1) dient der Übertragung von einfachen Bitfolgen ohne jeglichen Rahmen. Ein Protokoll auf dieser Schicht hat folgende Aspekte zu berücksichtigen:

- Kanalkodierung (NRZ, Manchester, ...)
- Modulationsart bzw. Basisbandübertragung
- Multiplexverfahren (Frequenzmultiplex / Zeitmultiplex)
- Betriebsarten (Simplex/(Halb-)Duplex, synchron/asynchron, seriell/parallel).

Kein Bestandteil der Protokolle auf Schicht 1 ist die Festlegung von Prüfsummen, *ACK*-Signalen, Wiederholung etc., da die Schicht nur die reine Bitübertragung betrachtet.

Beispiele für Normungen auf der untersten Schicht sind *RS-232C* und *CSMA/CD*. Diese Normen legen neben dem angesprochenen Protokoll alle typischen Schnittstellenspezifikationen,

d. h. die mechanischen, elektrischen und funktionalen Anforderungen fest (vgl. Kapitel 2, Seite 122).

2
Sicherungsschicht (Verbindungsschicht)

Die Dienste der Protokolle auf Schicht 2 sind die Übertragung von Rahmen (einige 100 Bytes), die bitweise an die Bitübertragungsschicht weitergegeben werden, sowie die Behandlung von Übertragungsfehlern. Ein Protokoll berücksichtigt dabei folgende Aspekte:

- Definition von Header und Trailer (z. B. CRC-Prüfpolynom)
- Anpassung unterschiedlicher Schreib-/Lesegeschwindigkeiten der Kommunikationsteilnehmer zur Verhinderung von Pufferüberläufen
- Fehlererkennung mit Festlegung von fehlererkennenden Codes, Quittungen zur Vermeidung von Verfälschungen und Verlust, Timer zur Vermeidung von Rahmen-, Quittungs-, Token-Verlust und Sequenznummern zur Vermeidung von Duplikaten
- Fehlerbehandlung mit Festlegung von fehlerkorrigierenden Codes, Rahmenwiederholungen, Aussortierung duplizierter und verfälschter Rahmen.

Normen auf dieser Schicht findet man unter den Bezeichnungen IEEE *802.2 - 802.6, X.25/HDLC, Profibus DIN 19245* Teil 1 etc. Einige werden weiter unten noch näher betrachtet.

3
Vermittlungsschicht (Netzwerkschicht)

Die Vermittlungsschicht dient der Paketübertragung vom Sender zum Empfänger (Ende-zu-Ende- bzw. Peer-to-Peer-Verbindung). Alle höheren Schichten sehen keine Verbindungsrechner auf dem Übertragungsweg mehr. Die unteren beiden Schichten dienen dagegen lediglich der Kommunikation zwischen zwei benachbarten Knoten im Netzwerk. Der Transport von Ende zu Ende über Zwischenknoten hinweg wird auf dieser Schicht drei durchgeführt.

Der Datentransport über mehrere Teilstrecken kann verbindungslos oder verbindungsorientiert erfolgen. Bei der verbindungslosen Kommunikation (z. B. *IP*-Protokoll) werden Pakete wie bei der Briefpost einzeln durch das Netz gesendet. Man spricht hierbei von *Datagram Service.* Jedes Paket enthält die vollständige Zieladresse, was einerseits den Overhead erhöht, andererseits aber die Übertragungsstrecke nur für die Zeit der Übertragung eines Pakets in Anspruch nimmt. Die in diese Klasse fallenden Dienste sind prinzipiell unzuverlässig, d. h.

Verlust, Verfälschung und Änderung der Reihenfolge der Pakete muß von höheren Schichten behandelt werden. Es wird auch keine Fehlererkennung durchgeführt.
Im Falle einer verbindungsorientierten Kommunikation (z. B. *X.25/PLP*-Protokoll) werden, wie beim analogen Telefon, virtuelle Kanäle für die gesamte Dauer der Übertragung aufgebaut und erst nach Übertragung des letzten Datenpakets wieder abgebaut. Dieses Verfahren nennt sich *Virtual Call Service.* Auf Kosten einer stärkeren Beanspruchung des Übertragungsweges können Verluste bzw. Verfälschungen von Datenpaketen vermieden und die Einhaltung der Paketreihenfolge garantiert werden.

Aspekte der Protokolle auf der Vermittlungsschicht sind:

- Leitwegbestimmung (Routing), d. h. Beförderung der Datenpakete über mehrere Teilstrecken
- Überlastungssteuerung
- netzwerküberschreitende Kommunikation, d. h. Format- und Protokollanpassung in heterogenen Netzen
- Kostenabrechnung.

Normungen auf Schicht 3 finden sich u. a. unter den Bezeichnungen *X.25/PLP* (*Packet Layer Protocol*), *IP* (*Internet Protocol*) und *ISO 8473.*

4
Transportschicht

Die Transportschicht übernimmt Aufgaben, die denen der darunter liegenden Vermittlungsschicht ähnlich sind, allerdings nach oben hin verbesserte Dienstqualitäten bieten. Wir finden hier prinzipiell eine zuverlässige, verbindungsorientierte Kommunikation mit Fehlersicherung von Endpunkt zu Endepunkt. Die Kommunikation auf dieser Schicht ist verbindungsunabhängig, da das Routing von der Schicht 3 abgenommen wird. Eventuell werden Sammelverbindungen, die für die höheren Schichten transparent sind, aufgebaut. Die Dienste der Schicht 4 sind bereits unabhängig von der Netzwerktechnik. Zu den Aufgaben der Dienste gehören:

- Namensgebung für beide Endpunkte (Host-Rechner)
- Adressierung der Teilnehmer (evtl. Broadcast oder Multicast)
- Fehlerbehandlung
- Multiplexing von verschiedenen Datenströmen auf dem Kanal
- Synchronisation der Endpunkte

- bei Fehler in tieferen Schichten Wiederaufbau der Verbindung
- Internetworking: Protokollumsetzung zwischen unterschiedlichen Netzen durch einen Gateway-Rechner (s. u.).

Wichtige Protokolle auf der Transportschicht sind *TCP* (*Transmission Control Protocol*) und *UDP* (*User Datagram Protocol*).

5
Sitzungs-schicht

Die Sitzungsschicht dient ebenfalls dem Datentransfer. Es werden hier Sitzungen auf- und abgebaut, so daß mehrere Prozesse auf das (logische) Transportsystem zugreifen können. Genauso wie die beiden höchsten Schichten, ist diese meist im Betriebssystem enthalten. Die Sitzungsschicht dient der Synchronisation der Prozesse, z. B. durch Steuerung eines *Remote Procedure Call* (*RPC*). Es werden Synchronisationspunkte festgelegt, an denen die Übertragung nach Abbruch wieder aufgesetzt werden kann.

6
Darstellungs-schicht

Die Darstellungsschicht beinhaltet Durchreichdienste zwischen der Anwendungs- und der Sitzungsschicht. Zu den Aufgaben gehören Datenkonvertierung (z. B. ASCII $\leftrightarrow$ EBCDIC, float $\leftrightarrow$ integer), die Darstellung der Daten auf dem Bildschirm und möglicherweise Verschlüsselung und Komprimierung.

7
Anwendungs-schicht

Die oberste Schicht enthält Funktionen, mit denen der Anwender auf das Kommunikationssystem zugreifen kann. Vielfach bekannte Dienste sind *E-Mail*, *ftp* (*File Transfer*) und virtuelle Terminals.

Die sieben Schichten lassen sich etwas grober in vier Abstraktionsniveaus partitionieren:

- Schichten 1 und 2 enthalten alle Informationen zur gesicherten Übertragung eines Bitstroms zwischen zwei Netzwerkknoten[1].
- Schicht 3 ist für den Weg der Daten durch das Netzwerk - evtl. über mehrere Verbindungsrechner - zuständig.
- Schicht 4 hat die gesicherte Verbindung zwischen den beiden Kommunikationspartnern, d. h. den Endpunkten der Übertragungsstrecke, zur Aufgabe.
- Schichten 5, 6 und 7 koordinieren die Behandlung der übertragenen Datenobjekte beim Sender und Empfänger.

---

1. Unter Netzwerkknoten wird ein am Netzwerk angeschlossener Rechner oder ein für die Kommunikation notwendiges Gerät (Verbindungsrechner) verstanden.

Für die unteren drei Schichten wurde von der CCITT das *X.25*-Protokoll spezifiziert, das in öffentlichen Telefonnetzen zum Einsatz kommt (z. B. Datex). Diese Schichten werden in den weiteren Abschnitten näher betrachtet. Mit den oberen Schichten wird sich das Buch dagegen nicht weiter beschäftigen, da sie außerhalb des Themengebiets liegen. Hier sei auf die entsprechende Literatur aus dem Bereich „Rechnernetze" verwiesen.

Datentransfer über Schichten hinweg

Alle Schichten entsprechen Prozessen, die Nachrichten austauschen. Jede Schicht kommuniziert, logisch betrachtet, mit der gleichen Schicht des Kommunikationspartners (man spricht hier von *virtueller Peer-to-Peer-Verbindung*).

Tatsächlich werden aber die Daten beim Sender in Blöcke aufgeteilt, an die darunterliegende Schicht übergeben, über das physikalische Medium übertragen und beim Empfänger an die jeweils darüber liegende Schicht weitergereicht (Abbildung 5-1). Ein Datenblock erhält in jeder Schicht einen zusätzlichen Nach-

Abbildung 5-1: Logischer und tatsächlicher Datentransport zwischen zwei Kommunikationspartnern.

Das Hinzufügen von Protokollinformation (Header) auf der nächst tieferen Schicht ist vergleichbar mit dem Verpacken und Adressieren von Briefen.

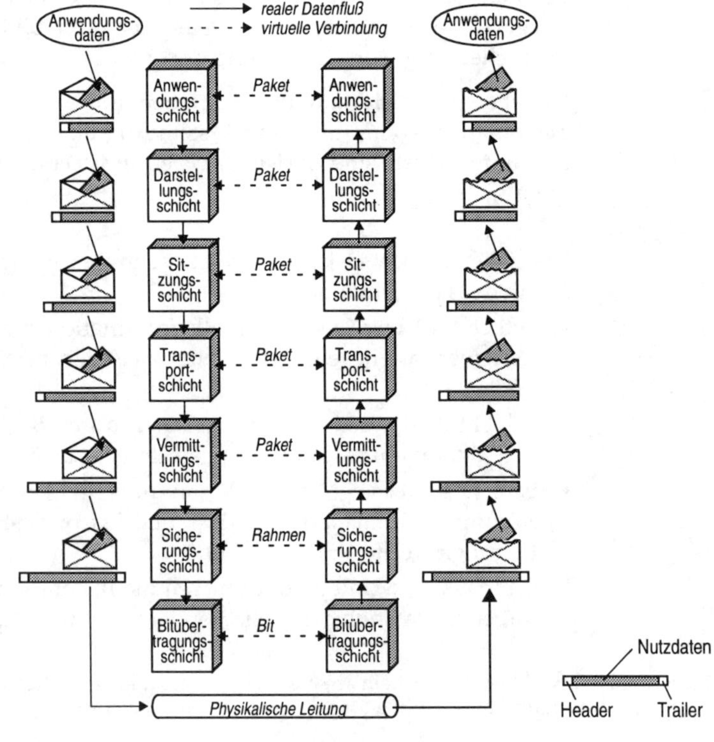

richtenkopf (*Header* - in der Abbildung als weißes Rechteck gezeichnet), der den Protokollablauf auf der entsprechenden Schicht beim Empfänger steuert. Die Header der höheren Schichten werden auf den niedrigeren Schichten als reine Nutzdaten angesehen und nicht interpretiert. Daten und Header werden zusammen *Paket* genannt. Die Sicherungsschicht fügt neben dem Header noch einen Trailer hinzu. Man spricht auf dieser Schicht meist von Rahmen (Frame) statt von Paket.

Vergleich verschiedener Kommunikationsmodelle mit dem OSI-Basisreferenzmodell

Das OSI-Basisreferenzmodell, wie es oben vorgestellt wurde, bildet lediglich einen Rahmen mit Vorgaben für tatsächliche Protokolle auf den verschiedenen Ebenen. Das Referenzmodell definiert selbst keine Dienste. Auf welchen Ebenen des Referenzmodells die verschiedenen Protokolle, die wir in der Praxis finden, anzusiedeln sind, soll mit Tabelle 5-2 gezeigt werden. Diese Tabelle zeigt die Schichtenzuordnung der Protokolle von sechs bekannten Protokollstapeln. Die Protokolle der ersten Spalte findet man bei Telekommunikationsverbindungen. Da

Tabelle 5-2: Kommunikationsprotokolle im OSI-Basisreferenzmodell

<table>
<tr><th>OSI</th><th>ISO 7498
CCITT X.200</th><th>TCP/IP</th><th>Novell
NetWare</th><th>IBM
NETBIOS</th><th>Microsoft
LAN</th><th>DEC
DECNET</th></tr>
<tr><td>Anwendungsschicht</td><td>- FTAM (File Transp Acc and Mgment)
- JTM (Job Transfer and Manipulation)
- VTP (Virtual Terminal Pcl)
- CCITT X.400</td><td rowspan="3">- NFS (Network File Service)
- Telnet
- FTP (File Transfer Protocol)</td><td rowspan="2">- Anwenderprogramm
- MS-DOS
- OS/2</td><td>- Anwenderprogramm</td><td>- Anwenderprogramm</td><td rowspan="2">- Anwenderprogramm</td></tr>
<tr><td>Darstellungsschicht</td><td>- ISO 8822
- ISO 8823</td><td>- MS-DOS
- IBM Svr Msg Block (SMB)</td><td>Microsoft LAN Manager</td></tr>
<tr><td>Sitzungsschicht</td><td>- ISO 8326
- ISO 8327</td><td>- NetWare Shell
- NetBIOS-Emulation</td><td>- NetBIOS</td><td>- NetBIOS</td><td>- Sitzung</td></tr>
<tr><td>Transportschicht</td><td>- ISO 8072
- ISO 8073</td><td>- TCP
- UDP</td><td>- SPX (Sequenced Packet Exg)</td><td rowspan="2">- PC LAN Support Program</td><td>- TCP</td><td rowspan="2">- Netzwerk und Transport</td></tr>
<tr><td>Vermittlungsschicht</td><td>- ISO 8473
- CCITT X.25</td><td>- IP</td><td>- IPX (Internetwork Packet Exg)</td><td>- IP</td></tr>
<tr><td rowspan="2">Sicherungsschicht</td><td rowspan="2">- CCITT X.25</td><td colspan="5">- IEEE 802.2 / ISO 8802</td></tr>
<tr><td colspan="5">- IEEE 802.3 (CSMA/CD)</td></tr>
<tr><td>Bitübertragungsschicht</td><td colspan="6">- Ethernet
- CCITT X.21</td></tr>
</table>

diese Protokolle von der OSI (bzw. CCITT) stammen, passen sie sehr gut in das 7-Schichten-Modell. Die Protokolle der *TCP/IP*-Spalte sind die Grundlage des Internet und der Kommunikation unter UNIX. Diese Protokolle sind älter als das OSI-Referenzmodell und passen nicht ganz so gut in die 7 Schichten (siehe auch Abschnitt 5.1.4). Die Novell-Protokollfamilie finden man sehr häufig in PC-basierten LANs.

5.1.2 Punkt-zu-Punkt-Kommunikation auf der Sicherungsschicht (Data Link Layer)

Dieser und die folgenden beiden Abschnitte beschreiben Beispiele bekannter Übertragungsprotokolle. Wir werden uns dabei auf die unteren Protokollschichten, die Einfluß auf die Kommunikations-Hardware haben, beschränken. Zunächst werden wir uns in zwei Abschnitten mit der Sicherungsschicht auseinandersetzen. In Abschnitt 5.1.4 wird anschließend mit TCP/IP ein wichtiger Vertreter der Protokolle auf der Vermittlungs- und Transportschicht angesprochen. Die unterste Schicht 1, d. h. die physikalische Schicht soll hier ausgespart werden, da diese mit den seriellen Schnittstellen und seriellen Bussen (z. B. *Fibre Channel*) bereits ausführlich behandelt wurde.

Die untersten beiden Protokollschichten beschreiben die Kommunikation zweier benachbarter Stationen. Ein Datenpaket wird hierbei nicht über eine Vermittlungsstelle, d. h. eine dritte Station, gesendet. Die Vermittlungsstationen werden erst bei den Routing-Ansätzen auf Schicht 3 betrachten. Auf Schicht 2 ist eine Vermittlungsstation selbst wieder Endpunkt.

Für den Datenaustausch zweier Stationen, die direkt über eine Leitung miteinander verbunden sind, soll zunächst einschränkend angenommen werden, daß die beiden DEEs über eine Punkt-zu-Punkt-Verbindung (Kanal, DüE) direkt miteinander verbunden sind. Damit entfällt das Arbitrierungsproblem. Die Komminikation über Busse wird weiter unten erläutert.

Abbildung 5-2: Punkt-zu-Punkt-Verbindung

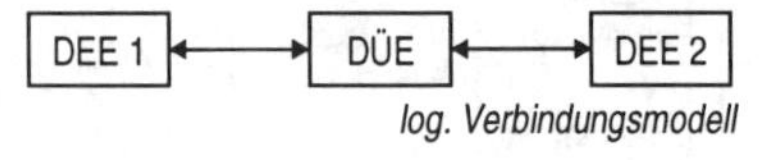

Zur Datenübertragung zwischen den beiden DEEs wird ein *Leitungsprotokoll* (*Data Link Protocol*) benötigt. In der Vergangenheit wurden hierfür mehrere Protokolle mit unterschiedlichem Aufwand und Zuverlässigkeit entwickelt.

Möglichkeiten einer zuverlässigen Übertragung

Zur Realisierung einer zuverlässigen Übertragung auf Schicht 2 gibt es in der Praxis drei Ansätze: fehlerkorrigierende Codes, Echoüberwachung und Wiederholungsanforderung, wovon das dritte Verfahren am weitesten verbreitet ist.

- *Fehlerkorrigierende Codes*. Bei unzuverlässigen Leitungen werden selbstkorrigierende Codes (Hamming-Codes), wie sie in Abschnitt 1.2.3 besprochen wurden, eingesetzt. Bei relativ sicheren Leitungen, wie sie bei Netzwerken im allgemeinen vorliegen, ist deren Overhead zu groß.
- *Echo-Überwachung*. Bei diesem Ansatz sendet der Empfänger die empfangenen Daten an den Sender zurück. Der Sender testet daraufhin die korrekte Übertragung durch Vergleich der von ihm ausgesandten und wieder empfangenen Daten. Im Fehlerfall werden die Daten noch einmal gesendet.
  Der Nachteil dieses sicheren Verfahrens liegt ebenfalls in seinem Overhead. 50% der Übertragungsleistung wird für den Test, d. h. für die Rückübertragung, aufgewandt. Hinzu kommt, daß, statistisch betrachtet, 50% der erkannten Fehler erst bei der Rückübertragung auftreten.

- *Wiederholungsanforderung (ARQ - Automatic Repeat Request)*. Bei relativ sicheren Leitungen treten Fehler nur in relativ großen Zeitabständen auf. Hier beschränkt man sich auf eine Fehlererkennung, die mit wesentlich weniger Overhead als die automatische Fehlerkorrektur implementiert werden kann. Der Empfänger quittiert eine korrekt empfangene Nachricht durch ein Quittungssignal (*ACK*). Im Fehlerfall werden die Daten noch einmal gesendet. Im Gegensatz zur Echoüberwachung ist dieses Verfahren nur so sicher wie das verwendete Fehlererkennungsverfahren. Aufgrund seines geringen Overhead bei recht hoher Sicherheit wird dieses Verfahren am häufigsten verwendet.

5.1.2.1 Beispiel: HDLC-Leitungsprotokoll (High Level Data Link Control)

Bei reiner Punkt-zu-Punkt-Verbindung, wie sie bei Telekommunikationssystemen vorliegt, findet man recht häufig das sogenannte *HDLC*-Protokoll. Dieses ist Teil der CCITT *X.25*-Empfehlung und beschreibt dort die Kommunikation auf OSI-Schicht 2. Es garantiert eine gesicherte, transparente Blockübertragung zwischen zwei DEEs durch automatischen Verbindungsauf- und -abbau und Flußkontrolle. Nicht behebbare Fehler werden an das Protokoll der Schicht 3 weitergegeben.

Die Übertragung auf unterster Ebene erfolgt synchron oder über das Start/Stop-Verfahren. Die Einführung von Bit-Stuffing, wobei nach 5 Einsen eine Null eingefügt wird, dient der Erkennung ausgezeichneter Datenfelder (Flags). Weitere Vorkehrungen für eine gesicherte Übertragung sind CRC-Prüfung zur Fehlererkennung, Sende- und Empfangszähler für Pakete sowie Zeitüberwachung (Watchdog-Timer und Time-Outs).

HDLC unterscheidet drei Übertragungsklassen:

- *NRM (Normal Response Mode)*. NRM beschreibt einen Master-Slave-Betrieb, bei dem die Sekundärstation (Slave) nur nach Aufforderung senden darf.
- *ARM (Asynchronous Response Mode)*. Hier darf die Sekundärstation jederzeit spontan Pakete, meist Datenpakete, senden.
- *ABM (Asynchronous Balanced Mode)*. In diesem Modus sind beide Stationen gleichberechtigt.

HDLC-Telegramm

Ein Rahmen, bei *HDLC Telegramm* genannt, enthält Adreß-, Kontroll- und Steuerinformationen, evtl. Daten, gefolgt von einer CRC-Prüfsumme. Das ganze wird durch zwei Flag-Bytes mit den Werten „01111110" eingerahmt. Die Länge des Datenfeldes ist nicht festgelegt - auch nicht die Byte-Ausrichtung.

Flag	Adresse	Kontrolle	Daten	CRC	Flag
01111110	8 Bit	8 Bit	n Bit	16 bzw. 32 Bit	01111110

Über das Kontroll-Byte werden drei Telegrammarten unterschieden (Abbildung 5-3).

Abbildung 5-3: HDLC-Telegrammarten

Steuerfeld		Bit 1	2	3	4	5	6	7	8
I-Block		0	N(S)			P	N(R)		
S-Block		1	0	S	S	P/F	N(R)		
	RR	1	0	0	0	P/F	N(R)		
	RNR	1	0	1	0	P/F	N(R)		
	REJ	1	0	0	1	P/F	N(R)		
U-Block		1	1	M	M	P/F	M	M	M
	DM	1	1	1	1	P/F	0	0	0
	SABM	1	1	1	1	P	1	0	0
	DISC	1	1	0	0	P	0	1	0
	UA	1	1	0	0	F	1	1	0
	CMDR/ FRMR	1	1	1	0	F	0	0	1

N(S): Sendefolgenummer N(R): Empfangsfolgenummer
S: Steuerbit M: Festlegung der Steuerungsfunktion
P/F: Sendeaufruf bei Befehlen (Polling=1) bzw. Ende-Anzeige bei Meldungen (Finish=1)

- *I-Block* (Informations- bzw. Datenblock):
  Übertragung von Daten der Schicht 3. Bei *P=1* hat die Gegenstelle den Empfang zu quittieren. *N(S)* gibt die Rahmennummer an, und *N(R)* quittiert den korrekten Empfang aller Rahmen bis *N(R)-1*.
- *S-Block* (einer von 3 verschiedenen Steuerungsblöcken):
  RR (*Receive Ready*): Empfangsbereitschaft und Quittierung aller Blöcke bis *N(R)-1*.
  RNR (*Receive Not Ready*): Station nicht empfangsbereit, aber Quittierung aller Blöcke bis *N(R)-1*.
  REJ (*Reject*): Aufforderung, alle *I*-Blöcke ab *N(R)* noch einmal zu senden.
- *U-Block* (einer von 5 Blöcken zum Verbindungsauf-/-abbau):
  SABM (*Set Asynchronous Balanced Mode*): fordert Gegenstelle auf, in *ABM*-Modus überzugehen; durch *UA* beantwortet.
  DISC (*Disconnect*): hält Übermittlung an und muß mit *UA* beantwortet werden.
  UA (*Unnumbered Acknowledge*): bestätigt *SABM* und *DISC*.
  DM (*Disconnect Mode*): Übertragung abgebrochen und Station kann in keinen anderen Modus wechseln.
  CMDR (*Command Reject*) bzw. *FRMR* (*Frame Reject*): Anzeige eines Fehlers, der nicht durch Frame-Wiederholung behebbar ist (z. B. Datenblock zu lang, *N(R)* ungültig).

Protokollablauf

Mit den Abbildungen 5-4 und 5-5 soll beispielhaft ein typischer Protokollablauf beschrieben werden. Beide Abbildungen zeigen ein Zeitdiagramm, wobei die Zeit von oben nach unten fortschreitet.

Zu Beginn der Kommunikation verständigen sich die beiden Stationen über ihre Betriebsbereitschaft durch Austauschen von Flags. Durch Senden einer *SAMB*-Nachricht gibt *DEE 1* seiner

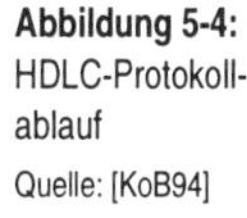
Abbildung 5-4: HDLC-Protokollablauf
Quelle: [KoB94]

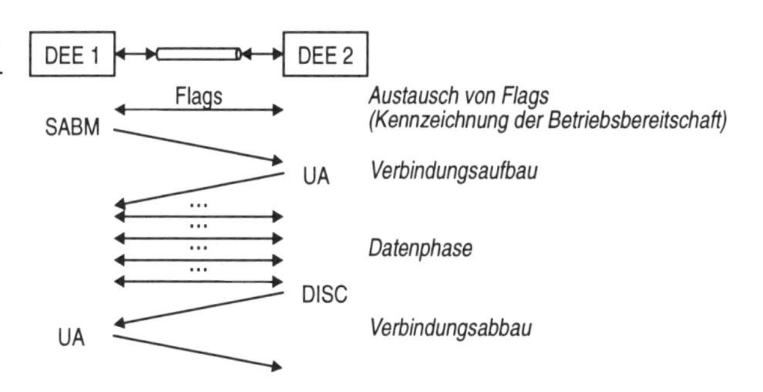

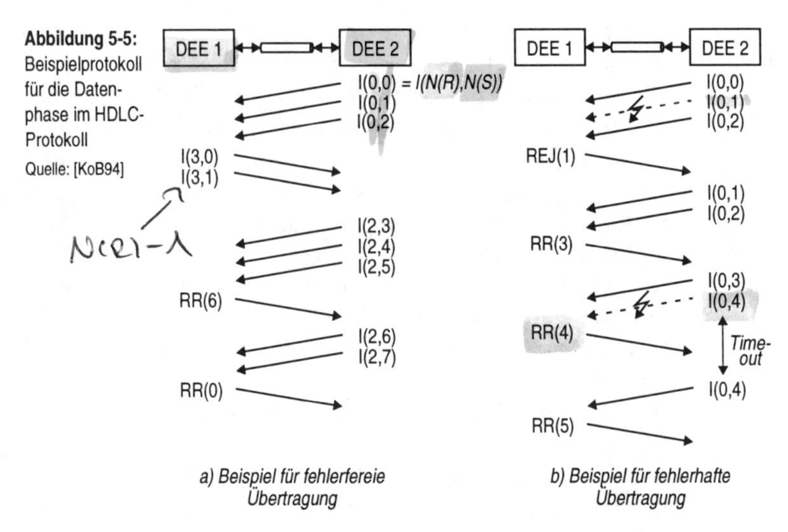

Abbildung 5-5: Beispielprotokoll für die Datenphase im HDLC-Protokoll
Quelle: [KoB94]

Partnerstation bekannt, das eine Verbindung aufgebaut werden soll. *DEE 2* gibt nach einiger Zeit ihre Bereitschaft durch eine *UA*-Antwort bekannt. Erfolgt die Antwort nicht schnell genug, läuft in *DEE 1* ein Timer ab und *DEE 1* wird noch einmal versuchen, die Verbindung aufzubauen. Hat *DEE 1* die *UA*-Antwort erhalten, kann die Datenphase begonnen werden. In dieser Phase werden mehrere Blöcke übertragen, bevor *DEE 2* die Verbindung über *DISC*, das wieder mit *UA* beantwortet werden muß, abbaut. Wie beim Verbindungsaufbau, kann auch der Abbau mehrere Versuche benötigen.

Die Übertragung der Datenpakete erfolgt in diesem Beispiel im asynchronen, gleichberechtigten Modus. Dies bedeutet, daß die Sendestation mehrere Datenblöcke hintereinander senden kann, bevor die Empfangsstation einen oder mehrere Blöcke quittiert. Zur korrekten Quittierung werden Blockkennungen, die über einen Modulo-8-Zähler belegt werden, verwendet. Abbildung 5-5a zeigt ein Beispiel für eine korrekte Übertragung. Jeder Block besitzt zwei Zählerwerte (*N(R)* und *N(S)*), wobei der erste Wert den Datenblöcken von *DEE 1* und der zweite Wert den Blöcken von *DEE 2* zugeordnet ist.

Der Sender einer Nachricht inkrementiert seinen Zählerwert mit jedem Block (maximal achtmal, bevor eine Quittung kommen muß). Der Empfänger quittiert mit dem Zählerwert *N* alle Datenblöcke bis zum Wert *N-1*. Im Beispiel von Abbildung 5-5a sendet *DEE 2* zunächst drei Blöcke mit den Kennungen *0, 1, 2,* ohne einen Block von *DEE 1* zu quittieren (Quittungswert ist Null). Anschließend sendet *DEE 1* zwei Blöcke mit den Kennungen *0* und *1* zurück, wobei die Blöcke *0* bis 2 durch den Quittungswert *3* bestätigt werden. Soll ein Block quittiert werden, ohne daß ein Datum gesendet wird, kann dies durch eine *RR*-Nachricht erfolgen. So quittiert *DEE 1* durch *RR(6)* die Blöcke *3* bis *5* von *DEE 2* (da die Blöcke *0* bis 2 bereits quittiert waren).

Abbildung 5-5b zeigt einige fehlerhafte Übertragungsschritte. In diesem Beispiel kommen die beiden Blöcke *I(0,1)* und *I(0,4)* von *DEE 2* nicht korrekt bei *DEE 1* an. Der erste dieser beiden Blöcke wird von *DEE 1* als fehlerhaft erkannt, was *DEE 2* durch *REJ(1)* mitgeteilt wird. *DEE 2* muß daraufhin alle Blöcke ab *I(0,1)* noch einmal senden. Der Block *I(0,4)* wird dagegen von *DEE 1* überhaupt nicht empfangen. Dies erkennt *DEE 2* dadurch, daß innerhalb einer festgesetzten Zeitschranke (Time-Out) keine Quittung kommt. ❑

Medienzugangskontrolle

In der bisherigen Diskussion und auch beim *HDLC*-Beispiel wurden nur Medien betrachtet, die zwei Endstationen Punkt-zu-Punkt miteinander verbinden. Die Übertragungen sind hierbei durch einen einzigen Prozeß vollständig kontrollierbar. Bei busartigen Verbindungen, wie sie im LAN-Bereich vorherrschen, muß zusätzlich die Busvergabe betrachtet werden. Man spricht hierbei von der *Medienzugangskontrolle.*

Die Sicherungsschicht (OSI-Schicht 2, Data Link Layer) wird deshalb für solche Verbindungsmedien in zwei Teilschichten unterteilt:

- 2b: logische Verbindungskontrolle (wie eben beschrieben)
- 2a: Medienzugangskontrolle.

Diese Unterteilung findet man bei allen in Tabelle 5-2 aufgeführten Bussystemen. Die Protokolle beruhen fast ausschließlich auf der *IEEE 802*-Norm, die nun als Beispiel für die Sicherungsschicht bei Bussystemen herangezogen werden soll. IEEE *802* wurde Anfang der 80er Jahre veröffentlicht.

5.1.3 IEEE 802

Der *IEEE 802*-Standard deckt die untersten drei OSI-Schichten ab. Schicht 2 wird in zwei Teilschichten für die Medienzugangskontrolle (*MAC - Medium Access Control*) und die Verbindungs-

Tabelle 5-3: Einordnung der IEEE 802-Protokolle in das OSI-Referenzmodell

<table>
<tr><td>Vermittlungs-
schicht</td><td>Netzwerk-
verwaltung</td><td colspan="4">802.1
(High Level Interface)</td></tr>
<tr><td rowspan="3">Sicherungs-
schicht</td><td>Logische
Verbindungs-
steuerung</td><td colspan="4">802.2
(LLC: Logical Link Control)</td></tr>
<tr><td rowspan="2">Medium-
Zugriffsteuerung</td><td colspan="4">MAC: Medium Access Control</td></tr>
<tr><td>802.3</td><td>802.4</td><td>802.5</td><td>802.6</td></tr>
<tr><td rowspan="2">Bitüber-
tragungs-
schicht</td><td rowspan="2">elektronischer
und mechani-
scher Anschluß</td><td colspan="4">Zugriff auf physikalisches Medium</td></tr>
<tr><td>802.3
CSMA/CD
(Ethernet)</td><td>802.4
Token-Bus</td><td>802.5
Token-Ring</td><td>802.6
MAN</td></tr>
</table>

kontrolle (*LLC - Logical Link Control*) aufgeteilt. Auf der untersten Schicht enthält die Norm Standards für Zugriffsprotokolle auf verschiedene physikalische Medien, wie beispielsweise einen CSMA/CD-basierten Bus, einen Token-Bus oder einen Token-Ring. Tabelle 5-3 zeigt die Zuordnung der *IEEE 802*-Protokolle zum OSI-Basisreferenzmodel, und Tabelle 5-4 listet die *IEEE 802*-Kommittees auf, die an den verschiedenen Standards arbeiteten.

Tabelle 5-4: IEEE 802-Kommittees

802.1	High Level Interface
802.2	Logical Link Control
802.3	CSMA/CD
802.4	Token Passing Bus
802.5	Token Passing Ring
802.6	Metropolitan Area Networks
802.7	Broadband Technical Advisory Group
802.8	Fiber Optic Technical Advisory Group
802.9	Integrated Voice and Data Networks
802.10	Network Security
802.11	Wireless LANs
802.12	100VG-Anylan (Ethernet oder Token-Ring)

5.1.3.1 Zugriff auf physikalische Medien

In der Tabelle 5-3 sind vier verschiedene Protokolle für unterschiedliche Medienzugriffe aufgelistet.

- *IEEE 802.3* wurde 1983 veröffentlicht. Die Norm beschreibt eine Basisbandübertragung mit CSMA/CD-Arbitrierung, die fast identisch mit dem bekannten *Ethernet*-Standard ist. Im Laufe der Zeit wurde *IEEE 802.3* an verschiedene Übertragungsmedien, d. h. Kabeltypen angepaßt:

- *10BASE-2* (*Cheapernet*, 10 MBit/s, Basisband)
- *10BASE-5* (*Thick Ethernet*, 10 MBit/s, Basisband)
- *1BASE-5* (Twisted-Pair, 1 MBit/s, Basisband)
- *10BASE-T* (Twisted-Pair, 10 MBit/s, Basisband)
- *10BROAD-36* (Koaxialkabel, 10 MBit/s, Breitband).

Die Unterschiede der Normen und Leitungstypen werden in Abschnitt 5.3.1 näher erläutert.

- Die nächste von der IEEE publizierte Norm hat die Bezeichnung *802.4* und beschreibt ein busorientiertes Netzwerk mit Token-Passing-Arbitrierung. Basisband- und Breitbandübertragungen sind möglich. Das *802.4*-Protokoll wurde nach dem *MAP* (*Manufacturing Automation Protocol*) von General Motors entworfen.
- Für die Kommunikation über einen Token-Ring hat sich die IEEE für den IBM-*Token-Ring* entschieden, wonach die *802.5*-Norm spezifiziert wurde. Der *Token-Ring* verwendet ein abgeschirmtes Twisted-Pair-Kabel und arbeitet mit einer Übertragungsrate von 1 bis 4 MBit/s. Eine Erweiterung kommt auf 16 MBit/s. Der *Token-Ring* wird in Abschnitt 5.3.2 genauer besprochen.
- Die *802.6*-Norm beschreibt den Zugriff auf ein MAN-Netzwerk, bestehend aus zwei unidirektionalen, einander entgegengerichteten Bussen, die eine variable Anzahl von Netzknoten verbinden (*DQDB - Distributed Queue Dual Bus*). Zur Übertragung von einem Knoten zu einem anderen wird nur ein Bus verwendet. Die Wahl des Busses hängt dabei von der topologischen Lage der Knoten zueinander ab. Je nach Spezifikation erreicht *DQDB* eine Übertragungsrate zwischen 34 MBit/s und 155 MBit/s - in Zukunft ist auch an 622 MBit/s gedacht. Die beiden physikalischen Leitungen sind in mehrere logische Kanäle unterteilt, deren Anzahl von der Gesamtbandbreite und den Bandbreitenanforderungen der einzelnen Kanäle abhängt. *DQDB*-Netze erlauben eine isochrone Sprachübertragung mit 64 kBit/s je Kanal. Die grundlegende *DQDB*-Topologie ist in Abbildung 5-6 dargestellt.

5.1.3.2 MAC- und LLC-Schichten

Die MAC-Schicht bildet den Zugriff auf unterschiedliche physikalische Medien nach „oben“ auf eine gemeinsame Schnittstelle zur LLC-Schicht ab. Für die verschiedenen Arbitrierungssche-

Abbildung 5-6: DQDB-Netzwerk

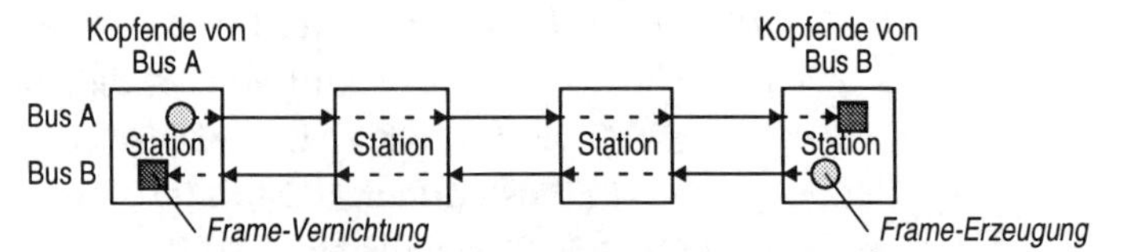

Jede Station besitzt für beide Busse je einen Eingang und einen Ausgang. An den Enden des Busses werden Datenpakete, sogenannte Frames, erzeugt bzw. vernichtet. Jeder Frame belegt den Bus für 125 µs. Er besitzt einen Header mit Verwaltungsinformation und mehrere „Datenbehälter" (Slots), in die die einzelnen Stationen ihre Daten ablegen können. Jeder Slot realisiert einen Übertragungskanal. Eine Station verzögert ein Frame mit mindestens einem Bit, die Frame-Struktur wird jedoch nicht verändert.

Fällt eine Station aus, zerfällt das Netzwerk durch Umkonfiguration der Nachbarstationen in zwei unabhängige Netzwerke. Die Nachbarn der ausgefallenen Station werden dabei zu Busenden und können nun Frames erzeugen und vernichten. Sind im ursprünglichen Netzwerk beide Enden in einer Station E untergebracht, können bei Ausfall einer anderen Station die Teilnetze über die Station E wierder verbunden werden. Ein zyklisches DQDB-Netz darf jedoch nicht mit einem Doppel-Token-Ring (siehe FDDI) verwechselt werden, da die Frames bei DQDB nicht über die Enden der Busse hinausgehen. Das zyklische DQDB-Netz besitzt also weiterhin einen definierten Anfang und ein definiertes Ende.

mata gibt es MAC-Klassen mit wahlfreiem, verteilt gesteuertem und zentral gesteuertem Zugriff. Zu den Aufgaben der Protokolle auf der MAC-Schicht gehören:

- Adressierung, wobei differenziert wird zwischen der Adressierung einer einzelnen Station, einer Gruppe von Stationen (Multicast) und Broadcast. Die MAC-Adresse ist eine physikalische Adresse, die eine Station im Netzwerk eindeutig identifiziert.
- Erkennung des Rahmentyps durch Interpretation des Rahmen-Header.
- Rahmenkontrolle durch Interpretation der Prüfsumme im Rahmen-Trailer.
- Kopieren von Rahmen: die adressierte Station kopiert die Daten des Rahmens vom Netzwerk in einen lokalen Puffer, um sie den höheren Schichten bereitzustellen.

Die Aufgaben der LLC-Schicht wurden bereits in Abschnitt 5.1.2 erläutert.

Ethernet-Rahmenformat

Als Beispiel für die Rahmenstruktur auf der MAC-Schicht sollen die Rahmenformate von *Ethernet* und der verwandten Protokolle beschrieben werden. Wir werden hierzu die Rahmenformate vom Original-*Ethernet*, der *IEEE 802*-Norm, der Novell *Netware*

Abbildung 5-7: Rahmenstruktur aller Ethernet-Varianten

56	48	48	16	variabel	variabel	32
Präambel	Zieladresse	Quelladresse	Tag	LLC-Header	Datenbereich	CRC

Präambel: 101010.. Die beschreibt eine 5 MHz-Welle zur Regenerierung des Sendetaktes

Zieladresse: 0xxx....xxx : individuelle Adresse
Xerox, die Ethernet ursprünglich entwickelten, vergibt Ausschnitte aus dem 48-Bit-Adreßbereich an Lizenznehmer. Dies ermöglicht weltweit eindeutige Adressen der Controller-Boards. Spezielle Adressen sind:
1xxx....xxx : Multicast
1111....111 : Broadcast

Daten: transparent, d. h. alle Bitmuster sind erlaubt
Das Datenfeld muß allerdings eine minimale Länge zur Kollisionserkennung bei CSMA/CD besitzen.

CRC: Prüfsumme über alle Felder außer der Präambel und dem CRC-Feld selbst

und von *SNAP* betrachten. Diese in der Praxis am häufigsten anzutreffenden Rahmenformate sind sehr ähnlich, aber doch nicht identisch, was mehr oder weniger große Kompatibilitätsprobleme aufwirft und nur durch entsprechende Konfiguration der Netzwerktreiber zu lösen ist. Die in allen Protokollen verwendete prinzipielle Rahmenstruktur ist in Abbildung 5-7 dargestellt.

- Die beiden *Ethernet*-Versionen *1.0* und *2.0* wurden von Xerox entwickelt und geschützt. *Ethernet* ist die Grundlage von *TCP/IP* und damit des Internet. Das Rahmenformat ist in Abbildung 5-8a zu sehen. Das *Typ-* bzw. *Tag*-Feld dient bei *Ethernet* zur Unterscheidung verschiedener Protokolle auf höheren Schichten. Wie wir gleich sehen werden, enthalten die anderen drei Formate hier eine Längeninformation. Das *Typ*-Feld kann eindeutig gehalten werden, indem Werte verwendet werden, die größer sind als die maximale Rahmenlänge (1518 Byte).
- Novell hat seine Netzwerk-Software *NetWare* mit dem *IPX/SPX*-Protokoll vor *IEEE 802* entwickelt, aber nicht (ganz) an *Ethernet* angepaßt. Trotz des gleichnamigen IEEE-Gremiums nannte Novell sein Protokoll *Ethernet 802.3.* Das entsprechende Rahmenformat kennt keine Protokoll-Kennung, d. h. es ist damit nur möglich, *IPX*-Pakete zu senden. Durch eine „FFFF"-Kennung nach dem Längenfeld lassen sich die Novell-Rahmen aus anderen Rahmentypen herausfiltern (Abbildung 5-8b). Zur Zeit gibt Novell die Empfehlung, auch den *IEEE 802.3*-Standard zu verwenden. Um nicht ganz in Namenskonflikte zu geraten, wurde das Novell-Protokoll in *802.3 raw* umbenannt.

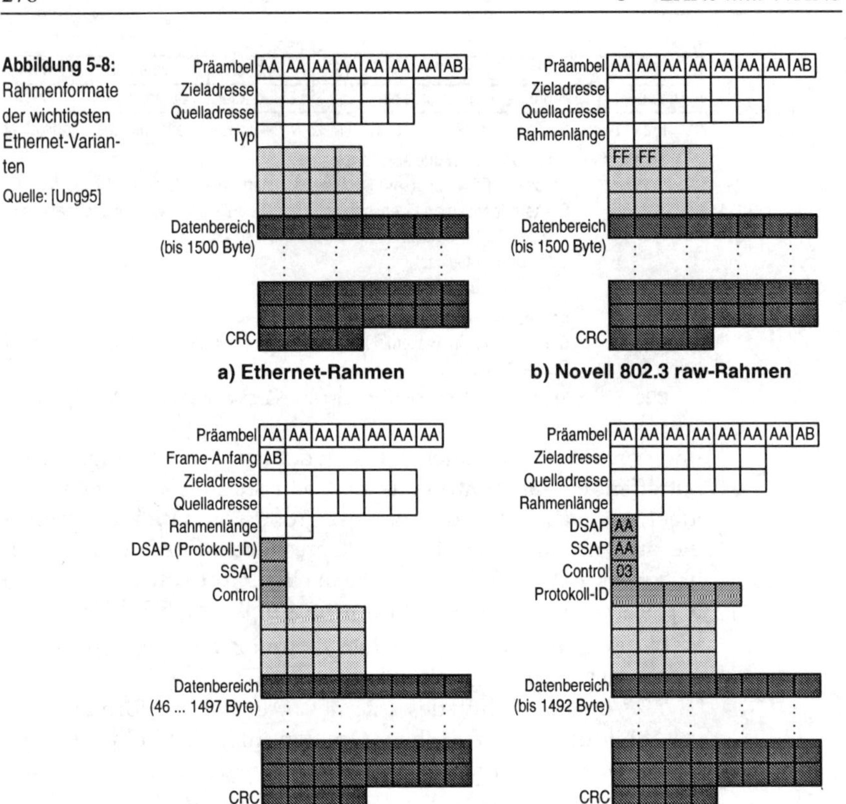

Abbildung 5-8: Rahmenformate der wichtigsten Ethernet-Varianten

Quelle: [Ung95]

Die weißen Felder beschreiben den Ethernet-Header. Die darunter grau schraffierten 12 Byte enthalten den Protokoll-Header der höheren Schichten, beim Novell 802.3 raw-Rahmen den IPX-Header. Die dunkelgrauen Felder zeigen den variabel langen Datenbereich mit dem anschließenden CRC-Prüfsummenfeld. Der IEEE 802.3-Rahmen hat vor dem Protokoll-Header noch einen drei Byte langen 802.3-Header (dunkelgraue Felder), und der SNAP-Rahmen besitzt an dieser Stelle einen acht Byte langen SNAP-Header.

- Das Rahmenformat der IEEE-Norm *802.3* ist in Abbildung 5-8c abgebildet. Die Norm blieb zunächst ohne große Bedeutung, da im Großen und Ganzen die *Ethernet*-Spezifikation verwendet wurde. Die IEEE-Spezifikation fand erst Verbreitung, als Novell auf diesen Standard umstieg. Novell führt allerdings den *IEEE 802.3*-Standard unter der Bezeichnung *Ethernet 802.2*, da Novell die Bezeichnung *802.3* bereits durch seine eigene *Ethernet*-Variante vergeben hatte.

Im Rahmenformat der IEEE-Norm wurde das *Ethernet*-Typfeld mit der Protokollkennung durch folgende drei Felder ersetzt:

- *DSAP*: *Destination Service Access Point* - spezifiziert den Prozeß der Vermittlungsschicht auf der Empfängerseite
- *SSAP*: *Source Service Access Point* - spezifiziert den Prozeß der Vermittlungsschicht beim Sender
- *Control*: Feld für Verwaltungsdaten einiger Protokolle.

- Das *SNA(c)P* (*Sub Network Access Protocol)* wurde als notwendige Erweiterung von *IEEE-802.3* spezifiziert. Es stellte sich mit der Zeit heraus, daß das *DSAP*-Feld mit dem *Typ*-Code mit einem Byte zu klein ist. Der Wert des *DSAP*-Feldes wird bei *SNAP* auf *AA* gesetzt und fünf weitere Bytes dienen nun der Identifikation des höheren Protokolls, wobei 3 Byte für eine Herstellerkennung verwendet werden (Abbildung 5-8d). Beispiele für solche höheren Protokolle sind *AppleTalk Phase 2* und *TCP/IP*. Letzteres sitzt jedoch meist auf *Ethernet*.

5.1.4 TCP/IP

Oberhalb von *Ethernet* liegen im allgemeinen die beiden Protokollschichten *IP* und *TCP* (*TCP/IP)*, die auch die Basis des Internet sind. *TCP/IP* deckt zwei Protokollschichten ab:

- *IP* (*Internet Protocol*): Vermittlungsschicht
- *TCP* (*Transmission Control Protocol*): Transportschicht.

Die *TCP/IP*-Protokollfamilie ist älter als das OSI-Basisreferenzmodell. Daher läßt sich *TCP/IP* nicht direkt auf die sieben Schichten des Referenzmodells abbilden. Im Vergleich mit dem OSI-Referenzmodell deckt *TCP/IP* nur vier Protokollschichten ab, die einzelnen Protokolle haben allerdings jeweils einen größeren Funktionsumfang als es vom Referenzmodell vorgesehen ist. Abbildung 5-9 zeigt die Zuordnung der *TCP/IP*-Protokollfamilie zum OSI-Referenzmodell. Die Abbildung zeigt auch die bei *TCP/IP* verwendeten Schichtennamen.

Die Protokolle für *Ethernet*, *Token-Ring* etc. decken die untersten beiden OSI-Schichten ab (bei *TCP/IP* Netzwerkschicht genannt). *IP* liegt auf der Vermittlungsschicht. Die Transportschicht wird von den beiden Protokollen *TCP* und *UDP* (*User Datagram Protocol*), die eine gesicherte bzw. eine ungesicherte Übertragung

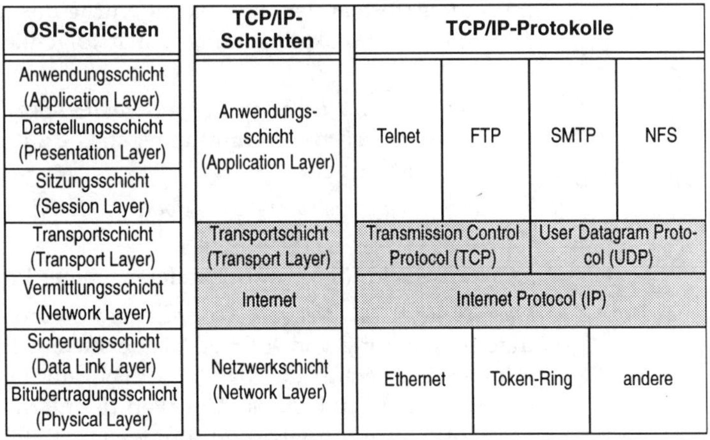

Abbildung 5-9: TCP/IP-Protokollfamilie

OSI-Schichten	TCP/IP-Schichten	TCP/IP-Protokolle			
Anwendungsschicht (Application Layer)	Anwendungsschicht (Application Layer)	Telnet	FTP	SMTP	NFS
Darstellungsschicht (Presentation Layer)					
Sitzungsschicht (Session Layer)					
Transportschicht (Transport Layer)	Transportschicht (Transport Layer)	Transmission Control Protocol (TCP)		User Datagram Protocol (UDP)	
Vermittlungsschicht (Network Layer)	Internet	Internet Protocol (IP)			
Sicherungsschicht (Data Link Layer)	Netzwerkschicht (Network Layer)	Ethernet	Token-Ring	andere	
Bitübertragungsschicht (Physical Layer)					

durchführen, abgedeckt. Direkt oberhalb der Protokolle *TCP* und *UDP* sitzt bei der *TCP/IP*-Protokollfamilie bereits die Anwendung. Die Protokolle der *TCP/IP*-Familie sind in der rechten Hälfte der Abbildung 5-9 aufgelistet. In diesem Abschnitt wollen wir uns nun mit den beiden in der Abbildung grau hinterlegten Schichten beschäftigen.

5.1.4.1 Internet Protocol (IP)

Das *Internet Protocol* bietet auf der Vermittlungsschicht eine verbindungslose, ungesicherte Übertragung von Datagrammen (Paketen). Die Sicherung der Datenübertragung muß daher auf den höheren Ebenen durchgeführt werden[1]. Die Datagramme können von *IP* nur an direkt erreichbare Stationen (DEEs oder Verbindungsrechner, die Router genannt werden) gesendet werden. Der Aufbau dieser Datagramme ist bei *IP* fest:

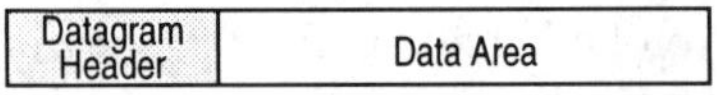

Datagram Header	Data Area

Der Aufbau des Datagrammkopfes ist in Abbildung 5-11 aufgeschlüsselt.

Im Internet werden die Datagramme in Rahmen der Netzwerkschicht, z. B. *Ethernet*- oder *FDDI*-Rahmen, verpackt. Die Größe

1. Das im Abschnitt 5.1.2 erwähnte *X.25/PLP* (*Packet Layer Protocol*), das auf der Vermittlungsschicht bei Telekommunikationsverbindungen zum Einsatz kommt, ist dagegen verbindungsorientiert. Die Übertragung wird bereits auf unterer Ebene durch *HDLC* gesichert.

der Datagramme sollte dabei so gewählt werden, daß sie vollständig in einen Rahmen passen. Bei *Ethernet* wären *IP*-Datagramme auf etwa 1500 Byte beschränkt, wogegen bei *FDDI* 4500 Byte zur Verfügung stehen.

Sind die möglichen Rahmen allerdings zu klein - *X.25* bietet beispielsweise nur 128 Byte -, können Datagramme auch fragmentiert werden, wobei der Datagrammkopf in jeden Rahmen vollständig übernommen werden muß (Abbildung 5-10). Fragmentierte Datagramme können auf verschiedenen Wegen verschickt werden. Sie werden erst beim Empfänger wieder zusammengesetzt. Die Reihenfolge der Fragmente steht hierzu im Datagrammkopf zur Verfügung (s. u.). Geht ein Fragment im Netzwerk verloren, gilt das gesamte Datagramm als verloren und muß vollständig neu gesendet werden.

Abbildung 5-10: Fragmentierung von Datagrammen

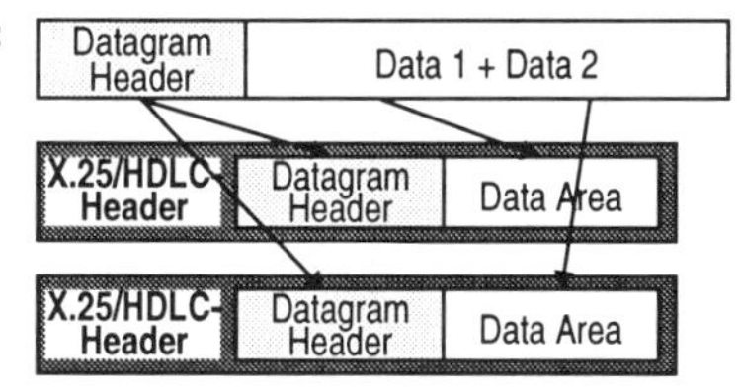

IP-Adressen

Das *Internet Protocol* verwendet 32-Bit-Adressen, die alle Rechner im Internet eindeutig identifizieren. Zur besseren Lesbarkeit hat sich in der Praxis eine Punktnotation für *IP*-Adressen etabliert. Jedes der vier Bytes der Adresse wird als Dezimalzahl geschrieben und von den anderen Bytes durch einen Punkt getrennt.
Beispiel: 10000000 00001110 00000001 00001101 $\Rightarrow$ 128.14.1.13

Die *IP*-Adressen sind hierarchisch strukturiert, um die Abbildungstabellen nicht zu groß werden zu lassen. Das Prinzip entspricht den hierarchischen Telefonnummern. Die gesamte Adresse wird in eine Netzadresse und eine lokale Rechneradresse innerhalb des (Sub-) Netzes aufgeteilt. Die Flexibilität bei dieser Aufteilung wurde dadurch erhöht, daß man verschiedene Adreßklassen, abhängig von der Größe der Teilnetze des Internet, einführte. In der Praxis findet man drei Adreßklassen: *A*, *B* und *C* (Abbildung 5-12). Die Klasse *D* findet sich zur Zeit in Er-

Abbildung 5-11:
IP-Datagramm-struktur
Quelle: [KoB94]

Bits										
0 ... 3	4 ... 7	8 ... 11	12 ... 15	16	17	18	19	20 ... 23	24 ... 28	29 ... 31
Version	Kopf-länge	Diensttyp		Datagrammlänge						
Identifikation				M	D		Fragmentabstand			
Lebenszeit		Transportprotokoll-nummer		Kopfprüfsumme						
Senderadresse										
Empfängeradresse										
Optionen									Füllbits	
Daten										
....										

Version: Version des Protokolls (bis jetzt 4)

Diensttyp: vorgesehen für: Priorität, Wartezeit, Durchsatz, Zuverlässigkeit (z. Zt. ignoriert)

Datagrammlänge: Gesamtlänge inklusive Kopf - max. 64 kByte

Identifikation I M I D I Fragmentabstand:
ID des fragmentierten Datagramms (für alle Fragmente gleich)
M (more fragments): es kommen noch weitere Fragmente
D (do not fragment): Zwischenstation darf nicht fragmentieren
Abstand: Stelle des Fragments im Datagramm

Lebenszeit: Zähler, der von jeder Zwischenstation dekrementiert wird - bei Null wird das Datagramm vernichtet
(Idee: falsch geroutete Datagramme kommen aus dem Netz)

Transportprotokollnummer:
Nummer des höheren Protokolls, das das Datagramm erhält
(Nummern werden zentral vergeben - z. Zt. ca. 50 Protokolle)

Optionen: z. B. bestimmte Wegeauswahl bei Wegfestlegung

Füllbits (Padding): Auffüllen auf Byte-Grenze

Daten: max. 64 kByte

probung.[1]

Neben den allgemeinen Adressen, die die Rechner weltweit eindeutig identifizieren, gibt es noch spezielle Adressen:

- alle Bits auf Eins: Broadcast an alle Netze bzw. alle Rechner
- alle Bits auf Null: Broadcast an alle Rechner im lokalen Netz
- Netz-ID = 0; Rechner-ID $\neq$ 0: bestimmter Rechner im lokalen Netz.

Da die *IP*-Adressen der Rechner abhängig von den Subnetzen

1. Durch die riesige Popularität, die das Internet z. Zt. erfährt, gehen langsam die *IP*-Adressen aus, so daß man sich momentan über Erweiterungen der Adressen Gedanken macht.

Abbildung 5-12: IP-Adreßklassen

Bit	0	1	2	3..7	8..15	16..23	24 ... 31
Klasse A	0	Netz-ID			Rechner-ID		
Klasse B	1	0	Netz-ID			Rechner-ID	
Klasse C	1	1	0	Netz-ID		Subnetz-ID	Rechner-ID

sind, muß ein Rechner beim Umhängen in ein neues Netz auch eine neue *IP*-Adresse erhalten. Er erhält dabei aber *keine* neue Hardware-Adresse. Die Hardware-Adressen auf der Sicherungsschicht, z. B. die 48 Bit-*Ethernet*-Adressen (siehe Abbildung 5-7), identifizieren die Rechner weltweit eindeutig, unabhängig von Netz, dem sie angehören[1].

Adressierung im Internet

Die Adressierung eines Zielrechners im Internet ist alles andere als einfach (zu verstehen). Will ein Rechner einem anderen Rechner eine Nachricht senden, muß er nicht nur dessen *IP*-Adresse (die ihm bekannt ist), sondern aus dessen Hardware-Adresse (z. B. *Ethernet*-Adresse, die ihm unbekannt sein kann) haben. Zur Ermittlung der Hardware-Adresse besitzt jede Station eine mehr oder weniger große Tabelle mit Abbildungen einiger *IP*-Adressen auf die zugehörigen Hardware-Adressen. Da diese Tabelle nicht beliebig groß sein kann und am Anfang meist leer ist, muß sich die Station die Abbildungsdaten durch spezielle Protokolle/Verfahren zunächst besorgen. Im Internet wird hierzu das *ARP* (*Address Resolution Protocol*) ausgeführt. Ein ausführliches Beispiel hierzu findet sich im Abschnitt 5.3.6.

Adress Resolution Protocol

Der Sender erhält die Hardware-Adresse des Partners durch Broadcast der Partner-*IP*-Adresse an alle Stationen im lokalen Netz. Dieser Broadcast enthält auch seine eigene *IP*- und Hardware-Adresse. Alle Stationen im Netz vergleichen die Partner-*IP*-Adresse mit ihrer eigenen. Nur eine der Stationen erkennt ihre *IP*-Adresse und sendet ihre Hardware-Adresse an den Boadcast-Absender zurück. Liegt die *IP*-Adresse außerhalb des lokalen Netzes, wird das *IP*-Paket (Datagramm) an einen speziellen, im Subnetz eindeutig festgelegten, Router[2] (s. u.) gesendet, der das Paket durch Interpretation der Ziel-*IP*-Adresse weitergibt. Die Hardware-Adresse des Partners kommt in diesem Fall auf die gleiche Weise zurück.

1. genauer gesagt eine Netzwerkkarte
2. Router sind Verbindungsrechner, die auf OSI-Schicht 3 arbeiten und über die *IP*-Adresse einen günstigen Weg des Datenpaktes durch das Internet zum Zielrechner bestimmen. Router werden in Abschnitt 5.2.3 noch näher erläutert.

5.1.4.2 TCP / UDP

Die Transportschicht in der *TCP/IP*-Protokollfamilie umfaßt im wesentlich zwei Protokolle:

- *TCP* (*Transmission Control Protocol*) und
- *UDP* (*User Datagram Protocol*).

Obwohl sich beide Protokolle auf einer OSI-Schicht befinden, stehen sie nicht in Konkurrenz zueinander, sondern sollen sich ergänzen, da sie unterschiedliche Ziele verfolgen. Während *TCP* eine gesicherte, relativ langsame Übertragung bietet, ist die Kommunikation über *UDP* schneller, dafür aber ungesichert. Tabelle 5-5 stellt die beiden Protokolle gegenüber.

TCP und *UDP* liegen eigentlich außerhalb der Protokollschichten, die im Rahmen des Buches interessant sind. Sie sollen daher zur Abrundung nur *kurz* angesprochen werden.

Beide Protokolle stellen der Anwendungsschicht eine Verbindung von einem Port des Quellrechners zu einem Port des Zielrechners zur Verfügung. Die Port-Adressen bezeichnen die Anwenderprozesse und sind teilweise festgelegt (z. B. *E-Mail* = 25, *Remote Job Entry* = 5). Andere Nummern sind durch das Betriebssystem frei vereinbar. *TCP* und *UDP* können die gleichen Port-Nummern verwenden, wobei diese dann u. U. verschiedene Dienste identifizieren.

Abbildung 5-13 stellt die logischen Peer-to-Peer-Verbindungen und den physikalischen Übertragungsweg über die verschiedenen *TCP/IP*-Schichten dar. Als Beispiel wurde *TCP* gewählt - die

Tabelle 5-5: Vergleich von TCP und UDP

TCP	UDP
zuverlässige Übertragung: TCP garantiert hohe Zuverlässigkeit bzgl. Datenverfälschung und -verlust. Die Zuverlässigkeit ist für den Benutzer transparent.	unsichere Datenübertragung
verbindungsorientiert: Aufbau und Abbau einer virtuellen Verbindung zwischen beiden Stationen vor und nach der Informationsübertragung stromorientiert: Bit-/Byte-Folgen kommen in gleicher Reihenfolge an, wie sie vom Sender abgeschickt wurden	verbindungslos: im wesentlichen Abbildung des IP auf die Transportschicht, d. h. Übertragung einzelner Pakete
⇒ langsam	⇒ schnell

Abbildung sähe für *UDP* aber genauso aus. Abbildung 5-13 zeigt auch, wie jede Schicht das Paket der darüberliegenden Schicht mit einem weiteren Header (und evtl. Trailer) versieht. Auch die Adressierungen auf den einzelnen Schichten sind dargestellt: *TCP* und *UDP* adressieren über Port-Nummern, *IP* über eine netzwerkrelative *IP*-Adresse und *Ethernet* über eine rechnerspezifische physikalische Adresse.

Die Paketformate von *TCP* und *UDP* sind in Abbildung 5-14 gegenüber gestellt. Bei *TCP* wird vor Weitergabe eines Pakets an die *IP*-Schicht ein Timer aktiviert. Kommt innerhalb der eingestellten Zeit keine Bestätigung vom Empfänger, erfolgt ein *Retransmission Time Out* und das Paket wird erneut versendet. *UDP* kennt solche Sicherungen nicht. Das Protokoll führt im wesentlichen nur eine Zuordnung von Datagrammen zu Anwendungsprozessen des Quell- und Zielrechners durch, da das darunterliegende *IP* die Prozesse nicht kennt.

5.2 Kommunikationsgeräte

Nach der Betrachtung der verschiedenen OSI-Protokollschichten wird sich dieser Abschnitt mit der Hardware zum Aufbau von Netzwerken (LANs und WANs) beschäftigen. Die hier erläuterten Kommunikationsgeräte und Verbindungsrechner dienen dem Zusammenschluß einzelner Stationen oder ganzer Netzwerke.

Die verschiedenen Gerätetypen unterscheiden sich in ihrer Ein-

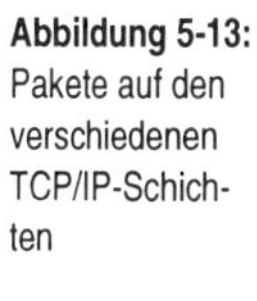
Abbildung 5-13: Pakete auf den verschiedenen TCP/IP-Schichten

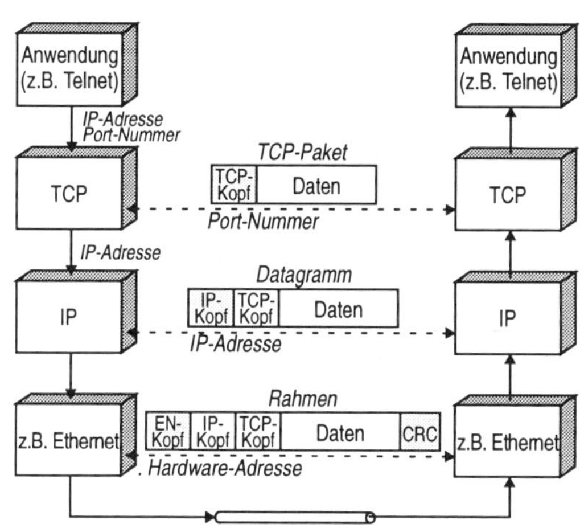

Abbildung 5-14: TCP- und UDP-Paketformate
Quelle: [KoB94]

TCP-Paketformat

<table>
<tr><td colspan="32">Bits</td></tr>
<tr><td colspan="4">0 ... 3</td><td colspan="4">4 ... 7</td><td colspan="4">8 ... 11</td><td colspan="4">12 ... 15</td><td colspan="4">16 ... 19</td><td colspan="4">20 ... 23</td><td colspan="4">24 ... 27</td><td colspan="4">28 ... 31</td></tr>
<tr><td colspan="16">Sender-Port</td><td colspan="16">Empfänger-Port</td></tr>
<tr><td colspan="32">Sequenznummer</td></tr>
<tr><td colspan="32">Quittungsnummer</td></tr>
<tr><td colspan="4">Daten-abstand</td><td colspan="6">reserviert</td><td>URG</td><td>ACK</td><td>PSH</td><td>RST</td><td>SYN</td><td>FIN</td><td colspan="16">Fenstergröße</td></tr>
<tr><td colspan="16">TCP-Prüfsumme</td><td colspan="16">Urgent-Zeiger</td></tr>
<tr><td colspan="24">Optionen</td><td colspan="8">Füllbits</td></tr>
<tr><td colspan="32">Daten</td></tr>
<tr><td colspan="32">....</td></tr>
</table>

UDP-Paketformat

<table>
<tr><td colspan="8">Bits</td></tr>
<tr><td>0 ... 3</td><td>4 ... 7</td><td>8 ... 11</td><td>12 ... 15</td><td>16 ... 19</td><td>20 ... 23</td><td>24 ... 27</td><td>28 ... 31</td></tr>
<tr><td colspan="4">Sender-Port (optional)</td><td colspan="4">Empfänger-Port</td></tr>
<tr><td colspan="4">Länge</td><td colspan="4">UDP-Prüfsumme</td></tr>
<tr><td colspan="8">Daten</td></tr>
<tr><td colspan="8">....</td></tr>
</table>

Sequenznummer:	Lage der Daten im Datenstrom des Senders
Quittungsnummer:	Nummer des Daten-Byte, das der Absender als nächstes von der Gegenstelle erwartet
Datenabstand:	Beginn des Datenfeldes, da Optionsfeld variabel lang ist
URG:	Urgent-Zeiger-Feld ist gültig
ACK:	Quittungsfeld ist gültig
PSH:	alle bisher abgesetzten Daten sofort an Anwendung abliefern (wichtig bei interaktiven Betrieb)
RST:	Verbindung zurücksetzen
SYN:	Synchronisation (Verbindungsaufbauwunsch)
FIN:	Ende des Byte-Stroms erreicht (Verbindungsabbauwunsch)
Fenstergröße:	max. Anzahl von Bytes, die ohne Quittung gesendet werden dürfen (→ Abgleich der Ressourcen)
Urgent-Zeiger:	gibt an, bis zu welchem Byte im Paket Vorrangdaten enthalten sind
Optionen:	u. a. Angabe, daß Blockgröße von Standards (536 Byte) abweicht
Länge:	Länge des UDP-Pakets inkl. UDP-Kopf in Byte

ordnung im OSI-7-Schichtenmodell und damit in ihrer Funktionalität, Flexibilität und Geschwindigkeit. Am einen Ende finden wir reine elektrische Verstärker zur Signalregenerierung, denen am anderen Ende die sogenannten Gateways, die Teilnetzwerke mit ganz unterschiedlichen Protokollstapeln verbinden können, gegenüberstehen. Jeder Gerätetyp hat seine dedizierte Aufgabe.

Die wesentlichen Gerätearten zum Aufbau von Rechnernetzen werden in diesem Abschnitt erläutert. Diese sind

Gerätetyp	arbeitet auf OSI-Schicht
Repeater	1
Bridge	2
Router	3
Switch	2 oder 3
Gateway	bis zu allen sieben

und deren Kombinationen, z. B. BRouter (Bridgeable Router).

5.2.1 Repeater

Repeater sind die einfachsten Netzwerk-Verbindungskomponenten. Diese Geräte sind auf das verwendete Transportmedium zugeschnitten und für den Datenfluß, d. h. für die Protokolle der OSI-Schichten 2 bis 7 völlig transparent (Abbildung 5-15). Ein Repeater kann nur gleichartige Netze verbinden (z. B. *Ethernet* ↔ *Ethernet* oder *Token-Ring* ↔ *Token-Ring*).

Zur Zeit gibt es zwei Repeater-Klassen:

- elektrische Repeater für reine Kupferverbindungen und
- elektro-optische Repeater für - zumindest teilweise - Glasfaserverbindungen.

elektrische Repeater

Ein elektrischer Repeater regeneriert das Signal auf einer Kupferleitung. Das Übertragungsmedium wird durch den Repeater in zwei Segmente getrennt. Der Repeater empfängt ein gedämpftes und/oder verfälschtes Signal von einem Segment und sendet ein entsprechendes, verstärktes Signal auf dem anderen Segment wieder aus. Dabei wird garantiert, daß das regenerierte Signal die Charakteristik des Mediums, und damit die Spezifikation der Bitübertragungsschicht, wieder erfüllt.

Abbildung 5-15: Verbindung zweier Stationen über einen Repeater

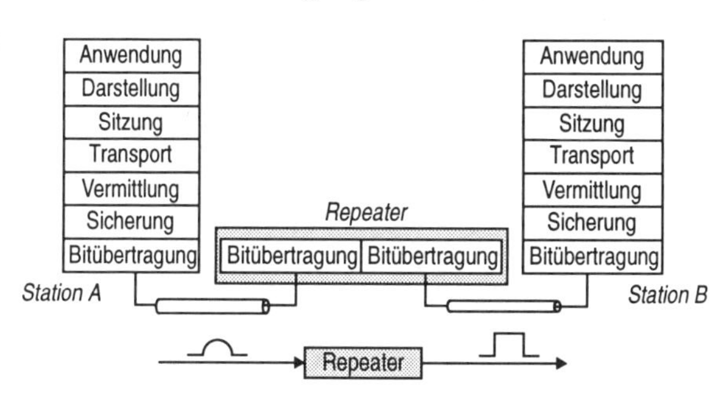

Aufgrund der Dämpfung und Signalverfälschung wird von allen Spezifikationen auf der Bitübertragungsschicht eine Obergrenze der Leitungslänge zwischen zwei Geräten festgelegt. Diese Länge hängt vor allem vom verwendeten Medium (Twisted Pair, Koaxialkabel, Glasfaser) und von den geforderten Charakteristika der Leitungstreiber und Eingangsstufen ab. Ein Repeater kann die Leitungslänge zwischen zwei Netzwerkstationen (Computer oder Verbindungsstation) dadurch erhöhen, daß er die Verbindungsstrecke um weitere Segmente erweitert. Im allgemeinen wird auf der Bitübertragungsschicht jedoch (zusätzlich) eine Obergrenze der Gesamtleitungslänge, evtl. auch der Anzahl von Segmenten und Repeater zwischen zwei Kommunikationspartnern, festgelegt. Die maximale Länge zwischen zwei Stationen darf beispielsweise bei 50-Ω-Koax-*Ethernet* nicht mehr als 2,3 km betragen (damit die CSMA/CD-Arbitrierung noch funktioniert).

elektro-optische Repeater

Elektro-optische Repeater setzen elektrische Signale in optische Signale um (und umgekehrt). In den meisten Fällen wird damit eine Verlängerung der Leitungslänge erreicht, da die Lichtleiterübertragung weniger gedämpft ist. Abgesehen von dem Wechsel auf optische Signale sind die Aufgaben und Charakteristika dieser Art von Repeater identisch mit denen der rein elektrischen Repeater.

Eine Beispielkonfiguration eines einfachen Netzwerks, das aus mehreren, über Repeater gekoppelten, Bussen aufgebaut ist, ist in Abbildung 5-16 zu sehen. Dies könnte beispielsweise die Konfiguration eines *Ethernet*-LANs sein. Zu jeder Zeit liegt auf allen Segmenten das gleiche Signal an. Eine von einer Station

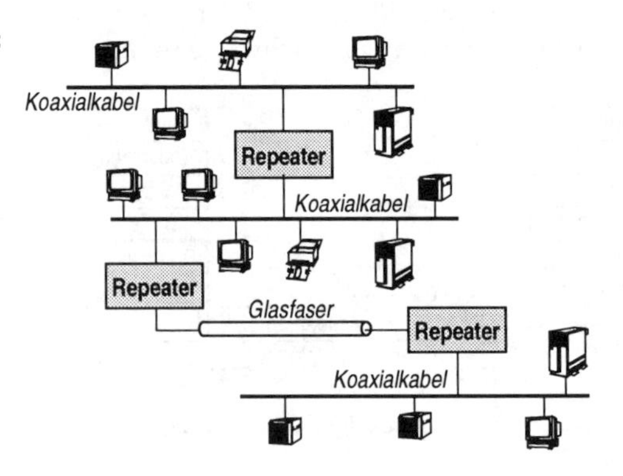

Abbildung 5-16: Über Repeater zusammengesetztes LAN

versandte Nachricht wird sofort an alle Segmente/Stationen weitergegeben. Die in Abbildung 5-16 gezeigte Struktur ist somit logisch gesehen ein langer Bus. Über Repeater gekoppelte Segmente erhöhen daher i. allg. die Netzlast, da mit jedem zusätzlichen Segment sich die Anzahl von konkurrierenden Stationen, die über einen Bus kommunizieren wollen, erhöht.

Repeater sind daher meist nicht die geeigneten Geräte, um Teilnetze zur größeren LANs zu verbinden. Hierzu sind die im folgenden beschriebenen Bridges und Router, die die Teilnetze in logische Segmente unterteilen, besser geeignet.

5.2.2 Bridges

Bridges[1] sind etwas intelligentere Geräte als Repeater. Sie können gleich- und verschiedenartige Netzwerke miteinander verbinden. Wie Repeater besitzen sie allerdings keine eigenen Netzwerk- oder sonstige Adressen und können somit nicht adressiert oder explizit angesprochen werden. Im Gegensatz zu Repeater lesen und interpretieren Bridges die Hardware-Adressen (bei *IEEE 802* MAC-Adressen genannt). Wie Abbildung 5-17 zeigt, arbeiten Bridges auf der MAC-Schicht, der unteren Teilschicht der OSI-Sicherungsschicht.

Eine Bridge liest alle Rahmen auf den mit ihr verbundenen Teilnetzen mit und baut aus den MAC-Senderadressen in den Rahmen eine Tabelle mit allen im Netzwerk angeschlossenen Stationen auf. Eine Adresse wird demjenigen Port, über den die zugehörige Station zu erreichen ist, zugeordnet (Abbildung 5-18).

Nach dem Aufbau der Tabelle mit den Hardware-Adressen wer-

Abbildung 5-17: Einordnung von Bridges in das OSI-Schichtenmodell

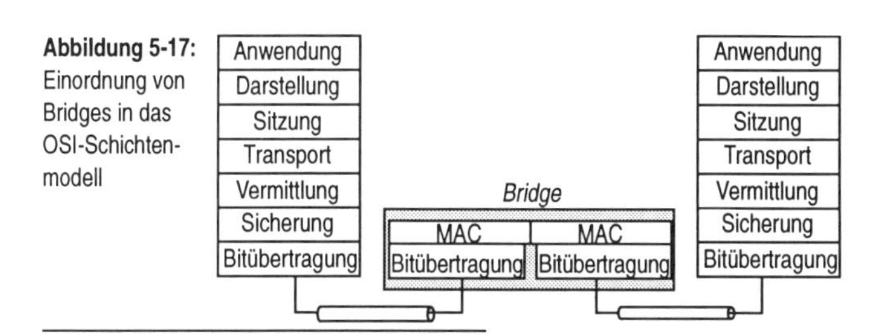

1. In deutschsprachiger Literatur werden Bridges häufig mit Brücken übersetzt. Da jedoch alle anderen Netzwerkgeräte keine allgemein verwendeten deutsche Begriffe haben, soll auch hier der englische Begriff verwendet werden.

tet die Bridge die MAC-Zieladressen aller auf den Teilnetzen anliegenden Rahmen aus, um Rahmen für Stationen (Ziele) außerhalb der lokalen Netzwerke zu identifizieren. Diese „externen" Stationen sind all jene, deren Adresse nicht in der Tabelle für das Teilnetz, an dem der Sender angeschlossen ist, steht. Ein solcher Rahmen für eine externe Station wird auf die andere Seite der Bridge übertragen, da angenommen wird, daß der Empfänger nicht in lokalen Netz angeschlossen ist[1]. Rahmen an Stationen, deren Adressen in der Tabelle für das lokale Netz stehen, werden nicht auf die andere Seite weitergegeben. Bridges stellen damit einfache, binäre Filter für die Rahmen dar.

Diese Art der Verbindung von Teilnetzen nennt man *Transparent Bridging*. Hierauf wird gleich noch etwas näher eingegangen. Der Vorteil des Einsatzes einer Bridge gegenüber einem Repeater liegt darin, daß der Datenverkehr auf den Teilnetzen reduziert wird, wenn häufig Zielstationen im lokalen Netz adressiert werden. In diesem Fall bleibt der Datenverkehr lokal und die anderen Teilnetze können gleichzeitig andere Daten übertragen. Nur Rahmen mit externen Zieladressen werden von der Bridge nicht ausgefiltert. Bei einer geschickten Netzpartitionierung sollten Rahmen mit externen Zieladressen wesentlich seltener vorliegen als Rahmen mit lokalen Zieladressen.

Eigenschaften von Bridges

Zwei wichtige Begriffe stehen im Zusammenhang mit Bridges: die Filterrate (*Filtering*) und die Weitergaberate (*Forwarding*). Diese beiden Werte bezeichnen den Durchsatz und die Güte einer Bridge.

Die Filterrate kann durch größere Tabellen erhöht werden, da

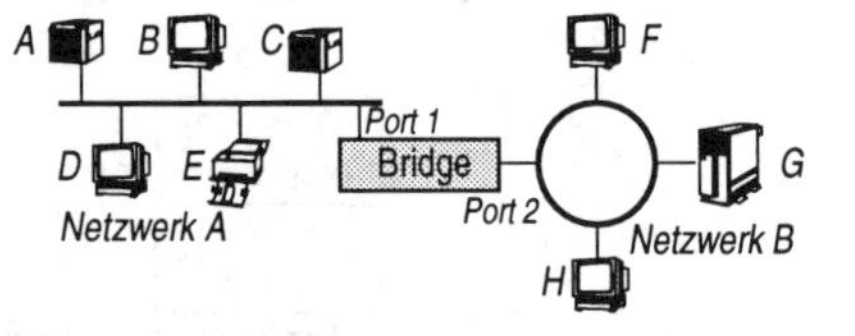

Adressen für	
Port 1	**Port 2**
A	F
B	G
C	H
D	
E	

Abbildung 5-18: Adreßtabelle einer Bridge

1. Da die Tabelle mit den lokalen Adressen nicht vollständig sein muß, wird nur vermutet, daß die Zielstation außerhalb des lokalen Netzes liegt. Es kann vorkommen, daß zuviel Rahmen über die Bridge weitergereicht werden, was zwar die Netzlast erhöht, aber nicht zu Fehlern führt. Der Grund für eine „unvollständige" Tabelle mag darin liegen, daß die Tabelle kleiner als die Zahl von angeschlossenen Stationen ist oder daß die Tabelle nach dem Einschalten der Bridge noch nicht vollständig aufgebaut ist.

dann weniger Rahmen fälschlicherweise „nach außen" weitergereicht werden. Ist die Weitergaberate einer Bridge zu gering, kann eventuell die Verwendung mehrerer Bridges an einem Teilnetz für Abhilfe sorgen. Unter dem Begriff *Selective Forwarding* werden logische Wege über mehrere Bridges geschaltet. Jede Station in einem Teilnetz ist dabei einer Bridge fest zugeordnet, um Zyklen und Rahmenduplikate zu vermeiden (Abbildung 5-19a).

Eine Bridge war ursprünglich dazu gedacht, zwei Teilnetze miteinander zu verbinden. Durch die Steigerung der Verarbeitungsgeschwindigkeit moderner Bridges haben diese zum Teil die Kapazität, mehr als zwei Teilnetze gleichzeitig zu bedienen. Dies wird heute durch sogenannte *Multiple-Port*-Bridges auch gemacht. Eine solche erweiterte Bridge überwacht drei oder mehr Teilnetze an entsprechend vielen Ports. „Externe" Rahmen werden dabei von der Bridge an alle angeschlossenen Teilnetze weitergegeben, da die Bridge nur zwischen lokalen und nichtlokalen Rahmen bezüglich eines Ports (Teilnetzes) unterscheiden kann. Eine genaue Zielfestlegung ist den Routern auf OSI-Schicht 3 vorbehalten.

Neben den Multi-Port-Bridges haben sich im Laufe der Zeit verschiedene andere Erweiterungen des prinzipiellen Bridging-Konzepts entwickelt. Heute lassen sich Bridges folgendermaßen klassifizieren:

- transparent ↔ übersetzend
- lokal ↔ remote

Die Standard-Bridge fällt dabei in die Klasse der transparenten,

Abbildung 5-19: Selective Forwarding und Multi-Port-Bridge

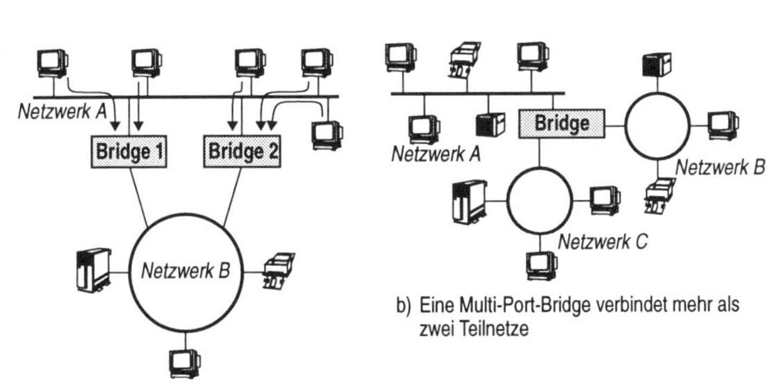

a) Beim Selective Forwarding erhöhen mehrere „parallele" Bridges den Durchsatz. Jede Station ist einer Bridge fest zugeordnet.

b) Eine Multi-Port-Bridge verbindet mehr als zwei Teilnetze

lokalen Bridges. Was unter den beiden anderen Begriffen, *übersetzend* und *remote*, zu verstehen ist, soll nun kurz beschrieben werden.

Transparente Bridges

Transparente Bridges verbinden - wie oben beschrieben - lokale Netze (LANs) desselben Data-Link-Protokolls (OSI-Schicht-2-Protokoll). In diese Kategorie fallen beispielsweise *Ethernet*-Bridges, die zwei *Ethernet*-Stränge koppeln. Auf physikalischer Schicht müssen solche Bridges allerdings nicht transparent sein, obwohl die meisten es heute sind. Es ist möglich, daß eine Bridge mehrere Ports für unterschiedliche Medien besitzt.

Übersetzende Bridges

Will man jedoch lokale Netze mit verschiedenen Data-Link-Protokollen, z. B. einen *Ethernet*-Bus mit einen *Token-Ring*, verbinden (siehe Abbildungen 5-18 und 5-19), so benötigt man übersetzende Bridges, die die Rahmen zwischen den Netzwerkspezifikationen „übersetzen". Bei der Weitergabe von Daten aus einem Teilnetz in ein anderes müssen die Rahmenstruktur und die Geschwindigkeiten den jeweils verwendeten Protokollen angepaßt werden.

Ein Problem bei der Anpassung, das immer wieder auftritt, liegt in den unterschiedlichen Rahmengrößen der Protokolle. Als Beispiel sei der *Ethernet*-Standard und der *Token-Ring* genannt. *Ethernet* erlaubt Rahmen bis maximal 1500 Byte, der *Token-Ring* dagegen bis 4500 Byte. Ist ein *Token-Ring*-Rahmen länger als 1500 Byte, kann dieser nicht auf die *Ethernet*-Seite übertragen werden, da eine Fragmentierung von Datenblöcken erst auf der Vermittlungsschicht möglich ist. Bei der Verwendung von Bridges zur Kopplung unterschiedlicher Netzwerke muß die Software aller Rechner bzw. Stationen die minimalen Werte aller betroffenen Netzwerkspezifikationen einhalten.

5.2.2.1 Remote-Bridges

Eine weitere Klasse von Bridges sind *Remote Bridges*. Diese unterstützen die Verbindung weit entfernter LANs über ein WAN. Die Punkt-zu-Punkt-Datenübertragung von einem lokalen Netz über das WAN zu einem zweiten lokalen Netz erfolgt über das WAN-Protokoll (z. B. CCITT *HDLC* und *X.25*).

Für die Übertragung werden jeweils ein oder mehrere LAN-Rahmen in einen Block des WAN-Protokolls gepackt, über den Kanal gesendet und auf der Gegenseite wieder entpackt. An den LAN-Enden der beiden miteinander verbundenen Remote Brid-

Abbildung 5-20: Eine Remote Bridge verpackt LAN-Rahmen in WAN-Pakete

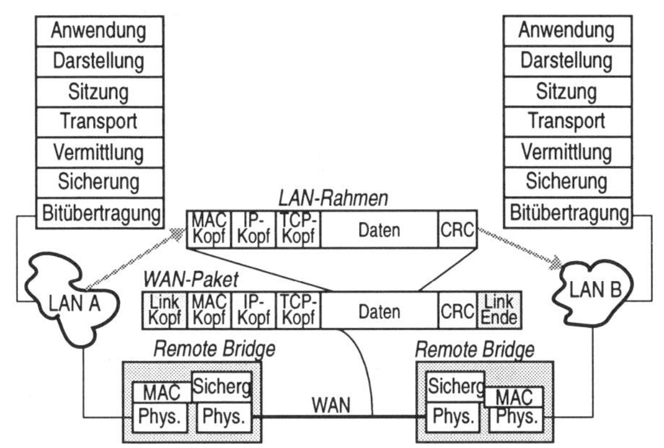

ges ist die WAN-Verbindung nicht sichtbar. Die Übertragung über möglicherweise große Entfernungen ist völlig transparent. Man spricht davon, daß die LAN-Rahmen durch das WAN „tunneln".

Auch wenn die Funktion der beiden miteinander gekoppelten Remote Bridges nach außen der einer lokalen Bridge entspricht, muß die Remote Bridge in der Lage sein, zwei völlig unterschiedliche Protokollfamilien zu unterstützen. Hierbei wird der LAN-Rahmen durch das Protokoll der Sitzungsschicht auf der WAN-Seite als einfache Bitfolge betrachtet und über die Protokollschichten nach unten bis zur Bitübertragungsschicht weitergereicht. Bei der Übertragung über das WAN werden teilweise Komprimierungverfahren eingesetzt, um die Bandbreite des WANs zu erhöhen. Dies ist ohne Schwierigkeit möglich, da die LAN-Rahmen während der Übertragung über das WAN nicht betrachtet werden.

5.2.3 Router

Router bearbeiten die untersten drei Protokollschichten. Die Kopplung von Teilnetzen erfolgt auf der Vermittlungsschicht, wie Abbildung 5-21 zeigt. Während Bridges auf der Schicht 2 die physikalischen Geräteadressen (Hardware-Adressen) zur Unterscheidung von lokalen und nicht-lokalen Rahmen interpretieren, betrachten Router die Adressen der Vermittlungsschicht, z. B. *IP*-Adressen, um Datenpakete gezielt auf günstigen Wegen durch das Netzwerk zu leiten. Router sind selbst aktive Teilnehmer im Netz. Sie besitzen auch eigene Adressen und

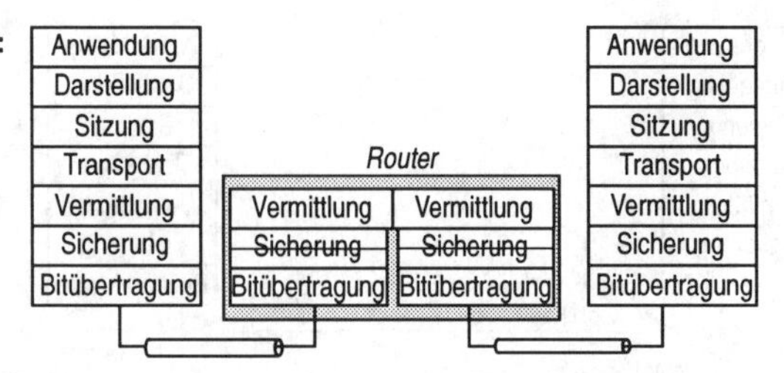

Abbildung 5-21: Einordnung von Router in das OSI-Schichtenmodell

können gezielt angesprochen werden.

Die wichtigste Aufgabe der Router ist die Bestimmung der günstigsten Pfade für ein Datenpaket über eine Kette von Verbindungen von der Quellstation zur Zielstation. Bei protokollabhängigen Routern muß auf allen angeschlossenen LANs das gleiche Protokoll verwendet werden (z. B. *IPX/SPX, DECnet, IP*). Protokollunabhängige Router können dagegen LANs mit unterschiedlichen Protokollen auf der Vermittlungsschicht verbinden. Letztere kann man daher als intelligente Bridges betrachten.[1]

Für die Weitergabe von Datenpaketen werden Router explizit von der Quellstation oder von einem anderen Router über die eigenen Hardware-Adressen angesprochen. Sie müssen nur die für sie bestimmten Rahmen betrachten. Alle Rahmen, die ein Router entgegennehmen und weiterleiten muß, werden vom Router zwischengespeichert. Liegt ein Rahmen in seinem Puffer vor, interpretiert der Router die logischen Adressen der Vermittlungsschicht im Rahmen und beginnt mit einer mehr oder weniger aufwendigen Wegesuche zur Zielstation.

Während Bridges nach den physikalischen Adressen und ihren Tabelleneinträgen nur binäre Entscheidungen treffen, verwenden Router relativ aufwendige Algorithmen, um einen günstigen Weg zur Zielstation zu finden. Ist einmal ein solcher Weg gefunden, speichert der Router die Zuordnung zwischen Zieladresse und Information über den günstigsten Weg ebenfalls in Tabellen.

Die Wegewahl wird häufig an den aktuellen Netzverkehr angepaßt. Dies soll ein kleines Beispiel verdeutlichen. Betrachten wir das über Router gekoppelte Netzwerk in Abbildung 5-22. Neh-

1. Da Bridges nur OSI-Schicht 2, genauer gesagt, die MAC-Schicht betrachten, können diese immer LANs mit unterschiedlichen Protokollen auf der Vermittlungsschicht verbinden.

men wir dabei an, daß ein Rechner im Netzwerk *B* mit einem Rechner im Netzwerk *F* kommunizieren möchte. Der günstigste Weg läuft in diesem Fall über die Router *1* und *4*. Sollte aber eine Leitung unterbrochen oder der Verkehr zu hoch sein, können die Rahmen auch über die Router *1-3-4* oder *1-2-3-4* transportiert werden. ❑

Abbildung 5-22: Teilnetze sind über mehrere Router zu einem komplexen Netzwerk verbunden

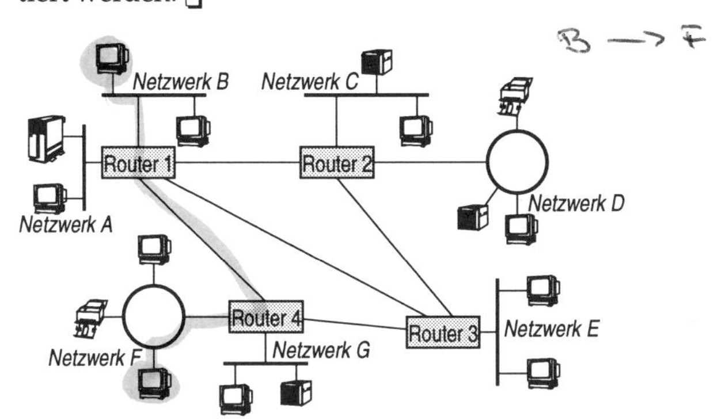

Bei der Aufteilung eines Datenstroms in Pakete muß beachtet werden, daß Pakete einzeln durch das Netz transportiert werden. Durch unterschiedliche Wege und Verzögerungen kann es vorkommen, daß die Pakete nicht in der gleichen Reihenfolge ankommen, wie sie abgesendet wurden. Die Datenpakete können auf der Vermittlungsschicht auch weiter fragmentiert werden, so daß bei der Verbindung über Router nicht - wie bei Bridges - auf eine maximale Länge der Rahmen geachtet werden muß. Zu lange Pakete werden durch die Router selbstständig aufgeteilt.

Aufgrund der obigen Diskussion hat es nun den Anschein, daß es generell sinnvoller ist, Teilnetzwerke immer über Router miteinander zu verbinden. Dies ist aber nicht der Fall. Bridges haben durchaus ihre Berechtigung, da sie in bestimmten Situationen effizienter als Router sind. Einige Nachteile von Routern gegenüber Bridges sind:

- Datenpakete werden in den Routern zwischengepuffert, was deren Latenzzeit im Netzwerk erhöht
- Datenpakete werden durch aufwendigere Software länger bearbeitet, so daß Router nur etwa die Hälfte bis ein Drittel der Geschwindigkeit von Bridges erreichen
- Router sind teurer.

Ganz allgemein läßt sich sagen, daß Bridges bei Verbindungen mit wenigen Pfaden effektiver sind, Router dagegen in komplexen Netzwerken mit vielen Verbindungen die bessere Wahl darstellen. Tabelle 5-6 stellt die beiden Gerätetypen noch einmal zusammenfassend gegenüber.

Tabelle 5-6: Vergleich zwischen Bridges und Router

Eigenschaften	Bridge	Router
Routing mit Algorithmen und Tabellen	i. allg. nein	ja
Schicht-3-Protokoll-Transparenz	ja	nur protokollunabhängige Router
Verwendung von Netzwerkadressen (Schicht-3-Adressen)	nein	ja
Mehrwegeübertragung	beschränkt	hoch
Entscheidung der Paket-/Rahmenweitergabe	primitiv	kann komplex werden
Flußkontrolle	nein	ja
Rahmen-Fragmentierung	nein	ja
Durchsatz	hoch	mittel
Kosten	billiger	teurer

5.2.4 BRouter

Neben den oben besprochenen Bridges und Routern gibt es auch Kombinationen dieser beiden Gerätearten, die sogenannten *BRouter*. BRouter sollen in geeigneten Anwendungsbereichen die Vorteile von Bridges und Routern in einem Gerät vereinen. Sie bieten einen hohen Grad an Flexibilität und können häufig getrennte Bridges und Router durch ein einzelnes Gerät ersetzen (Abbildung 5-23), allerdings nur dann, wenn der BRouter-Durchsatz für Verbindung der zu brückenden LANs groß genug ist.

Wenn ein BRouter einen Rahmen empfängt, testet das Gerät analog zu einer Bridge, ob der Rahmen für ein anderes LAN be-

Abbildung 5-23: Ein BRouter ersetzt zwei Geräte

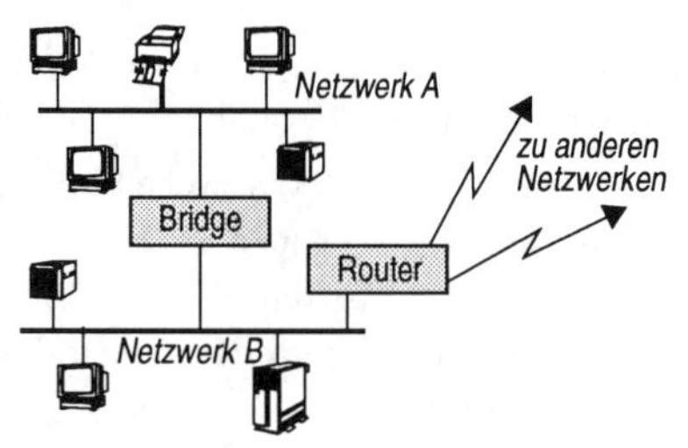

a) Verwendung getrennter Router und Bridges

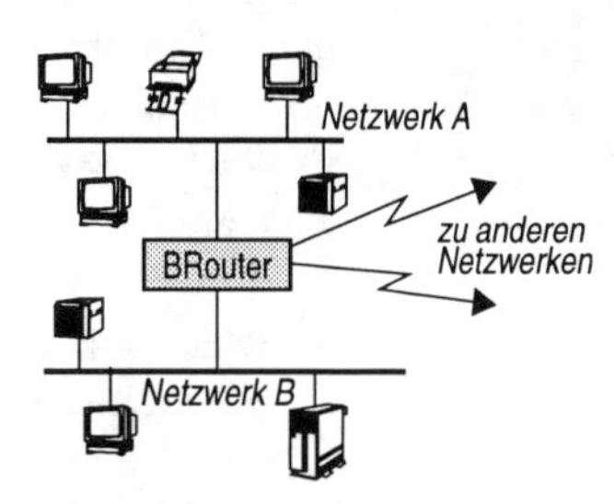

b) Verwendung eines BRouter

stimmt ist. Ist dies der Fall, wird getestet, ob das vom Rahmen benötigte Schicht-3-Protokoll von einer Router-Funktion abgedeckt wird. Ist auch dies der Fall, d. h. der BRouter unterstützt das Protokoll, verhält sich der BRouter wie ein normaler Router. Unterstützt der BRouter das Protokoll jedoch nicht, wird der Rahmen auf Schicht 2 „gebrückt". Normale Router würden solche Rahmen dagegen einfach ignorieren.

5.2.5 Gateways

Gateways nach ihrer ursprünglichen Definition kann man als erweiterte Router ansehen. Neben ihrer Eigenschaft als Router können Gateways jedoch die Daten zwischen Netzwerken mit unterschiedlichen Protokollen bzw. Protokollfamilien transportieren. Im Prinzip decken Gateways damit alle sieben Schichten des OSI-Schichtenmodells ab und führen eine Protokollumsetzung durch (Abbildung 5-24).

Wie ihr Name bereits ausdrückt, dienen Gateways einem LAN als Tor zur „Außenwelt", häufig als Kopplung an ein WAN mit ganz anderem Protokoll. Auch der Anschluß eines LANs an einen Großrechner kann über ein Gateway erfolgen. Beides ist in Abbildung 5-25 angedeutet. Das oben in der Abbildung dargestellte *TCP/IP*-basierte LAN ist über zwei Anschlüsse des Gateways zum einen mit einem paketvermittelnden WAN (über eine Modem-Strecke) und zum anderen über eine *SDLC*-Verbindung[1] mit einem Großrechner verbunden.

Beim Durchlesen heutiger Literatur und vor allem von Produktbeschreibungen, muß man mit dem Begriff „Gateway" vorsichtig sein. Möglicherweise aus Unkenntnis oder aus werbetechnischen Gründen wird der Begriff z. Zt. ganz unterschied-

Abbildung 5-24: Einordnung von Gateways in das OSI-Schichtenmodell

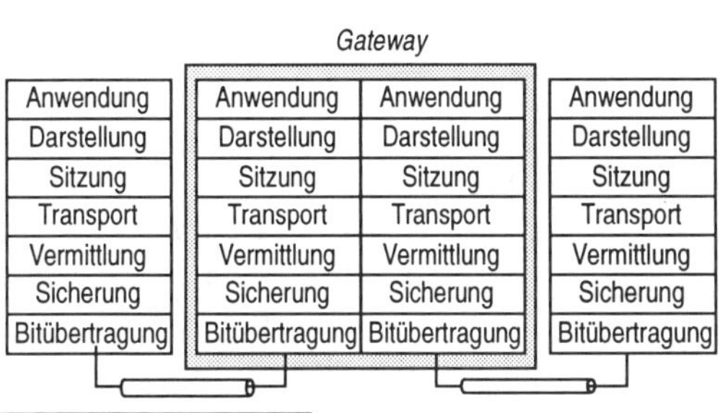

1. *SDLC* (*Synchronous Data Link Protocol*) ist der IBM-Vorläufer des *HDLC*-Protokolls.

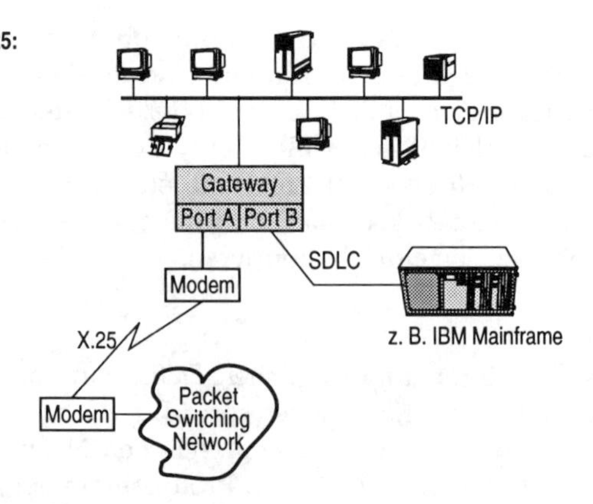

Abbildung 5-25: Ein Gateway verbindet ein LAN mit der „Außenwelt".

lich verwendet und eingeordnet. Unter der Bezeichnung *Gateway* findet man die ganze Spanne von Kommunikations-Hardware, begonnen bei einfachen Bridges, die lediglich zwei gleichartige LANs verbinden, bis zu Protokollumsetzern zwischen ganz unterschiedlichen Netzwerken.

Da sie alle sieben Schichten abdecken, sind Gateways stark protokollspezifisch, sie unterstützen meist aber mehrere Protokolle. Zur Durchführung der aufwendigen Protokollumsetzung enthalten sie eigene Prozessoren. Ein Großteil ihrer Aufgaben erledigen Gateways in Software, so daß sie zur LAN↔LAN-Kopplung zu langsam und ungeeignet sind. Bei diesen Anwendungen genügt der Einsatz von Routern.

5.2.6 Switches

Die Basiskomponenten zum Aufbau komplexer Kommunikationsnetzwerke aus kleineren Teilnetzen sind die oben erläuterten Bridges, Router und Gateways. Je nach Gleich- bzw. Verschiedenartigkeit der zu verbindenden Teilnetze genügt es, diese auf OSI-Schicht 2 zu brücken oder es sind größere Protokollumsetzungen notwendig (siehe Gateways). Zur Wegfindung in komplexen Netzen dient die Router-Funktionalität.

Eine weitere Geräteklasse, die *Switches*, ändert diese Einteilung nicht. Es gibt Switches, die wie Bridges auf Schicht 2 arbeiten und es gibt Switches auf Schicht 3 als Konkurrenz zu Routern. Der Unterschied zwischen Switches und den anderen Gerätetypen liegt vor allem darin, zu welchen Netztopologien man die Stationen verschalten kann. In diesem Zusammenhang dienen

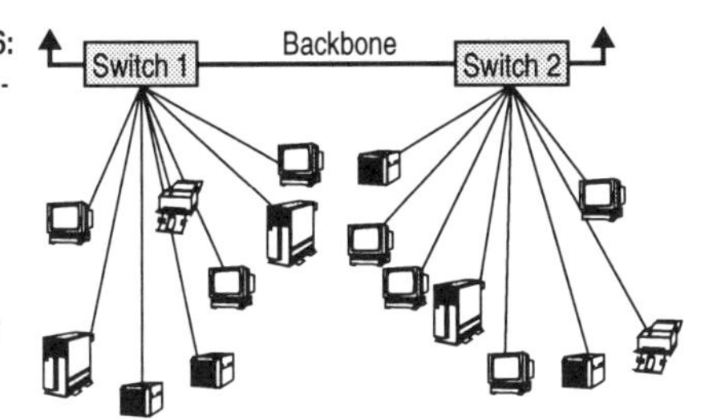

Abbildung 5-26: Switches verbinden LAN-Segmente bzw. Rechner und werden i. allg. über ein Backbone gekoppelt

Switches der sternförmigen Anbindung von Rechnern oder LAN-Segmenten an ein sogenanntes Backbone[1] (Abbildung 5-26).

Je nach Protokollschicht, auf der ein Switch anzusiedeln ist, stellt der Switch entweder eine schnelle *Multiport-Bridge* oder einen schnellen *Router* dar. Hohe Schaltgeschwindigkeit erreicht ein Switch vor allem durch schnelle, leistungsfähige, in Hardware implementierte Bridging-Software.

Es gibt drei Klassen von Switches, die sich in ihrer Geschwindigkeit und Funktionalität unterscheiden.

- *Cut-Through Switches.* Diese Switches arbeiten nur auf der Protokollschicht 2 und bilden die schnellste der drei Klassen. Jeder Rahmen wird von ihnen nur nach den Hardware-Adressen analysiert, so daß der Switch einen Rahmen bereits nach Betrachten von 12 Bytes weitergeben kann. Die Latenzzeit eines Rahmens durch den Switch ist unabhängig von der Rahmenlänge. Aus funktionaler Sicht liegt eine Multiport-Bridge vor. Auch der Switch analysiert die Quelladressen an den einzelnen Ports, um selbständig die Adreßtabellen aufbauen zu können. Fehlerhafte Rahmen können Switches dieser Klasse nicht ausfiltern, da der CRC-Check erst nachdem der Rahmen weitergesendet wurde möglich ist.
- *Store and Forward Switches.* Switches dieser Klasse agieren ähnlich wie Router. Sie arbeiten ebenfalls auf Schicht 3 und speichern einen gesamten Rahmen im internen Puffer zwischen, bevor sie die Zieladresse interpretieren und den Rah-

1. Ein *Backbone* ist ein firmenweites schnelles Netz (Bus oder Ring), das die abteilungsinternen LANs miteinander verbindet. Zur Zeit findet man hier sehr häufig *FDDI*-Doppelringe, es wird aber vermehrt über *ATM* in diesem Bereich nachgedacht.

men weitergeben. Die Latenzzeit steigt auf etwa das Zehnfache der Zeit von *Cut Through Switches* an. Darüber hinaus ist die Latenzzeit von der Rahmenlänge abhängig, was zu Beeinträchtigungen von kontinuierlichen/isochronen Übertragungen von Bildern und Ton führen kann. Vorteilhaft bei der Zwischenspeicherung der Rahmen ist, daß es damit möglich wird, fehlerhafte Rahmen zu erkennen (CRC-Check) und auszufiltern.

- *Cell-Oriented Switches.* Die dritte Klasse von Switches versucht die Vorteile der beiden anderen Verfahren zu vereinigen, wobei ein Pipeline-Ansatz zum Tragen kommt. Alle ankommenden Rahmen werden beim Empfang in 48 bis 64 Byte lange Zellen zerlegt und dann zellenweise intern verarbeitet und verteilt. Die Länge einer Zelle ist nicht festgelegt und abhängig vom Gerätehersteller. Da die ersten 48 Byte eines Rahmens bereits alle Informationen zur Filterung (Typfeld und Schicht-3-Adressen) beinhalten, müssen zum Routing nur diese 48 Bytes zwischengepuffert werden. Obwohl immer noch etwa 4 bis 5 mal langsamer als die *Cut-Through*-Methode, bietet der zellorientierte Ansatz sowohl volle Routing-Möglichkeit als auch kontinuierliche Datenströme aufgrund gleichlanger Zellen. Diese Switches sind daher ideal bei Einsatz von *ATM*-Backbones, da 48-Byte-Zellen einfach in 53-Byte-*ATM*-Zellen (siehe Abschnitt 5.3.4) verpackt werden können.

Virtuelle LANs (VLANs)

Switches eignen sich sehr gut zum Aufbau virtueller lokaler Netze (VLANs). Hinter diesem Begriff verbirgt sich eine Partitionierung des physikalischen Netzwerkes in logische Cluster (Sub-LANs) nach Gesichtspunkten wie Arbeitsgruppen, Projekte, Aufgabenverteilung etc. und nicht nach geometrischen bzw. topologischen Aspekten (z. B. Raumzuteilung), wie sie über Bridges und Router ermöglicht werden kann. Bei einem Ortswechsel eines Mitarbeiters mit seinem Rechner soll die Zuordnung des Rechners zum bisherigen (virtuellen) LAN erhalten bleiben.

Theoretisch ließen sich solche virtuellen Netze auch mittels Router-Technologie erreichen, wobei jeder Rechner ein eigenes Subnetz bildet und alle Datenpakete über Router nach außen gegeben werden. Bei diesen „entarteten" Netzen mit nur einer Station stimmt die logische Partitionierung mit der topologischen

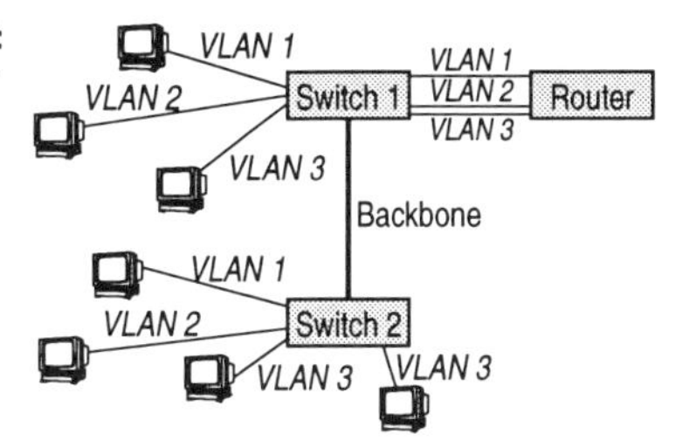

Abbildung 5-27: Aufbau virtueller LANs über Switches und Backbone

überein. Die wesentlichen Nachteile dieses Ansatzes liegen darin, daß Router teuer und Subnetzadressen nur beschränkt vorhanden sind (siehe Diskussion über *IP*-Adressen).

Wesentlich eleganter lassen sich die virtuellen Netze mittels Switching-Technologie realisieren, wenn an jedem Port des Switch ein Rechner direkt angeschlossen ist (Abbildung 5-27). Switches zum Aufbau von VLANs müssen maximale Bandbreite an jedem Port bieten und über ein schnelles Backbone verbunden sein. Letzteres ist notwendig, da die Stationen eines VLANs an räumlich getrennten Segmenten hängen können, was zu einer hohen Netzlast über die Switches und den Backbone führt. Ein leistungsstarker Backbone ist die Voraussetzung zum Erreichen der gewünschten Ortstransparenz.

Innerhalb von virtuellen Netzen werden Daten nur gebrückt. Router sind zur Kopplung mehrerer VLANs notwendig (siehe Abbildung 5-27). Da die Zuordnung der Rechner zu VLANs orthogonal zu der topologischen Netzaufteilung steht, müssen die Adreßtabellen in den Switches um VLAN-Adressen erweitert werden. Die Tabellen in den Switches werden regelmäßig konsistent gehalten, wofür es heute nur herstellergebundene Lösungen gibt. Im wesentlichen findet man drei Ansätze zur Integration von VLAN-Informationen in die bestehende LAN-Technologie.

- *Regelmäßiger Abgleich der Tabellen.* Die Switches tauschen in regelmäßigen Abständen den Inhalt ihrer erweiterten Tabellen aus. Der Nachteil hierbei liegt darin, daß die Netzlast über den ohnehin stark belasteten Backbone durch häufige Abgleichnachrichten zwischen den Switches stark ansteigen kann.
- *Frame Tagging.* Bei diesem Ansatz wird jeder Rahmen um VLAN-Informationen im Header erweitert. Dies aber vergrö-

ßert die Länge der Rahmen und steigert damit ebenfalls die Netzlast. Noch problematischer ist der Fakt, daß hierbei die Rahmen oftmals länger werden, als vom MAC-Protokoll erlaubt ist. Man findet deshalb hier nur herstellerabhängige Lösungen.

- *Zeitmultiplexing*. Analog zum Time-Sharing-Scheduling von Betriebssystemen erhält jedes VLAN einen (Zeit-) Slot mit fester Bandbreite des Backbone zugeteilt. Der Backbone wird in Unterkanäle für die verschiedenen VLANs aufgeteilt. Wir erhalten bei diesem Verfahren keinen Overhead durch Abgleichnachrichten oder längere Rahmen. Es kann aber dazu kommen, daß ein VLAN seine Kanalkapazität auf dem Backbone nicht ausschöpft, diese freie Kapazität anderen VLANs aber nicht zur Verfügung steht.

Bei Verwendung von Schicht-3-Switches können mehrere VLANs mit unterschiedlichen Vermittlungsprotokollen (z. B. *NetWare* und *IP*) gleichzeitig und örtlich verzahnt betrieben werden, da die Switches die Protokolltyp-Information der Schicht-3-Pakete auswerten. Ein Beispiel ist in Abbildung 5-28 zu sehen.

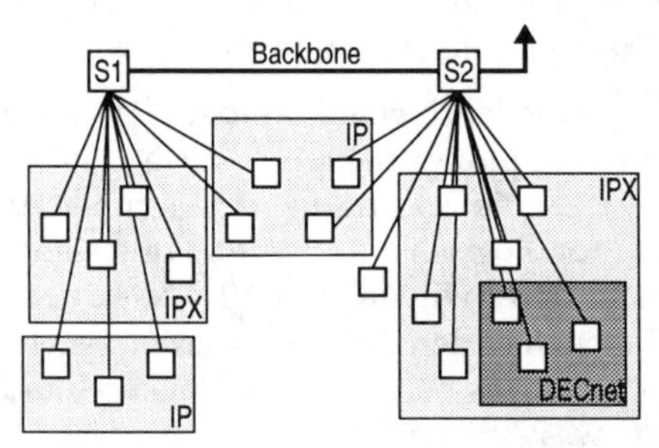

Abbildung 5-28: VLANs mit mehreren Vermittlungsprotokollen werden über Schicht-3-Switches realisiert

5.2.7 Hub-Technologie

Der vorherrschende Netzwerktyp im LAN-Bereich ist *Ethernet*. Die Basis von *Ethernet* war ursprünglich ein relativ dickes und teures Koaxialkabel, an das in Busmanier die einzelnen Rechner über Zuleitungen und spezielle Ankoppeleinheiten, sogenannte Transceiver, angeschlossen wurden (siehe Abschnitt 5.3.1). Ein erster Schritt, um bei *Ethernet* Kosten einzusparen, war die Verwendung billigerer Koaxialkabel, die von Rechner zu Rechner geführt werden, mit dem Nachteil, daß bei Ausfall einer Station der gesamte Bus unterbrochen ist. Die jüngste Entwicklung, die auch diesen Nachteil vermeidet, kommt mit Twisted-Pair-Leitungen aus, die von jedem Rechner sternförmig zu einem zentralen Netzwerkgerät geführt werden. Innerhalb dieses Geräts wird dann das ursprüngliche *Ethernet*-Konzept nachgebildet.

Das zentrale Kommunikationsgerät, mit dem die Rechner über Twisted-Pair verbunden sind, nennt man Hub (Nabe, Sternkoppler) oder Konzentrator. Innerhalb des Hub findet sich dann das *Ethernet*-Konzept wieder, d. h. an den Hub-Anschlüssen wird das *Ethernet*-Protokoll mit der CSMA/CD-Arbitrierung eingehalten. Die Netzwerktopologie gleicht der Verwendung von Switches, bei denen an jedem Anschluß nur ein Rechner und kein Bussegment angeschlossen ist.

Die Vorteile der sternförmigen Verdrahtung liegen zum einen in einer einfacheren Verkabelung und zum anderen in einer einfacheren Netzwerkadministration durch den zentralen Hub, da eine Netzwerküberwachung (Monitoring) und die Netzwerkkonfiguration an einer Stelle stattfinden können. Typischerweise findet man heute Hubs mit 8, 10 oder 12 *RJ-45*-Ports und eine *BNC*- und/oder *Sub-D-15*-Buchse, um den Hub an ein größeres LAN anzubinden. *RJ-45* sind 8-Pin-Buchsen zum Anschluß von einem Rechner über Twisted-Pair. Die Anschlußseite eines typischen Hub ist in Abbildung 5-29 dargestellt.

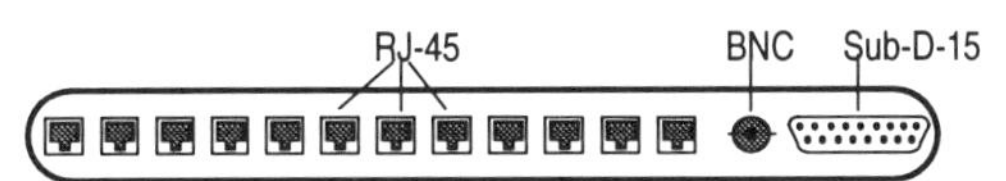

Abbildung 5-29: Anschlüsse eines Hub

Die einfachsten Hubs sind reine Multiport-Repeater. Jedes ankommende Signal wird verstärkt an alle Ports weitergeleitet. Im Hub selbst befinden sich nur über kurze Busleitungen verbundene Verstärker. Die Computer sehen einen Bus, an dem alle mit dem Hub verbundenen Stationen parallel angeschlossen sind. Alle Stationen sehen das gleiche Signal. Abbildung 5-30 zeigt den Zusammenhang zwischen Bus- und Hub-Realisierung.

Über Hubs verbundene Rechner können auf mehrere Arten zu größeren LANs gekoppelt werden. Beispiele sind kaskadierte Hubs, Konzentratoren und Hub-Karten.

- *Kaskadierte Hubs* bieten die einfachste Möglichkeit, größere Netze aufzubauen. Bei Bedarf wird lediglich ein ausgezeich-

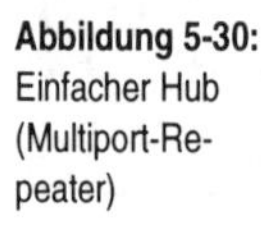

Abbildung 5-30: Einfacher Hub (Multiport-Repeater)

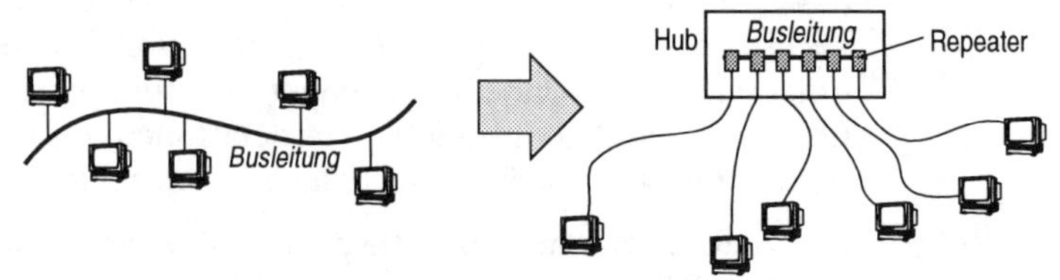

neter Port eines Hub mit einem Standardport eines anderen Hub verbunden. Wir erhalten dabei die in Abbildung 5-31 dargestellte Baumstruktur. Bei der hierarchischen Verkabelung von Hubs muß allerdings darauf geachtet werden, daß die maximale Anzahl von Repeatern zwischen zwei Stationen nicht die von *Ethernet* spezifizierte Obergrenze (siehe Abschnitt 5.2.1) überschreitet.

Abbildung 5-31: Kaskadierte Hubs

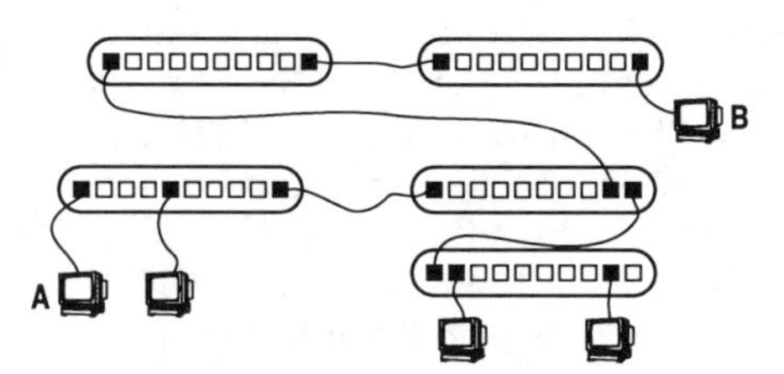

- *Konzentratoren* sind Einschubrahmen, die durch Zustecken von Netzwerkeinschubkarten zu einem größeren LAN ausgebaut werden können. Jede Einschubkarte trägt einen oder mehrere Ports. In der Praxis findet man Konzentratoren mit bis zu 100 *Ethernet 10BASE-T*-Anschlüssen (s. u.) und Spezial-Ports zum Anschluß von Rechnern für das Netzwerk-Management.
- Unter *Hub-Karten* versteht man Hub-Einschubkarten für PCs, wie sie ursprünglich von Novell entwickelt wurden. Mit diesen Einschubkarten läßt sich ein Server-PC einfach zu einem Hub bzw. Konzentrator erweitern. Ein Vorteil bei dieser Lösung liegt darin, daß ein zusätzlicher Netzmanagement-Rechner nicht benötigt wird.

Intelligente Hubs

Neben den einfachen Multiport-Repeatern gibt es auch intelligentere Hubs mit Bridging- und/oder Routing-Funktionalität. Diese Hubs beinhalten eigene Mikroprozessoren und Speicher. Die Bridges bzw. Router in einem Hub sind über schnelle Backplane-Busse mit hohen Datendurchsatz gekoppelt.

Intelligente Hubs sind auf verschiedenen OSI-Schichten anzutreffen und bieten einen ganz unterschiedlichen Grad an Komfort. Hierzu gehören:

- zentrale Unterstützung des Netzwerkmanagements
- Aktivierung und Deaktivierung einzelner Ports
- Isolation einzelner Ports oder Bussegmente zu Testzwecken
- individuelle Netzwerktopologien durch interne Bridges und Router (da die Backplane wesentlich schneller als ein LAN ist, kann sie mehrere logische Busse bzw. Bussegmente auf ihre physikalischen Leitungen abbilden).

Durch die zentrale Verdrahtung und interne Intelligenz können intelligente Hubs die unterschiedlichsten Protokolle an den Ports unterstützen. Beispielsweise könnten Rechner mit *Ethernet*-Anschluß und Rechner mit *Token-Ring*-Anschluß über einem einzigen Hub verbunden werden.

Vergleich

Tabelle 5-7 faßt abschließend noch einmal die verschiedenen Netzwerkkomponenten zusammen.

Tabelle 5-7: Vergleich der Netzwerkkomponenten

	Eigenschaften	Vorteile	Nachteile
Repeater	Signalregenerierung	- Verlängerung der physikalischen Leitung - protokolltransparent	- reduziert nicht die Netzlast
Bridge	Kopplung zweier oder mehrerer LANs auf OSI-Schicht 2	- geringe Latenzzeit - protokollunabhängig	- nicht-lokale Pakete werden über das ganze Netz verteilt - Pakete mit unbekannten Adressen wandern durch alle Segmente und können das Netz lahmlegen - logische Strukturierung der Netztopologie nicht möglich
Router	Kopplung mehrerer LANs mit optimierter Wegesuche	- erhöhte Filtermöglichkeiten	- höhere Latenzzeit
Gateway	Kopplung mehrerer LANs mit optimierter Wegesuche und Protokollumsetzung	- Kopplung ganz unterschiedlicher Netzwerke mit verschiedenen Protokollfamilien	- langsam - Konfiguration aufwendig
Switch	schnelle Bridges/ Router	- hohe Geschwindigkeit der Bridges - Flexibilität der Router	

5.3 LANs und WANs (Beispiele)

In diesem Abschnitt sollen fünf wichtige LAN- und WAN-Standards vorgestellt werden:

- *Ethernet*
- *Token-Ring*
- *FDDI*
- *ATM*
- *ISDN.*

Da eine ausführliche Beschreibung von jeder der fünf Technologien bereits eigene Bücher füllen würde, wollen wir uns in diesem Abschnitt wieder auf die hardwarenahen Aspekte, d. h. die unteren Protokollschichten und die Verwendung von Kommunikationsgeräten zum Aufbau von Netzwerken beschränken. Für weitergehende Informationen über die höheren Software-Schichten muß auf die einschlägige Literatur verwiesen werden.

Ethernet und *Token-Ring* sind die beiden klassischen LAN-Technologien. Beide Standards mit einer Übertragungsrate von ursprünglich in der Größenordnung 10 MBit/s genügen zunehmend nicht mehr den heutigen Anforderungen. Die aktuelle LAN-Technologie tendiert immer stärker zu 100 MBit/s. Dies soll einerseits durch Erweiterungen der bestehenden Technologien (z. B. 100 MBit/s-*Ethernet*), aber auch durch Einsatz neuerer Ansätze erreicht werden. Eine heute vor allem im Backbone-Bereich häufig eingesetzte 100 MBit/s-Technologie ist *FDDI,* das ursprünglich für den WAN-Bereich entwickelt wurde. Ähnliches gilt für *ATM.* Durch die Einführung der Backbone-Netze verwischt die Grenze zwischen LAN und WAN immer mehr. Technologien wie *FDDI* und *ATM* halten bereits Einzug in die LAN-Welt. Es wird sie in Zukunft in allen Entfernungsklassen geben. Wir wollen daher in diesem Abschnitt nicht zwischen LAN und WAN unterscheiden. *ISDN* wird als Vertreter der digitalen Telekommunikationsnetze als fünftes Beispiel kurz vorgestellt.

Im Anschluß an die Diskussion der fünf Technologien wird die Datenübertragung in einem LAN/MAN anhand eines Beispiels erläutert. Es wird beschrieben, wie sich Rechner in einem Universitätsnetz unterhalten. Hierbei wird im wesentlichen auf die Adressierung über *IP-* und Hardware-Adressen eingegangen. Es soll gezeigt werden, wie Bridges und Router ihre Adreßtabellen aufbauen und diese dann zur Nachrichtenversendung verwenden.

5.3.1 Ethernet / IEEE 802.3

Ethernet ist das momentan bekannteste und am weitesten verbreitete Bussystem im LAN-Bereich. Einige Eigenschaften von Ethernet, wie beispielsweise das CSMA/CD-Arbitrierungsverfahren, wurden bereits in vorhergehenden Abschnitten besprochen. *Ethernet* wurde ursprünglich in den 70er Jahren von Xerox entwickelt und als Warenzeichen geschützt. Die Technologie ist eine Basisbandübertragung über Koaxialkabel mit *Manchester*-Leitungskodierung. Die maximale Übertragungsrate liegt bei 10 MBit/s, die wegen häufig auftretender Kollisionen aber kaum erreicht wird.

Sowohl auf der Hardware- als auch auf der Protokollebene entwickelten sich im Laufe der Zeit neue Varianten. Vier leicht unterschiedliche Rahmenformate wurden in Abschnitt 5.1.3 vorgestellt (siehe auch Abbildung 5-8). Im folgenden wollen wir uns einige Hardware-Varianten näher ansehen. Das einzige, was diese Varianten alle gemeinsam haben - zumindest für die Endgeräte - ist die CSMA/CD-Arbitrierung. Es ist daher nicht verwunderlich, daß die Begriffe *Ethernet* und *CSMA/CD* häufig synonym verwendet werden.

Varianten

Tabelle 5-8 faßt die gebräuchlichsten „*Ethernet*-Varianten" zusammen, wobei die Bezeichnungen von der IEEE festgelegt wurden. Das eigentliche *Ethernet* stimmt mit der IEEE *10BASE-5*-Norm überein. Sie unterscheiden sich lediglich geringfügig im Rahmenformat, wie wir oben gesehen haben. Die in der Tabelle

Tabelle 5-8: Ethernet-Varianten

Eigenschaften	**Ethernet 10BASE-5**	**10BASE-2**	**1BASE-5**	**10BASE-T**	**10BROAD-36**
MBit/s	10	10	1	10	10
Signaltyp	Basisband	Basisband	Basisband	Basisband	Breitband
Segmentlänge	500 m	185 m	250 m	100 m	1800 m
Stationen je Segment	100	30	12 / Hub	12 / Hub	100
Kabel	50 Ω Koax (dick)	50 Ω Koax (dünn)	Unshielded Twisted Pair (UTP)	Unshielded Twisted Pair (UTP)	75 Ω Koax (CATV)
Stecker	Sub-D-15	BNC		RJ-45	
Topologie	Bus	Bus	Stern	Stern	Bus

5-8 aufgelisteten IEEE-Varianten realisieren alle zum Anwender hin die *IEEE 802.3*-Norm.

Die von der IEEE gewählten Namen sollen direkt die Bustechnologie beschreiben. Hierzu wurde folgende Konvention festgelegt:

<Geschwindigkeit><Typ>-<Länge>.

Die Geschwindigkeit wird in MBit/s kodiert, im Typfeld wird zwischen *BASE* (= Basisbandübertragung) und *BROAD* (= Breitbandübertragung) unterschieden, und das Längenfeld gibt die maximale Segmentlänge in Vielfachen von 100 m an. So kodiert der Name *10BASE-5* einen Bus mit 10 MBit/s, Basisbandübertragung und maximal 500 m Segmentlänge (was mit *Ethernet* übereinstimmt - siehe auch Tabelle 5-8). Die Namenskonvention wird allerdings nicht immer genau eingehalten. Beispielsweise hat die Twisted-Pair-Variante *10BASE-T* den Buchstaben *„T"* im Längenfeld, was auf Twisted-Pair hindeuten soll.

Ethernet und 10BASE-5

Die ursprüngliche, von Xerox, DEC und Intel auf den Markt gebrachte *Ethernet*-Technologie wurde von der IEEE unter dem Namen *10BASE-5* übernommen. *Ethernet* liegt bereits in der Version 2 vor, die mit Version 1 kompatibel ist (*Ethernet-2* verarbeitet Rahmen der Version 1). Da *10BASE-5* sich ein wenig von *Ethernet* unterscheidet, sind beide Standards nur substantiell kompatibel.

Ethernet und *10BASE-5* basieren auf einem zentralen, relativ dicken Koaxialbuskabel, an das die einzelnen Busteilnehmer über spezielle Anschlußeinheiten, sogenannte *Transceiver* (*Medium Attachment Unit MAU*[1]), angekoppelt werden (Abbildung 5-32). Aus mechanischer Sicht wird beim Anschluß des Transceiver an das Kabel ein Stift einfach durch den Kabelmantel auf die Seele gestochen. Das gelbe Kabel, heute unter der Bezeichnung *„Thick-Ethernet"* bekannt, besitzt alle 2,5 m Markierungen, die mögliche Anschlüssen festlegen. Diese festgelegten Anschlußpunkte sollen Reflexionen auf der Leitung minimieren helfen. In den Pfad zwischen zwei Stationen dürfen maximal vier Repeater eingesetzt werden, was bei einer maximalen Segmentlänge von 500 m die Entfernung zweier Stationen auf zweieinhalb Kilometer beschränkt.[2]

1. In Klammern steht die IEEE-Bezeichnung, während im Text *Ethernet*-Begriffe verwendet werden.

Abbildung 5-32: Ethernet-Anschluß

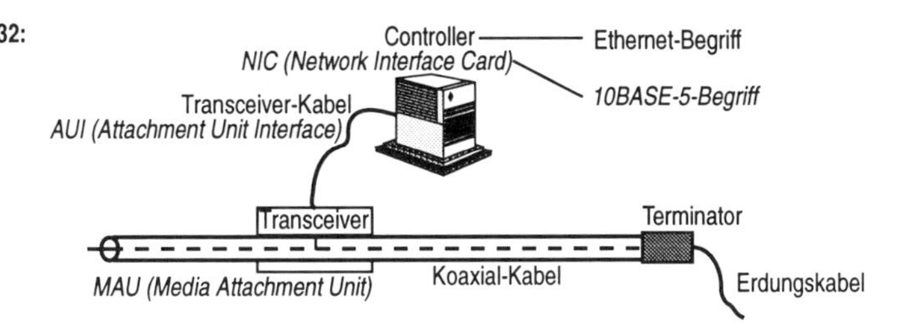

Ein Rechner wird über einen *Controller* (bzw. *Network Interface Card NIC*), einer rechnerinternen Einschubkarte, und einen Transceiver an die Busleitung angeschlossen. Controller und Transceiver sind durch ein *Transceiver-Kabel* (bzw. *Attachment Unit Interface AUI*) miteinander verbunden. Das Kabel enthält fünf UTPs (Unshielded Twisted Pairs) zur Übertragung von Daten und Kontrollsignalen. Die Umsetzung dieser Signale auf das serielle Bussignal ist Aufgabe des Transceiver. Dieser ist auch für die Träger- und Kollisionserkennung zuständig.

10BASE-2

Eine preiswertere Variante stellt *10BASE-2* dar, die auch unter den Begriffen *„Thin-Ethernet"*, *„Thinnet"* und *„Cheapernet"* anzutreffen ist. Diese Variante unterscheidet sich vom ursprünglichen *Ethernet* nur auf der physikalischen Schicht, und zwar durch

- dünneres, billigeres Koaxialkabel und
- der Transceiver ist i. allg. in die Controller-Karte integriert; das Buskabel wird direkt an die Station über BNC-T-Stecker angeschlossen, d. h. der Bus wird von Station zu Station geführt.

An ein maximal 185 m langes Segment dürfen bis zu 30 Stationen angeschlossen sein. Das Buskabel wird nicht mehr angestochen, sondern an jeder Station unterbrochen. Da *10BASE-2* ansonsten elektrisch und auf allen Protokollebenen mit *10BASE-5* übereinstimmt, können Segmente der beiden Technologien problemlos über Repeater gekoppelt werden.

10BASE-T

Die momentan billigste *Ethernet*-Variante verwendet ungeschirmte, verdrillte Zweidrahtleitungen (UTP) von maximal 100 m Länge. Ein Kabel enthält zwei Twisted-Pair-Paare. Ein UTP wird zum Senden, das andere zum Empfangen verwendet.

2. Größere Entfernungen sind nur über Bridges und Router überbrückbar.

Die Empfangsleitung dient auch der Kollisionserkennung.

Die Basis für *10BASE-T* ist der Einsatz zentraler Hubs, an die die Rechner über die UTP-Leitungen sternförmig angeschlossen sind. Die Signalzuordung zu den *RJ-45*-Ports der Hubs ist in Tabelle 5-9 aufgeführt.

Tabelle 5-9: Signalzuordnung bei 10BASE-T

RJ-45-Stecker	10BASE-T
Pin	**Signalname**
1	Transmit Data +
2	Transmit Data -
3	Receive Data +
4	ungenutzt
5	ungenutzt
6	Receive Data -
7	ungenutzt
8	ungenutzt

10BROAD-36

Der einzige IEEE-Breitband-Standard basierend auf CSMA/CD ist *10BROAD-36*. Anstelle der *Manchester*-Basisbandkodierung verwendet dieser Standard den *NRZ*-Code, der auf einen Träger aufmoduliert wird. Als Übertragungsmedium dient ein 75 Ω Fernsehkabel (*CATV - Cable Television*). Mehrere *Ethernet*-Kanäle können durch Verwendung verschiedener Trägerfrequenzen gleichzeitig auf einem Kabel realisiert werden.

5.3.1.1 Fast-Ethernet

Der Forderung nach immer größerer Bandbreite zur Übertragung großer Dateien und Multimedia-Daten müssen auch die lokalen Netze Rechnung tragen. Die von *Ethernet* bereitgestellten 10 MBit/s, die in der Praxis noch nicht einmal erreicht werden, reichen immer häufiger - auch bei geschicktester Netzpartitionierung - nicht mehr aus. Um die Kommunikationsanforderungen auch in Zukunft befriedigen zu können, wird derzeit fieberhaft an schnelleren LAN-Technologien gearbeitet. Die zur Zeit vorherrschende „magische Zahl" für die Bandbreite liegt bei 100 MBit/s. Dies kann durch schnelle und teure WAN-Technologie wie *FDDI* und *ATM* erreicht werden. Es wird aber auch versucht, günstigere Lösungen zum Umstieg von Standard-*Ethernet* zu finden. Im besten Fall sollte ein schrittweiser Umstieg bei teilweiser Weiterbenutzung bestehender Technik möglich sein. Einige solcher Ansätze findet man unter dem Begriff *„Fast Ethernet"*.

Tabelle 5-10: Vergleich einiger Fast-Ethernet-Ansätze
Quelle: [Sad95]

nominelle Datenrate: 100 MBit/s				
IEEE-Standard	802.3			802.12
Standardname	**100BASE-FL**	**100BASE-TX**	**100BASE-T4**	**100VG-AnyLAN**
Zugriff	CSMA/CD			Handshake-Protokoll Round-Robin
Übertragungsart	Halbduplex			Halbduplex
unterstützte Verkabelung	2-Faser-LWL 62,5 / 125 μm	2 x 2 UTP Kategorie 5	4 x 2 UTP Kategorien 3..5	4 x 2 UTP Kategorien 3..5
Kodierung	NRZI	4B/5B[a] (RZ-Code)	8B/6T (8 Bit in 6 Tribit[a])	5B/6B[a] (NRZ-Code)
theoretische Bandbreite	60 ... 70 MBit/s			95 MBit/s

a. Die Redundanz des etwas längeren Leitungscode dient der Taktrückgewinnung

Tabelle 5-10 zeigt vier aktuelle Technologien als Erweiterung von *Ethernet* mit einer nominellen Datenrate von 100 MBit/s. Drei dieser Ansätze bleiben der *IEEE 802.3*-Schnittstelle, d. h. der CSMA/CD-Arbitrierung, treu. *100BASE-FL* setzt dabei auf Glasfaserstrecken, während *100BASE-TX* und *100BASE-T4* UTP-Kabel und schnelle Hubs verwenden. Alle drei Ansätze erreichen allerdings noch nicht einmal theoretisch die angestrebten 100 MBit/s. Durch Kollisionen, wie sie bei CSMA-CD üblich sind, darf in der Praxis nicht viel mehr als 30 MBit/s erwartet werden. Ein großes Problem, daß hier vorliegt, ist die Arbitrierung, deren Dauer von der Leitungsverzögerung/-länge und nicht von der Signalfrequenz abhängt.

100VG-AnyLAN

Ein vielversprechender Alternativansatz ist das *100VG-AnyLAN*, das von HP und AT&T entwickelt und dessen Schnittstelle unter der Bezeichnung *IEEE 802.12* genormt wurde. *100VG-AnyLAN* gibt zwar die CSMA/CD-Arbitrierung auf, erlaubt jedoch, große Teile der Kommunikationsinfrastruktur (vor allem die bereits vorhandenen UTP-Kabel) weiter zu verwenden. Eine schrittweise Migration vom 10 MBit/s-*Ethernet* ist möglich.

Die Datenübertragung zu den Rechnern erfolgt über die UTP-Leitungen von *10BASE-T*. Der zentrale Hub muß jedoch ausgetauscht werden. Da die CSMA/CD-Arbitrierung zu einem immer größeren Hemmnis wird, übernimmt *100VG-AnyLAN* nur die sternförmige *10BASE-T*-Verkabelung. Die Hub-Technologie erlaubt bei gleichbleibenden Leitungen die Ausnutzung intelligenterer Arbitrierungsschemata im Konzentrator.

Die beiden fundamentalen Technologien von *100VG-AnyLAN* sind

- *Quartet Signaling*. Durch Ausnutzung aller vier UTPs für die Datenübertragung in eine Richtung wurde es möglich, bei fast gleichbleibender Frequenz die Übertragungsrate zu vervierfachen[1]. Eine effizientere Leitungskodierung (*5B/6B NRZ* anstelle von *Manchester*) steuert den verbleibenden Faktor 2,5 bei, um von 10 MBit/s auf 100 MBit/s zu kommen. Das Beibehalten der Frequenz erlaubt die Verwendung der alten Leitungen, da sich die elektrischen Anforderungen nicht ändern.
- *Demand Priority*. Hierunter ist eine Vereinfachung des CSMA/CD-Verfahrens zur Eliminierung von Kollisionen zu verstehen. Erreicht wird dies durch Ausnutzung der Sterntopologie, wodurch eine zentrale Busvergabe durch den Hub möglich ist. Die Arbitrierung ist eine Mischung aus Round-Robin-Verfahren und prioritätsgesteuerter Busvergabe. Auf der funktionalen Ebene entspricht der Hub einer Multiport-Bridge, die einen eintreffenden Rahmen möglichst nur an einen Ausgangsport weiterleitet, um alle anderen Ports unbelastet zu lassen. Diese können dann zeitgleich mit anderen Übertragungen belegt werden.

Die Migration von *10BASE-T* nach *100VG-AnyLAN* erfolgt in zwei Schritten. Zunächst werden alle Stationen ermittelt, die eine höhere Bandbreite benötigen. Bei diesen Stationen wird die *10BASE-T*-Adapterkarte im Rechner durch eine 10/100-Karte (eine Karte, die sowohl mit einem 10 MBit/s- als auch mit einem 100 MBit/s-Hub verbunden werden kann) ausgetauscht. Die Verkabelung ändert sich nicht. Im zweiten Schritt wird zum bestehenden *10BASE-T*-Hub ein neuer *100VG-AnyLAN*-Hub hinzugefügt. Die Rechner mit den neuen Netzwerkkarten können nun nach Bedarf individuell umgehängt werden. Da beide Teilnetze dasselbe *Ethernet*-Rahmenformat verwenden, genügt zur Kopplung der beiden Teilnetze eine einfache, geschwindigkeitsanpassende Bridge, die die „schnellen Rahmen" beim Übergang in das langsamere Teilnetz zwischenpuffert.

1. *10BASE-T* verwendet immer nur ein Leitungspaar zur Datenübertragung, während das andere der Kollisionserkennung dient. Da bei *100VG-AnyLAN* die Arbitrierung kollisionsfrei ist, können dort alle vier UTPs zum Datentransport herangezogen werden.

5.3.2 Token-Ring / IEEE 802.5

Der Token-Ring-Standard *IEEE 802.5* basiert auf dem IBM-Token-Ring. Hierbei werden die Stationen über Punkt-zu-Punkt-Verbindungen zu einem Ring zusammengeschlossen. Die Arbitrierung und Busvergabe wird über ein auf dem Ring kreisendes Token geregelt.

Erhält eine Station das sogenannte Frei-Token, darf sie Daten zu einer Partnerstation übertragen. Nimmt die Station das Kommunikationsmedium in Anspruch, wird das Token so verändert, daß alle anderen Stationen dieses als Rahmen-Startsequenz auffassen. Direkt anschließend an diese Startsequenz werden die Daten über den Ring gesendet. Das Rahmenformat ähnelt dem von *Ethernet* (siehe unten). Zur Leitungskodierung wurde der *Manchester*-Code gewählt.

Alle Stationen im Ring leiten den empfangenen Rahmen unmittelbar an die nächste Station weiter. Die Verzögerung der Daten durch eine Station beträgt lediglich 1 Bit. Erkennt eine Station ihre eigene Adresse im Adressatenfeld des Rahmens, kopiert sie den Rahmen vom Ring in einen internen Puffer, setzt entsprechende Empfangs-Bits in einem Kontrollfeld des Rahmens und sendet den so geänderten Rahmen über die nächsten Stationen im Ring zurück zur Sendestation. Erst die Sendestation nimmt den Rahmen endgültig vom Ring und generiert danach ein neues Frei-Token. Dieses Frei-Token wird dann zur Nachbarstation gesendet, die damit die Buskontrolle an sich nehmen darf. Hat die Nachbarstation keinen Übertragungswunsch, gibt sie das Token ebenfalls weiter.

Interessant bei diesem Verfahren ist es, daß die Sendestation, aufgrund der „Kürze" des Rings, die ersten zurückkommenden Bits bereits wieder löschen muß, während ihr eigentlicher Übertragungsvorgang noch stattfindet. Durch das deterministische Busvergabeverfahren ist, im Gegensatz zu *Ethernet*, über den *Token-Ring* eine isochrone Übertragung prinzipiell möglich. Auch Echtzeitübertragung kann unter gewissen Umständen garantiert werden.

Der ursprüngliche *Token-Ring* hat eine spezifizierte Übertragungsrate von 4 MBit/s. Eine neuere Spezifikation kommt auf 16 MBit/s. Diese Variante verwendet ein modifiziertes Arbitrierungsverfahren: die Sendestation sendet ein neues Frei-Token bereits dann aus, wenn das letzte Bit des aktuellen Rahmens ausgesendet wurde. Es wird nicht abgewartet, bis der aktuelle Rahmen vernichtet wurde. Man spricht hierbei vom *Early Token Release*.

Arbitrierung

Die Arbitrierung und Vergabe des Kommunikationsmediums sind beim *Token-Ring* und *Token-Bus* gleich. In beiden Fällen kreist das Frei-Token von Station zu Station. Das Verfahren fällt in die Klasse der dezentralen Vergabe. Während beim *Token-Ring* die Reihenfolge der Stationen durch die physikalische Ringstruktur festgelegt ist, kann diese beim *Token-Bus* frei festgelegt werden.

Der *IEEE 802.5*-Standard erlaubt eine prioritätsgesteuerte Medienvergabe. Hierzu sind drei Prioritätsbits im Token festgelegt (vgl. das Rahmenformat). Eine Station, die ein Frei-Token empfängt, darf dieses nur dann annehmen, wenn die Priorität des Token nicht höher als die Priorität der Station ist. Die Prioritäten der einzelnen Stationen können dynamisch vergeben werden. Will eine Station mit hoher Priorität das nächste Token haben, markiert sie diesen Wunsch im Prioritätsfeld des aktuellen Token. Der aktuelle Sender ist dann dafür verantwortlich, daß die Priorität des von ihm wieder ausgesandten Token entsprechend erhöht wird (bzw. wieder zurückgesetzt wird, wenn der hochpriore Wunsch erfüllt wurde).

Technische Forderungen

Das größte Problem der Ringtopologie liegt in der Unterbrechung jeglicher Kommunikation, wenn eine Station ausfällt. Um diese Situation zu erkennen, wird eine ausgezeichnete Monitorstation im Ring gefordert. Diese Station überwacht den Ringverkehr und führt vom Protokoll vorgesehene Maßnahmen im Fehlerfall durch. Würde beispielsweise eine Sendestation während der Übertragung ausfallen, kreisten Rahmenbruchstücke endlos auf dem Ring und würden den Ring blockieren. Diesen Fall löst die Monitorstation durch Verwendung eines Timer. Fällt die Monitorstation selbst aus, übernimmt eine andere Station deren Monitoraufgabe.

Neben dem Monitoring sind beim *Token-Ring* technische Maßnahmen notwendig, die eine minimale Verzögerung des Rings garantieren. Die Verzögerung hängt von der Länge des Frei-Token im Leerlauf des Rings ab. Der Ring muß nämlich in der Lage sein, ein vollständiges Token (24 Bit) zu speichern. Diese Verzögerung erreicht man zum einen durch die physikalische

Ausdehnung der Leitung[1] und die 1-Bit-Verzögerungen in den Ringadaptern. Ist die Zahl von Stationen im Ring zu klein und die Ausdehnung zu gering, muß eine ausgezeichnete Station auf der MAC-Schicht einen 24-Bit-Puffer zur Verfügung stellen. Im allgemeinen ist dies die Monitorstation.

Zugriff auf das Medium

Der Anschluß einer Station an den Ring erfolgt über die *Trunk Coupling Unit TCU* (Abbindung 5-33). Diese Anschlußeinheit besitzt einen Schalter, über den ein Signal entweder durch die Station umgeleitet und verstärkt oder aber einfach weitergegeben wird, wenn keine Station angeschlossen ist. Die Anschlußeinheit selbst ist passiv und hat keinerlei Repeater-Eigenschaft. Der Schalter in der TCU wird von der Station gesteuert. Die Station prägt hierzu eine Gleichspannung dem *Medium Interface Cable* auf. Diese Gleich- bzw. Phantomspannung steuert das Relais zum Umschalten in der TCU, ist aber transparent für das Wechselsignal der Manchester-Kodierung. Steht der Schalter in der Bypass-Position, werden zwei Ringe geschlossen: der eigentliche *Token-Ring* ohne die Station, aber auch ein lokaler Pseudoring, bestehend aus der Station und dem Anschlußkabel. Dadurch läßt sich die Adapterkarte lokal testen.

Abbildung 5-33: Token-Ring-Mediumzugriff

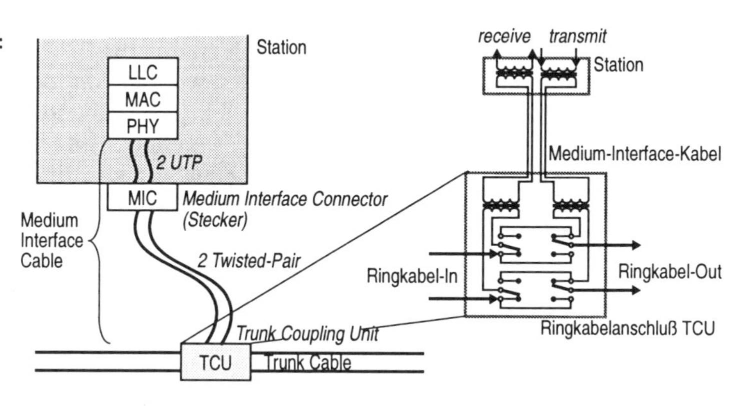

Die Ausfallsicherheit des *Token-Rings* kann durch eine zentrale, Hub-artige Verdrahtung erhöht werden. Jede Station ist durch eine Hin- und Rückleitung (Medium Interface Cable) mit einem Hub verbunden, wie wir es auch beim Anschluß einer Station

1. 200 m Kabel böten bei einer Schrittweite von 50 ns und einer Übertragungsgeschwindigkeit von 0,75·c etwa 20 Bit Platz auf dem Ring.

an eine TCU gesehen haben. Die TCU und der Ring werden intern im Hub realisiert (siehe Abbildung 5-34). Mehrere Hubs können mit Hilfe von Verbindungskabeln zur größeren Ringen gekoppelt werden.

Sollte eine Station ausfallen oder eine Leitung zur Station unterbrochen sein, kann die Station lokal im Hub aus dem Ring genommen und der Ring entsprechend kurzgeschlossen werden (Bypass-Schalter).

Abbildung 5-34: Token-Ring-Hubs

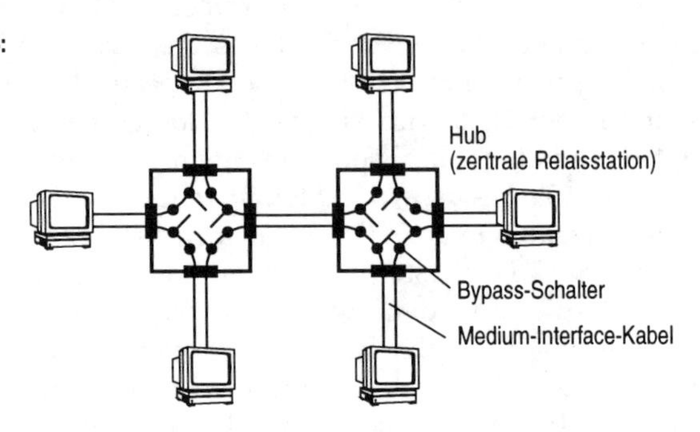

Rahmenformat

Das Rahmenformat des *Token-Rings* auf der Protokollschicht 2 (MAC- und LLC-Schicht) ist in Abbildung 5-35 dargestellt. Im oberen Teil der Abbildung sehen wir den Aufbau eines Frei-Token. Dieses besteht aus einem 8-Bit-Kontrollfeld, das von einer Start- und einer Endekennung eingerahmt ist. Start- und Endekennung sind festgelegte Bitkombinationen, die das Token eindeutig identifizieren. Das Kontrollfeld enthält Daten zur prioritätsgesteuerten Arbitrierung und zum Monitoring sowie eine Kennung darüber, ob ein Datenfeld folgt.

Wird das Frei-Token von einer Station zur Datenübertragung entgegengenommen, wird das Token zu einem Rahmen erweitert (Abbildung 5-35). Zwischen das Kontrollfeld und der Endekennung des Token wird die Rahmeninformation mit den Adressen, einem weiteren Kontrollfeld und der eigentlichen Information eingefügt. Ganz an das Ende des Rahmens, hinter der eigentlichen Endekennung, wird noch ein 8 Bit langes Statusfeld angehängt.

Die weitere Unterteilung der Adreßfelder *DA* und *SA* ist in Abbildung 5-35 unterhalb des Rahmenformats näher aufgeschlüsselt. In der *IEEE 802.5*-Norm gibt es eine 16-Bit- und eine 48-Bit-

Abbildung 5-35: Rahmenformat des Token-Rings

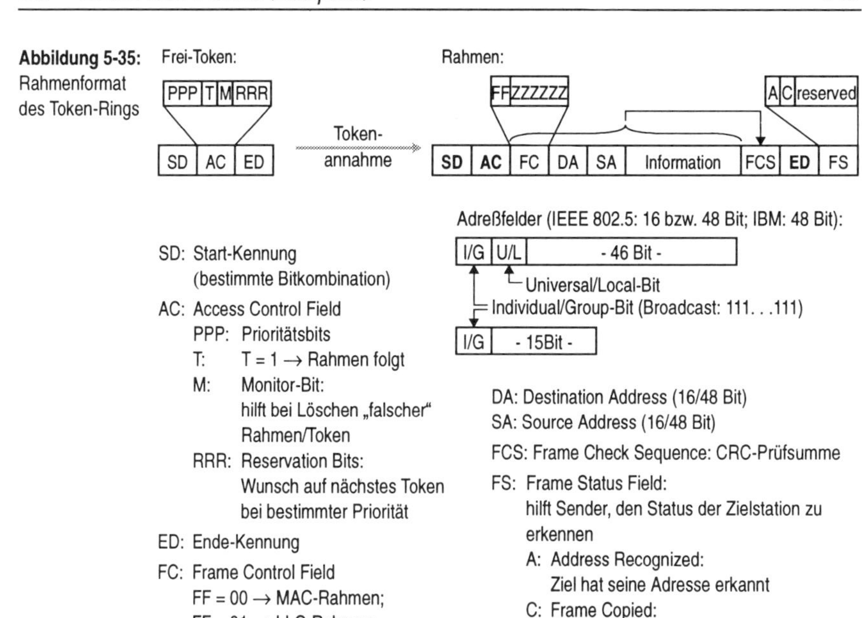

Adreßvariante, wobei der *IBM-Token-Ring* nur die längeren Adressen kennt. Am Anfang der Adreßfelder stehen noch ein oder zwei Kontrollbits, die angeben, ob es sich bei der Adresse um eine individuelle Station oder eine Gruppe handelt oder ob eine Broadcast-Nachricht vorliegt.

5.3.3 FDDI (Fiber Distributed Data Interface)

FDDI ist ein vom ANSI[1] genormtes 100 MBit/s-LAN/WAN, basierend auf dem *Token-Ring*. Die hohe Geschwindigkeit über relativ große Entfernungen wird durch die unempfindliche Glasfasertechnik erreicht - daher stammt auch der Name. Die Vorgaben bei der Spezifikation waren folgende:

- fehlertolerante Doppelringtopologie mit Token-Ring-Protokoll
- hohe Übertragungsrate und Sicherheit durch Glasfasertechnologie (Bitfehlerwahrscheinlichkeit ca. $2{,}5 \cdot 10^{-10}$)
- 100 MBit/s auf jedem Ring

1. American National Standards Institute

- Hunderte von Stationen über mehrere 10 km Länge ohne Leistungseinbuße
- im wesentlichen Unterstützung des asynchronen Paketverkehrs und weniger der isochronen Übertragung[1].

Heute findet man *FDDI* vorwiegend zur Realisierung schneller, firmenweiter Backbone-Netze, d. h. zur Kopplung abteilungsinterner LANs. Eine Beispielkonfiguration für ein solches Backbone zeigt Abbildung 5-36. In diesem Beispiel werden unterschiedliche LANs (*Ethernet*, *Token-Bus* und *Token-Ring*) sowie einzelne Großrechner über das *FDDI-Backbone* miteinander verbunden.

Abbildung 5-36: FDDI-Backbone

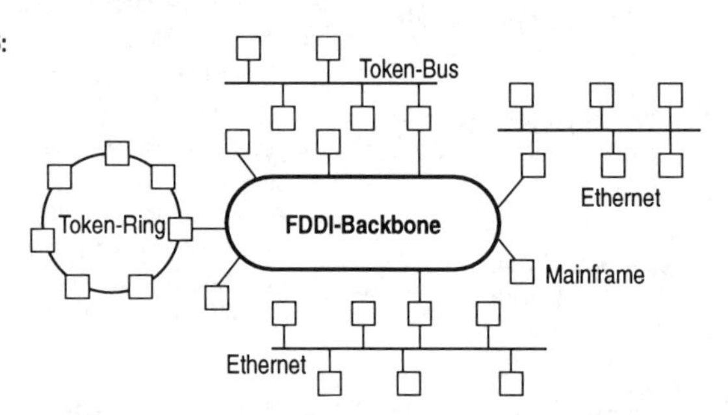

Einbettung von FDDI ins OSI-Referenzmodell

FDDI ist auf den untersten zwei Schichten, genauer gesagt, der Bitübertragungsschicht und dem unteren Teil der Sicherungsschicht, angesiedelt. Tabelle 5-11 beschreibt die Einordnung in die Protokollschichten.

Die Bitübertragungsschicht unterteilt sich in zwei Teilschichten:

- *PMD (Physical Medium Dependent Standard)*. Die untere Teilschicht beschreibt die Punkt-zu-Punkt-Verbindung im Basisband. Hierzu gehören Spezifikationen der Wellenlängen, der optischen Eigenschaften des Lichtwellenleiters (z. B. Dämpfung, Bandbreite, Dispersion) u. ä.
- *PHY (Physical Layer Protocol)*. Die obere Teilschicht legt die Datenkodierung, das Zeitverhalten (z. B. Token-Umlaufzeit, Synchronisation zweier benachbarter Stationen) und die Datenpufferung fest.

---

1. Isochrone Übertragung wird durch eine kompatible, jüngere Version von *FDDI*, dem *FDDI-II*, möglich. *FDDI-II* realisiert einen vermittlungsorientierten Dienst, basierend auf Zeitmultiplexing.

Tabelle 5-11: FDDI-Schichtenarchitektur

<table>
<tr><th colspan="3">FDDI</th><th colspan="2">FDDI-II</th></tr>
<tr><td rowspan="3">Sicherungs-schicht</td><td colspan="2">802.2
(LLC: Logical Link Control)</td><td colspan="2">CS-MUX
(Circuit Switching Multiplexer(s))</td></tr>
<tr><td colspan="2">MAC (Media Access Control)</td><td colspan="2">I-MAC (Isochronous MAC)</td></tr>
<tr><td colspan="4">H-MUX (Hybrid Multiplexer)</td></tr>
<tr><td rowspan="3">Bitüber-tragungs-schicht</td><td colspan="4">Kodierung und Zeitverhalten
PHY (Physical Layer Protocol)</td></tr>
<tr><td colspan="4">optische und mechanische Eigenschaften</td></tr>
<tr><td>PMD
(Physical Medium Dependent Layer)</td><td colspan="2">SMF-PMD
(Single Mode Fiber PMD)</td><td>SPM
(SONET Physical Layer Mapping)</td></tr>
</table>

Analog zur *IEEE 802*-Protokollfamilie unterteilt sich auch die Sicherungsschicht von *FDDI* in zwei Teilschichten:

- *MAC (Token-Ring Media Access Control Standard).* Die MAC-Schicht spezifiziert den Medienzugriff (zur Arbitrierung verwendet *FDDI* das deterministische Token-Passing-Verfahren), die Adressierung, die Überprüfung der Datenintegrität und die Verpackung der Daten in Rahmen.
- *LLC (Logical Link Control).* Die oberste *FDDI*-Schicht unterteilt sich heute noch einmal in zwei Protokolle. Das ursprüngliche *FDDI* verwendet den *IEEE 802.2*-Standard zur Kombination von *FDDI* mit den wichtigsten LAN-Protokollen *Ethernet* (*802.3*) und *Token-Ring* (*802.5*). Eine jüngere *FDDI-II*-Spezifikation bietet neben diesen paketvermittelnden Diensten auch eine isochrone Schnittstelle, basierend auf Zeitmultiplexing und Leitungsvermittlung.

Zusätzlich zu den *FDDI*-Standarddokumenten gibt es bereits Erweiterungen bzw. sind Erweiterungen geplant:

- *SMF-PMD (Single Mode Fiber - PMD*). Die maximale Leitungslänge des *FDDI*-Standarddokuments (2 km) ergibt sich durch die Verwendung einer Multimode-Glasfasertechnik. Diese kann durch Single-Mode-Leitungen auf 60 km zwischen zwei Stationen erhöht werden.
- *SPM (FDDI-to-SONET Physical Layer Mapping Function*). Dieses Protokoll bildet die *FDDI*-Rahmen auf das *SONET* (*Synchronous Optical Network*) ab. *SONET* ist ein bedeutender US-Standard, vor allem im Zusammenhang mit *ATM*.
- Neben der Verwendung der relativ teuren Glasfasertechnik wird auch an preisgünstigere *FDDI*-Lösungen gedacht. Dar-

unter fallen die Verwendung von STP (Shielded Twisted Pair), UTP (Unshielded Twisted Pair) und Low-Cost-Fiber. Entsprechende Normen werden zur Zeit ausgearbeitet.

- *HRC (Hybrid Ring Control).* Mit dieser Spezifikation soll eine aufwärtskompatible Version des *FDDI*-Protokolls zur Verfügung stehen (genannt *FDDI-II*). Sie erlaubt eine isochrone Übertragung von Video und Audio, was mit steigender Anzahl von Multimedia-Anwendungen immer mehr gefordert wird. Realisiert wird *FDDI-II* durch ein Zeitmultiplexverfahren, das in den Protokollen *H-MUX* (*Hybrid Multiplexer*), *I-MAC* (*Isochronous MAC*) und *CS-MUX* (*Circuit Switching Multiplexer*) spezifiziert ist (siehe Tabelle 5-11).

Im weiteren wollen wir uns die Bitübertragungsschicht etwas genauer ansehen, da sich dieses Buch im wesentlichen den Hardware-Aspekten der Rechnerkommunikation widmet. Zur Abrundung wird am Ende dieses Abschnitts kurz noch die Sicherungsschicht angesprochen.

5.3.3.1 PMD-Schicht: FDDI-Technik

FDDI besitzt eine doppelte, gegenläufige Ringstruktur mit Punkt-zu-Punkt-Verbindungen auf der Basis von Glasfaserleitungen. Bis zu 500 Stationen dürfen einen Ring von maximal 200 km Länge ergeben, wobei zwischen zwei Stationen nicht mehr als 2 km erlaubt sind.

Der Doppelring unterteilt sich in einen primären und einen sekundären Ring. Zur Datenübertragung ist prinzipiell der Primärring vorgesehen. Der Sekundärring, auf dem die Signale in Gegenrichtung laufen, dient i. allg. nur als redundanter Sicherungsring, kann allerdings zur zusätzlichen Datenübertragung im Nicht-Fehlerfall genutzt werden. In diesem Fall steigt die Übertragungsrate auf 200 MBit/s an.

Beim Ausfall einer Station wird der Sekundärring zur automatischen Sicherung der Kommunikation auf einem einzelnen Ring benötigt. Wie Abbildung 5-37 zeigt, werden bei einer Störung die beiden gegenläufigen Ringe zu einem langen Ring verbunden. Die ausgefallene Station wird dabei ausgespart. Wurden vorher beide Ringe für eine 200 MBit/s-Übertragung verwendet, muß im Fehlerfall auf 100 MBit/s zurückgeschaltet werden.

Die Zugangskontrolle erfolgt mittels des *Early Token Release*-An-

Abbildung 5-37: Unterbrochener FDDI-Ring

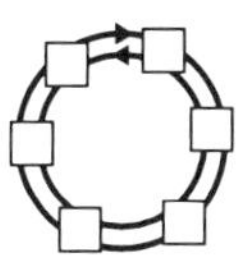

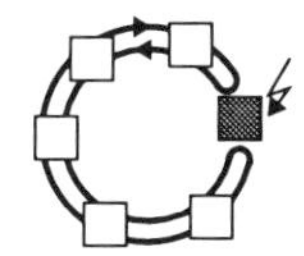

satzes zur schnellstmöglichen Token-Generierung auf langen Leitungen. Beim einfachen Token-Passing-Protokoll, wie wir es beim 4 MBit/s-*Token-Ring* in Abschnitt 5.3.2 kennengelernt haben, existiert immer nur ein Rahmen auf dem Ring (Abbildung 5-38). Das Übertragungsmedium wird von der sendenden Station frühestens nach einem Umlauf wieder freigegeben. Dieser Ansatz ist relativ einfach zu implementieren und ist bei kürzeren LANs vollkommen ausreichend. Die *Token-Ringe* im LAN-Bereich sind meist so kurz, daß die sendende Station den Anfang des aktuellen Rahmens bereits wieder empfängt, bevor der Rahmen vollständig ausgesendet wurde.

Abbildung 5-38: Einfaches Token-Passing

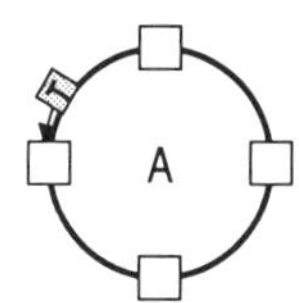

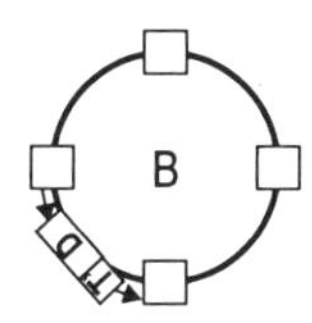

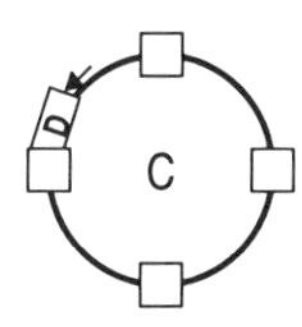

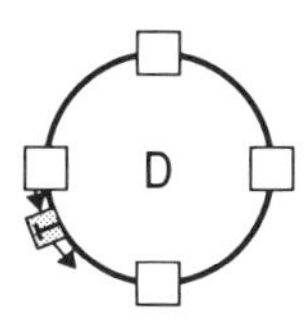

Erhält eine Station das Frei-Token T (A), kann diese einen Datenrahmen D an das Token anhängen, womit das Token als besetzt markiert wird (B). Erst nachdem die sendende Station den gesamten Rahmen wieder empfangen und vom Ring genommen hat (C), wird das Frei-Token an die nächste Station weitergegeben (D).

Beim *Early-Token-Release* können dagegen mehrere Rahmen gleichzeitig auf dem Ring existieren (Abbildung 5-39). Dieses Verfahren kommt bei langen Ringen zum Einsatz, wo die Ringlänge größer als die Rahmenlänge sein kann. Betrachtet man beispielsweise einen *FDDI*-Rahmen von maximal 4500 Byte Länge (s. u.), so belegt dieser bei 100 MBit/s etwa 10 km Lichtleiter, wobei eventuelle Verzögerungen in den Stationen vernachlässigt sind. Bei langen Ringen - *FDDI* erlaubt bis zu 200 km - würde die Einschränkung auf einen Rahmen die potentielle Übertragungsleistung des Mediums zu stark beschränken. Hier ist es von großem Vorteil, wenn sich weitere Rahmen direkt an einen ausgesendeten Rahmen anschließen. Das *Early-Token-Release*-Verfahren, das bei *FDDI* zum Einsatz kommt, erlaubt ein solches „Anhängen" mehrerer Rahmen an das kursie-

Abbildung 5-39: Early-Token-Release

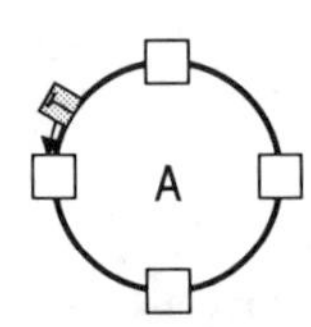

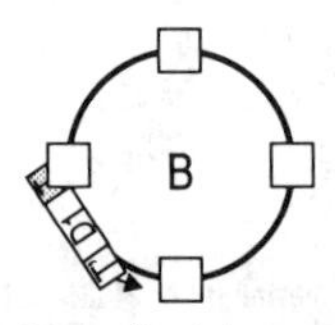

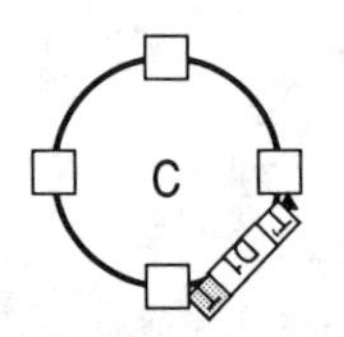

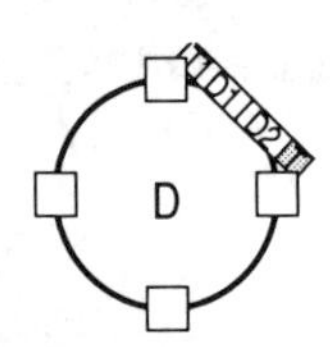

Analog zu Abbildung 5-38 empfängt eine sendewillige Station das Frei-Token T (A). Der Sender markiert das Token als belegt T' und hängt an das Token (genauer: zwischen Token-Kopf und der Endekennung) einen Datenblock D1 an (B). Dieser wird ebenfalls einmal über den gesamten Ring gesendet (C) und vom Sender wieder vom Ring genommen. Gibt es jedoch eine weitere sendewillige Station (rechte Station in diesem Beispiel), so hängt diese ihren Datenblock D2 direkt hinter D1. Der erste Sender nimmt später nur seinen Rahmen D1 heraus und gibt das Token zusammen mit D2 weiter, woran weitere Rahmen angehängt werden können.
Das Prinzip der Arbitrierung ändert sicht jedoch nicht, da eine Station weiterhin nur dann Daten versenden kann, wenn das Token bei ihr „vorbei kam".

rende Token (Abbildung 5-39).

Stationsarten

FDDI kennt Konzentratoren und zwei unterschiedliche Arten von Endgeräten, die sich in der Anschlußqualität unterscheiden.

- *Class A* (*DAS - Dual Attachment Stations*). In diese Klasse fallen die „normalen" Stationen mit Verbindung zu beiden Ringen und voller Funktionalität.
- *Class B* (*SAS - Single Attachment Stations*). Dies sind einfachere, nicht an den Sicherungsring angeschlossene Stationen, z. B. Workstations.
- *Class A - Konzentrator.* Der Konzentrator bedient mehrere einzeln angeschlossene *Class* B-Stationen. Wie bei Hubs üblich, entsteht auch bei Verwendung von *FDDI*-Konzentratoren eine Stern-Topologie. Eine Verbindung von *Class-A-* mit *Class-B*-Stationen ist über einen Konzentrator ebenfalls möglich (Abbildung 5-40).

Class-A- und *Class-B*-Stationen unterscheiden sich aus Sicht des *FDDI*-Netzwerks vor allem in der Fehlertoleranz. Sollte die Verbindung zwischen *Class-A*-Stationen unterbrochen werden, so können die Stationen auf den Sicherungsring, mit nunmehr 100 MBit/s, umschalten. Die Unterbrechung zu einer *Class-B*-Station kann dagegen nicht automatisch „repariert" werden.[1] Fällt eine solche Station aus, wird sie vom Konzentrator aus

1. Die beiden Stationsarten können sich auch in der Übertragungsrate unterscheiden. Bei *Class-A*-Stationen sind theoretisch 200 MBit/s durch Verwendung beider Ringe im Normalfall möglich. *Class-B*-Stationen sind dagegen immer auf 100 MBit/s beschränkt.

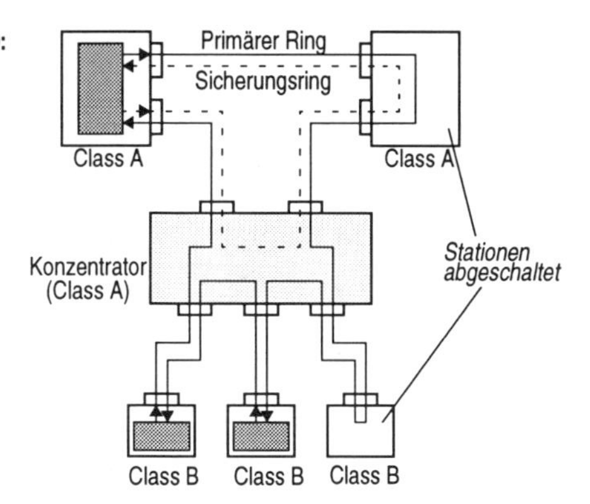

Abbildung 5-40: Stationsarten bei FDDI

dem Ring genommen und der Ring im Konzentrator wieder geschlossen (Abbildung 5-41).

Abbildung 5-41 zeigt noch einmal die Beispielkonfiguration des *FDDI*-Rings mit allen drei Gerätearten aus Abbildung 5-40. Es wird jetzt jedoch angenommen, daß der Anschluß einer *Class-A* und der einer *Class-B*-Station gestört bzw. ausgefallen ist (nicht die Stationen selbst). Die Abbildung zeigt deutlich, daß die *Class-A*-Station weiterhin am Netzwerk angeschlossen ist, während die *Class-B*-Station abgetrennt wurde.

Da der Anschluß von *Class-B*-Stationen preisgünstiger ist, muß bei der Auslegung der *FDDI*-Geräte zwischen Kosten und Sicherheit abgewogen werden. Ausfälle treten in der Praxis jedoch nur selten auf, so daß sich häufig der Einsatz von *Class-B*-Statio-

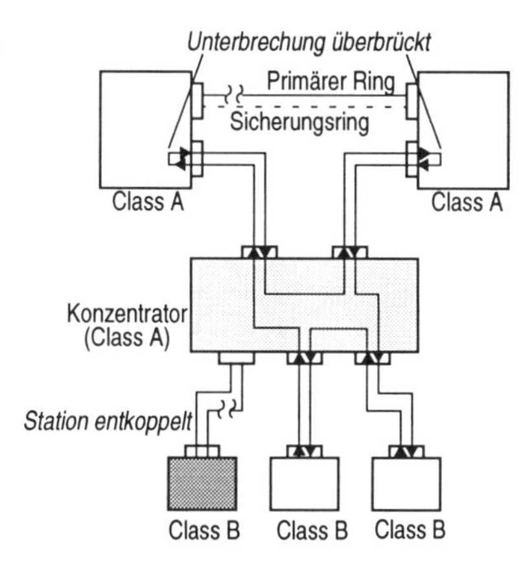

Abbildung 5-41: Class A-Stationen und -Konzentratoren sind fehlertolerant

nen lohnt. Nur bei kritischen Anwendungen sollte nicht auf die Fehlertoleranz von *Class-A*-Stationen verzichtet werden.

DAS/SM, DAS/DM

Class A-Stationen besitzen jeweils zwei Ports mit getrennten PMD/PHY-Einheiten: *PMD/PHY A, PMD/PHY B. PMD/PHY A* hat einen Eingang vom Primärring (P_{in}) und einen Ausgang zum Sekundärring (S_{out}). *PMD/PHY B* erhält dagegen Daten vom Sekundärring (S_{in}) und sendet diese an den Primärring wieder aus (P_{out}). Durch diese „Kreuzschaltung" kann bei Ausfall einer Station der Zusammenschluß zwischen Primärring und Sekundärring auf den unteren Protokollschichten realisiert werden. Jede dieser beiden *PMD/PHY*-Einheiten (*FDDI*-Adapterkarten) kann die beiden Ringe auftrennen und den Primärring mit dem Sekundärring lokal verbinden. Die Station ist damit vom Ring abgetrennt.

Class A-Stationen unterscheiden sich desweiteren darin, ob sie eine oder zwei Einheiten auf der MAC-Schicht besitzen (Abbildung 5-42).

- *DAS/DM* (*Dual MAC*) sind Stationen mit zwei MAC-Einheiten. Durch zwei getrennte Ringanschlußeinheiten mit zwei Schnittstellen zur LLC-Schicht ist es möglich, auf beiden Ringen gleichzeitig Daten mit zusammen 200 MBit/s zu übertragen.
- *DAS/SM* (*Single MAC*) sind dagegen Stationen mit nur einer MAC-Einheit. Sie können nur auf dem Primärring Daten übertragen, d. h. auf den höheren Protokollschichten annehmen und aussenden. Der Sekundärring ist direkt auf der PHY-Schicht gebrückt. Die LLC-Schicht hat keinen Zugang zu dem zweiten Ring.

Abbildung 5-42: Vergleich zwischen DAS/DM- und DAS/SM-Stationen

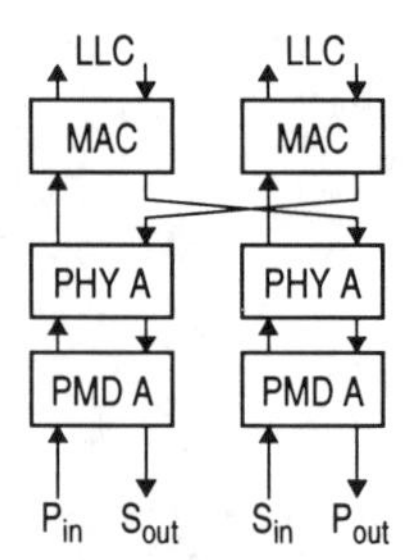

DAS/DM-Station
kann auf beiden Ringen gleichzeitig Daten übertragen

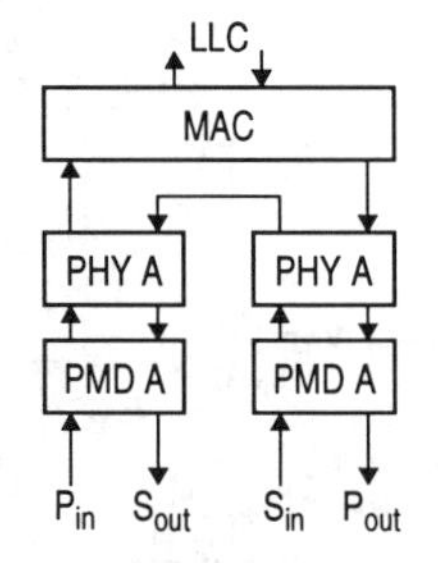

DAS/SM-Station
kann nur auf dem Primärring Daten übertragen

5.3.3.2 PHY-Schicht

Die zweite Teilschicht der untersten OSI-Protokollschicht ist bereits vom Übertragungsmedium unabhängig. Die PHY-Schicht ist im wesentlichen für die Kodierung und Dekodierung zuständig. Sie dient auch der Synchronisation von Sender und Empfänger.

Als Leitungscode wird bei *FDDI* die *4B/5B*-Kodierung verwendet. Dies bedeutet, daß die vier Bit einer Hexadezimalziffer auf fünf Bit erweitert und dann auf der PMD-Schicht übertragen werden. Die bei der Kodierung eingeführte Redundanz dient der Taktrückgewinnung zur Synchronisation von Sender und Empfänger (vgl. Abschnitt 1.2.2.4). Gegenüber der - z. B. bei *Ethernet* und *Token-Ring* verwendeten - *Manchester*-Kodierung hat die *4B/5B*-Kodierung eine geringere Redundanz. Bei einer 100%-Netto-Datenrate benötigt die *4B/5B*-Kodierung eine Bruttorate von 125%[1], während die *Manchester*-Kodierung für ein Datenbit zwei Codebits benötigt, was eine Bruttorate von 200% macht. Neben den 16 Datensymbolen werden bei *FDDI* in die 5 Codebits auch 8 Kontrollsymbole kodiert, so daß im Endeffekt nur 8 Symbole als verbotene Codes nicht genutzt werden.

Die über die beiden Ringe eingehenden Signale werden auf SMD-Schicht *mit* 125 MHz abgetastet und an PHY-Schicht weitergegeben. FDDI erlaubt zwischen Sender und Empfänger eine Taktdifferenz von 0,01%, die durch kleine FIFO-Pufferspeicher in der PHY-Schicht (*Elasticity Buffer*) abgefangen wird.

Eine weitere Aufgabe der PHY-Schicht ist die Implementierung eines Repeat-Filters. Dieser dient der Überbrückung der MAC-Schicht, z. B. beim Sekundärring in Single-MAC-Stationen. Die Daten werden direkt auf der PHY-Schicht an den Ausgangsport weitergegeben.

5.3.3.3 MAC-Schicht

Die Funktionen der MAC-Schicht werden von der LLC-Schicht zur Datenübertragung angestoßen. Auf der MAC-Schicht werden dann aus den Nachrichten (*SDUs - Service Data Units*) der LLC-Schicht sogenannte Protokolldateneinheiten (*PDUs - Protocol Data Units*), auch *FDDI*-Rahmen genannt, generiert.

1. Die *FDDI*-Übertragungsrate von 100 MBit/s ist die Nettorate, die Bruttorate liegt bei 125 MBit/s.

Die MAC-Schicht soll an dieser Stelle nur punktuell betrachtet werden. Der Abschnitt wird sich auf die Beschreibung des *FDDI*-Rahmenformats beschränken. *FDDI* kennt vier unterschiedliche Rahmenformate bzw. PDUs. Die maximale Rahmenlänge beträgt 4500 Byte oder 9000 Symbole.

- Am kürzesten von allen *FDDI*-Rahmen ist der *Token-Rahmen*, d. h. das Frei-Token. Dieser Rahmen dient lediglich der Weitergabe der Sendeberechtigung.

Abbildung 5-43: FDDI-Token-Format

Preamble	SD	FC	ED

Präambel: 16 oder mehr Idle-Symbole (11111) zur Synchronisation
SD: Start Delimiter (2 Symbole: 11000 10001, eindeutige Kombination)
FC: Frame Control (2 Symbole) zur Festlegung der Übertragungsart, Adressenlänge und Rahmenformat
ED: End Delimiter (2 Symbole: 01101 01101)

- Der *FDDI-Daten-Rahmen* besteht im wesentlichen aus Nutzdaten, die in ein Token eingebettet sind. Zu den eigentlichen Nutzdaten kommen noch die Sender- und Empfangsadressen und ein Feld mit der CRC-Prüfsumme.

Abbildung 5-44: FDDI-Datenrahmen

zusätzliche (Daten-) Felder:
DA: Destination Address (4 oder 12 Symbole)
SA: Source Address (4 oder 12 Symbole)
FCS: Frame Check Sequence (32 Bit) - enthält CRC-Prüfsumme über Adressen und Daten
FS: Frame Status (3 oder mehr Symbole) zur Anzeige, ob Übertragung erfolgreich war

- Der *Claim-Rahmen* wird nur zur Bestimmung des initialen Senders bei der Ringinitialisierung verwendet. Er ist die Grundlage des *Timed-Token Rotation Protocol*, mit dessen Hilfe die Stationen im Ring dezentral eine Station bestimmen können, die das initiale Token aussenden darf.
- Der vierte Rahmentyp, der *Beacon-Rahmen*, dient der Ringüberwachung. Bei Systemausfällen wird ein solcher Rahmen gestartet, mit dessen Hilfe der Ring rekonfiguriert wird.

5.3.4 ATM (Asynchronous Transfer Mode)

ATM ist einer der jüngsten Netzwerkstandards im Hochgeschwindigkeitsbereich, dem in Zukunft große Marktchancen zugesprochen werden. *ATM* war ursprünglich als Grundlage des *Breitband-ISDN*, d. h. der digitalen Telekommunikation, entwickelt worden. Als Switching-Methode für *B-ISDN* findet sich *ATM* in der CCITT/ITU-T[1] I.121-Empfehlung wieder. Erste Forschungsversuche und Pilotprojekte gibt es seit Anfang der 90er Jahre.

Heute bewähren sich die ersten *ATM*-Netze bereits im praktischen Einsatz. Der Netzwerkstandard wird dabei immer mehr auch als Backbone-Lösung gehandelt und ersetzt zum Teil bereits *FDDI*-Ringe. Der Grund hierfür liegt in der hohen Geschwindigkeit von *ATM* und vor allem in der Unterstützung isochroner Übertragungen für Video. Die Technik ist allerdings noch relativ teuer und bei weitem noch nicht so kompatibel, wie man es gerne hätte.

Probleme bisheriger Weitverkehrsnetze

ATM soll jedoch gerade im Weitverkehrsbereich einen Fortschritt bringen. Die steigende Zahl neuer Multimedia-Anwendungen läßt die herkömmlichen Netzwerke immer mehr zum Engpaß werden. Einige typische Probleme heutiger Datenkommunikationsstrecken sind:

- nicht vorhersagbare Übertragungszeiten für Datenpakete
- stark ausgelastete Netzwerke führen zu Aussetzern bei isochronen Daten
- Übergang von LAN ins WAN kappt oft die Echtzeitfähigkeit.

Alle diese Probleme will man mittelfristig durch *ATM* in den Griff bekommen. Wesentliche Aspekte des Netzwerkstandards sind in diesem Zusammenhang:

- *ATM* soll alle unterschiedlichen LANs zu einem WAN integrieren - *ATM* ist daher nicht als Konkurrenz, sondern zur Integration bestehender LANs gedacht
- das Netzwerkprotokoll soll mehrere Medien unterschiedlicher Leistung und Preisklassen unterstützen: hierzu sieht *ATM* Transferraten von 64 kBit/s bis zu mehreren GBit/s vor, wobei *ATM* alle Medien für höhere Übertragungsraten unterstützt (Lichtwellenleiter, Koaxialkabel, STP und UTP, wobei Kupferkabel für kürzere Entfernungen gedacht sind)
- die in der Telekommunikation und im WAN-Bereich vorherrschende Paketvermittlungstechnik mit Punkt-zu-Punkt-

1. 1993 wurde die CCITT in ITU-T (International Telecommunication Union - Telecommunication Standardization Sector) umbenannt.

Verdrahtung ist weniger abhöranfällig als parallele Busstrukturen.

5.3.4.1 Datenübertragung über ATM

ATM kombiniert das Zeitmultiplex- und das Konzentrierungsverfahren. Vom Zeitmultiplexverfahren wurde das Einteilen eines Übertragungskanals in Zeitscheiben (Time Slots) übernommen. Die Zeitschlitze sind aber nicht wie bei *STM*[1] (*Synchronous Transfer Mode*) bestimmten virtuellen Verbindungen fest zugeordnet, vielmehr kann jede Zeitscheibe prinzipiell jeder Verbindung zugeordnet werden. Man spricht hierbei von Konzentrierung bzw. asynchroner Verteilung der Zeitschlitze. Das Verfahren soll in Abbildung 5-45 bildhaft beschrieben werden. Durch die Konzentrierung kann eine physikalische Leitung bis zu 200% der Spitzenübertragungsrate ausgelastet werden, was bei *STM* nicht möglich wäre.

ATM-Netzwerke bestehen auf der Hardware-Ebene aus Verbindungen von *ATM*-Switches. Diese Switches sind komplexe, dynamische Netzwerke (z. B. *Banyan*-Netz, siehe Abschnitt 1.3.4) mit Datenpuffern vor den Schaltern. Schnelle Kontrollogiken interpretieren die Kontrolldaten der eintreffenden Datenblöcke (bei *ATM* Zellen genannt) und steuern danach die Schalter in Echtzeit. Die Bandbreite eines *ATM*-Netzes kann durch zusätzliche Schalter erhöht werden.

Die Kommunikation in *ATM*-Netzen ist verbindungsorientiert. Vor der eigentlichen Datenübertragung zwischen zwei Kommunikationspartnern ist ein Verbindungsaufbau notwendig. Dabei

Abbildung 5-45: Zeitmultiplex- und Konzentrierungsverfahren von ATM

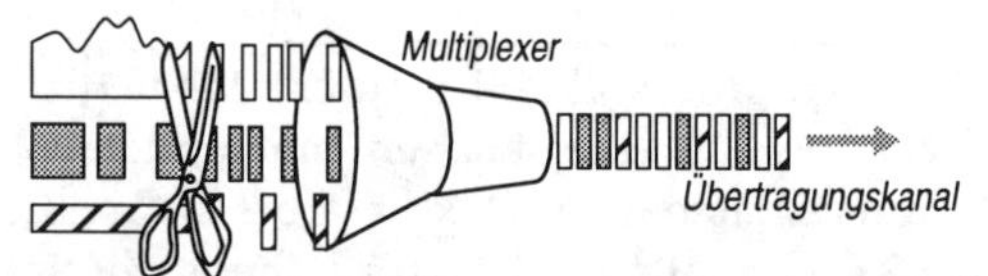

ATM teilt den Übertragungskanal in Zeitscheiben fester Größe auf. Die am Multiplexer eintreffenden Datenströme werden in kleinere Einheiten (Zellen), die an die Zeitscheiben angepaßt sind, aufgeteilt. Je nach Bandbreitenanforderung werden einem Eingangsdatenstrom mehr oder weniger viele Zeitscheiben pro Zeiteinheit zugeordnet. Isochrone Datenströme (hier schraffiert angedeutet) erhalten Zeitscheiben in regelmäßigen Zeitabständen, während asynchrone Datenströme den Übertragungskanal in unregelmäßigen Abständen belegen.

1. *STM* war ursprünglich für *B-ISDN* angedacht, wurde aber zugunsten von *ATM* verworfen.

äußern die *ATM*-Endgeräte ihre speziellen Übertragungswünsche. Hierzu gehören Angaben wie die Spitzenbitrate, Burstiness, Durchschnitt und Varianz. Hat das Kommunikationsnetzwerk noch Kapazitäten frei, um die Wünsche für den neuen Kanal befriedigen zu können, wird eine (virtuelle) Verbindung aufgebaut, ansonsten wird der Zugang zum Netzwerk verweigert. Dies stellt sicher, daß die bestehenden Verbindungen genügend Bandbreite zur Verfügung haben, um beispielsweise isochrone Videodaten ruckfrei übertragen zu können.

Besitzt die Übertragungsstrecke noch freie Kapazitäten und kommt es zum Verbindungsaufbau, wird für die neu aufzubauende Verbindung eine virtuelle Kanalnummer vergeben, die in jeder *ATM*-Zelle mitgeführt wird. Kanalnummern dienen der Unterscheidung verschiedener virtuellen Kanäle auf einer Leitung.

Durch den Aufbau einer (virtuellen) Leitung garantiert *ATM*, daß die Reihenfolge der Zellen einer Informationssequenz auf einem virtuellen Kanal erhalten bleibt. In jeder Vermittlungsstation (*ATM-Switch*) muß die virtuelle Kanalnummer allerdings umgesetzt werden, da die gleiche Nummer bei weit entfernten Stationen mehrfach vergeben sein kann. Die Kanalnummern sind nur im Zusammenhang mit der aktuellen Verbindungsleitung eindeutig. Das Informationsfeld selbst wird transparent übertragen, d. h. nicht betrachtet.

ATM-Verbindungshierarchie

Die Verbindungen sind bei *ATM* hierarchisch untergliedert (Abbildung 5-46). Auf jeder Verbindungsebene liegt eine Ende-zu-Ende-Verbindung über Verbindungspunkte der nächst tieferen Ebene vor.

Abbildung 5-46: Hierarchische Verbindungsstruktur von ATM

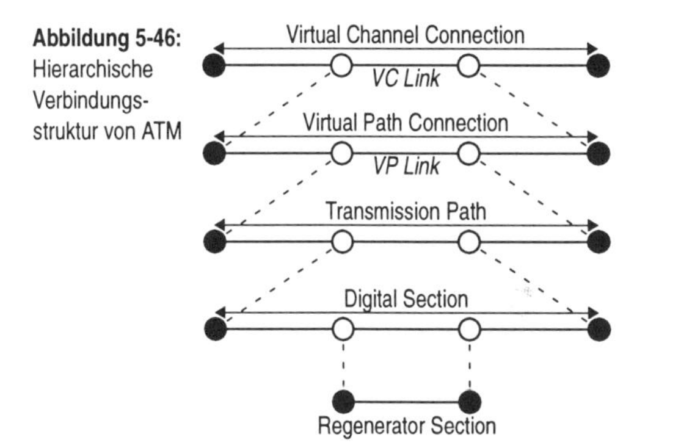

Die ATM-Protokollschicht kennt die beiden oberen Verbindungsebenen von Abbildung 5-46: den *virtuellen Kanal* und den *virtuellen Pfad*.

- Ein virtueller Kanal (*Virtual Channel Connection*) verbindet die beiden Kommunikationspartner bzw. Endpunkte. Er ist durch die Felder *VPI* und *VCI* einer *ATM*-Zelle (s. u.) eindeutig definiert. Virtuellen Kanälen sind Attribute wie Dienstklasse und Durchsatz zugeordnet.
- Der virtuelle Pfad (*Virtual Path Connection*) ist ein Teilabschnitt eines virtuellen Kanals. Der Pfad wird durch das Feld *VPI* einer Zelle identifiziert. Die Idee der virtuellen Pfade liegt darin, mehrere virtuelle Kanäle mit gleichen Teilwegen in Gruppen zusammenzufassen und zu schalten.

Der unter der *ATM*-Schicht liegenden physikalischen Schicht sind die Verbindungsebenen *Übertragungspfad, digitaler Abschnitt* und *Regenerationsabschnitt* zugeordnet.

- Übertragungspfade (*Transmission Paths*) sind zwischen den Punkten, an denen die *ATM*-Schicht auf die physikalische Schicht zugreift, definiert. An diesen Übergangspunkten wird der Zell-Header geprüft und die Informationen werden auseinandergenommen bzw. zusammengesetzt.
- Ein digitaler Abschnitt (*Digital Section*) stellt die direkte Verbindung von Netzwerkelementen, die Bitströme auseinandernehmen und zusammensetzen, dar.
- Digitale Abschnitte können noch einmal in Regenerationsabschnitte (*Regenerator Sections*) bzw. analoge Abschnitte unterteilt werden. Dies sind die Abschnitt zwischen jeweils zwei Verstärkern (Repeater).

Quellüberwachungsverfahren (Congestion Control)

Ein wichtiger Aspekt bei *ATM* ist die Überwachung der Einhaltung der reservierten Bandbreite, damit die Puffer in den Vermittlungsstationen nicht überlaufen. Die Zugangspunkte zum Netzwerk müssen sicherstellen, daß sich die Kommunikationsteilnehmer an die beim Verbindungsaufbau geäußerten und vom Netzwerk zugesagten Bandbreitenangaben auch halten. Das Problem hierbei sind Bursts bei asynchronen Verbindungen. Es kommt bei solchen Datenströmen häufig vor, daß sie kurzzeitig eine höhere Übertragungsrate benötigen als im Mittel angegeben. Solche Bursts dürfen nicht zu lange dauern.

Zur Durchführung der Zugangskontrolle gibt es zur Zeit verschiedene Verfahren, die sich größtenteils noch in der Erprobung befinden. An dieser Stelle sei ein solches Verfahren, das *Leaky-Bucket-Verfahren*, stellvertretend für alle Ansätze vorgestellt. Die anderen Ansätze sind mehr oder weniger ähnlich.

Wie der Name suggeriert, „simuliert" das *Leaky-Bucket-Verfahren* einen lecken Eimer, der den Eingangspuffer des Netzes darstellt. Der Eingangsdatenstrom zum Netz „füllt" diesen Eimer, während das Netz dem Leck entspricht und den Eimer sukzessive leert. Wird der Eimer zu schnell gefüllt, läuft er über - die Daten gehen verloren. Implementiert wird das Verfahren durch einen Zähler, der bei jeder abgesendeten Zelle einer Verbindung inkrementiert, in festen Zeitabständen aber wieder dekrementiert wird (nicht unter Null). Überschreitet der Zähler eine bestimmte, vorher festgesetzte Schranke, werden alle folgenden Zellen der Verbindung verworfen. Der Zählerüberlauf entspricht einem Überlauf eines virtuellen Puffers.

Einordnung von ATM in das OSI-Referenzmodell

ATM spezifiziert die physikalische Ebene bzw. die Schalterebene nicht, ist jedoch trotzdem im wesentlichen der Bitübertragungsschicht zuzuordnen (*ATM* paßt nicht genau in das OSI-Schichtenmodell). Wie Abbildung 5-47 zeigt, sitzt *ATM* oberhalb der Schalterebene. Über eine Anpassungsschicht *AAL (ATM Adaption Layer)* steht *ATM* den Einheiten der Sicherungsschicht zur Verfügung. LANs können über diese Anpassungsschicht auf das *ATM*-WAN aufsetzen.

Abbildung 5-47: Einordnung von ATM in das OSI-Schichtenmodell

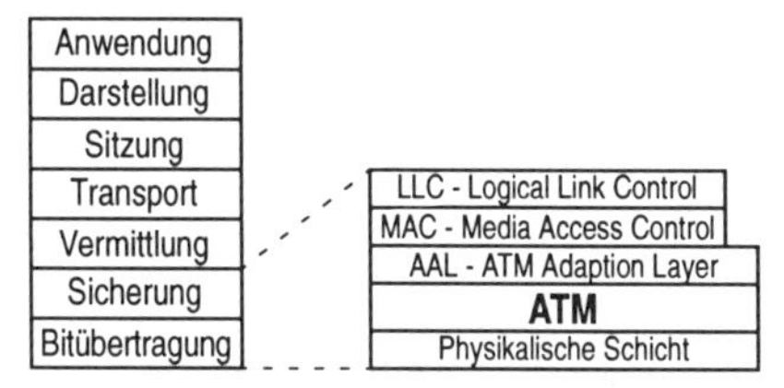

Den höheren Ebenen stellt *ATM* eine exklusive, leistungsfähige Leitung zur Verfügung. Zur Datenübertragung wird ein einfaches Protokoll ohne Flußsteuerung, Fehlerkorrektur und Quittungen verwendet. Damit kann eine *gesicherte* Verbindung auf *ATM*-Ebene nicht garantiert werden. Beispielsweise können Zellen verloren gehen, wenn die Eingangspuffer vor den Schaltern überlaufen.

Die Anpassungsschicht teilt sich noch einmal in die beiden Teilschichten *CS (Convergence Sublayer)* und *SAR (Segmentation and*

Reassembly Sublayer). Die *CS*-Teilschicht ist dienstabhängig und beschreibt das Multiplexing, die Fehlerbehandlung, die Entdekkung von Zellverlusten etc. Die darunter liegende *SAR*-Teilschicht ist dagegen dienstunabhängig. Sie spezifiziert, wie variabel lange Informationen der *CS*-Teilschicht in Zellen aufgeteilt bzw. umgekehrt aus Zellen wieder zusammengesetzt werden.

Vier verschiedene Dienstklassen werden von der Anpassungsschicht unterstützt (Tabelle 5-12). Das *MAC*- und das *LLC*-Protokoll gehören zu einer der vier Service-Klassen.

Tabelle 5-12: Dienstklassen der ATM-Anpassungsschicht
Quelle: [ChL95]

	Dienstklassen			
	Class A	**Class B**	**Class C**	**Class D**
Verbindungsart	verbindungsorientiert			verbindungslos
Bitrate	konstant	variabel		
Zeitabhängigkeit zwischen Sender und Empfänger	notwendig		nicht notwendig	
Beispiele	-Sprachübertragung -virtuelle Datenverbindung	komprimiertes, variables Bewegtbild	verbindungsorientierte Dateiübertragung (z. B. X.25)	verbindungslose Dateiübertragung (meist LAN/MAN)
Bemerkung		Erwartungswert und Varianz der Übertragungsrate müssen bekanntgegeben werden		

5.3.4.2 Aufbau der ATM-Zelle

Zum Abschluß wollen wir uns noch die Struktur der über *ATM*-Netze übertragenen Rahmen betrachten.

Die Informationsströme werden in Fragmente fester Länge unterteilt, die bei *ATM Zellen* heißen. Solche *ATM*-Zellen bestehen aus einem 5 Byte langen Header und einem 48-Byte-Informationsblock, auch *Payload-Field* genannt. Die Festlegung auf 48 Byte war ein Kompromiß zwischen einem ANSI-Vorschlag (5 + 64 Byte) und einem ETSI[1]-Vorschlag (4 + 32 Byte). Abbildung 5-48 zeigt die Struktur einer *ATM*-Zelle.

Die ersten 4 Byte des Header und die Segmentierung der Nutz-

1. European Telecommunications Standards Institute - europäisches Gegenstück zur ANSI.

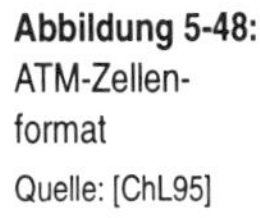

Abbildung 5-48: ATM-Zellenformat
Quelle: [ChL95]

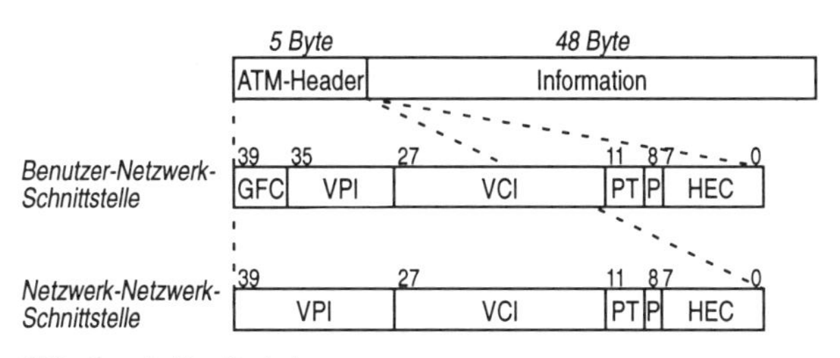

GFC: Generic Flow Control

VPI: Virtual Path Identifier

VCI: Virtual Connection Identifier: sorgt zusammen mit VPI abschnittsweise für die Zuordnung zu einer virtuellen Verbindung; einige VPI/VCI-Codes sind für spezielle Fälle bzw. Zellen reserviert (z. B. Idle-Cell: 000....000)

PT: Payload Type: unterscheidet im wesentlichen zwischen Benutzer- und Netzwerkdaten

P: Cell Loss Priority: gibt an, inwieweit der Verlust einer Zelle akzeptabel ist (z. B. sind bei Video die Synchronisationsdaten wichtiger als einzelne Bilddaten)

HEC: Header Error Check: CRC-Check (8-Bit-Prüfpolynom; siehe Kapitel 1)

daten werden durch die *ATM*-Schicht bearbeitet. Die Prüfsumme über den Header (*HEC*) wird von der physikalischen Schicht eingesetzt. Die Struktur der Zellen sieht am Netzwerkzugang etwas anders aus als bei der Übertragung zwischen Vermittlungsstationen. An der Zugangsschnittstelle dient das Feld für die generische Flußkontrolle (*GFC*) der Einhaltung der Bandbreitenbeschränkung. Bisher wird dieses Feld jedoch noch nirgends verwendet. Zwischen den Vermittlungsstationen wird das Feld für einen größeren Bereich für die Pfaderkennung (VPI) verwendet.

5.3.5 ISDN (Integrated Services Digital Network)

ISDN ist der aktuelle Standard zur digitalen Datenübertragung über öffentliche Netze. Als Nachfolge der *DATEX*-Dienste sollte *ISDN* das vorhandene analoge Telefonnetz so erweitern, daß auch die Übertragung von Daten möglich ist. Die Übertragung selbst sollte digital erfolgen, so daß ein „schleichender" Übergang vom analogen Telefonnetz zum digitalen Netz möglich ist. Das neue Netz sollte durch Integration einer Vielzahl von Diensten universell sein (daher auch der Name). Letztendlich sollten die unterschiedlichsten Arten von Information wie Sprache (Weiterführung des Telefonnetzes), Audio mit Hifi-Qualität, Binärdaten, Texte, Grafiken und Video über das Netz übertragbar sein.

5.3.5.1 Geschichtliche Entwicklung

Betrachtet man die geschichtliche Entwicklung der Telekommunikation, so erkennt man, daß sich der Übergang vom analogen Telefonnetz zum digitalen Universalnetz zuerst zwischen den Vermittlungsstellen abspielte und in jüngster Zeit auch die Endgeräte erreichte. Tabelle 5-13 gibt einen Überblick über einige wichtige Daten in der Entwicklung der öffentlichen Telekommunikation.

Tabelle 5-13: Geschichtliche Entwicklung der öffentlichen Netze
Quelle: [Boc90]

Datum	Ereignis
1876	erstes brauchbares Telefon von A.G. Bell
1877	Handvermittlung in den USA
1892	automatische Vermittlung in den USA
1908	automatische Vermittlung in Hildesheim (900 Teilnehmer)
1965	vollelektronische Ortsvermittlung in den USA
1967	DATEX-L200 (200 Bit/s)
1975	rechnergestützte Ortsvermittlungsstellen in Deutschland
1980	DATEX-P
1984	digitale Vermittlungsstellen in Deutschland
1988	Einführung von ISDN

Telefonnetz

Basis des analogen Telefonnetzes ist die analoge Signalübertragung (im wesentlichen Sprache) über verdrillte Zweidrahtleitungen. Das Netz garantiert eine Bandbreite im schlechtesten Fall von 300 Hz bis 3400 Hz, was für reine Sprachübertragung ausreichen ist. Die Übertragung über zwei Drähte ist durch Echounterdrückung mittels Filter vollduplex. Die Auswahl des Kommunikationspartners erfolgt „im Band", d. h. das Wählen und Sprechen findet über denselben Kanal statt. Datenübertragung ist mit Hilfe von Modems möglich (siehe Abschnitt 4.1.6).

Das Telefonnetz ist ein hierarchisches Netz mit Maschen-, Ring- und Sternstrukturen (Abbildung 5-49). Das deutsche öffentliche Telefonnetz besitzt:

- 8 Zentralvermittlungsstellen für den Weitverkehr und internationale Verbindungen
- 72 Hauptvermittlungsstellen
- 624 Knoten- und Endvermittlungsstellen
- ca. 5200 Ortsnetze, als Ring aufgebaut, wobei die Endteilnehmer direkt in Sternstruktur angeschlossen sind.

Jede Ebene ist teilweise vermascht. Das Netzwerk versucht je-

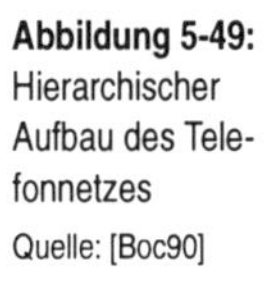
Abbildung 5-49: Hierarchischer Aufbau des Telefonnetzes
Quelle: [Boc90]

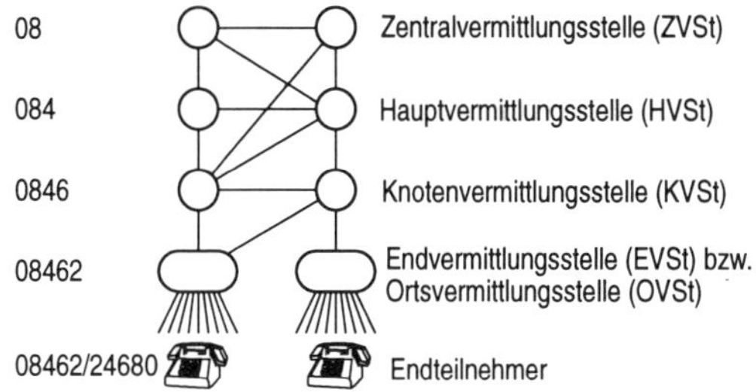

weils auf der tiefstmöglichen Ebene eine Verbindung zu schalten. Nur wenn keine direkte Verbindung auf einer Ebene möglich ist, wird über die nächst höhere Ebene gegangen.

Datex-Dienste

Die *Datex*-Dienste stellen digitale Schnittstellen zum öffentlichen Telekommunikationsnetz zur Verfügung. Unter dem Begriff *Datex (DATa EXchange)* wurden bisher die öffentlichen Datenübertragungsdienste zusammengefaßt. Als Vorläufer von *ISDN* bildeten die Dienste das digitale Fernmeldenetz. Sie werden wohl noch einige Zeit von der Telekom angeboten und sind daher für die Datenübertragung nicht unwichtig. Man unterscheidet zwischen einem leitungsvermittelnden Dienst (*Datex-L*) und einem paketvermittelnden Dienst (*Datex-P*). Ihren Ursprung hatten die digitalen Netze im *Telex*-Fernschreibnetz. Die wichtigsten digitalen Dienste neben *ISDN* sind:

- *Telex*: Das *Telex*-Netz ist ein weltweit verbreitete Fernschreibnetz. Der *Telex*-Dienst unterstützt lediglich die Übertragung von Text mit einer Übertragungsrate von 50 Bit/s (ca. 400 Zeichen/min). Jedes Zeichen wird in 5 Bit kodiert. Mit dem zunehmenden Einsatz von Computern, speziell PCs, wurde in den Firmen der Fernschreiber weitgehend verdrängt, so daß der *Telex*-Dienst nur noch eine untergeordnete Rolle spielt.
- *Datex-L* stellt dem Teilnehmer eine leitungsvermittelnde, digitale Schnittstelle zum öffentlichen Netz zur Verfügung. Wie beim Telefon werden beim Verbindungsaufbau Leitungswege fest geschaltet. Das *Datex-L*-Netz besitzt ca. 23 Vermittlungsstellen und 20.000 Teilnehmer.
  Zum Datenaustausch müssen beide Kommunikationspartner dieselbe Übertragungsrate aufweisen. Die Übertragung erfolgt nach *X.20* (asynchron) und *X.21* (synchron). *Datex-L* garantiert eine feste Bandbreite, geringe Latenzzeit und iso-

chronen Betrieb. Das Netz bietet verschiedene Leistungsklassen von 300 Bit/s (Klasse 1) bis zu 64 kBit/s (Klasse 30).

- *Datex-P* ist ein paketvermittelndes Netz mit *X.25*-Zugangsprotokoll. Das *Datex-P*-Netz hat etwa 34 Vermittlungsstellen und 50.000 Teilnehmer. Durch die Paketvermittlung können bei diesem Dienst die Teilnehmer unterschiedlich schnell sein.
  Datex-P überträgt 128-Byte-Pakete. Es wird sichergestellt, daß die Reihenfolge der Pakete eingehalten wird, auch wenn sie über verschiedene Wege transportiert werden. Isochrone Übertragung ist nicht möglich.
  Der Zugang zum *Datex-P*-Netz erfolgt für paketvermittelnde Datenendeinrichtungen (DEEs) über *Datex-P10*, nicht-paketorientierte „Start-Stop"-DEEs erhalten über *PADs* (*Packet Assembly Deassembly*) Zugang (*Datex-P20*).
  Auch *Datex-P* bietet Dienste unterschiedlicher Leistungsklassen mit Übertragungsraten von 2400 Bit/s bis 48 kBit/s über feste oder gewählte virtuelle Verbindungen. Zur Nutzung in *ISDN* werden auch 64-kBit/s-Verbindungen realisiert.
- *Datex-J* (J = Jedermann), auch *Bildschirmtext* oder *Btx* genannt, wurde für öffentliche und private Informationsanbieter entwickelt. Diese sollen über das Netz den Teilnehmern aktiv und passiv nutzbare Dienste bereitstellen können. Aktive Dienste wie beispielsweise Bankaktivitäten über PCs basieren auf bidirektionalen Übertragungen[1], passiv nutzbare Auskunftsysteme können dagegen über Telefon und Fernseher in Anspruch genommen werden. Letztere benötigen den Übertragungskanal häufig nur in einer Richtung.
- *Datex-M* (*Data Exchange Multimegabit Service*) ist ein öffentliches paketvermittelndes Netz zur Verbindung lokaler Netze mit einer Übertragungsrate von 2 Mbit/s bis 34 Mbit/s.

Anforderungen an ISDN (Diensteintegration)

Die steigende Nachfrage nach Übertragung digitaler Daten und verbesserter Dienste im Telekommunikationsbereich führten zu einem großen „Pflichtenheft" von *ISDN*. Einige in *ISDN* integrierte Dienste sind:

- Telefon mit verbessertem Leistungsangebot wie Anklopfen, Makeln, Dreierkonferenz, Rufnummernanzeige, ...

1. Das aktive *Datex-J* wurde zu *T-Online* erweitert.

- Telefax
- Telex
- Datex-L-Verbindung
- Telebox 400
- Datenfernübertragung
- Bildtelefon
- Teletex
- Datex-P-Verbindung
- Datex-J (Btx)
- private Netzdiensteanbieter.

5.3.5.2 ISDN-Anschlüsse

Der Zugang zum digitalen Netz über *ISDN* ist für den Teilnehmer recht vielfältiger Natur und zum Teil verwirrend. Es gibt mehrere unterschiedliche Klassen von Kanälen, die über die Leitungen zwischen der Ortsvermittlung und den Endpunkten, *NT* (*Network Terminator*) genannt, geführt werden:

- A-Kanal: 4 kHz analoger Telefonkanal
- B-Kanal: 64 kBit/s digitaler Kanal für PCM-kodierte Sprache (8 kHz x 8 Bit) und digitale Daten
- C-Kanal: 8 bzw. 16 kBit/s digitaler Kanal für Daten
- D-Kanal: 16 bzw. 64 kBit/s digitaler Kanal
- E-Kanal: 64 kBit/s digitaler Kanal für interne ISDN-Signale
- H-Kanal: 384, 1536 bzw. 1920 kBit/s digitaler Kanal

Für den Anschluß einer Netzabschlußeinheit NT, d. h. eines Endteilnehmers, können diese Kanaltypen kombiniert werden. Es sind jedoch nicht alle Kombinationen vorgesehen und erlaubt. Drei mögliche und häufig verwendete Kombinationen sind:

- Basisanschluß: 2 B-Kanäle + 1 16-kBit/s-D-Kanal
- Primärratenanschluß (Europa):
  30 B-Kanäle + 1 64-kBit/s-D-Kanal
- Primärratenanschluß (USA, Japan):
  23 B-Kanäle + 1 64-kBit/s-D-Kanal.

Der prinzipielle Anschluß eines Teilnehmers an das *ISDN*-Netz ist in den CCITT-Empfehlungen *I.410* und *I.411* spezifiziert und in Abbildung 5-50 dargestellt.

Eine oder mehrere Endeinrichtungen *TE* (*Terminal Equipment*) werden an eine Netzabschlußeinheit *NT* angeschlossen. *ISDN*-Geräte werden direkt an *NT* angeschlossen, Geräte ohne eigene *ISDN*-Schnittstelle müssen über eine Anpassungseinheit *TA* (*Terminal Adapter*) angeschlossen werden. Die Netzabschlußeinheit *NT* verbindet die Endgeräte (TEs) mit der Außenwelt über

Abbildung 5-50: ISDN-Anschluß

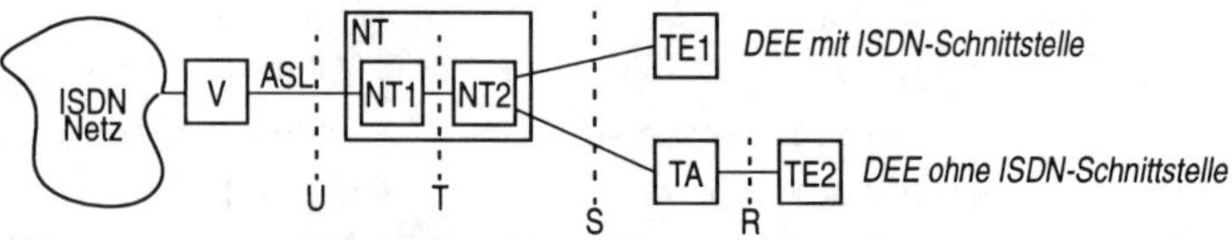

V: Vermittlungseinrichtung
NT, NT1, NT2: Netzabschlußeinheiten (Network Termination)
TE1, TE2: Endeinrichtungen (Terminal Equipment)
ASL: Anschlußleitung
R, S, T, U: Bezugspunkte (Schnittstellen)

die Anschlußleitung *ASL*. Die Netzabschlußeinheit ermöglicht die gemeinsame Nutzung der Anschlußleitung durch mehrere Endgeräte.

Die Netzabschlußeinheit *NT* ist in zwei Untereinheiten *NT1* und *NT2* aufgeteilt. *NT1* übernimmt dabei die Aufgabe der Ankopplung an die Anschlußleitung, und *NT2* dient dem Anschluß und Multiplexing mehrerer Endgeräte. In Nebenstellenanlagen ist *NT2* für die Vermittlung der Endgeräte untereinander verantwortlich.

Zur Erhöhung der Flexibilität und Kompatibilität wurden Schnittstellen an den verschiedenen Punkten auf der Strecke zwischen der Vermittlungsstelle und den Endgeräten festgelegt (Punkte *R, S, T, U* - siehe Abbildung 5-50). Abhängig von der nationalen Regelung ist der Übergabepunkt des Netzbetreibers an einem der Bezugspunkte *S, T* oder *U*. In Deutschland hört die Zuständigkeit der Telekom am Punkt *S* oder *T* auf.

Die beiden Bezugspunkte *S* und *T* sind international genormt und beide gleich. Dadurch kann für einfache, nicht-nebenstellenfähige Konfigurationen leicht auf die Komponente *NT2* verzichtet werden. Alle Endgeräte passen an *NT1* und *NT2*. An den Punkten *S* und *T* werden zwei B-Kanäle und ein D-Kanal mit zusammen 144 kBit/s (netto) bereitgestellt. Über die Schnittstellen können 2 Geräte gleichzeitig nach außen kommunizieren. Die Schnittstellen besteht aus 8 Anschlüssen: 2 zum Senden, 2 zum Empfangen, 4 zur Versorgung. Für den Bezugspunkt *U* gibt es nur nationale Festlegungen.

Basisanschluß S_0

Den Großteil der privaten *ISDN*-Anschlüsse düften die Basisanschlüsse (S_0) umfassen. Hier können bis zu acht Geräte an einen passiven Bus, die S_0-Schnittstelle, angeschlossen werden. Der Bus ist synchron zu einem von *NT* gelieferten Takt. Als Leitungscode wurde die *AMI*-Kodierung[1] gewählt. Der Bus kann an *NT2* oder *NT1* (falls Geräte nicht untereinander vermittelt werden müssen) angekoppelt werden. Abbildung 5-51 zeigt beide Möglichkeiten. Die Busarbitrierung erfolgt über den D-Kanal mittels *HDLC*-Protokoll. Die Arbitrierung wird in den Übertragungspausen nach dem CSMA/CA-Verfahren mit Null als dominantes Bit ausgeführt. Übertragungspausen werden durch 8 Einsen erkannt.

Abbildung 5-51: ISDN-Basisanschluß ohne und mit Vermittlungsstelleneigenschaft
Quelle: [Boc90]

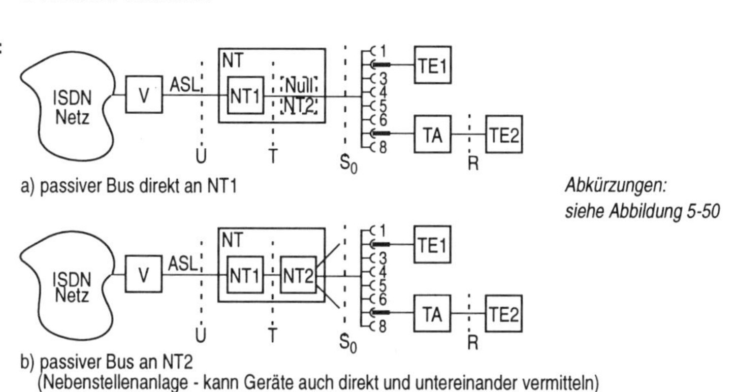

Primärratenanschluß S_{2M}

Höhere Übertragungsraten als der Basisanschluß bietet der Primärratenanschluß S_{2M}. Bei dieser Schnittstelle werden 30 B-Kanäle und ein 64-kBit/s-D-Kanal zusammengefaßt, was eine Gesamtdatenrate von etwa 2 MBit/s ergibt. Dieser Anschluß ist für größere Nebenstellenanlagen gedacht.

5.3.5.3 Breitband-ISDN

Übertragungsraten jenseits des Primärratenanschlusses, d. h. mehr als 2 MBit/s, soll in Zukunft *Breitband-ISDN* (*B-ISDN*) bereitstellen. Dieser Netzwerkdienst, teilweise auch *IBN* (*Integrated Broadband Network*) genannt, ist bisher nur über Standleitungen möglich. Es sind jedoch auch paketvermittelnde Netze basierend auf *ATM* in der Entstehung, heute jedoch noch im Entwicklungsstadium.

---

1. entspricht dem *Bipolar*-Code (Seite 80), wobei hier jedoch ein Null-Bit als Impuls gesendet wird.

5.3.6 Übertragungsbeispiele auf einem Universitäts-LAN

In diesem letzten Abschnitt von Kapitel 5 wird die Datenübertragung über Rechnernetze anhand von drei Beispielen vertieft. Hierbei wird im wesentlichen die Adressierung im LAN-Bereich auf der Sicherungsschicht (MAC-Schicht) und der Vermittlungsschicht (*IP*-Schicht) betrachtet. Es soll gezeigt werden, wie die unterschiedlichen Kommunikationsgeräte die physikalischen Geräteadressen (Hardware-Adresse) und die logischen, hierarchisch strukturierten *IP*-Adressen zur Übertragung von Datenpaketen nutzen. Im ersten Beispiel wird im Detail beschrieben, wie mit Hilfe des *Address Resolution Protocol (ARP)* eine logische *IP*-Adresse auf die Hardware-Adresse (*MAC*-Adresse) abgebildet wird.

Als Beispiel wurde ein Ausschnitt des Campusnetzes der Universität Kaiserslautern gewählt. Zentrales Rückgrat des Netzes ist ein campusweiter *FDDI*-Backbone, das die lokalen LANs der einzelnen Fachbereiche und Forschungsgruppen miteinander vernetzt und die Universität über das deutsche Wissenschaftsnetz *WiN* des DFN-Vereins an die Außenwelt anbindet.[1] In den einzelnen Teilbereichen der Universität findet man die unterschiedlichsten LAN-Technologien, z. B. lokale *FDDI*-Ringe, *Ethernet*, *Token-Ringe* und PC-Netze.

Abbildung 5-52 zeigt den im weiteren betrachteten Ausschnitt aus dem Campusnetz. In der Zeichnung sind Ausschnitte aus den LANs zweier Gruppen, hier *AGZ* und *AGR* genannt, zu sehen, die über das *FDDI*-Backbone der Universität gekoppelt sind. Das LAN der Gruppe *AGZ* ist hierbei überdimensional hervorgehoben, da die ersten beiden Kommunikationsbeispiele nur die Rechner innerhalb dieser Gruppe betreffen.

Das Zentrum des *AGZ*-LANs ist ein Switch mit Bridging-Funktionalität, d. h. eine Multiport-Bridge, vom Hersteller aber *Switching-Bridge*[2] genannt. An einem Ausgang des Switch (*a*) hängt ein *FDDI*-Ring. Dies ist in der Zeichnung ganz oben zu sehen. Die Anschlüsse (*b*) bis (*i*) sind UTP-*Ethernet*-Verbindungen, wobei einige den Switch direkt mit einzelnen Rechnern verbinden

1. Der Anschluß der Universität Kaiserslautern an die Außenwelt erfolgt sowohl über das *X.25-WiN* als auch über das Breitband-Wissenschaftsnetz (*B-WiN*) basierend auf *ATM*.
2. Wir werden im weiteren nur noch von einem „Switch" sprechen.

(*l* bis *i*), andere (*b* bis *g*) über Medienkonverter jeweils einen Thin-Ethernet-Bus mit mehreren Endgeräten versorgen. An den letzten Anschluß des Switch (*h*) ist eine Standard-*Ethernet*-Leitung angeschlossen. Über diesen Bus hat das *AGZ*-LAN Zugang zu einem PC-Netz (über den Router *hwpgate*) und zu dem Universitäts-Backbone (über den Router *cisco36/1*). Am anderen Ende des Backbone ist in der Abbildung das zweite LAN (*AGR*), ein *Ethernet*-Bus, angeschlossen.

Als Beispiele wurden folgende Übertragungen ausgewählt (siehe graue Pfeile in Abbildung 5-52):

1. *cork* → *tralee*:
   Übertragung eines Datenpakets (Rahmen) zwischen zwei Rechnern innerhalb des *AGZ-FDDI*-Rings.

Abbildung 5-52: Topologie des Beispielnetzwerks. Die drei Beispielübertragungen sind durch graue Pfeile angedeutet.

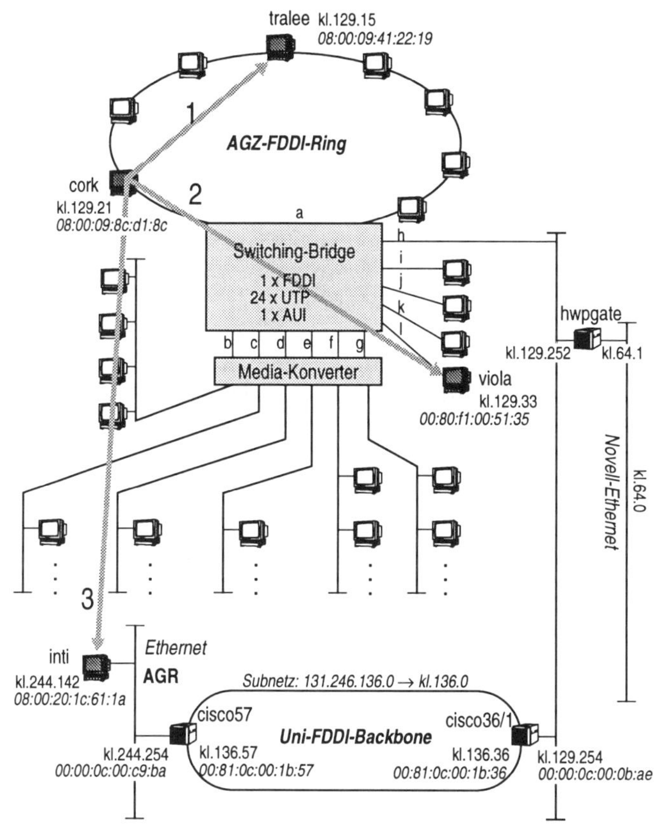

2. *cork → viola*:
   Übertragung eines Rahmens zwischen zwei Rechnern des *AGZ*-LANs, die über den Switch gekoppelt sind.

3. *cork → inti*:
   Übertragung eines Rahmens von einem Rechner des *AGZ*-LANs zu einem Rechner des *AGR*-LAN über das Universitäts-Backbone.

In den Beispielen wird folgendes vereinfachte Rahmenformat verwendet:

MAC-Ziel	MAC-Quelle	IP-Quelle	IP-Ziel	Rahmentyp

In den ersten beiden Feldern stehen die Hardware-Adressen (*MAC*-Adressen) des Empfängers und des Absenders des Rahmens. Anschließend folgen die *IP*-Adressen des Absenders und des Empfängers (in umgekehrter Reihenfolge). Zum Schluß folgt der Rahmentyp.

Bei allen Beispielen wird davon ausgegangen, daß der Absender eines Datenrahmens die logische Internet-Adresse (*IP*-Adresse) des Empfängers kennt. Auch kennen alle Rechner eines LANs die *IP*-Adresse des Routers zum Backbone, d. h. des Default-Routers für den Zugang zur Außenwelt. Was die Rechner (und die Router) zu Beginn nicht kennen, sind die *MAC*-Adressen der Partnerstationen. Diese müssen zunächst mit Hilfe des *Address Resolution Protocols* (*ARP* - siehe Seite 283) aus den *IP*-Adressen ermittelt und in einen lokalen Speicher (*ARP-Cache*) abgelegt werden. Der ARP-Cache enthält die Zuordnungen „*IP*-Adressen → *MAC*-Adressen" für alle bis dato bekannten MAC-Adressen. In den folgenden Abbildungen zu den Beispielen ist für jeden an der Übertragung beteiligten Rechner der ARP-Cache mit den bekannten *MAC*-Adressen angegeben.

Alle bei den verschiedenen Übertragungen beteiligten Rechner sind mit ihren Namen, *IP*-Adressen und *MAC*-Adressen bezeichnet. Die *MAC*-Adressen (der Rechner mit Namen *tralee* hat die Adresse *08:00:09:41:22:19*) sind in den Beispielen kursiv geschrieben. Bei den *IP*-Adressen wird der Präfix „*kl*" verwendet, der eine Abkürzung für das Universitätsnetz (*131.246.xxx.xxx*) ist. Diese Teiladresse ist für alle Rechner im Universitätsnetz gleich. In den eingezeichneten ARP-Caches werden aus Platzgründen nur die letzten Ziffernblöcke der Adressen verwendet.

5.3.6.1 Beispiel 1: Übertragung innerhalb eines FDDI-Rings: cork → tralee

In unserem ersten Beispiel soll der Rechner *cork* ein Datenpaket an den Rechner *tralee* senden. Beide Rechner sind an den *AGZ-FDDI*-Ring angeschlossen (grau eingefärbte Rechner in Abbildung 5-53). Zur Übertragung auf der Sicherungsschicht benötigt *cork* die *MAC*-Adresse des Kommunikationspartners (*tralee*), von dem sie zunächst nur die *IP*-Adresse kennt. *cork* schaut daher im ARP-Cache nach, findet aber keinen Eintrag unter der *IP*-Adresse von *tralee*. *cork* muß sich daher zunächst die *MAC*-Adresse des Adressaten auf der Sicherungsschicht besorgen, bevor ein Datum gesendet werden kann.

cork weiß anhand der *IP*-Adresse von *tralee (kl.129.15)*, daß der

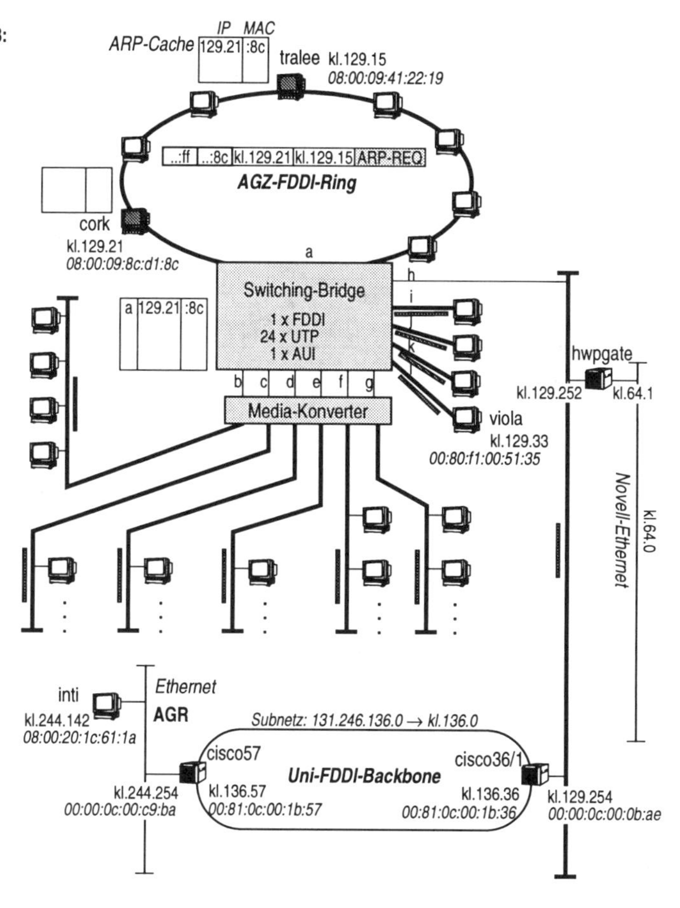

Abbildung 5-53: ARP-Request von cork an tralee belastet das gesamte AGZ-LAN bis zu den Routern. Alle Stationen im AGZ-LAN tragen die Adressen von cork in ihre lokalen ARP-Caches ein.

Partner sich im lokalen Netz befinden muß und sendet deshalb mittels einer Broadcast-Nachricht auf MAC-Schicht einen *ARP-Request* mit der IP-Adresse *kl.129.15* an das gesamte *AGZ*-LAN *kl.129.0*[1]. Die von dieser Nachricht betroffenen Netzwerkabschnitte sind in Abbildung 5-53 fett hervorgehoben. Der Rahmen wird durch kleine schwarze Balken bei allen betroffenen Segmenten angedeutet und nur im *FDDI*-Ring ausführlicher dargestellt. Hätte die *IP*-Adresse des Empfängers außerhalb des lokalen *IP*-Subnetzes gelegen (siehe Beispiel 3), dann hätte *cork* den Default-Router (*cisco36/1)* adressiert.

Abbildung 5-54: Die ARP-Antwort von tralee an cork bleibt lokal im AGZ-FDDI-Ring, da die Switching-Bridge die MAC-Adresse des Empfängers dem Anschluß a zuordnen kann. Die Adressen von tralee vermerken sich alle Stationen im FDDI-Ring in ihren ARP-Caches.

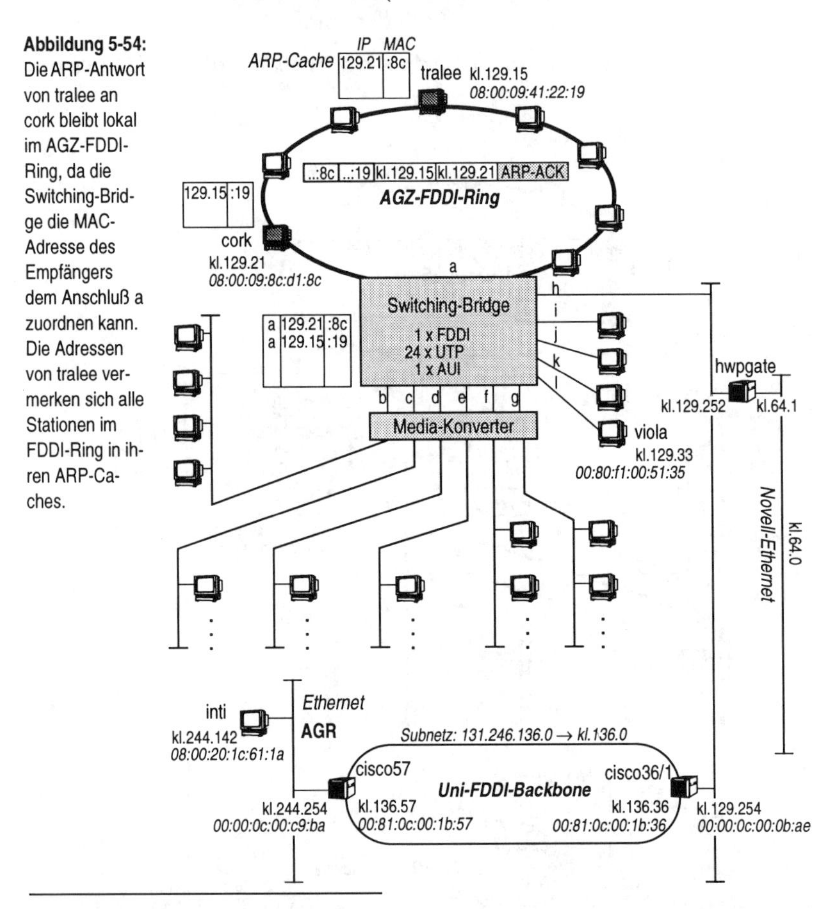

1. Lediglich die Router verhindern ein „Überspringen" der Broadcast-Meldung auf die anderen Teilnetze.

Alle Rechner und Netzwerkkomponente, die den ARP-Request mitbekommen (u. a. *tralee* und der Switch) lesen aus dem Rahmen die *IP-* und die *MAC*-Adressen von *cork* und vermerken sich die Zuordnung in ihren lokalen ARP-Caches. Damit können diese in Zukunft den Rechner *cork* sofort auf MAC-Schicht adressieren, wenn die *IP*-Adresse vorliegt.

Der Rechner *tralee* erkennt, daß er mit der ARP-Anfrage angesprochen wurde und sendet ein *ARP-Response* an *cork* zurück. Die *MAC*-Adresse von *cork* ist ihm durch den ARP-Request bekannt. Sie steht jetzt im lokalen ARP-Cache. Bei der ARP-Antwort (Abbildung 5-54) kann der Switch den Rahmen mit Hilfe seines ARP-Cache dem *FDDI*-Ring (Port *a*) zuordnen, so daß der Rahmen lokal im *FDDI*-Ring bleibt. Der Rest des LANs wird - im Gegensatz zum ARP-Request - nicht mit dem Rahmen belastet. In Abbildung 5-54 ist daher nur der *FDDI*-Ring fett hervorgehoben.

cork trägt nach Empfang des ARP-Response die *MAC*-Adresse von *tralee* im ARP-Cache ein und kann ab sofort die Abbildung „*IP*-Adresse → *MAC*-Adresse" selbst vornehmen. Auch der Switch trägt die Adreßabbildung und den Port (*a*) ein (Abbildung 5-54).

cork kann nun mit *tralee* auf der Sicherungsschicht mit Hilfe der *MAC*-Adressen kommunizieren. Ein Datenrahmen wird an *tralee* gesendet. Dieser Rahmen geht nicht mehr über den Switch hinaus (Abbildung 5-55).

5.3.6.2 Beispiel 2: Übertragung über den Switch hinweg: cork → viola

Auch in unserem zweiten Beispiel findet die Kommunikation lokal im *AGZ*-LAN statt. Der Router *cisco36/1* wird wieder alle Datenpakete vom *FDDI*-Backbone fernhalten. In diesem Beispiel soll jedoch ein Datenpaket aus dem *AGZ-FDDI*-Ring über den Switch zu einem *Ethernet*-Rechner gesendet werden. Der Absender der Nachricht ist wiederum *cork*, der Empfänger heißt *viola*. Beide sind in Abbildung 5-56 dunkelgrau hervorgehoben.

Das zweite Beispiel beginnt wieder damit, daß der Sender die *IP*-Adresse des Empfängers (*kl.129.33*) vorliegen hat. Unter dieser logischen Adresse sucht der Rechner in seinem ARP-Cache nach der zugehörigen Hardware-Adresse. Ein solcher Tabelleneintrag liegt jedoch nicht vor (*cork* kennt bisher nur die *MAC*-Adresse von *tralee*), so daß ein neuer *ARP-Request* ausgesendet

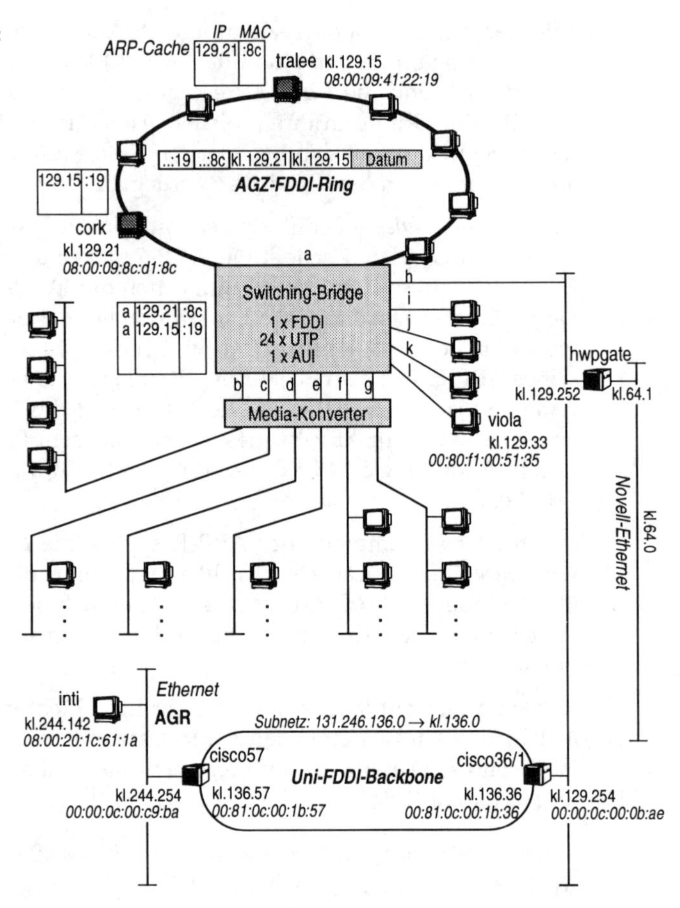

Abbildung 5-55: cork sendet ein Datenpaket auf der Sicherungsschicht direkt an tralee. Der Rahmen bleibt wieder lokal im AGZ-FDDI-Ring.

werden muß, bevor an die eigentliche Datenübertragung gedacht werden kann.

Aufgrund der Subnetzbezeichnung innerhalb der *IP*-Adresse des Empfängers (*kl.129*) erkennt *cork* einen Empfänger im lokalen LAN und sendet wie im ersten Beispiel eine ARP-Request-Broadcast-Nachricht aus, diesmal mit der *IP*-Adresse von *viola*. Da auch der Switch die *MAC*-Adresse von *viola* noch nicht kennt, geht dieser Broadcast über den Switch in das gesamte *AGZ*-LAN, nicht jedoch über die angeschlossenen Router hinaus (Abbildung 5-56).

Alle im *AGZ*-LAN angeschlossenen Stationen erkennen den

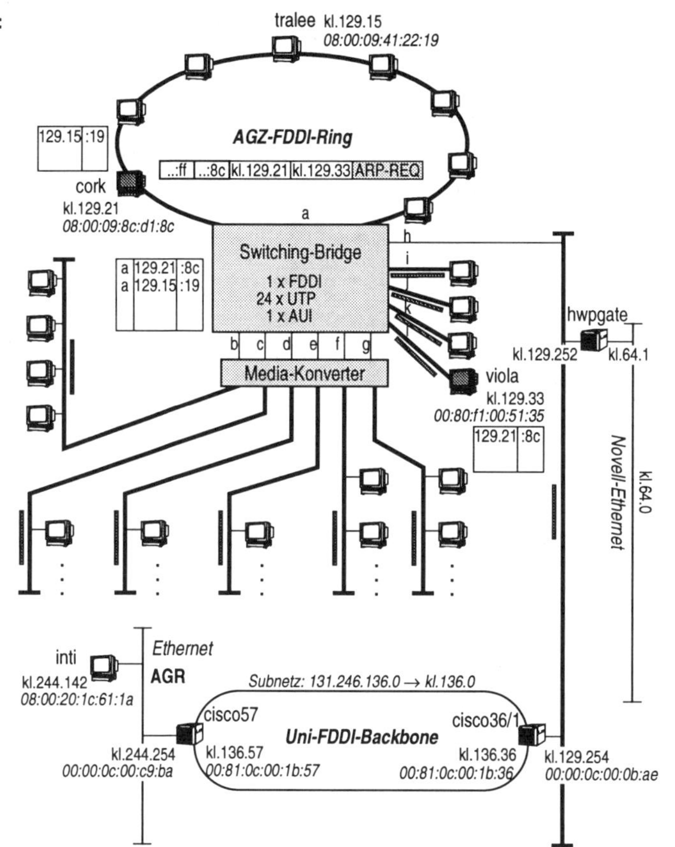

Abbildung 5-56: ARP-Request von cork an viola belastet wieder das gesamte AGZ-LAN bis zu den Routern. Die Adressen von cork stehen bereits in den lokalen ARP-Caches und müssen nicht mehr eingetragen werden.

ARP-Request, aber nur *viola* reagiert auf die *IP*-Adresse. Dieser Rechner wird als einzige Station mit einem *ARP-Response* reagieren und seine *MAC*-Adresse an *cork* übermitteln. *viola* kennt seit dem ARP-Request aus dem ersten Beispiel die *MAC*-Adresse von *cork* und kann daher den ARP-Response sofort auf MAC-Ebene absetzen. Die Antwort wird wiederum über den Switch laufen. Dieser weiß, daß der Empfänger des ARP-Response, *cork*, auf der *FDDI*-Seite liegt. Der Rahmen wird direkt über Port (*a*) an den *FDDI*-Ring weitergegeben, ohne die anderen Teilnetze zu belasten. Der Switch wird sich auch die *MAC*-Adresse von *viola* merken und sie dem Port(*l*) zuordnen (Abbildung 5-57).

cork wird ebenfalls die MAC-Adresse von *viola* in den lokalen

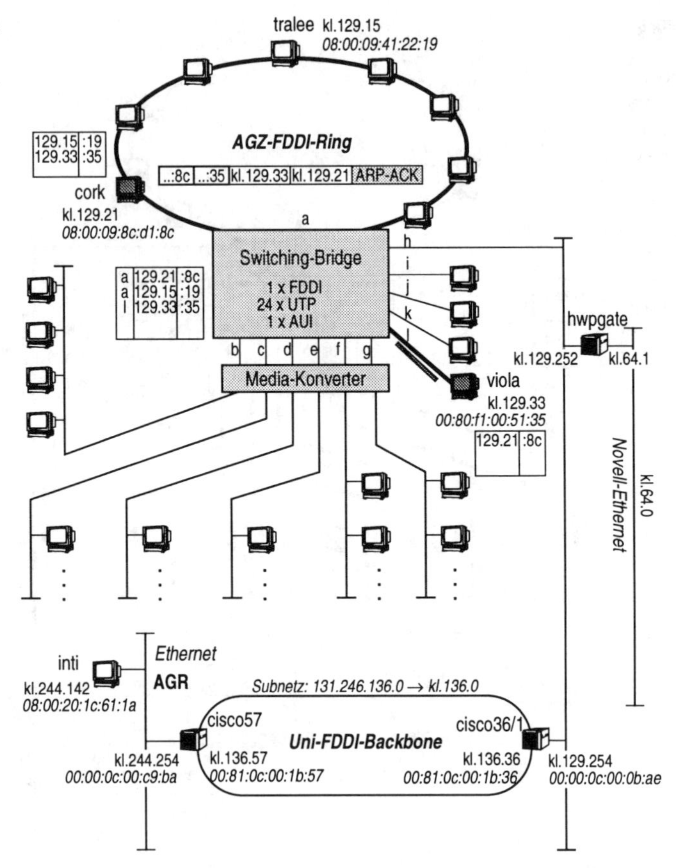

Abbildung 5-57: ARP-Response von viola an cork geht über den Switch in den AGZ-FDDI-Ring, ohne die anderen Teilnetze zu belasten.

ARP-Cache schreiben. Die Rechner können nun direkt miteinander auf der MAC-Ebene kommunizieren, ohne das ganze *AGZ-LAN* zu belastet. Der Switch kann beide Adressen jeweils einem Port zuordnen und trennt damit die Segmente ab.

Nachdem das ARP-Protokoll erfolgreich beendet wurde, kann der Datenrahmen von *cork* über den Switch an *viola* gesendet werden. Der Switch wird den Rahmen direkt an Port (*l*) weiterleiten. Alle Ports des Switch, außer (*a*) und (*l*), bleiben unbelastet (Abbildung 5-58).

5.3.6.3 Beispiel 3: Übertragung über das FDDI-Backbone: cork → inti

Die Datenübertragung im dritten und letzten Beispiel ist um einiges aufwendiger als in den ersten beiden Beispielen und kann nicht mehr so detailliert dargestellt werden. Wir wollen hier nachvollziehen, wie ein Datenpaket von einem LAN über ein Backbone-Netz in ein anderes LAN gelangt. Auf diesem Weg über zwei Router müssen mehrere Protokolle sowohl auf der Sicherungsschicht als auch auf der Vermittlungsschicht abgearbeitet werden. Der Absender des Datenpakets ist in diesem Beispiel erneut *cork*, der Empfänger in diesem Fall *inti* im *AGR*-LAN. Beide sind in Abbildung 5-59 grau hervorgehoben.

cork hat auf irgendeine Weise, die für das Beispiel unerheblich ist[1], die *IP*-Adresse von *inti* (*kl.244.142*) erhalten. Durch diese *IP*-

Abbildung 5-58: Der Switch kann das Datenpaket von cork an viola dem Port l direkt zuordnen. Das Datum wird an keinen anderen Port weitergegeben.

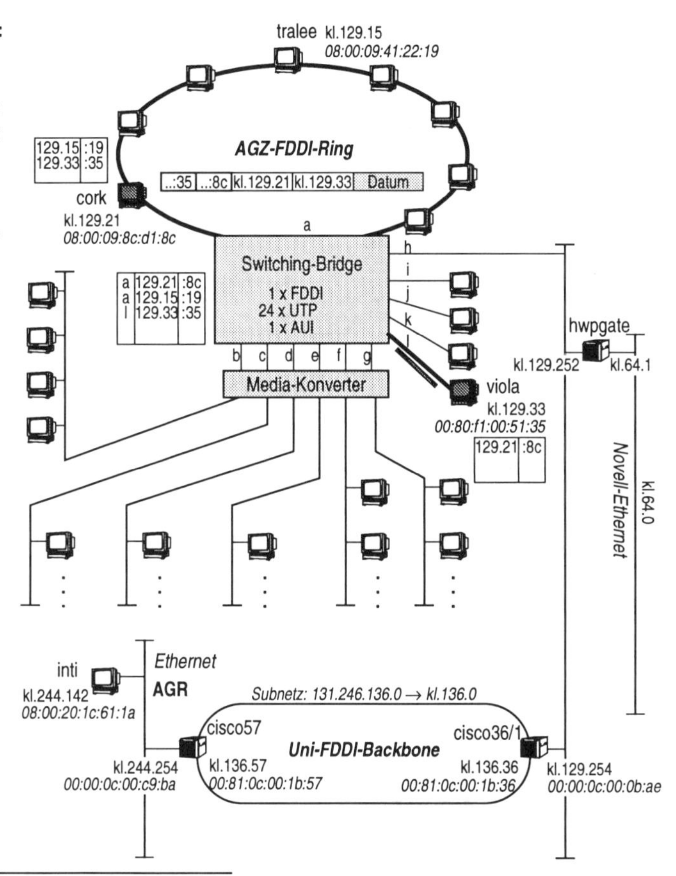

1. z. B. über einen Name-Server

Abbildung 5-59: Das Datenpaket von cork an inti wird zunächst von cork an den Default-Router des AGZ-LANs (cisco36/1) gesendet.

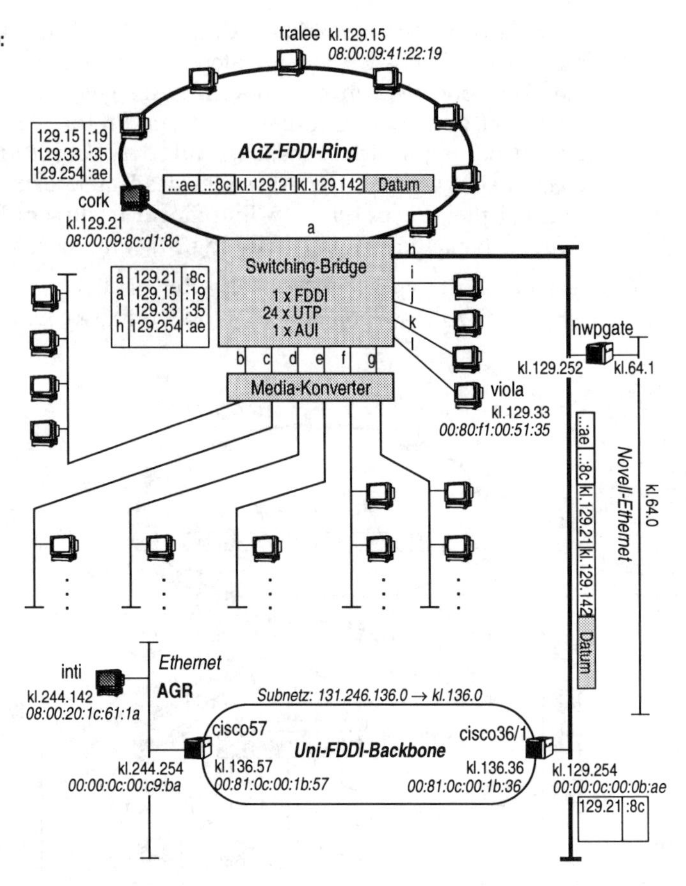

Adresse erkennt *cork*, daß das Ziel des Datenpakets eine Station außerhalb des lokalen Netzes ist. Das Paket muß über einen Router in die „Außenwelt" transportiert werden.

Anhand einer Routing-Tabelle, die auf der Vermittlungsschicht ähnliche Aufgaben wahrnimmt wie der ARP-Cache auf der Sicherungsschicht, weiß *cork*, daß alle Rechner außerhalb des Subnetzes *kl.129.0* über den Router *cisco36/1* (*kl.129.254*) erreicht werden können. Das Datenpaket muß auf der Sicherungsschicht an diesen Router gesendet werden, der es dann weiterleitet (mit Hilfe der *IP*-Adresse).

Im ersten Schritt ermittelt *cork*, wie auch schon in den Beispielen 1 und 2, die MAC-Adresse des Routers und wird diesem das an *inti* adressierte *IP*-Paket zuschicken. Als *MAC*-Adresse wird die Adresse des Routers auf der *AGZ*-LAN-Seite (*:00:00:0c:00:0b:ae*)[1] im Datenrahmen verwendet (Abbildung 5-59).

cisco36/1 hat das Datenpaket empfangen und liest die *IP*-Adresse des Empfängers (*inti = kl.244.142*)[2]. Der Router wird feststellen, daß er selbst das Netz *kl.244.0* nicht verwaltet und daher keinen direkten Zugang zum Empfänger hat. Er hat aber einen

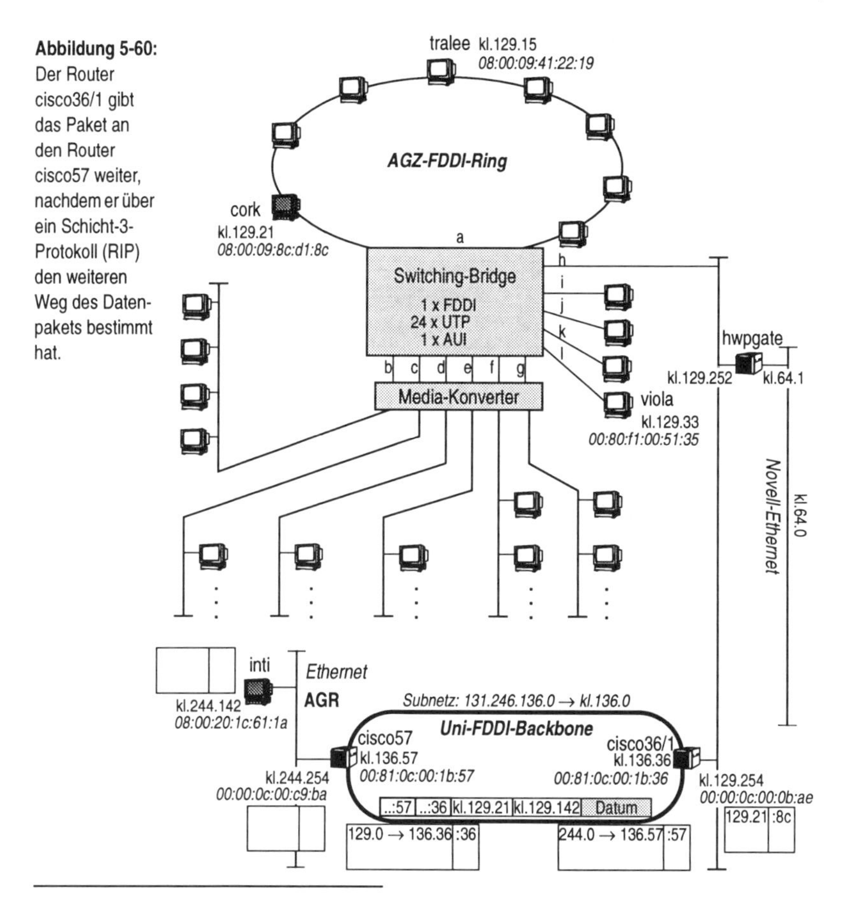

Abbildung 5-60: Der Router cisco36/1 gibt das Paket an den Router cisco57 weiter, nachdem er über ein Schicht-3-Protokoll (RIP) den weiteren Weg des Datenpakets bestimmt hat.

1. Jeder Anschluß eines Routers hat seine eigenen Adressen (sowohl *MAC*- als auch *IP*-Adressen). In den Abbildungen sind für alle Router die Adressen beider Seiten angegeben.
2. Zur Erinnerung: Router verwenden *IP*-Adressen der Vermittlungsschicht zur Wegesuche.

Zugang zum *FDDI*-Backbone der Universität und wird mittels eines speziellen Protokolls auf der Vermittlungsschicht *RIP* (*Routing Information Protocol*)[1] feststellen, welcher von ihm direkt erreichbare Router für das Netz *kl.244.0* zuständig ist. In unserem Beispiel ist dies *cisco57*. Eventuell hat er dies schon einmal getan, und er hat sich die Information in seiner Routing-Tabelle gemerkt.

Analog zu oben, ermittelt *cisco36/1* lokal im *FDDI*-Backbone die

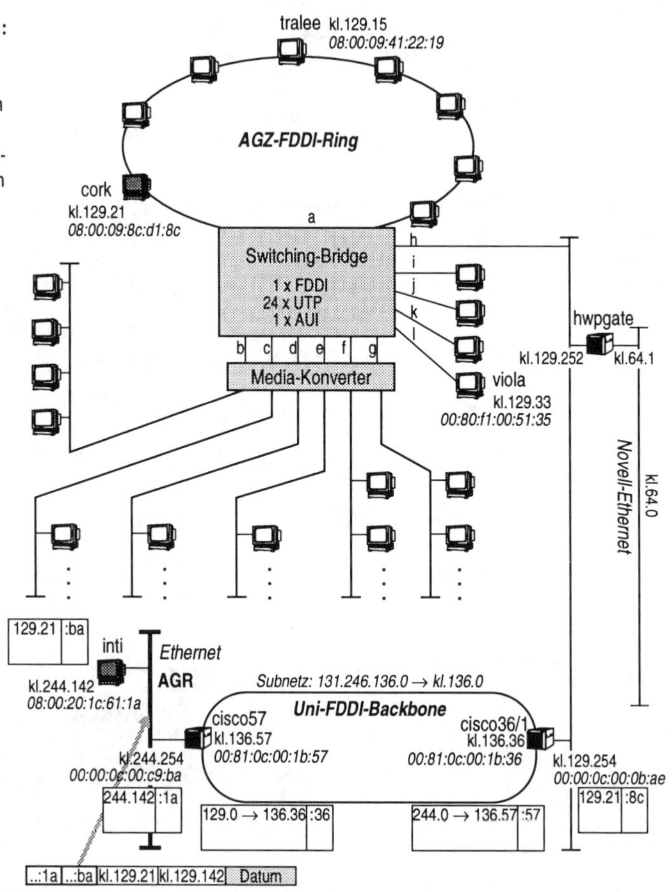

Abbildung 5-61: Im letzten Schritt wird das Datenpaket vom Router cisco57 mittels der MAC-Adressen an den Empfänger inti gesendet.

1. Das *RIP*-Protokoll ist Teil der optimalen Wegesuche durch Router auf Schicht 3. Für nähere Informationen hierzu muß auf die entsprechende Literatur (z. B. [KoB94]) verwiesen werden.

MAC-Adresse von *cisco57* und wird diesem Router das Datenpaket zur weiteren Bearbeitung übersenden (Abbildung 5-60).

Der letzte Schritt zur Auslieferung des Datenpakets von *cisco57* an *inti* ist nun wieder einfach. Für *cisco57* ist das Netz *kl.244.0* ein lokales Netz. Der Router wird wie gewöhnlich die *MAC*-Adresse von *inti* ermitteln und das Paket an *inti* direkt senden. Für diesen Schritt wird nur der *AGR-Ethernet*-Bus belastet (Abbildung 5-61).

6 Prozeßbusse, Busse in der Automatisierungstechnik

In diesem letzten Kapitel wird noch ein spezielles Anwendungsfeld für Bussysteme betrachtet: der Steuerungs- und Automatisierungsbereich. Bedingt durch die Arbeitsumgebung, werden in diesem Bereich spezielle Anforderungen an die Busse gestellt, die nicht unbedingt mit denen in der allgemeinen Datenverarbeitung übereinstimmen. So kann beispielsweise bei der Steuerung einer kritischen Anlage die Robustheit bei der Übertragung eine wesentlich stärkere Rolle spielen als die Übertragungsrate.

Aus Sicht der Kommunikation zerfällt die Automatisierung in zwei wesentliche Klassen mit zum Teil unterschiedlichen Anforderungen:

- Steuerung von:
  - Fabriken, Kraftwerken und anderen Anlagen
  - Gebäuden
  - Fahrzeugen, Flugzeugen, etc.
  - ....
- Fertigung: CIM (Computer Integrated Manufacturing)

CIM ist momentan das Schlagwort in der rechnerintegrierten Produktion. In den letzten Jahren gab es mehrere Entwicklungsstufen im Automatisierungsbereich, angefangen von mikroprozessorgesteuerten Automaten, über Robotereinsatz, bis zu vollautomatisierten Fertigungsprozessen bzw. -systemen. CIM wird in dieser Entwicklung häufig als oberste Stufe angesehen, wobei der Computer den gesamten Entwurfs- und Fertigungsprozeß steuert. Die extremste Vision wäre eine menschenleere Fabrik.

Die Prozeßsteuerung, als zweiter wichtiger Aspekt in der Automatisierung, kann als Teil von CIM angesehen werden. Der gesamte CIM-Bereich wird heute hierarchisch unterteilt, wobei die Sensoren und Aktoren auf der untersten Ebene angesiedelt sind. Auch die Prozeßsteuerung kann man in dieser Hierarchie im unteren Bereich ansiedeln. Am oberen Ende der Hierarchie finden wir die Leit-, Betriebs- und Planungsebenen.

Abbildung 6-1 zeigt eine mögliche Hierarchie in der Automati-

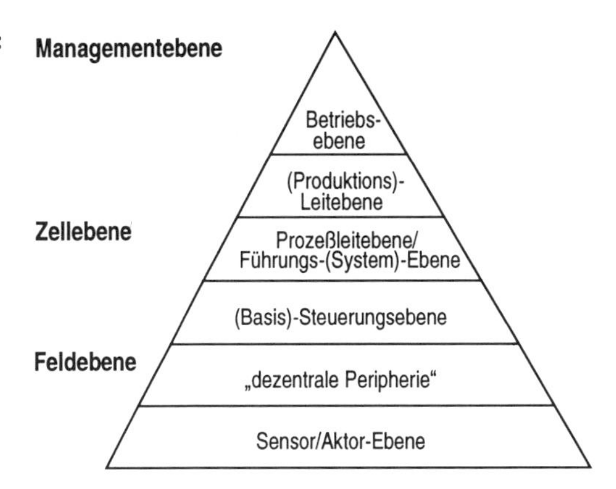

Abbildung 6-1: Hierarchisches Ebenenmodell bei CIM

sierung. Die sechs Hierarchieebenen werden in der Abbildung grob den drei Ebenen Feld-, Zell- und Managementebene zugeordnet. Die Abbildung soll jedoch nur als Anhaltspunkt dienen, da es für die CIM-Hierarchie bis heute keine einheitliche, normierte Einteilung bzw. Sicht gibt.

6.1 Netzwerkhierarchie

Die unterschiedlichen Komponenten bzw. Ebenen des CIM haben selbstverständlich auch unterschiedliche Anforderungen an das Kommunikationssystem. Es muß wohl nicht näher begründet werden, daß die Kommunikation mit einem Roboter in der Fabrikhalle ganz andere Anforderungen besitzt als beispielsweise die Kopplung zweier Workstations im Planungsbüro. Da sich diese unterschiedlichsten Anforderungen wohl kaum durch ein Kommunikationsmedium und ein Kommunikationsprotokoll geeignet realisieren lassen, sind heutzutage alle Kommunikationsstrukturen im Fertigungsbereich hierarchisch strukturiert.

Mit Abbildung 6-2 wurde versucht, ganz grob die Anforderungen der einzelnen Ebenen aus Abbildung 6-1 an das Kommunikationssystem darzustellen. Die prinzipielle Tendenz bei diesen Anforderungen geht in die Richtung, daß die Datenpakete mit den Ebenen in der CIM-Hierarchie nach oben hin zunehmen, die Zeitanforderungen dagegen immer schwächer ausgeprägt sind. Während ganz unten auf der Sensor/Aktorebene häufig nur einzelnen Meß- und Steuerwerte mit wenigen Bits in Echtzeit im Millisekundenbereich übertragen müssen, liegen die Dateneinheiten an der Spitze der Hierarchie bereits im Megabyte-

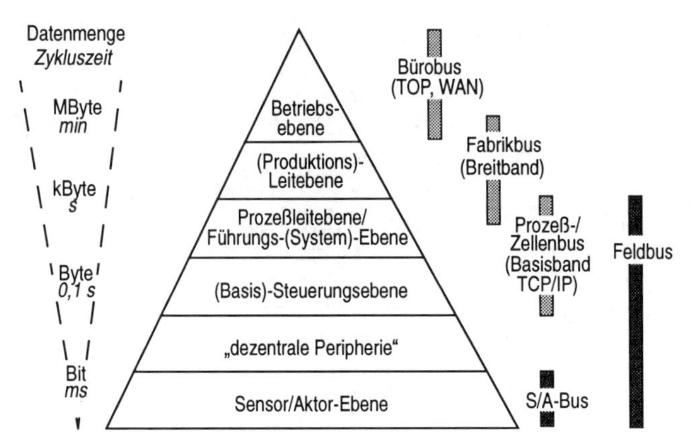

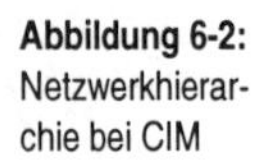
Abbildung 6-2: Netzwerkhierarchie bei CIM

Bereich, deren Übertragung mehrere Sekunden (bis Minuten) benötigt.

Den unterschiedlichen Anforderungen an das Kommunikationssystem wurde durch die Entwicklung ebenenspezifischer Bussysteme und Netzwerke Rechnung getragen. Die einzelnen anwendungsspezifischen Kommunikationsmedien sind zu einer hierarchischen Kommunikationsstruktur (Mehrebenennetz) zusammengesetzt. Auf den höheren Leitebenen werden heute meist Standards wie *Ethernet*, *FDDI* und *Token-Ring* verwendet, die uns im weiteren nicht näher interessieren sollen, da sie bereits besprochen wurden. In diesem Kapitel sollen vielmehr die unteren Ebenen betrachtet werden, auf denen es eine Vielzahl von normierten und herstellerspezifischen Sensor/Aktor- bzw. Feldbusse gibt.

In der rechten Hälfte von Abbildung 6-2 sind verschiedene Busklassen, die man momentan in der Literatur findet, den CIM-Hierarchieebenen zugeordnet. In der Hierarchie von oben nach unten betrachtet sind das die Bürobusse auf Betriebsebene (häufig WAN-Lösungen), Fabrik- und Prozeßbusse auf den mittleren Ebenen (meist auf *TCP/IP*-Basis) und Feld- bzw. Sensor/Aktor-Busse am unteren Ende. Die Einordnung der Busklassen in Abbildung 6-2 darf jedoch nur als Anhaltspunkt betrachtet werden. Im weiteren werden nur noch die Sensor/Aktor-Busse und die Feldbusse betrachtet.

Die prinzipielle Struktur der digitalen Automatisierungssysteme auf den unteren Ebenen ist ein verteiltes System bestehend aus Leitstation(en), (vielen) Prozeßstationen und einem diese Stationen verbindendes Kommunikationssystem. Letzteres kann als Bus, als hierarchisches Netzwerk mit Punkt-zu-Punkt-Verbindungen oder als Kombination dieser beiden realisiert sein. Die Anforderungen an das Kommunikationssystem auf der Feldebene sind durch die industrielle Umgebung begründet:

- Unempfindlichkeit gegenüber Störungen und Beschädigungen (z. B. großer Temperaturbereich, Industrieluft, Meeresluft, mechanische Schwingungen, hohe Induktivitäten durch Motoren)
- Fehlertoleranz (z. B. durch redundante Auslegung)
- leichte und schnelle Wartbarkeit, Fehlerdiagnosemöglichkeit
- Buszugriffsverfahren muß meist Echtzeitverhalten garantieren (dies erfordert ein deterministisches Arbitrierungsverfahren)
- Möglichkeit zur ereignisorientierten Kommunikation durch Interruptmöglichkeiten
- auf Einsatzbereich zugeschnittene Übertragungsgeschwindigkeit
- Wirtschaftlichkeit (Busankopplung darf nicht mehr als ca. 10% bis 20% der Kosten des Automatisierungsgerätes betragen).

6.2 Sensor/Aktor-Busse

Mit den Sensor/Aktor-Bussen befinden wir uns auf der prozeßnahesten Ebene. Die Kommunikationssysteme verbinden hier Roboter, numerische Steuerungen (CNC), speicherprogrammierbare Steuerungen (*SPS*) etc. in industrieller Umgebung untereinander und mit Prozeßleitsystemen. Wichtige Aspekte der Kommunikationsmedien sind in diesem Bereich das oben genannte Echtzeitverhalten (es werden Systemreaktionszeiten im Millisekundenbereich gefordert), Einsatz unter Feldbedingungen und auch Wirtschaftlichkeit[1].

Drei mögliche Realisierungen der Ansteuerung der Sensoren

1. Betrachtet man beispielsweise den Bereich der Gebäudeautomation, so dürften die Kosten von einigen Hundert Mark für jede Busankopplung (d. h. auch für Schalter, Dimmer etc.) ein wesentlicher Aspekt dafür sein, daß sich Bussysteme im Privatbereich heute noch kaum etablieren.

Abbildung 6-3: Kommunikationsstrukturen auf unterster Automatisierungsebene

Quelle: [Sne94]

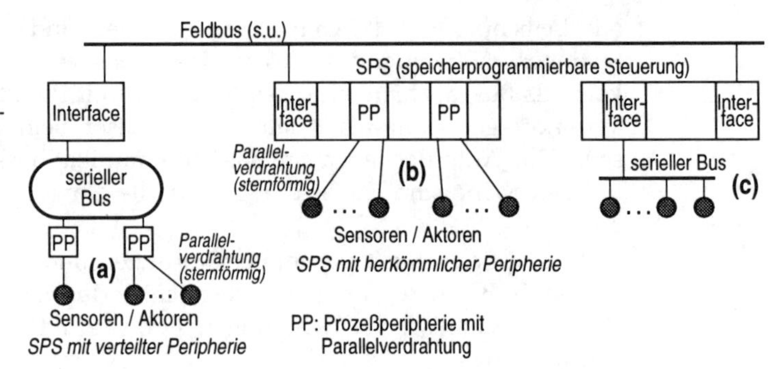

und Aktoren sind in Abbildung 6-3 dargestellt. Die Abbildung zeigt einen seriellen Sensor/Aktor-Bus, der über ein Interface und einen Feldbus der nächsten Hierarchieebene mit zwei speicherprogrammierbaren Steuerungen verbunden ist. Die drei Anschlußmöglichkeiten der Sensoren/Aktoren sind:

(a) In der herkömmlichen Lösung sind die Sensoren/Aktoren direkt mit der SPS (Leitebene) Punkt-zu-Punkt verbunden.

(b) Die Sensoren/Aktoren sind verteilt über spezielle Anschlußeinheiten über einen Bus verbunden. Eventuell können mehrere Sensoren/Aktoren, die nahe beieinanderliegen, aus Effizienz- bzw. Kostengründen gemeinsam über eine Anschlußeinheit versorgt werden.

(c) Die Sensoren/Aktoren haben alle selbst einen Busanschluß und kommunizieren über einen Bus direkt mit der Steuerung.

Aus der Vielzahl von - häufig herstellergebundenen - Lösungen sollen hier drei exemplarisch vorgestellt werden. Diese sind

- das Aktor-Sensor-Interface ASI
- das VariNet-2 und
- der Interbus-S.

6.2.1 Das Aktor-Sensor-Interface ASI

ASI ist ein Zweidraht-Bussystem zur direkten Kopplung von binären Sensoren und Aktoren über einen Bus mit einer übergeordneten Steuerung. Dies entspricht dem Fall (c) von Abbildung 6-3. Die übergeordnete Einheit kann eine SPS, eine CNC, ein Mikroprozessor oder aber ein PC bzw. ein Gateway zu einem übergeordneten Feldbus sein. Das Ziel von *ASI* ist die Ersetzung der immer noch vorherrschenden Kabelbäume auf unterster Ebene.

ASI wurde ursprünglich von 11 Herstellern von Sensoren und Aktoren entwickelt. Die Vorgabe bei der Entwicklung von *ASI* waren neben den allgemeinen Anforderungen an Sensor/Aktor-Busse (siehe Seite 357)

- Zweileiterkabel
- Daten und Energie für alle Sensoren und die meisten Aktoren sollten auf dem Bus übertragen werden
- anspruchsloses und robustes Übertragungsverfahren ohne Einschränkung bzgl. Netztopologie
- kleiner, kompakter, billiger Busanschluß
- Master-Slave-Konzept mit einem Master.

Der prinzipielle Master-Slave-Aufbau eines *ASI*-Systems ist in Abbildung 6-4 dargestellt. Der *ASI-Slave-Chip* kann entweder in ein getrenntes Busankoppelmodul, an das die Sensoren und Aktoren in herkömmlicher Weise angeschlossen sind, eingebaut sein, oder er wird direkt in den Sensor/Aktor eingebaut. Letzteres ist der langfristige Ansatz von *ASI*, während die erste Variante wichtig ist, um die heutigen Sensoren und Aktoren weiter verwenden zu können. Die Energieversorgung der Sensoren und einem Teil der Aktoren erfolgt über den Bus. Aktoren mit höherer Leistungsaufnahme benötigen ein eigenes Netzteil.

Abbildung 6-4: Aufbau eines ASI-Bussystems
Quelle: [Far95]

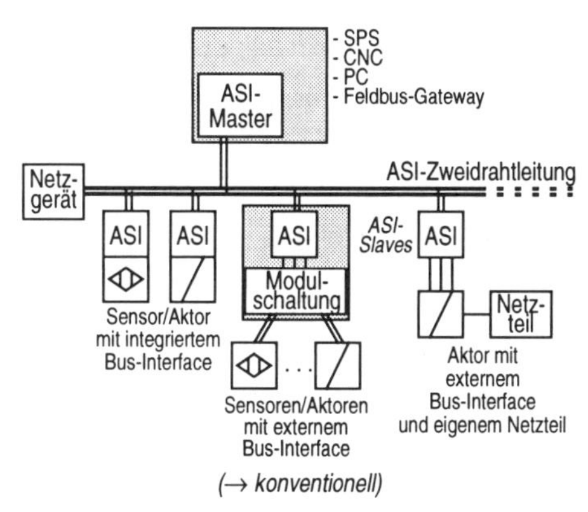

Topologie und Übertragungsmedium

Die Topologie des Netzwerks kann wie bei der normalen Elektroinstallation beliebig sein: linienförmig, mit Stichleitungen oder baumartig verzweigt. Die Busenden müssen nicht abgeschlossen werden, doch ist die maximale Leitungslänge auf 100 m beschränkt. Größere Entfernungen müssen über Repeater überbrückt werden. Verzweigungen im Netzwerk werden über Koppelmodule (s. u.), die zwei Leitungen passiv miteinander verbinden, realisiert.

Als Übertragungsmedium sind zwei alternative, ähnliche ungeschirmte Zweidrahtleitungen spezifiziert. Das Netzgerät und die Leitungen sind in beiden Fällen auf maximal 2 A bei 24 V ausgelegt. Die beiden Leitungsvarianten sind

- 1,5 mm^2 Stegleitung/Flachband-Starkstromleitung (preisgünstig)
- 1,5 mm^2 *ASI*-spezifische Flachbandleitung (birgt Vorteile bei der Installation - kann durch spezielle Leitungsgeometrie nicht falsch gepolt werden)

Pro Bus bzw. Strang sind bei *ASI* nur ein Master und 31 Slaves mit insgesamt 124 Sensoren/Aktoren zugelassen. Es können allerdings mehrere *ASI*-Stränge parallel geschaltet werden. Ein Slave darf nicht mehr als 100 mA dem Bus entziehen. Bei einer höheren Leistungsaufnahme ist ein eigenes Netzteil notwendig.

Koppelmodul

Im *ASI*-Flachkabel-Koppelmodul ist die Kontaktierung in Form einer Durchdringungstechnik realisiert. Die Installation erfolgt einfach durch Einklipsen des *ASI*-Kabels in das Koppelmodul (ohne Schneiden und Abisolieren). Jedes Koppelmodul kann zwei Kabel aufnehmen und diese elektrisch verbinden, wodurch die angesprochenen Verzweigungen realisiert werden.

Das Anwendermodul befindet sich im Deckel des Koppelmoduls. Anwendermodule gibt es in unterschiedlichster Form, sie können jedoch prinzipiell in zwei Klassen unterteilt werden:

- aktive Anwendermodule, die die Elektronik der eigentlichen Slave-Anschaltung enthalten - an diese Einheiten sind bis zu vier konventionelle Sensoren/Aktoren anschließbar
- passive Anwendermodule ohne eigene Elektronik - diese dienen lediglich der weiteren Verzweigung der *ASI*-Leitung.

ASI-Slave

Der Aufbau der Slave-Anschaltung ist in Abbildung 6-5 dargestellt. Die in der Abbildung dargestellten Komponenten sind in einem IC integriert. Zum Anschluß der Sensoren/Aktoren an den *ASI*-Bus über diese Slave-Anschaltungen ist kein Prozessor und keine Software notwendig. Die gesamten Telegrammverarbeitung wird im IC erledigt.

Abbildung 6-5: Aufbau eines ASI-Slave (als integrierter Schaltkreis realisiert)
Quelle: [Far95]

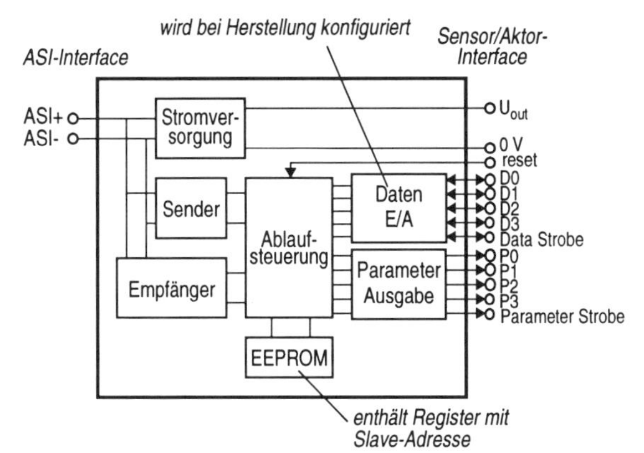

Modulationsverfahren

Bei der Festlegung des Modulationsverfahrens mußte darauf geachtet werden, daß das Übertragungssignal gleichstromfrei und schmalbandig ist. Die Gleichstromfreiheit ist notwendig, damit das Datensignal und die Energieversorgung überlagert werden können. Die Schmalbandigkeit muß gefordert werden, da die Dämpfung der Leitung schnell mit der Frequenz ansteigt. Neben diesen beiden Hauptforderungen sollte darauf geachtet werden, daß das Signal einfach zu erzeugen ist.

Aufgrund dieser Forderungen, entschloß sich das *ASI*-Konsortium, die *Alternating Pulse Modulation* (APM) zu verwenden. Hierbei werden die Rohdaten zunächst *Manchester*-kodiert. Dies ergibt einen Phasenwechsel bei jeder Änderung des Sendesignals. Aus dem *Manchester*-Code wird dann ein Sendestrom erzeugt. Dieser Sendestrom induziert über eine nur einmal im System vorhandene Induktivität einen Signalspannungspegel, der größer als die Versorgungsspannung des Senders sein kann. Beim Anstieg des Sendestroms ergibt sich eine negative Spannung auf der Leitung und beim Stromabfall ergibt sich eine positive Spannung (siehe Abbildung 6-6). Die Grenzfrequenz dieser Art der Modulation bleibt niedrig, wenn die Spannungspulse etwa als $\sin^2$-Pulse geformt sind. Auf den *ASI*-Leitungen sind durch die *AMP*-Modulation Bitzeiten von 6 µs, d. h. eine Übertragungsrate von 167 kBit/s realisierbar.

Übertragungsverfahren

Auf der Protokollebene verwendet *ASI* ein einfaches Buszugriffsverfahren über zyklisches Polling durch den Master. Interrupting ist nicht vorgesehen. Unter bestimmten Voraussetzung ist dieses Verfahren echtzeitfähig.

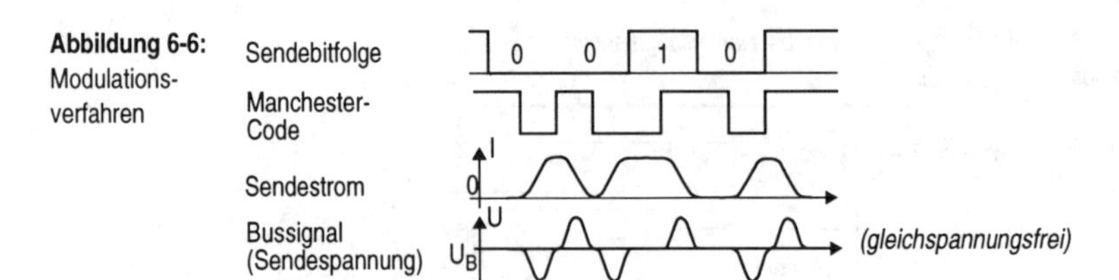

Abbildung 6-6: Modulationsverfahren

Die Slaves werden vom Master zyklisch in immer gleicher Reihenfolge adressiert. Der Master sendet jeweils ein Telegramm mit der Adresse eines Slave (14 Bit à 6 µs), worauf der Slave innerhalb einer vorgegebenen Zeit (7 Bit à 6 µs) antworten muß. Die Zeit zwischen dem Master-Aufruf und der Antwort durch den Slave nennt man Master-Pause. Sie beträgt im allgemeinen 3, maximal jedoch 10 Bitzeiten (Abbildung 6-7). Danach geht der Master davon aus, daß keine Antwort mehr kommt und sendet die nächste Anfrage. Die Slave-Pause, d. h. die Zeit zwischen der Slave-Antwort und dem folgenden Master-Aufruf beträgt eine Bitzeit (6 µs). Die Telegramme enthalten mit nur 5 Bit sehr kurze Informationsfelder, um die Nachrichten und die Busbelegung durch einzelne Sensoren/Aktoren kurz zu halten. Addiert man alle Felder eines Zyklus auf (14 + 3 + 7 +1 Bit), so kommt man auf 150 µs je Zyklus bzw. 5 ms Gesamtzykluszeit bei 31 Slaves und 20 ms bei der maximalen Ausbaustufe von 124 Sensoren/Aktoren. Diese Zeiten sind ausreichend für SPS-Steuerungen. Ob man bei einer gegebenen Anwendung von Echtzeit sprechen kann, hängt von der Anzahl von Sensoren/Aktoren ab.

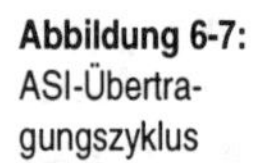
Abbildung 6-7: ASI-Übertragungszyklus

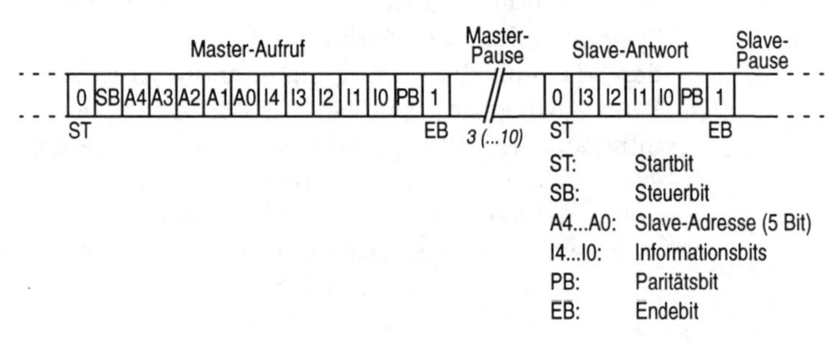

Datensicherheit

Interessant ist bei *ASI* die Sicherung der Datenübertragung. Die Prüfung der empfangenen Daten wird hier nach anderen Kriterien als bei den bisher betrachteten Bussystemen durchgeführt, da wegen der Kürze der Telegramme der Prüfsummen-Overhead zu groß wäre.

Bei *ASI* wird auf OSI-Schicht 1 der Signalverlauf getestet. Hierzu wird das Empfangssignal während einer Bitzeit sechzehnmal abgetastet und folgender Regelsatz vom Slave-Modul in Echtzeit ständig ausgewertet:

- bei Start-/Stopbits muß der erste Impuls negativ, der letzte Impuls positiv sein
- aufeinanderfolgende Impulse müssen unterschiedliche Polarität haben
- zwischen zwei Impulsen in einem Telegramm darf nur ein Impuls fehlen
- kein Impuls in Pausen
- gerade Parität.

Diese Regelmenge ergibt bereits einen hohen Grad an Sicherheit. Untersuchungen haben gezeigt, daß alle Ein- und Zweifach-Impulsfehler sowie 99,9999% aller Drei- und Vierfach-Impulsfehler erkannt werden. Die Paritätsprüfung wird sogar erst ab Dreifach-Impulsfehler wirksam. Theoretische Abschätzungen ergeben, daß statistisch gesehen, bei einer Bitfehlerrate von 100 Fehlern/s nur alle 10 Jahre ein fehlerhaftes Telegramm nicht erkannt wird.

Fehlerhafte Telegramme werden bei *ASI* wiederholt. Sie erhöhen aufgrund ihrer Kürze aber kaum die Gesamtzykluszeit.

6.2.2 VariNet-2

VariNet-2 ist ein Beispiel für einen herstellerspezifischen Sensor/Aktor-Bus. Der Bus wurde von Pepperl+Fuchs entwickelt, wobei darauf geachtet wurde, daß sich der Datenaustausch mit Standardbausteinen und geringem Aufwand bewerkstelligen läßt.

Übertragung

Mit Hilfe von geschirmten Twisted-Pair-Leitungen (STP) wird ein Bus in Linientopologie aufgebaut. Der Buszugang ist nach der seriellen Schnittstelle *RS-485* definiert. Zur Erhöhung der Störsicherheit ist der Bus von der Versorgungsspannung galvanisch getrennt.

Die Datenübertragung erfolgt zwischen Master und Slave im Halbduplex-Betrieb. Das Busprotokoll wird durch Single-Chip-

Mikro-Controller (Intel *8051*) abgewickelt. Dieser Prozessor kann direkt mit einem Sensor/Aktor oder aber mit dem Prozessor eines intelligenten Sensors verbunden sein. Eine direkte Busankopplung von komplexen Sensoren/Aktoren ist möglich.

Die Übertragungsgeschwindigkeit von *VariNet-2* liegt bei 500 kBit/s. Damit lassen sich 32 Sensoren in 10 ms abfragen. Zur Adressierung der Busteilnehmer werden 7 Bit verwendet. Maximal lassen sich 120 Stationen adressieren, wobei 8 Adressen für Sonderfunktionen, wie etwa Broadcast, reserviert sind. In jedem Teilnehmer sind 4x4 Register durch eine 4-Bit-Unteradresse adressierbar. Eine Kopplung mit einem übergeordneten Feldbus ist möglich.

Übertragungsprotokoll

Es wurde versucht, die Kommunikation so einfach wie möglich zu halten. Für das Übertragungsprotokoll sind daher kompakte, nur für die Kommunikation mit Sensoren und Aktoren notwendige Funktionen vorgesehen. Der Master kann mit einem Slave über vier verschiedene Protokolle/Dienste kommunizieren:

SDN	Send Data with No acknowledge Verwendung: unquittierte Broadcast-Nachrichten
SDA	Send Data with Acknowledge Verwendung: Steuerung von Aktoren und Parametrierung von Slaves
RDR	Request Data with Response Verwendung: Abfragen von Sensordaten (am häufigsten verwendeter Dienst)
SRDR	Send and Request Data with Response Verwendung: Kombination von SDA und RDR bei kompakterer Übermittlung von Daten in beide Richtungen

Die von *VariNet-2* verwendete Telegrammstruktur ist abhängig vom jeweiligen Dienst. Die Nutzdaten haben eine Länge von jeweils 16 oder 32 Bit, was im Sensor/Aktor-Bereich vollkommen ausreichend ist. Ein Telegramm wird aus 9-Bit-Blöcken der Tabelle 6-1 zusammengesetzt. Das höchstwertige Bit dient zum Auslösen von Interrupts in Busteilnehmern, damit diese eventuelle Anwendungsprogramme unterbrechen und das Busprotokoll bearbeiten.

Die Datenkommunikation zwischen Master und Slave besteht nur aus einem einzigen Telegramm, dessen Blöcke gemeinsam vom Master und vom Slave stammen. Der Master beginnt ein Telegramm mit einer festgelegten Startsequenz und der Slave-Adresse. Nach Absicherung der Master-Daten durch eine Prüfsumme folgen die Daten des Slave, ohne eigene Startsequenz (siehe Beispiel in Abbildung 6-8). Nur im Fehlerfall sendet der

Tabelle 6-1: VariNet-2-Basisblöcke für Telegramme

Blocktyp	Format	Kommentar
Startzeichen	1 | 00100111	8 Bit Startzeichen
Zieladresse	1 | X | ADDR	7 Bit Zieladresse
Steuerzeichen	0 | SS | E | D | UADDR	2 Bit Dienstkennung (SS) 1 Bit Fehlerstatus (E) 1 Bit Datenfeldlänge - 16/32 Bit (D) 4 Bit Unteradresse (UADDR)
Daten	0 | DATA	8 Bit Daten
Prüfsumme	0 | CHK	8 Bit CRC-Prüfpolynom
Slave-Adresse	1 | T | SLADDR	1 Bit reserviert (T) 7 Bit Slave-Adresse bei Fehler im Slave
Slave-Status	0 | ALARM	8 Bit Slave-Status im Fehlerfall

Slave ein eigenes (Status-) Telegramm, wobei die eigene Slave-Adresse im Adreßfeld steht, um die versehentliche Adressierung eines anderen Busteilnehmers auszuschließen.

Abbildung 6-8: VariNet-2-Telegramme

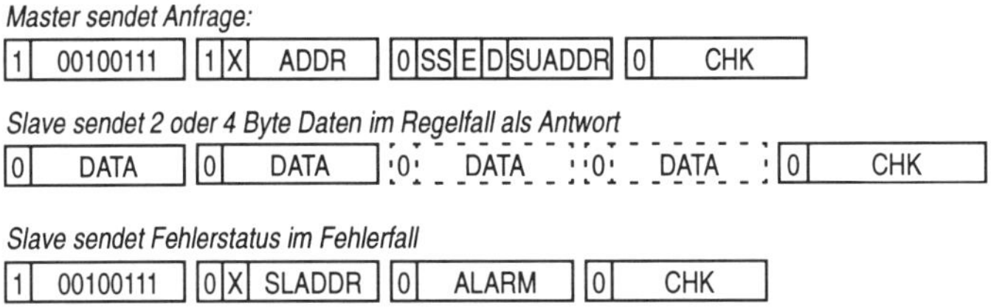

Master sendet Anfrage:

1 | 00100111   1 | X | ADDR   0 | SS | E | D | SUADDR   0 | CHK

Slave sendet 2 oder 4 Byte Daten im Regelfall als Antwort

0 | DATA   0 | DATA   0 | DATA   0 | DATA   0 | CHK

Slave sendet Fehlerstatus im Fehlerfall

1 | 00100111   0 | X | SLADDR   0 | ALARM   0 | CHK

6.2.3 Interbus-S

Der letzte hier vorgestellte Sensor/Aktor-Bus ist der von Phoenix Contact entwickelte und 1987 am Markt eingeführte *Interbus-S*. Das Anwendungsfeld dieses Busses sind alle zeitkritischen Anwendungen, bei denen ein deterministisches Verhalten benötigt wird. Beim *Interbus-S* sind die Zykluszeiten eindeutig berechenbar, da nur „dumme" Sensoren und Aktoren ohne eigene Controller eingesetzt werden. Jeder Sensor/Aktor weist eine feste Anzahl von Meßwerten bzw. Steuerwerten und damit ein statisches Lastverhalten auf. Die Zykluszeit ist nur abhängig von der Anzahl von Stationen im Netzwerk. Sie beträgt i. allg. wenige Millisekunden. Es wird bestrebt, den Bus als IEC-Norm festzuschreiben.

Topologie

Beim *Interbus-S* handelt es sich um ein Master-Slave-System.

Der Master dient unter Umständen der Ankopplung an ein höheres Bussystem. Die Topologie des Netzes entspricht einem Ring. An einen vom Master ausgehenden Hauptring können über spezielle Koppelkomponenten, sogenannten Busklemmen, Subringe angekoppelt werden. Diese Subringe können einerseits lokalen Charakter haben (z. B. Peripheriebus zur Bildung lokaler Ein-/Ausgabe-Cluster) oder zur Ankopplung dezentraler Einheiten über große Entfernungen (→ Installationsfernbus) dienen. Im Gegensatz zu einem typischen Ring gehen bei diesem Netzwerk alle Datenhin- und -rückleitungen durch alle Geräte, so daß sich eine Linien- bzw. Baumstruktur ergibt (Abbildung 6-9).

Abbildung 6-9: Topologie des Interbus-S

Quelle: [Fem94]

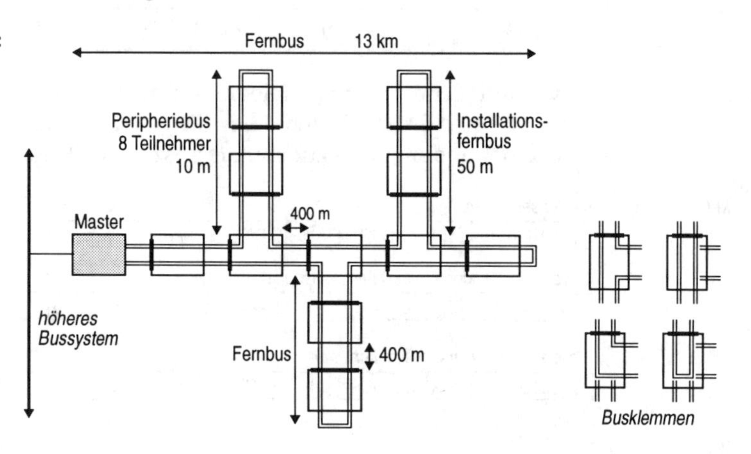

Als Übertragungsmedium wird ein Lichtwellenleiter (LWL) oder eine 5-adrige Twisted-Pair-Leitung mit 4 Daten- und einer Masseleitung verwendet. Die Ausdehnung des Netzwerks liegt bei maximal 13 km, wobei nicht mehr als 400 m zwischen zwei Stationen erlaubt sind. Die Anzahl von Stationen ist auf 256 beschränkt.

Physikalisch wird die Leitung zwischen zwei Geräten Punkt-zu-Punkt verbunden. In jeder Busklemme kann das Medium gewechselt werden (Kupfer ↔ LWL). Die Busklemmen haben zwei Aufgaben: zum einen dienen sie als Repeater zur Signalauffrischung und zum anderen als Schalter zum Schalten alternativer Wege. Neben einer dynamischen Systemkonfiguration erlauben diese Schalter auch eine einfache Fehlerlokalisierung, da gezielt Teilringe abgeklemmt werden können.

Der *Interbus-S* hat eine Übertragungsgeschwindigkeit von standardmäßig 500 kBit/s. Es ist auch ein langsamerer Bus mit 125 kBit/s spezifiziert. In Zukunft sollen 2 MBit/s möglich sein.

Übertragungsprotokoll

Das Zugriffsverfahren des *Interbus-S* ist das *Time Devision Multiple Access* (*TDMA*) Verfahren, ein deterministisches Zeitscheibenverfahren, bei dem jeder Busteilnehmer einen festen Zeitschlitz erhält. Ähnlich wie beim *DQDB* gibt es auch hier ein Summenrahmentelegramm, d. h. ein Telegramm für alle Stationen. Jede Station erhält einen festen Ausschnitt im Telegramm (Abbildung 6-10). Der Vorteil des Summenrahmentelegramms liegt darin, daß der Protokoll-Overhead mit steigender Zahl von Teilnehmern abnimmt.

Abbildung 6-10: Interbus-S-Telegrammstruktur

Loopbackword	Data n	//	Data 3	Para 3	Data 2	Data 1	CRC-Check	CTR

Station 3: Daten- und Parameterblock

Loopback-Wort	16 Bit - Beginn eines neuen Telegramms des Master
Data/Para	16 Bit Nutzdaten, 2 Bit Start/Stop: asynchrone Punkt-Punkt-Übertragung, 3 Kontrollbit (u. a. Data/Para-Unterscheidung)
CRC	16 Bit-Prüfpolynom nach CCITT
CTR	16 Bit, mit denen die Stationen dem Master die fehlerfreie Datenübertragung bestätigen

Die Telegramme werden an alle Teilnehmer gesendet. Jede Station entnimmt die für sie bestimmten Teildaten aus dem Telegramm und fügt eigene Daten für den Master an den Anfang des Telegramms ein. Dies ergibt eine verteilte Schieberegisterstruktur, wie sie in Abbildung 6-11 dargestellt ist. Die Prüfsumme muß von jeder Station neu berechnet werden. Längere Parameterdaten von mehr als 16 Bit werden in 16-Bit-Blöcke aufgeteilt und blockweise übertragen (in jedem Zyklus/Telegramm ein Block).

6.3 Feldbusse

Oberhalb der Sensor/Aktor-Ebene sind die Feldbusse angesiedelt, wobei sich die beiden Ebenen nicht immer genau abgrenzen lassen. Oft werden Sensor/Aktor-Busse zu den Feldbussen gerechnet (siehe auch Abbildung 6-2). Neben den weiter oben angesprochenen allgemeinen Anforderungen an Busse in der Automatisierungstechnik wird für Feldbusse gefordert:

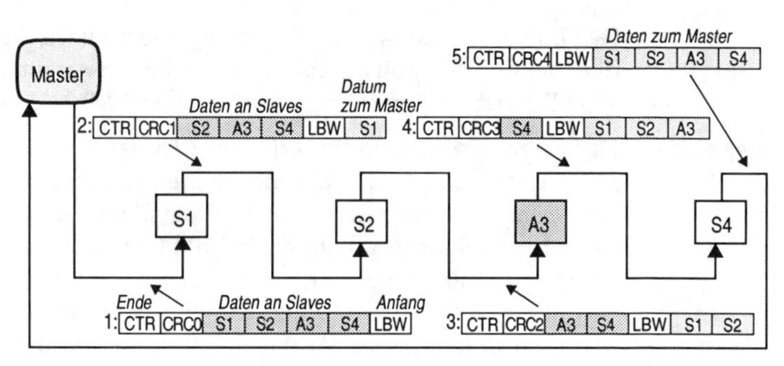

Abbildung 6-11: Interbus-S-Schieberegisterstruktur. Jeder Busteilnehmer entnimmt sein Datenteil vom Master und fügt Rückgabewerte an den Master am Anfang des Telegramms ein.

- die Ausdehnung liegt zwischen einigen Metern und einigen Kilometern
- das Bussystem sollte so flexibel sein, daß zusätzliche Busteilnehmer problemlos eingebracht werden können
- harte Zeitanforderungen mit garantierter maximaler Reaktionszeit des Systems, Echtzeitfähigkeit und Reaktionszeiten im Millisekunden- bis Sekundenbereich (je nach Anwendung)
- aus wirtschaftlichen Gründen sind serielle Busse den Parallelbussen vorzuziehen
- da Bussysteme von Natur aus störanfälliger sind als die bisher verwendete sternförmige Verkabelung, sind Maßnahmen notwendig, um die Ausfallwahrscheinlichkeit zu reduzieren und die Zuverlässigkeit zu erhöhen (z. B. entsprechende Kodierung, Fehlererkennung, störunempfindliches Übertragungsmedium wie etwa Lichtwellenleiter).

Aus der Gruppe der Feldbusse sollen vier Beispiele besprochen werden. Diese sind:

- *PROFIBUS*
- *CAN*
- *LON* und
- *EIB*

6.3.1 PROFIBUS (Process Field Bus)

Der *PROFIBUS* wurde herstellerübergreifend von 14 Herstellern und 5 wissenschaftlichen Instituten entwickelt und ist in Deutschland eine nationale Feldbusnorm (DIN E 19245). Es han-

Abbildung 6-12: Topologie des PROFIBUS

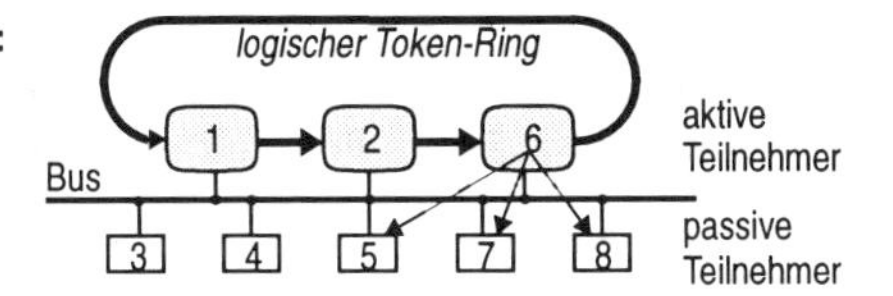

delt sich dabei um einen Token-Bus, genauer gesagt, um einen Multi-Master-Bus mit Token-Passing-Zugriffsverfahren. Die physikalische Netzstruktur ist eine Linientopologie (Bus) mit kurzen Stichleitungen (siehe Abbildung 6-12).

Signalübertragung

Als Übertragungsmedium ist für den *PROFIBUS* entweder Lichtwellenleiter oder Shielded-Twisted-Pair vorgesehen, wobei im letzteren Fall die Bussegmente passiv abgeschlossen werden müssen. Als Busschnittstelle wurde *RS-485* festgelegt. Das Leitungssignal ergibt sich aus der *NRZ*-Kodierung.

Die maximale Leitungslänge beträgt einige hundert Meter, hängt aber stark von der Übertragungsgeschwindigkeit ab (siehe Tabelle 6-2). Eine Verlängerung des Busses ist durch maximal drei bidirektionale Repeater zwischen jeweils zwei Stationen möglich. Die Obergrenze der Busteilnehmer liegt für zeitkritische Anwendungen bei 32 und für zeitunkritische Anwendungen bei 122 Stationen.

Tabelle 6-2: Leitungslängen beim PROFIBUS

Übertragungsgeschwindigkeit [kBit/s]	**max. Länge [m]**
9,6 / 19,2 / 93,75	1.200
187,5	600
500	200

Buszuteilung

An der Busarbitrierung nach dem Token-Passing-Verfahren nehmen alle aktiven Teilnehmer (z. B. SPS-Steuerung) teil. Nach Erhalt des Busses, kann der aktuelle Bus-Master mit beliebigen passiven Teilnehmern (z. B. Sensoren/Aktoren) kommunizieren. Der Bus-Master kann während eines Zyklus ein- oder mehrmals einen Datenaustausch durchführen bzw. initiieren, wobei die Gesamtkommunikationsdauer von verschiedenen zeitlichen Randbedingungen abhängt. Hierzu wird die als Parameter vorgegebene Token-Soll-Umlaufzeit mit der gemessenen, tatsächlichen Token-Umlaufzeit verglichen. Die Busbelegungszeit richtet sich nach den verbleibenden Zeitreserven. Jeder Master darf jedoch zumindest eine hochpriore Nachricht absenden. Weitere

„normale" Nachrichten sind dagegen nur erlaubt, wenn die Token-Soll-Umlaufzeit noch nicht überschritten ist. Durch dieses Verfahren ist ein gut vorhersagbares Echtzeitverhalten möglich.

Übertragungsprotokoll

Die Übertragung erfolgt zeichenorientiert. Ein Zeichen besteht aus 11 Bit (→ UART[1]-Zeichen), die sich aus 8 Daten- und 3 Steuerbits zusammensetzen. Aus mehreren Zeichen werden Tele-

Start	Daten	Parity	Stop
0	DDDDDDDD	P	1

gramme gebildet. Es gibt verschiedene Telegrammformate, die sich in vier Kategorien einordnen lassen. Die Kategorien sind in Abbildung 6-13 dargestellt.

Abbildung 6-13: Telegrammkategorien des PROFIBUS
Quelle: [Fem94]

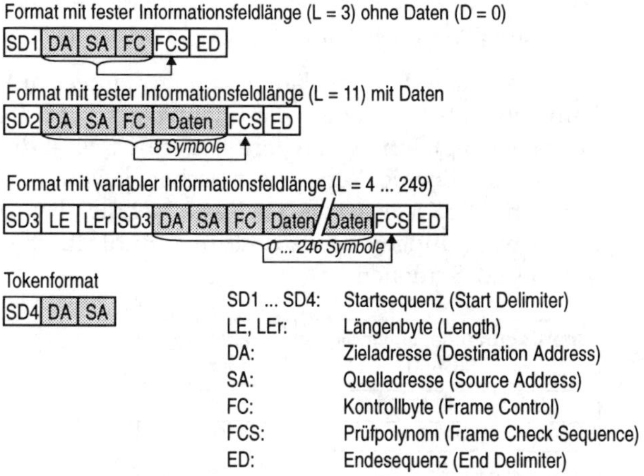

Format mit fester Informationsfeldlänge (L = 3) ohne Daten (D = 0)

SD1	DA	SA	FC	FCS	ED

Format mit fester Informationsfeldlänge (L = 11) mit Daten

SD2	DA	SA	FC	Daten	FCS	ED

8 Symbole

Format mit variabler Informationsfeldlänge (L = 4 ... 249)

SD3	LE	LEr	SD3	DA	SA	FC	Daten // Daten	FCS	ED

0 ... 246 Symbole

Tokenformat

SD4	DA	SA

SD1 ... SD4:	Startsequenz (Start Delimiter)
LE, LEr:	Längenbyte (Length)
DA:	Zieladresse (Destination Address)
SA:	Quelladresse (Source Address)
FC:	Kontrollbyte (Frame Control)
FCS:	Prüfpolynom (Frame Check Sequence)
ED:	Endesequenz (End Delimiter)

Die OSI-Schichten 3 bis 7 sind beim *PROFIBUS* nicht vollständig ausgeprägt. Direkt auf der Sicherungsschicht, auf der die Telegrammformate definiert sind, sitzt die Anwendungsschicht. Die Anwendungsschicht ist in zwei Teilschichten unterteilt:

- *LLI* (*Lower Layer Interface*), eine Schnittstelle zwischen der Anwendungsschicht und der Sicherungsschicht, die den Datentransfer überwacht
- *FMS* (*Fieldbus Message Specification*), eine Schnittstelle zum Anwender, die eine Vielzahl von Diensten bereitstellt.

1. UART = Universal Asynchronous Receiver-Transmitter - s. serielle Schnittstelle

Zeitverhalten und Overhead

Die Zeit, die vergeht, bis der Master die Information eines Slave erhält, steigt mit der Anzahl von Slaves im System. Die Reaktionszeiten des Systems wird um so schlechter, je mehr Slaves angeschlossen sind. Die Token-Soll-Umlaufzeit stellt den Worst-Case für einen Umlauf dar. Fallen ein oder mehrere Master aus, optimiert sich das System über spezielle Nachrichten selbst. Das System weiß immer, welche Master noch aktiv sind.

Der Overhead kann beim *PROFIBUS* erheblich sein. Jedes Zeichen hat bereits einen 3-Bit-Overhead (Start, Parity, Stop). Darüber hinaus besitzen die Telegramme mehr oder weniger viele Steuerzeichen. Im Extremfall fallen bis zu 90% Steuerzeichen an.

Zeitkritische Anwendungen sind mit dem *PROFIBUS* aufgrund seines geringen Datendurchsatzes nicht möglich. Hierzu wurde für den Einsatz im unteren Feldbusbereich der *PROFIBUS-DP* (Dezentrale Peripherie) entwickelt. Der Geschwindigkeitsvorteil gegenüber dem *PROFIBUS* stammt im wesentlichen daher, daß die Anwendung - unter Umgehung der Schicht 7 - direkt auf der Sicherungsschicht aufsitzt.

6.3.2 CAN (Controller Area Network)

CAN wurde 1981 von Bosch und Intel mit dem Ziel der Vernetzung komplexer Controller und Steuergeräte entwickelt. Internationale Verbreitung fand *CAN* vor allem im Automobilbereich (Mercedes, BMW) zur Ersetzung der immer komplexer werdenden Kabelbäume (bis zu 2 km, 100 kg), aber auch im Haushaltsgerätesektor (Bosch), in Textilmaschinen, in Apparaten der Medizintechnik und einigen anderen Anwendungen. Da der Bus im Prinzip auch als Sensor/Aktor-Bus unter Einhaltung von Echtzeitanforderungen einsetzbar ist, erschließen sich in jüngerer Zeit immer mehr Anwendungsfelder wie etwa die Gebäudeautomation. Ein Vorteil von *CAN* liegt in den preisgünstigen Busankoppelkomponenten aufgrund von hohen Stückzahlen, nicht zuletzt im Automobilbereich.

Übertragung

CAN ist ein Multi-Master-Bus mit serieller Übertragung. Die Verdrahtung erfolgt in Bustopologie. Als Übertragungsmedium dient *CAN* eine abgeschirmte, verdrillte Zweidrahtleitung und als Buszugang wird die symmetrische *RS-485*-Schnittstelle verwendet. Die differentiellen Spannungspegel sollen helfen, Störungen durch elektromagnetische Einstrahlung zu vermeiden. Im Störfall kann auch über eine Eindrahtleitung (und gemeinsamer Masse) kommuniziert werden. Spezielle Schaltvorrichtungen und Fehlermaßnahmen schalten dann auf eine asymmetrische Übertragung um.

CAN erlaubt eine recht hohe Datenübertragungsrate von 10 kBit/s bis zu 1 MBit/s bei Buslängen von 40 m bis 1 km. In der Praxis werden effektive Bitraten von 500 kBit/s erreicht. Besonderer Wert wurde bei der Busspezifikation auch auf die Übertragungssicherheit und Datenkonsistenz gelegt, da der Bus beispielsweise im Automobilbereich starken Störungen ausgesetzt ist. Durch verschiedene Maßnahmen, u. a. ein 15 Bit langes CRC-Feld, wird eine Hamming-Distanz von 6 und eine Restfehlerwahrscheinlichkeit von 10^{-13} erreicht.

Übertragungsprotokoll

Über den *CAN*-Bus werden kurze Nachrichten in Blöcken von max. 8 Byte übertragen, um geringe Latenz- und kurze Reaktionszeiten zu ermöglichen. Es wird zwischen hochprioren und normalen Nachrichten unterschieden. Bei 40 m Buslänge und einer Übertragungsrate von 1 MBit/s ergibt sich eine maximale Reaktionszeit für hochpriore Nachrichten von 134 µs. Es muß jedoch beachtet werden, daß viele hochpriore Nachrichten normalen Nachrichten den Buszugang versperren können.

Im Gegensatz zu den meisten Busprotokollen ist *CAN* nachrichten- bzw. objektorientiert und nicht teilnehmerorientiert. Dies bedeutet, daß die Telegramme keine Adressen enthalten. Jede Nachricht ist eine Broadcast-Nachricht. Eine Station muß selbst aus einem Rahmen herausfinden, ob die aktuelle Nachricht, genauer: der Nachrichtentyp, für sie bestimmt ist. Hierzu steht ihr im Datenrahmen ein Bezeichnerfeld zur Verfügung, dessen Wert i. allg. den Absender beschreibt. Für das Bezeichnerfeld sind 11 Bit im Rahmen vorgesehen, so daß maximal 2032 verschiedene Nachrichtenobjekte durch die Bezeichner unterschieden werden können (16 Bezeichner sind reserviert). Das typische *CAN*-Rahmenformat ist in Abbildung 6-14 dargestellt. Insgesamt gibt es bei *CAN* vier verschiedene Rahmenformate: *Data Frame* (Datenübertragung), *Remote Frame* (Anforderung von Daten), *Error Frame* (Fehlererkennung), *Overload Frame* (Flußregelung).

Busarbitrierung

Als Buszugriffsverfahren wird CSMA/CA verwendet. Zu Beginn eines Übertragungszyklus während der Arbitrierungsphase wird die sendewillige Station mit der höchsten Priorität bestimmt. Dies ist die Station mit der kleinsten (Quell-) Adresse. Die bitweise, prioritätsgesteuerte Arbitrierung unterscheidet

Abbildung 6-14: CAN-Rahmenformat

Quelle: [Sne94]

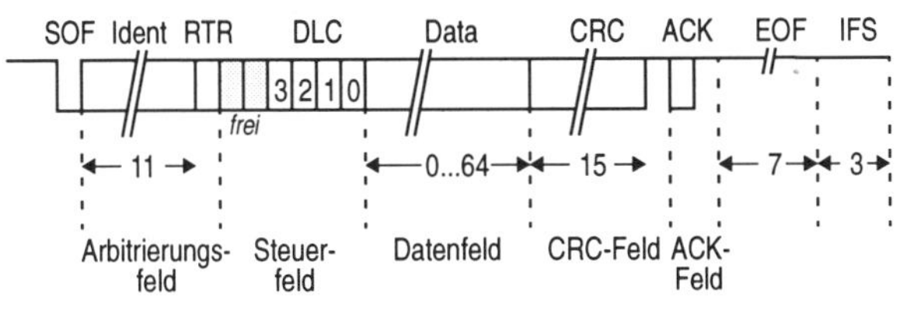

SOF, EOF Rahmenanfangs- und -endemarkierung

RTR: Unterscheidung zwischen Datenrahmen und Datenanforderung (Remote Frame) 0 = Data Frame; 1 = Remote Frame

Steuerfeld: 2 MSB reserviert für Extended CAN (z. B. 29 Bit Kennung) 4 Bit Datenlänge (DLC)

ACK: Sender überträgt rezessives Bit („1"), Knoten, die fehlerfrei empfangen haben, senden dominantes Bit („0") in diesem Feld

IFS: Inter Frame Space

zwischen dominanten („0") und rezessiven („1") Spannungspegeln (vergleiche Seite 136ff). Voraussetzung für dieses CSMA/CA-Verfahren ist natürlich, daß alle Stationen zur gleichen Zeit mit der Arbitrierung anfangen und dieselbe Taktgeschwindigkeit haben.

6.3.3 LON (Local Operating Network)

LON ist ein von der Firma Echolon entwickeltes, herstellerspezifisches Kommunikationssystem für verteilte industrielle Anwendungen, vor allem aber für den Einsatz in der Gebäudeautomation. Hier ist *LON* der größte Konkurrent des in Europa weiter verbreiteten *EIB* (*European Installation Bus*), der im Abschnitt 6.3.4 vorgestellt wird. *LON* ermöglicht den Aufbau hierarchischer Netzwerke basierend auf Netzknoten, Subnetzen und Bereichen. In jedem Subnetz sind maximal 127 Endpunkte erlaubt. Ein Bereich darf bis zu 255 Subnetze enthalten. Insgesamt sind damit bis zu etwa 32.000 Netzwerkanschlüsse möglich. Das Buszugriffsverfahren basiert auf CSMA und ist daher für Echtzeitanwendungen weniger geeignet. Intelligente Netzkomponenten entscheiden selbständig, wie sie auf Nachrichten reagieren.

Übertragung

Zur Datenübertragung unterstützt *LON* verschiedene Medien für unterschiedliche Geschwindigkeiten und Ansprüche. Hierzu gehören unter anderem:

- verdrillte Zweidrahtleitungen mit mehreren Schnittstellen, z. B. *RS-485*

- das normale Versorgungsnetz der Elektroinstallation, wobei das Datensignal HF-moduliert aufgebracht wird
- Glasfaser.

Die Übertragungsrate schwankt je nach Netzwerkausdehnung. Bei der verdrillten Zweidrahtleitung liegen die Werte beispielsweise zwischen 78 kBit/s bei 1.300 m und 1,25 MBit/s bei 300 m. Weitere Konfigurationen sind in Tabelle 6-3 zu finden. Teilnetze,

Tabelle 6-3: LON-Alternativen
Quelle: [Sne94]

Transceiver	Medium	Übertragungsgeschwindigkeit	Übertragungslänge	max. Knotenzahl
78 kBit/s	verdrillter Zweidraht	78 kBit/s	2 km	64
1,25 MBit/s	verdrillter Zweidraht	1,25 MBit/s	500 m	64
RS 485	verdrillter Zweidraht	4,9 ... 625 kBit/s	1200 m (bei 39 kBit/s)	32
Versorgungsnetz	Netzversorgung	10 kBit/s	installationsabhängig	32385
HF-Übertragung	Frequenzband 49 MHz	4,9 kBit/s	100 m	32385

die auf verschiedenen Medien basieren, können über spezielle Router[1] miteinander verbunden werden.

Als Kommunikationsteilnehmer ist bei *LON* an intelligente Einheiten (Knoten, Neuronen) gedacht. Man stellt sich hierbei eine (Vor-) Verarbeitung durch die Applikationen vor Ort vor, so daß übergeordnete Steuereinheiten entlastet und reduziert werden können. Intelligente Sensoren/Aktoren, Ansteuer-/Erfassungsgeräte und komplexere Steuergeräte werden mit *LON*-Komponenten und Software ausgestattet. Der Kern der dezentralen Steuerung ist der sogenannte *Neuron-Chip*.

Der Neuron-Chip beinhaltet die Funktionseinheiten für Kommunikations- und Anwendungssteuerung der *LON*-Bausteine in Form eines spezifischen Mikro-Controllers. Dieser Chip dient der Steuerung und Vernetzung von Sensoren/Aktoren mit geringem Hardware-Aufwand. Es handelt sich hierbei um einen CMOS-VLSI-Schaltkreis mit drei 8-Bit-Prozessoren und einer weltweit eindeutigen 48-Bit-Adresse. Die Prozessoren bearbeiten jeweils Protokolle unterschiedlicher OSI-Schichten. Darüber hinaus enthält ein Neuron-Chip einen Timer/Counter zur Meß-

1. *LON*-Router sind aus zwei gekoppelten Neuron-Chips aufgebaut.

Abbildung 6-15: LON-Neuron-Chip von Motorola und Toshiba
Quelle: [Sne94]

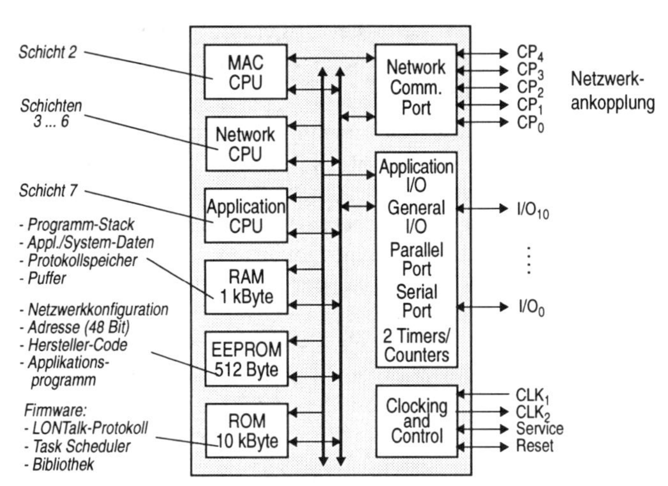

daten- bzw. Signalverarbeitung und einen Kommunikationsport zur Netzwerkankopplung über einen Transceiver. Die Struktur des Neuron-Chip ist in Abbildung 6-15 dargestellt.

Busarbitrierung und Adressierung

Für den Buszugriff verwendet *LON* den CSMA-Ansatz mit einem Algorithmus zur weitgehenden Kollisionsvermeidung. Die Kollisionsvermeidung basiert darauf, daß die Telegramme i. allg. bestätigt sind. Die Zahl von Bestätigungen werden addiert und in das Datenpaket kodiert. Aus dieser Zahl läßt sich das voraussichtliche Datenaufkommen in der Folgezeit abschätzen. *LON* verwendet den Wert, um die Arbitrierungszeit zwischen den Datenpaketen so zu variieren, daß sich die Wahrscheinlichkeit einer Kollision erheblich reduziert.

Während der Installations- und Konfigurationsphase wird die Adressierung und die Wegesuche (Routing), basierend auf den 48-Bit-Adressen der Neuron-Chips, durchgeführt. In der Betriebsphase wird dagegen eine dreistufige Adressierung verwendet. Die Adressierung lehnt sich dann an die hierarchische Aufteilung des Internet in Bereiche (Domains), Subnetze und Knoten an. Bereiche werden beispielsweise getrennten Gebäuden zugeordnet. Jeder Bereich enthält bis zu 255 Subnetze, jeweils wieder mit maximal 127 Knoten. Diese Obergrenze von 32385 Knoten ist jedoch nicht bei allen Konfigurationen/Medien möglich (vergleiche Tabelle 6-3). Eine Besonderheit von *LON* liegt darin, daß mehrere Knoten subnetzübergreifend zu Gruppen zusammengefaßt werden können. Ein Knoten kann dabei maximal 15 Gruppen angehören. Diese Multicast-Unterstützung entspricht dem in Abschnitt 5.2.6 vorgestellten Konzept der virtuellen LANs.

Netzwerkvariablen

Auf den anwendungsnahen Schichten (OSI-Schichten 6 und 7) stellt *LON* sogenannte Netzwerkvariablen zur Verfügung. Diese sind Objekte, die als Ausgangs- bzw. als Eingangsvariablen definiert werden und netzwerkweit durch das Kommunikationssystem konsistent gehalten werden. Weist etwa ein Anwendungsprogramm einer Ausgangs-Netzwerkvariablen einen neuen Wert zu, so wird dieser Wert automatisch an alle anderen Knoten, die diese Variable als Eingangs-Netzwerkvariable besitzen, propagiert. Die Empfängerknoten übernehmen den neuen Wert und benachrichtigen ihre Anwendungsprogramme. Insgesamt gibt es etwa 100 definierte Netzwerkvariablentypen (Länge, Temperatur, Strom, ...) mit festgelegten Wertebereichen.

6.3.4 EIB (European Installation Bus)

Während das oben vorgestellte *LON* vor allem in den USA als Installationsbus immer beliebter wird, ist in der europäischen Gebäudeautomation *EIB* die vorherrschende Technologie. Dieser Bus ist von einem Gremium führender europäischer Firmen der Installationstechnik, die sich zur *EIBA* (*EIB Association*) zusammengeschlossen haben, spezifiziert. Ziel von *EIB* ist eine moderne Elektroinstallation in standardisierter Bustechnik sowohl im Zweckbau als auch im Privathaus, wobei heute der private Bereich aus Kostengründen noch kaum eine Rolle spielt.

Ein *EIB*-Netzwerk ist hierarchisch gegliedert. Es besteht aus Linien und Bereichen, die jeweils über Linien- bzw. Bereichskoppler miteinander verbunden sind. Diese Koppler trennen die Subnetze galvanisch und reduzieren - ähnlich wie Router - die Last auf dem gesamten Netz. Der typische Aufbau eines *EIB*-Netzwerks ist in Abbildung 6-16 dargestellt.

Ein voll ausgebautes *EIB*-Netz besteht aus 15 Bereichen zu jeweils 12 Linien. Eine einzelne Buslinie kann bei einer Länge von bis zu einem Kilometer maximal 64 Teilnehmer (Netzknoten) haben. Insgesamt kommt man damit auf etwa 11.500 gekoppelte Geräte. Der Maximalabstand zwischen zwei beliebigen Knoten muß kleiner als 700 m sein. Die Netztopologie orientiert sich i. allg. an der des Leitungsnetzes, so daß meist eine Baumstruktur vorliegt. Andere Topologien wie Ring, Stern und Bus sind

Abbildung 6-16: EIB-Topologie

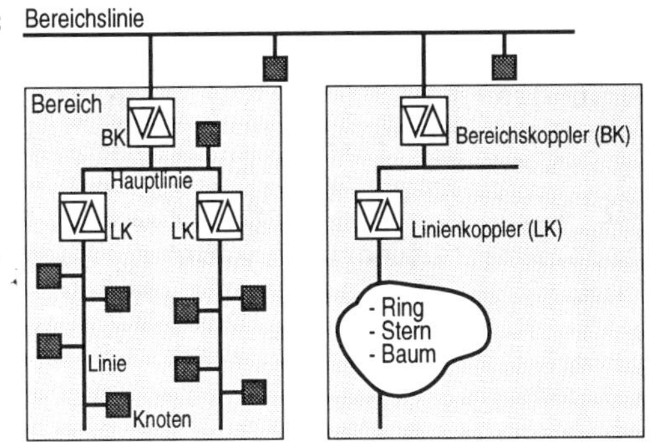

möglich.

Übertragung

Als Busleitung wird eine geschirmte, verdrillte, nicht abgeschlossene Vierdrahtleitung verwendet, wovon nur zwei Adern zur Datenübertragung und zur zentralen Stromversorgung verwendet werden. Das Datensignal wird auf eine 28 V Gleichspannung (320 mA - zur Versorgung von Geräten mit geringem Stromverbrauch) aufmoduliert. Die Übertragungsrate ist mit 9600 Bit/s recht niedrig, für die Gebäudesteuerung jedoch meist ausreichend.

Die Datenübertragung erfolgt über Telegramme mit Ziel- und Quelladresse sowie der eigentlichen Nachricht (Kommando). Während der Installations- und Überprüfungsphasen werden die einzelne Knoten gezielt über eindeutige, physikalische, an der Struktur des Netzwerks angelehnte Adressen angesprochen. In der Betriebsphase werden die Geräte dagegen vor allem durch Gruppenadressen angesprochen, wobei ein Knoten mehreren Gruppen[1] angehören kann. Hiermit sind Steuerungen, wie etwa die einer Lampe, einzeln durch einen Schalter im Raum und gemeinsam mit allen Lampen im Gebäude zentral durch einen Schalter beim Hausmeister möglich.

Die Busarbitrierung erfolgt nach dem CSMA/CA-Verfahren, wobei die Kontroll- und Adreßfelder der Telegramme bitweise aufgeschaltet werden und sich dominante Null-Bits[2] durchsetzen. Die *EIB*-Telegramme werden zeichenweise übertragen, wo-

1. Gruppen sind über Linien- und Bereichsgrenzen hinweg netzwerkweit definiert.
2. Die logische Eins wird durch den Ruhepegel und die logische Null durch ein aktives Signal von 35 µs Dauer kodiert.

bei ein Daten-Byte durch ein Start-, ein Stop- und ein Parity-Bit eingerahmt wird. Ein Telegramm überträgt 2 bis 18 Byte Daten, die wiederum durch ein Kontroll-Byte, 4 Byte Adressen und ein Prüfsummen-Byte eingerahmt werden. Hinzu kommen noch drei Byte Pause zwischen den Telegrammen, die ein Bestätigungs-Byte einrahmen. Das Kontroll-Byte erlaubt die Definition von Telegrammen verschiedener Prioritäten. Fehlerhaft quittierte Telegramme werden bis zu dreimal wiederholt.

Glossar

100VG-AnyLAN Variante des →Fast-Ethernet, basierend auf →10BASE-T-Hardware.

10BASE-2 →Cheapernet

10BASE-5 IEEE-Standard, der dem ursprünglichen →Ethernet entspricht.

10BASE-T Low-Cost-Variante des →Ethernet, bei der die Stationen sternförmig über →UTPs an zentrale →Hubs angeschlossen sind.

10BROAD-36 IEEE-Breitbandstandard des →Ethernet.

4B/5B →Leitungskode, bei dem jeweils 4-Bit-Nutzdaten durch 5 Bit kodiert werden. Die Redundanz durch das zusätzliche Bit dient der Taktrückgewinnung. Durch die Umkodierung wird sichergestellt, daß nie mehr als drei Nullen aufeinanderfolgen. 4B/5B wird bei →FDDI verwendet.

8B/6T Analog zu 4B/5B, wobei 8 Bit Nutzdaten durch 6 Tribit kodiert werden.

ACK Acknowledge. →ASCII-Sonderzeichen, das zur Synchronisation beim Datenaustausch zweier Kommunikationspartner verwendet wird. ACK ist die Antwort auf →ETX.

ANSI American National Standards Institute. Gemeinnützige Organisation amerikanischer Firmen zur Ausarbeitung von Normierungsvorschlägen. ANSI-Normen werden oft von der →ISO übernommen.

ARP Address Resolution Protocol. Protokoll des Internet, um IP-Adressen der Vermittlungsschicht auf Hardware-Adressen der Sicherungsschicht abzubilden.

ARPANET Datennetz der Advanced Research Project Agency (finanziert durch das amerikanische Verteidigungsministerium). Wurde in den 60er Jahren entwickelt und basiert auf dem →TCP/IP-Protokoll. Das ARPANET ist der Vorgänger des →Internet.

ASCII American Standard Code of Information Interchange. Die am weitesten verbreitete Kodierung von Zeichen. Standardmäßig werden 128 Zeichen in 7 Bit kodiert. Es gibt auch eine 8 Bit-Erweiterung.

ASIC Application Specific Integrated Circuit. Hochintegrierte Schaltung (VLSI-Chip), die für eine spezielle Anwendung entwickelt wurde. Die meisten Busankopplungen erfolgen über ASIC-Bausteine.

ATM Asynchronous Transfer Mode. Verbindungsorientiertes, schnelles Bussystem. Ursprünglich für →B–ISDN entwickelt, kann ATM zur zukünftigen Grundlage von Hochgeschwindigkeitsnetzwerken werden - ist jedoch nicht unumstritten (viele Hersteller setzen alternativ auf schnelle →Ethernet-Varianten).

AT-Bus →ISA-Bus

Adreßbus Menge der Adreßleitungen eines →Parallelbusses. Der Adreßbus ist entweder physikalisch vom →Datenbus getrennt, oder die Leitungen werden für Adressen und Daten im →Zeitmultiplex verwendet.

Aloha Zugriffsmethode auf einen →seriellen Bus nach einer Zufallsstrategie. Jeder Busteilnehmer sendet sofort ohne auf eine Busfreigabe zu warten. Kollisionen werden durch fehlende Rückmeldungen erkannt.
Aloha wurde im Forschungsnetz (Funknetz) auf Hawaii verwendet. Gilt als Vorläufer der →CSMA-Strategie.

Amplitudenmodulation Modulationsart, bei der die Amplitude des →Trägersignals mit dem zu übertragenden Signal moduliert, d. h. verändert wird.

Anwendungsschicht Schicht 7 des →OSI-Referenzmodells. Schnittstelle zum Anwendungsprogramm.

Application Layer →Anwendungsschicht

Arbiter Einheit zur Buszuteilung bei →Multimaster-Bussen. Der Vergabealgorithmus kann durch Hard- oder Software implementiert sein. Die Arbitrierung kann zentral oder dezentral erfolgen.
Arbiter verfügen oft über →Watchdog-Timer, um dem aktuellen Busmaster den Bus zu entziehen.

BCC Block Check Character. Zeichen am Ende eines Datenblocks zur Fehlerprüfung. → Parity-Zeichen

BIOS Basic Input/Output System. Ladeprogramm des Betriebssystems. Teil des BIOS ist das Urladeprogramm, das in einem nicht-flüchtigen Speicher (meist EPROM) gespeichert sein muß.

B-ISDN Breitband-ISDN. →ISDN mit einer Übertragungsrate von mehr als 2 MBit/s, basierend auf Glasfasertechnik und Mehrkanalprinzip.

BNC Bajonett-Stecker zur Verbindung von Koaxialkabel, z. B. beim dünnen →Ethernet (→Cheapernet)

BRouter Kombination aus →Bridge und →Router.

Backbone Netzwerk zur Verbindung der →LANs mehrerer Abteilungen zu einem integrierten Netz.

Backplane Traditionelle →Systembus-Implementierung. Die Bussignale werden auf einer Platine aufgebracht (die Platine enthält nur die Leitungen und passive Bauteile), die die Rückwand eines Einbaurahmens bildet. Die Busteilnehmer (jeweils auf eigenen Platinen realisiert) werden senkrecht zur Backplane aufgesteckt.

Bandbreite Nutzbares Frequenzintervall eines Übertragungssystems. Bei Computersystemen auch die maximale →Datentransferrate.

Bandit-Chipsatz →Chipsatz zur Steuerung des →PCI-Busses im Apple PowerMac.

Basisanschluß Standardmäßiger →ISDN-Teilnehmeranschluß mit zwei B- und einem D-Kanal.

Basisbandübertragung Das zu übertragende Signal wird in seiner ursprünglichen Form (→Leitungscode) übertragen. Eine →Modulation findet nicht statt.

Baudrate →Schrittgeschwindigkeit

Bi-Modem Erweiterung des →Z-Modem zur Übertragung größerer Datenmengen im →Duplex-Betrieb.

Bit-Stopfen Engl. Bit Stuffing. Technik zur Unterscheidung von Nutzdaten und Kontrollsequenzen auf der Bitebene durch Einfügen zusätzlicher Bits. Die Technik kann auch zur Sicherstellung der Taktrückgewinnung verwendet werden.

Bitübertragungsschicht Schicht 1 des →OSI-Referenzmodells. Diese Schicht legt die mechanischen und elektrischen Eigenschaften des Übertragungsmediums fest.

Blockübertragung →Burst-Transfer

Breitbandübertragung Alternative zur →Basisbandübertragung. Das zu übertragende Signal wird mittels →Modulation an das Übertragungsmedium angepaßt oder einem von mehreren Übertragungskanälen (hier: Frequenzbändern) zugeordnet. Man spricht auch von modulierter Übertragung.

Bridge Gerät zur Verbindung zweier gleichartiger Netze. Im Gegensatz zu →Routern werden nur die Adressen der →Sicherungsschicht betrachtet.

Broadcast Gleichzeitige Übertragung einer Nachricht an alle an einem Netzwerk angeschlossenen Stationen.

Btx →Datex-J

Burst-Transfer Blocktransfer. Buszugriff eines →Bus-Master (CPU, DMA, ...), bei dem im ersten Zyklus die Adresse und in den Folgezyklen nur Nutzdaten aufeinanderfolgender Adressen übertragen werden. Man spart sich hierbei die Übertragung aufeinanderfolgender (redundanter) Adressen, wenn ein ganzer Datenblock benötigt wird.

Bus Menge zusammengehöriger Signalleitungen, an die zwei oder mehr Kommunikationsteilnehmer angeschlossen sind. Die Informationsübertragung erfolgt im →Zeitmultiplex. Busse werden in →serielle Busse und →parallele Busse klassifiziert.

Bus-Master Die Einheit/Station, die die Kontrolle über den Bus hat. Der Master kann sowohl Quelle als auch Senke einer Übertragung sein.

Bus-Snooping Mithören aller Informationen (Daten, Adressen, Steuersignale), die über einen Bus laufen, durch eine Station. Bus Snooping wird bei dezentraler Busarbitrierung (→Ethernet) und zur Sicherstellung der →Cache-Kohärenz angewandt.

Bushierarchie Hierarchie von miteinander verbundenen →Bussen unterschiedlicher →Übertragungsraten, um den unterschiedlichen Anforderungen der Komponenten eines Computersystems gerecht zu werden.

bis Kennzeichnet Ergänzungen zu →CCITT-Normen.

CCITT Comité Consultatif International Télégraphique et Téléphonique. Internationales Normierungsgremium, dem (stimmberechtigt) die nationalen Telefonbehörden und (nicht stimmberechtigt) Vertreter der Telekommunikationsindustrie angehören.
Seit 1993 umbenannt in: ITU-T (International Telecommunication Union - Telecommunication Standardization Sector).

CISC	Complex Instruction Set Computer. →CPU mit großem und komplexen Befehlssatz. Wegen aufwendiger Befehlsdekodierung und -steuerung immer mehr von →RISC-Architekturen verdrängt.
COM	Communication Adaptor. →Serielle Schnittstelle des →PC.
CPI	Cycles Per Instruction. Angabe, wieviele Taktzyklen eine →CPU benötigt, um einen Befehl auszuführen. Dieser Wert ist i. allg. bei →RISC-Prozessoren wesentlich geringer als bei →CISC-Prozessoren.
CPU	Central Processing Unit. Zentrale Verarbeitungseinheit eines Computers, bestehend aus einer Recheneinheit (ALU - Arithmetic Logic Unit) und einer Kontrolleinheit.
CRC	Cyclic Redundancy Check (Zyklische Blockprüfung). Fehlererkennungsverfahren basierend auf Polynomdivision. Statt →Parity-Zeichen wird ein Prüfpolynom dem Datenblock angehängt.
CSMA	Carrier Sense Multiple Access. Zugriffsmethode auf einen →seriellen Bus nach einer Zufallsstrategie. Jeder Busteilnehmer hört den →Übertragungskanal ab und sendet nur, wenn der Kanal frei ist. CSMA ist damit einer Erweiterung von →Aloha. Kollisionen können auftreten, wenn zwei oder mehrere Stationen gleichzeitig mit einer Übertragung beginnen, sobald der Übertragunskanal frei wurde. CSMA ist der Oberbegriff von →CSMA/CD und →CSMA/CA.
CSMA/CA	→CSMA with Collision Avoidance. Kollisionen werden durch eine prioritätsgesteuerte Busvergabe vermieden. Nach Beendigung einer Übertragung läuft ein festdefiniertes Arbitrierungsprotokoll aller sendewilligen Stationen ab.
CSMA/CD	→CSMA with Collision Detection. Sender erkennt eine Kollision, indem er auf dem Kanal mitliest und überprüft, ob gesendetes Signal mit gelesenem übereinstimmt. Wird eine Kollision erkannt, wird ein Jam-Signal ausgesandt und alle Sender ziehen ihren Buszugriff für bestimmte Zeit zurück. Im Gegensatz zu →CSMA/CA werden Kollisionen nur erkannt, aber nicht vermieden.
Cache	Kleiner, schneller Zwischenspeicher im Rechnersystem (entweder Zwischen Sekundär- und Hauptspeicher oder zwischen Hauptspeicher und Prozessor) zum schnelleren Datenzugriff.
Cache-Kohärenz	Weder im Cache noch im Hauptspeicher sind ungültige Daten. Durch geeignete Verfahren wird sichergestellt, daß jeder Cache immer ein korrektes Abbild des Hauptspeichers beinhaltet.
Centronics-Schnittstelle	→Parallele Schnittstelle
Cheapernet	IEEE 10BASE-2. Kostengünstigere Variante des →Ethernet, bei dem die Busteilnehmer über T-Stecker verbunden werden. Die mechanische Busankopplung ist dadurch einfacher und es wird kein →Transceiver benötigt.

Chipsatz Mehrere →ASIC-Bausteine zur Steuerung moderner PC-Systembusse. Sie verwalten meist die Busvergabe, den Hauptspeicherzugriff (im →Blockübertragungsmodus) und den Secondary-Cache. Beispiele: →Bandit- und →Triton-Chipsätze.

ccNUMA cache coherent Non-Uniform Memory Access. →NUMA-Architektur, bei der die →Cache-Kohärenz durch die Hardware sichergestellt wird.

DCE Data Communication Equipment. Englische Bezeichnung für →DÜE.

DEE Datenendeinrichtung. Deutsche Bezeichnung für →DTE.

DES Data Encryption Standard. Von IBM entwickeltes und vom National Bureau of Standards (NBS) genormtes Chiffrierverfahren mit Mehrfachsubstitution.

DFN Deutsches Forschungsnetz.

DIN Deutsches Institut für Normierungen.

DMA Direct Memory Access. Zugriff eines Peripheriegerätes auf den Hauptspeicher unter Umgehung der →CPU.

DQDB Distributed Queue Dual Bus. Doppelbusstruktur mit zwei entgegengerichteten, unidirektionalen Bussen. DQDB wird zum Aufbau von →MAN-Netzwerken unter dem →IEEE 802.6-Standard verwendet.

DRAM Dynamischer →RAM. Direkt adressierbare Speicherzelle, die ihre Information temporär auf einem Kondensator speichert. Durch unvermeidbare Entladevorgänge muß die Information immer wieder aufgefrischt werden. Hohe Speicherdichte, aber auch hohe Zugriffszeit (ca. 60 ns). Oft auch Synonym für den Hauptspeicher.

DSP Digital Signal Processor. Spezialprozessor, dessen Befehlssatz für die Signalverarbeitung optimiert ist.

DTE Data Terminal Equipment. Endpunkt der Datenübertragung.

DÜE Datenübertragungseinrichtung. Gerät zur Ankopplung einer →DEE (Rechner. o.ä.) an eine Kommunikationsleitung. Die DÜE transformiert die digitalen Signale der DEE-Seite in die analogen Signale der Übertragungsseite (und umgekehrt). Typisch: →Modem.
Deutsche Bezeichnung für DCE.

Daisy-Chaining Busvergabeleitung, die von einer Station zur nächsten durchgereicht wird. Hierdurch wird eine einfache, von der Position einer Station in der Kette abhängige (prioritätsgesteuerte) Busvergabe möglich.

Darstellungsschicht Schicht 6 des →OSI-Referenzmodells. Festlegung von Datenformaten, Verschlüsselung, Zeichenersetzung etc.

Data-Link-Layer →Sicherungsschicht

Datagramm →Datenpaket mit Steuerinformation in den Protokollen der →Sicherungsschicht z. B. im →HDLC-Protokoll.

Datenbus Menge der Daten-Signalleitungen eines →Parallelbusses. Der Datenbus ist entweder physikalisch vom →Adreßbus getrennt oder die Leitungen werden für Adressen und Daten im →Zeitmultiplex verwendet.

Datenpaket Datenblock oft fester Länge, der zur Übertragung mit Steuerinformationen versehen ist. Die Steuerinformationen werden dem Nutzdatenblock vorangestellt (→Header) und/oder angehängt (→Trailer). Wichtige Informationen sind Adressen.
I. allg. werden Datenströme beliebiger Länge zur Übertragung in Pakete, d. h. Transporteinheiten, aufgeteilt.

Datentransferrate Die maximale Rate (Geschwindigkeit) mit der Daten über ein Kommunikationssystem (z. B. Bus) übertragen werden können. Sie wird üblicherweise in kBit/s bzw. MBit/s gemessen.

Datex-J (J = Jedermann) auch Bildschirmtext, Btx genannt. Digitaler Service der Telekom zur aktiven und passiven Nutzung von Diensten öffentlicher und privater Informationsanbieter.

Datex-L Leitungsvermittelndes Datennetz der Telekom bis 64 kBit/s.

Datex-M Paketvermittelndes Datennetz der Telekom zur Verbindung lokaler Netze (LANs) von 2 MBit/s bis 34 MBit/s.

Datex-P Paketvermittelndes Datennetz der Telekom 48 kBit/s.

Daughter-Card-Bus Standardelemente eines Rechners werden auf einer Hauptplatine (Motherboard/Mainboard) untergebracht, während optionale Komponenten auf getrennten Platinen über den zentralen Bus zugesteckt werden. Zusatzkarten (Daughter-Cards) stecken senkrecht zur Hauptplatine.
Beispiele: →ISA, →EISA, →MCA, →PCI, →NuBus

Demodulation Rückgewinnung des ursprünglichen, modulierenden Signals aus dem übertragenen Signal, d. h. aus dem modulierten Informationsträger.
Siehe auch →Modulation

Desktop-Bus Kabelbussystem zum Anschluß externer Peripheriegeräte an einen Computer. Die Datenraten liegen im unteren Leistungsbereich für langsame Peripherie (z. B. Apple Desktop Bus ADB mit maximal 90 kBit/s) bzw. im mittleren Leistungsbereich für ein breites Anwendungsfeld (z. B. Universal Serial Bus USB mit bis zu 12 MBit/s).

Dibit Ausdruck für zwei Bit in der CCITT-Norm.

Dual-Port-RAM Ein Speicher (RAM), auf den über zwei Ports/→Schnittstellen gleichzeitig zugegriffen werden kann. Es können zwei Speicherzellen unterschiedlicher Adressen gleichzeitig gelesen bzw. beschrieben werden.

Duplex Beide Kommunikationspartner senden unabhängig voneinander. Es kann gleichzeitig gesendet und empfangen werden.
Beispiel: Telefonverbindung

Dezentrale Busvergabe Das Bussystem hat keinen zentralen →Arbiter. Die Arbitrierungsfunktionen sind auf die einzelnen Busteilnehmer verteilt.
Beispiel: CSMA/CA

Distributed Processing Ein Rechnersystem besteht aus mehreren intelligenten Teilsystemen, von denen jedes Teilsystem einen Teil der Aufgabe erledigt. Statt mit einer einzigen →CPU ist das System mit mehreren Prozessoren in den Teilsystemen ausgestattet. Durch Datenvorverarbeitung in intelligenter Peripherie kann evtl. die Kommunikationslast reduziert werden.

Dynamisches Netzwerk Auf Schaltern basierendes, leitungsvermittelndes Kommunikationsnetz. Meist verwendet zur Kopplung mehrerer Prozessoren an einen gemeinsamen, verteilten Speicher.

EBCDIC Extended Binary Code Decimal Interchange Code. 8-Bit-Zeichenformat auf IBM- und Siemensrechnern. Alternative zu →ASCII.

ECP Extended Capability Port. Als Teil der IEEE 1284-Norm eine Weiterentwicklung der →Centronics-Schnittstelle. Durch Hardware-Handshake und Real-Time-Datenkomprimierung werden Datenraten im MByte/s-Bereich erreicht.

EIA Electronic Industry Association. Zusammenschluß von Herstellern elektronischer Geräte. Dieses Gremium arbeitete u. a. die RS-232C-Schnittstelle aus.

EISA-Bus Extended Industry Standard Architecture. Multimaster- und Burst-fähige 32-Bit-Erweiterung des →ISA-Bus.

EOT End of Transmission. →ASCII-Sonderzeichen, das das Ende einer Datei markiert.

EPP Enhanced Parallel Port. Als Teil der IEEE 1284-Norm eine Weiterentwicklung der →Centronics-Schnittstelle. Durch Hardware-Handshake kann ein Übertragungszyklus während eines ISA-Buszyklus ausgeführt werden. Es werden damit Transferraten von bis zu 2 MByte/s erreicht.

ETSI European Telecommunications Standards Institute. Europäisches Gegenstück zur →ANSI.

ETX End of Text. →ASCII-Sonderzeichen, das zur Synchronisation beim Datenaustausch zweier Kommunikationspartner verwendet wird. ETX markiert das Ende einer zusammengehörigen Zeichenfolge. ETX wird durch →ACK beantwortet.

Ein-/Ausgabebus →Peripheriebus

Ende-Ende-Verbindung Die Quittungen kommen nicht von einer tieferen Protokollschicht oder einer Vermittlungsstation, sondern vom adressierten Kommunikationspartner direkt.

Ethernet Meist verwendeter, serieller Bus im →LAN-Bereich. Basiert auf dem →CSMA/CD-Zugriffsverfahren. Maximale Übertragungsrate von 10 MBit/s. Aufgrund von Kollisionen selten über 30% ausgelastet. Mittlerweile gibt es mehrere IEEE-Varianten (z. B. →10BASE-2, →10BASE-T) und 100-MBit/s-Erweiterungen.

FDDI Fiber Distributed Data Interface. I. allg. auf Glasfaser basierendes Netzwerk in Doppelringstruktur mit Transferraten bis 100 MBit/s.

FPGA Field Programmable Gate Array (auch PLD - Programmable Logic Device genannt). Programmierbarer Baustein, dessen Komplexität und Leistung in die Größenordnung eines →ASIC kommt.

FSK Frequency Shift Keying. →Frequenzmodulation

Fabric Das „Innere" eines Switch, das das Schalten durchführt. Das Gegenstück zu einem Port / einer →Schnittstelle.

Fast-Ethernet 100-MBit/s-Erweiterung des →Ethernet. Mehrere Erweiterungen versuchen sich heute am Markt durchzusetzen (u. a. →100VG-AnyLAN).

Feldbus Lokales Bussystem in der Prozeßautomatisierung. Die Feldbusebene wird meist unterhalb der Prozeßleitebene, die i. allg. über Standard-LAN-Techniken gekoppelt ist, eingeordnet. Siehe auch →Sensor-/Aktor-Bus

Fibre Channel Serielle Schnittstelle/Bus mit einer Übertragungsrate von bis zu etwa 100 MByte/s in Glasfaser- und Kupfertechnologie.

Fire Wire →IEEE P1394

Flit Flow Control Digit. In einigen Multiprozessoren werden Nachrichtenpakete in kleinere, meist 8 Bit lange Einheiten, sogenannte Flits, unterteilt. Alle Flits eines Pakets werden in Pipeline-Strategie mit geringen Latenzzeiten auf dem gleichen Weg durch das Netzwerk geschickt.

Frame →Rahmen

Frequenzmodulation Modulationsart, bei der die Frequenz des →Trägersignals mit dem zu übertragenden Signal moduliert, d. h. variiert wird.

Frequenzmultiplex Auf einer physikalischen Leitung (z. B. Koaxialkabel) werden mehrere logische →Übertragungskanäle verschiedenen Frequenzbändern zugeordnet. →Breitbandübertragung, →Multiplexing

Futurebus (+) Backplane-Bus für Multiprozessorbetrieb. Futurebus+ wird als Nachfolger des →VME-Busses gehandelt.

GAN Global Area Network. Globales Ferndatennetz.

Glitch Kurzfristige Störung eines pulsförmigen Signals durch eine meist unbekannte Quelle.

HDLC High-Level Data Link Control. Bitorientiertes Übertragungsprotokoll der →Sicherungsschicht. HDLC wird sehr häufig bei Paketvermittlungsnetzen (z. B. →X.25) eingesetzt.

HIPPI High Performance Parallel Interface. ANSI-Standard eines geschalteten Netzwerks (Switched Network). Grundlage von schnellen Netzwerken mit Datenraten im GBit/s-Bereich.

HP-IB →IEC-Bus

Halbduplex Betriebsart des wechselseitigen Sendens und Empfangens.
Beispiel: Sprechfunkverbindung

Handshake Einfaches Übertragungsprotokoll bei der asynchronen Kommunikation zwischen zwei Partnern. Die Übertragung wird über zwei Steuerleitungen synchronisiert.

Header Protokollinformation, die den Nutzdaten vorangestellt werden. Enthält z. B. Adressen.

Hub Sternkoppler. Der Hub verbindet die Kommunikationspartner sternförmig über Stichleitungen. Hubs können meist hierarchisch gekoppelt werden. Der Vorteil gegenüber einer bus- bzw. ringartigen Verbindungsstruktur liegt darin, daß die Kommunikations-Hardware zentral aufgestellt werden kann. →10BASE-T

Hierarchisches Bussystem →Bushierarchie

Hochohmig Zustand eines Gatters, dessen Ausgang einen sehr großen Widerstand sowohl zur Versorgungsspannung als auch zur Masse besitzt.

IEC International Electronical Commission. Arbeitsgruppe der →ISO, die u. a. den →IEC-Bus entwickelte.

IEC-Bus Am weitesten verbreiteter →Instrumentenbus. 1965 von HP als HP-IB (Hewlett-Packard Interface Bus) für programmierbare Meßgeräte eingeführt.

IEEE Institute of Electrical and Electronics Engineers. Größter Elektrotechnik-Fachverband der Welt. Vergleichbar mit dem deutschen →VDI.

IEEE 1284 IEEE-Norm einer Weiterentwicklung der →Parallelen (Centronics-) Schnittstelle. Kompatibel mit der alten Schnittstelle werden durch die Einführung der →EPP- und →ECP-Modi Transferraten von mehr als 1 MByte/s erreicht.

IEEE 1394 Serielle Schnittstelle/Bus mit einer Übertragungsrate von bis zu etwa 100 MByte/s in Kupfertechnologie. Einsatzbereich: Multimediaanwendungen.

IEEE-802-Protokoll IEEE-Standard, der den untersten drei OSI-Schichten entspricht. Die OSI-Schicht 2 wird in zwei Teilschichten (→MAC und →LLC) aufgeteilt

IP Internet Protocol. Übertragungsprotokoll der Vermittlungsschicht des →ARPANET/→Internet. IP wird zusammen mit →TCP und →UDP verwendet.

IPI Intelligent Peripheral Interface. Schnelle Festplattenschnittstelle, z. B. basierend auf dem →Fibre Channel. IPI wird beispielsweise als Festplattenschnittstelle des Cray T3E-Supercomputers eingesetzt.

IPX Internet Packet Exchange Protocol. Das Protokoll der →Vermittlungsschicht von Novell NetWare.

IPng Internet Protocol - Next Generation. Auch als IP Version 6 bekannt. IP-Erweiterung mit größerem Adreßraum und anderen Eigenschaften.

IRQ-Leitung Interrupt Request. Kontrolleitung eines Parallelbusses zum Auslösen von externen →Interrupts.

ISA-Bus Industry Standard Architecture. Nachträglich normierter 16-Bit-Systembus des IBM-AT. Wird heute i. allg. zur Ankopplung langsamer Peripherie verwendet.

ISDN Integrated Services Digital Network. Digitales Fernmeldenetz. Der Standard-Anschluß besteht aus zwei 64-kBit/s-Datenkanälen und einem 16-kBit/s-Steuerkanal.

ISO International Organization for Standardization. Zusammenschluß nationaler Normungsinstitute, u. a. →ANSI und →DIN. Die ISO setzt sich aus etwa 200 Technical Committees zusammen, die sich wieder in Subcommittees und Working Groups aufgliedern.

ITU-T International Telecommunication Union - Telecommunication Standardization Sector. Seit 1993 neue Bezeichnung der →CCITT.

Instrumentenbus →Peripheriebus im Laborbereich. Dient der Verbindung programmierbarer Meßgeräte. Wichtigster Vertreter: →IEC-Bus

Interface →Schnittstelle

Interferenz Elektromagnetische Interferenzen sind Wellen, die durch externe Quellen erzeugt werden und eine Signalwelle auf einer Übertragungsstrecke stören, falls das Übertragungsmedium nicht genügend abgeschirmt ist.

Interleaving Verschränkter, abwechselnder Zugriff auf einen aus mehreren Bänken bestehenden Speicher.

Internet Nachfolger des →ARPANET. Auf →TCP/IP basierendes, weltweit größtes Datennetz. Das Internet vernetzt derzeit mehrere Millionen Computer.

Interrupt Unterbrechung des aktuellen Programmablaufs. Eine Unterbrechung kann sich ergeben durch a) Programmfehler (Nulldivision, Seitenfehler), b) von der Software erzeugt (Traps) oder c) von externer Hardware initiiert (→IRQs). Einige Interrupts können zu bestimmten Zeitpunkten ausgeblendet (maskiert) werden und können damit den Programmablauf nicht unterbrechen.

Isochrone Übertragung Bei der isochronen Übertragung muß der Datenstrom beim Empfänger in der gleichen zeitlichen Abfolge ankommen, wie er vom Sender abgeschickt wurde. Dies ist u. a. bei Audio- und Videoübertragungen wichtig, damit beim Empfänger keine Stockungen auftreten. Isochrone Übertragung ist insbesondere bei →Paketvermittlung schwierig sicherzustellen, da die einzelnen Pakete eines Datenstroms unterschiedliche →Latenzzeiten durch das Netzwerk haben können.

Jitter Zeitliche Schwankungen eines Digitalsignals.

Kanal →Übertragungskanal

Kanalkodierung →Leitungscode

Kommunikationssteuerschicht →Sitzungsschicht

Konzentrator →FDDI-Netzwerkkomponente, die dem Anschluß von Stationen dient, die nicht direkt an den Ring angekoppelt werden.

LAN Local Area Network. Abteilungsweites bzw. firmenweites Datennetz.

LAP-B Variante des →HDLC-Protokolls der →Sicherungsschicht von →X.25.

LLC Logical Link Control. Obere Teilschicht der →Sicherungsschicht des →IEEE-802-Protokolls.

LPT Line Printer. Abkürzung der Druckerschnittstelle am →PC.

LSB Least Significant Bit. Niederwertigste Stelle einer Bitfolge. →MSB

LWL Lichtwellenleiter. Oft mit Glasfaser gleichgesetzt.

Latenzzeit Die Zeit von Beginn einer Anforderung, bis die Anforderung erfüllt wurde.
Die Latenzzeit ist individuell für eine Anforderung definiert und nicht mit der →Bandbreite/Übertragungsrate gleichzusetzen. Sie hängt z. B. davon ab, wie lange ein →Bus-Master auf den Bus warten muß.

Leitungscode Die Rohdaten/Nutzdaten müssen i. allg. an den →Übertragungskanal angepaßt werden. Der Übertragungskanal bestimmt z. B. Spannungspegel, Ströme, Impulsdauer etc. Auch kann es notwendig sein, daß bei der Übertragung über den Kanal häufige Flankenwechsel gefordert werden, um den Takt auf der Empfängerseite aus dem Signal wieder auszufiltern (siehe →Manchester-Code, →Verwürfler).

Leitungsreflexion Eine Signalwelle wird am Ende einer schlecht (bzw. nicht) abgeschlossenen Leitung reflektiert und läuft zum Sender zurück. Sie kann dort wieder reflektiert werden. Der Reflexionsfaktor hängt vom Abschlußwiderstand der Leitung ab. Wird die Leitung mit einem Widerstand abgeschlossen, der dem →Wellenwiderstand der Leitung entspricht, tritt keine Reflexion auf (dies ist das Ziel bei hochfrequenter Signalübertragung).

Leitungsvermittlung Zur Kommunikation zwischen zwei Stationen wird ein Übertragungsweg durch das Netzwerk für die gesamte Dauer der Kommunikation fest geschaltet. Dieser Weg wird am Anfang der Übertragung aufgebaut und erst am Ende (durch spezielle Befehle) wieder abgebaut. Leitungsvermittlung erleichtert das Einhalten der Reihenfolge der Daten und die →isochrone Übertragung, erschwert jedoch die Auslastung des Übertragungsweges und des Netzwerks. Die Alternative zur Leitungsvermittlung ist die →Paketvermittlung.

Local Bus →CPU-naher →Peripheriebus. Wie in den Anfangszeiten des →PC üblich (→AT-Bus), ist die CPU, der Speicher und die Peripherie über einen Bus gekoppelt. In jüngeren Tagen ist dies nur noch mit schneller Peripherie (z. B. Video-Controller) möglich, um den Prozessor nicht auszubremsen. Obwohl preisgünstiger, konnten sich lokale Busse nur kurzzeitig durchsetzen (→VL-Bus). Auch im PC-Bereich haben sich heute →hierarchische Bussysteme, meist basierend auf dem →PCI-Standard, durchgesetzt.

MAC Medium Access Control. Untere Teilschicht der →Sicherungsschicht des →IEEE-802-Protokolls.

MAN Metropolitan Area Network. Stadtweites Datennetz.

MAU Medium Attachment Unit. Einheit zur Ankopplung einer Station an →Ethernet bzw. →Token-Ring.

MCA Micro Channel Architecture. Von IBM eingeführtes 32-Bit-Bussystem für die PS/2-Modelle und die RS/6000-Serie. Ersetzte für diese Rechnerfamilien den →ISA-Bus.

MESI Protokoll zur Sicherung der →Cache-Kohärenz. Der Name ergibt sich aus den möglichen Zuständen des Speichers: Modified, Exclusive, Shared, Invalid.

MIPS Mega Instructions Per Second. Einheit der Verarbeitungsgeschwindigkeit von Computern.

MMU Memory Management Unit. Einheit zur Umsetzung der virtuellen Adressen auf physikalische Adressen. Moderne Prozessoren haben die MMU auf dem Chip.

MNP Microcom Networking Protocol. Aufwärtskompatibles 10-Klassen-Protokoll zur fehlerfreien, blockorientierten Verbindung zweier MNP-fähigen →Modems.

MSB Most Significant Bit. Höchstwertige Stelle einer Bitfolge. →LSB

MTBF Meantime Between Failure. Erwartungswert der Zeitdauer zwischen zwei auftretenden Fehlern.

Mainframe Großrechner. Grob gesagt, das Gegenteil des →PC.

Manchester-Code →Leitungscode, der eine Taktrückgewinnung ermöglicht. Jedes Bit der Nutzdaten wird durch zwei Bit übertragen, so daß bei jedem Nutzbit ein Flankenwechsel garantiert wird. Wird bei →Ethernet und →Token-Ring verwendet.

Mezzanine-Bus Prinzipieller Ansatz wie bei →Daughter-Card-Bus. Zusatzkarten werden jedoch parallel zum Mainboard plaziert, um eine flachere Bauweise für Desktop-Gehäuse zu ermöglichen. Beispiele: →SBus, →TURBOchannel.

Micro-Channel →MCA

Mikroprozessor Auf einem einzigen Chip implementierter Prozessor.

Modem Modulator/Demodulator. Datenübertragungseinrichtung (→DÜE) zur Wandlung von digitalen Daten in analoge Signale und umgekehrt. Wird meist zur Rechnerkommunikation über das Telefonnetz verwendet.

Modulation Änderung der Parameter eines →Trägersignals (Amplitude, Frequenz, Phase etc.) durch ein modulierendes Signal, d. h. durch das zu übertragende Signal. Je nachdem, welcher Parameter geändert wird, spricht man von →Amplitudenmodulation, →Frequenzmodulation etc.
Siehe auch →Modem

Multibus Backplane-Systembus. Ähnliches Einsatzgebiet wie der →VME-Bus. Zeitweise im →Workstation-Bereich (basierend auf der M 68000-Prozessorfamilie) verbreitet.

Multicast Übertragung einer Nachricht an eine Teilmenge der an einem Netzwerk angeschlossenen Stationen.

Multimaster-Bus Bussystem, bei dem mehrere Stationen die Kontrolle über den Bus übernehmen können. Die Zugriffsreihenfolge wird durch eine Arbitrierungseinheit (→Arbiter), die zentral oder verteilt sein kann, vergeben.

Multiplexing Übertragung der Informationen mehrerer Informationskanäle über ein Übertragungsmedium (Kanalbündelung). Die Übertragung der Informationen der einzelnen Kanäle kann dabei im zeitlichen Wechsel (→Zeitmultiplex) oder bei →Breitbandübertragung über verschiedene →Trägerfrequenzen erfolgen (→Frequenzmultiplex).

Multiprozessorsystem Rechnerarchitektur mit mehreren Prozessoren, die alle Zugriff auf einen gemeinsamen Speicherbereich haben.

NRZ-Code Non Return to Zero. Direkte seriell Übertragung des Binärcodes.

NRZI-Code Non Return to Zero Inverted. Leitungscode, bei dem eine Eins im Nutzsignal einen Flankenwechsel bewirkt und eine Null das Leitungssignal unverändert läßt.

NUMA Non-Uniform Memory Access. Aktuelles Architekturkonzept für Mehrprozessorsysteme mit globalem, gemeinsamen Speicher (→SMP) und hierarchischem Speicherzugriff über zwei Verbindungsebenen. Heute meist mehrere Ein- bis Vierprozessorknoten mit gemeinsamen Systembus und Speicher (z. B. Intel →SHV), die über ein schnelles Netz (z. B. →SCI) gekoppelt sind. Der Begriff NUMA stammt daher, daß ein Prozessor auf den lokalen Speicher seines Knotens schneller zugreifen kann als auf einen entfernten Speicher eines anderen Knotens.
Siehe auch →ccNUMA, →UMA

Netzwerkschicht / Network Layer →Vermittlungsschicht

Nibble Vier Bit oder ein Halb-Byte.

NuBus Systembus, 1979 am MIT in Hinsicht auf die sich abzeichnenden 32-Bit-Rechner entworfen, aber erst 1987 durch Einsatz in Apple Macintosh-II-Rechnern relevant geworden.

Null-Modem Verbindungkabel/-stecker zwischen zwei →DTEs.

OSI-Basisreferenzmodell OSI = Open System Interconnection. Bezeichnung des Basisreferenzmodells der →ISO, das die Schnittstellen für den Datenaustausch über ein Netzwerk beschreibt. Die Schnittstellen werden in sieben Schichten eingeteilt. Das OSI-Basisreferenzmodell beschreibt die Aufgaben der Protokolle auf den einzelnen Schichten, nicht jedoch die Protokolle selbst.

PC Personal Computer. Arbeitsplatzrechner basierend auf der Intel x86-Architektur. Ursprünglich am unteren Leistungsspektrum angesiedelt, drängt der PC immer mehr in den →Workstation-Bereich.

PCI-Bus Peripheral Component Interconnect. Aktueller →Systembus im →PC-Bereich.

PCMCIA Personal Computer Memory Card International Association. Industriestandard einer Schnittstelle zur Erweiterung von Laptops.

PLD Programmable Logic Device. →FPGA

POWER Performance Optimization With Enhanced RISC. →RISC-Prozessor von IBM als Antwort auf den Intel →Pentium-Prozessor.

Paketvermittlung Bei der Kommunikation zwischen zwei Partnern wird der Datenstrom in kleinere Einheiten (Pakete) aufgeteilt, die einzeln über das Verbindungsnetzwerk verschickt werden. Dabei kann prinzipiell jedes Paket einen anderen Weg laufen (im Gegensatz zur →Leitungsvermittlung). Probleme treten dann auf, wenn sich Pakete überholen oder wenn →isochrone Übertragung gefordert wird.

Parallelbus Informationsübertragung über den →Bus erfolgt über mehrere Leitungen. Die Daten werden dabei wortweise (8, 16, 32, 64, 128 Bit) in einem Zyklus übertragen. Parallelbusse gliedern sich in →Datenbus, →Adreßbus, →Steuerbus und Versorgungsbus (Versorgungsspannung und Takt). Nachteile der parallelen Busse gegenüber →seriellen Bussen sind die hohen Hardware-Kosten und der →Skew.

Parallele Schnittstelle Die parallelen Schnittstellen haben sich aus dem Anschluß von Peripheriegeräten (z. B. Drucker) entwickelt. Daher wird die parallel Schnittstelle häufig auch mit der Centronics-Druckerschnittstelle gleichgesetzt. Die Centronics-Schnittstelle erreicht Transferraten von etwa 150 kByte/s.
Statt bit-seriell werden die Daten byte-seriell übertragen, d. h. jedes (parallel übertragene) Byte wird durch →Handshaking synchronisiert.

Parity-Bit Redundante Ergänzung eines Datenblocks (meist eines Zeichens) zur Fehlererkennung. Der Wert des Parity-Bit wird so gewählt, daß die Anzahl von Einsen des Datenblocks mit dem zusätzlichen Bit gerade bzw. ungerade (gerade/ungerade Parität) ist.

Peer Das Gegenstück eines Protokollmoduls auf der Partnerstation. Durch die beiden Peers wird ein bestimmter Service zur Verfügung gestellt.

Peer-to-Peer-Kommunikation Kommunikation zwischen zwei gleichberechtigten Partnern. Beide Partner können Client und Server sein.

Pentium Geschützter Produktname des Intel i586-Prozessors.

Peripheriebus Liegt in der Bushierarchie hinter dem →Systembus. Peripheriebusse untergliedern sich in Ein-/Ausgabebusse zum Anschluß von Standard-Peripheriegeräten (z. B. Festplatten, CD-ROM-Laufwerke, Drucker) und →Instrumentenbusse zur Vernetzung von Laborplätzen.

Permutationsnetz →Dynamisches Netzwerk bestehend aus einer oder mehreren Ebenen von Schaltern, die nach bestimmten Permutationsregeln überkreuz verbunden sind.

Pipelining Komplexe Befehle/Operationen werden in einfachere Teilschritte unterteilt, die in verschiedenen Bearbeitungsstufen nacheinander ausgeführt werden. Analog zum Fließbandprinzip kann die Bearbeitung eines neuen Befehls bereits begonnen werden, wenn der vorangegangene Befehl in die nächste Bearbeitungsstufe weitergekommen ist. Die Teilaktivitäten sollten möglichst die gleiche Zeitdauer benötigen. Probleme treten dann auf, wenn die einzelnen Befehle und Bearbeitungsschritte nicht unabhängig voneinander sind.

Physikalische Schicht / Physical Layer →Bitübertragungsschicht

Plug&Play Automatische Erkennung und Konfiguration von Systemkomponenten (meist Peripheriegeräten) durch das Betriebssystem. Das Bussystem muß dies unterstützen.

Polling Eine zentrale Instanz fragt zyklisch eine oder mehrere Schnittstellen nach neuen Daten ab. Polling ist meist einfacher, aber weniger effizient als →Interrupting.

Port →Schnittstelle

Presentation Layer →Darstellungsschicht

Primärratenanschluß →ISDN-Nebenstellenanschluß, bei dem 30 B-Kanäle gebündelt werden, um eine Übertragungsrate von 2 MBit/s zu ermöglichen.

Protokoll Eine Vorschrift/Schema, das beim Datenaustausch den zeitlichen Ablauf der Signale regelt.

Prozeßbus Bussystem in der Prozeßsteuerung. Wichtiges Kriterium in diesem Anwendungsgebiet ist die Echtzeitfähigkeit.

QBus Systembus der PDP-11/LSI-11-Rechnerfamilie.

RAM Random Access Memory. Speicher mit wahlfreiem Zugriff. Die Klasse der RAMs unterteilt sich in dynamische RAMs (→DRAM) mit hoher Integrationsdichte und statischen RAMs (→SRAM) mit höherer Zugriffsgeschwindigkeit.

RIP Routing Information Protocol. Adressierungsprotokoll, das von →Routern verwendet wird, um den kürzesten Weg durch das Netzwerk zur Zieladresse zu finden.

RISC Reduced Instruction Set Computer. Rechnerarchitektur mit meist einfachem Befehlssatz geringem Umfangs. RISC-Prozessoren zeichnen sich alle durch ihre Load/Store-Architektur aus, d. h. auf den Speicher wird nur über Load- und Store-Befehle zugegriffen. Im Gegensatz zu →CISC-Prozessoren arbeiten bei RISC alle arithmetisch/logischen Befehle ausschließlich auf den Registern des Prozessors.

RS-232C Recommended Standard Nr. 232, Revision C. Empfehlung der →EIA für die →serielle Schnittstelle. Großteils kompatibel mit →V.24 (Definition der Leitungen) und →V.28 (Definition der elektrischen Eigenschaften). RS-232C beschreibt funktionelle und elektrische Eigenschaften, aber nur einen Teil der in V.24 enthaltenen Schnittstellenleitungen.

RS-422A Zusammen mit der →RS-449-Empfehlung der →EIA für eine modernere und schnellere →serielle Schnittstelle als →RS-232C. RS-422A legt die elektrischen Eigenschaften einer 10-MBit/s-Schnittstelle fest.

RS-423A Zusammen mit der →RS-449-Empfehlung der →EIA für eine modernere und schnellere →serielle Schnittstelle als →RS-232C. RS-423A legt die elektrischen Eigenschaften einer 100-kBit/s-Schnittstelle fest.

RS-449 Empfehlung der →EIA für eine modernere und schnellere →serielle Schnittstelle als →RS-232C. Legt die mechanischen und funktionellen Eigenschaften fest. Die elektrischen Eigenschaften sind in →RS-422A (für 10 MBit/s) und →RS-423A (für 100 kBit/s) beschrieben.

RS-485 Erweiterung der →RS-422A-Schnittstelle für Mehrpunktanwendungen.

RTZ-Code Return To Zero-Code. →Leitungscode. In der Mitte jedes Bits wird der Signalwert wieder auf Null zurückgesetzt.

Rahmen Übertragungseinheit bei der Datenübertragung auf der Sicherungsschicht. Siehe auch →Datagramm, →Datenpaket

Repeater Signalverstärker. Netzwerkelement, das nur auf der →Bitübertragungsschicht arbeitet. Dient der Verlängerung von Bus-/Ringsegmenten.

Router Gerät, an einem Kreuzungspunkt in einem Netzwerk. Der Router sucht den günstigsten Weg eines Datenpakets zu seinem Ziel. Arbeitet auf der →Vermittlungsschicht.

S_0-Anschluß ISDN-→Basisanschluß

SBCCS Single-Byte Command Code Set. Kanalprotokoll des →Fibre Channel.

SBus 32 Bit-Systembus in SUN SPARCstations.

SCI Scalable Coherent Interface. ANSI/IEEE 1596-1992-Standard zur kohärenten Kopplung von Mehrprozessorknoten in →NUMA-Architekturen. Die physikalische Basis ist ein Ring in Kupfer- oder Glasfasertechnik. Bei Verwendung von Parallelleitungen (18 STP, bis zu 10 m) wird 1 GByte/s erreicht. Koaxialkabel (bis 100 m) und Lichtwellenleiter (bis 10 km) erreichen 1 GBit/s.

SCSI Small Computer System Interface. Aktueller Peripheriebus. Bisher im →Workstation-Bereich vorherrschend, setzt sich SCSI immer mehr im →PC-Bereich durch. Ursprünglich ein 8 Bit-Bus, wurde der SCSI-Bus mittlerweile mehrfach erweitert.

SHV Standard High-Volume Server. Intel-Mehrprozessorplatine basierend auf dem Pentium Pro-Prozessor. Bis zu vier Prozessoren sind über den P6-Systembus gekoppelt. An dem Systembus sind auch der gemeinsame Speicher und zwei →PCI-Kanäle angeschlossen.

SLIP Serial Line Internet Protocol. Ein →Protokoll, um →IP-Pakete über eine →serielle Schnittstelle zu transportieren.

SMD-Technik Surface Mounted Device. Sehr kompakte IC-Gehäuse mit geringem Pinabstand, die auf der Oberfläche von Platinen und nicht mehr in Löchern verlötet werden. Dadurch kann die Platine zweiseitig bestückt werden.

SMP Symmetrical Multiprocessing. Alle Prozessoren des →Multiprozessorsystems sind gleichberechtigt. Jede Aufgabe kann von irgend einem frei werdenden Prozessor übernommen werden.

SNAcP Sub Network Access Protocol. Protokolle der untersten drei Schichten eines Subnetzes (an das eine →DEE über ein →SNAP angeschlossenist). Beschreibt, wie eine Station auf die Routing-Funktionen des Netzes zugreift.
Variiert von Subnetz zu Subnetz. Beispielsweise beschreibt →X.25 die Schnittstelle eines Rechners zu einem →paketvermittelnden Netz. →X.21 beschreibt den Zugang zu einem →leitungsvermittelnden Netz auf der →Bitübertragungsschicht. Ein →LAN stellt eine verbindungslose/verbindungsorientierte Übertragung über einen gemeinsamen Kanal bereit.

SNAP / SNPA Subnetwork Attachment Point / Subnetwork Point of Attachment. Physikalischer Anschlußpunkt einer →DEE an ein Subnetzwerk (z. B. ein →RS-232C-Port). Siehe auch →SNAcP

SONET Synchronous Optical Network. Rahmenstandard für Lichtwellenleiter in Telekommunikationsnetzen.

SRAM Statischer →RAM. Zur Speicherung eines Bit werden in der Regel vier bis sechs Transistoren benötigt. Im Gegensatz zu →DRAM geht die Information nicht durch Entladevorgänge verloren. Wegen seiner geringeren Speicherdichte und seiner geringeren Zugriffszeit (ca. 15 ns) wird SRAM heute meist für den →Cache verwendet.

SSA Serial Storage Architecture. Serielle Schnittstelle/Bus mit einer Übertragungsrate von 80 MByte/s in Glasfaser- und Kupfertechnologie.

STP Shielded Twisted Pair. Abgeschirmte, verdrillte Zweidrahtleitung.

Schnittstelle Die Schnittstelle eines Systems ist die Zusammenfassung aller von außen benötigten und aller von außen abrufbaren Größen. Zugleich umfaßt sie Vereinbarungen, sogenannte →Protokolle über die Art und Weise, wie Informationen ausgetauscht werden. Eine Computer-Schnittstelle wird beschrieben durch die Eigenschaft der Übertragungsstrecke (Kabel, Stecker usw.) und durch die Art und Bedeutung der auf den Leitungen übertragenen Signale.

Schrittgeschwindigkeit Alternativ zur →Übertragungsrate kann die Übertragungsgeschwindigkeit durch die Schrittgeschwindigkeit (auch Baudrate genannt) beschrieben werden. Die Schrittgeschwindigkeit ist der Kehrwert der Dauer eines Übertragungsschrittes, d. h. die Zahl der übertragenen Schritte pro Sekunde. Einheit: Baud (Bd). Bei binärer Kodierung fällt die Schrittgeschwindigkeit und die Übertragungsrate zusammen.

Scrambler →Verwürfler

Sensor/Aktor-Bus Bussystem in der Automatisierungstechnik. Der Sensor/Aktor-Bus bildet die unterste Ebene einer möglichen Bushierarchie und dient dem Anschluß von Sensoren und Aktoren an die Leitebene.

Serieller Bus Informationsübertragung über den Bus erfolgt über lediglich eine Leitung. Die Daten werden dabei bitweise seriell übertragen. Auch die Steuerinformationen (→Steuerbus) werden über dieselbe Leitung übertragen.

Serielle Schnittstelle →Schnittstellen zur bit-seriellen Datenübertragung. Häufig gleichgesetzt mit der →RS-232C/→V.24-Schnittstelle.

Session-Layer →Sitzungsschicht

Sicherungsschicht Schicht 2 des →OSI-Basisreferenzmodells. Diese Schicht legt den Zugriff auf das Übertragungsmedium und ein Datenformat für die physikalische Übertragung (→Kanalkodierung) zur Sicherstellung eines korrekten Datenstroms fest.

Signalverzögerung Jedes Signal benötigt eine gewisse Zeit, um vom Sender zum Empfänger zu gelangen. Diese Verzögerung basiert zum einen auf der endlichen Geschwindigkeit elektromagnetischer Wellen auf dem Medium und zum anderen auf Verzögerungen durch Netzwerkkomponenten. Siehe auch →Latenzzeit, →Skew

Simplex Einseitige Kommunikation. Von zwei Kommunikationspartner sendet immer nur einer.

Sitzungsschicht Schicht 5 des →OSI-Basisreferenzmodells. Auf- und Abbau von logischen Kanälen auf dem physikalischen Transportsystem.

Slot →Steckplatz

Skew Signale, die zeitlich voneinander abhängen, können aufgrund von unterschiedlichen Verzögerungen (Leitungslängen, Querkapazitäten, Unterschiede in den Treibern, ...) zu unbestimmten Zeiten bei der Signalsenke ankommen. Bei parallelen Bussen können die Datensignale auf den Datenleitungen zu unterschiedlichen Zeiten gültig werden. Eine Taktflanke kann zu unterschiedlichen Zeiten bei verschiedenen Registern ankommen. Diese Zeitdifferenzen nennt man Skew.

Start/Stop-Verfahren Synchronisationsverfahren bei der seriellen Datenübertragung. Sender und Empfänger arbeiten mit getrennten, fast gleich laufenden Uhren und synchronisieren ihre Uhren gelegentlich durch spezielle Start- und Stopbits bzw. -zeichen.

Statische Netzwerke Netzwerk mit fester Struktur. Es werden keine Leitungen über Schalter geschaltet. Aktive Vermittlungsknoten (Rechner) im Netzwerk regeln den Datentransport. Meist →Paketvermittlung.

Steckplatz Mechanische Einrichtung, um eine Platine (Busteilnehmer) einem Bus zuzustecken. Steckplätze erleichtern das Umkonfigurieren eines Computersystems, bilden jedoch auch immer für den Sender (d. h. dessen Treiber) eine gewisse kapazitive Last. Letztere ist der Grund, daß moderne, schnelle Systembusse auf wenige Steckplätze beschränkt sind.

Steuerbus Menge aller Steuerleitungen eines →Parallelbusses, mit denen der →Bus-Master die Datenübertragung über den Bus steuert. Bei →seriellen Bussen muß ihre Funktionalität durch spezielle →Protokolle übernommen werden.

Superskalar-Prozessor Prozessor mit mehrfacher Auslegung einiger Komponenten (z. B. mehrere Recheneinheiten), um die Parallelität auf Befehlsebene auszunutzen. Superskalarprozessoren versuchen immer mehrere (unabhängige) Befehle gleichzeitig auszuführen.
Weitere Geschwindigkeitssteigerung wird meist durch Kombination mit →Pipelining erreicht.

Switch 1. Allg.: Schalter - durch Hardware oder Software realisiert.
2. Verbindungskomponente zweier →LAN-Segmente auf der →Sicherungsschicht. Im Gegensatz zu →Routern betrachten Switches keine →IP-Adressen, um den Datenverkehr zwischen den zwei LAN-Segmenten zu regeln.

Systembus Bussystem, das die zentralen (und schnellsten) Komponenten eines Computersystems verbindet. An den Systembus sind typischerweise angeschlossen: Prozessor, →Cache, Speicher, evtl. sehr schnelle Peripherie (z. B. Video-Controller) und Brücken zu →Peripheriebussen.

TCP Transmission Control Protocol. Übertragungsprotokoll der Transportschicht des →ARPANET/→Internet. TCP wird zusammen mit →IP verwendet.

TTL Transistor-Transistor-Logik. Schaltkreisfamilie, beruhend auf Bipolartransistoren. Häufig werden die Spannungspegel von Bussen nach den Pegeln der TTL-Familie definiert.

TTY Teletype. 20-mA-Stromschleifenschnittstelle.

TURBOchannel Systembus der DECstation-5000-Serie.

Timed-Token (Rotation) Protocol →Protokoll, zur Bestimmung der →Token-Umlaufzeit im →FDDI-Ring und zur Initialisierung des FDDI-Ringes.

Token Spezieller Code, der die Busvergabe auf dem →Token-Ring bzw. →Token-Bus regelt. Jede Station, die das (Frei-)Token erhält, darf auf den Ring/Bus schreiben.

Token-Bus Physikalische Busstruktur mit →Token-Ring-Protokoll. Obwohl alle Stationen an einem Bus angeschlossen sind, wird ein Frei-Token von Station zu Station ringförmig weitergegeben.

Token-Ring Von IBM entwickelter und neben →Ethernet am weitesten verbreiteter Netzwerkstandard im →LAN-Bereich. Alle angeschlossenen Stationen sind ringförmig miteinander verbunden. Ein auf dem Ring kursierendes Frei-Token dient der Busvergabe. Damit werden die bei →Ethernet häufig auftretenden Kollisionen vermieden. Unter dem →IEEE 802.5-Standard gibt es zwei Token-Ring-Varianten mit Übertragungsraten von 4 MBit/s und 16 MBit/s.

Trägerfrequenz Frequenz eines →Trägersignals

Trägersignal Signal (meist hochfrequentes Sinussignal), auf das das zu übertragende Signal aufmoduliert wird. Durch die →Modulation wird ein Aspekt des Trägersignals (Amplitude, Frequenz etc.) verändert.

Trailer Anhang an einen Nutzdatenblock zur Fehlererkennung und Endemarkierung von →Rahmen. →Header

Transceiver Transmitter/Receiver. Elektronisches Gerät zum Senden und Empfangen von Signalen auf Koaxialkabeln (bei →Ethernet und →Token-Ring). Oft wird diese Anschlußeinheit auch →MAU (Media Attachment Unit) genannt.

Transportschicht / Transport Layer Schicht 4 des →OSI-Basisreferenzmodells. Bereitstellen von fehlerfreien logischen Kanälen.

Triton-Chipsatz Produktname eines Intel-→Chipsatzes zur Steuerung des →PCI-Busses.

UDP User Datagram Protocol. Schnellere, aber unsichere Alternative zum →TCP-Protokoll. UDP bildet im wesentlichen nur IP auf die Transportschicht ab.

UMA Uniform Memory Access. Aktuelles Architekturkonzept für Mehrprozessorsysteme mit meist bis zu vier Prozessoren, jeweils mit lokalem Cache, und globalem, gemeinsamen Speicher (→SMP). Die Prozessoren greifen über einen Systembus auf den globalen Speicher zu (z. B. Intel →SHV).
Siehe auch →NUMA

U[S]ART Universal [Synchronous-] Asynchronous Receiver-Transmitter. Programmierbarer →serieller Schnittstellen-Baustein mit parallelem 8-Bit-Ausgang zum →PC.

UTP Unshielded Twisted Pair. Nicht abgeschirmte verdrillte Zweidrahtleitung.

Übersprechen (Crosstalk) →Interferenzen, Störungen, die sich durch die Interaktion zweier Signalwellen auf parallel verlaufenden Leitungen ergeben. Die Kopplung zwischen den Leitungen kann kapazitiv, induktiv oder ohmsch sein. In den meisten Fällen können diese Interferenzen nicht durch Abschirmungen vermieden werden. Sie lassen sich dadurch reduzieren, daß man die Leitungen über den größten Teil der Strecke miteinander verdrillt.

Übertragungskanal Übertragungsweg zwischen zwei Kommunikationspartnern. Man unterscheidet logische Übertragungskanäle und physikalische Übertragungskanäle.

Übertragungsrate Die Übertragungsrate gibt die Informationsmenge an, die ein (digitaler) Übertragungskanal in einer Zeiteinheit übertragen kann. Einheit: Bit/s.

V.10 CCITT-Pendant zu →RS-423A.

V.11 CCITT-Pendant zu →RS-422A.

V.17 Analoger Übertragungsstandard für Telefonleitungen mit 14400 Bit/s. →Halbduplex für Fax-Verbindungen.

V.21 Analoger Übertragungsstandard für Telefonleitungen mit 300 Bit/s. →Vollduplex zur Rechnerkommunikation.

V.22 Analoger Übertragungsstandard für Telefonleitungen mit 1200 Bit/s. →Vollduplex zur Rechnerkommunikation.

V.24 Gemeinsam mit V.28 Empfehlung der CCITT für die serielle Schnittstelle. Siehe auch →RS-232C

V.28 Gemeinsam mit V.24 Empfehlung der CCITT für die serielle Schnittstelle. Siehe auch →RS-232C

V.29 Analoger Übertragungsstandard für Telefonleitungen mit 9600 Bit/s. →Halbduplex für Fax-Verbindungen.

V.32 Analoger Übertragungsstandard für Telefonleitungen mit 9600/4800 Bit/s. →Vollduplex zur Rechnerkommunikation.

V.32bis Erweiterung von V.32 auf 14400 Bit/s.

V.34 / V.fast Analoger Übertragungsstandard für Telefonleitungen mit 28800 Bit/s. →Vollduplex zur Rechnerkommunikation.

V.42, V.42bis Ein von der CCITT genormtes Fehlerkorrekturprotokoll. Wird bei der Modem-Übertragung eingesetzt. Kompatibel mit →MNP-4. V.42bis entspricht V.42 mit zusätzlicher Datenkompression.

V.nn →CCITT-Empfehlung zur Übertragung von Informationen über öffentliche Netzwerke. nn ist die Nummer der Empfehlung. Die meisten Empfehlungen wurden als →ISO-Norm übernommen.

VDI Verein Deutscher Ingenieure. Nationaler Fachverband - ähnlich der →IEEE.

VESA Video Electronics Standard Association. Zusammenschluß mehrerer Graphikkartenhersteller, die den →VL-Bus entwickelten.

VESA Local Bus →VL-Bus

VITA VMEbus International Trade Association. Zusammenschluß mehrerer Firmen und Interessengruppen zur Weiterentwicklung des →VME-Busses.

VLAN Virtuelles LAN. Partitionierung eines physikalischen Netzwerkes in logische Cluster (Sub-LANs) nach Gesichtspunkten wie Arbeitsgruppen, Projekte, Aufgabenverteilung etc. und nicht nach geometrischen bzw. topologischen Aspekten (z. B. Raumzuteilung). Grundlage von VLANs sind heute meist schnelle Switches, die über leistungsfähige Backbones gekoppelt sind.

VL-Bus Vesa-Local-Bus. Wichtigster Vertreter der →Local Busse, wo zunächst verschiedene, inkompatible 16 Bit-Implementierungen mit auf Motherboard integrierten Graphikkarten entstanden. Mit dem VL-Bus versuchte die →VESA, eine 32-Bit-Norm zustandezubringen. Keine Entkopplung von CPU und VL-Bus, um Kosten zu sparen.

VME-Bus 1981 von den Firmen Motorola, Mostek und Signetics/Philips spezifiziert und als IEEE 1014 standardisiert. Heute im industriellen und wissenschaftlichen Bereich einer der wichtigsten Busse (früher auch in →Workstations). →Multimasterfähig. Ständige Weiterentwicklung durch die →VITA.

Verarbeitungsschicht →Anwendungsschicht

Vermittlungsschicht Schicht 3 des →OSI-Basisreferenzmodells. Festlegung eines Weges durch das Netzwerk.

Verwürfler Erzeugen einer Pseudozufalls-Bitfolge basierend auf den zu übertragenden Daten. Die neue Bitfolge dient
a) der Sicherstellung genügend häufiger Flankenwechsel bei der →seriellen Datenübertragung, damit auf der Empfängerseite das Taktsignal aus dem Datensignal regeneriert werden kann
b) der Verschlüsselung der Daten

WAN Wide Area Network. Landesweites Datennetz.

Watchdog (-Timer) Timer oder Zähler, der vom aktiven Programm immer wieder zurückgesetzt werden muß. Erfolgt das Rücksetzen nicht, wird ein nicht-maskierbarer →Interrupt ausgelöst. Der Watchdog (-Timer) dient dem Verhindern von Endlosschleifen oder zu langem Besitz von Ressourcen.

Wellenwiderstand Meist komplexwertiger Eingangswiderstand einer Leitung, den man mißt, wenn man die Leitung mit dem gleichen Widerstand abschließt. Hängt von der Frequenz der Signalwelle ab, ist unabhängig von der Leitungslänge und darf nicht mit dem Leitungswiderstand im Gleichstromfall verwechselt werden.

WiN Wissenschaftsnetz des →DFN, das die wissenschaftlichen Einrichtungen in Deutschland verbindet.

Workstation Arbeitsplatzrechner. I. allg. ein vernetzter, leistungsfähiger Mikrocomputer. Liegt zwischen der Leistungsklasse von →PCs und →Großrechnern, wobei die Leistungsgrenzen immer mehr verschwimmen.

X.20, X.21 →Schnittstelle zum Anschluß an das öffentliche leitungsvermittelnde Datennetz (→Datex-L). X.20: asynchron; X.21: synchron.

X.21bis →Schnittstelle zum Anschluß von Endeinrichtungen (→DEEs) mit V.nn-Schnittstelle an das öffentliche leitungsvermittelnde Datennetz

X.25 →Schnittstelle zum Anschluß an das öffentliche paketvermittelnde Datennetz (→Datex-P).

XON/XOFF Zwei beliebige Zeichen zur Synchronisation zwischen zwei Kommunikationspartnern.

X-Modem De-facto-Standard zur Dateiübertragung über →Modems.

X.nn →CCITT-Empfehlung zur Übertragung von Informationen über digitale öffentliche Netzwerke. nn ist die Nummer der Empfehlung. Die meisten Empfehlungen wurden als →ISO-Norm übernommen. Weit verbreitet ist z. B. →X.25.

Y-Modem Ähnlich dem →X-Modem, jedoch Übertragung mehrerer Dateien hintereinander und der Dateiattribute möglich.

Z-Modem Erweiterung des →X- und →Y-Modem; z. B. Wiederaufsetzen der Übertragung bei Verbindungsunterbrechung

Zeitmultiplex Multiplex-Technik, bei der das physikalische Medium den logischen Kanälen abwechselnd nur zeitweise, dann aber mit voller Bandbreite, zur Verfügung steht. Voraussetzung: pulsförmiges →Trägersignal. Wird meist bei →Paketvermittlung eingesetzt.

Literaturverzeichnis

Bücher

[AuR95] A. Auer, D. Rudolf, *Feldprogrammierbare Gate Arrays [FPGA]*, Hüthig-Verlag, Heidelberg, 1995

[BaM94] A. Baginski, M. Müller, *InterBus-S, Grundlagen und Praxis*, Hüthig-Verlag, Heidelberg, 1994

[Bäh94] H. Bähring, *Mikrorechnersysteme - Mikroprozessoren, Speicher, Peripherie*, Springer-Lehrbuch, 2. Auflage, Berlin, 1994

[Ben90] K. Bender, *PROFIBUS, der Feldbus für die Automation*, Carl Hanser-Verlag, München, 1990

[Boc90] P. Bocker, *ISDN: Das diensteintegrierende digitale Nachrichtennetz*, 3. Aufl., Springer-Verlag, Berlin, 1990

[CKN86] D. Del Corso, H. Kirrman, J.D. Nicoud, *Microcomputer Buses and Links*, Academic Press, Inc., London, 1986

[ChL95] T.M. Chen, S.S. Liu, *ATM Switching Systems*, Artech House Inc., Norwood, 1995

[Els95] W. Elsässer, *ISDN und Lokale Netze*, Verlag Vieweg, Wiesbaden, 1995

[Ets94] K. Etschberger, *CAN Controller-Area-Network - Grundlagen, Protokolle, Bausteine, Anwendungen*, Carl Hanser Verlag, München, 1994

[Fär87] G. Färber (Hrsg.), *Bussysteme: Parallele und serielle Bussysteme, lokale Netze*, 2. Aufl., Oldenbourg-Verlag GmbH, München, 1987

[Fem94] W. Fembacher, *Datenaustausch in der industriellen Produktion*, Carl Hanser-Verlag, München, 1994

[Hau86] J.S. Haugdahl, *Inside the Token-Ring*, Elsevier Science Publishers (North-Holland), Amsterdam, 1986

[Haw89] R. Hawlik, *Lokale Netze mit Novell NetWare*, Markt&Technik-Verlag, Haar, 1989

[HeL94] E. Herter, W. Lörcher, *Nachrichtentechnik: Übertragung, Vermittlung und Verarbeitung*, Carl Hanser-Verlag, München, 1994

[HeP94] J.L. Hennessy, D.A. Patterson, *Rechnerarchitektur: Analyse, Entwurf, Implementierung, Bewertung*, Verlag Vieweg Lehrbuch, Wiesbaden, 1994

[Hel94] G. Held, *Ethernet Networks: Design, Implementation, Operation, Management*, John Wiley&Sons Inc., New York, 1994

[Hwa93] H. Hwang, *Advanced Computer Architecture*, McGraw-Hill, 1993

[INT95] *E/FDDI 4811 SeaHawk, User's Guide*, Handbuch, Interphase Corporation, Dallas, 1995

[Ker95] H. Kerner, *Rechnernetze nach OSI*, 3. Aufl., Addison-Wesley Publishing Comp., Bonn, 1995

[Klo93] A. Kloth, *Bussysteme des PC*, Franzis-Verlag, Poing, 1993

[Klo95] A. Kloth, *PCI und VESA Local Bus*, 2. Aufl., Franzis-Verlag, Poing, 1995

[KoB94] W.P. Kowalk, M. Burke, *Rechnernetze*, B.G. Teubner-Verlag, Stuttgart, 1994

[Lyl92] J.D. Lyle, *SBus: Information, Applications, and Experience*, Springer-Verlag, New York, 1992

[Pau95] R. Paul, *Elektrotechnik und Elektronik für Informatiker, Band 1 und 2*, B.G. Teubner-Verlag, Stuttgart, 1995

[PeD96] L.L. Peterson, B.S. Davie, *Computer Networks: A Systems Approach*, Morgan Kaufmann Publishers, San Francisco, 1996

[PeW72] W. Peterson, E.J. Weldon, *Error Correcting Codes*, MIT Press, Cambridge, 1972

[PrM89] L. Preuß, H. Musa, *Computerschnittstellen*, Carl Hanser-Verlag, München, 1989

[Reg87] G. Regenspurg, *Hochleistungsrechner-Architekturprinzipien*, McGraw-Hill, Hamburg, 1987

[SMM87] J. Suppan-Borowka, R. Marquardt, D. Mues, G. Olsowsky, *ETHERNET-Handbuch*, DATACOM Buchverlag, Pulheim, 1987

SiS92] W. Schiffmann, R. Schmitz, *Technische Informatik 1 + 2*, Springer-Lehrbuch, Berlin, 1992

[Sne94] G. Schnell (Hrsg.), *Bussysteme in der Automatisierungstechnik*, Verlag Vieweg, Wiesbaden, 1994

[StR82] K. Steinbuch, W. Rupprecht, *Nachrichtentechnik - Band II: Nachrichtenübertragung*, Springer-Verlag, Berlin 1982

[Sus91] H.W. Schüßler, *Netzwerke, Signale und Systeme - Band 2: Theorie kontinuierlicher und diskreter Signale und Systeme*, Springer-Verlag, Berlin, 1991

[Tan92] A.S. Tanenbaum, *Computer-Netzwerke*, Wolframs Fachverlag, Attenkirchen, 1992

[Tie90] W. Tietz (Hrsg.), *CCITT-Empfehlungen der V-Serie und der X-Serie*, 9. Aufl., R. v. Decker's Fachbücherei, Heidelberg, 1990

[TiS93] U. Tietze, Ch. Schenk, *Halbleiter-Schaltungstechnik*, 10. Aufl., Springer-Verlag, Berlin, 1993

[Ver89] P.K. Verma, *Performance Estimation of Computer Communication Networks*, Computer Science Press, Rockville, 1989

[Wal95] K. Waldschmidt (Hrsg.), *Parallelrechner: Architekturen - Systeme - Werkzeuge*, B.G. Teubner-Verlag, Stuttgart, 1995

Zeitschriftenartikel

[Epp95] K. Epple, *Aufbau virtueller Netze per Switching Technologie*, in iX 12/95, Heinz Heise-Verlag, 1995

[Gut94] G. Gutsche, *Bit(te) schneller, Modemstandard V.34*, in Gateway 11/94, Heinz Heise-Verlag, 1994

[Has94] H. Hassenmüller, *Im virtuellen Netz*, in Gateway 11/94, Heinz Heise-Verlag, 1994

[HuS93] B. Huber, G. Schnurer, *SCSI 1-2-3 - Pfade durch den SCSI-Dschungel*, in c't 11/93, Heinz Heise-Verlag, 1993

[Hut95] R. Huttenloher, *IP - die nächste Generation*, in Gateway 6/95, Heinz Heise-Verlag, 1995

[Kap92] J. Kappus, *Die IEEE-488.2-Norm - Standardbus mit neuen Features*, in c't 11/92, Heinz Heise-Verlag, 1992

[Kor93] G. Körber, *Geben und Nehmen - Der NuBus in Theorie und Praxis*, in c't 2/93, Heinz Heise-Verlag, 1993

[KrS96] A. Kral, G. Schnurer, *Kragenweite XXL - Die ersten Hostadapter mit 'Ultra-SCSI'*, in c't 1/96, Heinz Heise-Verlag, 1996

[Kri96] W. Kristen, *EIB spart Leitungen und schafft Übersicht*, in Design&Elektronik 8/96, MagnaMedia-Verlag, 1996

[Kuh96] U. Kuhlmann, *Rauhe Sitten - Report: Programmierbare Bausteine*, in ELRAD 6/96, Heinz Heise-Verlag, 1996

[Lyl92] J.D. Lyle, *Die Reise im SBus - Suns offener I/O-Bus im Detail*, in c't 9/92, Heinz Heise-Verlag, 1992

[Mul91] R. Müller, *LON - das universelle Netzwerk*, in Elektronik 22/91, 1991

[Nem96] M. Nemecek, *Parallele und serielle Schnittstellen rangeln um die Gunst der Anwender*, in Computer Zeitung Nr. 51+52, 1996

[Non96] P. Nonhoff-Arps, *Kontaktsuche - Neuheiten auf dem Steckverbindermarkt*, in ELRAD 9/96, Heinz Heise-Verlag, 1996

[PCN95] *Internetworking - Im Labyrinth der Netze*, in PC-Netze 6/95, 1995

[Rov97] O. Rovini, *Bus Basics - Technische Grundlagen des PCI-Bus*, in ELRAD 3/97, Heinz Heise-Verlag, 1997

[Sad95] H. Schade: *Netztechnologien*, in Gateway 12/95, Heinz Heise-Verlag, 1995

[Sar94] A. Scharf, *Die Konkurrenz heißt ISDN - Daten, Fax und Voice-Mail mit Modems*, in Gateway 11/93, Heinz Heise-Verlag, 1993

[Sep95] T. Schepp, *Inside ISDN*, in Gateway 4/95, Heinz Heise-Verlag, 1995

[Snu92] G. Schnurer, *Moderne Local-Bus-Systeme im Überblick: Local-Matadoren*, in c't 9/92, Heinz Heise-Verlag, 1992

[Snu93] G. Schnurer, *MPI - offene Architektur für symmetrisches Multiprocessing*, in c't 4/93, Heinz Heise-Verlag, 1993

[Snu93a] G. Schnurer, *PC-Bussysteme - Aktueller Entwicklungsstand bei MCA, EISA, VL-Bus und PCI: Moderne Bussysteme*, in c't 11/93, Heinz Heise-Verlag, 1993

[Snu95] G. Schnurer, *Fire, Fibre, SSA - Die neuen Massenspeicherschnittstellen*, in c't 6/95, Heinz Heise-Verlag, 1995

[Snu95a] G. Schnurer, *Plug & Play: die Technik*, in c't 95, Heinz Heise-Verlag, 1995

[Sti91] A. Stiller, AT-Bus: *Die Busspezifikation des PC/AT gemäß IEEE P996*, in c't 11/91, Heinz Heise-Verlag, 1991

[Sti95] A. Stiller, *DRAMatische Modularitäten - Rund um DRAMs, SIMMs, DIMMs, EDRAM, EDO, ...*, in c't 4/95, Heinz Heise-Verlag, 1995

[Sti95a] A. Stiller, *Chipsatz intern - Intels Pentium-PCI-Planeten Merkur, Neptun und Triton*, in c't 10/95, Heinz Heise-Verlag, 1995

[Str95] H. Strass, *Alles an einem Strang - USB: der universelle Bus für Peripherie-Geräte*, in c't 11/95, Heinz Heise-Verlag, 1995

[Str96] H. Strass, *Neue Entwicklungen bei Computer-Bussystemen*, in Design& Elektronik 13/96, MagnaMedia Verlag, Juni 1996

[Sys96] *ATM in (fast) aller Munde - Perspektiven des Asynchronous-Transfer-Mode*, in Systeme 6/96 - Zeitschrift für Elektronikentwickler und Systemintegratoren, 1996

[USB96] *Karten und Stecker treiben den Medien-PC*, in Computerzeitung Nr. 49, 1996

[Ung95] B. Ungerer, *Rahmenhandlung - Die Qual der Wahl des Ethernet-Typs*, in c't 3/95, Heinz Heise-Verlag, 1995

[Wec93] G. Weckwerth, *Eine schnelle Verbindung - Bisher bekanntes vom PCI-Standard*, in mc 3/93, 1993

[Wop93] B. Wopper, *Der Pentiumprozessor*, in Sonderdruck Design&Elektronik 5/95, 1995

Technische Berichte

[DEC96] *The TURBOchannel Interface ASIC*, Technischer Bericht, Digital Equipment Corp., http://ftp.digital.com/pub/DEC/TriAdd/TcIA_overview.txt

[Far95] G. Färber (Hrsg.), *Feldbussysteme*, Oberseminar Prozeßrechentechnik, Lehrstuhl für Prozeßrechner, TU München, Wintersemester 1994/95

[GuL95] D.B. Gustavson, Q. Li, *Local-Area MultiProcessor: the Scalable Coherent Interface*, Technischer Bericht, SCIzzL, Department of Computer Engineering, Santa Clara University, Kalifornien, 1995

[Int93] *82430 PCIset for the Pentium Processor*, Advance Information, Intel Corp., März 1993

[LSI95] *MPI: Multiprocessor Interconnect Bus*, Preliminary Specification, LSI Logic Corp

[SCI96] *SCI Standardization*, http://www1.cern.ch/RD24/specification.html

[SCI97] D.B. Gustavson, *SCIzzL: the Association of Scalable Coherent Interface Local Area MultiProcessor Users, Developers, and Manufacturers*, http://sunrise.scu.edu/

[Tel96] *USB (Universal Serial Bus) Overview*, Teleport Internet-Services, USB Home Page, http://www.teleport.com/~usb/download.htm, 1996

[Zha93] C. Zhao, *Optimaler und suboptimaler Empfang Trellis-codierter Signale für hochratige Datenübertragung auf Teilnehmeranschlußleitungen*, Dissertation, Universität Kaiserslautern, 1993

Index

G

H

I

N

O

P

T

Y

Z

vieweg

vieweg